Neuromathematik und Assoziativmaschinen

Hans-Joachim Bentz • Andreas Dierks

Neuromathematik und Assoziativmaschinen

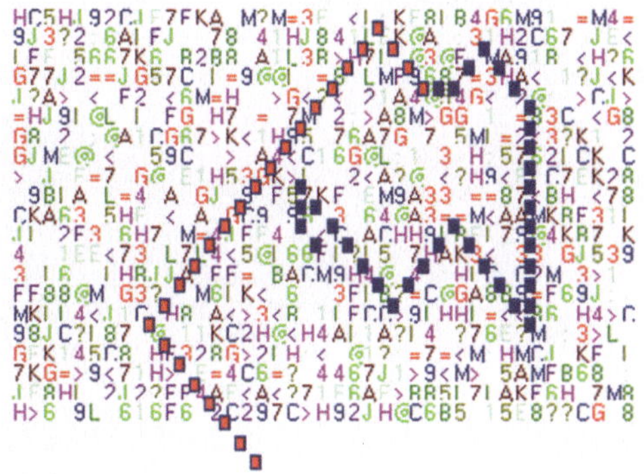

Hans-Joachim Bentz
Andreas Dierks

Institut für Mathematik und Angewandte Informatik
Universität Hildesheim
Hildesheim, Deutschland

ISBN 978-3-642-37937-6 ISBN 978-3-642-37938-3 (eBook)
DOI 10.1007/978-3-642-37938-3

Die Deutsche Nationalbibliothek verzeichnet diese Publikation in der Deutschen Nationalbibliografie; detaillierte bibliografische Daten sind im Internet über http://dnb.d-nb.de abrufbar.

Mathematics Subject Classification (2010): 92B20, 68P20, 68T05, 68T10

Springer Vieweg

Springer Vieweg ist eine Marke von Springer DE. Springer DE ist Teil der Fachverlagsgruppe Springer Science+Business Media.
www.springer-vieweg.de

Vorwort

Dieses Buch richtet sich vornehmlich an Studierende und Dozenten der Informatik, Informationstechnologie, Mathematik, einschließlich der zugehörigen Lehrämter, Ingenieur- und Neurowissenschaften. Es bietet einen Ansatz zur Neuromathematik und eine ins Einzelne gehende Darlegung des Aufbaus, der Eigenschaften und Programmierweisen von Assoziativmaschinen. Dieses sind frei programmierbare Maschinen, deren Programm- und Datenspeicher aus Assoziativspeichern aufgebaut sind. Da Assoziativmaschinen kein Rechenwerk sondern ein Assoziierwerk besitzen, müssen sie bei Bedarf ihre Rechenfertigkeiten erst erlernen. Das kann auf verschiedene Weise geschehen, wie die ausführlichen Erläuterungen im Kapitel über das Assoziative Rechnen zeigen. Dabei gelangt man zum Einsatz von Variablen, in denen sich Eindrücke und Begriffe sammeln und die unter anderem ein Rechnen auf natürliche Weise beschreiben lassen.

Drei Anwendungsmodelle runden die Beschreibung der Grundlagen der Assoziativmaschine und des Assoziativen Programmierens ab. Dabei erlauben es die bildhaften Ausgaben der Turtle-Modelle in anschaulicher Weise sowohl die Störfestigkeit von Assoziativmaschinen zu untersuchen, als auch die Wirkung verschiedener, absichtlich herbeigeführter Störungen auf die gezeichneten Figuren zu beobachten. Bei den sensorgeführten Anwendungsmodellen wird die Robustheit mittels Veränderungen in der Merkmalsumgebung demonstriert. Diese Toleranzeigenschaften können auch bei realen Vehikeln mit Vorteil genutzt werden, beispielsweise bei Orientierungsaufgaben. Insofern bietet die Beschäftigung mit den drei Anwendungsmodellen in mehrerlei Richtungen die Gelegenheit und Anregung für eigene praktische Versuche.

In diesem Buch geht es nicht um die Probleme und Methoden der Nachbildung physiologischer Strukturen des Gehirns, auch nicht um die vertiefte Analyse der Fähigkeiten von Teilstrukturen, wie etwa der Sehrinde. Es geht auch nicht um Fragestellungen der Neuroinformatik hinsichtlich des Aufbaus von neuromorpher Technik oder etwa der Implantation von Chips, die natürliche Nervenbahnen unterstützen oder ersetzen. Mit solchen Bereichen beschäftigen sich andere Forschergruppen, weltweit. Hier richten wir vielmehr das Augenmerk auf eine mathematische Modellierung der Eigenschaften neuronaler Verbunde, wie sie uns vornehmlich durch eine Beschreibung des Zusammenwirkens von Assoziativmatrizen möglich wird, und auf die sich daraus ergebenden Anwendungen.

Die Beweggründe für unsere Analysen und Entwicklungen waren vielgestaltig und oft auf reale Gehirnfunktionen bezogen. Dazu gehört etwa die „akademische" Frage, ob Daten wie Prozesse im Gehirn gleichartig repräsentiert sind. So erfordert die Aufgabe 'Übersetze Fahrrad ins Englische' das Aufsuchen der Daten zu Fahrrad und englisch (A) und das Durchführen des Prozesses übersetze (B). Es interessiert, ob Daten (A) und Prozesse (B) das gleiche Format haben (können) oder nicht. Nur durch das Beobachten von Gehirnaktivitäten allein, kann es schwierig werden, so etwas sicher zu klären. Daher ergab sich das Motiv zu untersuchen, ob sich Derartiges im Modell nachbilden lässt und wie die Objekte dann aussehen. Inzwischen kann man sagen, dass (A) und (B) bei der Assoziativmaschine nicht unterscheidbar sind, mehr noch, es gilt Analoges auch für Sammlungen von Objekten, Begriffen und Oberbegriffen, Relationen, „Abstraktionen" und so fort: alles lässt sich durch Anordnungen von Nullen und Einsen im gleichen Format darstellen oder erzeugen.

Da die Darlegungen in diesem Buch von einer neuartigen, frei programmierbaren Maschine handeln, treten bereits bei der Simulation Probleme und Phasen auf, die an die Genese herkömmlicher Rechner erinnern. Folglich berühren die Themen häufig die Entwicklungslinien für heutige Rechner und die Gestalt jetziger Programmiersprachen. Insofern werden mit den neuartigen Inhalten auch Teile aus historisch bedeutenden Arbeiten (von zum Beispiel John von Neumann, Konrad Zuse, Karl Steinbuch, Klaus Samelson) angesprochen, allerdings ohne strenge Ansprüche an eine wissenschaftliche Vollständigkeit. Für die Lesenden erweist sich, dass die Beschäftigung mit historischen Aspekten als nutzbringend für derzeitige Entwicklungen angesehen werden kann.

Ausgangspunkt einer ausführlicheren Auseinandersetzung mit dem Thema Assoziativmaschine war deren Beschreibung und vollständige Hardware-Simulation im Jahr 2005. Dem gingen Modellierungen voraus, die bis in das Jahr 1989 zurückreichen und deren Software-Simulationen VIDAS genannt wurden. In den nachfolgenden Kapiteln beziehen wir uns ausschließlich auf die fünfte Generation von VIDAS.

Für die fruchtbaren Anregungen, die uns zum Aufbau des Buches seitens des Springer Verlags von Herrn Clemens Heine zuteil wurden, bedanken wir uns sehr. Unser herzlicher Dank geht hinsichtlich der inhaltlichen Beurteilung an die beiden Gutachter Herrn Prof. Dr. Günther Palm, Universität Ulm, und Herrn Prof. Dr. Thomas Wennekers, University of Plymouth. Als gutem und kritischem Geist unserer wöchentlichen Arbeitssitzungen bedanken wir uns bei Herrn Dr. Dipl.-Inform. Fabian Rosenschein, Universität Hildesheim. Für die zahlreichen und spannenden Fragen, Beispiele, Ausarbeitungen und hilfreichen Überlegungen zur Assoziativmaschine danken wir den Studierenden unserer Vorlesungen und Seminare der vergangenen sieben Jahre, für die wir stellvertretend die Herren Ulrich Besenfelder, Marco Janotta und Markus Kiesau nennen möchten, die sich als Ratgeber und als Durchführende der Übungen intensiv mit Problemen der Assoziativen Programmierung auseinandersetzten.

Hildesheim, April 2013 *Hans-Joachim Bentz · Andreas Dierks*

Hinweise für Leser und Dozenten

Große Teile des Buches entstanden aus Materialien zur Begleitung einer zweisemestrigen, vierstündigen Veranstaltung. Daher sind alle Kapitel durch Übungsaufgaben angereichert. Deren Lösungen befinden sich im Anhang in Abschnitt 8.3. Die Abfolge der hier abgedruckten Kapitel gibt nicht die Reihenfolge der Inhalte dieser Veranstaltung wieder. Vielmehr wird dem Lesenden zur Einführung in das Themengebiet ein Kapitel zur Neuromathematik an den Anfang gestellt, während die Studierenden bei uns mit dem Thema Assoziativmatrizen beginnen, um möglichst bald zu ausreichender Übung mit dieser Art Assoziativspeicher zu gelangen.

Für ein erstes Semester schlagen wir die folgende Reihenfolge an zu erarbeitenden Kapiteln vor: 2.5 Assoziativmatrizen, 4 Assoziativmaschinen, 5 Assoziative Programmierung, 6 Assoziatives Rechnen und 7.1 bis 7.10 Anwendungsmodelle. Im zweiten Semester bieten dann die Kapitel 2.1 Modellneuronen, 2.2 und 2.3 Aufbau neuronaler Strukturen, 3 Assoziativspeicher und 7.13 Künstliches Wesen eine geeignete Erweiterung und Vertiefung des Themas, in welche bei uns weitere Inhalte aus der Informationstheorie, mehrwertigen Logik (Schwellwertlogik) und Robotik eingegliedert sind. Die Sitzungen werden jeweils durch Vorführungen und Diskussionen von Beispielen mit dem Assoziativmaschinensimulator VidAs begleitet. Die zweisemestrige Veranstaltung wird bei uns unter der Überschrift „Assoziative Programmierung" angeboten. Jedoch erscheint uns auch ein Kurs „Neuromathematik" möglich, der den Kapiteln in der hier abgedruckten Reihenfolge folgt, dann von hier kommend in die Themenkreise zur Assoziativmaschine mündet und die Behandlung mathematischer Operationen fortführt. Zur Ansteuerung von realen Vehikeln mit Assoziativmaschinen bietet das Kapitel 7.11 einen Einstieg, welcher, falls geeignete Geräte zur Verfügung stehen, mit praktischen Übungen fortgesetzt werden kann.

Die Kapitel gliedern sich in geeignet lange Abschnitte für die Veranstaltungssitzungen, an die sich jeweils ein Angebot an Übungsaufgaben anschließt. Sind die Nummern dieser Aufgaben mit einem Stern versehen, wird deren Lösung als schwierig oder aufwändig angesehen.

Im Text verweisen hochgestellte Zahlen auf Anmerkungen, die der Lesende am Ende des jeweiligen Kapitels findet. In den Anmerkungen werden zusätzliche Informationen gegeben, die man beim Lesen auslassen kann, ohne dass die Darlegungen dadurch an Verständlichkeit verlieren. Die Zählung dieser Anmerkungen beginnt in jedem Kapitel erneut bei eins. Eckige Klammern enthalten Hinweise auf Literatur oder geben Quellen an. Die zugehörigen bibliographischen Angaben sind ebenfalls am Ende des jeweiligen Kapitels zu finden.

Die Programmtexte in diesem Buch wurden mit VidAs 5 entwickelt und ausgeführt. Auf Simulatoren von älteren VidAs-Generationen können diese häufig nicht mehr zum Laufen gebracht werden. Wir empfehlen daher, sich bei `www.assoziativmaschine.de` nach einem aktuellen Simulator für VidAs 5 umzusehen. Dort werden auch begleitende Materialien für die Lehre zur Verfügung gestellt sowie Problemstellungen für die Forschung formuliert.

Inhaltsverzeichnis

Kapitel 1

Einleitung

> *„Von diesem — noch zu erfindenden — Netzwerk führt eine
> Schar Leitungen zu einem Matrix-System, welches mit Hilfe ei-
> ner Extremwertbestimmung prüft, mit welcher der bekannten
> Gestalten die momentan vorliegende Gestalt die größte Ähn-
> lichkeit hat. [...] Das erwähnte Matrix-System kann entweder
> aus >Lernmatrizen< bestehen [...] — dann kann der Perzep-
> tor beim Raumflug auch neue Gestalten zu erkennen lernen
> —, oder aber das Matrix-System kann aus fest verdrahteten
> Matrizen bestehen."* (Karl Steinbuch, 1964)

Die von Karl Steinbuch[1] vorgetragene Idee eines „Matrix-Systems" zur Gestaltwahrnehmung[2] stammt aus den 1960er-Jahren und fasziniert noch immer. Greift man seine Anregung zu einem Matrix-System auf, lassen sich   Matrix-Systeme

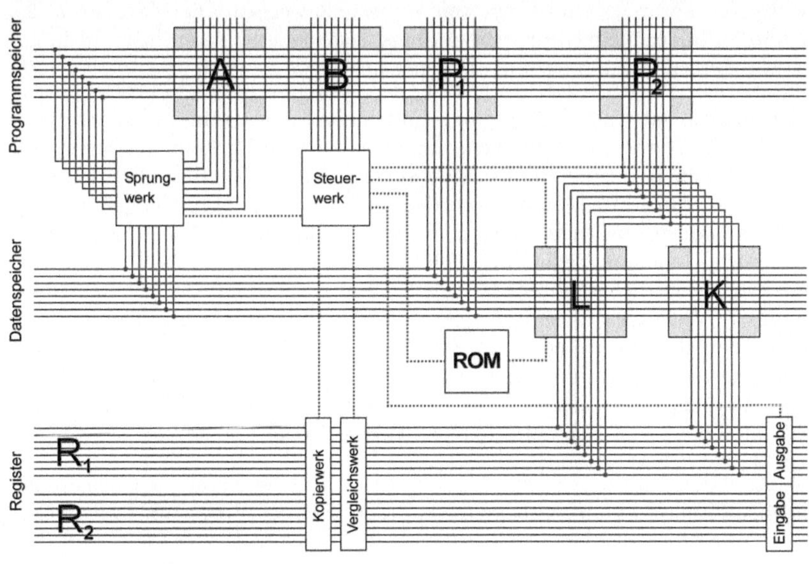

Abb. 1.1: Aufbau einer Assoziativmaschine aus sechs Assoziativmatrizen

ungewöhnliche Anordnungen wie in Abbildung 1.1 mit Matrizen verwirklichen, denen in diesem Buch eine wichtige Rolle zukommt. Zur fehlertoleranten Verarbeitung und zur störfesten Speicherung von Daten haben sich **Assoziativmatrizen** mit ihren vergleichsweise einfachen Lern- und Abfrageregeln bereits bewährt.[3] Diese Matrizen wurden hinsichtlich ihrer Eigenschaften eingehend untersucht[4] und zeichnen sich wie andere künstliche neuronale Netze dadurch aus, dass sie zueinander ähnliche Eingaben auf dieselbe Antwort abbilden, woraus sich ihre Fehlerunanfälligkeit ergibt. Setzt man Assoziativmatrizen oder andere Assoziativspeicher nun so ein, dass die Antworten wieder als Eingaben genutzt werden, dann lassen sich (Programm-) Abläufe in ihnen ablegen. Dieses Vorgehen, eine Antwort mit der nächsten zu assoziieren, wird im Folgenden als Fortsetzungsassoziation bezeichnet (s. Kapitel 5.9). Aus dem robusten Datenspeicher wird dadurch ein störfester Programmspeicher, was in Kapitel 7.1 veranschaulicht wird.

Assoziativmatrizen als Programmspeicher

Fügt man mehrere Assoziativmatrizen oder andere Assoziativspeicher so zusammen, dass durch ihr Zusammenwirken eine frei programmierbare Maschine mit Programm- und Datenspeicher entsteht, so erhält man eine **Assoziativmaschine**. Solche Systeme unterscheiden sich in mehrfacher Hinsicht, auch grundsätzlich, von herkömmlichen Computern. Abbildung 1.1 zeigt eine Assoziativmaschine, die aus sechs Assoziativmatrizen besteht. Die Abfolgematrix A assoziiert eine Programmzeile mit der nächsten, eine Befehlsmatrix B liefert dem Steuerwerk die zu den Programmzeilen gehörenden Befehle und zwei weitere Matrizen P_1 und P_2 übernehmen die Parameterversorgung. Variable Größen werden mit Hilfe des „Kurzzeitgedächtnisses" K verwaltet, einer Assoziativmatrix, bei der eine besondere Lernregel dafür sorgt, dass Variablen ihre alten Werte „vergessen" können. Andere Daten werden hingegen im „Langzeitgedächtnis" L, einer Assoziativmatrix mit gewöhnlicher Lernregel, abgelegt, um den Anwendungsprogrammen der Assoziativmaschine in der bewährten, fehlertoleranten Weise zur Verfügung zu stehen. Im Kapitel 2.5 werden die Lernregeln im Einzelnen vorgestellt werden. Die Matrizen A, B, P_1 und P_2 bilden folglich den Programmspeicher dieser Assoziativmaschine, die Matrizen K und L dienen als Datenspeicher.

Assoziativmaschine als Verbund von Assoziativspeichern

Programme, Daten, Zwischen- und Endergebnisse gemeinsam im internen Speicher des Rechners unterzubringen, ist Teil des durch John von Neumann beschriebenen Konzepts zum Aufbau von Rechnern. Die Eigenschaften solcher **Von-Neumann-Rechner** wurden 1945 von ihm zusammengefasst und sind bis heute Grundlage im Bau universeller Rechner.[5] Auch für Konrad Zuse war es schon zu Beginn der 1940er-Jahre selbstverständlich, neben den Daten auch die Programme im Speicher mit abzulegen.[6] Bei der in Abbildung 1.1 gezeigten Assoziativmaschine liegen Programme und Daten zwar in internen Speichern, diese sind jedoch wie bei Computern mit Harvard-Architektur[7] logisch und physikalisch voneinander getrennt. Somit wird bei Assoziativmaschinen schon in der Architektur von einigen Prinzipien eines herkömmlichen Von-Neumann-Rechners abgewichen.[8]

Programme und Daten im Speicher

Die Abbildung 1.2 von einem Modell[9] eines Von-Neumann-Rechners zeigt im linken Teil, dass aufeinander folgende Befehle des Programms möglichst lückenlos hintereinander in das Speicherwerk eingetragen werden, hier unter den Adressen 00 bis 12, um keine unnötigen Sprungbefehle einfügen zu müssen. Die Daten sind im abgebildeten Beispiel ab der Adresse 64 im sel-

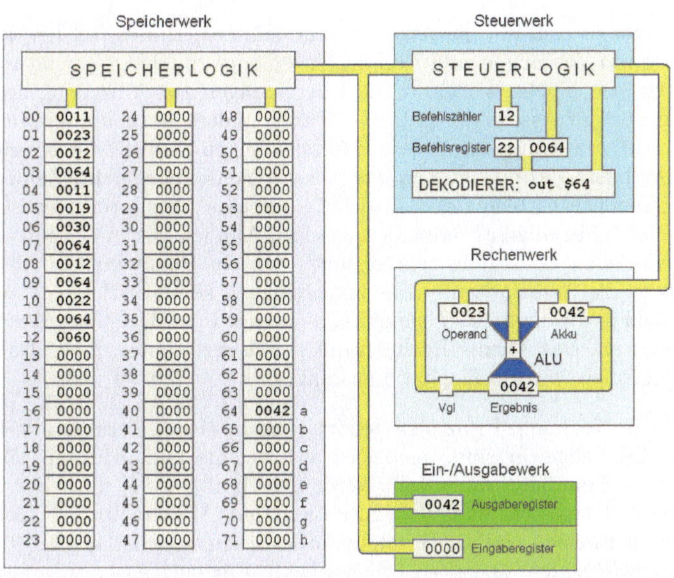

Abb. 1.2: Aufbau eines Von-Neumann-Rechners mit Rechen-, Steuer-, Speicherwerk

ben Speicher untergebracht. Bei der Abarbeitung des Programms gelangt der Von-Neumann-Rechner von einem Befehl zum nächsten durch Erhöhen der aktuellen Befehlsadresse um eins. Sind während des Programmablaufs Sprünge auszuführen, wird zur aktuellen Befehlsadresse der der Sprungweite und -richtung entsprechende Wert addiert. Ein Programmzähler verweist auf die aktuelle Befehlsadresse. Einen solchen Zähler gibt es in der Assoziativmaschine nicht. In ihr wird im Unterschied zum Von-Neumann-Rechner die Adresse des Folgebefehls nicht berechnet, sondern der nächste Befehl ergibt sich durch jeden Assoziationsschritt, den die Abfolgematrix A oder, bei bedingten Sprüngen, die Parametermatrix P_1 ausführt.

Zentraler Bestandteil gebräuchlicher, universeller Rechner ist das Rechenwerk. Schon bei den ersten programmgesteuerten Computern, die Konrad Zuse seit den 1930er-Jahren baute,[10] ging Faszination und Motivation von den Möglichkeiten zur Automatisierung von Rechenvorgängen aus. Auch wenn diese Absicht heutzutage bei der Nutzung von Computern nicht mehr im Vordergrund zu stehen scheint, so zeigt der Blick ins Innerste der Prozessoren, dass die Rechenwerke für die ganzzahlige Arithmetik und die Gleitkommaarithmetik weiterhin eine große Fläche einnehmen (s. Abbildung 1.3) und für viele Vorgänge im Computer sehr wichtig geblieben sind. Dieses drückt sich auch darin aus, dass die Geschwindigkeit einer Computeranlage gemeinhin durch die Anzahl an Rechenoperationen angegeben wird, die die Anlage pro Sekunde bewältigt.[11]

Demgegenüber besitzt eine Assoziativmaschine **kein Rechenwerk**. Wenn der Assoziativmaschine Rechenfertigkeiten abverlangt werden, muss sie diese vorher erlernt haben. Das erinnert an die Fertigkeiten des Menschen, die bezüglich des Rechnens bei Geburt ebenfalls brach liegen, von einigen angeborenen Fähigkeiten zur Unterscheidung geringer Anzahlen abgesehen.[12]

Programmzähler vs. Assoziationsschritt

Abb. 1.3: Rechenwerke des Intel Pentium (1993)

Rechenwerk vs. Assoziierwerk

Rechnen ohne Rechenwerk

Daher bietet es sich an, die Assoziativmaschine als Hilfsmittel bei der Betrachtung von Vorgängen zum Rechnenlernen oder zur Beschreibung von Rechenschwächen hinzuzuziehen.[13] Die Überlegungen zur Anreihung der zum Rechnen nötigen Assoziationsschritte können zudem Rechenprogramme für die Assoziativmaschine liefern, wie Kapitel 6 zeigen wird. Das Rechnen wird nicht über binär, dezimal oder anders in fester Weise dargestellte Zahlen ausgeführt, sondern es bleibt der Assoziativmaschine überlassen, wie sie eine bestimmte Zahl (zufällig) darstellen möchte. Ähnlich wie man heute in der Geometrie keine Festlegung treffen muss, was ein Punkt im Grunde ist,[14] so benötigt die Assoziativmaschine zum Rechnen keine Festlegung, wie sich welche Zahl in ihr darstellt. Vielmehr kommt es auf die Beziehung der Zahlen zueinander an. Das Thema Rechnen mit der Assoziativmaschine, das Assoziative Rechnen, wird in Kapitel 6 ausführlich behandelt werden.

binäre Kodierung, Bitfolgen

Zu den Von-Neumann-Prinzipien gehört, dass in einem Rechner alle Daten binär kodiert abgelegt sind, also auch alle Befehle und Adressen mit Hilfe von zwei Zuständen dargestellt werden. In [Palm 1982] führt der Autor im Kapitel 3 aus, wie man jede Situation und Aktion durch Folgen von Nullen und Einsen, also als Bitfolgen, ausdrücken und damit eine Maschine zum gewünschten Verhalten bringen kann. Für eine Assoziativmaschine, in der Assoziativmatrizen eingesetzt werden, ist beides bedeutsam. So erfolgen Lern- und Abfragevorgänge durch Fragen und Antworten, die aus Nullen und Einsen bestehen, und es kommen bei ihrem Bau alle schaltungstechnischen Möglichkeiten in Frage, mit denen zwei Zustände eingenommen und abgefragt werden können, ob das nun Schaltungen der Digitalelektronik oder die Qubits von Quantencomputern sind.

Programme in variabler Darstellung

Nicht nur Zahlen, auch Variablen, Eigenschaften, Richtungen, Orte, Farben, Rechenoperationen, Abläufe und sogar die Abfolge der Programmzeilen werden, wenn man es nicht ausdrücklich anders möchte, in der Assoziativmaschine durch vom (Pseudo-) Zufall bestimmte Bitfolgen dargestellt. Ein und dasselbe Programm kann daher in vielfältiger Weise in den Assoziativspeichern einer Assoziativmaschine abgelegt sein. Bei einem herkömmlichen Computer wird demgegenüber in der Regel ein und derselbe Programmtext vom Kompilierer in eine immer gleiche Bytefolge (Maschinencode) umgesetzt, weswegen man mit einem Rückübersetzer (Disassembler) den Maschinencode lesbar machen könnte.[15] Bei der Assoziativmaschine ist diese Rückübersetzung aufwändiger, wenn überhaupt Erfolgsaussicht gegeben ist.[16] Die Variabilität der Darstellung eines Programms hat positive Auswirkungen auf die Virenunempfindlichkeit der Assoziativmaschine. Dennoch ist es nicht ausgeschlossen, die Programme oder ihre Daten in fest vorgegebener, stets gleicher Weise in den Matrizen abzulegen, was für manche Zwecke dienlich sein kann. Im Kapi-

konstruierte Matrizen

tel 2.5.5 werden für Assoziativmatrizen besondere Belegungen **konstruiert**, die überraschende Eigenschaften nach sich ziehen. Es lassen sich damit dann zum Beispiel logische und arithmetische Operationen modellieren, und zwar im Unterschied zum Assoziativen Rechnen von Kapitel 6 mit unerwartet kleinen Matrizen.

Assoziative Programmierung

Die Besonderheiten der Assoziativmaschine erfordern eigene Formen zu ihrer Programmierung. Beispielsweise greift man auf Assoziationsketten zu, um eine feste Anzahl von Wiederholungen einer Befehlsfolge durchführen zu lassen. Die in diesem Buch beschriebene **Assoziative Programmierung** umfasst

Von-Neumann-Rechner	Assoziativmaschine
• besteht aus Steuer-, Rechen-, Speicher-, Eingabe- und Ausgabewerk	• besteht aus Assoziativspeichern und einem Steuer-, Sprung-, Kopier-, Vergleichs-, Eingabe- und Ausgabewerk
• besitzt durchnummerierte Speicherzellen	• besitzt unnummerierte Matrixzeilen und -spalten
• ist frei programmierbar	• ist frei programmierbar
• Programme und Daten befinden sich im internen Speicher	• Programme und Daten befinden sich in internen, getrennten Speichern
• aufeinander folgende Befehle liegen in aufeinander folgenden Speicherzellen	• die Befehle liegen in einer vom Zufall bestimmten Reihenfolge
• Sprungbefehle sind vorhanden	• Sprungbefehle sind vorhanden
• besitzt ein Rechenwerk für arithmetische und logische Befehle	• enthält Assoziierwerke für Lern- und Abfragebefehle
• festgelegte Zahlendarstellung	• Zahlendarstellung ohne innere Ordnung
• fester Maschinencode	• variable Repräsentation der Programme
• Empfindlichkeit gegenüber Störungen und Beschädigungen	• Störfestigkeit und Fehlertoleranz
• Steuerung von Programmabläufen über Zähler	• Ablaufsteuerung über Assoziationsketten

Tabelle 1.1: Vergleich der Prinzipien des Von-Neumann-Rechners mit denen der Assoziativmaschine

alle Bestandteile zur Programmierung einer Assoziativmaschine. Sequenzen, ein- und mehrseitige Auswahlen, abweisende und nichtabweisende Schleifen lassen sich durch die Assoziative Programmierung mit einem kleinen Befehlssatz verwirklichen, in dem Befehle zum Lernen und Abfragen mit dem Kurz- und Langzeitgedächtnis im Mittelpunkt stehen.

Im Variablenkonzept der in diesem Buch vorgestellten Assoziativen Programmierung werden Variablen nicht typisiert. Es wird kein vom Typ abhängiger Speicherplatz zugewiesen, sondern für jede Variable wird eine gewisse Anzahl Zeilen im Kurzzeitgedächtnis K reserviert. Der Wert einer Variablen besteht immer aus einer Folge von Nullen und Einsen, die je nach Kontext sowohl Zahlen oder Texte, als auch Klänge, Richtungen, Farben, Bilder, Mengen, Teilmengen, Relationen, Abstraktionen und so fort darstellen können.

keine Variablentypen

Um den Umgang mit Assoziativmaschinen einzuüben und um die Konzepte zu ihrer Programmierung zu untersuchen, wurden zum einen Schaltwerke zum Aufbau einer Assoziativmaschine entwickelt[17] und zum anderen die Softwaresimulation VIDAS in Form einer umfangreichen Entwicklungsumgebung für Forschung und Lehre eingerichtet. VIDAS gestattet die Modellierung einer zu programmierenden Assoziativmaschine mit unterschiedlichen Größen und Befehlssätzen. Im Aufbau der zu simulierenden Assoziativmaschine geht VIDAS von der in Abbildung 1.1 dargestellten Anordnung aus.

Simulationsprogramm VIDAS

Sörunanfälligkeit und
Fehlertoleranz

VIDAS erlaubt es, die Aktivitäten der Matrizen A, B, K und L detailliert zu beobachten und die Matrixinhalte zur Laufzeit zu verändern. Letzteres dient dem Zweck, den Einfluss von Störungen auf Programme und Daten zu untersuchen. Zum Test der **Störunanfälligkeit** wurden Assoziativmaschinen in der Simulation mit vier Arten von Störungen überprüft. Sie zeigten dabei ihre Störfestigkeit in der für den Einsatz von Assoziativmatrizen typischen Weise.[18] Es ist bemerkenswert, dass im Falle des zerstörenden Umwandelns von Einsen in Nullen die Funktionalität des Gesamtsystems länger erhalten bleibt als beim gleich umfänglichen Ersetzen von Nullen in Einsen.

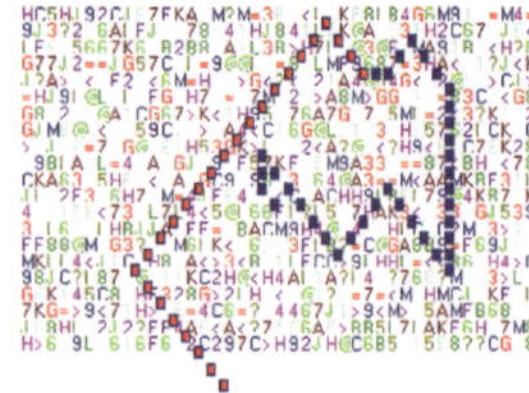

Abb. 1.4: Orientierung im Merkmalswald

Eine aus Assoziativmatrizen zusammengesetzte Assoziativmaschine gewinnt durch die zeitlich vergleichsweise wenig aufwändigen Lern- und Abfrageregeln die Fähigkeit des schnellen Lernens und Abfragens von Mustern, womit sie als programmierbarer Grundbaustein für den Aufbau von schnellen Systemen zur Mustererkennung dienen kann. Die fehlertolante Verarbeitung von Eingabedaten trägt zu dieser besonderen Eignung bei. Zur Untersuchung derartiger Systeme wurden mittels VIDAS mehrere **erweiterte Modelle** mustererkennender Objekte durch Hinzufügen geeigneter Befehle erzeugt. Darunter befinden sich ein Robot- und ein Homunkulus-Modell, in dem sich Objekte in einer durch ihre Merkmale gegebenen Umgebung orientieren (s. Abbildung 1.4). Im Robot-Modell werden Objekte befähigt, einen gelernten Weg wiederzufinden und ihm zu folgen (Pfadfindeproblem, s. Kapitel 7.5). Im Homunkulus-Modell bewegt sich ein Objekt in unbekannter Umgebung zu einem Ziel, wobei es Orte wiedererkennt, an denen es schon einmal gewesen ist (Irrgartenproblem, s. Kapitel 7.9). In der Praxis wurden mit Hilfe von VIDAS einfache Robotermodelle durch Assoziativmaschinen gesteuert.[19] Neben diesen sensor- und gedächtnisgesteuerten Modellen ergänzt ein Turtle-Modell (s. Kapitel 7.1) die Übungsmöglichkeiten zur Assoziativen Programmierung.

Aspekte

Die Beschäftigung mit den Themen Assoziativmaschine und Assoziativer Programmierung hat zahlreiche Aspekte, zu denen Abbildung 1.5 eine zusammenfassende Übersicht gibt.

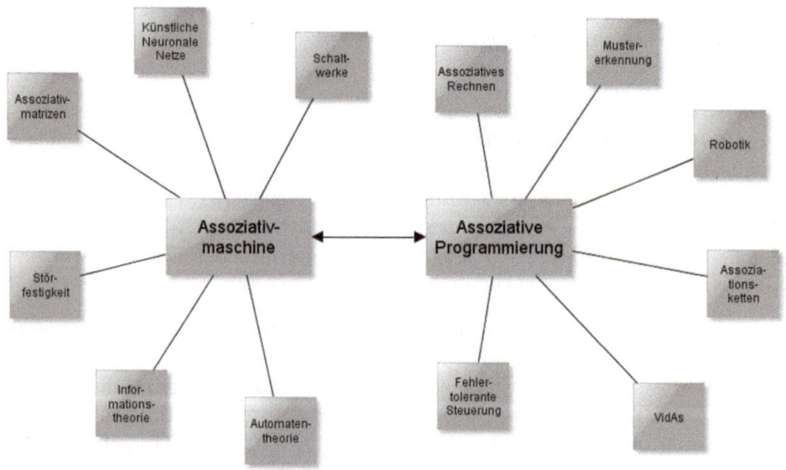

Abb. 1.5: Aspekte der Assoziativmaschine und der Assoziativen Programmierung

Die in diesem Forschungsfeld verwendeten mathematischen Inhalte, Konzepte, Methoden und Möglichkeiten der Darstellung mathematischer Operationen und Strukturen betrachten wir als einen Bereich der **Neuromathematik**. Im Unterschied zum Streben nach möglichst genauer Beschreibung und Nachbildung der biologischen Gegebenheiten in natürlichen Gehirnen mit Hilfe mathematischer oder informatorischer Methoden, was wir der Neuroinformatik oder Neurobiologie zuordnen,[20, 21] zielt die Neuromathematik unter anderem auf die Nachbildung der **Eigenschaften** natürlicher neuronaler Strukturen, beispielsweise auf die Fähigkeiten zur Mustererkennung, zur Ähnlichkeitssuche oder zum Assoziativen Rechnen, und auf das Schaffen arbeitsfähiger Systeme mit schaltungstechnisch einfachen Mitteln.[22] Welche Zusammenhänge sich dabei zu den Aspekten aus Abbildung 1.5 ergeben, wird im folgenden Kapitel 2 und vertiefend auch im Kapitel 6 und danach in den Anwendungsbeispielen beschrieben.

Neuromathematische Aspekte

Ergänzungen, Beispiele und Materialien zum Thema Assoziativmaschine und zur Assoziativen Programmierung werden bei `www.assoziativmaschine.de` hinterlegt.

assoziativmaschine.de

Anmerkungen

[1]Der Kybernetiker und Nachrichtentechniker Karl Steinbuch (1917-2005) leitete in den 1950er-Jahren die Entwicklung einer der ersten volltransistorisierten Rechnersysteme (ER 56) und entwickelte das Modell einer Lernmatrix, das in Kapitel 3.2 vorgestellt wird. Das einleitende Zitat wurde [Frank 1964], S. 297, entnommen.

[2]Steinbuch beschäftigte sich in seinem Aufsatz „Können und sollen Funktionen bei der Raumfahrt von Automaten übernommen werden?" in [Frank 1964], S. 290 ff., mit der „vorläufigen Überlegenheit des Menschen bei der Gestaltwahrnehmung".

[3]Assoziativmatrizen wurden in den zurückliegenden zwanzig Jahren u. a. in folgenden Produktionen eingesetzt: Assoziative Benutzeroberfläche für MS/DOS und PC/DOS bei GFA Systemtechnik GmbH (System GFA ASSO) 1988; Assoziative Suche in chemischen und pharmazeutischen Stoffdatenbanken bei Bayer AG (System Chemas Fortran) 1988; Automatische Postleitzahlenumstellung bei Heise/c't/eMedia GmbH mit connex GmbH (System IRES PLZ++) 1993; Dokumenten Management System und Schriftgutverwaltung bei den Oberen Landesbehörden in NRW (connex System FindLink SGV) 1994; Schnelle Erkennung von DNA- und Proteinsequenzen mit Magic Works GmbH (System BlueGene) 1994; Signaturerkennung und -Prüfung, Signalerkennung bei Siemens Nixdorf GmbH mit connex GmbH 1995; Belegerfassung für Banken und Versicherungen mit IP Process Systeme GmbH (connex System FindLink DBC) 1997; Assoziative Suche in der Chronik der Weltgeschichte und in der Lexikothek bei Bertelsmann Lexikonverlag (connex System FL-Chronik, FL Lexikodisk) 1997/98; Terminologie Management, Suche in Wörterbüchern und Translation Memories bei Trados GmbH, Star GmbH, Zeres GmbH (connex System CX-ANN) 1997/98; Erkennung von KFZ-Kennzeichen in der Wiegetechnik bei Bitzer GmbH (System ROBE KFZ) 2003.

Einsatzbereiche von Assoziativmatrizen

[4]Zum Informationsgehalt der Assoziativmatrix zeigte Günther Palm, dass die Speicherkapazität dieser Struktur proportional mit der Anzahl der gespeicherten Elemente zunimmt (vgl. [Palm 1980]). Asymptotisch wird dieses Verhältnis nach oben durch $ln\,2$ begrenzt. Das heißt, es lässt sich jedes Bit, das man für die Darstellung der Matrix aufwendet, im Falle optimal gewählter Parameter etwa zu 69% als Informationsbit nutzen. Die Auslesegeschwindigkeit wird dabei von der Komplexität der Anfrage (Informationsgehalt) dominiert und nicht von der Anzahl der gespeicherten Daten — wie man vielleicht erwarten würde (vgl. [Bentz et al. 1989]). Solche Resultate sind zwingend davon abhängig, dass die Fragen und Antworten spärlich kodiert sind, also eine starke Asymmetrie zwischen den (wenigen) Einsen und den vielen Nullen herrscht. Zum Beispiel kann bei einer Matrixgröße von 1000 x 1000 und einer Belegungsdichte von 3 Einsen im Eingang und 9 Einsen im Ausgang eine Ausnutzung von 58,6% erreicht werden. Das entspricht 34.780 eingespeicherten Frage-Antwort-Paaren („Datensätzen") (vgl. [Palm 1980], S. 27). Ein zusätzliches Beispiel und weitere Ausführungen zur Speicherkapazität einer Assoziativmatrix befinden sich in

Informationsgehalt der Assoziativmatrix

Kapitel 2.5. Hinsichtlich autoassoziativ genutzter Assoziativmatrizen stellt der Autor in [Palm 1993], S. 144, fest, dass der optimale Informationsgehalt auf etwa 17% sinkt (vgl. Anmerkung 68 von Kapitel 4). Zur spärlichen Kodierung gibt [Palm 2013] einen Überblick.

[5]Der Mathematiker John von Neumann (1903-1954) lehrte anfangs in Berlin und Hamburg und ab 1930 in Princeton. Die Von-Neumann-Architektur beschrieb er im „First Draft of a Report on the EDVAC" (s. [Neumann 1945]). Die EDVAC (**E**lectronic **D**iscrete **V**ariable **A**utomatic **C**omputer) war ein Ende der 40er-Jahre von der University of Pennsylvania gebauter Computer, bei dem die Programme bereits binär kodiert und im Speicher des Computers abgelegt wurden.

[6]Konrad Zuse schreibt in [Zuse 1972], Kommentar, S. 4 f., über die während des Krieges von ihm erdachten Geräte-Entwürfe: „Es war mir dabei völlig klar, dass diese Geräte auch die Programme speichern müssen. Dieser Gedanke war mir so selbstverständlich, dass ich es nicht für nötig hielt, hierüber ein besonderes Patent anzumelden." Ein Beleg für seinen Ansatz findet sich in „Der Plankalkül" von 1945, wo er auf S. 23 zur Form eines Rechenplans, in den variable Typbezeichner eingebracht werden, ausführt: "Diese Form [...] spielt jedoch eine große Rolle bei der Aufgabe, **Rechenpläne zur Speicherung in Rechenmaschinen** möglichst konzentriert darzustellen, um mit geringem Aufwand möglichst weitgehende Variationen erfassen zu können." Der Ingenieur Konrad Zuse (1910-1995) war bereits 1938 mit dem Bau seines mechanischen Rechners „Z1" fertig. Für die nachfolgenden Rechnerentwicklungen setzte er Relaistechnik statt der unzuverlässigeren mechanischen Schaltung ein.

[7]In der Harvard-Architektur bedeutet die logische und physikalische Trennung von Programm- und Datenspeicher, dass die beiden Speicher nur mit unterschiedlichen Befehlen über jeweils einen eigenen Adressbus angesprochen werden können.

[8]Als Von-Neumann-Prinzipien gelten laut [Claus and Schwill 2006], S. 732 f.: „1. Der Rechner besteht aus fünf Funktionseinheiten, dem Steuerwerk, dem Rechenwerk, dem Speicher, dem Eingabewerk und dem Ausgabewerk. — 2. Die Struktur des Von-Neumann-Rechners ist unabhängig von den zu bearbeitenden Problemen. Zur Lösung eines Problems muss von außen eine Bearbeitungsvorschrift, das Programm, eingegeben und im Speicher abgelegt werden. Ohne dieses Programm ist die Maschine nicht arbeitsfähig. — 3. Programme, Daten, Zwischen- und Endergebnisse werden in demselben Speicher abgelegt. — 4. Der Speicher ist in gleich große Zellen unterteilt, die fortlaufend durchnummeriert sind. Über die Nummer (Adresse) einer Speicherzelle kann deren Inhalt abgerufen oder verändert werden. — 5. Aufeinander folgende Befehle eines Programms werden in aufeinander folgenden Speicherzellen abgelegt. Das Ansprechen des nächsten Befehls geschieht vom Steuerwerk aus durch Erhöhen der Befehlsadresse um eins. — 6. Durch Sprungbefehle (Sprung) kann von der Bearbeitung der Befehle in der gespeicherten Reihenfolge abgewichen werden. — 7. Es gibt zumindest *arithmetische Befehle* wie Addieren, Multiplizieren, Konstantenladen usw.; *logische Befehle* wie Vergleiche, logisches **not**, **und**, **oder** usw.; Transportbefehle, z.B. vom Speicher zum Rechenwerk und für die Ein-/Ausgabe; bedingte Sprünge; sonstige Befehle wie Schieben, Unterbrechen, Warten, Ein- und Ausgabe usw. Alle diese Befehle können in verschiedenen Adressierungsarten ausgeführt werden, z.B. könnte ein Befehl `load indirect 5` bedeuten, dass in den Akkumulator (oder in eine andere ausgezeichnete Speicherzelle) der Wert der i-ten Speicherzelle gebracht wird, wobei i die in der Speicherzelle 5 stehende Zahl ist. — 8. Alle Daten (Befehle, Adressen usw.) werden binär kodiert. Dem Inhalt einer Speicherzelle kann man daher nicht ansehen, ob es sich um einen Befehl, ein Datum oder eine Adresse handelt; dies erkennt man nur durch Nachvollziehen eines Programms. Geeignete Schaltwerke im Steuerwerk und an anderen Stellen sorgen für die richtige Entschlüsselung (Dekodierung, Mikroprogrammierung)."

[9]Das Simulationsprogramm MOPS (**MO**dellrechner mit **PS**eudoassembler) von Marco Haase veranschaulicht Struktur und Abläufe eines Von-Neumann-Rechners. Hier wurde die Version 1.0.0 des Programms aufgerufen (s. http://www.viktorianer.de/info/info-mops.html).

[10]Mit der Z3 stellte Konrad Zuse im Jahr 1941 den ersten funktionsfähigen, programmgesteuerten Rechenautomaten vor (vgl. [Claus and Schwill 2006], S. 312, und [Wußing 2009], S. 512 ff.).

[11]Die Anzahl an Gleitkommaoperationen pro Sekunde (FLOPS), also an Rechenoperationen mit Zahlen in binärer Gleitkommadarstellung, gilt als Maß für die Geschwindigkeit eines Computers. Die Zuse Z3 (1941) schaffte knapp 2 FLOPS (zwei Additionen pro Sekunde), der Prozessor Intel Core 2 Quad (2,66 GHz) eines Standard-PC etwa $23 \cdot 10^9$

FLOPS, der JUQUEEN BlueGene/Q des Forschungszentrums Jülich schafft gut $4 \cdot 10^{15}$ FLOPS (vgl. http://www.top500.org). Für die Simulation eines Gehirns strebt man nach Rechnerleistung im Exaflop-Bereich, also im Bereich von 10^{18} FLOPS. Die Nachbildung biologischer Vorgänge verlangt eine besondere Rechnerarchitektur, also mehr als lediglich eine hohe Rechnergeschwindigkeit (s. [Markram 2012], S. 89). Anfang 2013 stand der schnellste Rechner im Oak Ridge National Laboratory, USA. Es ist der „Titan", ein Cray-Supercomputer mit um die $20 \cdot 10^{15}$ FLOPS.

[12]Die angeborene Fähigkeit, geringe Anzahlen (meist bis zu 4) direkt zu erkennen („subitizing") und evt. primitive Rechenoperationen ausführen zu können, wird **Zahlensinn** genannt. Tobias Dantzig schreibt dazu: „[...] carefully conducted experiments lead to the inevitable conclusion that the direct *visual* number sense of the average civilized man rarely extends beyond four, and that the *tactile* sense is still more limited in scope" (s. [Dantzig 1967], S. 4).

[13]Kathrin Schill lieferte in ihrer Masterarbeit „Assoziatives Rechnen. Modelle natürlicher Rechenvorgänge.", Universität Hildesheim 2010, einen Ansatz, gewisse Phänomene der Dyskalkulie mit assoziativ arbeitenden Modellen (hier speziell VIDAS 1) nachzubilden. Sie zeigt beispielsweise, dass in einer Sammlung elementarer Rechenaufgaben alle korrekt behandelt werden, wenn die Maschine fehlerfrei gelernt hat. Gezielt vorgenommene Störungen des Begriffs FUENF hingegen ziehen allerlei Fehler bei Aufgaben nach sich, die mit FUENF zu tun haben, wirken sich aber auf die restlichen Aufgaben nicht aus. Jemand, der von der Störung nichts erfahren hat, würde wegen der Vielzahl von korrekten Antworten zunächst kaum merken, dass eine „Dyskalkulie" vorliegt. Sie und ihre Ursachen zu erkennen ist offenbar nicht nur beim Menschen schwierig, sondern auch bei assoziativ arbeitenden Maschinen.

[14]Euklid (ca. 360 – ca. 280 v. Chr.) beschrieb den Punkt als das, was keine Teile hat. Eine Linie war für ihn breitenlose Länge usw. David Hilbert (1862 – 1943) begründete die Geometrie hingegen streng axiomatisch, so dass ein Bezug zur Anschauung verzichtbar wurde. Sein Ansatz war, keine Aussagen über die Objekte der Geometrie, sondern anstatt dessen über die Beziehungen zwischen den Objekten zu machen. In seiner Axiomatik heißt es dann zuerst, dass zwei voneinander verschiedene Punkte stets eine Gerade bestimmen. Jeder darf sich dabei unter den Begriffen Punkt und Gerade etwas Beliebiges vorstellen und dennoch lässt sich damit die Grundlage für die euklidische Geometrie schaffen.

[15]Da im Maschinencode zwischen Datenbytes und Befehlsbytes nicht unterschieden werden kann, wird hier davon ausgegangen, dass der Disassembler über die nötigen Hinweise verfügt (vgl. [Claus and Schwill 2006], S. 202).

[16]Man könnte den Eindruck gewinnen, das Rückübersetzen eines Programms, das im mehrteiligen Programmspeicher der Assoziativmaschine liegt, sei deswegen aufwändig, da es $\frac{n!}{s!^m \cdot (n - m \cdot s)!}$ Möglichkeiten gibt, m Programmzeilen auf n Matrixzeilen zu verteilen, wenn s Bits pro Programmzeile gesetzt werden. Beispiel: In den Programmspeicher mit tausend Zeilen, soll ein hundertzeiliges Programm mit zehn Einsen pro Programmzeile eingetragen werden. Für die erste Programmzeile werden aus den 1000 Matrizenzeilen zufällig 10 ausgewählt, für die zweite Programmzeile dann von den verbleibenden 990 Zeilen abermals 10 und so fort. Dieser Ansatz liefert als Anzahl der Matrizen, die dasselbe Programm darstellen, das folgende Ergebnis:

$$\binom{1000}{10} \cdot \binom{990}{10} \cdot \binom{980}{10} \cdot \ldots \cdot \binom{10}{10} = \frac{1000!}{10!^{100} \cdot (1000 - 100 \cdot 10)!} \approx 4,25 \cdot 10^{1911}$$

Doch wird man zur Rückübersetzung eines unbekannten Programmablaufs nicht alle diese möglichen Matrizen bilden und prüfen müssen, sondern andere, experimentelle Ansätze suchen. Diese können sich ebenfalls sehr aufwändig und aus verschiedenen Gründen problematisch gestalten. Man stelle sich etwa Ansätze vor, bei denen nach einem Starttupel gesucht wird, welches einen vollständigen Programmablauf nach sich zieht, das heißt alle Zeilen mindestens einmal aktiviert, in denen mindestens eine Eins steht. Findet man ein solches nicht, dann liegen womöglich mehrere Programme im Programmspeicher oder das Programm enthält Zeilen, welche beim Testlauf übersprungen wurden. Ferner könnten bewusst oder zufällig eingestreute Fehleinträge in die Matrix zwar den gewollten Programmablauf auf Grund ihrer Störfestigkeit unbeeinträchtigt lassen, bei der Rückübersetzung jedoch Probleme ergeben.

Zahlensinn

Möglichkeiten einer Rückübersetzung

Rückübersetzung eines Programms

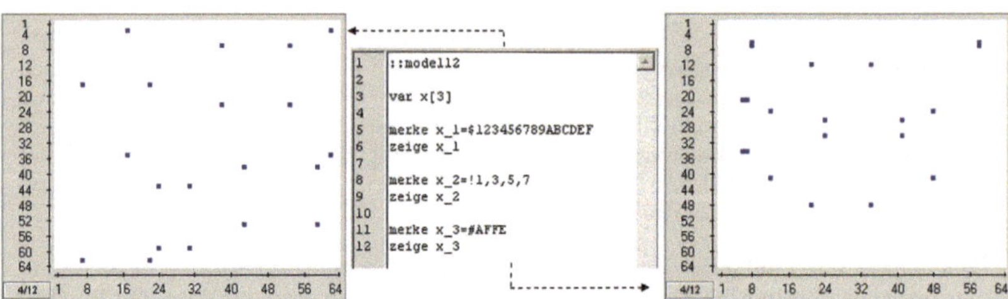

Abb. 1.6: Die Abfolge eines Programms (Mitte) wird bei jeder Programmgenerierung wieder anders in Matrix **A** abgelegt (links und rechts).

[17]Die Hardwaresimulation einer Assoziativmaschine namens „SYSTEM 9" wurde mit dem Digitalsimulator „Digital-ProfiLab 3.0" der Firma ABACOM Ingenieurgesellschaft aus Ganderkesee, Niedersachsen, erzeugt.

[18]An Störungen wurden in den Assoziativmatrizen das zufällige Setzen oder Löschen von Einträgen, auch kompletter kreisförmiger Bereiche, oder das Umkippen von Einträgen untersucht, dass also ein Eintrag 1 wird, der vorher 0 war, und umgekehrt (vgl. [Dierks 2005], Kapitel 4.6).

QuintAs

[19]Das Robotermodell `QuintAs` (Hannover-Messe 2006) orientiert sich über gut einem Dutzend einfacher Lichtsensoren auf einer graufarbigen Unterlage mit dem Ziel, einem vorher ins Langzeitgedächtnis eingetragenen Weg zu folgen.

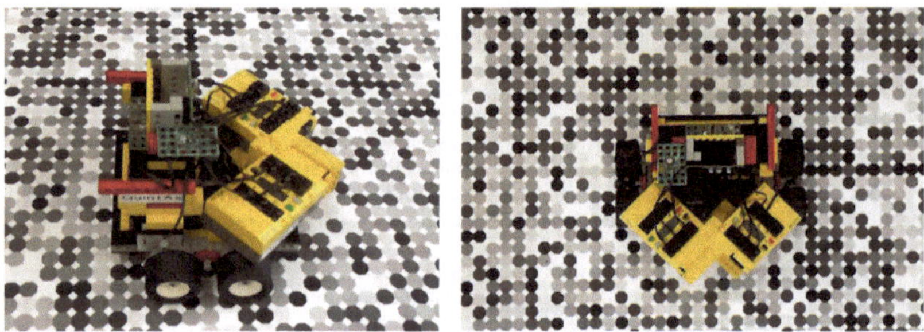

Abb. 1.7: Robotermodell `QuintAs`

Um sich auf der in Abbildung 1.7 zu erkennenden Unterlage zurechtzufinden, sorgte eine Assoziativmatrix für die Zuordnung der Sensordaten zu einer Bewegungsrichtung.

[20]Zur Neuroinformatik sei neben den Bemühungen um Neuromorphie beispielsweise auch das Herstellen von Bausteinen für die Mensch-Maschinen-Schnittstellen auf Nervenebene oder die Entwicklung der Algorithmen für die Arbeit mit künstlichen neuronalen Netzen gerechnet.

Human Brain Project

[21]Das von Henry Markram angestoßene „Human Brain Project" strebt nach einer Simulation des menschlichen Gehirns, die bis etwa 2024 angefertigt werden soll. Das Ziel des Projekts wird durch die Feststellungen „the human brain is an immensely powerful, energy efficient, self-learning, self-repairing computer" und „the goal of the Human Brain Project is to build biologically detailed simulations of the complete human brain and to create the informatics, modeling and supercomputing technologies necessary to do so" deutlich (s. Pressemappe des HBP, humanbrainproject.eu, und [Markram 2012]). Von dem aufwändigen Vorhaben verspricht man sich neben medizinischem Nutzen auch Einsichten zum Bau neuartiger Computer und Roboter. Die Simulation erfordert Rechenleistung im Exaflops-Bereich (10^{18} Gleitkommaoperationen pro Sekunde), welche das Jülich Supercomputing Centre bereitzustellen anzielt (vgl. [Bachem and Lippert 2011]). Die Europäische Kommission fördert das HBP als eines ihrer beiden Flaggschiff-Projekte für eine Dauer von zehn Jahren ab 2013. — Im April 2013 kündigte der US-amerikanische Präsident das En-

Brain-Projekt

gagement der Regierung in das „Brain"-Projekt an (Brain Research through Advancing Innovative Neurotechnologies), das in Nachfolge des „Human Genome Project" mit erheblichen Geldmitteln unterstützt werden wird. Auch von diesem Projekt erhofft man sich unter anderem Ansätze zur Behandlung von Hirnkrankheiten. Es wird bezweifelt, dabei eine vollständige „brain activity map" aufnehmen zu können, da sich die chemischen Vorgänge in Gehirn bisher unserer Beobachtung entzögen (s. [Markoff and Gorman 2013]).

[22]Dieses stellt einen anderen Ansatz dar, als ihn aktuelle Projekte verfolgen, bei denen es um die Entwicklung und Nutzung neuartiger, neuromorpher Elektronik geht, beispielsweise bei den von der Europäischen Kommission finanzierten Projekten „FACETS" (Fast Analog Computing with Emergent Transient States) (2005-2010) und „BrainScaleS" (Brain-inspired multiscale Computation in neuromorphic hybrid Systems) (2011-2014), (vgl. [Meier 2007] und [Meier 2012]) oder beim „Neurogrid"-Projekt der Stanford University, die eine neuromorphe Schaltung mit etwa einer Million künstlicher Neuronen zum Ziel hat (vgl. [Boahen 2005]).

neuromorphic engineering

Literaturverzeichnis zu Kapitel 1

Achim Bachem and Thomas Lippert. *Wie Supercomputer die Forschung prägen.* Spektrum der Wissenschaft Verlagsgesellschaft, Heidelberg, 2011. in: „Spektrum der Wissenschaft", Heft 11/11, S. 91f.

Hans-J. Bentz, Michael Hagström, and Günther Palm. *Information Storage and Effective Data Retrieval in Sparse Matrices.* Maxwell Pergamon Macmillan, 1989. in: „Neural Networks", Vol. 2, S. 289-293.

Kwabena Boahen. *Neuromorphic Microchips.* Nature Publishing Group, 2005. in „Scientific American", May 2005, S. 56-63.

Volker Claus and Andreas Schwill. *DUDEN Informatik A-Z — Fachlexikon für Studium, Ausbildung und Beruf.* Dudenverlag, Mannheim Leipzig Wien Zürich, 2006. 4. Auflage, ISBN 978-3-411-05234-9.

Tobias Dantzig. *Number — The Language of Science — Fourth Edition Revised and Augmented.* The Free Press, New York, 1967.

Andreas Dierks. *VidAs — Aufbau einer robusten, frei programmierbaren Maschine aus Assoziativmatrizen. Simulation und Hardware-Lösung.* Universität Hildesheim, 2005. in: „Hildesheimer Informatik-Berichte", Band 2/2005 (September 2005), ISSN 0941-3014.

Helmar Frank, editor. *Welt im Werden: Kybernetische Maschinen.* S. Fischer Verlag, Frankfurt am Main, 1964.

John Markoff and James Gorman. *Obama to Unveil Initiative to Map the Human Brain.* The New York Times Company, 2013. in: The New York Times", April 2, 2013.

Henry Markram. *Auf dem Weg zum künstlichen Gehirn.* Spektrum der Wissenschaft Verlag, Heidelberg, 2012. in: „Spektrum der Wissenschaft", Heft 9/12 (September 2012), S. 82-90.

Karlheinz Meier. *Computer nach dem Vorbild des Gehirns?* Universitätsverlag Winter, Heidelberg, 2007. in: „Ruperto Carola" 1/2007.

Karlheiz Meier. *Neurone & Co. — Imitieren mit Silizium.* Spektrum der Wissenschaft Verlag, Heidelberg, 2012. in: „Spektrum der Wissenschaft", Heft 9/12 (September 2012), S. 92-99.

John von Neumann. *First Draft of a Report on the EDVAC.* University of Pennsylvania, 1945.

Günther Palm. *On Associative Memory.* Springer-Verlag, 1980. in: „Biological Cybernetics" Nr. 36, S. 19-31.

Günther Palm. *Neural Assemblies — An Alternative Approach to Artificial Intelligence.* Springer-Verlag, Berlin Heidelberg New York, 1982. ISBN 3-540-11366-5.

Günther Palm. *The PAN System and the WINA Project.* Springer-Verlag, Berlin Heidelberg, 1993. in: „Euro-ARCH '93. Europäischer Informatik Kongreß Architektur von Rechensystemen" (Spies, P.P, Hrsg.), S. 142-156.

Günther Palm. *Neural associative memories and sparse coding.* Elsevier, 2013. in: „Neural Networks" Vol. 37 (January 2013), S. 165-171, ISSN 1879-2782.

Hans Wußing. *6000 Jahre Mathematik — Eine kulturgeschichtliche Zeitreise – 2. Von Euler bis zur Gegenwart.* Springer Verlag, Berlin Heidelberg, 2009. ISBN 978-3-540-77313-9.

Konrad Zuse. *Der Plankalkül.* GMD, 1972. Nachdruck in „GMD Research Series" Nr. 25/2001, ISBN 3-88457-408-6.

Kapitel 2

Neuromathematische Aspekte

> *„Wie sieht das Gleichungssystem für das Gehirn aus? Es hat offenbar einen gewaltigen Umfang; denn da man wenigstens eine Gleichung pro Neuron braucht, muss es mindestens 10 Milliarden Gleichungen umfassen." (Günther Palm, 1988)*
>
> *„Wenn wir über Mathematik sprechen, sprechen wir möglicherweise über eine sekundäre, auf die im Zentralnervensystem verwendete Primärsprache aufbauende Sprache." (John von Neumann, 1957)*

Die Funktionsweise einer Nervenzelle[1] mathematisch zu beschreiben und auf diesem Wege Nachbildungen der Leistungen eines Gehirns zu erhalten, übt seit Jahrzehnten seinen vielfältigen Reiz auf die Forschung aus. Die eingangs zitierten Gedanken von Günther Palm und von John von Neumann belegen zwei der zahlreichen Fragestellungen, die der Neuromathematik zugerechnet werden können. Die Frage von Günther Palm verweist auf das in der Mathematik geläufige Verhalten, den Zusammenhang zwischen Ein- und Ausgaben eines Objektes durch eine Gleichung auszudrücken.[2] Darauf wird in diesem Kapitel näher eingegangen werden.

Fragestellungen der Neuromathematik

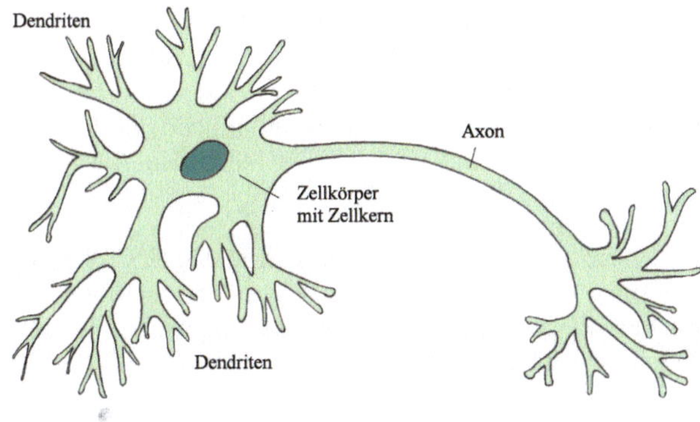

Abb. 2.1: Nervenzelle mit Dendriten, Zellkörper und Axon

John von Neumann hebt in seiner Betrachtung auf eine Unterscheidung zwischen der Mathematik ab, die die Vorgänge im Gehirn beschreibt, und der Mathematik, über die mit einem solchen Gehirn dann nachgedacht werden kann.[3] Er nimmt damit einerseits an, dass sich die Vorgänge im Gehirn mathematisch modellieren lassen, und deutet andererseits eine Abhängigkeit unserer mathematischen Erkenntnisse von der Funktionsweise unseres Gehirns an.[4,5] Das mag zum einen Anlass für Überlegungen sein, ob sich unseren mathematischen Erkenntnissen prinzipielle Grenzen setzen, und zum anderen unsere Neugierde darauf lenken, welche mathematischen Probleme mit Hilfe mathematischer Modelle von Nervenzellstrukturen lösbar sind und werden.[6] Schon die Aufgabe, die Grundrechenarten durch einen Verbund von Nervenzellen ausführen zu lassen, stellt eine interessante Herausforderung dar, wie das Kapitel 6 zum Assoziativen Rechnen in diesem Buch zeigen wird.

neuronale Struktur, neuronales Netz

Ein Verbund von Nervenzellen wird im Weiteren **neuronale Struktur** oder **neuronales Netz** genannt. Es sind unter diesen Begriffen nicht nur einzelne Bündel untereinander wechselwirkender Neuronen zu verstehen, sondern auch umfangreichere Strukturen, die sich aus solchen Bündeln zusammensetzen lassen und die zum Bau von Assoziativmaschinen (s. Kapitel 4) benötigt werden. Die Einordnung neuronaler Netze in das Gebiet der Assoziativspeicher wird in Kapitel 3 angesprochen.

biologische Vorgaben für mathematisches Handeln

Das *Neuromath Network* erweiterte zu Beginn der 2000er-Jahre den Begriff von Neuromathematik um die Bemühungen für das Verständnis derjenigen Hirntätigkeiten, die einerseits mathematische Erkenntnis ermöglichen und die andererseits mathematische Unfertigkeiten verursachen.[7] Das Kapitel 6 dieses Buches wird zu diesem Aspekt beitragen, indem es ein Rechnen mit Assoziierwerken im Einzelnen beschreibt.

Angewandte Mathematik mit neuronalen Netzen vs. Mathematik der Nervenzelle

Während von einigen Forschern die Neuromathematik als derjenige Teil der Angewandten Mathematik aufgefasst wird, der die Verfahren zur Lösung mathematischer Aufgaben mit Hilfe künstlicher neuronaler Netze entwickelt[8] wird die Neuromathematik andernorts als eine Mathematik aufgefasst, die die Vorgänge in und zwischen Nervenzellen beschreiben hilft.[9]

Modellierung der Eigenschaften natürlicher neuronaler Strukturen

Die Neuromathematik erhält in diesem Buch nicht die Aufgabe, neurobiologische Phänomene wie etwa die Art der Signalweiterleitung durch die oder zwischen den Nervenzellen möglichst genau zu beschreiben, sondern die Zuordnungs**eigenschaften** von Nervenzellstrukturen zu modellieren und sie für mathematische Prozesse zu nutzen. Die biologischen Einzelheiten der Nervenzelle (s. Abb. 2.1) rücken dabei in den Hintergrund. Stattdessen werden die Dendriten als Orte der Eingabe von Werten $\mathfrak{x} = (x_1, x_2, \ldots, x_n)$ für eine Zuordnung f verstanden, der Zellkörper versinnbildlicht den Zuordnungsterm $f(\mathfrak{x})$ und das Axon mit seinen Verästelungen leitet den Ausgabewert y der Zuordnung weiter, kurz: $\mathfrak{x} \xrightarrow{f} y$.

keine Nachbildung natürlicher Spannungsverläufe

Geleitet von der Feststellung, dass sich in neuronalen Strukturen alle Situationen und Aktionen durch Folgen zweier Werte darstellen lassen,[10] genügen uns einfache schaltalgebraische beziehungsweise binäre schaltungstechnische Mittel zur Erzeugung arbeitsfähiger Systeme. Die Nachbildung natürlicher Spannungsverläufe wie zum Beispiel nach dem Hodgkin-Huxley-Modell[11] (s. Abb. 2.2 und Abb. 2.3) zum Aufbau neuromorpher Strukturen aus Schaltkreisen der Analogtechnik wird nicht beabsichtigt.[12] Wie im Streben um den

Bau eines neuromorphen Speichers[13] bietet es sich auch für den Bau von Assoziativmaschinen an, bei einem Fertigungsprozess auf die technischen Möglichkeiten hoher Bauteildichte zuzugreifen.[14]

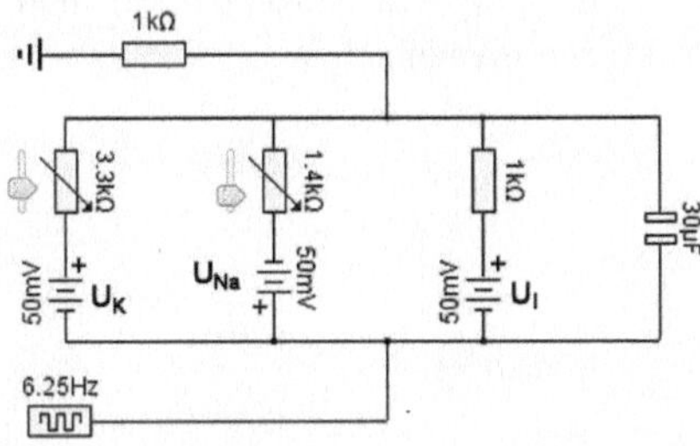

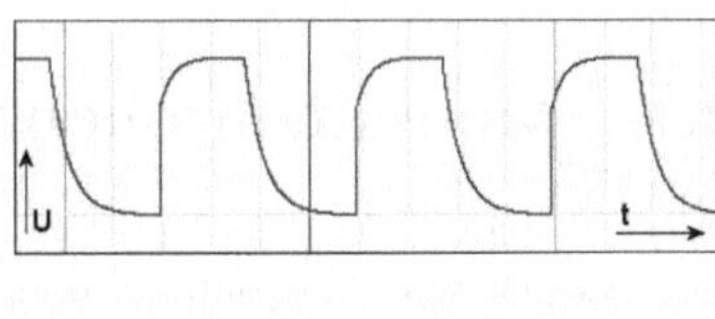

Abb. 2.2: Modellneuron nach Hodgkin-Huxley mit einstellbaren Stromstärken für den Kalium- und Natriumionentransport

Abb. 2.3: Spannungsverlauf am Modellneuron nach Hodgkin-Huxley bei regelmäßiger Anregung durch einen Taktgeber (s. Abb. 2.2)

Die zum Aufbau von Modellneuronen eingesetzten Bauteile entnehmen wir in unseren Simulationen, wie es die Ausschnitte in den Abbildungen 2.4 und 2.5 erkennen lassen, aus der Digitalelektronik. Es kommen die üblichen UND-Gatter und geläufige bistabile Kippstufen zum Einsatz.

einfache digitale Bauteile

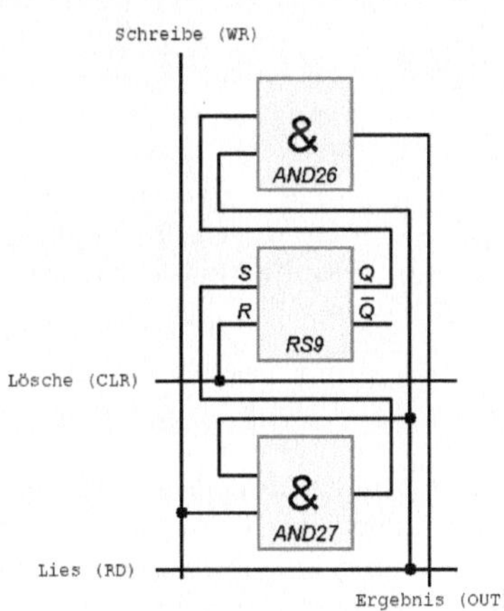

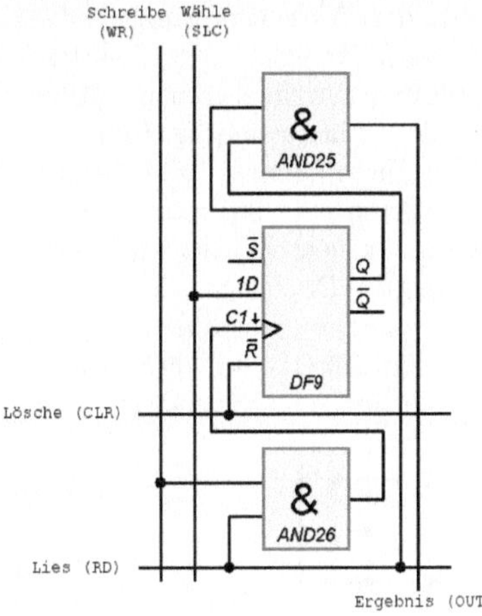

Abb. 2.4: Schaltung für eine synaptische Verbindung des **Langzeit**gedächtnisses einer Assoziativmaschine

Abb. 2.5: Schaltung für eine synaptische Verbindung des **Kurzzeit**gedächtnisses einer Assoziativmaschine

Diese kurze Gegenüberstellung technischer Einzelheiten könnte weiter ausgearbeitet werden, um die Unterschiede von Konzepten der Neuroinformatik zu unserem Ansatz, der zur Neuromathematik führt, sichtbar zu machen. Es ist das Ziel, binäre Daten zu verarbeiten, alle Vorgänge durch Folgen von „Nullen" und „Einsen", also durch zwei Zustände darzustellen und auszulösen. Auf die sich daraus ergebenden schaltungstechnischen Möglichkeiten wird im kommenden Text nicht weiter eingegangen. Für den technisch interessierten Leser finden sich jedoch weiterführende Darlegungen bei Ulrich Rückert[15] und erläuterte Schaltpläne in [Dierks 2005].

binärer Ansatz

In den weiteren Abschnitten dieses Kapitels werden zur Einordnung des binären Ansatzes in das Thema Neuronale Netze einige grundlegende Ideen vorgestellt. Darunter sind dann auch solche, die sich mit dem eben genannten binären Ansatz kaum vereinbaren lassen, aber dem Überblick auf dem Gebiet der Modellierung neuronaler Strukturen dienen sollen.

2.1 Modellneuronen

Die nebenstehende Abb. 2.6 veranschaulicht die Vorstellung von einem ersten, einfachen Modellneuron. Die an den waagerecht eingezeichneten Leitungen (Zeilenleitungen, Dendriten) angelegten Werte x_i werden über die mit punktförmigen Markierungen gekennzeichneten Verbindungsstellen auf die senkrechte Leitung (Spaltenleitung, Axon) übertragen. Mit Hilfe einer Zuordnung f wird der Wert von y ermittelt. Für jedes Neuron wird dieselbe Zuordnung f angenommen. Diese Darstellung lässt sich in einfacher Weise für mehrere, gemeinsam mit Werten x_i zu versorgende Modellneuronen nutzen wie Abb. 2.7 zeigt. Doch würden hier alle Ausgänge y_i den gleichen Wert annehmen, so dass diese Modellierung ungenügend ist.

gemeinsam versorgte Modellneuronen

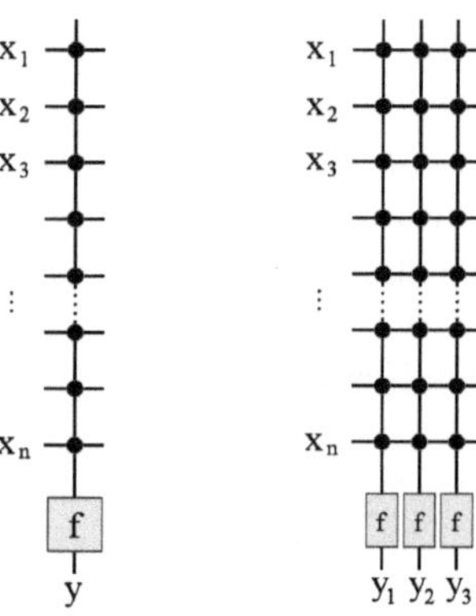

Abb. 2.6: Einfaches Modellneuron

Abb. 2.7: Drei einfache, gemeinsam versorgte Modellneuronen

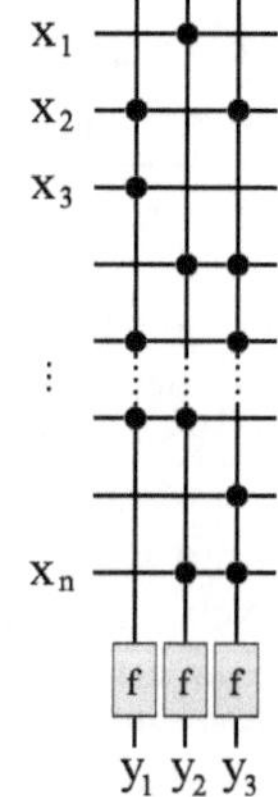

Abb. 2.8: Drei einfache, wahlweise gemeinsam versorgte Modellneuronen

wahlweise gemeinsam versorgte Modellneuronen

Verbindungsmatrizen V

Eine Verbesserung des ersten Modells erhält man, indem Verbindungsstellen durch Weglassen der punktförmigen Markierung als unwirksam eingetragen werden können. In der nebenstehenden Abb. 2.8 hat beispielsweise der Wert x_1 nur Einfluss auf den Wert von y_2. Das Verbindungsmuster lässt sich dann wie folgt in Gestalt einer $n \times 3$-Matrix V schreiben:

$$
V = \begin{pmatrix}
0 & 1 & 0 \\
1 & 0 & 1 \\
1 & 0 & 0 \\
0 & 1 & 1 \\
1 & 0 & 1 \\
\vdots & \vdots & \vdots \\
1 & 1 & 0 \\
0 & 0 & 1 \\
0 & 1 & 1
\end{pmatrix}
$$

Als Zuordnungsgleichung für f käme hier zum Beispiel

$$f(s) = \begin{cases} s, \; falls \;\; s \geq 3 \\ 0, \; sonst \end{cases}$$

Zuordnungsgleichung

in Betracht, wobei mit $s \in \mathbb{R}$ die jeweilige Spaltensumme des Neurons beziehungsweise der Matrix bezeichnet sei. Das Modellneuron leitet in diesem Fall also nur dann einen Wert weiter, wenn wenigstens drei Verbindungsstellen wirksam wurden.

Die jetzt erreichte Modellierung wäre für die späteren Inhalte dieses Buches nahezu ausreichend. Dennoch setzen wir noch fort, um auch die Möglichkeit nachzubilden, dass jede Eingabe x_i einen verschieden großen Einfluss auf das jeweilige Neuron nehmen kann. Dazu wird an den Verbindungsstellen in die Markierung hineingeschrieben, mit welcher Zahl w_{ij} die Eingabe x_i multipliziert werden soll.[16] Auf diese Weise soll die Stärke der Verbindung zwischen der i. Zeilen- und j. Spaltenleitung und damit der Einfluss auf den Wert von y_j angegeben werden.

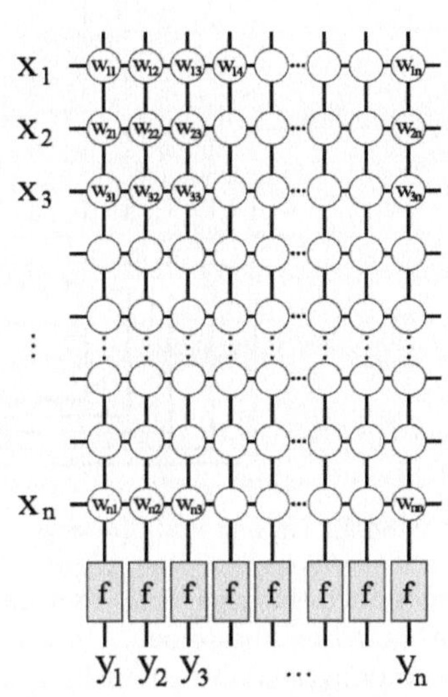

gewichtete
Verbindungen

Abb. 2.9: Mehrere Modellneuronen mit den Verbindungsgewichten w_{ij}

Sei zum Beispiel der Wert von $x_3 = 0,7$ und das Verbindungsgewicht $w_{31} = 5,2$, dann würde die dritte Zeilenleitung einen Wert von $3,64$ zur Spaltensumme für y_1 beisteuern.

B1

Die Verbindungsgewichte lassen sich wie oben bei den wahlweise gemeinsam mit Werten x_i zu versorgenden Modellneuronen ebenfalls zu Verbindungsmatrizen $V = (w_{ij})$ anordnen.

Verbindungsmatrizen
enthalten
Verbindungsgewichte

Dieser Stand der Modellierung gibt die biologischen Verhältnisse auch hinsichtlich sich **ändernder** Verbindungsgewichte wieder, wie Donald Hebb sie 1949 bei der Entdeckung der synaptischen Plastizität vorfand.[17] Also hat man sich die Verbindungsgewichte nicht als feste Größen vorzustellen, sondern als Werte, die sich bei jedem Zuordnungsschritt verändern können.

Verbindungsgewichte
können sich ändern

Zuletzt berücksichtige man bei der Nachbildung einer Nervenzellstruktur, dass jedes Neuron über sein Axon Verbindung zu den Dendriten jedes anderen Neurons herstellen könnte. Abb. 2.10 zeigt, wie dazu die Spaltenleitungen den Zeilenleitungen zugeordnet sein sollen: die Spaltenleitung zu y_i reicht seinen Wert an die Zeilenleitung für x_i weiter. Sollte es zwischen einer Spalte

Verbindung von
Modellneuronen
untereinander

(dem Axon eines Neurons) und einer Zeile (einem Dendriten eines anderen Neurons) keine Verbindung geben, so werden in diesem Modell die betroffenen Verbindungsgewichte w_{ij} auf null gesetzt.

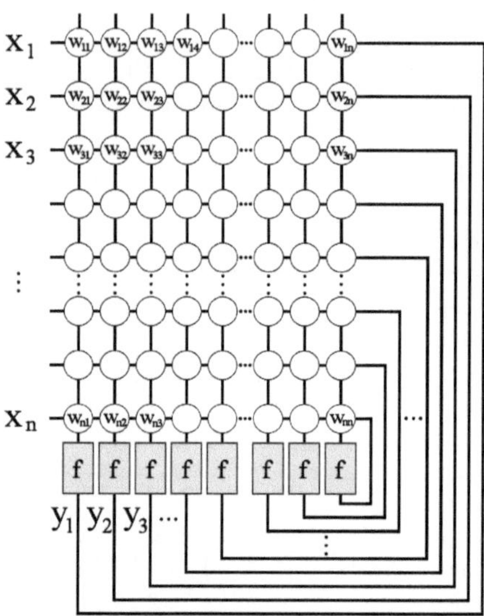

Abb. 2.10: Modellneuronen und ihre gegenseitige Verbindung über ihre Axone

Nunmehr fehlt noch eine geeignete Zuordnungsgleichung für f, um eine Struktur wie in Abb. 2.10 zu betreiben. Dazu wird erst einmal angesetzt, dass alle mit den Verbindungsgewichten multiplizierten Eingaben x_i aufsummiert werden, um eine Spaltensumme s_j zu bestimmen $(i, j = 1, 2, \cdots, n)$

$$s_j = \sum_{i=1}^{n} w_{ij} \cdot x_i \; ,$$

so dass sich das Ergebnis für y_j mit der Zuordnung f danach ergibt durch

$$y_j = f(s_j) \; .$$

Kurzschreibweise für die Neuronenabfrage

Allgemein lässt sich das gesamte Ergebnis $\mathfrak{y}$ auch kurz in der Form

$$\mathfrak{y} = f(\mathfrak{x} \cdot V)$$

notieren und berechnen.[18] Nehmen wir an, die gesuchte Zuordnungsvorschrift sei einfach nur $f(s) = s$. Wird dann beispielsweise folgende durch die Matrix V festgelegte Verbindung zweier Nervenzellen

B2

$$V = \begin{pmatrix} 0,5 & 0 \\ -0,1 & 7 \end{pmatrix}$$

mit den Eingaben $\mathfrak{x} = (3 \quad -2)$ versorgt, dann ergibt sich $y_1 = 1,7$ und $y_2 = -14$. Setzt man dieses $\mathfrak{y} = (1,7 \quad -14)$ gemäß Abb. 2.10 nun wieder als Eingabe $\mathfrak{x}$ ein, dann liefert

$$\mathfrak{y} = f(f(\mathfrak{x} \cdot V) \cdot V)$$

die neuen Werte $y_1 = 2,25$ und $y_2 = -98$. Wiederholt man diesen Rechenschritt, dann erhält man $y_1 = 10,925$ und $y_2 = -686$. Bei jeder Wiedervorlage der Werte werden die Ergebnisse betragsmäßig größer, was auf einen Mangel in der Modellierung hindeutet, denn eine Nervenzelle wird keine beliebig großen Werte weiterleiten oder empfangen können.

Tatsächlich liefert eine Nervenzelle über ihr Axon nur dann einen Wert y_j größer als null, wenn die Summe der Eingangswerte x_i einen gewissen **Schwellwert** Θ erreicht oder überschreitet.[19] Folglich kommt die Zuordnungsgleichung

$$f(s) = \begin{cases} 1, & \textit{falls } s \geq \Theta \\ 0, & \textit{sonst} \end{cases}$$

verbesserte Zuordnungsgleichung mit Schwellwert Θ

mit der Spaltensumme $s = \sum_{i=1}^{n} w_{ij} \cdot x_i$ den natürlichen Gegebenheiten näher.

Mit dieser verbesserten Zuordnungsgleichung und $\Theta = 1$ und

B3

$$V = \begin{pmatrix} 1 \\ 1 \end{pmatrix}$$

erhält man beispielsweise für die in der Tabelle 2.1 genannten Eingabewerte x_i die angegebenen Ergebnisse, die zeigen, dass dieses einzelne Modellneuron die aussagenlogische UND-Verknüpfung nachbildet:

x_1	x_2	y_1
0	0	0
0	1	0
1	0	0
1	1	1

Tabelle 2.1: Aussagenlogische UND-Verknüpfung

Für $\Theta = 0,5$ und derselben Matrix V ergibt sich die aussagenlogische ODER-Verknüpfung und mit $\Theta = -0,5$ und $V = \begin{pmatrix} -1 \end{pmatrix}$ erhält man die NICHT-Verknüpfung. Mit den Kurzschreibweisen

UND-, ODER- und NICHT-Verknüpfung durch einzelne Modellneuronen

$$V_\wedge = \begin{pmatrix} 1 \\ 1 \end{pmatrix}_{1,5}, \quad V_\vee = \begin{pmatrix} 1 \\ 1 \end{pmatrix}_{0,5}, \quad V_\neg = \begin{pmatrix} -1 \end{pmatrix}_{-0,5}$$

werden die UND-, ODER- und NICHT-Verknüpfung notiert. Der Schwellwert Θ wird als Index an die Matrix gesetzt.

Schwellwert Θ als Matrixindex

Da alle anderen aussagenlogischen Verknüpfungen durch die drei genannten ausgedrückt werden können, zeigt sich, dass jeder aussagenlogische Term durch eine Kombination dieser drei Arten von Modellneuronen nachgebildet werden kann. Wenn man wie [Palm 1982], S. 26, ein Verhalten als Zuordnung einer Situation zu einer Aktion begreift, und sich sowohl die Situation als auch die Aktion durch Folgen der Werte 0 und 1 darstellen lassen, dann ließe sich jedes Verhalten durch eine Nervenzellstruktur aus den oben beschriebenen Modellneuronen für die NICHT-, UND- und ODER-Verknüpfung erreichen.[20]

Soll beispielsweise auf die Situation $\mathfrak{x} = (1\ 0\ 1)$ mit der Aktion $\mathfrak{y} = (0\ 1\ 1\ 0\ 1)$ reagiert werden, so lässt sich für y_1 und y_4, also den beiden Nullen, ein aussagenlogischer Term wie folgt aufstellen

$$\overline{x_1 \wedge \overline{x_2} \wedge x_3} \;=\; \overline{x_1} \vee x_2 \vee \overline{x_3}$$

und y_2, y_3 und y_5 erhalten als Wert das dazu aussagenlogische Gegenteil. Der Wert für y_1, y_4 wird dann durch folgende neuronale Anordnung geliefert

$$y_1 = y_4 = (((((x_1 \cdot V_\neg)\ x_2) \cdot V_\vee)\ (x_3 \cdot V_\neg)) \cdot V_\vee\ ,$$

wobei die mit dem $\cdot$ bezeichnete Multiplikation die Schwellwertoperation mit einschließt. Mit der Eingabe $\mathfrak{x} = (1\ 0\ 1)$ wird nun rechnerisch überprüft:

$$
\begin{aligned}
y_1 &= (((((1 \cdot V_\neg)\ 0) \cdot V_\vee)\ (1 \cdot V_\neg)) \cdot V_\vee \\
&= (((0\ 0) \cdot V_\vee)\ 0) \cdot V_\vee \\
&= (0\ \ 0) \cdot V_\vee \\
&= 0\ .
\end{aligned}
$$

Erweitert man diese Anordnung, so dass es auf weitere Situation-Aktion-Paare, zum Beispiel auf $\mathfrak{x} = (1\ 1\ 0)$ mit $\mathfrak{y} = (1\ 0\ 0\ 1\ 1)$, richtig reagiert, werden die nachzubildenden Terme meist umfangreicher. Hier ist allein schon für den aussagenlogischen Term zu y_1

$$(\overline{x_1} \vee x_2 \vee \overline{x_3}) \quad \vee \quad (x_1 \wedge x_2 \wedge \overline{x_3})$$

die neuronale Anordnung

$$
\begin{aligned}
y_1 &= ((((((x_1 \cdot V_\neg)\ x_2) \cdot V_\vee)\ (x_3 \cdot V_\neg)) \cdot V_\vee) \\
&\quad ((((x_1\ \ x_2) \cdot V_\wedge)\ (x_3 \cdot V_\neg)) \cdot V_\wedge) \cdot V_\vee)
\end{aligned}
$$

zu schaffen und auszuwerten.

Nicht nur, dass auf diese Weise das „Lernen" zusätzlicher Situation-Aktion-Paare in der Regel einen immer aufwändiger werdenden Aufbau der zugehörigen neuronalen Struktur nach sich zieht, auch Fehlertoleranz und Fähigkeiten zur Mustervervollständigung oder Musterextraktion fehlen dem so entstehenden Nervenzellverbund. Daher werden andere Möglichkeiten gesucht, Modellneuronen so zusammenzufügen und zu betreiben, dass ihr Verbund zusätzliche nützliche Eigenschaften gewinnt. Dazu werden im Folgenden verschiedene Wege beschrieben, die als **Lernverfahren** bezeichnet werden, um Verbindungsmatrizen für neuronale Netze so mit geeigneten Gewichten zu füllen, dass auf eine vorgelegte Situation $\mathfrak{x}$ mit der gewünschten Aktion $\mathfrak{y}$ reagiert wird. Situation-Aktion-Paare werden auch **Frage-Antwort-Paare** genannt.

2.2 Aufbau neuronaler Strukturen ohne Lernüberwachung

Durch die Beispiele B4 und B5 wird zudem deutlich, dass Matrixoperationen, also Abfragen der Modellneuronen, nicht immer in nur einem Schritt,

sondern oft auch nacheinander ausgeführt werden müssen, um zum Ergebnis
zu gelangen. So könnten zwei Verbindungsmatrizen V_1 und V_2 mit

$$V_1 = \begin{pmatrix} 0,2 & 0 & 0 & 0 & 0 \\ 0 & 0,7 & 0 & 0 & 0 \\ 0 & 0 & 0 & 0 & 0 \\ 0 & 0 & 0 & 0 & 0 \\ 0 & 0 & 0 & 0 & 0 \end{pmatrix}_1, \quad V_2 = \begin{pmatrix} 0 & 0 & -1 & 5 & 3 \\ 0 & 0 & -2 & 3 & 0,6 \\ 0 & 0 & 0 & 0 & 0 \\ 0 & 0 & 0 & 0 & 0 \\ 0 & 0 & 0 & 0 & 0 \end{pmatrix}_1$$

B6

für einen Verbund von fünf, vollständig miteinander verknüpften Modellneuronen eine zweistufige Abfrage bestimmen, indem zum Beispiel das Ergebnis
einer Abfrage mit $\mathfrak{x} = (4\ 7\ 0\ 0\ 0)$ durch

$$\mathfrak{y} = ((4\ 7\ 0\ 0\ 0) \cdot V_1) \cdot V_2$$

berechnet wird. Hier wird also mit $x_1 = 4$ und $x_2 = 7$ angefragt und das
Resultat befindet sich zum Schluss in $y_3 = 0, y_4 = 1, y_5 = 0$. Die beiden
Modellneuronen, die im ersten Schritt die Eingaben für den Verbund erhalten
und verarbeiten, sind von den drei Modellneuronen, die im zweiten Schritt
die Ausgabewerte liefern, zeitlich so getrennt, dass man dieses Nacheinander
durch zwei kleinere Strukturen mit

$$V_1 = \begin{pmatrix} 0,2 & 0 \\ 0 & 0,7 \end{pmatrix}_1, \quad V_2 = \begin{pmatrix} -1 & 5 & 3 \\ -2 & 3 & 0,6 \end{pmatrix}_1$$

erzeugen könnte. Die ursprüngliche Struktur lässt sich hier also in zwei **Schichten** zerlegen. Die Abfrage

$$\mathfrak{y} = ((4\ 7) \cdot V_1) \cdot V_2$$

erbringt das gleiche Ergebnis wie oben.

Ein Verbund aus Modellneuronen, welcher sich in Schichten einteilen lässt,
heißt **Perzeptron**.[21] Diejenigen Modellneuronen, die die Eingabewerte erhalten, werden **Eingabeschicht** genannt,[22] diejenigen, über die die Ausgabewerte geliefert werden, heißen **Ausgabeschicht**. Ein Perzeptron besteht
mindestens aus einer Eingabe- und einer Ausgabeschicht, kann aber auch
Zwischenschichten besitzen, wie das Beispiel B7 des durch nachstehende
Verbindungsmatrizen V_1, V_2, V_3 gegebenen Perzeptrons zeigt:

$$V_1 = \begin{pmatrix} -1 & 0 \\ 0 & 2 \end{pmatrix}_1, \quad V_2 = \begin{pmatrix} 4 & 1 & -2 \\ 2 & -3 & 6 \end{pmatrix}_1, \quad V_3 = \begin{pmatrix} 3 & -5 \\ -1 & 2 \\ 9 & 2 \end{pmatrix}_1.$$

B7

Fragt man das dieses Perzeptron beispielsweise mit $\mathfrak{x} = (-2\ 7)$ ab, so errechnet sich $\mathfrak{y} = ((\mathfrak{x} \cdot V_1) \cdot V_2) \cdot V_3 = (1\ 0)$.[23]

Die Darstellung eines Perzeptrons durch Verbindungsmatrizen V_i hat gegenüber der an anderer Stelle üblichen Darstellung neuronaler Strukturen durch
Graphen wie in Abb. 2.11 den Vorteil, dass der Leser mit Hilfe der Matrizenrechnung und bei komplexeren Aufgaben gegebenenfalls durch den Einsatz
eines Computeralgebrasystems (CAS) die Beispiele dieses Buches nachrech-
nen als auch eigene Versuche zur Funktionsweise neuronaler Netze vornehmen
kann. Das schließt Versuche zu den in den kommenden Abschnitten vorgestellten Lernverfahren und zu Assoziativmatrizen ein. In den Anmerkungen

Schichten

Perzeptron mit
Eingabe-, Ausgabe-
schicht

Zwischenschichten

Matrizendarstellung
und CAS

zu diesem Kapitel werden entsprechende Hinweise für das Computeralgebrasystem *Maxima* gegeben.[24]

Die Eingabeschicht besteht in ⸬B7⸬ aus den Modellneuronen für die Ausgaben y_1, y_2, die Zwischenschicht aus denjenigen für y_3, y_4, y_5 und die Ausgabeschicht aus denen für y_6, y_7. Die zugehörige graphische Darstellung (s. Abb. 2.11) des Perzeptrons macht diese Schichtung deutlicher. Ein Perzeptron, welches Zwischenschichten besitzt, wird **mehrlagig** genannt.[25]

mehrlagiges
Perzeptron

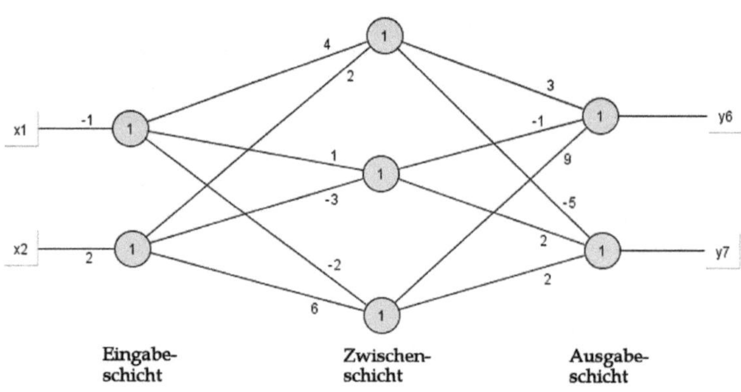

Abb. 2.11: Graphische Darstellung eines Perzeptrons

konstruktives
Lernverfahren

Ein Perzeptron kann vom Anwender für eine gegebene Aufgabe **konstruiert** werden, was bedeutet, dass er die Anzahl an Schichten und die Einträge in die zugehörigen Matrizen vorgibt.[26] Eine anfängliche Festlegung auf die Matrixeinträge muss jedoch im Allgemeinen für neuronale Netze nicht unbedingt vorgenommen werden. Es ist zu Beginn auch eine Belegung der Verbindungsmatrizen mit rein zufälligen Werten möglich, wie das nächste Kapitel 2.3 zu neuronalen Netzen mit **trainierenden** Lernverfahren zeigen wird.

Zur Erläuterung des konstruktiven Lernverfahrens bei einem Perzeptron sei die Aufgabe ⸬B8⸬ vorgelegt, in einem Foto dunkle Pixel[27] zu erkennen, die wie in Abb. 2.12 sich genau in der Mitte des beobachteten Fotoausschnitts befinden. Tabelle 2.13 zeigt die zugehörigen Helligkeitswerte der Pixel in Zahlen zwischen 0 und 255 an.

⸬B8⸬

161	205	161	162	160
166	163	164	164	159
156	156	51	155	157
155	149	159	157	160
153	158	161	157	159

Abb. 2.12: Fotoausschnitt 5 x 5 Pixel   Abb. 2.13: Helligkeitswerte Fotoausschnitt

Zur Lösung der Aufgabe wird ein Perzeptron aufgebaut, dessen Eingabeschicht aus neun Modellneuronen $y_1, y_2, \ldots, y_9$ und dessen Ausgabeschicht aus einem einzelnen Modellneuron y_{10} besteht. Die Eingabeschicht wird mit den neun Helligkeitswerten versorgt, die sich in einer beliebigen Umgebung von 3 x 3 Pixeln auf dem Foto befinden. Die Eingabeschicht hat festzustellen, welche der Pixel als hell und welche als dunkel gelten sollen. Die Ausgabeschicht entscheidet dann, ob sich in der Mitte der jeweils betrachteten 3 x 3 Pixel ein dunkles Pixel befindet.

Die Matrizen V_1, V_2 der Eingabe- und Ausgabeschicht, die hier diese Aufgabe erfüllen, haben eine recht einfache Gestalt:

$$V_1 = \begin{pmatrix} -1 & 0 & 0 & 0 & 0 & 0 & 0 & 0 & 0 \\ 0 & -1 & 0 & 0 & 0 & 0 & 0 & 0 & 0 \\ 0 & 0 & -1 & 0 & 0 & 0 & 0 & 0 & 0 \\ 0 & 0 & 0 & -1 & 0 & 0 & 0 & 0 & 0 \\ 0 & 0 & 0 & 0 & -1 & 0 & 0 & 0 & 0 \\ 0 & 0 & 0 & 0 & 0 & -1 & 0 & 0 & 0 \\ 0 & 0 & 0 & 0 & 0 & 0 & -1 & 0 & 0 \\ 0 & 0 & 0 & 0 & 0 & 0 & 0 & -1 & 0 \\ 0 & 0 & 0 & 0 & 0 & 0 & 0 & 0 & -1 \end{pmatrix}_{-128} \qquad V_2 = \begin{pmatrix} 0 \\ 0 \\ 0 \\ 0 \\ 1 \\ 0 \\ 0 \\ 0 \\ 0 \end{pmatrix}_1 .$$

Fragt man nun mit den Helligkeitswerten der linken, oberen 3 x 3 Pixel ab, so liefert

$$\mathfrak{y} = ((161\ 205\ 161\ 166\ 163\ 164\ 156\ 156\ 51) \cdot V_1) \cdot V_2$$

für das Ausgabeneuron den Wert $y_{10} = 0$. Dort befindet sich also kein dunkles Pixel in der Mitte. Fragt man hingegen mit den Werten des mittleren 3 x 3-Pixelfeldes ab, so ergibt sich für das Ausgabeneuron

$$\mathfrak{y} = ((163\ 164\ 164\ 156\ 51\ 155\ 149\ 159\ 157) \cdot V_1) \cdot V_2$$

der Wert $y_{10} = 1$. Das Ausgabeneuron teilt also mit, dass sich in der Mitte der betrachteten 3 x 3 Pixel eines der gesuchten dunklen Pixel befindet, womit die gestellte Aufgabe gelöst ist. Der Schwellwert von V_1 legt dabei fest, was als „dunkel" gilt.

Erweitert man die Aufgabe in ⌐B8¬ und verlangt von dem Perzeptron zusätzlich, ein dunkles Pixel nur zu melden, wenn es von hellen Pixeln umgeben ist, so wird man eine Schicht verändern oder eine neue einfügen müssen. In ⌐B8¬ genügt es, V_2 wie nebenstehend zu ändern. Doch 1969 untersuchten Marvin Minsky und Seymour Papert Aufgabenstellungen ausführlich, an denen ein Perzeptron prinzipiell scheitert. Eines der Probleme, das XOR-Problem, welches ein einlagiges Perzeptron nicht bewältigen kann, löste Frank Rosenblatt durch Einfügen einer Zwischenschicht.[28] Minsky und Papert vermuteten, dass die Leistung eines Gehirns nicht durch ein einförmiges Netzwerk gebildet wird, sondern durch den Verbund kleinerer, spezialisierter Netzwerke.[29]

$$V_2 = \begin{pmatrix} -1 \\ -1 \\ -1 \\ -1 \\ 1 \\ -1 \\ -1 \\ -1 \\ -1 \end{pmatrix}_1 \qquad \text{XOR-Problem}$$

Das Beispiel $\boxed{B8}$ mag einerseits deutlich machen, dass man die nötigen Einfälle haben muss, um mit seinem Perzeptron zum Ziel zu kommen, aber auch, dass hier jedes der beteiligten Modellneuronen seinen Zweck exakt erfüllen muss, was dem biologischen Vorbild kaum entspricht.

Für den Fall, dass die vom Perzeptron zu verarbeitenden Daten in binärer Form wie in Beispiel $\boxed{B4}$ vorliegen, lässt sich ein Verfahren angeben, um eine geeignete Matrix V aufzustellen. Die beiden einzutragenden Paare aus $\boxed{B4}$ sind $\mathfrak{x}_1 = (1\,0\,1) \;\to\; \mathfrak{y}_1 = (0\,1\,1\,0\,1)$ und $\mathfrak{x}_2 = (1\,1\,0) \;\to\; \mathfrak{y}_2 = (1\,0\,0\,1\,1)$. Da die Daten binär vorliegen und drei Modellneuronen für die Eingaben und fünf für die Ausgaben vorzusehen sind, wird für die Eingabeschicht als Verbindungsmatrix V_1 eine 3x3-Einheitsmatrix mit dem Schwellwert $\Theta = 1$ gewählt. Für die Ausgabeschicht werden in eine 3x5-Nullmatrix zuerst die Werte von $\mathfrak{y}_1$ in diejenigen Zeilen hineinkopiert, für die $\mathfrak{x}_1$ eine Eins enthält, hier also in die erste und dritte Zeile. Nach dem Eintragen des ersten Frage-Antwort-Paars ergibt sich damit für V_2 die Matrix

$$V_2 = \begin{pmatrix} 0 & 1 & 1 & 0 & 1 \\ 0 & 0 & 0 & 0 & 0 \\ 0 & 1 & 1 & 0 & 1 \end{pmatrix}.$$

Danach wird $\mathfrak{y}_2$ entsprechend eingetragen, wobei eine bereits vorhandene Eins beim Hineinkopieren erhalten bleibt, also nicht etwa durch eine Zwei oder Null ersetzt wird. Als Schwellwert wird hier $\Theta = 2$ gewählt, da die Fragen je zwei Einsen enthalten. Dadurch wird V_2 zu

$$V_2 = \begin{pmatrix} 1 & 1 & 1 & 1 & 1 \\ 1 & 0 & 0 & 1 & 1 \\ 0 & 1 & 1 & 0 & 1 \end{pmatrix}_2.$$

Die Rechnungen

$$\begin{aligned} (1\,0\,1) \cdot V_2 &= (0\,1\,1\,0\,1) \\ (1\,1\,0) \cdot V_2 &= (1\,0\,0\,1\,1) \end{aligned}$$

bestätigen, dass das Perzeptron wie gewünscht arbeitet. Die Verbindungsmatrix V_1 der Eingabeschicht kann bei dieser Abfrage ausgelassen werden, da sie als Einheitsmatrix angesetzt wurde. Trägt man weitere Frage-Antwort-Paare in V_2 ein, so muss man zunehmend damit rechnen, dass unerwartete Antworten gegeben werden, da die Matrix zu viele Einsen eingetragen bekommt, um noch auf jede Frage korrekt reagieren zu können.

Das soeben vorgestellte Verfahren zum Füllen einer Matrix V mit geeigneten Verbindungsgewichten, die **L-Lernregel**, geht auf [Willshaw et al. 1969] zurück[30] und wird im Kapitel 2.5 als eine der Lernregeln für Assoziativmatrizen verwendet werden.[31]

Die Gliederung des Perzeptrons in Schichten findet wie oben gezeigt seinen Ausdruck in der Beschreibung der Struktur und der Verbindungsstärken durch mehrere, nacheinander anzuwendende Matrizen V_i. Die Modellneuronen einer Schicht nehmen auf diejenigen der vorangehenden Schicht keinen Einfluss. Bei **Hopfield-Netzen** lässt man das nun aber zu, stellt folglich nur eine einzige Matrix $V = (w_{ij})_{i,j=1,\ldots,n}$ für n vollständig miteinander verbundene Modellneuronen auf, schränkt jedoch ein, dass kein Modellneuron mit sich selbst verbunden und dass ein Modellneuron a mit einem Modellneuron b genau so stark verknüpft wird, wie das Modellneuron b mit dem Modellneuron a. Für die Verbindungsgewichte in Zeile i und Spalte j gilt also $w_{ii} = 0$ und $w_{ij} = w_{ji}$.

Bei den in ein Hopfield-Netz einzutragenden Frage-Antwort-Paaren ist die Frage gleich der Antwort. In solchen Fällen werden im Folgenden die Fragen und Antworten **Muster** genannt. Entspricht beim Abfragen eine gestellte Frage nicht exakt dem gelernten Muster, bezeichnet man diese Frage als **gestörtes** Muster.

Muster

John J. Hopfield[32] gibt in [Hopfield 1982] zur Bestimmung der Verbindungsgewichte für n abzuspeichernde Muster $m_1, m_2, m_3, \ldots, m_n$ mit $i \neq j$ an:[33]

Hopfield-Lernregel

$$w_{ij} = \sum_{k=1}^{n} (2 \cdot (m_k)_i - 1) \cdot (2 \cdot (m_k)_j - 1)$$

Sollten zum Beispiel folgende drei Muster m_1, m_2, m_3 von einem Hopfield-Netz zu speichern sein

B9

$$m_1 = (0\ 0\ 1\ 1\ 0), \quad m_2 = (0\ 1\ 1\ 0\ 0), \quad m_3 = (1\ 0\ 0\ 0\ 1),$$

dann ergibt sich durch Anwendung der von Hopfield genannten Regel[34] die Verbindungsmatrix $\mathbf{V}$ mit

$$V = \begin{pmatrix} 0 & -1 & -3 & -1 & 3 \\ -1 & 0 & 1 & -1 & -1 \\ -3 & 1 & 0 & 1 & -3 \\ -1 & -1 & 1 & 0 & -1 \\ 3 & -1 & -3 & -1 & 0 \end{pmatrix}_0 .$$

Die Rechnungen $m_1 \cdot V = m_1$, $m_2 \cdot V = m_2$ und $m_3 \cdot V = m_3$ bestätigen, dass das in B9 aufgestellte Hopfield-Netz die drei gespeicherten Muster erkennt.[35] Fragt man mit einem nicht gelernten Muster ab, beispielsweise mit $(0\ 0\ 0\ 0\ 1)$, dann antwortet das Netz mit $(1\ 0\ 0\ 0\ 0)$, fragt man mit $(0\ 0\ 0\ 1\ 0)$ erhält man die Antwort $(0\ 0\ 1\ 0\ 0)$. Legt man diese Antworten wiederum als Fragen vor, lässt sich erkennen, dass das Netz im Unterschied zum Verhalten bei gelernten Mustern hier nicht zu einer festen Antwort gelangt. Dass ein Hopfield-Netz jedoch auch in der Lage ist, bei Anfragen mit nicht gelernten Mustern zu einer festen Antwort zu kommen, soll Beispiel B10 verdeutlichen.

MAX-Beispiel

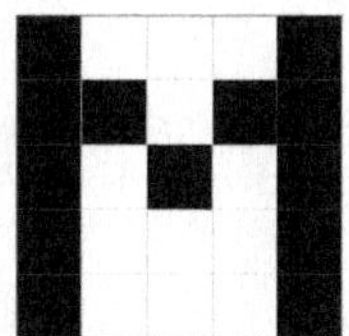 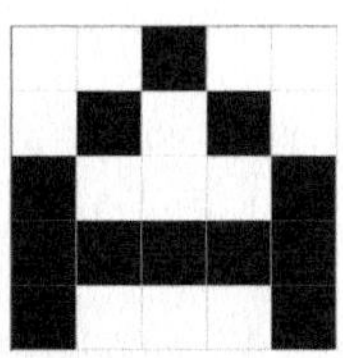 

Abb. 2.14: Drei zu lernende Pixelmuster 'M', 'A', 'X' für ein Hopfield-Netz

Ein Hopfield-Netz soll die drei Pixelmuster aus Abb. 2.14 lernen. Dazu werden die dunklen Pixel mit dem Wert 1 und die hellen Pixel mit dem Wert 0 in die Muster m_1, m_2 und m_3 eingetragen.

B10

Zeile für Zeile werden die Pixelwerte nacheinander notiert und es ergeben sich somit als Werte für die drei Muster

$$
\begin{aligned}
m_1 &= (1\,0\,0\,0\,1\,1\,1\,0\,1\,1\,1\,0\,1\,0\,1\,1\,0\,0\,0\,1\,1\,0\,0\,0\,1) \\
m_2 &= (0\,0\,1\,0\,0\,0\,1\,0\,1\,0\,1\,0\,0\,0\,1\,1\,1\,1\,1\,1\,0\,0\,0\,1) \\
m_3 &= (1\,0\,0\,0\,1\,0\,1\,0\,1\,0\,0\,0\,1\,0\,0\,0\,1\,0\,1\,0\,1\,0\,0\,0\,1)
\end{aligned}
$$

und mit der Hopfield-Lernregel bestimmen sich für die Gewichte der Verbindungsmatrix V die in Abb. 2.15 gezeigten Werte. Der Schwellwert wird auf $\Theta = 0$ gesetzt.

$$
\begin{bmatrix}
0 & -1 & -3 & -1 & 3 & 1 & 1 & -1 & 1 & 1 & -1 & -1 & 3 & -1 & -1 & -1 & -1 & -3 & -1 & -1 & 1 & -1 & -1 & -1 & 1 \\
-1 & 0 & 1 & 3 & -1 & 1 & -3 & 3 & -3 & 1 & -1 & 3 & -1 & 3 & -1 & -1 & -1 & 1 & -1 & -1 & -3 & 3 & 3 & 3 & -3 \\
-3 & 1 & 0 & 1 & -3 & -1 & -1 & 1 & -1 & -1 & 1 & 1 & -3 & 1 & 1 & 1 & 1 & 3 & 1 & 1 & -1 & 1 & 1 & 1 & -1 \\
-1 & 3 & 1 & 0 & -1 & 1 & -3 & 3 & -3 & 1 & -1 & 3 & -1 & 3 & -1 & -1 & -1 & 1 & -1 & -1 & -3 & 3 & 3 & 3 & -3 \\
3 & -1 & -3 & -1 & 0 & 1 & 1 & -1 & 1 & 1 & -1 & -1 & 3 & -1 & -1 & -1 & -1 & -3 & -1 & -1 & 1 & -1 & -1 & -1 & 1 \\
1 & 1 & -1 & 1 & 1 & 0 & -1 & 1 & -1 & 3 & 1 & 1 & 1 & 1 & 1 & 1 & -3 & -1 & -3 & 1 & -1 & 1 & 1 & 1 & -1 \\
1 & -3 & -1 & -3 & 1 & -1 & 0 & -3 & 3 & -1 & 1 & -3 & 1 & -3 & 1 & 1 & 1 & -1 & 1 & 1 & 3 & -3 & -3 & -3 & 3 \\
-1 & 3 & 1 & 3 & -1 & 1 & -3 & 0 & -3 & 1 & -1 & 3 & -1 & 3 & -1 & -1 & -1 & 1 & -1 & -1 & -3 & 3 & 3 & 3 & -3 \\
1 & -3 & -1 & -3 & 1 & -1 & 3 & -3 & 0 & -1 & 1 & -3 & 1 & -3 & 1 & 1 & 1 & -1 & 1 & 1 & 3 & -3 & -3 & -3 & 3 \\
1 & 1 & -1 & 1 & 1 & 3 & -1 & 1 & -1 & 0 & 1 & 1 & 1 & 1 & 1 & 1 & -3 & -1 & -3 & 1 & -1 & 1 & 1 & 1 & -1 \\
-1 & -1 & 1 & -1 & -1 & 1 & 1 & -1 & 1 & 1 & 0 & -1 & -1 & -1 & 3 & 3 & -1 & 1 & -1 & 3 & 1 & -1 & -1 & -1 & 1 \\
-1 & 3 & 1 & 3 & -1 & 1 & -3 & 3 & -3 & 1 & -1 & 0 & -1 & 3 & -1 & -1 & -1 & 1 & -1 & -1 & -3 & 3 & 3 & 3 & -3 \\
3 & -1 & -3 & -1 & 3 & 1 & 1 & -1 & 1 & 1 & -1 & -1 & 0 & -1 & -1 & -1 & -1 & -3 & -1 & -1 & 1 & -1 & -1 & -1 & 1 \\
-1 & 3 & 1 & 3 & -1 & 1 & -3 & 3 & -3 & 1 & -1 & 3 & -1 & 0 & -1 & -1 & -1 & 1 & -1 & -1 & -3 & 3 & 3 & 3 & -3 \\
-1 & -1 & 1 & -1 & -1 & 1 & 1 & -1 & 1 & 1 & 3 & -1 & -1 & -1 & 0 & 3 & -1 & 1 & -1 & 3 & 1 & -1 & -1 & -1 & 1 \\
-1 & -1 & 1 & -1 & -1 & 1 & 1 & -1 & 1 & 1 & 3 & -1 & -1 & -1 & 3 & 0 & -1 & 1 & -1 & 3 & 1 & -1 & -1 & -1 & 1 \\
-1 & -1 & 1 & -1 & -1 & -3 & 1 & -1 & 1 & -3 & -1 & -1 & -1 & -1 & -1 & -1 & 0 & 1 & 3 & -1 & 1 & -1 & -1 & -1 & 1 \\
-3 & 1 & 3 & 1 & -3 & -1 & -1 & 1 & -1 & -1 & 1 & 1 & -3 & 1 & 1 & 1 & 1 & 0 & 1 & 1 & -1 & 1 & 1 & 1 & -1 \\
-1 & -1 & 1 & -1 & -1 & -3 & 1 & -1 & 1 & -3 & -1 & -1 & -1 & -1 & -1 & -1 & 3 & 1 & 0 & -1 & 1 & -1 & -1 & -1 & 1 \\
-1 & -1 & 1 & -1 & -1 & 1 & 1 & -1 & 1 & 1 & 3 & -1 & -1 & -1 & 3 & 3 & -1 & 1 & -1 & 0 & 1 & -1 & -1 & -1 & 1 \\
1 & -3 & -1 & -3 & 1 & -1 & 3 & -3 & 3 & -1 & 1 & -3 & 1 & -3 & 1 & 1 & 1 & -1 & 1 & 1 & 0 & -3 & -3 & -3 & 3 \\
-1 & 3 & 1 & 3 & -1 & 1 & -3 & 3 & -3 & 1 & -1 & 3 & -1 & 3 & -1 & -1 & -1 & 1 & -1 & -1 & -3 & 0 & 3 & 3 & -3 \\
-1 & 3 & 1 & 3 & -1 & 1 & -3 & 3 & -3 & 1 & -1 & 3 & -1 & 3 & -1 & -1 & -1 & 1 & -1 & -1 & -3 & 3 & 0 & 3 & -3 \\
-1 & 3 & 1 & 3 & -1 & 1 & -3 & 3 & -3 & 1 & -1 & 3 & -1 & 3 & -1 & -1 & -1 & 1 & -1 & -1 & -3 & 3 & 3 & 0 & -3 \\
1 & -3 & -1 & -3 & 1 & -1 & 3 & -3 & 3 & -1 & 1 & -3 & 1 & -3 & 1 & 1 & 1 & -1 & 1 & 1 & 3 & -3 & -3 & -3 & 0
\end{bmatrix}
$$

Abb. 2.15: Gewichte der Verbindungsmatrix V zum MAX-Beispiel

Die drei Muster aus Abb. 2.14 werden vom durch V gegebenen Hopfield-Netz erkannt, wie die Rechnungen $m_1 \cdot V = m_1$, $m_2 \cdot V = m_2$ und $m_3 \cdot V = M_3$ zeigen.

Am Beispiel B10 lässt sich zudem die Eigenschaft von Hopfield-Netzen sichtbar machen, Muster vervollständigen zu können. Man frage V dazu mit den in Teilen veränderten Mustern aus Abb. 2.16 ab.

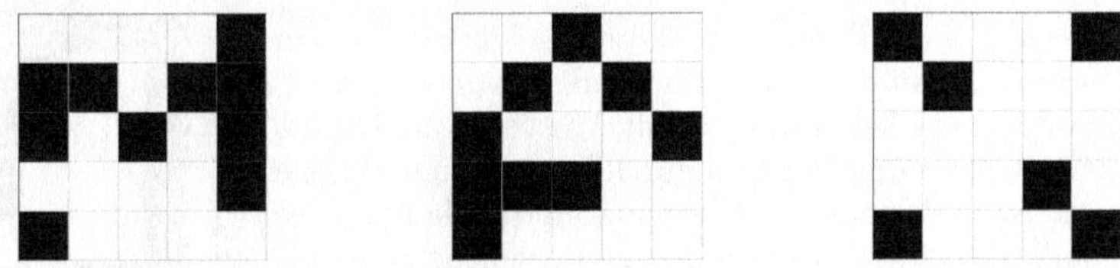

Abb. 2.16: Drei gestörte Pixelmuster zur Abfrage des Hopfield-Netzes

Die drei vorgelegten Muster aus Abb. 2.16, in denen im Unterschied zu den gelernten Mustern m_1, m_2 und m_3 einige dunkle Pixel fehlen, werden bei einer Abfrage korrekt zu den gelernten Mustern ergänzt.

Doch treten beim vorgestellten Verfahren für Hopfield-Netze auch Fälle auf, in denen keine Mustererkennung gelingt. Die Abb. 2.17 zeigt drei Muster, die wie oben in ein Hopfield-Netz eingetragen werden.

ABC-Beispiel

Abb. 2.17: Drei zu lernende Pixelmuster 'A', 'B', 'C' für ein Hopfield-Netz

Fragt man mit den ersten beiden Mustern aus Abb. 2.17 das eben erzeugte Hopfield-Netz ab, so erhält man die erwarteten Ergebnisse für 'A' und 'B'. Doch legt man dem Hopfield-Netz das dritte Muster vor, so lässt die Antwort ein Zeichen erscheinen, welches einem 'B' ähnelt. Fragt man mit dieser Antwort nochmals ab, erscheint endgültig das 'B'-Muster, wie in Abb. 2.18 veranschaulicht. Alle dunklen Pixel des 'C'-Musters sind auch im 'B'-Muster enthalten, so dass es zu dieser unerwünschten Antwort kommt.

B11

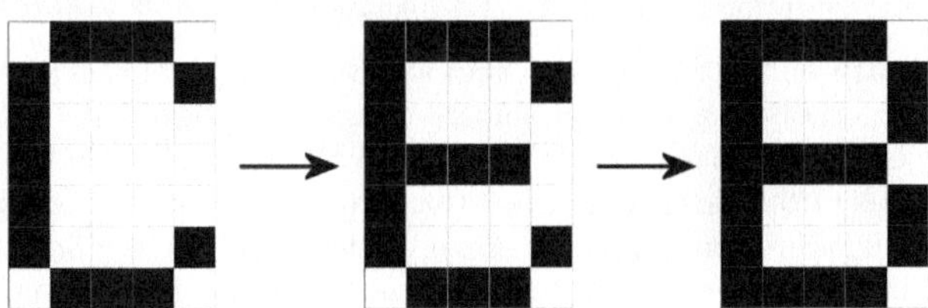

Abb. 2.18: Die Abfrage mit dem 'C'-Muster führt letztlich zu einem 'B'-Muster.

Lernt man nun aber im Beispiel B11 außer den drei Mustern für 'A', 'B' und 'C' als viertes noch ein 'D'-Muster wie in Abb. 2.19, dann endet die Abfrage des Hopfield-Netzes mit dem 'C'-Muster zuletzt bei einem Muster, welches nicht gelernt wurde und eine Mischung aus dem 'C'-Muster und dem 'D'-Muster zu sein scheint.

Für weitere Versuche mit dem Hopfield-Netz bieten sich die Übungen 2.4 an, in denen unter anderem geprüft wird, wie sich das Netz bei Abfragen mit Mustern verhält, die sich von den gelernten Mustern durch hinzugefügte dunkle Pixel unterscheiden oder in denen sowohl dunkle Pixel des ursprünglichen Musters gelöscht als auch neue hinzugefügt wurden. Damit wird auf die Fähigkeiten der Hopfield-Netze zur Musterergänzung und Musterextraktion eingegangen.

Abb.   2.19: 'D'-Muster

Kohonenkarten, SOM

Weitere Verfahren zum Aufbau einer neuronalen Struktur ohne Lernüberwachung wurden von Teuvo Kohonen[36] zum Bilden selbstorganisierender Karten, auch Kohonenkarten genannt,[37] eingeführt. In ihnen werden linear oder flächig angeordnete Neuronen, die jeweils durch ein n-Tupel an Werten modelliert sind, wiederholt Eingabereizen ausgesetzt, die ebenfalls als n-Tupel angelegt werden. Mit Hilfe einer Kohonen-Lernregel[38] werden die Werte der Neuronen so verändert, dass Reize, die ähnlich einem der Eingabereize sind, in dessen Nähe zu liegen kommen. Es ist anzumerken, dass die Lernalgorithmen für Kohonenkarten weder überprüfen noch sich daran orientieren, ob das Lernen erfolgreich ist. Daher wird es zu den Verfahren ohne Lernüberwachung gerechnet. Als solches eignet es sich für Anwendungen, bei denen die gewünschten Antworten nicht von vorneherein feststehen oder bekannt sind, sondern sich erst im Laufe des Lernprozesses ergeben. Zur Lernzeit kann sich dieses neuronale Netz dank seiner Fähigkeit zur Selbstorganisation an geänderte Lernziele oder neue von der Sensorik gelieferte Werte anpassen.[39]

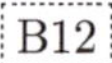

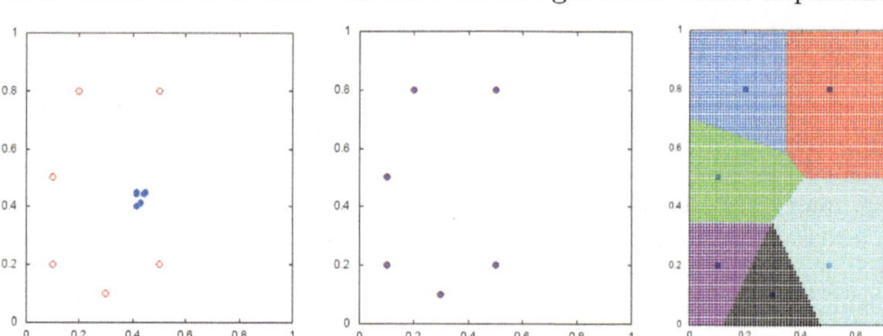

Abb. 2.20: Startsituation   Abb. 2.21: Endsituation   Abb. 2.22: Abfrage

In B12 wurden einem neuronalen Netz aus 3x2 Modellneuronen sechs Eingabereize wiederholt in zufälliger Abfolge vorgelegt. Jedes dieser Modellneuronen und jeder Eingabereiz besteht aus zwei Werten, nämlich aus den Koordinaten eines Ortes der Ebene. Die Abb. 2.20 gibt die in den 3x2 Neuronen und in den Eingabereizen abgelegten Orte wieder. Anfangs „befinden" sich die Neuronen an zufällig gewählten Orten in der Mitte des Feldes, markiert als dunkle Flecken in Abb. 2.20. Die Eingabereize „liegen" hier, als kleine Kreise dargestellt, weiter außen. Nach einigen tausend Lernschritten haben sich die Werte der Neuronen den Eingabereizen angepasst (s. Abb. 2.21). Die Flecken liegen jetzt innerhalb der Kreise. Fragt man das Netz nun mit Koordinaten von den Orten der Ebene ab, ergibt sich die in Abb. 2.22 gezeigte Karte. Ein im Detail erläutertes *Maxima*-Skript für B12 ist in den Anmerkungen am Ende dieses Kapitels nachzulesen.[40]

2.3 Aufbau neuronaler Strukturen mit Lernüberwachung

Bei den weiter oben vorgestellten Verfahren wird die Verbindungsmatrix V durch einmaliges Eintragen der Datenpaare oder Muster in festgelegter Weise gefüllt. Bei den selbstorganisierenden Karten nach Kohonen diente ein wiederholtes Vorlegen von Eingabereizen dem Entstehen der Einträge von V. Es gibt demgegenüber jedoch auch Verfahren, bei denen die Verbindungsgewichte nach einem anfänglichen Eintragen der Datenpaare in weiteren Durchgängen anhand der auftretenden Fehler solange verändert werden, bis die durch diese Schritte angepasste Matrix die gewünschten Ausgaben liefert. Dieses Vorgehen wird **Training** genannt.

Trainingsverfahren für neuronale Netze

Mit einer auf den Erkenntnissen von Donald Hebb fußenden Regel lässt sich eine schrittweise Veränderung der Verbindungsgewichte mit dem Ziel vornehmen, dass das neuronale Netz letztlich auf jede der gelernten Frage-Antwort-Paare korrekt reagiert. Die Änderung ΔV der Verbindungsmatrix V bestimmt sich mit dieser Regel durch

Hebbsche Lernregel

$$\Delta V = \mathfrak{f}^T \cdot \eta(\mathfrak{a}_{soll} - \mathfrak{a}_{ist}) \ ,$$

wobei mit η eine geeignet zu wählende, sogenannte **Lernrate** bezeichnet wird, mit $\mathfrak{f}$ eine Frage und mit $\mathfrak{a}_{soll}$ die gewünschte Antwort gemeint ist. Die Antwort $\mathfrak{a}_{ist}$, die das Netz aktuell liefert, wird mit der Antwort $\mathfrak{a}_{soll}$ verglichen. Sollte sich $\mathfrak{a}_{ist}$ von $\mathfrak{a}_{soll}$ nicht unterscheiden, dann ist ΔV die Nullmatrix und folglich wäre V nicht zu verändern. Im anderen Falle liefert ΔV diejenigen Werte Δw_{ij}, um die die derzeitigen Einträge der Verbindungsmatrix V zu ändern sind: $V_{neu} = V_{alt} + \Delta V$.

Lernrate η

Seien beispielsweise folgende drei Frage-Antwort-Paare von einem neuronalen Netz zu lernen:

B13

$$\mathfrak{f}_1 = (1\ 0\ 1\ 0) \quad \to \quad \mathfrak{a}_1 = (1\ 1\ 0\ 1)$$
$$\mathfrak{f}_2 = (1\ 1\ 0\ 0) \quad \to \quad \mathfrak{a}_2 = (1\ 0\ 1\ 1)$$
$$\mathfrak{f}_3 = (0\ 1\ 1\ 1) \quad \to \quad \mathfrak{a}_3 = (0\ 0\ 1\ 1) \ .$$

Dann lässt sich die Verbindungsmatrix V gemäß der Hebbschen Einsicht, dass sich neuronale Verbindungen umso mehr verstärken, je öfter sie genutzt werden, bei n Frage-Antwort-Paaren zu Beginn wie folgt ansetzen:

$$V = \sum_{k=1}^{n} \mathfrak{f}_k^T \cdot \mathfrak{a}_k \ .$$

Für B13 ergibt sich dadurch für V die Rechnung[41]

$$
\begin{aligned}
V &= \mathfrak{f}_1^T \cdot \mathfrak{a}_1 + \mathfrak{f}_2^T \cdot \mathfrak{a}_2 + \mathfrak{f}_3^T \cdot \mathfrak{a}_3 \\
&= \begin{pmatrix} 2 & 1 & 1 & 2 \\ 1 & 0 & 2 & 2 \\ 1 & 1 & 1 & 2 \\ 0 & 0 & 1 & 1 \end{pmatrix}_0 \ .
\end{aligned}
$$

Da nun aber alle Abfragen nicht das gewünschte Ergebnis erzielen, es ergibt sich nämlich für alle Fragen $\mathfrak{f}_i \cdot V = (1\ 1\ 1\ 1)$, werden die Einträge der Verbindungsmatrix geändert und ΔV wie oben beschrieben berechnet. Für das erste Frage-Antwort-Paar $(\mathfrak{f}_1, \mathfrak{a}_1)$ folgt mit der Lernrate $\eta = \frac{1}{2}$

$$\begin{aligned}
\Delta V &= \mathfrak{f}_1^T \cdot \eta(\mathfrak{a}_1 - (1\ 1\ 1\ 1)) \\
&= \begin{pmatrix} 0 & 0 & -\frac{1}{2} & 0 \\ 0 & 0 & 0 & 0 \\ 0 & 0 & -\frac{1}{2} & 0 \\ 0 & 0 & 0 & 0 \end{pmatrix}_0 .
\end{aligned}$$

und

$$\begin{aligned}
V_{neu} &= V_{alt} + \Delta V \\
&= \begin{pmatrix} 2 & 1 & \frac{1}{2} & 2 \\ 1 & 0 & 2 & 2 \\ 1 & 1 & \frac{1}{2} & 2 \\ 0 & 0 & 1 & 1 \end{pmatrix}_0 .
\end{aligned}$$

Führt man diese Schritte anschließend noch mit den anderen beiden Frage-Antwort-Paaren durch,[42] so entsteht

$$V = \begin{pmatrix} 2 & \frac{1}{2} & \frac{1}{2} & 2 \\ \frac{1}{2} & -1 & 2 & 2 \\ \frac{1}{2} & \frac{1}{2} & \frac{1}{2} & 2 \\ -\frac{1}{2} & -\frac{1}{2} & 1 & 1 \end{pmatrix}_0$$

und das Netz antwortet immerhin schon auf die Frage $\mathfrak{f}_2$ richtig. Nach einem weiteren Korrekturlauf mit den drei Frage-Antwort-Paaren erhält man

$$V = \begin{pmatrix} 2 & \frac{1}{2} & 0 & 2 \\ 0 & -1 & 2 & 2 \\ 0 & \frac{1}{2} & 0 & 2 \\ -1 & -\frac{1}{2} & 1 & 1 \end{pmatrix}_0$$

und das Netz reagiert wie erhofft auf alle Fragen $\mathfrak{f}_i$ mit der zugehörigen Antwort $\mathfrak{a}_i$. Wäre eine andere Lernrate η gewählt worden, so hätte das Einfluss auf das Änderungsverfahren genommen. Für $\eta = 1$ käme man beispielsweise in $\boxed{\text{B13}}$ mit weniger Schritten zum Ziel.

Eine weitere, sehr bekannte Lernregel für das Training einer neuronalen Struktur ist die **Backpropagation-Lernregel**. Auch wenn das Verfahren im Kern wie oben in diesem Kapitel durch $V_{neu} = V_{alt} + \Delta V$ beschrieben werden kann, so unterscheidet es sich jedoch unter anderem von der Hebbschen Lernregel wesentlich darin, dass es stets auf mehrschichtige Netze angewandt wird und dass kein Schwellwert angegeben wird, bezüglich dessen ein Neuron entweder eine 1 oder eine 0 ausgibt, sondern dass eine **Ausgangsfunktion** f den Ausgabewert der Neuronen bestimmt. Der Einfachheit halber nehmen wir dazu im Folgenden an, dass f für alle Neuronen dieselbe Gleichung

$$f(x) = \frac{1}{1 + e^{-x}}$$

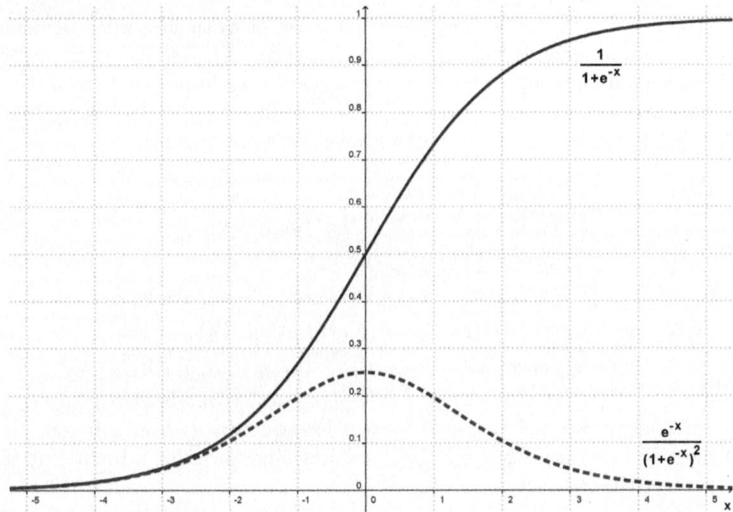

Abb. 2.23: Graphen der Ausgangsfunktion f und ihrer Ableitungsfunktion f' für die Backpropagation-Lernregel

besitzt. Die Neuronen antworten also mit Werten zwischen 0 und 1. Der Graph der Ausgangsfunktion f hat die in Abb. 2.23 gezeigte Gestalt.

Wie bei der Hebbschen Lernregel bildet beim Backpropagation-Verfahren die Abweichung $\mathfrak{a}_{soll} - \mathfrak{a}_{ist}$ die Grundlage für die Korrektur der Verbindungsmatrizen. Hier wird sie aber zusätzlich mit Hilfe von Werten der ersten Ableitung von f gewichtet, wobei sich die Gleichung der Ableitungsfunktion f' in die Form

$$f'(x) = f(x) \cdot (1 - f(x))$$

bringen lässt und f' folglich bei 0 ihren größten Wert nämlich $\frac{1}{4}$ aufweist. Den Graphen von f' gibt Abb. 2.23 gestrichelt wieder.

Die Backpropagation-Lernregel wird zum Training mehrschichtiger neuronaler Strukturen eingesetzt. Es müssen eine Eingabe- und eine Ausgabeschicht und mindestens eine Zwischenschicht vorhanden sein. Nehmen wir an, dass für ein dreischichtiges Netz die Verbindungsmatrizen V_1 und V_2 mit zufällig ermittelten Werten gefüllt wurden.[43] Nach Abfrage mit diesen Matrizen über $\mathfrak{a}_{ist} = f(f(\mathfrak{x} \cdot V_1) \cdot V_2)$ werden aufgrund der Abweichung von $\mathfrak{a}_{ist}$ zu $\mathfrak{a}_{soll}$ die Verbindungsmatrizen korrigiert. Die Änderung ΔV_2 der Verbindungsmatrix V_2 wird berechnet durch

$$\Delta V_2 = \eta \odot f(\mathfrak{x} \cdot V_1)^T \cdot [f'(f(\mathfrak{x} \cdot V_1) \cdot V_2) \odot (\mathfrak{a}_{soll} - \mathfrak{a}_{ist})]$$

mit $(\mathfrak{x}, \mathfrak{a}_{soll})$ als zu lernendes Frage-Antwort-Paar und η als Lernrate. Die Ausgangsfunktion f beziehungsweise deren Ableitungsfunktion f' wird jeweils auf alle Komponenten der berechneten Tupel angewandt. Das Operatorzeichen $\odot$ steht für die komponentenweise Multiplikation.[44] Bei der Korrektur der Werte in V_1 greift man wiederum auf die mit Werten der Ableitungsfunktion f' gewichtete Differenz $\mathfrak{a}_{soll} - \mathfrak{a}_{ist}$ zu:

$$\Delta V_1 = \eta \odot \mathfrak{x}^T \cdot (f'(\mathfrak{x} \cdot V_1) \odot [f'(f(\mathfrak{x} \cdot V_1) \cdot V_2) \odot (\mathfrak{a}_{soll} - \mathfrak{a}_{ist})] \cdot V_2^T)$$

Der Tatsache, dass man bei der Korrektur weiter vorn liegender Schichten auf weiter hinten liegende Schichten zugreift, verdankt das Backpropagation-Verfahren seinen Namen.[45] Die Bildungsweise der Änderungsmatrizen für die Backpropagation-Lernregel wird erkennbar, wenn man die Änderungsmatrizen ΔV_1, ΔV_2, ΔV_3 für ein vierschichtiges Netz untersucht:

vierschichtiges Netz

$$
\begin{aligned}
\Delta V_3 \;=\;& \eta \odot f(f(\mathfrak{x} \cdot V_1) \cdot V_2)^T \cdot \\
& [f'(f(f(\mathfrak{x} \cdot V_1) \cdot V_2) \cdot V_3) \odot (\mathfrak{a}_{soll} - \mathfrak{a}_{ist})] \\
\Delta V_2 \;=\;& \eta \odot f(\mathfrak{x}^T \cdot V_1) \cdot (f'(f(\mathfrak{x} \cdot V_1) \cdot V_2) \odot \\
& [f'(f(f(\mathfrak{x} \cdot V_1) \cdot V_2) \cdot V_3) \odot (\mathfrak{a}_{soll} - \mathfrak{a}_{ist})] \cdot V_3^T) \\
\Delta V_1 \;=\;& \eta \odot \mathfrak{x}^T \cdot (f'(\mathfrak{x} \cdot V_1) \odot (f'(f(\mathfrak{x} \cdot V_1) \cdot V_2) \odot \\
& [f'(f(f(\mathfrak{x} \cdot V_1) \cdot V_2) \cdot V_3) \odot (\mathfrak{a}_{soll} - \mathfrak{a}_{ist})] \cdot V_3^T) \cdot V_2^T)
\end{aligned}
$$

B14

In einem ersten Beispiel sollen folgende Frage-Antwort-Paare in ein dreischichtiges Netz eingetragen werden, welches eine Zwischenschicht mit fünf Neuronen erhält (4-5-3-Netz):

$$
\begin{aligned}
\mathfrak{f}_1 = (1\ 0\ 0\ 1) \quad &\rightarrow \quad \mathfrak{a}_1 = (1\ 0\ 1) \\
\mathfrak{f}_2 = (1\ 0\ 1\ 0) \quad &\rightarrow \quad \mathfrak{a}_2 = (0\ 1\ 0) \\
\mathfrak{f}_3 = (0\ 1\ 0\ 1) \quad &\rightarrow \quad \mathfrak{a}_3 = (0\ 0\ 1)
\end{aligned}
$$

Die 4x5-Matrix V_1 und die 5x3-Matrix V_2 werden zu Beginn mit Zufallswerten gefüllt:

$$
V_1 = \begin{pmatrix}
0,2 & -0,3 & 0,4 & 0,1 & -0,5 \\
-0,1 & -0,2 & 0,6 & 0,4 & 0,0 \\
0,2 & -0,3 & 0,3 & 0,1 & -0,1 \\
0,5 & -0,9 & 0,8 & 0,3 & 0,2
\end{pmatrix}
\quad
V_2 = \begin{pmatrix}
-0,2 & 0,1 & -0,9 \\
0,6 & 0,0 & 0,7 \\
-0,2 & 0,1 & -0,9 \\
-0,3 & -0,5 & 0,2 \\
0,8 & 0,4 & -0,7
\end{pmatrix}
$$

zufällige Auswahl eines Frage-Antwort-Paares bei jedem Trainingsschritt

Zunächst soll hier im Beispiel derjenige Term berechnet werden, der in den oben genannten Backpropagation-Regeln in eckige Klammern gesetzt wurde, da er wiederholt auftritt: $[f'(f(\mathfrak{x} \cdot V_1) \cdot V_2) \odot (\mathfrak{a}_{soll} - \mathfrak{a}_{ist})]$. Da drei Frage-Antwort-Paare zu lernen sind, wird bei jedem Trainingsschritt eines davon zufällig ausgewählt und für $\mathfrak{x}$ und bei $\mathfrak{a}_{soll}$ und $\mathfrak{a}_{ist}$ eingesetzt. Sei zufällig das erste Frage-Antwort-Paar $(\mathfrak{f}_1, \mathfrak{a}_1)$ gewählt. Damit ergibt sich:

$$
\begin{aligned}
\mathfrak{a}_{soll} &= \mathfrak{a}_1 = (1\ 0\ 1) \\
\mathfrak{a}_{ist} &= f(f(\mathfrak{f}_1 \cdot V_1) \cdot V_2) \approx (0,503\ \ 0,504\ \ 0,213) \\
\mathfrak{a}_{soll} - \mathfrak{a}_{ist} &\approx (0,497\ \ -0,504\ \ 0,787) \\
f(\mathfrak{f}_1 \cdot V_1) &\approx (0,668\ \ 0,231\ \ 0,769\ \ 0,599\ \ 0,426) \\
f'(f(\mathfrak{f}_1 \cdot V_1) \cdot V_2) &\approx (0,250\ \ 0,250\ \ 0,167) \\
f'(f(\mathfrak{f}_1 \cdot V_1) \cdot V_2) \odot (\mathfrak{a}_{soll} - \mathfrak{a}_{ist}) &\approx (0,124\ \ -0,126\ \ 0,132)
\end{aligned}
$$

Dieses Ergebnis wird nunmehr sowohl zur Berechnung von ΔV_1 als auch ΔV_2 genutzt, wobei die Lernrate $\eta = 1$ gesetzt ist. Für ΔV_2 errechnet sich:

$$
\eta \odot f(\mathfrak{f}_1 \cdot V_1)^T = \begin{pmatrix}
0,668 \\
0,231 \\
0,769 \\
0,599 \\
0,426
\end{pmatrix}
$$

$$\Delta V_2 \;=\; \begin{pmatrix} 0,668 \\ 0,231 \\ 0,769 \\ 0,599 \\ 0,426 \end{pmatrix} \cdot (0,124 \quad -0,126 \quad 0,132)$$

$$=\; \begin{pmatrix} 0,0830 & -0,0841 & 0,0881 \\ 0,0288 & -0,0291 & 0,0305 \\ 0,0955 & -0,0968 & 0,101 \\ 0,0744 & -0,0754 & 0,0789 \\ 0,0529 & -0,0536 & 0,0561 \end{pmatrix}$$

Für ΔV_1 berechnet man nach der oben genannten Regel:

$$(0,124 \quad -0,126 \quad 0,132) \cdot V_2^{T}$$
$$\approx (-0,156 \quad 0,167 \quad -0,156 \quad 0,0520 \quad -0,0433)$$

$$\Delta V_1 \approx \eta \odot \mathfrak{f}_1^{T} \cdot (f'(\mathfrak{f}_1 \cdot V_1) \odot (-0,156 \quad 0,167 \quad -0,156 \quad 0,0520 \quad -0,0433))$$
$$\approx \begin{pmatrix} -0,0346 & 0,0297 & -0,0278 & 0,0125 & -0.0106 \\ 0 & 0 & 0 & 0 & 0 \\ 0 & 0 & 0 & 0 & 0 \\ -0,0346 & 0,0297 & -0,0278 & 0,0125 & -0.0106 \end{pmatrix}$$

Nun erhält man durch $V_1 = V_1 + \Delta V_1$ und $V_2 = V_2 + \Delta V_2$ die korrigierten Verbindungsmatrizen.

$$V_1 \approx \begin{pmatrix} 0,165 & -0,270 & 0,372 & 0,113 & -0,511 \\ -0,1 & -0,2 & 0,6 & 0,4 & 0,0 \\ 0,2 & -0,3 & 0,3 & 0,1 & -0,1 \\ 0,465 & -0,870 & 0,772 & 0,313 & 0,189 \end{pmatrix}$$

$$V_2 \approx \begin{pmatrix} -0,117 & 0,0159 & -0,812 \\ 0,629 & -0,0291 & 0,731 \\ -0,105 & 0,0032 & -0,799 \\ -0,226 & -0,575 & 0,279 \\ 0,853 & 0,346 & -0,644 \end{pmatrix}$$

Wird nach diesem ersten Trainingsschritt das aktuelle $\mathfrak{a}_{ist}^{neu}$ bestimmt und mit dem letzten $\mathfrak{a}_{ist}$ verglichen, so erkennt man bereits eine Verbesserung hinsichtlich $\mathfrak{a}_{soll}$:

$$\begin{aligned} \mathfrak{a}_{ist} &\approx (0,503 \quad 0,504 \quad 0,213) \\ \mathfrak{a}_{ist}^{neu} &\approx (0,554 \quad 0,451 \quad 0,257) \\ \mathfrak{a}_{soll} &= (1\ 0\ 1) \end{aligned}$$

Weitere Trainingsschritte mit den drei Frage-Antwort-Paaren führen in befriedigender Näherung zum gewünschten Verhalten. Ein Ergebnis, das nach einigen zehntausend Schritten entstand, lautet: Trainingsergebnis

$$\begin{aligned} \mathfrak{a}_{1\,ist} &\approx (0,995 \quad 0,00306 \quad 0,997) \\ \mathfrak{a}_{1\,soll} &= (1\ 0\ 1) \\ \mathfrak{a}_{2\,ist} &\approx (0,00396 \quad 0,996 \quad 0,00445) \end{aligned}$$

$$\mathfrak{a}_{2\,soll} = (0\ 1\ 0)$$
$$\mathfrak{a}_{3\,ist} \approx (0,00404\ \ 0,00310\ \ 0,997)$$
$$\mathfrak{a}_{3\,soll} = (0\ 0\ 1)$$

Da die Werte 0 und 1, die in den Frage-Antwort-Paaren in $\boxed{\text{B14}}$ stehen, als Funktionswerte der Ausgangsfunktion f nicht auftreten können, sind derartige Trainingsziele dem Backpropagation-Verfahren nicht angemessen. Man hat sich beim Lernen binärer Frage-Antwort-Paare auf diesen Umstand einzulassen und legt gegebenenfalls einen Schwellwert fest, ab dem nach dem Training ein Wert der Ausgabeschicht als 0 oder 1 aufgefasst werden soll.

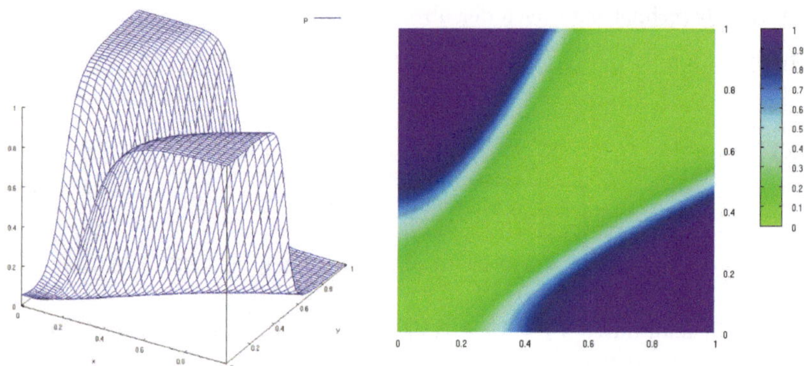

Abb. 2.24: Reaktion der Ausgabeschicht des 2x5x1-Backpropagationnetzes

Das folgende Beispiel $\boxed{\text{B15}}$ veranschaulicht diese Eigenschaft der Backpropagation-Lernregel, indem zwar in den vier Fragen keine Werte 0 oder 1 auftauchen, wohl aber in den zugeordneten Antworten. Das Netz soll eine Warnlampe einschalten (Wert 1), wenn sich an einem Punkt, deren Koordinaten als Frage dienen, etwas befindet, und sonst nicht (Wert 0). Dazu sollen folgende Frage-Antwort-Paare durch ein dreischichtiges Backpropagation-Netz trainiert werden:

$\boxed{\text{B15}}$

$$\mathfrak{f}_1 = (0,2\ \ 0,2) \quad \rightarrow \quad \mathfrak{a}_1 = (0)$$
$$\mathfrak{f}_2 = (0,2\ \ 0,8) \quad \rightarrow \quad \mathfrak{a}_2 = (1)$$
$$\mathfrak{f}_3 = (0,8\ \ 0,2) \quad \rightarrow \quad \mathfrak{a}_3 = (1)$$
$$\mathfrak{f}_4 = (0,8\ \ 0,8) \quad \rightarrow \quad \mathfrak{a}_4 = (0)$$

Die mittlere Schicht soll aus fünf Modellneuronen bestehen, so dass zunächst eine 2x5-Matrix V_1 und eine 5x1-Matrix V_2 mit zufälligen Werten gefüllt werden.

Nach Anwenden der Backpropagation-Lernregel ergeben sich Verbindungsmatrizen V_1 und V_2, mit denen sich nun auch das Verhalten des Netzes für andere als die gelernten vier Fragen untersuchen lässt. Die Abbildungen in 2.24 zeigen, wie das Netz auf beliebige Fragen $(x\ y)$ reagiert.[46]

Welche guten Eigenschaften diese Backpropagation-Netze für Klassifizierungsprobleme aufweisen, wird in $\boxed{\text{B15}}$ daran deutlich, dass zu allen Fragen der

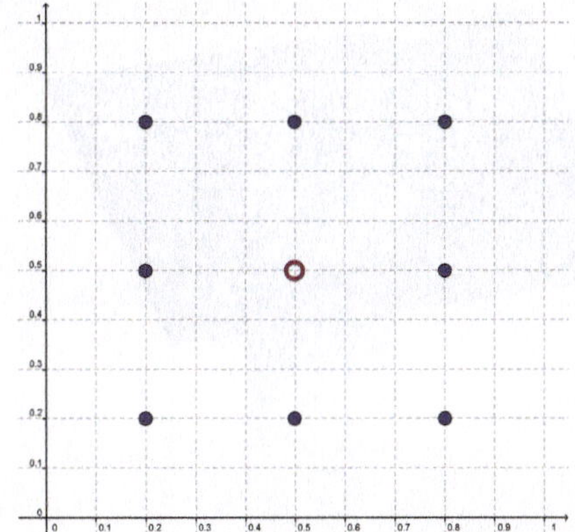

Abb. 2.25: Zu lernende Trainingspunkte für ein 2x15x1-Backpropagationnetz

Abfragefläche eine Antwort gegeben wird, die zu den in der Nähe befindlichen Trainingspunkten passt. Wenn sich etwas in der Nähe eines Trainingspunktes befindet, wird hier darauf mit der Warnlampe so reagiert, wie für diesen Trainingspunkt vorgesehen. Der Abb. 2.24 entnimmt man, dass sich in diesem Fall zwischen den Trainingspunkten links unten und rechts oben ein „Korridor" ausgebildet hat, in welchem das Netz gleiches Verhalten zeigt. Durch weitere, zu lernende Trainingspunkte lässt sich das Verhalten den jeweiligen Wünschen anpassen.

Fehlertoleranz

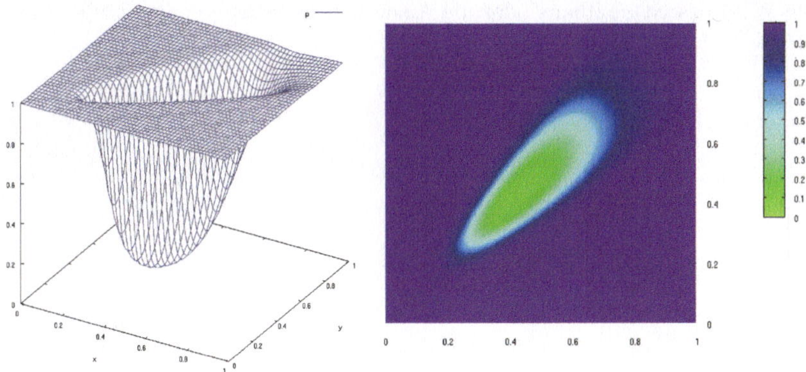

Abb. 2.26: Reaktion der Ausgabeschicht des 2x15x1-Backpropagationnetzes

Für das folgende Beispiel B16 wurden die in Abb. 2.25 angegebenen neun Trainingspunkte gewählt, um ein Backpropagation-Netz mit einer Zwischenschicht aus 15 Neuronen entscheiden lassen zu können, ob sich etwas in der Mitte der Abfragefläche befindet.

Das Ergebnis nach einem Training von gut 150.000 Schritten zeigt Abb. 2.26. Ein einziger Trainingspunkt für eine 0 in der Mitte der Abfragefläche umgeben von acht Trainingspunkten für eine 1 hat genügt, das Netz sicher über ein Drinnen und Draußen oder eine Randlage entscheiden lassen zu können.

B16

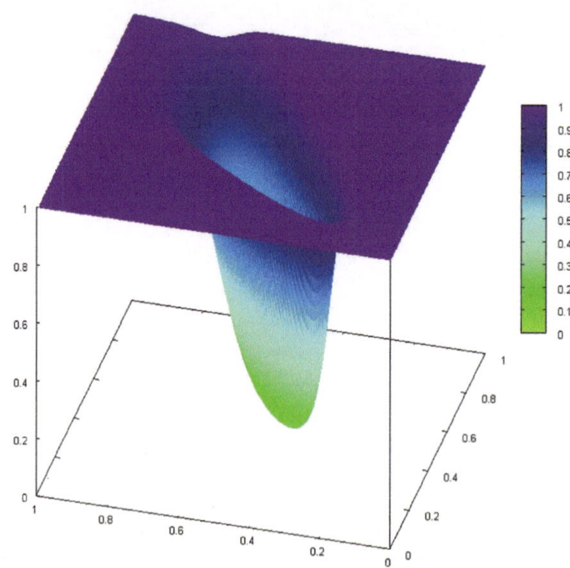

Abb. 2.27: Seitenansicht der Reaktion der Ausgabeschicht des 2x15x1-Netzes

Veranschaulichung durch Funktionenplotter

Besondere Grafikprogramme erlauben es, die Reaktion der Ausgabeschicht von Beispiel B16 nicht nur in der Draufsicht, sondern auch interaktiv und von allen Seiten vor Augen zu führen (s. Abb. 2.26 und Abb. 2.27),[47] was für die Wahl des Netzaufbaus oder die Auswahl von geeigneten Trainingsdaten hilfreich sein kann.

2.4 Übungen 1

Ü 1.1 (Verbindungsmatrizen)

Es soll auf die Situation $\mathfrak{x} = (0\ 0\ 1\ 1)$ mit der Aktion $\mathfrak{y} = (1\ 0\ 0\ 0)$ reagiert werden. Man gebe wie in Beispiel B4 den dazu nötigen Term mit den Verbindungsmatrizen $V_\wedge$, $V_\vee$ und $V_\neg$ an.

Ü 1.2 (Perzeptron)

Man konstruiere ein Perzeptron, welches auf folgende Fragen $\mathfrak{f}_i$ mit den zugehörigen Antworten $\mathfrak{a}_i$ reagiert.

$$\begin{aligned}
\mathfrak{f}_1 &= (1\ 0\ 1\ 0\ 0) &\rightarrow&& \mathfrak{a}_1 &= (1\ 1\ 0\ 0) \\
\mathfrak{f}_2 &= (0\ 1\ 0\ 1\ 0) &\rightarrow&& \mathfrak{a}_2 &= (0\ 1\ 0\ 1) \\
\mathfrak{f}_3 &= (0\ 0\ 1\ 0\ 1) &\rightarrow&& \mathfrak{a}_3 &= (1\ 0\ 1\ 0)
\end{aligned}$$

Ü 1.3 (Perzeptron)

Ein mehrlagiges Perzeptron sei durch folgende vier Verbindungsmatrizen beschrieben.

$$V_1 = \begin{pmatrix} -4 & 0 \\ 0 & -3 \end{pmatrix}_0, \quad V_2 = \begin{pmatrix} 4 & 1 \\ 2 & -3 \end{pmatrix}_3,$$

$$V_3 = \begin{pmatrix} 3 & -5 & 7 & 1 \\ -1 & 2 & 0 & 9 \end{pmatrix}_{-2}, \quad V_4 = \begin{pmatrix} -3 \\ 6 \\ 7 \\ 1 \end{pmatrix}_5.$$

a) Man berechne, was dieses Perzeptron ausgibt, wenn man es mit $\mathfrak{x} = (-8\ \ 5)$ abfragt.

b) Man stelle das Perzeptron grafisch dar (s. Abb. 2.11).

Ü 1.4 (Hopfield-Netz)

Man gebe eine Verbindungsmatrix V für ein Hopfield-Netz an, in welche folgende Muster m_i eingetragen werden.

$$\begin{aligned}
m_1 &= (1\ 0\ 0\ 1\ 0\ 0\ 0\ 1) \\
m_2 &= (0\ 1\ 1\ 0\ 0\ 0\ 1\ 0) \\
m_3 &= (0\ 0\ 0\ 0\ 1\ 1\ 0\ 0)
\end{aligned}$$

a) Man prüfe, ob das Netz auf alle drei gelernten Muster m_i korrekt antwortet.

b) Nun werden dem Netz gestörte Muster vorgelegt. Zunächst sind es solche, die verglichen mit dem gelernten Muster zusätzliche Einsen enthalten. Man frage V mit $m_1^+ = (1\ 0\ 1\ 1\ 0\ 0\ 0\ 1)$, mit $m_1^{++} = (1\ 0\ 1\ 1\ 0\ 1\ 0\ 1)$ und mit $m_2^+ = (0\ 1\ 1\ 0\ 0\ 0\ 1\ 1)$ ab und prüfe, ob diese Muster dennoch als gelernte Muster erkannt werden.

c) Es sind Einsen gelöscht worden. Man frage V mit $m_1^- = (1\,0\,0\,1\,0\,0\,0\,0)$ und mit $m_2^- = (0\,1\,1\,0\,0\,0\,0\,0)$ ab.

d) Es sind sowohl Einsen eingefügt als auch gelöscht worden. Man frage V mit $m_1^{+-} = (1\,0\,1\,1\,0\,0\,0\,0)$ und mit $m_2^{+-} = (0\,1\,1\,0\,0\,0\,0\,1)$ ab. Sollte nicht sofort die erhoffte Antwort erfolgen, dann lege man dem Netz die jeweilige Antwort wiederholt solange vor, bis es sich für eine feste Antwort entschieden hat.

Ü 1.5 (Hebbsche Lernregel)

Eine Verbindungsmatrix soll mit Hilfe der Hebbschen Lernregel und der Lernrate $\eta = 1$ so mit Werten gefüllt werden, dass sie auf die Fragen $\mathfrak{f}_i$ mit den Antworten $\mathfrak{a}_i$ reagiert. Es sind die folgenden beiden Frage-Antwort-Paare gegeben:

$$\mathfrak{f}_1 = (1\,0\,1\,0\,0) \quad \to \quad \mathfrak{a}_1 = (0\,1\,1\,0\,1)$$
$$\mathfrak{f}_2 = (1\,1\,0\,0\,0) \quad \to \quad \mathfrak{a}_2 = (1\,0\,0\,1\,1)$$

Ü 1.6 (Backpropagation-Lernregel)

a) Man trainiere wie in Beispiel B16 ein neuronales Netz mit der Backpropagation-Lernregel und folgenden Trainingspunkten.

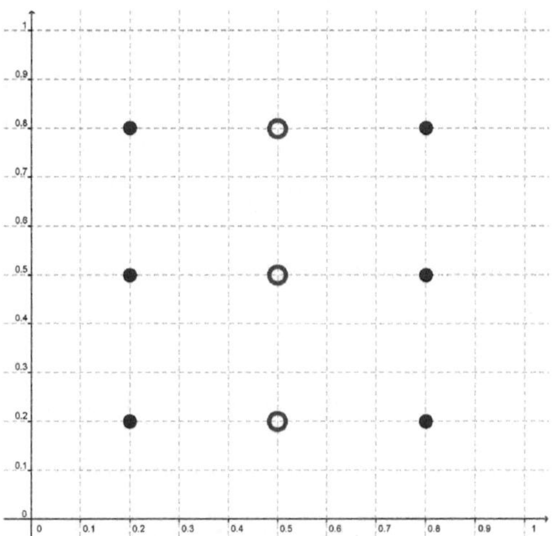

b) Man trage in ein dreischichtiges Netz folgende Frage-Antwort-Paare ein. Die Zwischenschicht soll aus fünf Neuronen bestehen.

$$\mathfrak{f}_1 = (1\,0\,1) \quad \to \quad \mathfrak{a}_1 = (1\,0\,0)$$
$$\mathfrak{f}_2 = (0\,1\,1) \quad \to \quad \mathfrak{a}_2 = (0\,1\,0)$$
$$\mathfrak{f}_3 = (1\,1\,0) \quad \to \quad \mathfrak{a}_3 = (0\,0\,1)$$

2.5 Assoziativmatrizen

2.5.1 Darstellung von Assoziativmatrizen

Assoziativmatrizen sind Verbindungsmatrizen, in denen durch die zugehörigen Lernregeln nur die Werte 0 und 1 als Verbindungsgewichte eingetragen werden. Sie lassen sich je nach Absicht des Erklärenden in mehreren Weisen darstellen. Wird eine neuromathematische Beschreibung wie in den Kapiteln ab 2.1 gewünscht, so rückt man die Matrizendarstellung in den Vordergrund. Nähert man sich dem Thema hingegen aus historischer Sicht über die Steinbuchsche Lernmatrix wie in Kapitel 3.2, wird man auf eine gitterförmig angeordnete Leitungsstruktur hinweisen wollen. Dazu beschreibt man das Lernen über das Herstellen von Verbindungen zwischen horizontalen und vertikalen, zwischen Zeilen- und Spalten-Leitungen[48] und das Abfragen über das Weiterleiten von elektrischen Strömen oder Zählimpulsen über die hergestellten Verbindungen.[49]

Assoziativmatrizen sind Verbindungsmatrizen aus Nullen und Einsen

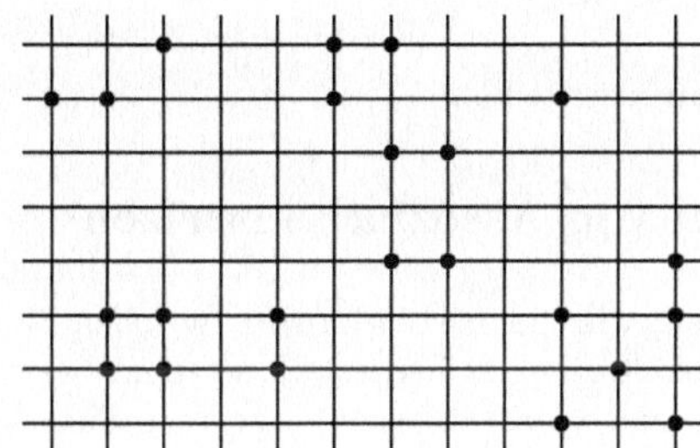

Abb. 2.28: Gitterdarstellung einer Assoziativmatrix

Die in Abb. 2.28 gewählte Darstellung von Assoziativmatrizen heißt **Gitterdarstellung**. Sie ist auch beim Schaltungsentwurf nützlich, wenn es darum geht, Assoziativmatrizen durch elektronische Bauteile nachzubilden (vgl. [Dierks 2005], S. 33 ff.).

Gitterdarstellung

Steht die Absicht im Vordergrund, eine mathematische Beschreibung des Lern- und Abfragevorgangs zu liefern, wird man die **Matrixdarstellung** einer Assoziativmatrix bevorzugen. Diese Darstellung erweist sich auch für den Anwender eines Computeralgebrasystems als nützlich, der auf diesem Wege Assoziativmatrizen untersucht, oder für den Programmierenden, der für ein Anwendungsprogramm einen geeigneten Datentyp zum Umgang mit Assoziativmatrizen sucht. Die folgende Darstellung gibt die gleiche Assoziativmatrix A wie die Gitterdarstellung in Abb. 2.28 an.

Matrixdarstellung

$$A = \begin{pmatrix} 0 & 0 & 1 & 0 & 0 & 1 & 1 & 0 & 0 & 0 & 0 & 0 \\ 1 & 1 & 0 & 0 & 0 & 1 & 0 & 0 & 0 & 1 & 0 & 0 \\ 0 & 0 & 0 & 0 & 0 & 0 & 1 & 1 & 0 & 0 & 0 & 0 \\ 0 & 0 & 0 & 0 & 0 & 0 & 0 & 0 & 0 & 0 & 0 & 0 \\ 0 & 0 & 0 & 0 & 0 & 0 & 1 & 1 & 0 & 0 & 0 & 1 \\ 0 & 1 & 1 & 0 & 1 & 0 & 0 & 0 & 0 & 1 & 0 & 1 \\ 0 & 1 & 1 & 0 & 1 & 0 & 0 & 0 & 0 & 0 & 1 & 0 \\ 0 & 0 & 0 & 0 & 0 & 0 & 0 & 0 & 0 & 1 & 0 & 1 \end{pmatrix}_{\ominus}$$

VIDAS-Darstellung

Das später ausführlich vorzustellende Simulationsprogramm VIDAS, mit dem die Vorgänge in und zwischen Assoziativmatrizen geplant und veranschaulicht werden können, nutzt ebenfalls die Matrixdarstellung. Die Assoziativmatrix A hätte dort eine Gestalt wie in Abb. 2.29. Eine weitere Darstellung derselben Matrix zeigt Abb. 2.30. Sie wird gelegentlich zur Darstellung auf kariertem Papier eingesetzt.

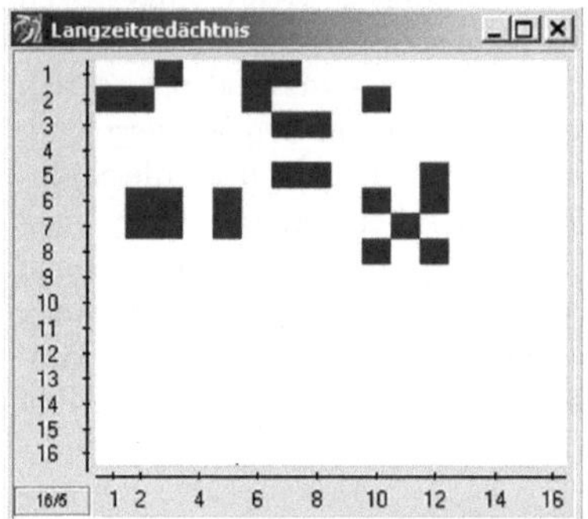

Abb. 2.29: VIDAS-Matrixdarstellung

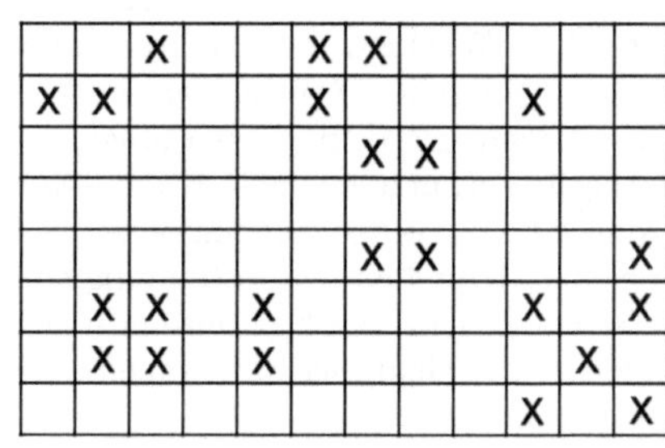

Abb. 2.30: Alternative Matrixdarstellung

2.5.2 Lernregeln von Assoziativmatrizen

Lernregeln bestimmen, wie die Verbindungen zwischen Spalten- und Zeilenleitungen in der Assoziativmatrix hergestellt werden, beziehungsweise wohin die Einsen in die Assoziativmatrix gesetzt werden sollen. Von den möglichen Lernregeln für Assoziativmatrizen[50] kommen in den in diesem Buch vorgestellten Assoziativmaschinen zwei zur Anwendung. Die **erste**, herkömmliche **Lernregel** ist Hebb-artig[51] und wird für alle Matrizen genutzt außer für die Matrizen der sogenannten Kurzzeitgedächtnisse, deren Lernregel eine Art „Vergessen" ermöglicht.[52] Die erste Lernregel ist im Folgenden stets gemeint, wenn nicht ausdrücklich auf die Lernregel für das Kurzzeitgedächtnis einer Assoziativmaschine Bezug genommen wird. Diese andere Lernregel wird kurz **K-Lernregel** genannt.

aussagenlogische Darstellung der ersten Lernregel

Die mathematische Beschreibung der ersten Lernregel erfolgt durch die aussagenlogische Gleichung

$$a'_{i,j} = a_{i,j} \ \vee \ \mathfrak{f}_i \, \mathfrak{a}_j \ ,$$

wobei $A' = \left(a'_{i,j} \right)$ die Matrix nach dem Lernen, $A = \left(a_{i,j} \right)$ die Matrix vor dem Lernen, $\mathfrak{f}$ die Frage und $\mathfrak{a}$ die Antwort bezeichnet. In den Fragen $\mathfrak{f}$ und Antworten $\mathfrak{a}$ werde dabei eine auftretende 0 als Wahrheitswert *falsch* und eine 1 als Wahrheitswert *wahr* gelesen.

Ein Frage-Antwort-Paar wird also gelernt, indem die Antwort in jede Zeile hineingeschrieben wird, in der die senkrecht neben der Matrix notierte Frage eine 1 besitzt. Kommt eine 1 auf eine Stelle, die bereits mit 1 belegt ist, dann ändert sich dort nichts, falls dort allerdings noch 0 steht, dann wird diese zu einer 1 geändert. An allen anderen Stellen ändert sich nichts. Dieses Vorgehen wurde in Kapitel 2.2 bereits als Regel zum Aufbau eines Perzeptrons für binär vorliegende Daten beschrieben und als **L-Lernregel** bezeichnet.

L-Lernregel

Die aussagenlogische Gleichung für die zweite Lernregel, die K-Lernregel, lautet:

$$a'_{i,j} = \overline{\mathfrak{f}_i}\, a_{i,j} \ \lor\ \mathfrak{f}_i\, \mathfrak{a}_j \ .$$

aussagenlogische Darstellung der Lernregel für das Kurzzeitgedächtnis (K-Lernregel)

Ein Frage-Antwort-Paar wird hier so gelernt, dass alle Zeilen in der Matrix, in der die senkrecht neben der Matrix notierte Frage eine 1 hat, auf 0 gesetzt werden und danach in diese Zeilen die Antwort eingetragen wird.

Der mathematischen Beschreibung der Lernregeln sollen nun Beispiele mit Abbildungen folgen, um die genannten Lernregeln zu veranschaulichen.

In eine Assoziativmatrix mit acht Zeilen und zwölf Spalten sollen die folgenden drei Frage-Antwort-Paare $(\mathfrak{f}_i, \mathfrak{a}_i)$ gemäß der ersten Lernregel eingetragen werden.

Beispiel für die L-Lernregel

B17

$$\mathfrak{f}_1 = (0,0,1,1,0,0,0,1)\,, \ \mathfrak{a}_1 = (1,0,1,0,1,1,0,0,0,1,0,0)$$
$$\mathfrak{f}_2 = (0,0,0,1,1,0,1,0)\,, \ \mathfrak{a}_2 = (0,1,1,0,0,0,0,1,1,1,0,1)$$
$$\mathfrak{f}_3 = (1,0,1,0,0,1,1,0)\,, \ \mathfrak{a}_3 = (0,0,0,1,1,1,0,0,1,1,1,0)$$

Dazu stelle man sich die Frage senkrecht neben die Zeilenleitungen geschrieben vor und denke sich diejenigen Leitungen aktiviert, vor denen eine 1 steht. Mit der Antwort und den Spaltenleitungen mache man es entsprechend. An den Kreuzungspunkten der aktivierten Leitungen wird die Verbindung hergestellt, was in der Gitterdarstellung wie in Abb. 2.31 als „Lötfleck" und in der Matrixdarstellung als 1 eingetragen wird.

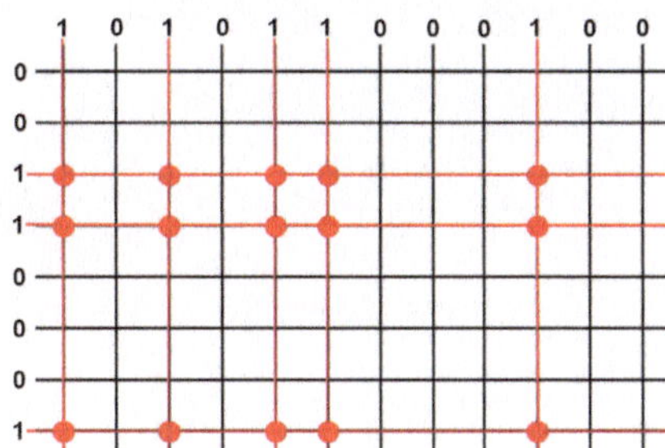

Abb. 2.31: Eintrag von Frage-Antwort-Paar $(\mathfrak{f}_1, \mathfrak{a}_1)$ mit der L-Lernregel

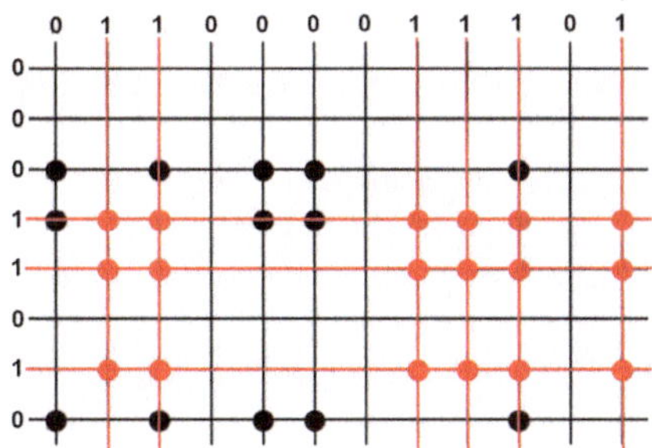

Abb. 2.32: Eintrag von Frage-Antwort-Paar $(\mathfrak{f}_2, \mathfrak{a}_2)$ mit der L-Lernregel

Für das nächste einzutragende Frage-Antwort-Paar $(\mathfrak{f}_2, \mathfrak{a}_2)$ geht man genauso vor und erhält den Zustand wie in Abb. 2.32 dargestellt.

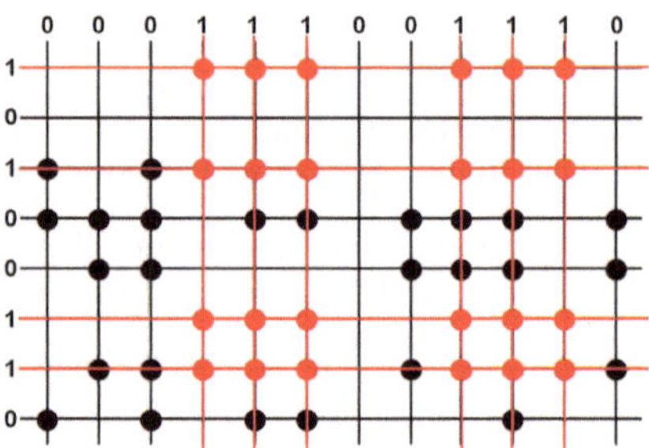

Abb. 2.33: Eintrag von Frage-Antwort-Paar $(\mathfrak{f}_3, \mathfrak{a}_3)$ mit der L-Lernregel

Das dritte in diesem Beispiel einzutragende Frage-Antwort-Paar $(\mathfrak{f}_3, \mathfrak{a}_3)$ lässt nochmals deutlich werden, dass herzustellende Verbindungen an Kreuzungspunkten, die bereits verbunden sind, einfach im verbundenen Zustand verbleiben. Abb. 2.33 zeigt das Ergebnis nach dem Lernen aller drei Frage-Antwort-Paare nach der L-Lernregel.

Beispiel für die Lernregel für das Kurzzeitgedächtnis (K-Lernregel)

Die Lernregel für das Kurzzeitgedächtnis K bringt mit den Daten von B17 ein anderes Ergebnis. Nach dem Lernen der Frage-Antwort-Paare $(\mathfrak{f}_1, \mathfrak{a}_1)$ und $(\mathfrak{f}_2, \mathfrak{a}_2)$ enthält die Matrix die in Abb. 2.34 gezeigten Einträge.

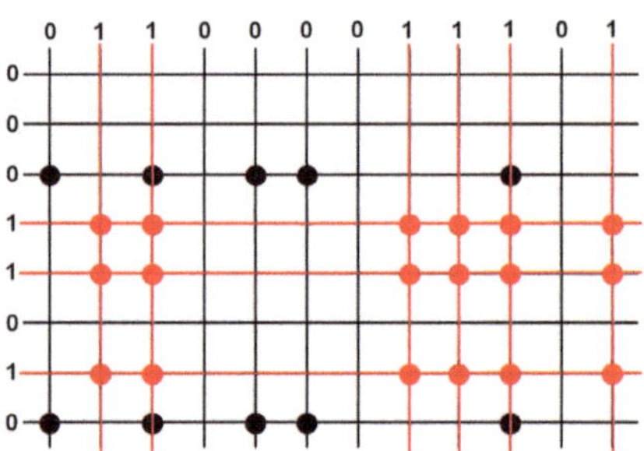

Abb. 2.34: Eintrag von Frage-Antwort-Paar $(\mathfrak{f}_2, \mathfrak{a}_2)$ mit der K-Lernregel

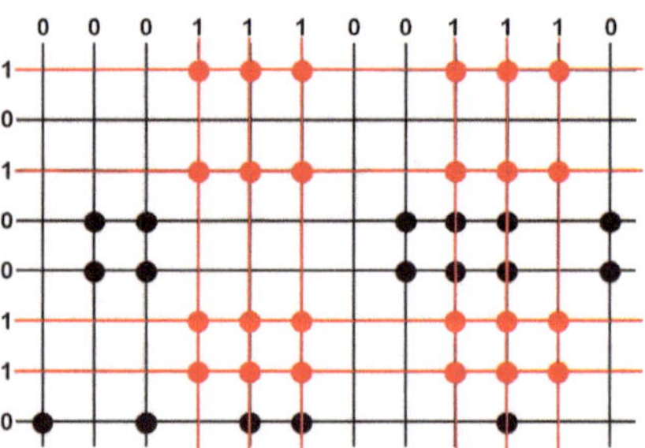

Abb. 2.35: Eintrag von Frage-Antwort-Paar $(\mathfrak{f}_3, \mathfrak{a}_3)$ mit der K-Lernregel

Kommt nun noch das Frage-Antwort-Paar $(\mathfrak{f}_3, \mathfrak{a}_3)$ hinzu, erkennt man im Vergleich mit Abb. 2.33 die Unterschiede zur ersten Lernregel deutlich.

Das Eintragen von n Frage-Antwort-Paaren in eine Assoziativmatrix A mit der L-Lernregel lässt sich durch Matrizenrechnung auch über den Zwischenschritt

$$A^* = \sum_{i=1}^{n} \mathfrak{f}_i^{T} \cdot \mathfrak{a}_i$$

erreichen, indem man auf die Elemente von Matrix A^* zum Schluss eine Schwelloperation mit dem Schwellwert $\Theta = 1$ anwendet.[53] Für die K-Lernregel sind hingegen in mehreren Schritten auszuführende, auf die einzelnen Matrixelemente bezogene Operationen anzusetzen, da es auf die Reihenfolge der einzutragenden Frage-Antwort-Paare ankommt.[54]

Matrizenrechnung für L-Lernregel

2.5.3 Abfrageregel von Assoziativmatrizen

Abgefragt werden Assoziativmatrizen immer nach der gleichen Regel, unabhängig davon, mit welcher Lernregel die Matrizen gefüllt wurden. Die Multiplikation der Frage $\mathfrak{f}$ mit der Assoziativmatrix A

$$\mathfrak{s} = \mathfrak{f} \cdot A$$

berechnet das Zwischenergebnis $\mathfrak{s}$.[55] Als Schwellwert Θ wird ein Wert des Zwischenergebnisses $\mathfrak{s}$ ausgewählt und die anschließende Schwelloperation

$$\mathfrak{a}_i = \begin{cases} 1, & \text{\textit{falls} } \mathfrak{s}_i = \Theta \\ 0, & \text{\textit{sonst}} \end{cases}$$

liefert die Antwort $\mathfrak{a}$.[56] Als Schwellwert Θ wird zumeist der größte Wert gewählt, der sich im Zwischenergebnis $\mathfrak{s}$ finden lässt. Er wird als $\widehat{\Theta}$ notiert. Doch gibt es Anwendungsfälle, in denen aus $\mathfrak{s}$ auch kleinere Werte für die Schwelloperation genommen werden. Wenn im Folgenden bei Abfragen nicht anders angegeben, ist $\widehat{\Theta}$ als Schwellwert anzunehmen.

mathematische Darstellung der Abfrageregel

größte Spaltensumme als Schwellwert $\widehat{\Theta}$

Für das folgende Beispiel werden die Daten aus B17 wieder aufgegriffen.

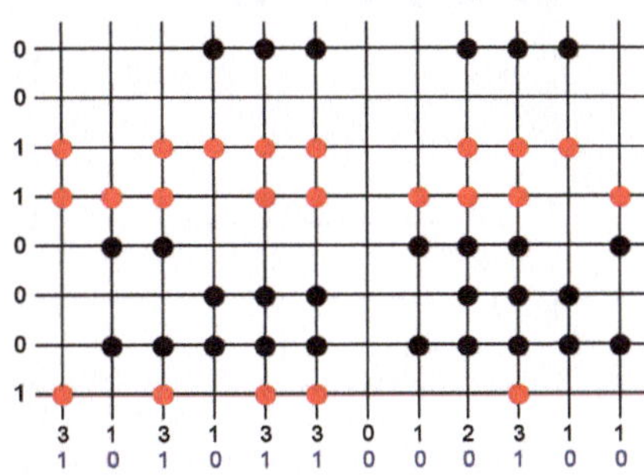

Abb. 2.36: Abfrage der Assoziativmatrix mit der Frage $\mathfrak{f}_1$

Zur Abfrage einer Assoziativmatrix stellt man sich die Frage senkrecht neben die Zeilenleitungen geschrieben vor und denkt sich diejenigen Leitungen

Beispiel für die Abfrageregel

aktiviert, vor denen eine 1 steht. An den Verbindungspunkten („Lötflecken")
wird die Aktivierung in die Spaltenleitungen weitergeleitet und aufsummiert.
In Abb. 2.36 und 2.37 stehen diese Summen unterhalb der Spaltenleitungen.

Auf die zur Frage gehörende Antwort kommt man, wenn man die Positionen
mit dem größten Wert, hier also dem Wert 3, auf 1 setzt und die übrigen auf
0. In Abb. 2.36 ist die entstehende Antwort unterhalb der Summen notiert.
Auf die Frage $\mathfrak{f}_1$ wird also korrekt mit $\mathfrak{a}_1$ geantwortet.

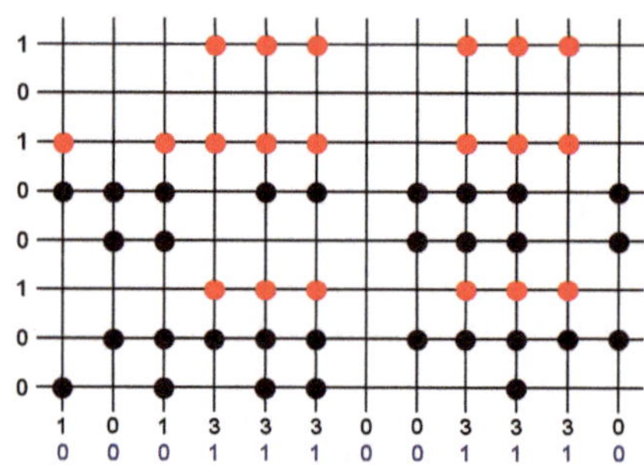

Abb. 2.37: Abfrage der Assoziativmatrix mit der Frage $\mathfrak{f}_4$

Im Beispiel aus Abb. 2.37 wird die Matrix mit einer Frage $\mathfrak{f}_4$ abgefragt, welche sich nur in der 7. Position von $\mathfrak{f}_3$ unterscheidet: $\mathfrak{f}_4 = (1, 0, 1, 0, 0, 1, 0, 0)$.
Trotzdem liefert die Assoziativmatrix die Antwort $\mathfrak{a}_3$, reagiert also fehlertolerant.

Schwellwertdiagramm   In der Matrixdarstellung von VIDAS werden die Spaltensummen wie in Abb.
2.38 unterhalb der Matrix angezeigt. Da man den Schwellwert aus diesen
Summen auswählt, wird das Diagramm **Schwellwertdiagramm** genannt.

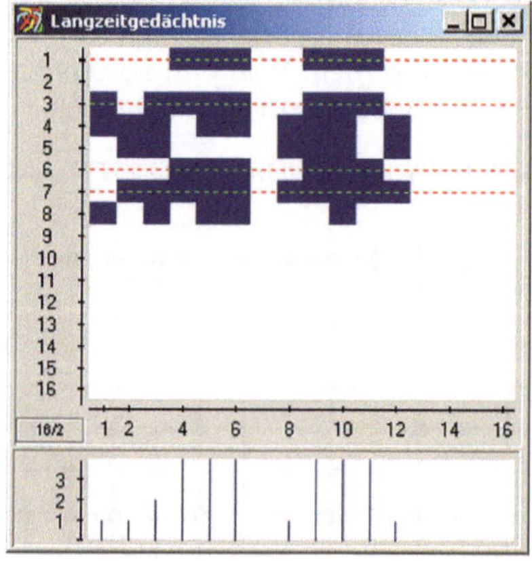

Abb. 2.38: Darstellung der Spaltensummen in VIDAS

In Abb. 2.38 ist die Abfrage der Matrix A mit der Frage $\mathfrak{f}_3$ aus B17 wiedergegeben. Die aktivierten Zeilenleitungen werden markiert und die Größe
der Spaltensummen entspricht der Höhe der Stäbe im Schwellwertdiagramm,
hier liest man also $(1, 1, 2, 4, 4, 4, 0, 1, 4, 4, 4, 1)$ ab.

2.5.4 Besondere Eigenschaften der Assoziativmatrizen

Assoziativmatrizen sind Speicher mit besonderen Eigenschaften. Dazu gehören Eigenschaften aus den Bereichen Mustervervollständigung (pattern completion), Musterextraktion (pattern extraction) und Mustererkennung (pattern recognition). Das folgende Beispiel macht dies deutlich.

Gegeben seien die vier Buchstabenpaare $H - W$, $A - O$, $R - R$ und $D - K$, die gespeichert werden sollen. Die binäre Darstellung wählen wir hier nicht zufällig, sondern nehmen den ASCII-Code[57] wie in Tabelle 2.2 notiert.

Beispiel
HARD-WORK

B18

H		1	0	0	1	0	0	0
	W	1	0	1	0	1	1	1
A		1	0	0	0	0	0	1
	O	1	0	0	1	1	1	1
R		1	0	1	0	0	1	0
	R	1	0	1	0	0	1	0
D		1	0	0	0	1	0	0
	K	1	0	0	1	0	1	1

Tabelle 2.2: Kodierung HARD-WORK

Mit Hilfe der L-Lernregel aus Kapitel 2.5 werden in eine Matrix M die vier Buchstabenpaare $H - W$, $A - O$, $R - R$ und $D - K$ eingetragen, indem jeweils die Kodierung für den ersten Buchstaben die Frage und die Kodierung für den zweiten Buchstaben die Antwort bilden. Die Matrix M bekommt dann folgenden Inhalt:

$$M = \begin{pmatrix} 1 & 0 & 1 & 1 & 1 & 1 & 1 \\ 0 & 0 & 0 & 0 & 0 & 0 & 0 \\ 1 & 0 & 1 & 0 & 0 & 1 & 0 \\ 1 & 0 & 1 & 0 & 1 & 1 & 1 \\ 1 & 0 & 0 & 1 & 0 & 1 & 1 \\ 1 & 0 & 1 & 0 & 0 & 1 & 0 \\ 1 & 0 & 0 & 1 & 1 & 1 & 1 \end{pmatrix} \ .$$

Gemäß der Abfrageregel aus Kapitel 2.5 ergibt die Abfrage von M mit dem Buchstaben H und der größten auftretenden Summe als Schwellwert $\widehat{\Theta}$:

$$(1\,0\,0\,1\,0\,0\,0) \cdot M = (2\,0\,2\,1\,2\,2\,2) \xrightarrow{\widehat{\Theta}} (1\,0\,1\,0\,1\,1\,1) \mathrel{\widehat{=}} W$$

Wie gewünscht erhält man als Antwort also den Buchstaben W. Die Spaltensummen könnte man ohne Multiplikation hier auch schnell durch Addition der Zeilen 1 und 4 von Matrix M berechnen. Analoges gilt für alle vier gespeicherten Paare, das heißt alle Antworten werden durch M korrekt erzeugt.

Es sei nun angenommen, dass bei einer gewünschten Abfrage mit R die erste Eins bei einer Übertragung verloren gegangen sei. Die Matrix M leistet die angestrebte **Mustervervollständigung**

Mustervervollständigung

$$(0\,0\,1\,0\,0\,1\,0) \cdot M = (2\,0\,2\,0\,0\,2\,0) \xrightarrow{\widehat{\Theta}} (1\,0\,1\,0\,0\,1\,0) \mathrel{\widehat{=}} R \ ,$$

indem sie mit dem Buchstaben R wie erwartet antwortet.

Musterextraktion

Jetzt sei demgegenüber bei einer Abfrage mit dem Buchstaben R versehentlich eine Eins hinzugekommen, dann erbringt die Matrix M die erhoffte **Musterextraktion**

$$(1\ 1\ 1\ 0\ 0\ 1\ 0) \cdot M = (3\ 0\ 3\ 1\ 1\ 3\ 1) \overset{\widehat{\ominus}}{\rightarrow} (1\ 0\ 1\ 0\ 0\ 1\ 0) \cong R \ .$$

Hierzu beachte man, dass die Abfrage mit der zusätzlichen Eins eine maximale Summe von 4 im Zwischenergebnis erwarten lassen könnte, da in der Abfrage durch den Fehler nunmehr vier Einsen enthalten sind. Dennoch ergibt die Abfrageregel hier als größte Summe den Wert 3. Eine Assoziativmaschine, die mit diesen Assoziativmatrizen umgeht, muss folglich bei der Hardwarerealisierung ein Schaltwerk für die **Schwellwertsteuerung** besitzen, welches nicht automatisch nur die maximal zu erwartende Summe als Schwellwert einsetzt, sondern auf die tatsächlich größte Summe achtet.

Mustererkennung

Angenommen, es kam bei einer Übertragung für eine Abfrage mit dem Buchstaben D zu zwei Fehlern, eine Null wurde zur Eins und eine Eins wurde zu Null. Jetzt liefert die Matrix M die gewünschte **Mustererkennung**

$$(0\ 1\ 0\ 0\ 1\ 0\ 0) \cdot M = (1\ 0\ 0\ 1\ 0\ 1\ 1) \overset{\widehat{\ominus}}{\rightarrow} (1\ 0\ 0\ 1\ 0\ 1\ 1) \cong K \ .$$

Beispiel Ortsnamen

Obgleich dieses Beispiel ⟦B18⟧ eigens konstruiert wurde, um auf kleinem Platz alle drei betrachteten Fälle exemplarisch zu zeigen, bleiben die gesehenen günstigen Eigenschaften der Assoziativmatrix auch in konkreten Anwendungen erhalten. Dazu hat man eine passende Matrixgröße und eine geeignete, spärliche Kodierung zu finden, die möglichst ähnlichkeitserhaltend ist.[58] Es ist nicht immer möglich (und auch nicht nötig), die Anzahl der Einsen für alle Fragen und Antworten konstant zu halten, man kann aber die Kenntnisse darüber bei der Schwellwertsteuerung mit Vorteil verwenden.

Die eben beschriebenen günstigen Eigenschaften seien durch ein weiteres Beispiel belegt. Es werden dazu in eine Assoziativmatrix über 500 zufällig ausgewählte Ortsnamen eingetragen. Anschließend lässt sich die Matrix mit fehlerhaften Schreibungen oder Namensumstellungen oder irrtümlichen Zusätzen abfragen, um ihr Antwortverhalten zu untersuchen.[59]

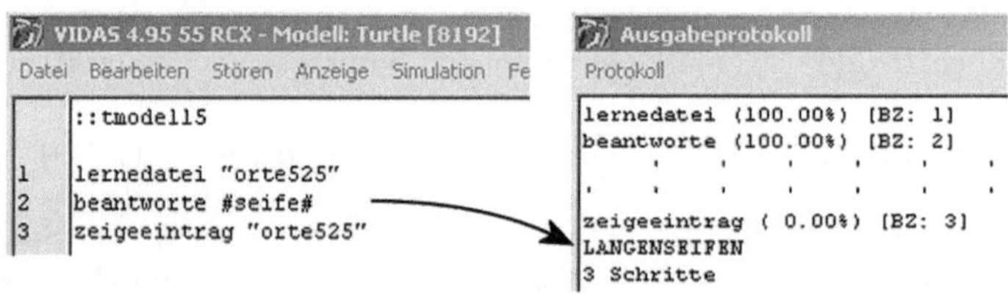

Abb. 2.40: Mustervervollständigung: Nur noch Teile eines Ortsnamens sind bekannt.

Die Abfrage in Abb. 2.40 veranschaulicht, wie sich Assoziativmatrizen zur Mustervervollständigung einsetzen lassen. Ein Namensteil genügt, um den vollständigen Ortsnamen zu finden. Das Bruchstück 'seife' wird mit dem Ortsnamen Langenseifen beantwortet. Sollte dieser Namensteil in mehreren der gelernten Ortsnamen auftauchen, werden alle diese Ortsnamen ausgegeben.

Abb. 2.39: 525 zufällig ausgewählte Ortsnamen

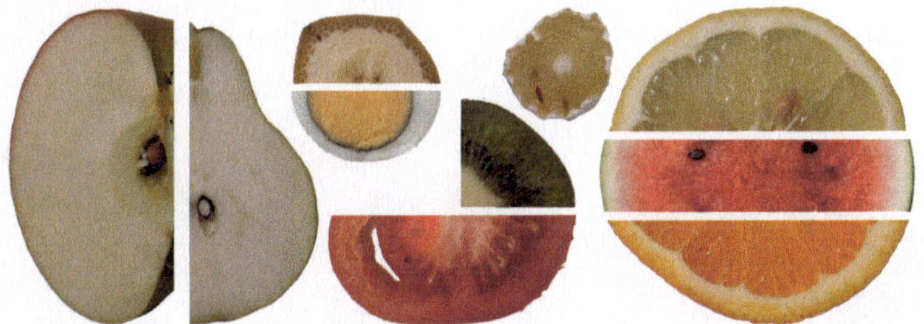

Abb. 2.41: Mustervervollständigung: Was ist hier abgebildet?

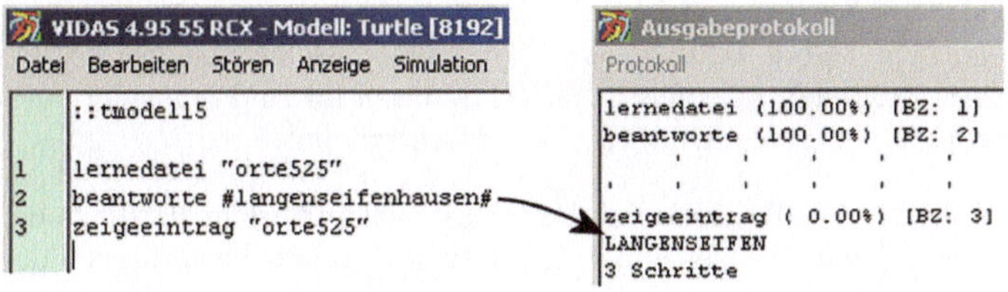

Mustervervollständigung

Die Fähigkeit zur Mustervervollständigung wird sich in vielen Bereichen nutzen lassen, in denen nur noch Fragmente von gelernten Daten zur Abfrage vorliegen. Was man auf diesem Feld zu leisten selbst im Stande ist, studiere man beim Betrachten von Abb. 2.41.

VIDAS 4.95 55 RCX - Modell: Turtle [8192]
Datei Bearbeiten Stören Anzeige Simulation
::tmodell5
1 lernedatei "orte525"
2 beantworte #langenseifenhausen#
3 zeigeeintrag "orte525"
Ausgabeprotokoll
Protokoll
lernedatei (100.00%) [BZ: 1]
beantworte (100.00%) [BZ: 2]
zeigeeintrag (0.00%) [BZ: 3]
LANGENSEIFEN
3 Schritte

Abb. 2.42: Musterextraktion: Der Ortsname erhält irrtümlich Zusätze.

Musterextraktion

Sollte man auf der Suche nach einem Ortsnamen irrtümlich Zusätze anfügen, die der gesuchte Name gar nicht enthält, so führt das hier bei der Matrixabfrage trotzdem zum gesuchten Ortsnamen wie Abb. 2.42 zeigt. Der Ortsname Langenseifen wird aus der Anfrage 'langenseifenhausen' extrahiert.

GARASCHALEM

Abb. 2.43: Musterextraktion: GARASCHALEM

Auch aus der durch Hinzufügen von drei Zeichen entstandenen Buchstabenfolge in Abb. 2.43 lässt sich das ursprüngliche Wort extrahieren.[60]

VIDAS 4.95 55 RCX - Modell: Turtle [8192
Datei Bearbeiten Stören Anzeige Simulation
::tmodell5
1 lernedatei "orte525"
2 beantworte #langengreifenheim#
3 zeigeeintrag "orte525"
Ausgabeprotokoll
Protokoll
lernedatei (100.00%) [BZ: 1]
beantworte (100.00%) [BZ: 2]
zeigeeintrag (0.00%) [BZ: 3]
LANGENSEIFEN
3 Schritte

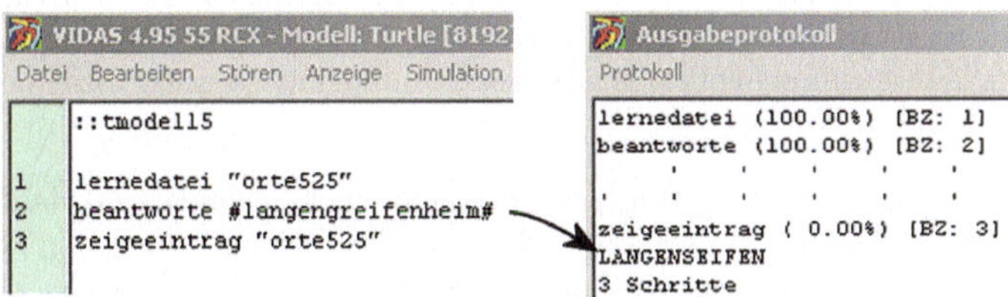

Abb. 2.44: Mustererkennung: Der Ortsname enthält Fehlschreibungen und Zusätze.

Mustererkennung

Ferner kann der gesuchte Ortsname auch aus fehlgeschriebenen oder irrtümlich ergänzten Anfragen ermittelt werden. Zur Anfrage 'langengreifenheim'

wird der gesuchte Name erkannt. Abb. 2.44 verdeutlicht dieses günstige Verhalten der Assoziativmatrix bei der Mustererkennung.

Abb. 2.45: Mustererkennung: Was ist hier abgebildet?

Es fällt uns nicht schwer, zugrundeliegende Figuren in Abb. 2.45 zu erkennen, obwohl sie von den erwarteten und gelernten Mustern in mehreren Einzelheiten abweichen. Dabei kann es dazu kommen, dass sich gelernte Muster so überlagern, dass man beispielsweise rechts unten im Bild entweder vornehmlich eine Katze oder vornehmlich einen Fisch erkennt.

Speicherkapazität

Mit dem HARD-WORK-Beispiel $\boxed{\text{B18}}$ lässt sich außerdem auf die hohe Speicherkapazität einer Assoziativmatrix hinweisen, indem zusätzlich zu den vier Buchstabenpaaren noch das Buchstabenpaar $K - B$ in die Matrix mit $B = (1\ 0\ 0\ 0\ 0\ 1\ 0)$ eingetragen wird. Alle fünf Paare lassen sich korrekt auslesen. Die diskutierten Erkennungsbeispiele bleiben unberührt, da sich die Belegung der Matrix M nicht geändert hat.

Wegen der sich beim Eintragen der Antworten in die Matrix ergebenden Redundanz (die Antworten werden gemäß der Lernregeln jeweils in mehrere Zeilen eingetragen) und der resultierenden Robustheit könnte man annehmen, der durch die Matrix benötigte Platz werde relativ schlecht zum Speichern der Information genutzt („Redundanz kostet Platz"). Das ist aber nicht der Fall. Man erinnere sich daran, dass ein Teil der redundant eingetragenen Einsen oft auch von den Einsen anderer Einträge genutzt werden, wodurch das Speichervermögen insgesamt wieder ansteigt. Mit mathematischen Methoden lässt sich das Zusammenwirken der Einfluss nehmenden Größen beschreiben und im Hinblick auf unterschiedliche Fragestellungen (Zeit, Platz u.a.) optimieren. Es gibt Beispiele, in denen der Platz so gut ausgenutzt wird, dass geradezu eine Kompression der einzutragenden Daten geschieht – bei unverminderter, also sehr schneller Auslesegeschwindigkeit. Es muss nicht dekomprimiert werden.

Beispiel mit 13 Frage-Antwort-Paaren in einer 6x6-Matrix

$\boxed{\text{B19}}$

Es sei dazu ein Beispiel angefügt, bei welchem wir berechnen, wie viel Information in der Matrix gespeichert und wie groß die Ausnutzung der Matrix dadurch wird. Die eingesetzte Assoziativmatrix habe nur je sechs Zeilen- und Spaltenleitungen. In ihr werden über die herkömmliche Lernregel die 13 Frage- und Antwort-Paare aus Tabelle 2.46 abgelegt. Jede Frage und jede Antwort besteht aus zwei Einsen und vier Nullen. Nach dem Lernen sind in der Matrix 21 von 36 möglichen Plätzen belegt, wie in Abb. 2.47 zu erkennen, die Dichte der Belegung beträgt also über 58 Prozent.

Frage	Antwort
000110	010100
010100	100100
100100	110000
110000	100010
100010	010010
010010	000110
000011	010100
000101	010100
011000	101000
101000	100001
100001	010001
010001	001100
001001	001001

Abb. 2.47: 6x6-Assoziativmatrix mit
13 gelernten Frage-Antwort-Paaren

Abb. 2.46: 13 Frage- und Antwort-Paare
für eine 6x6-Assoziativmatrix

Zunächst vergewissere man sich, dass die 6x6-Matrix auf alle Fragen aus Tabelle 2.46 die zugehörigen Antworten korrekt liefert. Das trifft zu. In jeder der 13 Antworten steckt Information, deren Betrag sich danach bemessen sollte, wie gewiss oder ungewiss das Eintreten der Antwort ist. Wenn beispielsweise sicher ist, dass eine Matrix stets mit (1 1 0 1 0 1) antworten wird, dann ist der Informationsgehalt der Antwort gleich null, denn man weiß die Antwort schon vorher. In unserem Beispiel weiß man von der Antwort im Voraus jedoch nur, dass sie zwei Einsen enthalten wird. Diese zwei Einsen können in der Antwort an sechs verschiedenen Positionen stehen, daher beträgt die Anzahl an Möglichkeiten $\binom{6}{2} = 15$. Die Bestimmung des Informationsgehalts einer Antwort orientiert sich daran, wie viele Ja-Nein-Fragen nötig sind, um diese Antwort zu erraten.[61] Seien alle Möglichkeiten gleichwahrscheinlich. Man denke sich alle 15 Möglichkeiten notiert in einer Liste. Dann führen Ja-Nein-Fragen wie „Liegt die Antwort in der ersten Hälfte der Liste?" immer wieder angewandt auf die Listenhälfte, in der die Antwort liegt, zu einer Anzahl von höchstens vier Ja-Nein-Fragen. Diese Fragestrategie ist womöglich nicht optimal.[62] Die Informationstheorie[63] bestimmt den Gehalt an Information I einer Antwort[64] durch den Zweierlogarithmus ld des Kehrwerts der Wahrscheinlichkeit p, mit dem die Antwort eintritt.[65]

$$I(p) = ld\left(\frac{1}{p}\right) = -ld(p)$$

Die Maßeinheit für den Informationsgehalt ist das Informationsbit, kurz *bit*.[66]

Folgt man der Definition von Shannon, so käme man in unserem Beispiel auf $I = ld(15) \approx 3{,}907$ *bit*, was zum obigen Ergebnis von höchstens vier Ja-Nein-Fragen pro Antwort passt. Damit enthielten die 13 Antworten in der 6x6-Matrix $13 \cdot ld(15)$ *bit* $\approx 50{,}79$ *bit* Information. Jeder der 36 Plätze in der Matrix trägt $\frac{50{,}79}{36}$ *bit* $\approx 1{,}41$ *bit* Information. Der **Ausnutzungsgrad** der Matrix dieses konstruierten Beispiels betrüge dann etwa 141 Prozent, ein Ergebnis, das nicht im Einklang mit dem normalen Verständnis von Informationsgehalt und Repräsentanten für Information steht. Es legt nahe, die Grundbegriffe beziehungsweise die Grundkonfiguration zu überdenken und neu zu analysieren.[67] Unserer Meinung nach lässt sich in solchen konstruierten Matrizen wie in Beispiel B19 Information hochgradig komprimiert

Ausnutzungsgrad
einer Assoziativmatrix

speichern, mit der Besonderheit, dass das Auslesen ohne extra Aufwand für die Dekompression möglich ist.

Im **allgemeinen Fall** liegt der asymptotisch maximale Ausnutzungsgrad für größer werdende Matrizen bei 69 Prozent, weil man im Unterschied zum konstruierten Beispiel einzurechnen hat, wie viel Information durch das Auftreten „falscher Einsen" wieder verloren geht.[68] Lernt man zu den 13 Frage-Antwort-Paaren aus Abb. 2.46 zum Beispiel als 14. Paar (0 0 1 1 0 0, 0 1 0 1 0 1) hinzu, dann werden in fünf Antworten eine falsche Eins und in einer Antwort zwei falsche Einsen erscheinen, was den Informationsgehalt ansenkt. Trägt man nun als 15. Paar noch (0 0 1 0 1 0, 1 0 1 0 1 0) ein, dann gäbe es zwar auf alle kombinatorisch möglichen Anfragen eine Antwort, allerdings auf Kosten eines weiteren Verlustes an Auslesegüte.

2.5.5 Assoziativmatrizen für besondere Aufgaben

Im vorangegangenen Kapitel wurden die Eigenschaften von Assoziativmatrizen bei der Erfüllung von Aufgaben der Mustererkennung erläutert. Dabei ergab das Lernen der Frage-Antwort-Paare die Belegung der Matrix. Das soll in diesem Kapitel anders sein. Die Belegung der folgenden Assoziativmatrizen erfolgt durch Konstruktion, damit aussagenlogische Verknüpfungen wie in Kapitel 2.1 möglich werden oder damit in den Matrizen Sequenzen abgelegt werden können.[69] Weiter unten kommen dann zudem Rechenoperationen hinzu, die ebenfalls mit recht kleinen Assoziativmatrizen geleistet werden können.

Zunächst wird wie in Beispiel B18 vorgegangen. Es wird festgelegt, wie die Wahrheitswerte binär zu kodieren sind (s. Tabelle 2.3).

wahr	1	1
falsch	0	1

Tabelle 2.3: Kodierung *wahr-falsch*

Matrizen, die einen Wahrheitswert negieren (NICHT-Verknüpfung), entstehen nun nicht durch Lernen, sondern werden passend überlegt. Hier könnten die Matrizen M_{NOT} oder M^*_{NOT} diesen Zweck erfüllen, was wir anschließend überprüfen werden.

$$M_{NOT} = \begin{pmatrix} 0 & 1 \\ 1 & 0 \end{pmatrix} \qquad\qquad M^*_{NOT} = \begin{pmatrix} 0 & 1 \\ 1 & 1 \end{pmatrix}$$

Wir verabreden, dass der Schwellwert immer gleich der Anzahl der Einsen in der Frage sein soll, und rechnen nach:

$$(1\ 1) \cdot M_{NOT} = (1\ 1) \overset{2}{\to} (0\ 0) \;\widehat{=}\; undefiniert$$

$$(1\ 1) \cdot M^*_{NOT} = (1\ 2) \overset{2}{\to} (0\ 1) \;\widehat{=}\; falsch$$

$$(0\ 1) \cdot M_{NOT} = (1\ 0) \overset{1}{\to} (1\ 0) \;\widehat{=}\; undefiniert$$

$$(0\ 1) \cdot M^*_{NOT} = (1\ 1) \overset{1}{\to} (1\ 1) \;\widehat{=}\; wahr$$

Vorschnell ließe sich als Ergebnis dieser Rechnungen die Matrix M_{NOT} beiseite legen, denn sie liefert keine definierten Antworten gemäß Tabelle 2.3.

Doch wenn man nur auf das erste Bit der Antworten achtet oder wenn man auch (1 0) als *wahr* und (0 0) als *falsch* in Tabelle 2.3 nachträgt, dann erfüllt auch M_{NOT} seine Aufgabe.

Lediglich einzelne Bits der Antwort auf eine Matrixabfrage als Ergebnis zu betrachten, ist eine Herangehensweise, die es erlaubt, mehrere aussagenlogische Verknüpfungen gleichzeitig auszuführen. Dazu betrachte man die Kodierung in Tabelle 2.48 und Matrix $M_\#$.

B21

wahr − wahr	1	1	0	0
wahr − falsch	1	0	1	0
falsch − wahr	0	1	1	0
falsch − falsch	0	0	1	1

$$M_\# = \begin{pmatrix} 1 & 0 & 1 & 1 \\ 0 & 1 & 1 & 1 \\ 1 & 1 & 0 & 1 \\ 1 & 1 & 1 & 0 \end{pmatrix}$$

Abb. 2.48: Kodierung der Wahrheitswertepaare

Die Abfrage mit allen Wahrheitswertepaaren ergibt:

$$(1\ 1\ 0\ 0) \cdot M_\# = (1\ 1\ 2\ 2) \xrightarrow{2} (0\ 0\ 1\ 1)$$
$$(1\ 0\ 1\ 0) \cdot M_\# = (2\ 1\ 1\ 2) \xrightarrow{2} (1\ 0\ 0\ 1)$$
$$(0\ 1\ 1\ 0) \cdot M_\# = (1\ 2\ 1\ 2) \xrightarrow{2} (0\ 1\ 0\ 1)$$
$$(0\ 0\ 1\ 1) \cdot M_\# = (2\ 2\ 1\ 1) \xrightarrow{2} (1\ 1\ 0\ 0)$$

Man beachte nun, dass durch die Konstruktion der Matrix in den dritten Bits der Antworten stets die aussagenlogische Konjunktion und in den vierten Bits die Disjunktion der Wahrheitswerte des abgefragten Wahrheitswertepaares zu finden ist. Und auch die ersten beiden Bits haben eine Bedeutung: hier lässt sich am zweiten Bit die Negation des ersten Operanden und am ersten Bit diejenige des zweiten Operanden ablesen. Somit sind durch $M_\#$ die AND-, OR- und NOT-Verknüpfung der Aussagenlogik nachgebildet worden.

aussagenlogische Verknüpfungen

Die Beispiele B20 und B21 machen nochmals deutlich, dass für die Operanden jeweils eine eindeutige Zuordnung wie in Tabelle 2.48 gegeben sein muss, damit die angegebenen Matrizen ihre gewünschte Leistung erbringen können. Und auch die Weise, wie das Ergebnis abzulesen ist, wird genau festgelegt. Damit sind die Schnittstellen zur Außenwelt, sei es beispielsweise zum Anschluss einer Tastatur und einer Digitalanzeige, klar beschrieben. Zur Nachbildung eines Rechnens durch ein Gehirn wird man hier anders vorgehen müssen, da Tabellen wie 2.48 fehlen (s. Kapitel 6).

Besonders angenehm ist in diesen Beispielen, dass die Matrizen klein sind. Dies ist ein günstiger Nebenaspekt der Konstruktion. Im Kontrast zur Verwendung der Assoziativmatrizen als Informationsspeicher, wenn sich die Kodierungen also an der Anwendungsaufgabe orientieren und Fehler möglichst klein gehalten werden müssen, spielen hier stochastische Auflagen praktisch keine Rolle. Insofern erzwingt die gewünschte Leistung keine langen, weil spärlich zu kodierende, Bitfolgen. Dafür sind diese besonderen Verknüpfungsmatrizen jedoch nicht ohne Weiteres fehlertolerant und die beteiligten Bitfolgen nicht unbedingt spärlich mit Einsen besetzt. Wir werden später im Kapitel 6 auf das Assoziative Rechnen eingehen, bei dem andere Ansätze zum

Rechnen durch Assoziativmatrizen verfolgt werden. Dabei werden wir dann nicht auf spezielle Optimierungen im Hinblick auf konkrete Implementierungen achten, sondern das Hauptaugenmerk auf den systematischen Aufbau legen. Die Erkenntnisse, Begriffe und Werkzeuge, beispielsweise die sogenannten Tilde-Variablen, lassen sich dann auch für andere Aufgaben verwenden.

Sequenzen speichern

Bevor wir nun auf weitere besonders konstruierte Assoziativmatrizen eingehen, die zum Rechnen dienen können, sei nochmals auf Matrizen wie in Abbildung 2.47 eingegangen, die in der Lage sind, Sequenzen von Bitfolgen zu speichern. Diese Sequenzen von Bitfolgen werden im Weiteren auch Assoziationsketten genannt. Setzt man beginnend mit der Frage (0 0 0 1 1 0) in die gezeigte 6x6-Matrix die jeweilige Antwort wieder als Frage ein, landet man nach 12 Schritten bei der Antwort (0 0 1 1 0 0). Dieses ist erstaunlich, denn alle Glieder der Assoziationskette besitzen genau zwei Einsen, es sind also nur maximal 15 verschiedene dieser Glieder überhaupt möglich. Man kann mit einigem Probieren viele ähnliche Beispiele finden. Besonders schön finden wir das Beispiel B22 einer 7x7-Matrix M_{Fab} mit drei separaten Assoziationskreisen der Länge 7, wobei sämtliche $\binom{7}{2} = 21$ der möglichen Glieder mit genau zwei Einsen genutzt werden.[70]

B22

$$
M_{Fab} = \begin{pmatrix}
1 & 1 & 1 & 0 & 1 & 0 & 0 \\
0 & 1 & 1 & 1 & 0 & 1 & 0 \\
0 & 0 & 1 & 1 & 1 & 0 & 1 \\
1 & 0 & 0 & 1 & 1 & 1 & 0 \\
0 & 1 & 0 & 0 & 1 & 1 & 1 \\
1 & 0 & 1 & 0 & 0 & 1 & 1 \\
1 & 1 & 0 & 1 & 0 & 0 & 1
\end{pmatrix}
$$

Mit der Startfrage (1 1 0 0 0 0 0) erhält man den ersten Assoziationskreis:

$$(1\,1\,0\,0\,0\,0\,0) \cdot M_{Fab} = (1\,2\,2\,1\,1\,1\,0) \xrightarrow{2} (0\,1\,1\,0\,0\,0\,0)$$

$$(0\,1\,1\,0\,0\,0\,0) \cdot M_{Fab} = (0\,1\,2\,2\,1\,1\,1) \xrightarrow{2} (0\,0\,1\,1\,0\,0\,0)$$

$$\vdots$$

$$(1\,0\,0\,0\,0\,0\,1) \cdot M_{Fab} = (2\,2\,1\,1\,1\,0\,1) \xrightarrow{2} (1\,1\,0\,0\,0\,0\,0)$$

Fragt man aber mit (1 0 1 0 0 0 0) ab, dann ergibt sich der zweite Assoziationskreis:

$$(1\,0\,1\,0\,0\,0\,0) \cdot M_{Fab} = (1\,1\,2\,1\,2\,0\,1) \xrightarrow{2} (0\,0\,1\,0\,1\,0\,0)$$

$$(0\,0\,1\,0\,1\,0\,0) \cdot M_{Fab} = (0\,1\,1\,1\,2\,1\,2) \xrightarrow{2} (0\,0\,0\,0\,1\,0\,1)$$

$$\vdots$$

$$(1\,0\,0\,0\,0\,1\,0) \cdot M_{Fab} = (2\,1\,2\,0\,1\,1\,1) \xrightarrow{2} (1\,0\,1\,0\,0\,0\,0)$$

Und mit (1 0 0 1 0 0 0) lässt sich der dritte Assoziationskreis der Länge 7 starten, wovon sich der Leser durch eigene Rechnung überzeugen mag.

In Assoziativmatrizen lassen sich auch Sequenzen speichern, die mit unterschiedlichen Fragen gestartet werden, sich bei einem gemeinsamen Glied der

Assoziationskette treffen und letztlich bei einer festen Antworten verharren, wie folgendes Beispiel B23 mit der Matrix M_{Fix} zeigt.

$$M_{Fix} = \begin{pmatrix} 1 & 1 & 1 & 1 & 0 & 0 \\ 1 & 0 & 1 & 0 & 1 & 1 \\ 0 & 1 & 0 & 1 & 0 & 0 \\ 0 & 0 & 0 & 0 & 1 & 1 \\ 0 & 0 & 0 & 0 & 1 & 1 \\ 0 & 1 & 0 & 1 & 1 & 1 \end{pmatrix}$$

B23

Startet man mit (1 1 0 0 0 0) landet man letztlich bei (0 0 0 0 1 1).

$$(1\,1\,0\,0\,0\,0) \cdot M_{Fix} = (2\,1\,2\,1\,1\,1) \overset{2}{\rightarrow} (1\,0\,1\,0\,0\,0)$$
$$(1\,0\,1\,0\,0\,0) \cdot M_{Fix} = (1\,2\,1\,2\,0\,0) \overset{2}{\rightarrow} (0\,1\,0\,1\,0\,0)$$
$$(0\,1\,0\,1\,0\,0) \cdot M_{Fix} = (1\,0\,1\,0\,2\,2) \overset{2}{\rightarrow} (0\,0\,0\,0\,1\,1)$$

Wird hingegen zuerst mit (0 0 1 0 0 1) abgefragt, gelangt man nach einem Schritt zu einem gemeinsamen Glied der beiden Ketten, so dass man ebenfalls bei (0 0 0 0 1 1) anlangt.

$$(0\,0\,1\,0\,0\,1) \cdot M_{Fix} = (0\,2\,0\,2\,1\,1) \overset{2}{\rightarrow} (0\,1\,0\,1\,0\,0)$$
$$(0\,1\,0\,1\,0\,0) \cdot M_{Fix} = (1\,0\,1\,0\,2\,2) \overset{2}{\rightarrow} (0\,0\,0\,0\,1\,1)$$

Für die elementare Aufgabe, bestimmte Abschnitte einer Bitfolge, beispielsweise die ersten drei Bits von (a b c 0 0 0) mit a, b, c $\in \{0, 1\}$, an eine andere Stelle zu verschieben, eignen sich Assoziativmatrizen $M_\rightarrow$ folgender Gestalt:

Abschnitte verschieben

B24

$$M_\rightarrow = \begin{pmatrix} 0 & 0 & 0 & a & b & c \\ 0 & 0 & 0 & a & b & c \\ 0 & 0 & 0 & a & b & c \\ 0 & 0 & 0 & 0 & 0 & 0 \\ 0 & 0 & 0 & 0 & 0 & 0 \\ 0 & 0 & 0 & 0 & 0 & 0 \end{pmatrix}$$

Fragt man $M_\rightarrow$ mit Bitfolgen wie nachstehend an, so stehen die ersten drei Bits der Frage anschließend in der Antwort an den letzten drei Positionen.

$$(1\,0\,1\,0\,0\,0) \cdot M_\rightarrow = (0\,0\,0\,2\,0\,2) \overset{\widehat{\Theta}}{\rightarrow} (0\,0\,0\,1\,0\,1)$$
$$(1\,1\,0\,0\,0\,0) \cdot M_\rightarrow = (0\,0\,0\,2\,2\,0) \overset{\widehat{\Theta}}{\rightarrow} (0\,0\,0\,1\,1\,0)$$

Den zahlreichen Möglichkeiten zwei natürliche Zahlen zu addieren oder subtrahieren fügen wir nun eine weitere hinzu, die eine besondere Assoziativmatrix zu Hilfe nimmt. Damit dieses übersichtlich bleibt, rechnen wir im 3er-System, stellen also alle Zahlen mit nur drei Ziffern dar, die hier 0, 1 und 2 sein sollen. Für die Addition werden nunmehr zwei Verknüpfungstafeln aufgestellt (s. Abbildungen 2.49 und 2.50), wovon die linke gewählt wird, wenn die vorangegangene Addition einer Stelle keinen Übertrag geliefert hat, und die rechte sonst.

Rechnen mit natürlichen Zahlen

+	0	1	2
0	00	01	02
1	01	02	10
2	02	10	11

+	0	1	2
0	01	02	10
1	02	10	11
2	10	11	12

Abb. 2.49: Addition ohne Übertrag Abb. 2.50: Addition mit Übertrag

Möchte man also beispielsweise die Ziffern 2 und 1 addieren und liegt kein Übertrag vor, dann entnimmt man der linken Tabelle in die dritte Zeile und zweiten Spalte das Ergebnis 10, wobei die 0 die Ergebnisziffer bedeutet und die 1 den Übertrag, der für die nächste Stelle zu berücksichtigen ist. Die hintere Ziffer des Ergebnisses ist also stets als Ergebnisziffer und die vordere als Übertragsanzeige zu verstehen.

Durch die Verknüpfungstabellen 2.49 und 2.50 wird ersichtlich, dass wir mit unserer zu konstruierenden Rechen-Assoziativmatrix auf neun verschiedene Fragen mit sechs Antworten reagieren können müssen und dabei den Übertrag zu berücksichtigen haben. Zunächst wird dazu eine Kodierung der neun Fragen angegeben (s. Tabelle 2.4). Das letzte Bit der Kodierung ist mit **ü** bezeichnet, denn es soll den Wert 1 erhalten, wenn **kein** Übertrag zu verrechnen ist, und den Wert 0 sonst.

B25

0+0	1	0	0	0	1	0	ü
0+1	0	0	0	1	1	0	ü
0+2	1	0	1	0	0	0	ü
1+0	0	0	1	0	1	0	ü
1+1	1	1	0	0	0	0	ü
1+2	0	0	0	0	1	1	ü
2+0	0	1	1	0	0	0	ü
2+1	0	1	0	0	0	1	ü
2+2	1	0	0	0	0	1	ü

Tabelle 2.4: Kodierung der neun Summen

Die nachstehende Matrix M_3 soll die gewünschten Summen liefern.

$$M_3 = \begin{pmatrix} 1 & 1 & 0 & 1 & 0 & 1 & 1 & 1 & 0 & 1 & 0 & 1 \\ 1 & 0 & 0 & 1 & 1 & 0 & 1 & 0 & 0 & 1 & 1 & 0 \\ 1 & 0 & 1 & 1 & 0 & 0 & 1 & 0 & 1 & 1 & 0 & 0 \\ 1 & 0 & 1 & 0 & 0 & 0 & 1 & 0 & 1 & 0 & 0 & 0 \\ 1 & 1 & 1 & 0 & 1 & 0 & 1 & 1 & 1 & 0 & 1 & 0 \\ 1 & 0 & 0 & 0 & 1 & 1 & 0 & 0 & 0 & 0 & 1 & 1 \\ 1 & 1 & 1 & 1 & 1 & 1 & 1 & 0 & 0 & 0 & 0 & 0 \end{pmatrix}$$

ohne Übertrag

Ohne einem zu verrechnenden Übertrag ergibt die Abfrage von M_3 mit allen neun möglichen Summen aus Tabelle 2.4:

$$0+0:\ (1\,0\,0\,0\,1\,0\,1) \cdot M_3 \xrightarrow{3} (1\ 1\ 0\ 0\ 0\ 0\ 1\,0\,0\,0\,0\,0)$$

$$0+1:\ (0\,0\,0\,1\,1\,0\,1) \cdot M_3 \xrightarrow{3} (1\ 0\ 1\ 0\ 0\ 0\ 1\,0\,0\,0\,0\,0)$$

$$0+2:\ (1\,0\,1\,0\,0\,0\,1) \cdot M_3 \xrightarrow{3} (1\ 0\ 0\ 1\ 0\ 0\ 1\,0\,0\,0\,0\,0)$$

$$1+0:\ (0\,0\,1\,0\,1\,0\,1) \cdot M_3 \xrightarrow{3} (1\ 0\ 1\ 0\ 0\ 0\ 1\,0\,0\,0\,0\,0)$$

$$1+1: \quad (1\,1\,0\,0\,0\,0\,1) \cdot M_3 \xrightarrow{3} (1\ \boxed{0\ 0\ 1\ 0\ 0}\ 1\,0\,0\,0\,0\,0)$$

$$1+2: \quad (0\,0\,0\,0\,1\,1\,1) \cdot M_3 \xrightarrow{3} (1\ \boxed{0\ 0\ 0\ 1\ 0}\ 0\,0\,0\,0\,0\,0)$$

$$2+0: \quad (0\,1\,1\,0\,0\,0\,1) \cdot M_3 \xrightarrow{3} (1\ \boxed{0\ 0\ 1\ 0\ 0}\ 1\,0\,0\,0\,0\,0)$$

$$2+1: \quad (0\,1\,0\,0\,0\,1\,1) \cdot M_3 \xrightarrow{3} (1\ \boxed{0\ 0\ 0\ 1\ 0}\ 0\,0\,0\,0\,0\,0)$$

$$2+2: \quad (1\,0\,0\,0\,0\,1\,1) \cdot M_3 \xrightarrow{3} (1\ \boxed{0\ 0\ 0\ 0\ 1}\ 0\,0\,0\,0\,0\,0)$$

00 01 02 10 11

Die Ergebnisse der Rechnungen ohne Übertrag sind an den Bits an den Positionen 2 bis 6 abzulesen. Steht eine 1 an Position 2, dann ist das Ergebnis 00. Steht an der dritten Position eine 1, dann lautet das Ergebnis 01 und so fort. Die jeweilige Bedeutung wurde unterhalb der Spalten notiert.

Mit einem zu verrechnenden Übertrag ergibt die Abfrage von M_3 mit allen neun möglichen Summen aus Tabelle 2.4:

mit Übertrag

$$0+0: \quad (1\,0\,0\,0\,1\,0\,0) \cdot M_3 \xrightarrow{2} (1\,1\,0\,0\,0\,0\,1\ \boxed{1\ 0\ 0\ 0\ 0})$$

$$0+1: \quad (0\,0\,0\,1\,1\,0\,0) \cdot M_3 \xrightarrow{2} (1\,0\,1\,0\,0\,0\,1\ \boxed{0\ 1\ 0\ 0\ 0})$$

$$0+2: \quad (1\,0\,1\,0\,0\,0\,0) \cdot M_3 \xrightarrow{2} (1\,0\,0\,1\,0\,0\,1\ \boxed{0\ 0\ 1\ 0\ 0})$$

$$1+0: \quad (0\,0\,1\,0\,1\,0\,0) \cdot M_3 \xrightarrow{2} (1\,0\,1\,0\,0\,0\,1\ \boxed{0\ 1\ 0\ 0\ 0})$$

$$1+1: \quad (1\,1\,0\,0\,0\,0\,0) \cdot M_3 \xrightarrow{2} (1\,0\,0\,1\,0\,0\,1\ \boxed{0\ 0\ 1\ 0\ 0})$$

$$1+2: \quad (0\,0\,0\,0\,1\,1\,0) \cdot M_3 \xrightarrow{2} (1\,0\,0\,0\,1\,0\,0\ \boxed{0\ 0\ 0\ 1\ 0})$$

$$2+0: \quad (0\,1\,1\,0\,0\,0\,0) \cdot M_3 \xrightarrow{2} (1\,0\,0\,1\,0\,0\,1\ \boxed{0\ 0\ 1\ 0\ 0})$$

$$2+1: \quad (0\,1\,0\,0\,0\,1\,0) \cdot M_3 \xrightarrow{2} (1\,0\,0\,0\,1\,0\,0\ \boxed{0\ 0\ 0\ 1\ 0})$$

$$2+2: \quad (1\,0\,0\,0\,0\,1\,0) \cdot M_3 \xrightarrow{2} (1\,0\,0\,0\,0\,1\,0\ \boxed{0\ 0\ 0\ 0\ 1})$$

01 02 10 11 12

Die Ergebnisse der Rechnungen mit Übertrag sind an den Bits an den Positionen 8 bis 12 abzulesen. Steht eine 1 an Position 8, dann ist das Ergebnis 01. Steht an der neunten Position eine 1, dann lautet das Ergebnis 02 und so fort. Die jeweilige Bedeutung wurde unterhalb der Spalten notiert.

Mit Hilfe von M_3 soll zum Beispiel die Summe von **112** und **201** bestimmt werden. Mit den Einern wird begonnen, ein Übertrag liegt noch nicht vor, also wird wie folgt abgefragt:

Beispielrechnung zur Addition

$$2+1: \quad (0\,1\,0\,0\,0\,1\,1) \cdot M_3 \xrightarrow{3} (1\ \boxed{0\ 0\ 0\ 1\ 0}\ 0\,0\,0\,0\,0\,0) \,\hat{=}\, 10$$

Der Antwort entnimmt man, dass die letzte Stelle des Ergebnisses gleich **0** ist und sich ein Übertrag ergeben hat. Zum Addieren der Dreier, also der vorletzten Stelle, ist folglich anzusetzen mit:

$$1+0: \quad (0\,0\,1\,0\,1\,0\,0) \cdot M_2 \xrightarrow{2} (1\,0\,1\,0\,0\,0\,1\ \boxed{0\ 1\ 0\ 0\ 0}) \,\hat{=}\, 02$$

Zuletzt sind demzufolge die Neuner ohne Übertrag zu verrechnen:

$$1+2: \quad (0\,0\,0\,0\,1\,1\,1) \cdot M_3 \xrightarrow{3} (1\ \boxed{0\ 0\ 0\ 1\ 0}\ 0\,0\,0\,0\,0\,0) \,\hat{=}\, 10$$

Da diese letzte Matrixabfrage einen Übertrag liefert, der für einen 27er steht, setzt sich die Lösung aus den Ergebnisziffern und dem letzten Übertrag korrekt zu 1020 zusammen.

Die Matrix M_3 wurde nicht durch einen Lernvorgang gewonnen, sondern eigens für ihren Zweck konstruiert. Algebraische Eigenschaften wie die Kommutativität spielten dabei keine Rolle. Vielmehr gelingt durch die Konstruktion ein zusätzlicher Nutzen. Mit der Matrix M_3 lässt sich auch subtrahieren, indem man lediglich die Differenzen den Summen wie in Tabelle 2.5 zuordnet und dann die Matrix M_3 mit der Kodierung dieser Summen aus Tabelle 2.4 abfragt. Diese Möglichkeit ist dem isomorphen Aufbau der Verknüpfungstafeln von Addition und Subtraktion zu verdanken, was man erkennt, wenn man diese wie in den Abbildungen 2.51 und 2.52 anordnet.

Addition und Subtraktion mit derselben Matrix

-	0	1	2
2	02	01	00
1	01	00	12
0	00	12	11

-	0	1	2
2	01	00	12
1	00	12	11
0	12	11	10

Abb. 2.51: Subtraktion ohne Übertrag   Abb. 2.52: Subtraktion mit Übertrag

2 - 0	2 - 1	2 - 2	1 - 0	1 - 1	1 - 2	0 - 0	0 - 1	0 - 2
0+0	0+1	0+2	1+0	1+1	1+2	2+0	2+1	2+2

Tabelle 2.5: Zuordnung der Differenzen zu den Summen

Beispielrechnung zur Subtraktion

Als Beispiel soll die Differenz von 1020 und 201 gebildet werden. Mit den Einern wird wieder begonnen, ein Übertrag liegt nicht vor, also wird laut Tabelle 2.5 wie bei 2+1 abgefragt:

$$0 - 1: \quad (0\,1\,0\,0\,0\,1\,1) \cdot M_3 \overset{3}{\rightarrow} (1\ 0\ 0\ 0\ 1\ 0\ 0\,0\,0\,0\,0\,0) \, \widehat{=}\, 12$$

Zum Ergebnis **12** kommt es, weil in der Verknüpfungstabelle der Subtraktion an der Stelle, an der bei der Addition eine 10 steht, nun eine 12 abzulesen ist. Die nächste Abfrage ist nun mit Übertrag auszuführen:

$$2 - 0: \quad (1\,0\,0\,0\,1\,0\,0) \cdot M_3 \overset{2}{\rightarrow} (1\ 1\ 0\ 0\ 0\ 0\ 1\ 1\ 0\ 0\ 0\ 0) \, \widehat{=}\, 01$$

Die Differenz 0-2 ist danach mit der Kodierung für 2+2 ohne Übertrag abzufragen:

$$0 - 2: \quad (1\,0\,0\,0\,0\,1\,1) \cdot M_3 \overset{3}{\rightarrow} (1\ 0\ 0\ 0\ 0\ 1\ 0\,0\,0\,0\,0\,0) \, \widehat{=}\, 11$$

Im letzten Schritt wird wegen des gelieferten Übertrags nun noch 1-1 bestimmt:

$$1 - 1: \quad (1\,1\,0\,0\,0\,0) \cdot M_3 \overset{2}{\rightarrow} (1\ 0\ 0\ 1\ 0\ 0\ 1\ 0\ 0\ 1\ 0\ 0) \, \widehat{=}\, 00$$

Damit liegt das Ergebnis **112** korrekt vor.

Mit Assoziativmatrizen ist die Ausführung weiterer mathematischer Operationen möglich. Die Spanne reicht von der Auswertung aussagenlogischer Terme bis zur Darstellung von und Operationen auf Bäumen und Graphen.[71]

2.6 Übungen 2

Ü 2.1 (Assoziativmatrix)

Man betrachte die Assoziativmatrix in Abb. 2.28. Schwellwert aller Abfragen sei stets $\widehat{\Theta}$.

a) Welche Antwort ergibt sich, wenn man bei einer Abfrage die zweite und sechste Zeile aktiviert?

b) Die Abfrage der Assoziativmatrix mit einer Frage, die zwei Einsen enthält, brachte die Antwort (0 1 1 0 1 0 0 0 0 0 0 0). Welche Zeilen sind aktiviert worden?

c) Es wurden die 3. bis 5. Zeile aktiviert, so dass sich folglich die Antwort (0 0 0 0 0 0 1 1 0 0 0 0) ergab. Ändert sich die Antwort, wenn man auch noch die zweite oder siebte Zeile aktiviert?

d) Man gebe die Assoziativmatrix als Verbindungsmatrix $\mathbf{V}$ an und multipliziere diese mit der Frage (1 1 0 0 0 0 1 1).

Ü 2.2 (Assoziativmatrix)

Gegeben seien folgende Frage-Antwort-Paare $(\mathfrak{f}_i, \mathfrak{a}_i)$:

$$\mathfrak{f}_1 = (0\ 1\ 0\ 1\ 0\ 1\ 0\ 0\ 0\ 0\ 1\ 0\ 0\ 0\ 0)$$
$$\mathfrak{a}_1 = (0\ 1\ 0\ 0\ 1\ 1\ 0\ 0\ 0\ 0\ 0\ 1\ 1\ 0\ 0)$$
$$\mathfrak{f}_2 = (0\ 0\ 0\ 0\ 0\ 1\ 1\ 1\ 0\ 1\ 0\ 0\ 0\ 0\ 0)$$
$$\mathfrak{a}_2 = (1\ 0\ 0\ 1\ 0\ 1\ 1\ 0\ 0\ 0\ 0\ 0\ 0\ 0\ 0)$$
$$\mathfrak{f}_3 = (0\ 0\ 0\ 0\ 1\ 1\ 0\ 0\ 1\ 1\ 0\ 0\ 1\ 0\ 0)$$
$$\mathfrak{a}_3 = (0\ 0\ 0\ 0\ 0\ 1\ 1\ 1\ 0\ 1\ 1\ 0\ 0\ 0\ 0)$$

a) Nach dem Eintragen der Frage-Antwort-Paare $(\mathfrak{f}_i, \mathfrak{a}_i)$ in eine Assoziativmatrix $\mathbf{L}$ mit der L-Lernregel trage man deren Belegung in folgende Gitter-Darstellung der Matrix $\mathbf{L}$ ein.

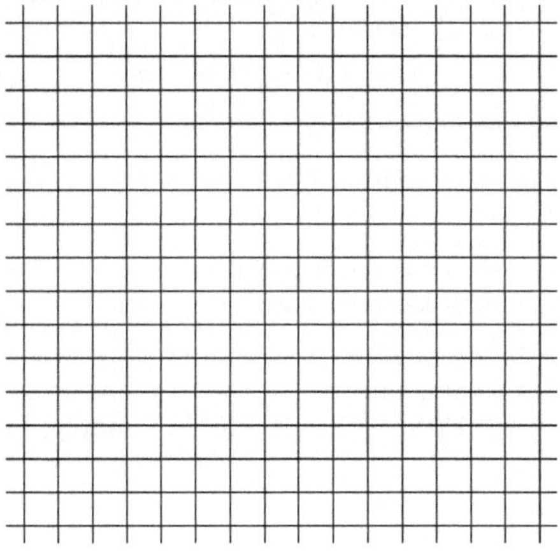

b) Man trage die Frage-Antwort-Paare mit der K-Lernregel in folgende Assoziativmatrix K ein. Anschließend gebe man die Spaltensummen an, die bei Abfrage von K mit den Fragen f_i entstehen.

Ü 2.3 (Assoziativmatrix)

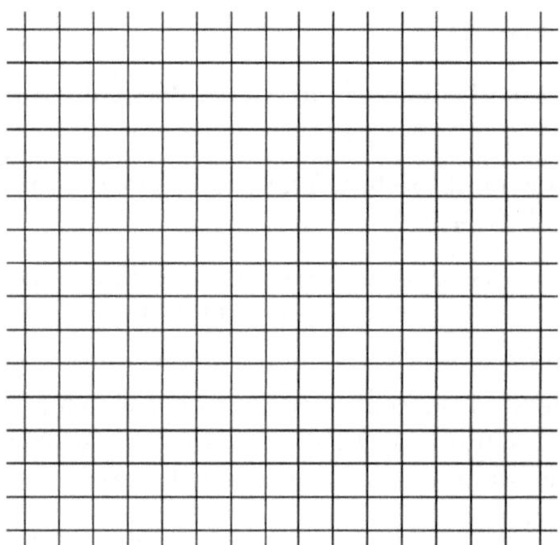

Eine Assoziativmatrix A sei durch nebenstehende Abbildung gegeben. Man berechne und vergleiche:

a) $a_1 = (1\ 0\ 1\ 0\ 0\ 0\ 1\ 0) \cdot A$

b) $a_2 = ((1\ 0\ 1\ 0\ 0\ 0\ 1\ 0) \cdot A) \cdot A$

c) $a_3 = (((1\ 0\ 1\ 0\ 0\ 0\ 1\ 0) \cdot A) \cdot A) \cdot A$

d) $a_4 = (1\ 0\ 1\ 0\ 0\ 0\ 1\ 0) \cdot A^2$

e) $a_5 = (1\ 0\ 1\ 0\ 0\ 0\ 1\ 0) \cdot A^3$

Ü 2.4 (Assoziativmatrix)

Wenn eine Schokolade süß, sahnig und nach Joghurt schmeckt, dann wurde sie von der Firma *Jogurama* produziert. Ist sie krümelig und schmeckt etwas bitter und nach Kaffee, stammt sie von *Caffètti*. Und wenn ihr Geschmack an frische Erdbeeren erinnert, sie süß ist und ebenfalls krümelig, so wurde sie in einer Fabrik von *Fruttello* hergestellt.

a) Man überlege eine Kodierung, durch die die Sinneseindrücke auf die Schokoladenmarke abgebildet werden.

b) Man trage die Frage-Antwort-Paare mit der L-Lernregel in eine Assoziativmatrix L ein.

c) Man überprüfe, ob bei einer Anfrage nach einer sahnig-süßen Schokolade mit *Jogurama* geantwortet wird.

d) Man notiere, wie die Matrix L auf folgende Anfragen antwortet:
   i) frische Erdbeeren, süß
   ii) sahnig, frische Erdbeeren, süß
   iii) bitter, Joghurt, Kaffee
   iv) sahnig, krümelig

2.7 Assoziative Quader

Fügt man mehrere Assoziativmatrizen zu einem mehrschichtigen Gebilde zusammen, dann gewinnt man eine zusätzliche Antwortebene. In Schichten angereihte Assoziativmatrizen werden **assoziative Quader** genannt. In Abbildung 2.53 befindet sich vorn in der ersten Schicht die erste Assoziativmatrix, bestehend aus drei Zeilen und vier Spalten, die weiteren Matrizen in vier Schichten dahinter.

Schichten aus Assoziativmatrizen

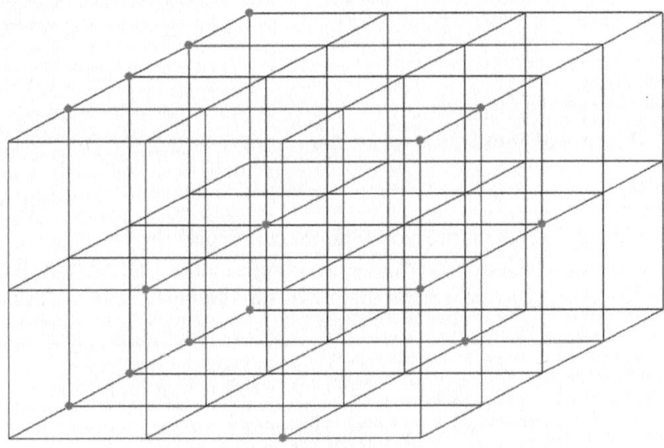

Abb. 2.53: Ein assoziativer Quader mit drei Zeilen, vier Spalten und fünf Schichten

Beim Abfragen eines assoziativen Quaders wird eine Fragefläche, also eine Matrix aus Nullen und Einsen, an die erste Schicht des Quaders angelegt. Alle Einsen wirken nun nicht nur auf die erste Schicht, sondern auch auf alle Schichten dahinter. Der assoziative Quader lässt sich dann senkrecht oder waagerecht abfragen, wobei die Schwellwerte zum Boden oder zur Seite hin gebildet werden, wie nachstehende Abbildung veranschaulicht.

senkrechte und waagerechte Abfrage

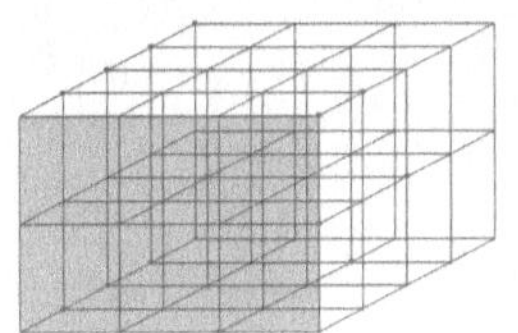

Fragefläche

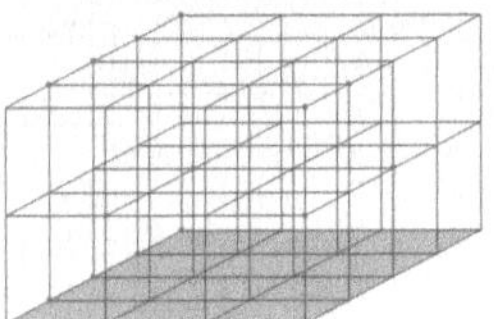

Antwortfläche für die senkrechte Abfrage

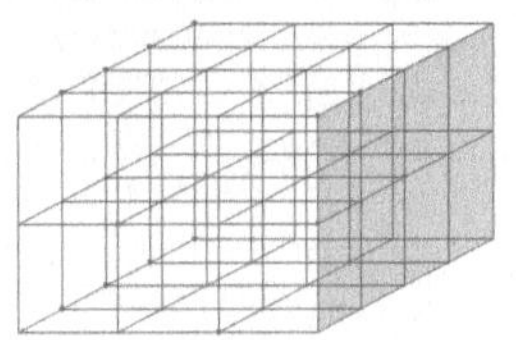

Antwortfläche für die waagerechte Abfrage

Im folgenden Beispiel wurde eine Fragefläche mit einer Antwortfläche für die senkrechte und eine weitere für die waagerechte Abfrage in den Quader jeweils mit Hilfe der L-Lernregel eingetragen (s. Kapitel 2.5). Ein Computeralgebrasystem wie *Maxima* unterstützt bei der rechnerischen Bestimmung der Schwellwerte der Antwortflächen.[72] In die nachstehend abgebildeten Antwortflächen wurden die Schwellwerte mit eingetragen. Ob man bei der Abfrage den in einer Antwortfläche größten aufgetretenen Schwellwert benutzt oder den jeweils in einer Spalte oder Zeile größten oder auch einen in einer gewissen Umgebung aufgetretenen größten Schwellwert, das bleibt dem Anwender und Anwendungsfall überlassen.

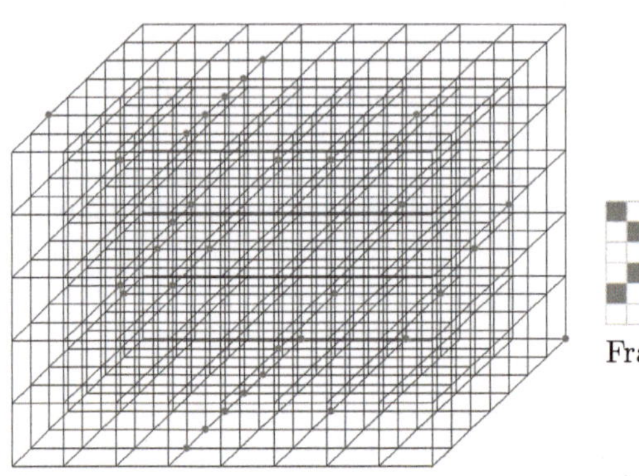

Lage der
Antwortflächen

Die Abbildung 2.54 macht am vorstehenden Beispiel die Lage der Antwortflächen sichtbar. Am Boden des Quaders erkennt man die Antwortfläche für die senkrechte Abfrage und rechts diejenige für die waagerechte Abfrage.

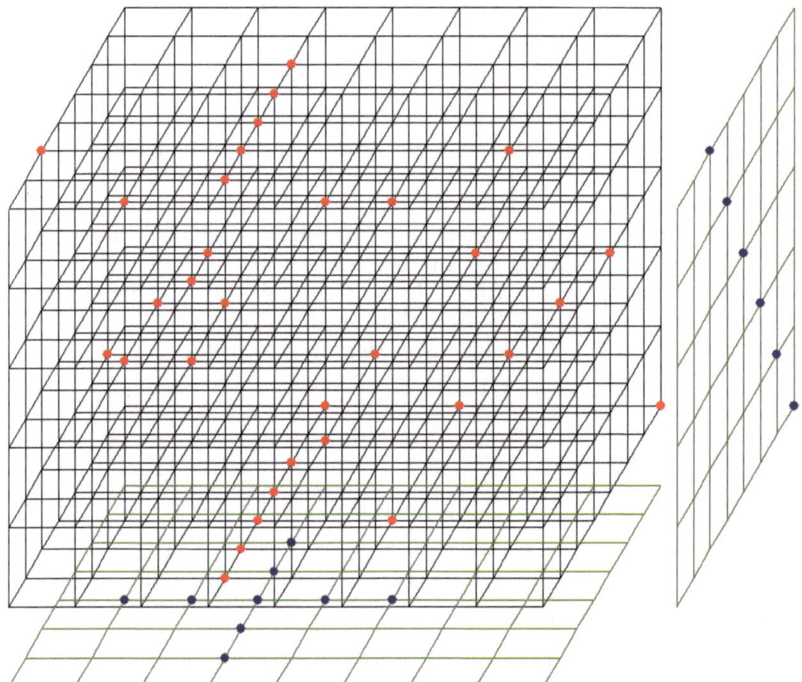

Abb. 2.54: Lage der Antwortflächen

Auch beim assoziativen Quader finden sich die von den Assoziativmatrizen her bekannten Eigenschaften der Mustererkennung, Mustervervollständigung und Musterextraktion, was man sich bei größeren Quadern gut sichtbar machen kann, denen man Fotografien auf die Frageflächen aufträgt. Dazu ist beispielsweise ein Quader mit 150 Spalten und ebenso vielen Zeilen und Schichten gewählt worden. Folgende schwarzweiße Bilder aus B26 wurden in den Quader als Frage- und Antwortflächen eingetragen.

B26

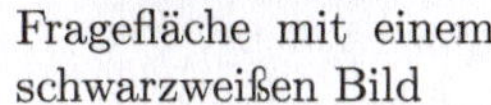

Fragefläche mit einem schwarzweißen Bild

Antwortfläche für die senkrechte Abfrage

Antwortfläche für die waagerechte Abfrage

Beim Abfragen des assoziativen Quaders mit dem Bild auf der vorstehenden Fragefläche ergeben sich folgende Antworten, die wegen weniger „falscher Einsen" (s. Kapitel 2.5.4) nur geringe Abweichungen von den gelernten Flächen aufzeigen:

Antwortfläche nach der senkrechten Abfrage

Antwortfläche nach der waagerechten Abfrage

Folgende gelochte oder halbierte Bilder werden trotz ihrer Unvollständigkeit mit den gleichen beiden Antwortflächen wie vorstehend beantwortet.

störunanfällige Abfragen

Abfrage mit zweifach gelochtem Bild

Abfrage mit senkrecht halbiertem Bild

Abfrage mit waagerecht halbiertem Bild

Auch gegen ein Verschieben eines Bildes auf der Fragefläche lässt der assoziative Quader hier ein tolerantes Verhalten erkennen, wenngleich die Abweichungen zu den gelernten Antworten größer werden, wie folgende Abbildungen des Beispiels B27 vom Antwortverhalten des Quaders zeigen. In den

Bildern rechts sind die jeweiligen Abweichungen als Unterschiede zur gelernten Antwort eingezeichnet.

B27

Frage

Antwort

Unterschied zur gelernten Antwort

Frage um 5 Pixel nach links oben verschoben

Antwort

Unterschied zur gelernten Antwort

Frage um 10 Pixel nach links oben verschoben

Antwort

Unterschied zur gelernten Antwort

Vorteil assoziativer Quader ist, dass bei einer Abfrage gleichzeitig in zwei Richtungen Antworten entstehen, jedes Neuron innerhalb dieser Struktur also mehrfach wirksam wird, was vermuten lässt, dass sich im Quader mehr Information unterbringen lässt als in einschichtig hintereinander gelegten oder gerollten Matrizen. Bei einem Sechseckprisma ergebe sich eine weitere Abfragerichtung, bei einem Achteckprisma wären es schon vier und so fort.

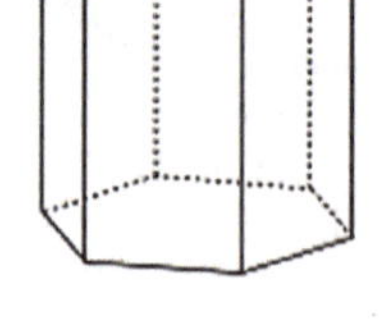

Die Prismen bieten sich hier als assoziative Gebilde an, da als Fragefläche die Bodenfläche dienen kann, auf der die Abfrage-Seitenflächen senkrecht stehen.

Durch die Nutzung assoziativer Gebilde in mehreren Richtungen entstehen beim Lernen mehr „falsche Einsen", was sich in folgendem Beispiel B28 augenfällig bemerkbar macht. In der oberen Zeile sind die beiden mit der Frage verbundenen Antworten wiedergegeben, in der Zeile darunter erscheint die senkrechte Antwort demgegenüber fehlerfrei, da als waagerechte Antwort eine leere Fläche gelernt wurde, so dass sich die Anzahl falscher Einsen verminderte.

falsche Einsen

Frage

senkrechte Antwort

waagerechte Antwort

B28

Frage

senkrechte Antwort

waagerechte Antwort

In Fortführung der Konstruktion eines assoziativen Quaders als Matrix von Matrizen gelangt man zu höherdimensionalen assoziativen Quadern, die zu einer Frage ebenfalls mehr als zwei Antworten liefern können.[73] Bei der Nutzung dieser assoziativen Quader werden die Kapazitätsüberlegungen, die für verschiedene Matrixmodelle vorliegen (s. [Knoblauch et al. 2010]) vermutlich zu modifizieren sein, eine Arbeit, die noch geleistet werden muss. Weil mit dem Lernen in den senkrechten Schichten unweigerlich auch Einträge für die waagerechte Abfrage definiert werden (und umgekehrt), könnte man diese Verknüpfung auch als Komposition oder Verschränkung von Nutzinformation mit Metainformation interpretieren und damit ein Modell für Bewusstsein gewinnen.[74]

höherdimensionale assoziative Quader

Anmerkungen

[1] Das menschliche Gehirn besteht aus mindestens zehn Milliarden Nervenzellen (Neuronen) (vgl. [Palm 1988], S. 54, oder [Abdi 1994], S. 7). Jede Nervenzelle leitet ein Ausgangssignal über ihr Axon an mehrere zehntausend andere Nervenzellen weiter (s. ebenda).

zehn Milliarden Nervenzellen

[2] In [Palm 1988], S. 55 f., schätzt der Autor des Weiteren ab, dass man zudem etwa 10^{20} Werte für die „Anfangsverknüpfungen zwischen den Nervenzellen" festzulegen, also den möglichen Einfluss jeder Nervenzelle auf jede andere zu bemessen habe.

hundert Trillionen Startwerte

[3] Das Zitat stammt aus [Neumann 1970], S. 77.

[4]Leider brechen die Aufzeichnungen von John von Neumann (1903 – 1957) an dieser Stelle wegen seiner schweren Erkrankung ab.

[5]In [Dehaene 1999], S. 17, schreibt Stanislas Dehaene dazu: „Man kann nicht umhin, die Flexibilität des menschlichen Gehirns zu bewundern, die es je nach Umwelt und Epoche erlaubt, eine Jagd auf Mammuts zu planen oder sich einen Beweis für die Fermatsche Vermutung auszudenken. Diese Flexibilität sollte dennoch nicht überschätzt werden. Ich behaupte, dass es genau die Vor- und Nachteile unserer zerebralen Schaltkreise sind, die die Stärken und Grenzen unserer mathematischen Fähigkeiten bestimmen. Unser Gehirn wurde wie das der Ratte vor undenklichen Zeiten mit der intuitiven Repräsentation für Anzahlen ausgestattet. Deshalb sind wir so begabt für Näherungen, und deshalb erscheint es uns so offensichtlich, dass 10 größer ist als 5."

Aufgaben für die
Neuromathematik

[6]In [Galushkin et al. 2003] zählen die Autoren als grundlegende mathematische Aufgaben, die Gegenstand der Neuromathematik seien, die folgenden auf: Systeme linearer und nichtlinearer Gleichungen, Integralgleichungen, gewöhnliche und partielle Differentialgleichungen, Systeme linearer Ungleichungen, Matrizenoperationen, Optimierungsaufgaben, Approximation, Extrapolation u.a.m.

[7]Im *Neuromath Network* tauschten Mitarbeiter von sechs europäischen Instituten ihre Ergebnisse aus, darunter Stanislas Dehaene („Der Zahlensinn", s. [Dehaene 1999]).

[8]Der Beitrag [Galushkin et al. 2003] wird beschrieben als „summary of a set of Russian scientists' works [...] in the field of neuromathematics — neural network algorithms for solving mathematical tasks."

Neuromathematik zur
Beschreibung von
Vorgängen im Gehirn

[9]R. Moreno-Diaz jr. und K. N. Leibovic nutzen beispielsweise in [Moreno-Diaz and Leibovic 1995] den Begriff Neuromathematik im angegebenen Sinne und zeigen auf, wie sich von der beobachteten Funktionsweise eines Zellverbunds auf dessen Struktur schließen lässt. Nach einer Buchbeschreibung des Verlags zu [Scott 2002] lassen sich mathematische Verfahren in folgenden sechs Punkten in die Neurowissenschaften einbringen: (i) zur exakten Beschreibung gut verstandener Prozesse in und zwischen den Nervenzellen, (ii) zur bildhaften Beschreibung komplexerer Phänomene der Hirntätigkeit, (iii) für informationstheoretische Überlegungen zu Speicherkapazität und Datenübertragung, (iv) für aussagenlogische Betrachtungen zur Analyse der Informationsverarbeitung, (v) für zahlentheoretische Überlegungen zu großen Anzahlen an Kombinationsmöglichkeiten und (vi) für statistische Verfahren zur Organisation und Auswertung von Messwerten.

Maschine für Abbildungen zwischen 0-1-Folgen

[10]Bei [Palm 1982], S. 26, heißt es dazu: „A behavior can be defined as a mapping associating outputs (actions) to inputs (situations). The input-output-signals can be coded into 0,1-sequences. In this way the problem of constructing a machine that displays a predescribed behavior is reduced to the problem of constructing a machine that performs a predescribed mapping between 0,1-sequences."

Hodgkin-Huxley-Modell

[11]Das Hodgkin-Huxley-Modell des Neurons wurde 1952 von Alan Lloyd Hodgkin (1914-1998) und Andrew Fielding Huxley (*1917) entwickelt. Für ihre Entdeckungen zu den verschiedenen elektrischen Potentialen an der Nervenzelle erhielten sie zusammen mit John Carew Eccles 1963 den Nobelpreis für Physiologie oder Medizin. In der Abb. 2.2 befindet sich die Nachbildung des durch Kaliumionen entstehenden Ionenstroms ganz links, daneben der gegenläufige, welcher durch Natriumionen entsteht. Als dritter Strom trägt der Leckstrom (dritter Leitungsweg) und als vierter der durch die außen angelegte Erregungsspannung verursachte Strom zum Gesamtstrom bei, der durch die Nervenzelle fließt. Der Kondensator ganz rechts bildet durch sein Auf- und Entladen die typischen zeitlichen Abläufe nach.

KTechLab

[12]Die Simulation des Modellneurons nach Hodgkin-Huxley ist hier mit dem Programm *KTechLab* unter Linux vorgenommen worden.

[13]Solche Projekte sind in Anmerkung 22 von Kapitel 1 vorgestellt worden.

Integrationsgrad

[14]Mit dem Integrationsgrad „Very Large Scale Integration (VLSI)" ist zum Beispiel meist eine sechsstellige Anzahl von Transistoren pro integriertem Schaltkreis gemeint. In modernen Prozessoren werden über 500 Millionen Transistoren eingesetzt. Ulrich Rückert geht zum Beispiel in [Rückert 1991] auf den Bau von Assoziativmatrizen in VLSI-Technik ein.

[15]Ulrich Rückert beschreibt unter anderem in [Rückert 1990], [Rückert 1991], [Rückert 1993] und [Rückert 1994] technische Möglichkeiten zum Bau von Assoziativmatrizen und neuronalen Netzen mit digitalen und analogen elektronischen Bauteilen.

[16]Die Bezeichnung w für die Verbindungsstärke leitet sich vom englischen Wort *weight* (Gewicht, Einfluss) ab. Daher wird die Verbindungsstärke auch Verbindungsgewicht genannt. — Verbindungsgewicht

[17]Bei wiederholten Übertragungen von einem Neuron zu einem anderen werden die betroffenen Verbindungsgewichte größer (s. [Hebb 1949]). — synaptische Plastizität

[18]Zum Rechnen mit Matrizen lese man z. B. in [Sperner 1951], §9, nach.

[19]Dazu schreibt [Palm 1988], S. 57: „Wie weit diese Fähigkeit [der Informationsweitergabe] bei einzelnen Neuronen reicht ist noch nicht vollständig erforscht, aber es kann als sicher gelten, dass Nervenzellen wenigstens zu einer (nichtlinearen) Schwellenoperation fähig sind: Sie reagieren erst dann, wenn die von anderen Neuronen eingehende Erregung insgesamt einen gewissen Wert übersteigt". Im grundlegenden Artikel [McCulloch and Pitts 1943], S. 115, halten die Autoren fest: „The nervous system is a net of neurons, each having a soma and an axon. Their adjunctions, or synapses, are always between the axon of one neuron and the soma of another. At any instant a neuron has some threshold, which excitation must exceed to initiate an impulse." — Schwellenoperation

[20]In [Palm 1982], S. 26, wird unter der Überschrift *How to build well-behaving machines* dazu ausgeführt: „Such a machine can indeed be constructed from 'logical machines' that correspond to the logical operations of 'not', 'and' and 'or'. It can also be constructed from 'threshold neurons', which are neuron-like machines." — UND-, ODER-, NICHT-Neuronen für Logikmaschinen

[21]Die Beschreibung des Perzeptrons geht auf Frank Rosenblatt in [Rosenblatt 1958] zurück. Dem Psychologen und Informatiker Frank Rosenblatt (1928-1971) gelang 1960 auf der Grundlage seines Perzeptron-Modells an der Cornell University der Bau eines ersten lernfähigen Rechners. — Frank Rosenblatt

[22]Alle Neuronen der Eingabeschicht erhalten hier genau einen Eingabewert. Daher enthält die zugehörige Verbindungsmatrix nur in der Hauptdiagonalen Werte ungleich null. In der Abb. 2.55 aus [Shaw and Palm 1988], S. 522, entspricht das der Weiterleitung der Signale von den „S-Units" der Retina zu den „A-Units" der „association area". — Eingabeschicht eines Perzeptrons

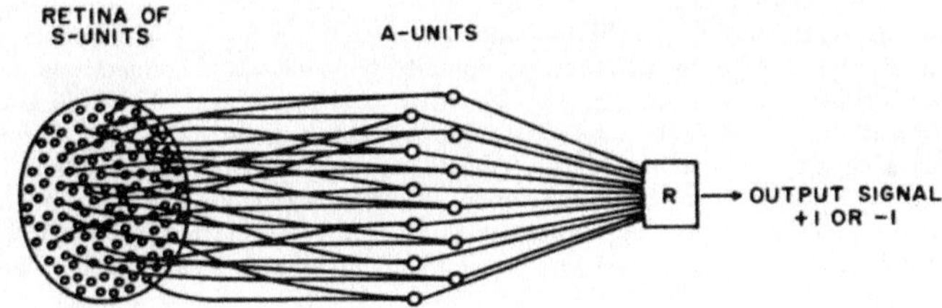

Abb. 2.55: Typical Elementary Perceptron (Rosenblatt 1962)

[23]Mit dem unter der „GNU General Public License" entwickelten, frei verfügbaren Computeralgebrasystem (CAS) *Maxima* lässt sich die Eingabe der Matrizen V_1, V_2, V_3, die Eingabe der Frage x und die Rechnung wie folgt ausführen: — Computeralgebrasystem *Maxima*

```
v1: matrix(        v2: matrix(        v3: matrix(        x: matrix(
    [-1,0],            [4,1,-2],          [3,-5],            [-2,7]
    [0,2]              [2,-3,6]           [-1,2],            );
    );                 );                 [9,2]
                                          );
    theta: 1;
    f(x):= if x >= theta then 1 else 0;
    tmp: matrixmap(f,x.v1);
    tmp: matrixmap(f,tmp.v2);
    matrixmap(f,tmp.v3);
```

In der Variablen `tmp` werden im Verlauf der Rechnung die Zwischenergebnisse abgelegt. Die Befehle zur Eingabe der Werte für die Matrizen `v1`, `v2`, `v3` und `x` schreibt man nicht wie hier im Druck nebeneinander sondern untereinander. Die Zuordnung f wird in diesem Beispiel durch den Befehl `matrixmap` auf alle Einträge der zu berechnenden Matrixprodukte angewandt.

wxMaxima

^{24}*Maxima* wurde für die Beispiele dieses Buches unter der grafischen Oberfläche *wxMaxima* aufgerufen.

^{25}Die Zählung der Schichten oder Lagen des Perzeptrons wird unterschiedlich vorgenommen. So wird gelegentlich von einem **einlagigen** Perzeptron gesprochen, wenn dieses nur aus Eingabe- und Ausgabeschicht besteht, ein **zweilagiges** Perzeptron besitzt eine Zwischenschicht („hidden layer"), ein dreilagiges dann zwei und so fort. Rosenblatt schreibt demgegenüber in [Shaw and Palm 1988], S. 522: „The simplest perceptron which is capable of full generality in any discrimination experiment, calling for an arbitrary dichotomy of the set of all possible visual input patterns, is a **three-layer** network called a *simple perceptron*. Such a network is illustrated in [Abb. 2.55]. It consists of a layer of sensory points, a single layer of A-units, and a single R-unit, which emits an output of +1 if the total input signal is strictly positive, or -1 if the total input signal is negative." Rosenblatt zählt hier also sogar die sensorische Schicht mit. Mit „S-units" bezeichnet er „sensory units" (der Netzhaut), mit „A-units" benennt er „association cells" und mit „R-units" die „response"-Zellen (vgl. [Rosenblatt 1958], S. 389 f.).

Zählung der Lagen eines Perzeptrons

^{26}Schon in [Rosenblatt 1958], S.390, beschreibt Frank Rosenblatt jedoch Feedback-Verfahren, mit denen Einfluss auf die „association area" genommen wird. Die von ihm dort zur Illustration eingefügte Abb. 2.56 deutet die Rückkopplung durch einen Doppelpfeil an.

Feedback-Verfahren beim Perzeptron

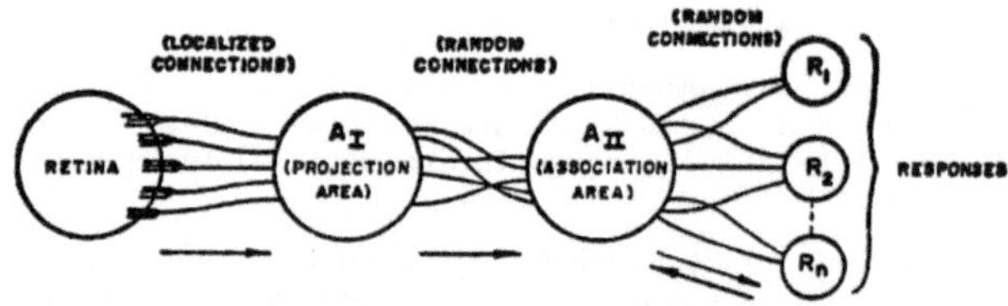

Abb. 2.56: Organization of a perceptron (Rosenblatt 1958)

Er erläutert das Rückkopplungsverfahren mit: „Note that up to A_{II} all connections are forward, and there is no feedback. When we come to the last set of connections, between A_{II} and the R-units, connections are established in both directions. The rule governing feedback connections, in most models of the perceptron, can be either of the following alternatives: (a) Each response has excitatory feedback connections to the cells in its own source-set, or (b) Each response has inhibitory feedback connections to the complement of its own source-set (i.e., it tends to prohibit activity in any association cells which do not transmit to it)". Mit „its own source-set" sind diejenigen A-units gemeint, die Signale an die jeweilige Antwortzelle senden.

Pixel

^{27}das Pixel — engl. Abk. für <u>p</u>icture <u>e</u>lement, Bildpunkt

^{28}Marvin Minsky und Seymour Papert zeigten 1969 (vgl. [Minsky and Papert 1988]), dass ein einlagiges Perzeptron beispielsweise nicht in der Lage ist, die aussagenlogische XOR-Verknüpfung darzustellen. Für die UND-, ODER- und NICHT-Verknüpfung wurden auf Seite 19 Verknüpfungsmatrizen angegeben, für die XOR-Verknüpfung (exklusives ODER, ENTWEDER-ODER-Verknüpfung) wäre eine Lösung durch folgende Matrizen V_1 und V_2 gegeben:

Minsky, Papert, XOR-Problem

$$V_1 = \begin{pmatrix} 1 & 1 & 0 \\ 0 & 1 & 1 \end{pmatrix}_1, \quad V_2 = \begin{pmatrix} -1 \\ 2 \\ -1 \end{pmatrix}_1$$

Verbunde kleiner, spezialisierter Netzwerke

^{29}In [Minsky and Papert 1988], Vorwort S. xv, heißt es dazu: „But, as we explain in our epilogue, the marvelous powers of the brain emerge not from any single, uniformly structured connectionist network but from highly evolved arrangements of smaller, specialized networks which are interconnected in very specific ways.". Und im Nachwort folgt auf S. 270: „We recognize that the idea of distributed, cooperative processing has a powerful appeal of common sense as well to computational and biological science.".

Assoziatives Netz von Willshaw et al.

^{30}David J. Willshaw, O. Peter Bunemann und H. C. Longuet-Higgins erläutern in [Willshaw et al. 1969] die Lernregel für ihr Modell durch Abb. 2.57. Die darin eingetragenen Muster zeigt Abb. 2.58. Diese Lernregel wurde tiefergehend von Günther Palm untersucht, speziell die Auswirkungen auf die Informationskapazität des Speichers (s. [Palm 1980]).

Dabei wies er auf die besondere Bedeutung der Spärlichkeit der Kodierung hin, also die Verwendung von sehr wenigen Einsen und vielen Nullen in den Frage-Antwort-Paaren.

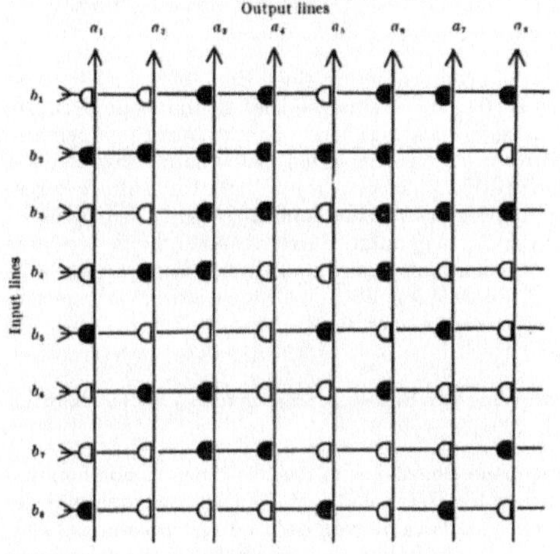

B-pattern	A-pattern
1,2,3	4,6,7
2,5,8	1,5,7
2,4,6	2,3,6
1,3,7	3,4,8

Abb. 2.58: Muster, die in den Willshaw-Speicher eingetragen wurden

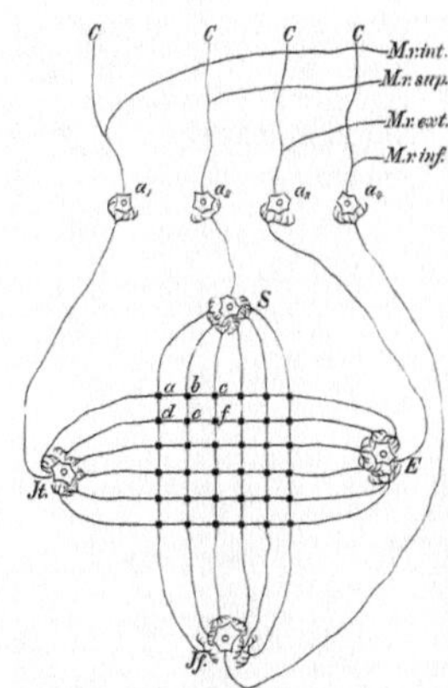

Matrixförmige Zusammenarbeit von Neuronen (Sigmund Exner, 1894)

Abb. 2.57: Nicht-holografischer Speicher von Willshaw, Bunemann und Longuet-Higgins

Ein Zusammenwirken von Neuronen durch einen matrixförmigen Anschluss an „empfindende Netzhautelemente" beschreibt der Physiologe Sigmund Exner (1846-1926) bereits 1894. Er nimmt dabei an, dass „exquisite Summationszellen" (Zellen E und S) der Bewegungswahrnehmung dienen, indem diese die von der Netzhaut kommenden Signale zeitlich auswerten (s. [Exner 1894], S. 192 ff.).

[31]Die **L-Lernregel** wurde hier so benannt, weil sie zum Füllen des **Langzeitgedächtnisses** und des Programmspeichers der Assoziativmaschine System 9 eingesetzt wird.

L-Lernregel

[32]Der Physiker und Biologe John Joseph Hopfield (geb. 1933 in Chicago) veröffentlichte 1982 in [Hopfield 1982] seine Idee eines inhaltsadressierbaren Speichers aus rückgekoppelten Modellneuronen. Laut [Hecht-Nielsen 1991], S. 19, erreichte Hopfield damit eine starke Wiederbelebung der wissenschaftlichen Beschäftigung mit neuronalen Netzen: „Hopfield wrote two highly readable papers on neural networks in 1982 (s. [Hopfield 1982]) and 1984 (s. [Hopfield 1984]) and these, together with his many lectures all over the world, persuaded hundreds of highly qualified scientists, mathematicians, and technologists to join the emerging field of neural networks. In fact, by the beginning of 1986, approximately one-third of the people in the field had been brought in directly by Hopfield or by one of his earlier converts. Hopfield's work as a recruiter was perhaps the single most important contribution to the early growth of the revitalized field."

John Joseph Hopfield

[33]In [Hopfield 1982] schreibt der Autor auf S. 2555: „Suppose we wish to store the set of states $V^s, s = 1 \cdots n$. We use the storage prescription [...] $T_{ij} = \sum_s (2V_i^s - 1)(2V_j^s - 1)$ but with $T_{ii} = 0$."

Hopfield-Lernregel

[34]Mit Hilfe des CAS *Maxima* lässt sich die Verbindungsmatrix **V** durch nachstehende Befehlsfolge erzeugen:

```
m_anz: 3; m[1]: [0,0,1,1,0]; m[2]: [0,1,1,0,0]; m[3]: [1,0,0,0,1];
gewicht(i,j):= sum((2*m[k][i]-1)*(2*m[k][j]-1),k,1,m_anz);
w[i,j] := if i = j then 0 else gewicht(i,j);
N: length(m[1]);
v: genmatrix(w,N,N);
```

[35]Mit dem CAS *Maxima* erhält man zum Beispiel nach Abfrage mit dem Muster m_1 durch `matrix([0,0,1,1,0]).v;` das Ergebnis [-4 0 1 1 -4] und nach Berücksichtigung des Schwellwerts wird [0 0 1 1 0] geliefert, also nach Abfrage mit m_1 ergibt sich wiederum m_1.

[36]Der finnische Ingenieur Teuvo Kohonen (*1934) forscht unter anderem zu den Themen Selbstorganisation, Künstliche Neuronale Netze und Assoziativspeicher (s. [Kohonen 1987],

Teuvo Kohonen

[Kohonen 1988], [Kohonen 2001]).

SOM

[37]Selbstorganisierende Karten werden abgekürzt als SOM (self-organizing map) oder SOFM (self-organizing feature map) geschrieben und auch Kohonennetze genannt.

Kohonenlernregel, Lernrate η

[38]Eine einfache Kohonenlernregel ist für ein Neuron w und einen Eingabereiz e beispielsweise $w_{neu} = w_{alt} + \eta \cdot (e - w_{alt})$. Dabei ist $0 < \eta < 1$ eine geeignet zu wählende Lernrate und w dasjenige Neuron, welches den kleinsten euklidischen Abstand zum Eingabereiz e zeigt. Durch die Kohonenlernregel wird also das Neuron w ein Stück zum Eingabereiz e „hinbewegt". Die Eingabereize werden dem neuronalen Netz in zufälliger Reihenfolge vorgelegt. Um nicht nur dasjenige Neuron w zu „bewegen", welches zum Eingabereiz den kleinsten Abstand hat, wird eine Nachbarschaftsfunktion ϕ genutzt, durch die auch die in der Nähe von w liegenden Neuronen v etwas in Richtung auf e mitbewegt werden. Die zugehörige Kohonenlernregel wäre damit $w_{neu} = w_{alt} + \eta \cdot \phi(v, w) \cdot (e - w_{alt})$. Eine weitere Verfeinerung bieten Kohonenlernregeln, mit denen die Lernrate η oder die Nachbarschaftsfunktion ϕ von der Laufzeit t des Lernens abhängig gemacht wird: $w_{neu} = w_{alt} + \eta(t) \cdot \phi(t, v, w) \cdot (e - w_{alt})$.

[39]Eine ausführlichere Darstellung zu den Themen Selbstorganisation und Kohonenkarten liefern [Kohonen 2001] und [Ritter et al. 1991].

Maxima-Skript für eine Kohonenkarte mit grafischen Ausgaben

[40]Das CAS *Maxima* bietet für das gegebene Beispiel zum Aufbau eines Kohonennetzes aus 3x2 Neuronen einen mehr als ausreichenden Befehlssatz an. Zunächst werden hier die Laufzeit t_{max}, also die Anzahl der Lernschritte, dann die von der Laufzeit abhängige Lernrate η, die Eingabereize e, die Anzahl der Eingabereize e_{anz} festgelegt und für die spätere grafische Aufbereitung eine Liste der Eingabereize *eliste* erzeugt:

```
t_max: 10000;
eta(t):= 0.75*(1-t/t_max);
e: matrix([0.2,0.8],[0.5,0.8],[0.1,0.5],[0.1,0.2],[0.3,0.1],[0.5,0.2]);
e_anz: length(e); eliste: [];
for m: 1 step 1 thru e_anz do eliste: append(eliste,[e[m]]);
```

Anschließend wird das Netz aus 3x2 Neuronen, die jeweils aus zwei Zufallswerten bestehen, die als Koordinaten für Orte in Feldmitte dienen, erzeugt. Dabei wird außer der *breite* und *hoehe* des Netzes auch die Anzahl der Neuronen *v_anz* und die Liste *uliste* für die spätere grafische Ausgabe bestimmt:

```
zufall() := random(0.05)+0.45;
breite: 2; hoehe: 3; v_anz: breite*hoehe;
tmp: matrix([matrix([zufall(),zufall()])]);
for m: 2 step 1 thru breite do
  tmp: addcol(tmp,[matrix([zufall(),zufall()])]);
k: tmp;
for n: 2 step 1 thru hoehe do (
  tmp: matrix([matrix([zufall(),zufall()])]),
  for m: 2 step 1 thru breite do
    tmp: addcol(tmp,[matrix([zufall(),zufall()])]),
  k: addrow(k,tmp);
);
uliste: [];
for n: 1 step 1 thru hoehe do
  for m: 1 step 1 thru breite do
    uliste: append(uliste,[k[n,m][1]]);
```

Dann werden Funktionen und Konstanten für die Nachbarschaftsfunktion ϕ ins *Maxima*-Skript eingetragen. Für den zeitlich veränderlichen Nachbarschaftsradius, auch Adaptions-

Nachbarschaftsfunktion ϕ und Adaptionsradius

radius genannt, wird $radius(t) = r_{max} \cdot \left(\frac{r_{min}}{r_{max}}\right)^{\frac{t}{t_{max}}}$ gewählt, als Nachbarschaftsfunktion für die Neuronen u und v wird $\phi(t, u, v) = e^{-\left(\frac{d(u,v)}{radius(t)}\right)^2}$ angesetzt, wobei $d(u,v)$ den Abstand der Plätze der beiden Neuronen u und v im neuronalen Netz angibt. Die Funktion *euklid* berechnet den euklidischen Abstand zweier Orte in der Ebene.

```
euklid(x,y):= sqrt((x[1]-y[1])^2 + (x[2]-y[2])^2);
r_max: 3.0; r_min: 1.0;
radius(t):= r_max*(r_min/r_max)^(t/t_max);
d(x1,y1,x2,y2):= abs(x1-x2)+abs(y1-y2);
phi(t,x1,y1,x2,y2):= if d(x1,y1,x2,y2) <= radius(t) then
                       exp(-(d(x1,y1,x2,y2)/radius(t))^2)
                     else 0;
```

Die Kohonenlernregel wird dann t_{max} Mal aufgerufen, wobei jeweils einer der Eingabereize *e* zufällig ausgewählt wird. Im ersten Teil des Lernalgorithmus wird dasjenige Neuron gesucht, welches zum Eingabereiz den kleinsten euklidischen Abstand hat. Danach werden die Werte dieses Neurons und die seiner Nachbarn in Richtung auf den Ausgabereiz hin „verschoben":

```
for t: 1 step 1 thru t_max do (
  zuf: random(e_anz)+1,
  abst: 1, idx: 1, idy: 1,
  for n: 1 step 1 thru hoehe do (
    for m: 1 step 1 thru breite do (
      tmp: euklid(k[n,m][1],e[zuf]),
      if tmp < abst then (abst: tmp, idx: n, idy: m)
    )
  ),
  for n: 1 step 1 thru hoehe do
    for m: 1 step 1 thru breite do
      k[n,m][1]: k[n,m][1] +
                 eta(t)*phi(t,n,m,idx,idy)*(e[zuf]-k[idx,idy][1])
);
```

Die folgenden *Maxima*-Befehle dienen zur grafischen Ausgabe. Zunächst werden in der Liste *kliste* die von den 3x2 Neuronen gelernten Orte eingetragen. Danach zeigt der Befehl **wxplot2d** die Listen *uliste* der anfänglichen Orte, *eliste* der Eingabereize und *kliste* der gelernten Orte an.

grafische Ausgabe

```
kliste: [];
for n: 1 step 1 thru hoehe do
  for m: 1 step 1 thru breite do
    kliste: append(kliste,[k[n,m][1]]);
wxplot2d([[discrete,uliste],[discrete,eliste]],
  [style,points],[legend,false],[x,0,1],[y,0,1]),
  wxplot_size=[500,500];
wxplot2d([[discrete,kliste],[discrete,eliste]],
  [style,points],[legend,false],[x,0,1],[y,0,1]),
  wxplot_size=[500,500];
```

Zuletzt wird im vorgelegten Beispiel überprüft, auf welche Reize das Kohonennetz in welcher Weise reagiert, indem ihm die Orte der Fläche in Hundertstelschritten vorgelegt werden. Dazu liefern Funktionen *f* und *p* die Koordinaten, die durch das Kohonennetz mit demjenigen Ort der Fläche assoziiert sind, mit dem abgefragt wird.

```
f(x):= ( abst: 1, idx: 1, idy: 1,
         for n: 1 step 1 thru hoehe do
           for m: 1 step 1 thru breite do (
             tmp: euklid(k[n,m][1],x),
             if tmp < abst then (abst: tmp, idx: n, idy: m)
           ),
         k[idx,idy][1]
       );
p(x,y):= f([x,y]);
```

Danach wird in Zehntelschritten ermittelt, welche Anzahl an unterschiedlichen Antworten das Kohonennetz liefert. Die verschiedenen Antworten stehen anschließend in der Liste *pliste*.

```
pliste: [];
for x: 0 step 0.1 thru 1 do (
  for y: 0 step 0.1 thru 1 do (
    pliste: append(pliste,[p(x,y)]),
  )
);
```

Nun werden die Orte der Fläche zusammengefasst, die zu einem der 3x2 Neuronen gehören. Die Koordinaten dieser Orte werden in einer zum jeweiligen Neuron *i* gehörenden Liste *liste[i]* festgehalten.

```
for n: 1 step 1 thru e_anz do (
  liste[n]: [],
  for x: 0 step 0.01 thru 1 do
    for y: 0 step 0.01 thru 1 do
      if euklid(p(x,y),e[n]) < 0.01 then
        liste[n]: append(liste[n],[[x,y]])
);
```

Die Listen *pliste* und *liste*[1] bis *liste*[e_{anz}] lassen sich dann mit dem *Maxima*-Befehl wxplot2d wie oben gezeigt grafisch darstellen.

[41]Mit dem CAS *Maxima* lässt sich die Startmatrix V aus den Frage-Antwort-Paaren (x_i, y_i) wie folgt erzeugen:

```
v: transpose(x[1]).y[1] + transpose(x[2]).y[2] + transpose(x[3]).y[3];
```

[42]Die zugehörigen *Maxima*-Befehle könnten sein:

```
f(x,theta):= if x > theta then 1 else 0;
eta: 1/2;
tmp[1]: matrix(makelist(f(y,0),y,list_matrix_entries(x[1].v)));
tmp[2]: matrix(makelist(f(y,0),y,list_matrix_entries(x[2].v)));
tmp[3]: matrix(makelist(f(y,0),y,list_matrix_entries(x[3].v)));
v: transpose(x[1]).(eta*(y[1]-tmp[1])) + v;
v: transpose(x[2]).(eta*(y[2]-tmp[2])) + v;
v: transpose(x[3]).(eta*(y[3]-tmp[3])) + v;
```

[43]In *Maxima* geschieht das zum Beispiel für eine 3x5-Matrix V_1 und eine 5x2-Matrix V_2 durch:

```
h[i,j]:= random(1.0)-0.5;
v1: genmatrix(h,3,5);
v2: genmatrix(h,5,2);
```

[44]In *Maxima* wären mögliche Befehle zur Berechnung von ΔV_1 und ΔV_2:

```
delta_v2: eta * transpose(f(x.v1)).(f1(f(x.v1).v2)*(a_soll-a_ist));
delta_v1: eta * transpose(x).
          (f1(x.v1)*(f1(f(x.v1).v2)*(a_soll-a_ist)).transpose(v2));
```

Die Matrizenmultiplikationen · werden in *Maxima* durch einen Punkt '.' und die komponentenweisen Multiplikationen ⊙ durch einen Stern '*' angegeben.

[45]back-propagating — rückwärts weitergebend

Maxima-Skript für ein Backpropagation-Netz mit grafischen Ausgaben

[46]Das vollständige *Maxima*-Skript für dieses Beispiel lautet:

```
eta: 0.9; m_anz: 4;
x1: matrix([0.2,0.2]); a1: matrix([0]);
x2: matrix([0.2,0.8]); a2: matrix([1]);
x3: matrix([0.8,0.2]); a3: matrix([1]);
x4: matrix([0.8,0.8]); a4: matrix([0]);
m: [x1,x2,x3,x4];
a: [a1,a2,a3,a4];
h[i,j]:= random(2.0)-1.0;
v1: genmatrix(h,2,5); v2: genmatrix(h,5,1);
f(x):= 1/(1+%e^(-x)); f1(x):= f(x)*(1-f(x));
a_ist(k):= f(f(m[k].v1).v2);
err():= sum(sqrt((a[i]-a_ist(i)).(a[i]-a_ist(i))),i,1,m_anz);
durchlaeufe: 0;
while err() > .05 and durchlaeufe < 1000000 do (
  zuf: random(m_anz) + 1,
  delta_v2: eta * transpose(f(m[zuf].v1)).
          (f1(f(m[zuf].v1).v2)*(a[zuf]-a_ist(zuf))),
  delta_v1: eta * transpose(m[zuf]).
          (f1(m[zuf].v1)*(f1(f(m[zuf].v1).v2)*(a[zuf]-a_ist(zuf))).
          transpose(v2)),
  v2: v2 + delta_v2, v1: v1 + delta_v1,
  durchlaeufe: durchlaeufe + 1
)$
p(x,y):= f(f(matrix([x,y]).v1).v2);
wxplot3d(p,[x,0,1],[y,0,1],[z,0,1],
          [grid,31,60],[palette,false],[color,blue]),
          wxplot_size=[800,600];
plot3d(p,[x,0,1],[y,0,1],[z,0,1],
          [elevation,0],[azimuth,0],
          [mesh_lines_color,false],
          [colorbox,true],[grid,150,150],
          [legend,"Reaktion des Neuronalen Netzes"],
          [xlabel,""],[ylabel,""],[zlabel,""]);
```

[47]Hier wurde das unter freier Lizenz vertriebene Programm **Gnuplot** von der grafischen Benutzeroberfläche *wxmaxima* aus eingesetzt.

[48]Die Leitungen der Matrizen werden nach neurobiologischem Vorbild auch Axone genannt. Ein Axon ist ein Fortsatz der Nervenzelle, der ihr Ausgangssignal weiterleitet und verteilt.

Axone

[49]Die Verbindungen zwischen den Zeilen- und Spaltenleitungen einer Matrix nennt man auch synaptische Verbindungen. Die Synapsen stellen die Schnittstellen zwischen Nervenzellen dar. Eine Nervenzelle im menschlichen Großhirn bildet etwa 10.000 synaptische Verbindungen zu anderen Nervenzellen aus (s. auch Anm. 1).

synaptische
Verbindungen

[50]Palm gibt in [Palm o.J.] als zwei zur Auswahl stehende Lernregeln

$$w_{ij} = \sum_\mu x_i^\mu y_i^\mu$$

und

$$w_{ij} = \max_\mu x_i^\mu y_i^\mu$$

an, wobei mit w_{ij} die Einträge in einer Speichermatrix W bezeichnet sind.

[51]Der Kanadier Donald Olding Hebb (1904-1985) befasste sich mit neurobiologischen Prinzipien des Lernens in neuronalen Netzen. Hebb formulierte 1949 eine Regel, derzufolge sich eine synaptische Verbindung verstärkt, wenn die beteiligten Nervenleitungen gemeinsam aktiv sind („what fires together, wires together"). Bereits 1894 schrieb Sigmund Exner: „Nun müssen wir annehmen, dass eine Bahn durch häufige stärkere Erregung selbst stärker wird; das bedeutet in unserer Ausdrucksweise, dass durch häufige Erregung von a_1 m_1 die Zellen a_1 und m_1 in engere Verwandtschaft gesetzt werden" (s. [Exner 1894], S. 152). Palm untersuchte neben der Hebb-Regel auch andere synaptische Verbindungsregeln (vgl. [Palm 1982], S. 56 und S. 180 ff.).

Donald Olding Hebb

[52]Der Speicher für die Werte von Variablen wird in der Assoziativmaschine Kurzzeitgedächtnis K genannt. Da Variablen während eines Programmlaufes im Allgemeinen ihre Werte ändern, wurde eine gesonderte Lernregel, die K-Lernregel, erforderlich, um die Einträge vergangener Werte aus der Assoziativmatrix entfernen zu können.

[53]Die Assoziativmatrix A lässt sich für die drei Frage-Antwort-Paare $(\mathfrak{f}_i,\ \mathfrak{a}_i)$ durch *Maxima* von folgender Befehlsfolge erzeugen:

Assoziativmatrix:
L-Lernregel mit Maxima

```
f[1]: matrix([0,0,1,1,0,0,0,1]); a[1]: matrix([1,0,1,0,1,1,0,0,0,1,0,0]);
f[2]: matrix([0,0,0,1,1,0,1,0]); a[2]: matrix([0,1,1,0,0,0,0,1,1,1,0,1]);
f[3]: matrix([1,0,1,0,0,1,1,0]); a[3]: matrix([0,0,0,1,1,1,0,0,1,1,1,0]);
s(x):= if x >= 1 then 1 else 0;
tmp: transpose(f[1]).a[1] + transpose(f[2]).a[2] + transpose(f[3]).a[3];
matrixmap(s,tmp);
```

[54]In *Maxima* bietet sich der **genmatrix**-Befehl an, um die gewünschte Matrix elementweise aufzubauen:

Assoziativmatrix:
K-Lernregel mit
Maxima

```
v1:transpose(f[1]).a[1]; v2:transpose(f[2]).a[2]; v3:transpose(f[3]).a[3];
h1[i,j]:= if (f[2][1])[i] = 1 then v2[i,j] else v1[i,j];
tmp: genmatrix(h1,8,12);
h2[i,j]:= if (f[3][1])[i] = 1 then v3[i,j] else tmp[i,j];
genmatrix(h2,8,12);
```

[55]Die Frage $\mathfrak{f}$ ist bei der Multiplikation als Zeilenvektor anzusetzen. Bei Nutzung eines Computeralgebrasystems wäre $\mathfrak{f}$ gegebenenfalls zu transponieren. In *Maxima* lautete der Abfrage-Befehl somit **transpose(f).A**, wobei in **f** die Nullen und Einsen der Frage und in der Matrix **A** die Einträge der Assoziativmatrix abgelegt sind.

[56]Die zugehörigen Maxima-Befehle für eine Assoziativmatrix v und eine Frage f sind:

Assoziativmatrix:
Abfrageregel mit
Maxima

```
s(x):= if x = Theta then 1 else 0;
tmp: f.v;
Theta: lmax(list_matrix_entries(tmp));
matrixmap(s,tmp);
```
Als Schwellwert Θ wird hier mit dem Befehl **lmax** der größte Wert ermittelt, der sich im Zwischenergebnis **tmp** befindet.

[57]Der ASCII-Code (**A**merican **S**tandard **C**ode for **I**nformation **I**nterchange) ist ein 7-Bit-Code, der seit 1967 als Standard zur Zeichendarstellung gilt (s. auch Kapitel 8.2).

[58]vgl. mit Ähnlichkeit in Kapitel 3

[59]Die Befehle **lernedatei** und **zeigeeintrag** werden auf S. 246 erklärt.

[60]In der angegebenen Buchstabenfolge das Wort GRASHALM zu erkennen, stellt sich als eine nicht allzu einfache Aufgabe heraus.

[61]In [Palm 1982], S. 165, führt der Autor dazu aus: „Roughly, the *amount of information* contained in a message should signify the number of yes/no questions required to guess this message." Dann werden dort verschiedene Beispiele diskutiert, auch mit Berechnungen und Überlegungen zum Speicherplatz und dessen Ausnutzung.

[62][Palm 1982], S. 165, schreibt dazu: „The actual optimal strategy is called the Huffman Code".

Informationsgehalt

[63]Hier ist die Informationstheorie nach Claude Shannon (1916-2001) gemeint, demzufolge sich der Informationsgehalt einer Antwort nach seinem „Überraschungswert" bemisst.

[64]Richard Hamming zählt in [Hamming 1987], S. 108, die drei Bedingungen auf, die für eine Funktion I gelten sollen, die den Informationsgehalt eines Ereignisses bemisst, das mit der Wahrscheinlichkeit p eintritt:

   i) Es sei $I(p) \geq 0$.

   ii) Für zwei unabhängige Ereignisse, die mit den Wahrscheinlichkeiten p_1 und p_2 eintreten, gelte $I(p_1 \cdot p_2) = I(p_1) + I(p_2)$.

   iii) I sei eine stetige Funktion von p.

Eine Logarithmusfunktion erfüllt die Bedingungen i) bis iii). $I(p) = -\log(p) = \log(\frac{1}{p})$.

[65]Mehr zu den Grundlagen der Informationstheorie findet sich sowohl bei [Ash 1990] als auch bei [Shannon and Weaver 1949] und ganz aktuell bei [Palm 2012].

Informationsbit

[66]Das Informationsbit ist nicht mit dem Bit (binary digit) zur binären Darstellung von Zahlen oder dem Bit als kleinste Speichereinheit eines Digitalspeichers zu verwechseln.

[67]Eine Analyse der Speichereffizienz von Assoziativmatrizen ist in [Knoblauch et al. 2010] vorgenommen worden. Verschiedene Implementierungen assoziativer Speicher werden verglichen mit dem Ziel, die Unterschiede zwischen struktureller und synaptischer Plastizität besser zu verstehen.

falsche Einsen

[68]Palm schreibt dazu in [Palm 1980], S. 24: „Of course all this can only be calculated exactly for a given mapping m. Instead we choose a mapping m at random (i.e., the pairs (x^t, y^t) to be associated are chosen independently) out of all possible lists with the parameters k, l, m, n, z fixed. Then for every pattern (x^t, y^t) the number N^t of wrong „ones" becomes a random variable and we have to calculate the expectation of the corresponding information. The information stored is

$$I = \sum_{t=1}^{z} I_t = \sum_{t=1}^{z} \left[ld\binom{n}{k} - ld\binom{k+N^t}{k} \right]$$

($\binom{n}{k}$ is the number of possible ways to choose k „ones" from n, $\binom{k+N^t}{k}$ is the number of possible ways to choose k „ones" from $k + N^t$." Die weitere Umformung liefert:

$$= \sum_{t=1}^{z} ld\left(\prod_{i=0}^{k-1} \frac{n-i}{k+N^t-i} \right) = \sum_{t=1}^{z} \sum_{i=0}^{k-1} ld\frac{n-i}{k+N^t-i}$$

Unter den hier von Palm genannten Parametern gibt m die Anzahl der Zeilen- und n die Anzahl der Spaltenleitungen der Assoziativmatrix an. In die Matrix werden z Frage-Antwort-Paare eingetragen. In den Fragen sind stets genau l Einsen gesetzt und in den Antworten genau k Einsen. Beim Auslesen tauchen N^t falsche Einsen auf.

Autoassoziation

Ebenfalls in [Palm 1980], S. 24, leitet der Autor als Informationsgehalt I einer **autoassoziativ** eingesetzten Assoziativmatrix (Fragen werden mit sich selbst beantwortet) im Unterschied zur obigen, nicht-autoassoziativen Nutzung her:

$$I = \sum_{t=1}^{z} I_t = \sum_{t=1}^{z} \left[ld\binom{n}{k} - \sum_{l=0}^{k-1} ld\frac{N_l^t + k - l}{k - l} \right]$$

$$= \sum_{t=1}^{z} \left[\sum_{l=0}^{k-1} ld\,\frac{n-l}{k-l} - \sum_{l=0}^{k-1} ld\,\frac{N_l^t + k - l}{k-l} \right]$$

$$= -\sum_{t=1}^{z} \sum_{l=0}^{k-1} ld\,\frac{N_l^t + k - l}{n-l}$$

mit n als Anzahl der Matrixspalten, k als Anzahl der gesetzten Einsen in den Fragen, z als Anzahl der Frage-Antwort-Paare und N_l^t als Anzahl der „falschen Einsen".

In [Palm 1993], S. 144, heißt es des Weiteren: „Even with binary synapses a limiting value of [storage efficiency] $E = ln\ 2 = 69\%$ can be obtained. In this case the optimal asymptotic formula for the sparseness is $p = \frac{ld(n)}{n}$. Although this limit can only be reached for very large n, one can achieve efficiencies $E > 50\%$ already for n $= 1.000$. For $p = \frac{1}{1.000}$ this yields an information content of about 70 bit per pattern and thus $M = E \cdot \frac{10^6}{70} = 7.000$. For auto-association the theoretical limit with binary synapses is $\frac{ln(2)}{4} = 17,33\%$." Mit M ist hier die Anzahl der Muster bezeichnet, die abgespeichert werden können, und mit n die Anzahl der Matrixspalten. Der Begriff „storage efficiency" E wird in Kapitel 2.5 als **Ausnutzungsgrad** eingeführt.

    Ausnutzungsgrad

[69]Zur **Textrecherche** in großen Datenmengen mit Hilfe von Assoziativmatrizen s. auch [Hagström 1996].

    Textrecherche

[70]Das Beispiel mit der 7x7-Matrix wurde den Materialien von Fabian Rosenschein, Universität Hildesheim, entnommen. Rosenschein beschäftigt sich in seiner Dissertation „Assoziative Systeme als Datenspeicher" (s. [Rosenschein 2012]) mit der Frage, ob sich komplette Texte in den Assoziativmatrizen speichern lassen. Hierbei stellt sich das Problem der Ordnung und Abfolge. Textbausteine, also meist Sätze, liegen in einer Reihenfolge vor, die beachtet werden muss, wenn das Auslesen korrekt erfolgen soll. Gleichlautende Textbausteine dürfen nicht zu Assoziationskreisen führen. In diesem Kontext ist das Erzeugen und Speichern von Sequenzen ausführlich zu untersuchen.

[71]Über den Einsatz von Assoziativmatrizen für Grundaufgaben der Informatik schreibt [Heitland 1994].

[72] Die Abfrage für das abgebildete Beispielquader könnte in *Maxima* wie folgt vorgenommen werden. Zunächst berechnet man die Schwellwerte für eine senkrechte Abfrage von Q mit

    Abfrage des assoziativen Quaders mit *Maxima*

```
Q: matrix([
    matrix([0,1,1,1,1],[0,0,0,0,0],[0,0,0,0,0],[1,1,0,0,0]),
    matrix([0,0,0,0,0],[1,0,1,0,0],[0,0,0,0,0],[1,0,1,0,0]),
    matrix([0,1,1,1,1],[0,0,0,0,0],[1,0,0,1,0],[0,0,0,0,0])
]);
F: matrix([[1,0,0,1],[0,1,0,1],[1,0,1,0]]);
F.Q;
```
und dann für eine waagerechte Abfrage von Q mit derselben, aber für die neue Sicht auf Q passend gedrehten Fragefläche F:
```
Q: matrix([
    matrix([0,1,1,1,1],[0,0,0,0,0],[0,1,1,1,1]),
    matrix([0,0,0,0,0],[1,0,1,0,0],[0,0,0,0,0]),
    matrix([0,0,0,0,0],[0,0,0,0,0],[1,0,0,1,0]),
    matrix([1,1,0,0,0],[1,0,1,0,0],[0,0,0,0,0])
]);
F: matrix([[1,0,1],[0,1,0],[0,0,1],[1,1,0]]);
F.Q;
```

[73]Wenn es auch an Anschauung zu diesen höherdimensionalen assoziativen Quadern mangelt, so hilft das Computeralgebrasystem *Maxima* bei der Untersuchung dieser Gebilde, indem man den Aufbau dieser assoziativen Quader durch Matrizen von Matrizen fortschreibt. Beispielsweise baut man einen 3x2x4x5-Quader $Q4$ durch folgende Anweisungen auf und fragt ihn mit einem 3x2x4-Fragequader F wie nachstehend ab:

```
Q4: matrix([
    matrix([
        matrix([1,0,1,0,1],[1,1,1,0,0],[1,0,1,0,0],[0,1,1,0,0]),
        matrix([1,0,0,0,1],[0,1,1,1,0],[1,0,0,1,0],[0,0,1,0,0])
    ]),
```

```
        matrix([
          matrix([0,0,1,0,0],[0,0,0,1,1],[1,0,1,0,0],[0,0,0,0,0]),
          matrix([1,1,0,1,0],[1,1,0,1,1],[0,1,0,1,0],[0,0,1,1,1])
        ]),
        matrix([
          matrix([0,0,0,0,0],[1,0,0,0,1],[1,0,1,0,0],[1,0,0,0,0]),
          matrix([0,1,0,1,0],[0,0,0,1,0],[0,0,0,1,1],[0,1,1,0,0])
        ])
    ]);
    F: matrix([
        matrix([[1,0,1,0],[1,1,0,1]]),
        matrix([[0,1,1,0],[1,0,1,1]]),
        matrix([[1,0,1,0],[0,1,1,0]])
    ]);
    F.Q4;
```

Der Fragequader F lässt sich nun in Analogie zum dreidimensionalen Fall ebenfalls drehen und als 2x4x3- oder 4x3x2-Quader zur Abfrage an $Q4$ nutzen, wodurch wir drei verschiedene dreidimensionale Antwortquader bei der Abfrage dieser vierdimensionalen assoziativen assoziative Strukturen Struktur erhalten. Die Tabelle 2.6 gibt eine Übersicht zu den in diesem Buch vorgestellten assoziativen Strukturen, die mit der L-Lernregel gefüllt werden.

Dimension	Frage	assoziative Struktur	Antwort
2	$\begin{pmatrix} 1 & 0 & 1 \end{pmatrix}$	$\begin{pmatrix} 0 & 1 & 0 & 1 \\ 1 & 0 & 1 & 0 \\ 1 & 1 & 0 & 0 \end{pmatrix}$	$\begin{pmatrix} 1 & 2 & 0 & 1 \end{pmatrix}$
3	$\begin{pmatrix} 1 & 0 & 1 & 0 \\ 1 & 1 & 0 & 1 \end{pmatrix}$		$\begin{pmatrix} 1 & 0 & 2 \\ 0 & 1 & 1 \\ 1 & 0 & 0 \\ 1 & 0 & 0 \end{pmatrix}$
	$\begin{pmatrix} 1 & 1 \\ 0 & 1 \\ 1 & 0 \\ 0 & 1 \end{pmatrix}$		$\begin{pmatrix} 2 & 0 & 1 \\ 1 & 1 & 2 \end{pmatrix}$
4			

Tabelle 2.6: Fragen und Antworten assoziativer Strukturen

[74]Bei diesem Ansatz zur Beschreibung von Bewusstsein versteht man die „waagerechten" Bewusstsein
Einträge als Wahrnehmungs- oder Kontrollinstanz für die „senkrechten" Einträge (oder
umgekehrt). Bewusstsein (lat. *conscientia* — Mitwissen, Gewissen, Bewusstsein) stellt in
diesem Sinne eine Mitwahrnehmung, Mitbild, Mitempfindung dar. So lässt sich über assoziative Quader und Prismen nachbilden, dass ein Eindruck nicht nur zu einem einzelnen,
mit diesem Eindruck assoziierten Verhalten führt, zum Beispiel dem Fallenlassen eines zu
heißen Gegenstands, sondern dass dieser Eindruck auch Mitwahrnehmungen, Mitwirkun-
gen auslöst, zum Beispiel die Zuordnung eines Schmerzeindrucks oder einer Benennung.
Eine Einführung zum Thema Bewusstsein findet man in [Carter et al. 2010], S. 174-189.
Ergebnisse zum Zusammenhang zwischen Bewusstsein und dem synchronen Feuern weit
verteilter Neuronenverbände fasst [Wolf 2010] zusammen.

Literaturverzeichnis zu Kapitel 2

Hervé Abdi. *Les réseaux de neurones.* Presses universitaires de Grenoble,
1994. ISBN 2-7061-0554-2.

Robert B. Ash. *Information Theory.* Dover Publications, New York, new
edition, 1990. ISBN 978-0-486-66521-4.

Rita Carter, Susan Aldridge, Martyn Page, and Steve Parker. *Das Gehirn —
Anatomie, Sinneswahrnehmung, Gedächtnis, Bewusstsein, Störungen.* Dorling Kindersley Verlag, München, 2010. ISBN 978-3-8310-1730-0.

Stanislas Dehaene. *Der Zahlensinn oder warum wir rechnen können.* Birkhäuser Verlag, Basel Boston Berlin, 1999. ISBN 3-7643-5960-9.

Andreas Dierks. *VidAs — Aufbau einer robusten, frei programmierbaren
Maschine aus Assoziativmatrizen. Simulation und Hardware-Lösung.* Universität Hildesheim, 2005. in: „Hildesheimer Informatik-Berichte", Band
2/2005 (September 2005), ISSN 0941-3014.

Sigmund Exner. *Entwurf zu einer physiologischen Erklärung der psychischen
Erscheinungen.* Franz Deuticke, Leipzig und Wien, 1894.

A.I. Galushkin, S.V. Korobkova, and P.A. Kazantsev. *Neuromathematics:
Development tendencies.* Baku State University, 2003. in: „Appl. Comput.
Math" Vol. 2 (2003), No. 1, pp. 57-64.

Michael Hagström. *Textrecherche in großen Datenmengen auf der Basis
spärlich codierter Assoziativmatrizen.* Universität Hildesheim, 1996. Dissertationsschrift.

Richard Wesley Hamming. *Information und Codierung.* VCH Verlag, Wein-
heim New York, 1987. ISBN 3-527-26611-9.

Donald Olding Hebb. *The organization of behavior. A neuropsychological
theory.* 1949.

Robert Hecht-Nielsen. *Neurocomputing.* Addison-Wesley Publishing, Reading, 1991. ISBN 0-201-09355-3.

Michael Heitland. *Einsatz der SpaCAM-Technik für ausgewählte Grundaufgaben der Informatik.* Universität Hildesheim, 1994. Dissertationsschrift.

John Joseph Hopfield. *Neural networks and physical systems with emergent
collective computational abilities.* PNAS, 1982. in: „Proc. Natl. Acad. Sci.
USA", Vol. 79, S. 2554-2558, April 1982.

John Joseph Hopfield. *Neurons with graded response have collective computational properties like those of two-state neurons*. PNAS, 1984. in: „Proc. Natl. Acad. Sci. USA", Vol. 81, S. 3088-3092, Mai 1984.

Andreas Knoblauch, Günther Palm, and Friedrich T. Sommer. *Memory Capacities for Synaptic and Structural Plasticity*. MIT Press Cambridge, 2010. in „Neural Computation" Vol. 22 No. 2, S. 289-341.

Teuvo Kohonen. *Content-Adressable Memories*. Springer-Verlag, Berlin Heidelberg New York, 1987. Second Edition, o.J., ISBN 3-540-17625-X.

Teuvo Kohonen. *Self-Organization and Associative Memory*. Springer-Verlag, Berlin Heidelberg New York, 1988. Second Edition, o.J., ISBN 3-540-18314-0.

Teuvo Kohonen. *Self-Organizing Maps*. Springer Verlag, Berlin Heidelberg New York, 2001. Third Edition, ISBN 978-3-540-67921-9.

Warren S. McCulloch and Walter Pitts. *A logical calculus of the ideas immanent in nervous activity*. SMB, 1943. in: „Bulletin of Mathematical Biophysics", Vol. 5, 1943, S. 115-133.

Marvin L. Minsky and Seymour A. Papert. *Perceptrons — An introduction to computational geometry*. The MIT Press, Cambridge (Massachusetts) London, 1988. Expanded edition, ISBN 0-262-63111-3.

R. Moreno-Diaz and K. N. Leibovic. *On some Methods in Neuromathematics (or the Development of mathematical Methods for the Description of Structure and Function in Neurons)*. Springer Verlag, 1995. in: „From Natural to Artificial Neural Computation", S. 209-214.

John von Neumann. *Die Rechenmaschine und das Gehirn*. Oldenbourg Verlag, München, 1970. 3. Auflage.

Günther Palm. *On Associative Memory*. Springer-Verlag, 1980. in: „Biological Cybernetics" Nr. 36, S. 19-31.

Günther Palm. *Neural Assemblies — An Alternative Approach to Artificial Intelligence*. Springer-Verlag, Berlin Heidelberg New York, 1982. ISBN 3-540-11366-5.

Günther Palm. *Assoziatives Gedächtnis und Gehirntheorie*. Spektrum der Wissenschaft Verlag, Heidelberg, 1988. in: „Spektrum der Wissenschaft" Nr. 6/1988, S. 54-64.

Günther Palm. *The PAN System and the WINA Project*. Springer-Verlag, Berlin Heidelberg, 1993. in: „Euro-ARCH '93. Europäischer Informatik Kongreß Architektur von Rechensystemen" (Spies, P.P, Hrsg.), S. 142-156.

Günther Palm. *Novelty, Information and Surprise*. Springer Verlag, Berlin Heidelberg, 2012. ISBN 978-3-642-29075-6.

Günther Palm. *PAN IV — Ein Massiv Paralleler Neuronaler Assoziativspeicher*. Universität Ulm, o.J.

Ulrich Rückert. *Integrationsgerechte Umsetzung von assoziativen Netzwerken mit verteilter Speicherung*. VDI-Verlag, Düsseldorf, 1990. in: „Reihe 10: Informatik/KommunikationstechnikNr. 130, ISBN 3-18-143010-2.

Ulrich Rückert. *VLSI Design of an Associative Memory based on Distributed Storage of Information.* Kluwer Academic Publishers, Boston, 1991. in: Ramacher, Ulrich; Rückert, Ulrich (Hrsg.) : „VLSI Design of Neural Networks", S. 153-168.

Ulrich Rückert. *Microelectronic Implementation of Neural Networks.* RWTH Aachen, 1993. in: „Aachenener Beiträge zur Informatik", Band 3, S. 77-86.

Ulrich Rückert. *Hardwareimplementierung Neuronaler Netze.* GMD, 1994. in: „Konnektionismus und Neuronale Netze", GMD-Studie Nr. 242 , S. 117-128.

Helge Ritter, Thomas Martinetz, and Klaus Schulten. *Neuronale Netze. Eine Einführung in die Neuroinformatik selbstorganisierender Netzwerke.* Addison-Wesley, Bonn, Paris, Reading (u.a.), 1991. 2. unveränderter Nachdruck 1994, ISBN 3-89319-131-3.

Frank Rosenblatt. *The Perceptron: A probabilistic model for information storage and organization in the brain.* APA, 1958. in: „Psychological Review", Vol. 65, No. 6, S. 386-408.

Fabian Rosenschein. *Assoziative Systeme als Datenspeicher.* Universität Hildesheim, 2012. Dissertationsschrift.

Alwyn Scott. *Neuroscience — A mathematical primer.* Springer Verlag, New York Berlin Heidelberg, 2002. ISBN 0-387-95402-3.

Claude E. Shannon and Warren Weaver. *The Mathematical Theory of Communication.* University of Illinois Press, 1949. Taschenbuchausgabe 1998, ISBN 0-252-72548-4.

Gordon L. Shaw and Günther Palm, editors. *Brain theory — Reprint volume.* World Scientific Publishing, Singapore New Jersey Hong Kong, 1988. ISBN 9971-50-483-9.

Emanuel Sperner. *Einführung in die Analytische Geometrie und Algebra.* Vandenhoek & Ruprecht, Göttingen, 1951. 5. Auflage 1963.

D. J. Willshaw, O. P. Buneman, and H. C. Longuet-Higgins. *Non-Holographic Associative Memory.* Macmillan Magazines, 1969. in: „Nature" Vol. 222, June 7, 1969, pp. 960.

Christian Wolf. *Dem Bewusstsein auf der Spur.* Spektrum der Wissenschaft Verlag, Heidelberg, 2010. in: „Gehirn & Geist Basiswissen Nr. 2/2010 — Das Gehirn – Aufbau und Funktion", S. 76-78.

Kapitel 3

Assoziativspeicher

> *„Insbesondere beschäftigte mich der assoziative Speicher und
> ein Speicher, der für wechselnde Angabenstrukturen geeignet
> ist. [...] Die Notizen sind ebenfalls zum größten Teil in Berlin
> verlorengegangen."* (Konrad Zuse, 1972)

Von den Notizen Konrad Zuses[1] zum Entwurf eines assoziativen Speichers
ist leider nur eine Handskizze von 1943 erhalten geblieben,[2] die eine Schaltung in Relaistechnik wiedergibt (s. Abb. 3.1), um deren Nachbildung mit
moderner Technik man sich noch sechzig Jahre später Gedanken machte.[3]
Zuses zukunftsweisendem Blick auf den Nutzen dieser Speicherform, die auch
als **inhaltsadressierbarer Speicher** oder **CAM**[4] bezeichnet wird,[5] folgten
zahlreiche weitere Entwicklungen, die dann häufig ebenfalls mit dem Eigenschaftswort „assoziativ" versehen wurden. Teuvo Kohonen verweist wenige
Jahrzehnte später auf über 1.200 Arbeiten zu assoziativen Speichern und
inhaltsadressierbaren Prozessoren.[6]

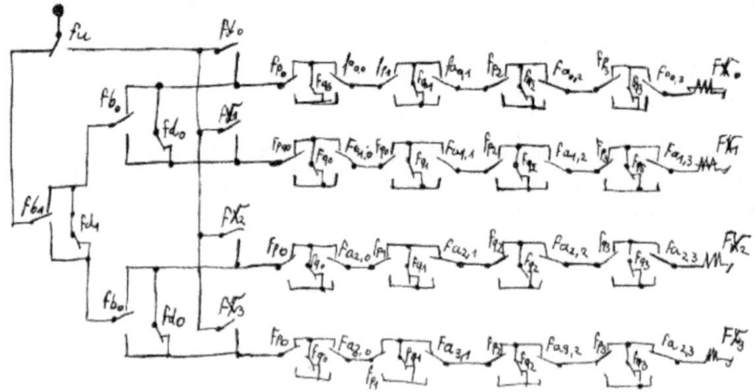

Abb. 3.1: Skizze eines assoziativen Speichers (Zuse 1943)

Lernmatrizen, Assoziativmatrizen, content-adressable processors oder associative computing sind nur einige wenige der Begriffe, auf die man bei der
Beschäftigung mit den zahlreichen Ausformungen assoziativer Speicher stößt.

Zum Teil sind diese Begriffe nicht einheitlich gebräuchlich. So kann man sich beispielsweise über inhaltsadressierbare Prozessoren unterhalten wollen und dann feststellen, dass der eine darunter einen Verbund assoziativer Speicher zum parallelen, suchenden Zugriff auf Zahlen oder Zeichenketten versteht, während der andere eine Technik meint, die Elemente einer Relation für Anwendungen der künstlichen Intelligenz speichert und abruft.[7] Auch beim Verständnis von dem, was ein Assoziativspeicher ist, wird man zum einen auf eine klassische Vorstellung von einer Hardware stoßen, wie sie in Abb. 3.5 dargestellt ist, während andererseits eine allgemeinere Vorstellung zu finden ist, die unter Assoziativspeicher alle Speicherformen fasst, auf deren Zellen über ein Suchwort, über einen Satz von Eigenschaften oder in anderer adressfreier Weise zugegriffen werden kann, so dass der Speicher Verbindungen zwischen Inhalten herstellt.[8] Teuvo Kohonens umfängliche Darstellung der verschiedenen Arten assoziativer oder inhaltsadressierbarer Speicher, zwei Bezeichnungen, die ab hier synonym verwendet werden, erlaubt eine Orientierung in der Begriffswelt zur Soft- und Hardware assoziativer Speicher und Prozessoren. Mit der in Tabelle 3.1 wiedergegebenen Begriffsbestimmung unterscheidet er zwischen assoziativem Speicher mit und ohne ergänzenden Verarbeitungsmöglichkeiten.[9]

mehrdeutige Begriffe

Inhaltsadressierbarer Speicher	Inhaltsadressierbarer Prozessor
Speicher, der seine Daten in Zellen ablegt, auf welche auf der Grundlage ihres Inhalts zugegriffen werden kann	Inhaltsadressierbarer Speicher, in dem mit einer Reihe von Zellinhalten besondere Operationen auf der Grundlage ihres Inhalts ausgeführt werden können *oder* ein Computer, der für seine Datenverarbeitungs- und Speichervorgänge im Wesentlichen auf CAM zugreift

Tabelle 3.1: Assoziative Speicher (CAM) und Prozessoren (CAP)

Zur Erläuterung sowohl der Begriffsbestimmung aus Tabelle 3.1 als auch des Nutzens eines klassischen Assoziativspeichers sei Beispiel $\fbox{B29}$ angegeben. Dazu nehmen wir an, dass in einem Rechner-Netzwerk wie in Abb. 3.2 die Weichen $S_1, S_2, ..., S_n$ („switches") die Aufgabe haben, die ankommenden Dateneinheiten („frames") an ihre Adressaten weiterzuleiten.

Beispiel für einen assoziativen Speicher

$\fbox{B29}$

Jeder Rechner $R_1, R_2, ..., R_m$ besitze in diesem Beispielnetzwerk eine eindeutige Teilnehmeradresse aus zwei Bytes, der Rechner R_1 wird hier über die Adresse 01 35 erreicht, Rechner $R2$ wird durch 03 E1 adressiert und so fort.[10]

An jede der Weichen lassen sich eine bestimmte Anzahl von Rechnern oder andere Weichen anschließen. Zu jeder seiner Anschlüsse („ports") merkt sich die Weiche in einer Tabelle („source-address-table"), welche Teilnehmeradressen über diesen Anschluss zu bedienen sind. Trifft eine Dateneinheit eines noch unbekannten Absenders an einem Anschluss ein, wird die Absenderadresse und die Nummer des Anschlusses, über den die Dateneinheit hereinkam, in die Tabelle eingetragen. Nehmen wir an, dass sich nach Inbetriebnahme des Netzwerks bei der Weiche S_1 Datenpakete der noch unbekannten Netzwerkteilnehmer in folgender Reihenfolge einfanden: R_1, R_2, R_{11}, R_4, R_5, R_7, R_6, R_{10}, R_3, R_8, R_{12}, R_9. Die Zellen der Tabelle der Weiche S_1 enthalten dann

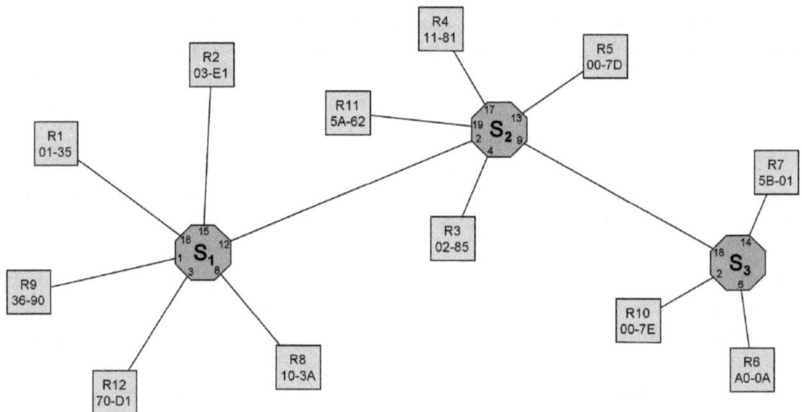

Abb. 3.2: Beispiel-Netzwerk mit drei Weichen

also Werte wie in Tabelle 3.2.

Adresse	Anschlussnummer
01 35	18
03 E1	15
5A 62	12
11 81	12
00 7D	12
5B 01	12
A0 0A	12
00 7E	12
02 85	12
10 3A	8
70 D1	3
36 90	1

Tabelle 3.2: Source-Address-Table (SAT) der Weiche S_1

Schon bei der Verwaltung dieser Tabelle, sei es beim Eintragen bis dahin unbekannter Absenderadressen oder bei Änderung der Anschlussnummer, falls
ein Teilnehmer seinen Ort im Netzwerk geändert hat, aber auch bei der Weiterleitung einer Dateneinheit an den richtigen Anschluss ergibt sich für die
Weiche die Aufgabe, möglichst schnell festzustellen, ob und wo eine Teilnehmeradresse in der Tabelle steht. Würde die Weiche dazu einen gewöhnlichen
Speicher mit wahlfreiem Zugriff (RAM)[11] nutzen, müsste sie dessen Speicherzellen eine nach der anderen adressieren, deren Inhalt auslesen und mit der
vorgelegten Teilnehmeradresse vergleichen. Der zeitliche Aufwand für diesen
Vorgang hängt von der Anzahl der Einträge in der Tabelle ab. Mit einem
Assoziativspeicher, auf dessen Speicherzellen unmittelbar über die Teilnehmeradresse zugegriffen werden kann, lässt sich dieser Vorgang unabhängig
von der Tabellenlänge in konstanter Zeit abwickeln.

zeitlicher Vorteil des
Assoziativspeichers

Ein Assoziativspeicher, der die eben erläuterte Aufgabe erfüllen soll, könnte den in Abb. 3.3 wiedergegebenen Aufbau erhalten. In die hier senkrecht

angeordneten Speicherzellen sind die bisher bekannt gewordenen Teilnehmeradressen abgelegt worden. Die zu suchende Adresse eines Netzwerkteilnehmers wird nun binär ins Eingaberegister des Assoziativspeichers geschrieben, eine Vergleichslogik stellt unmittelbar fest, in welcher der Speicherzellen sich die Teilnehmeradresse befindet, und die zugehörige Anschlussnummer taucht daraufhin im Ausgaberegister dieses Assoziativspeichers auf. In Abb. 3.3 wird das Vorgehen für den Teilnehmer R_4 mit der Adresse 11 81, also binär 0001 0001 1000 0001, veranschaulicht. Die Vergleichslogik meldet die Teilnehmeradresse in der vierten Spalte, was zur Anschlussnummer 12, binär 0000 1100, führt.

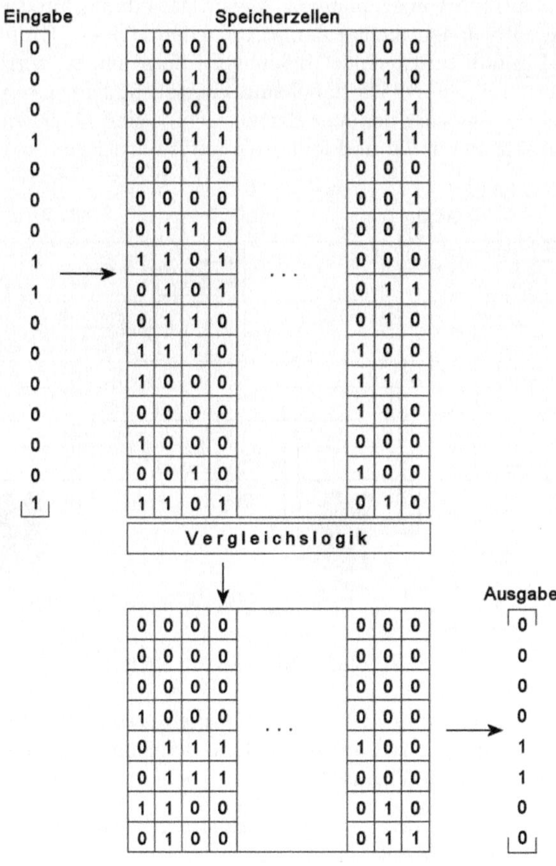

Abb. 3.3: Assoziativspeicher für Source-Address-Table

Ein **Schaltwerk** für den Assoziativspeicher aus Abb. 3.3 lässt sich mit einfachen Mitteln aufbauen. Abb. 3.4 zeigt dieses mit einem Ausschnitt von zwei Spalten und vier Zeilen des Speichers. Die bekannten Teilnehmeradressen werden in bistabilen Kippstufen[12] (hier: RS-Flipflops[13]) festgehalten. Durch die Betätigung eines Reset-Eingang (CLR) lässt sich der Inhalt aller Speicherzellen auf Null zurücksetzen. Mittels der horizontalen Eingabeleitungen (IN1, IN2, ...) werden dem Speicher die Teilnehmeradressen bekannt gemacht.

Schaltwerk für Assoziativspeicher

Soll die Teilnehmeradresse in den Assoziativspeicher übernommen werden, aktiviert man den Schreibeingang (WR1, WR2, ...) der gewünschten Speicherzelle (Spalte). Die Vergleichsschaltungen (CMP1, CMP2, ...)[14] prüfen für jede Spalte, ob der Inhalt der Speicherzelle mit der an den Eingabeleitungen anliegenden Teilnehmeradresse übereinstimmt. Falls dieses der Fall ist, wird die Ausgabeleitung der Speicherzelle (OUT1, OUT2, ...) aktiviert und die zugehörige Anschlussnummer gelangt dadurch an den Ausgang des Assoziativspeichers.

Das bis in diese Einzelheiten erläuterte Beispiel B29 für einen einfachen Assoziativspeicher lässt zum einen die prinzipielle Funktionsweise dieser Art Speicher erkennen, führt aber auch vor Augen, dass diese einfachen Assoziativspeicher mit Störungen nicht tolerant umgehen können. Kippt beispielsweise ein RS-Flipflop durch einen äußeren Einfluss um, so wird der zugehörige Netzwerk-Teilnehmer als unbekannt eingestuft. Die später in diesem Buch vorgestellten Speicher der Assoziativmaschine sind hingegen in der Lage, weitgehend störunanfällig und fehlertolerant zu arbeiten.

Störfestigkeit (margin note)

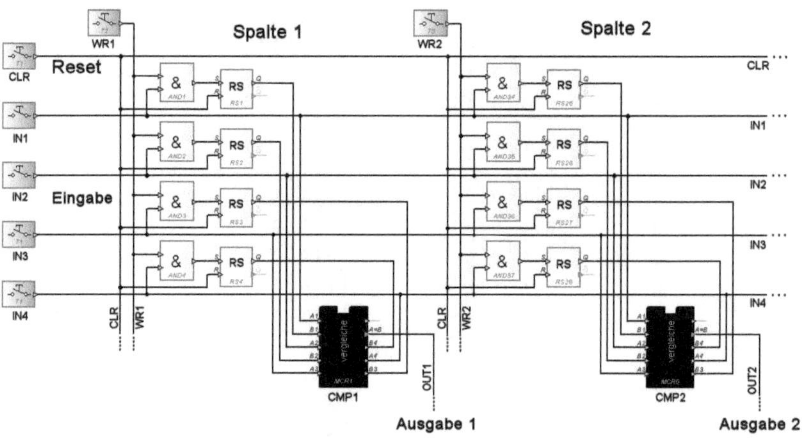

Abb. 3.4: 4x2-Schaltwerk für SAT

Bevor im kommenden Kapitel 3.1 weitere Beispiele assoziativer Speicher vorgestellt werden, setzen wir mit weiteren, kennzeichnenden und einordnenden Vorstellungen zu unserem Thema fort.

Bei aller Vielfalt an Begriffen, Absichten, Realisierungen, die sich im weiten Feld assoziativer Speicher entwickelt haben, erwartet Teuvo Kohonen, dass man als solche nur diejenigen versteht, die sich in ihren Eigenschaften mit den von Aristoteles für das menschliche Gedächtnis formulierten „Klassischen Gesetzen der Assoziation" vertragen, nämlich dass sich dasjenige miteinander verbindet, was sich a) in räumlicher oder zeitlicher Nähe befindet oder b) zueinander ähnlich oder gegensätzlich ist.[15] Kohonen bezieht a) auf den Schreibvorgang, bei dem die miteinander zu assoziierenden Inhalte im selben Moment im Speicher abgelegt werden, und b) auf den Lesevorgang, bei dem der Speicher in der Lage ist, zum Suchbegriff ähnliche oder kontrastierende Ausgaben zu liefern.[16] Aus dem Letzteren ergibt sich, dass zu einem assoziativen Speicher ein Maß für die Ähnlichkeit seiner Einträge gehört. Außer,

Klassische Gesetze der Assoziation (margin note)

Ähnlichkeitsmaße (margin note)

dass eine Antwort des assoziativen Speichers exakt zum Suchbegriff passt, sollte auch eine Auswahl zwischen **ähnlichen Antworten** möglich sein.[17] Im oben erläuterten Beispiel ⸤B29⸥ ist das nicht möglich und wohl auch nicht wünschenswert.

Einen formalisierenden, ordnenden Ansatz zur Beschreibung assoziativer Strukturen lieferte Klaus Waldschmidt etwa zehn Jahre nach Teuvo Kohonens Übersichtswerk. Er beschreibt **assoziative Operationen** als 2-Tupel (σ, α), bei denen zwischen einer **Selektionsphase** σ und einer **Aktionsphase** α unterschieden wird.[18] In der Selektionsphase werden mit Hilfe einer Bewertungsfunktion Q und einer Auswahlfunktion S diejenigen Inhalte aus der Menge Ω aller möglichen Inhalte des Speichers ausgewählt, die dann in der Aktionsphase weiterverarbeitet werden. Die Aktionsphase kann aus weiteren assoziativen Operationen bestehen (Verfeinerung), logische oder arithmetische Manipulationen an den Suchergebnissen vornehmen oder Ein- und Ausgabeoperationen ausführen. Nimmt man noch die Menge F aller möglichen Fragen an den assoziativen Speicher hinzu, die durch die Funktionen Q und S in der Selektionsphase σ verarbeitet werden, so ergibt sich ein 4-Tupel (Ω, S, Q, F), durch das ein **assoziatives Speicherproblem** formal exakt beschrieben ist.

assoziative Operationen

assoziatives Speicherproblem

Während sich das 4-Tupel eines assoziativen Speicherproblems zur exakten Festlegung von Suchproblemen eignet, so fehlt noch eine Festlegung etwaiger Verarbeitungsschritte. Dazu definiert Waldschmidt ein Tupel

$$(q_1, ..., q_n, s_1, ..., s_m, a_1, ..., a_l)$$

aus Argumenten für die Bewertungsfunktion Q, für die Selektionsfunktion S und die Aktionsfunktion A als **assoziative Instruktion** und nennt eine Folge solcher Instruktionen **assoziatives Programm**.[19] Da die Programme der in diesem Buch vorgestellten Assoziativen Programmierung nicht ausschließlich auf die Bewertung, Auswahl und Weiterverarbeitung von Suchergebnissen abzielen, sondern insbesondere auch das Erfassen und Eintragen neuer Daten in die Assoziativspeicher und die Veränderung von Variablenwerten steuern, könnte man sie im Sinne obiger Definition nicht als assoziatives Programm bezeichnen.

assoziative Instruktion und assoziatives Programm

Zur Einordnung des Themas Assoziativmaschine soll der bis hierher gegebene Überblick zu assoziativen Speichern anhand einiger erläuternder Beispiele weitergeführt werden. Für die Assoziative Programmierung ist dabei lediglich das Verständnis von Assoziativmatrizen und Assoziativmaschinen grundlegend. Assoziativmatrizen waren Gegenstand von Kapitel 2.5, Assoziativmaschinen werden es im Kapitel 4 sein. Daher werden sie auf den folgenden Seiten nur in dem für die Einordnung nötigen Umfang behandelt.

3.1 Zuses Assoziativspeicher

Assoziativspeicher wird wie RAM-Speicher gelegentlich als Speicher mit direktem Zugriff beschrieben.[20] Steht die Zugriffsart im Vordergrund der Darstellung, dann wird vermutlich an einen Assoziativspeicher wie in Abb. 3.5 gedacht, der im Folgenden als **klassischer Assoziativspeicher** bezeichnet wird und für den nun Beispiel ⸤B30⸥ angegeben sei.

Um den Inhalt einer Speicherzelle eines RAM-Speichers abzurufen, wird die **Adresse** der Speicherzelle an den Eingang des RAM-Bausteins angelegt und der Inhalt der Speicherzelle taucht dann im Ausgang des RAM-Bausteins auf. Bei einem Assoziativspeicher legt man nicht die Adresse einer Speicherzelle an den Eingang, sondern eine **Beschreibung** des gesuchten Inhalts, woraufhin im Ausgang des Speichers Antworten erscheinen, die zur Beschreibung passen.

B30

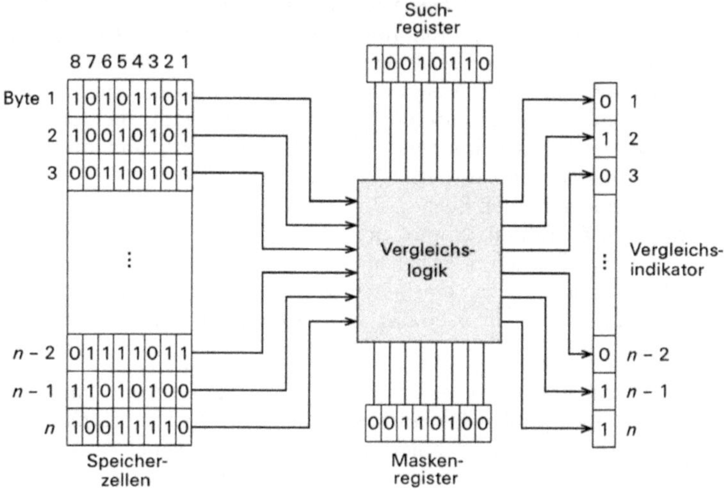

Abb. 3.5: Klassischer Assoziativspeicher

klassischer Assoziativ-
speicher

Der klassische Assoziativspeicher aus Abb. 3.5 besitzt im Unterschied zum Beispiel B29 ein Maskenregister und die Ausgabe erfolgt über einen Vergleichsindikator.[21] Seine Speicherzellen (siehe links) enthalten im angegebenen Beispiel n Bytes: 10101101, 10010101, ..., 11010100, 10011110. Angefragt wird mit dem im Suchregister (siehe oben) eingetragenen Wert: 10010110. Der Inhalt des Maskenregisters (siehe unten) legt fest, auf welche Bits des Suchregisters die Vergleichslogik achten soll. Hier sind es also das dritte, vierte und sechste Bit von links. In einem einzigen Zeittakt liefert die Vergleichslogik das Ergebnis in den Vergleichsindikator: das zweite, das $n-1$. und das n. Byte des Speichers erfüllen die durch Such- und Maskenregister gegebenen Bedingungen.

Einsatzbereich klassi-
scher Assoziativspei-
cher

Als typischer **Einsatzbereich** dieser Art Assoziativspeicher gelten neben den oben vorgestellten Search-Address-Tabellen auch solche Tabellen, die für die Speicherverwaltung eines Rechners wichtig sind. Zum Beispiel lässt sich der schnelle Zugriff auf Puffer- und Hintergrundspeicher über Assoziativspeicher verwirklichen.[22] Als eine weitere Anwendung von Assoziativspeichern wird das automatisierte Ausblenden defekter Speicherbereiche bei der Fertigung von Speicherchips genannt.[23] Jede vorgelegte Speicheradresse wird per Assoziativspeicher auf eine physikalische Speicheradresse abgebildet, die auf intakten Speicher verweist.

Zuse-Assoziativspei-
cher

An dieser Stelle bietet es sich an, auf den eingangs abgebildeten Entwurf eines assoziativen Speichers von Konrad Zuse näher einzugehen. Auch wenn nicht bekannt ist, was Zuse mit seinem Assoziativspeicher genau beabsichtigte,

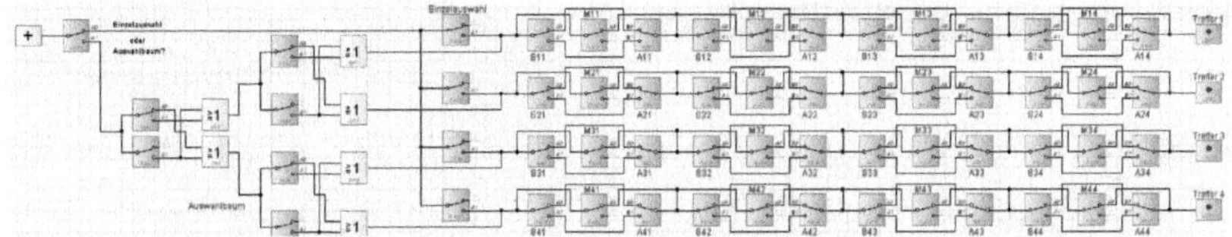

Abb. 3.6: Nachbildung des Zuse-Assoziativspeichers von 1943

so lässt eine Nachbildung seines Entwurfs mit Hilfe eines Digitalsimulators doch erfahren, welche Eigenschaften ihm wichtig waren. Abb. 3.6 zeigt die Nachbildung von Abb. 3.1 in der Übersicht, Abb. 3.7 gibt einen Ausschnitt von 2 x 2 Kernzellen wieder.[24]

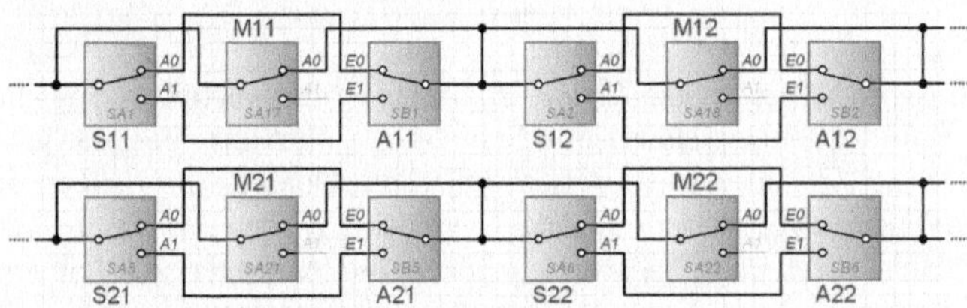

Abb. 3.7: Vier Kernzellen der Nachbildung des Zuse-Assoziativspeichers

Schon dieser erste bekannte Entwurf eines Assoziativspeichers sah vor, Speicherstellen unbeachtet lassen zu können. Die mit M_{ij} bezeichneten Schalter überbrücken zu diesem Zweck auf Wunsch die zugehörige Kernzelle. Im klassischen Assoziativspeicher aus Abb. 3.5 dient dazu das Maskenregister.

Nehmen wir an, dass der Zustand der mit A_{ij} beschrifteten Schalter den Inhalt der Speicherzellen wiedergibt, dann erlauben die mit S_{ij} benannten Schalter die Eingabe des zu suchenden Inhalts.

Seien beispielsweise folgende vier Tupel in die vier Speicherzellen des Zuse-Assoziativspeichers aus Abb. 3.7 einzutragen,

$$\mathfrak{s}_1 = (1001), \ \mathfrak{s}_2 = (0110), \ \mathfrak{s}_3 = (1110), \ \mathfrak{s}_4 = (0101)$$

und der Assoziativspeicher mit (1110) abzufragen. Die Schalter des Speichers werden entsprechend dieser Vorgaben gesetzt. Den anschließenden Zustand der zugehörigen Schalttafel zeigt Abb. 3.8.

Die Leuchtdiode T_3 zeigt an, dass die dritte Speicherzelle die gesuchte Antwort enthält. Würde man nun die Maskierschalter M_{11}, M_{21}, M_{31} und M_{41} einschalten, um beim Vergleich den Zustand des ersten Bits nicht zu berücksichtigen, dann wird auch die Leuchtdiode T_2 aufleuchten.

Der Zuse-Assoziativspeicher erfordert im Unterschied zum vorher vorgestellten, klassischen Assoziativspeicher für Abfrage und Maskierung mehr Eingabeaufwand, da ein gemeinsames Such- und Maskenregister fehlt, auf das alle Speicherzellen zugreifen können.

Die bisher erläuterten Assoziativspeicher zeigten einen tabellenförmigen, matrizenartigen Aufbau. Das muss nicht so sein, wie neuronale Netze zeigen, die

B31

Abfrage des Zuse-Assoziativspeichers

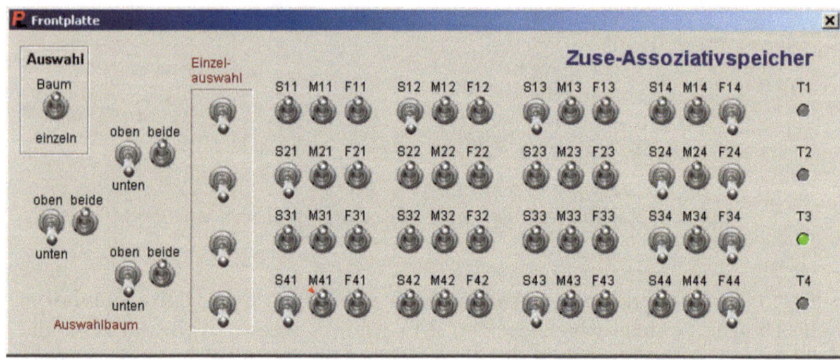

Abb. 3.8: Bedienfeld des Zuse-Assoziativspeichers

neuronale Netze als assoziative Komponenten mit verteilter Speicherung

Klaus Waldschmidt als „assoziative Komponenten mit verteilter Speicherung" einordnet[25] und die beispielsweise in Schichten aufgebaut sind, die jeweils eine verschiedene Anzahl von Neuronen umfassen. Doch Lernmatrizen und Assoziativmatrizen, zwei weitere Assoziativspeichertypen, auf die im Weiteren schon aufgrund ihrer beachtenswerten Lern- und Abfrageregeln eingegangen wird, erhielten ihre Namen wegen ihrer matrizenförmigen Gestalt.

3.2 Steinbuchsche Lernmatrix

Steinbuchsche Lernmatrizen

Die im Kapitel 1 eingangs zitierte Idee von Karl Steinbuch, ein Matrix-System in einem gestalterkennenden Perzeptor[26] einzusetzen, fußt offenbar auf Matrizen, die Steinbuch ab 1960 vorstellte, den nach ihm benannten **Lernmatrizen**. Davon führt er mindestens zwei Arten ein, eine für binäre Daten und eine für mehrwertige Daten. Mit der Abb. 3.9 gibt Steinbuch ein Beispiel für eine binäre Lernmatrix.[27] In diesem Beispiel sind die vier Eigenschaftssätze A, B, C, D bestehend aus den fünf Eigenschaften $e_1, ..., e_5$ gemäß Tabelle 3.3 in der Lernmatrix abgelegt worden.

B32

	e_1	e_2	e_3	e_4	e_5
A	0	0	0	0	0
B	1	0	1	0	1
C	0	1	0	1	1
D	1	1	1	1	0

Tabelle 3.3: Beispiel-Eigenschaftssätze für die binäre Lernmatrix

Beispiel einer Lernmatrix für binäre Daten

Die Eigenschaftssätze (Eingabedaten) werden in dieser Darstellung oben an die fünf Eingänge der Lernmatrix angelegt. Von den Eingängen führen je zwei Spaltenleitungen nach unten. Hat die Eigenschaft e_i den Wert 0, dann wird die linke Leitung auf null und die rechte auf eins gesetzt.[28] Hat die Eigenschaft e_i den Wert 1, wird die rechte Leitung auf null und die linke auf eins gesetzt.

In Abb. 3.9 zeigt das Symbol für einen elektrischen Widerstand an, dass diese Leitung zur zugehörigen Zeilensumme nichts beiträgt.[29] Fragt man mit

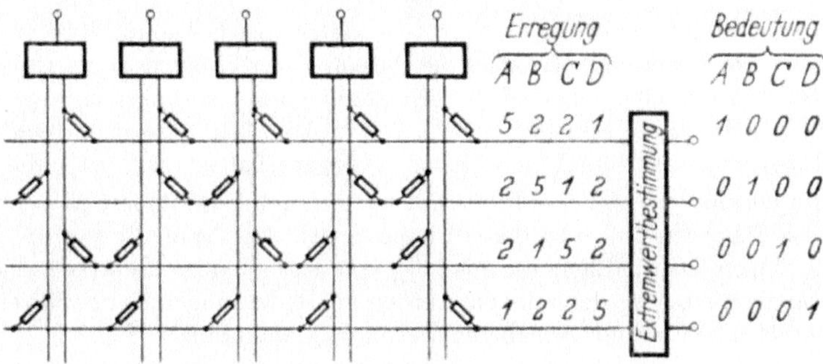

Abb. 3.9: Steinbuchsche binäre Lernmatrix

den gelernten Eigenschaftssätzen an, werden die Zeilensummen, die Steinbuch
hier „Erregung" nennt, in denjenigen Zeilen am größten, in der der betreffende
Eigenschaftssatz in der Lernphase abgelegt wurde. Durch eine Extremwertbestimmung liefert die Lernmatrix dann letztlich die mit dem Eigenschaftssatz
assoziierte Bedeutung.

Wenn man die Steinbuchsche Lernmatrix mit Eigenschaftssätzen abfragt, die
mit den gelernten nicht genau übereinstimmen, erhält man Aussagen zur Fehlertoleranz dieser Art Assoziativspeicher. Fragen wir dazu in Beispiel B32
einmal mit $\tilde{B} = (10100)$ ab, also dem Eigenschaftssatz B, in dem e_5 den Wert
Null angenommen hat. Jetzt wird die Erregung aus den Werten $3, 4, 0, 2$ bestehen, was dann letztlich doch wie erhofft zur Bedeutung B führt. Ein solches
fehlertolerantes Verhalten zeigt die Lernmatrix jedoch nicht in jedem Fall.
Das Ausmaß der Fehlertoleranz ist davon abhängig, in wie vielen Stellen sich
die gelernten Eigenschaftssätze jeweils paarweise unterscheiden. Im obigen
Beispiel unterscheiden sie sich jeder von jedem in mindestens drei Stellen, die
Hamming-Distanz ist größer oder gleich 3.[30]

Fehlertoleranz der
Lernmatrix für binäre
Daten

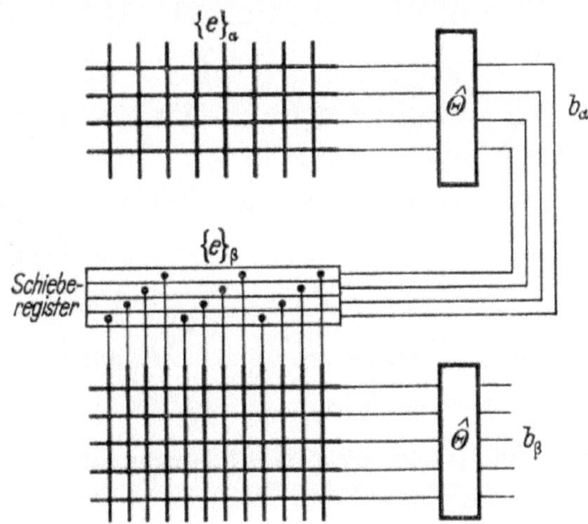

Abb. 3.10: Schichtung zweier Steinbuchscher Lernmatrizen

Zusammenschaltung von Lernmatrizen

Schon Karl Steinbuch ordnete assoziative Matrixspeicher so an, dass sie zusammenwirken, dass zum Beispiel die Ausgabe eines Speichers als Eingabe des nächsten fungiert.[31] Dieses Prinzip ist für eine Assoziativmaschine und ihre Programmierung sehr bedeutsam. Die in Abb. 3.10 gezeigte Schichtung zweier Lernmatrizen bildet eine Menge an Eigenschaftssätzen $\{e\}_\alpha$ über eine erste Lernmatrix und eine Extremwertbestimmung $\widehat{\Theta}$ auf eine Menge von Eigenschaftssätzen $\{e\}_\beta$ ab, deren Elemente als Eingabe an die zweite Lernmatrix dienen. Da die Elemente aus $\{e\}_\alpha$ von der ersten Lernmatrix nacheinander abgearbeitet werden müssen, werden die Bedeutungen b_α der einzelnen Abfrageschritte über ein Schieberegister in $\{e\}_\beta$ gesammelt.[32]

Lernmatrix für nichtbinäre Daten

Mit seinen Vorschlägen zu Lernmatrizen für **nichtbinäre Daten** konnte Steinbuch Überlegungen weiterreichen, die sich mit der Erkennung „ähnlichster", nichtbinärer Eigenschaftssätze beschäftigen. So beschreibt er unter anderem die Notwendigkeit und Art der Vorverarbeitung der zu erlernenden Eigenschaftssätze, was im Folgenden an Beispiel B33 verdeutlicht sei.

B33

$\mathfrak{e}$	e_1	e_2	e_3
$\mathfrak{v}_1$	12	0,5	0,2
$\mathfrak{v}_2$	0,1	10	0,4
$\mathfrak{v}_3$	0,6	0,2	0,4
$\mathfrak{v}_4$	8,4	2,7	0,3

Tabelle 3.4: Beispiel-Eigenschaftssätze für die nichtbinäre Lernmatrix

Die Abb. 3.11 macht die Unterschiede zur Lernmatrix für binäre Daten deutlich.[33] Die Eigenschaftssätze $e_1, ..., e_3$, mit denen hier abgefragt wird, werden als (positive) Spannungen verschiedener Größe angenommen und die erlernten Daten drücken sich durch die Werte der elektrischen Widerstände aus, die den Fluss des elektrischen Stroms von den Spalten- in die Zeilenleitungen bestimmen.

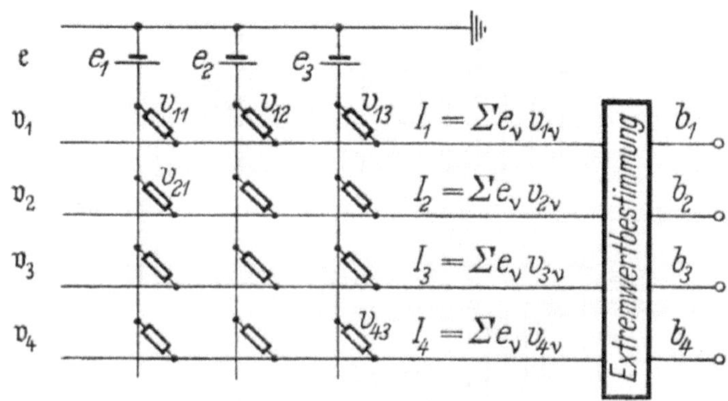

Abb. 3.11: Steinbuchsche Lernmatrix für nichtbinäre Daten

Abfrage einer Lernmatrix für nichtbinäre Daten

Nehmen wir die Eigenschaftssätze aus Tabelle 3.4 von Beispiel B33 an und bilden die Zeilensummen als Skalarprodukte $\mathfrak{v}_i \cdot \mathfrak{e}$. Es ergibt sich für eine Abfrage mit dem Eigenschaftssatz $\mathfrak{v}_1$ die erwartete Bedeutung b_1, wie folgende

Rechnung zeigt.

$$\begin{pmatrix} 12 & 0,5 & 0,2 \\ 0,1 & 10 & 0,4 \\ 0,6 & 0,2 & 0,4 \\ 8,4 & 2,7 & 0,3 \end{pmatrix} \cdot \begin{pmatrix} 12 \\ 0,5 \\ 0,2 \end{pmatrix} \approx \begin{pmatrix} 144,3 \\ 6,3 \\ 7,4 \\ 102,2 \end{pmatrix} \xrightarrow{\hat{\ominus}} \begin{pmatrix} 1 \\ 0 \\ 0 \\ 0 \end{pmatrix}$$

Doch liefert die gleiche Rechnung für $\mathfrak{v}_3$ leider nicht das gewünschte Ergebnis b_3, sondern abermals b_1, was daran liegt, dass die Eigenschaftssätze $\mathfrak{v}_i$ keine einheitliche „Länge" besitzen,[34] sich hier also $\mathfrak{v}_1$ „durchsetzen" konnte.

$$\begin{pmatrix} 12 & 0,5 & 0,2 \\ 0,1 & 10 & 0,4 \\ 0,6 & 0,2 & 0,4 \\ 8,4 & 2,7 & 0,3 \end{pmatrix} \cdot \begin{pmatrix} 0,6 \\ 0,2 \\ 0,4 \end{pmatrix} \approx \begin{pmatrix} 7,4 \\ 2,2 \\ 0,6 \\ 5,7 \end{pmatrix} \xrightarrow{\hat{\ominus}} \begin{pmatrix} 1 \\ 0 \\ 0 \\ 0 \end{pmatrix}$$

Bringt man hingegen alle beteiligten Eigenschaftssätze $\mathfrak{v}_i$ auf einheitliche Länge,[35] dann erbringt die Rechnung für den auf die Länge 1 gebrachten Eigenschaftssatz $\mathfrak{v}_3$ wie gewünscht die Bedeutung b_3.

$$\begin{pmatrix} 0,999 & 0,0416 & 0,0166 \\ 0,00999 & 0,999 & 0,0400 \\ 0,8018 & 0,267 & 0,535 \\ 0,951 & 0,3058 & 0,0340 \end{pmatrix} \cdot \begin{pmatrix} 0,8018 \\ 0,267 \\ 0,535 \end{pmatrix} \approx \begin{pmatrix} 0,821 \\ 0,296 \\ 1,0 \\ 0,863 \end{pmatrix} \xrightarrow{\hat{\ominus}} \begin{pmatrix} 0 \\ 0 \\ 1 \\ 0 \end{pmatrix}$$

Fragt man die nichtbinäre Lernmatrix mit einem nicht gelernten Eigenschaftssatz ab, so liefert sie diejenige Bedeutung, die zu demjenigen Eigenschaftssatz gehört, der zum abfragenden Eigenschaftssatz den kleinsten „Winkel" besitzt.[36] Sei der abzufragende Eigenschaftssatz beispielsweise $(0,5; 0,3; 0,4)$, so beträgt der Winkel zu $\mathfrak{v}_3$ etwa $10,7^o$, während er zu allen anderen gelernten Eigenschaftssätzen größer ist. Also wird über die Lernmatrix dann als Ergebnis die Bedeutung b_3 geliefert.

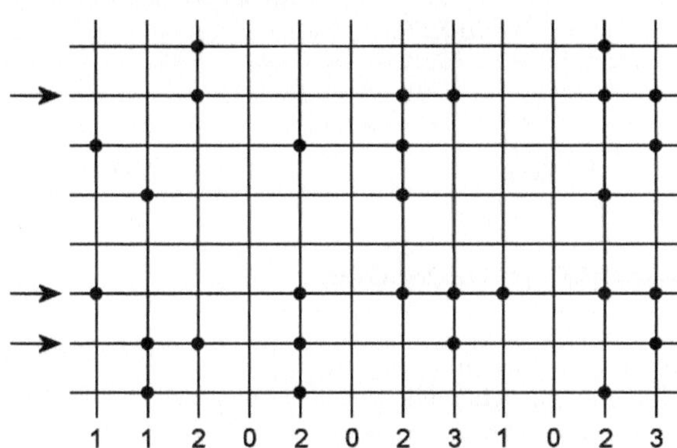

Abb. 3.12: Assoziativmatrix

Als **Assoziativmatrix** wird ein Assoziativspeicher bezeichnet, der zwar in der äußeren Gestalt einer nichtbinären Steinbuchschen Lernmatrix ähnelt, der

sich aber im Lernen und Abfragen von dieser unterscheidet.[37] Die Assoziativmatrix verarbeitet binäre Daten. Ihre Zeilen- und Spaltenleitungen werden
an den Kreuzungspunkten entweder verbunden oder nicht, was in der Abb.
3.12 im Falle einer leitenden Verbindung durch einen „Lötfleck" dargestellt
ist. Andere Verbindungsstärken sind nicht einstellbar.[38] Diese Art des Ver-
bindens der Leitungen erlaubt bei der technischen Umsetzung den Einsatz
von einfachen Schaltern wie beim Zuse-Assoziativspeicher, selbstredend in
den heute möglichen, elektronischen Formen. Assoziativmatrizen bestehen in
den gängigen Anwendungen nicht selten aus einigen Millionen dieser Schalter.
Wie für die Lernmatrix wird auch für die Assoziativmatrix beim Abfragen eine Bestimmung des größten Schwellwerts $\widehat{\Theta}$ genutzt, die die größten Summen
(„Erregungen") liefert. Zur Abfrage einer Assoziativmatrix werden diejenigen
Zeilenleitungen aktiviert, die zur Frage gehören. In Abb. 3.12 sind das die 2.,
6. und 7. Leitung, da in diesem Beispiel die Frage (0, 1, 0, 0, 0, 1, 1, 0) sei.
Am Ende der Spaltenleitungen summieren sich wie bei der Lernmatrix die
einzelnen Beiträge zu (1, 1, 2, 0, 2, 0, 2, 3, 1, 0 , 2, 3) auf. Die größten Werte
werden aus dieser Summenliste herausgesucht, was die Antwort (0, 0, 0, 0, 0,
0, 0, 1, 0, 0, 0, 1) ergibt und der Extremwertbestimmung der Steinbuchschen
Lernmatrix vergleichbar ist.

Diese Erläuterungen zu den Lernmatrizen Karl Steinbuchs mögen genügen,
um die Unterschiede zu Assoziativmatrizen vor Augen zu führen, die zum
Aufbau von Assoziativmaschinen Verwendung finden. Im Kapitel 2.5 wurde
ausführlich auf Assoziativmatrizen eingegangen. Zur Erläuterung der Unterschiede zwischen **Assoziativprozessoren** und **Assoziativmaschinen** soll
das kommende Kapitel dienen.

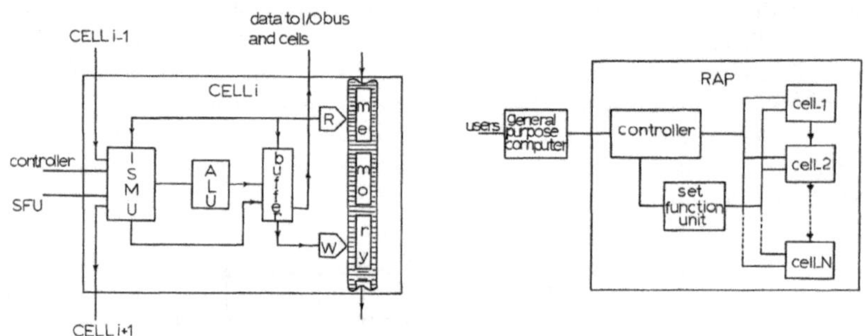

Abb. 3.13: RAP-Zelle   Abb. 3.14: RAP-Architektur

3.3 Assoziativprozessoren

Besitzt ein assoziativer Speicher an seinen Speicherzellen eigene Schaltwerke, um den Inhalt der Speicherzelle beispielsweise rechnerisch bearbeiten zu
lassen, wird er als assoziativer Prozessor bezeichnet.[39] Als einer der ersten
kommerziell verfügbaren Assoziativprozessoren gilt STARAN der Firma Goo-
dyear Aerospace Corporation vom Ende der 70er-Jahre, der hauptsächlich für
Wettervorhersage und Flugsicherung eingesetzt wurde.[40] Seine Speichermo-
dule wurden mit arithmetisch-logischen Verarbeitungseinheiten versehen. Der
Zugriff auf den Assoziativprozessor geschieht durch einen Wirtsrechner her-

kömmlicher Bauart.[41] Eine Vielfalt an Formen und Einsatzgebieten von Assoziativprozessoren zeugt vom Nutzen assoziativer Strukturen beim schnellen Zugriff auf Datenbanken,[42] als Musterkennungswerkzeug in der Echtzeitbildverarbeitung[43] oder zur schnellen Multiplikation.[44]

Exemplarisch sei der „Relational Associative Processor (RAP)" vorgestellt, ein Assoziativprozessor, der dem schnellen Zugriff auf die Inhalte einer Datenbank diente.[45] Abb. 3.13 zeigt den Aufbau einer seiner Zellen. Rechts erkennt man den eigentlichen Datenträger („memory"), den man sich damals als Speicher mit zyklischem Zugriff vorstellte[46] und der mit einem Lese- („R") und einem Schreibkopf („W") versehen ist. Daten werden in einem Register („buffer") zwischengespeichert, in welchem sie durch eine arithmetisch-logische Einheit („ALU") bearbeitet werden können. Die Steuerung der Vorgänge in der Zelle übernimmt eine „information search and manipulation unit (ISMU)", die auch die Kommunikation mit den Nachbarzellen leistet. Aus Abb. 3.14 wird die Anordnung dieser einzelnen Zellen im RAP deutlich. Eine „set function unit (SFU)" ermöglicht das Zählen, Summieren, Maxima- und Minimasuchen, Mittelwertbilden über alle Zellen hinweg. Eine Steuereinheit („controller") koordiniert die Arbeit der Zellen und stellt die Verbindung zu einem herkömmlichen Rechner („general purpose computer (GPC)") und damit zu den Anwendern („users") her. Der GPC erlaubt die Formulierung von Anfragen an den RAP in einer anwendergemäßen Sprache, die dann vom GPC in die für die Steuereinheit des RAP benötigte maschinennahe Sprache übersetzt wird. Mit folgendem RAP-Programm werden beispielsweise aus einer Firmendatenbank diejenigen Angestellten herausgesucht, die mehr verdienen, als sämtliche Angestellte der Schuhabteilung.

```
(a)     MAX [EMP(SAL):EMP.DEPT = 'SHOE'],
(b)     MARK(A) [EMP:EMP.SAL > (REGF_1)],
(c)     EOQ
```

Mit dem Befehl in Zeile (a) wird die SFU angeleitet, das größte Angestelltengehalt („EMP(SAL)", d.i. the salary of the employee) der Schuhabteilung zu finden („ :EMP.DEPT = 'SHOE'", d.i. the department of the employee is the SHOE department). Durch Zeile (b) werden diejenigen Datensätze markiert, die zu Angestellten gehören, die mehr verdienen als im Ergebnisspeicher des vorherigen MAX-Befehls hinterlegt („ :EMP.SAL > (REGF_1)", d.i. the salary of the employee is greater than what is stored in REGF_1). Mit Zeile (c) wird der Steuereinheit das Ende der Abfrage („EOQ", d.i. end of query) signalisiert.[47]

In späteren Entwicklungen wurde der programmiersprachliche Zugriff auf Assoziativprozessoren anwenderfreundlicher, indem man bekannte Hochsprachen um die nötigen Sprachmittel ergänzte[48] oder ihnen Schnittstellen zu Bibliotheken mit assoziativen Funktionen verschaffte.

Der wesentliche Unterschied zwischen Assoziativprozessoren und Assoziativmaschinen besteht darin, dass in letzteren außer Daten auch die Programme abgelegt werden, die diese Daten verarbeiten. Durch das Zusammenschalten von Assoziativspeichern wie beispielsweise in Abb. 1.1 entstehen frei programmierbare, störfeste Maschinen, auf denen beliebige Programme mit Sequenzen, Auswahlen und Wiederholungen laufen und die ein Variablen- und Sprungkonzept besitzen. Sie bilden somit einen fehlertolerant arbeitenden

„Computer ohne Rechenwerk". Die Assoziativmaschine ist eigenständig lauffähig, ein Wirtsrechner wie zur Ansteuerung von Assoziativprozessoren wird nicht benötigt. Da die Assoziativmaschine ohne Rechenwerk auskommt, muss man in ihrer Programmierung auf neue Konzepte zugreifen, die in der **Assoziativen Programmierung** beschrieben und genutzt werden. Dieses Buch behandelt diesen Komplex. Zur Programmierung der hier zu erläuternden Assoziativmaschinen steht eine eigene, maschinennahe Programmiersprache zur Verfügung.

Assoziative Programmierung und Associative Computing

Jerry L. Potter verwendet in seinem gleichnamigen Buch aus dem Jahr 1992 den Begriff **Associative Computing** in der Bedeutung einer Methode, mit der die Programmierung von Parallelrechnern in einer Weise möglich wird, die das sequentielle Denken beim Programmieren ablöst und durch den Umgang mit parallelen Programmierkonstrukten ersetzt. Beispielsweise lassen die in den Sprachen C oder Pascal üblichen Schleifenbefehle wie

```
for (i=0; i < 10; i++) A[i] = B[i];
```

oder

```
for i := 1 to 10 do A[i] := B[i];
```

auf einen sequentiellen Ansatz beim Programmieren schließen, indem dem Rechner abverlangt wird, nacheinander zehn Werte aus einem Speicherbereich A in einen Speicherbereich B umzukopieren. Der Wert der Variablen i dient der Adressierung der jeweiligen Speicherzelle. Potter schlägt stattdessen als Programmieranweisung kurz

```
A[$] = B[$];
```

vor,[49] durch die jede der Speicherzellen eigenständig die gewünschte Kopie ihres Anteils an A bzw. B leistet. Bei der Programmierung einer Assoziativmaschine wie in 1.1 geht man nicht mit einer Reihe von Speicherzellen um, sondern mit einzelnen Assoziativspeichern verschiedener Funktion, für die Programmierkonzepte wie das Associative Computing nicht gedacht sind. Auch der von Andreas Wichert genutzte, ähnlich klingende Begriff „Associative Computation" verweist auf eine andere Absicht als sie mit der Assoziativen Programmierung verfolgt wird.[50]

3.4 Übungen 3

Ü 3.1 (Klassischer Assoziativspeicher)

Für den Assoziativspeicher der Weiche S_3 aus dem Beispiel-Netzwerk in Abb. 3.2 trage man alle fehlenden Inhalte der Speicherzellen entsprechend Abb. 3.3 in nebenstehendes Diagramm ein.

Ü 3.2 (Zuse-Assoziativspeicher)

Der in Abb. 3.8 angegebene Zustand des Zuse-Assoziativspeichers soll so verändert werden, wie in den Teilaufgaben beschrieben. Man gehe dazu immer vom Ausgangszustand aus und gebe jeweils an, welche Schalterstellungen zu verändern sind und welche Leuchtdioden T_i bei der Abfrage mit (0110) aufleuchten werden.

a) Der Wert des Tupels $\mathfrak{s}_4$ ändert sich zu $\mathfrak{s}_4 = (0111)$.

b) Das Tupel $\mathfrak{s}_4$ nimmt den gleichen Wert wie $\mathfrak{s}_2$ an.

c) Auf das erste Bit soll bei einer Abfrage nicht geachtet werden.

d) Es sollen nur die unteren beiden Zeilen des Assoziativspeichers bei der Abfrage durchsucht werden.

e) Es sollen nur die mittleren beiden Zeilen des Assoziativspeichers bei der Abfrage durchsucht werden.

0	0	0	0	0	1	1	0		0	0	0
0	0	1	0	0	0	0	0		0	1	0
0	0	0	0	0	0	1	0		0	1	1
0	0	1	1	0	1	0	0		1	1	1
0	0	1	0	0	1	0	0		0	0	0
0	0	0	0	0	0	0	0		0	0	1
0	1	1	0	0	1	0	0		0	0	1
1	1	0	1	0	1	0	0		0	0	0
0	1	0	1	0	0	0	0		0	1	1
0	1	1	0	1	0	0	1		0	1	0
1	1	1	0	1	0	0	1		1	0	0
1	0	0	0	1	0	0	1		1	1	1
0	0	0	0	1	0	1	1		1	0	0
1	0	0	0	1	0	0	1		0	0	0
0	0	1	0	0	0	1	1		1	0	0
1	1	0	1	1	1	0	0		0	1	0

Vergleichslogik

0											
0											
0											
1											
0											
0											
1											
0											

Ü 3.3 (Lernmatrix für binäre Daten)

In eine Steinbuchsche Lernmatrix für binäre Daten werden die nebenstehenden Eigenschaftssätze A, B, C und D eingetragen.

	e_1	e_2	e_3	e_4	e_5	e_6
A	0	0	0	1	0	0
B	0	0	0	0	0	0
C	1	1	0	1	1	1
D	1	1	1	0	0	0

a) Berechnen Sie jeweils für jede Zeilenleitung die Erregung bei Abfrage der Lernmatrix mit den Eigenschaftssätzen B und C.

b) Welche Bedeutung wird durch die Lernmatrix einer Abfrage mit dem Eigenschaftssatz (0, 0, 0, 1, 1, 0) zugeordnet?

c) Man erläutere, warum bei der Steinbuchschen Lernmatrix eine Abfrage mit dem Eigenschaftssatz B die Bedeutung B erbringt, eine Assoziativmatrix aber kein solches Ergebnis liefern könnte.

Ü 3.4 (Lernmatrix für nichtbinäre Daten)

In eine Steinbuchsche Lernmatrix für nichtbinäre Daten werden die nebenstehenden Eigenschaftssätze $\mathfrak{v}_1$, $\mathfrak{v}_2$ und $\mathfrak{v}_3$ eingetragen.

a) Man berechne jeweils die Erregungen und die Bedeutungen bei Abfrage der Lernmatrix mit den Eigenschaftssätzen $\mathfrak{v}_1$, $\mathfrak{v}_2$ und $\mathfrak{v}_3$.

b) Man berechne die Erregungen und Bedeutungen wie vorstehend, bringe die Eigenschaftssätze aber vor dem Lernen und Abfragen auf die Länge 1.

c) Welche Bedeutung wird durch die Lernmatrix einer Abfrage mit den auf die Länge 1 gebrachten Eigenschaftssätzen $\mathfrak{a} = (2,\,0,\,1)$ und $\mathfrak{b} = (1,\,2,\,0)$ zugeordnet?

d) Man begründe das Ergebnis der vorstehenden Teilaufgabe dadurch, dass man die Größe der Winkel von $\mathfrak{a}$ und $\mathfrak{b}$ bezüglich $\mathfrak{v}_1$ und $\mathfrak{v}_2$ berechne.

$\mathfrak{c}$	e_1	e_2	e_3
$\mathfrak{v}_1$	1,0	0,9	0,8
$\mathfrak{v}_2$	100	50	0
$\mathfrak{v}_3$	0,6	5,8	3,4

Ü *3.5 (Assoziativmatrix)

Man betrachte die Assoziativmatrix in Abb. 3.12. Sie soll hier **A** heißen.

a) Es wird behauptet, die Belegung der Assoziativmatrix **A** sei durch das Eintragen von höchstens 7 Frage-Antwort-Paaren entstanden. Welche 7 Frage-Antwort-Paare könnten das sein?

b) Man prüfe, ob die Belegung der Assoziativmatrix **A** auch durch 6 Frage-Antwort-Paare entstanden sein könnte.

c) In den letzten beiden Zeilenleitungen der Matrix **A** ändert sich die Belegung wie durch folgende Abbildung angegeben. Man prüfe, ob diese Belegung durch weniger als 7 Frage-Antwort-Paare entstanden sein könnte.

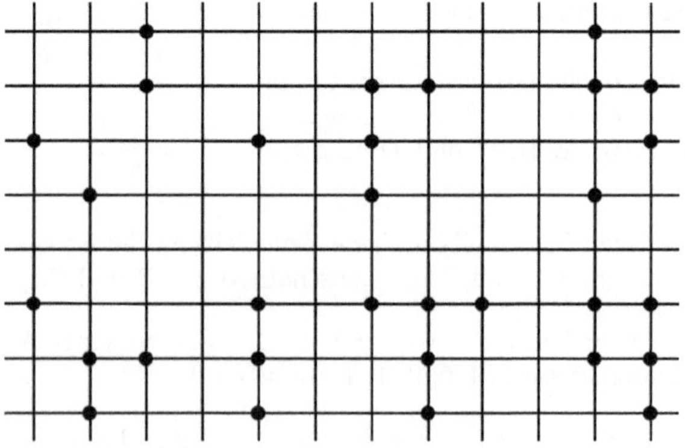

Anmerkungen

[1] Die einleitende Anmerkung wurde dem Kommentar von Konrad Zuse zur nachträgli-
chen Veröffentlichung seiner 1945 entstandenen Arbeit „Der Plankalkül" entnommen (vgl.
[Zuse 1972], Kommentar S. 5).

                                Der Plankalkül

[2] Zuse erwähnt die trotz der miterlebten Bombardierungen Berlins erhalten gebliebene
Handskizze in seinen Lebenserinnerungen (s. [Zuse 2010], S. 78).

[3] Es wurden Vorschläge zur Realisierung der Zuse-Schaltung in MOS-Technik (Metalloxid-
Halbleitertechnik) erarbeitet (vgl. [Waldschmidt 2009]).

[4] CAM — engl. content addressable memory

[5] In [Kohonen 1987] werden als weitere Bezeichnungen für CAM genannt: associative   CAM
store, content-addressed memory, data-adressed memory, catalog memory, multiple instan-
taneous response file, parallel search search memory, search memory (s. ebd. S. 4). Diese
Namensgebungen deuten die jeweilige Sichtweise der Entwickler auf ihre Art assoziativen
Speichers an.

[6] In [Kohonen 1987] stellt der Autor den Entwicklungsstand im Bereich assoziativer
Speicher vor, der sich bis Mitte der 80er-Jahre ergeben hat.

[7] In [Kohonen 1987], S. 299, wird als Beispiel genannt: „a special *hardware* memory
system named *association-storing processor* (ASP) which is especially designed for the
parallel storage and retrieval of semantic data structures".

[8] In einem Übersichtsartikel von A. G. Hanlon, der bereits 1966 erschien, wird darauf
hingewiesen, dass zur klassischen Vorstellung von einem Assoziativspeicher eher der Name
'inhaltsadressierbarer Speicher' statt 'assoziativer Speicher' passe (s. [Hanlon 1966], S. 509).

[9] Die originale Formulierung in [Kohonen 1987], S. 4, lautet: „*Content-adressable memo-* Definitionen zu CAM
ry: A storage device that stores data in a number of cells. The cells can be accessed or loaded und CAP
on the basis of their contents. — *Content-addressable processor:* a content-addressable memory in which more sophisticated data transformations can be performed on the contents
of a number of cells selected according to the contents, or a computer or computer system
that uses such memory as an essential component for storage or processing, respectively."

[10] In der heutigen Praxis besteht die Adresse eines Netzwerk-Adapters (Media-Access- MAC-Adresse
Control-Adresse, „MAC"-Adresse) aus sechs Bytes. Die MAC-Adressen der Netzwerkadap-
ter des eigenen Rechners ermittelt man unter Windows XP/Vista/7 im Terminalfenster
mit `getmac /v` oder `ipconfig /all`, unter Linux mit `ip addr`.

[11] RAM — **R**andom **A**ccess Memory   RAM

[12] Eine bistabile Kippstufe, auch Flipflop genannt, ist eine Schaltung der Elektronik, Flipflop
die zwei stabile Zustände besitzt. Sie können daher zur sicheren Speicherung einer binären
Ziffer („bit") dienen.

[13] RS-Flipflops sind einfache, bistabile Kippstufen, die man über zwei Eingänge (**R**eset- RS-Flipflop
und **S**et-Eingang) in ihre zwei Zustände versetzen kann (vgl. [Tietze and Schenk 2002], S.
608 f.).

[14] Die hier als Makro eingesetzte Vergleichsschaltung für 4 Bit wurde im Digitalsimulator
„Digital ProfiLab 3.0" wie in Abb. 3.15 aufgebaut.

[15] Aristoteles (384-322 v. Chr.) schreibt in „Gedächtnis und Erinnerung" über vier Arten
von Assoziationen: die Assoziation der Ähnlichkeit, die Assoziation des Gegensatzes oder
des Kontrastes, die Assoziation der räumlichen Nähe, die Assoziation der zeitlichen Nähe.

[16] In [Kohonen 1987] , S. 18 f., führt der Autor zu den vier klassischen Gesetzen der Bedeutung des Kontexts
Assoziation des Weiteren aus: „Moreover, these laws seem to neglect one further factor für Assoziationen
which is so natural that its presence has seldom been considered. This is the *background* or
context in which primary perception occur, and this factor is to a great extent responsible
for the high capacity and selectivity of human memory" (d.h. die vier Gesetze lassen
anscheinend den Kontext außer Acht, in welchem eine Wahrnehmung geschieht, was für
die Leistungen des menschlichen Gehirns jedoch eine wichtige Rolle spiele).

[17] Über Ähnlichkeitsmaße geben [Kohonen 1987], S. 19 ff., und [Kohonen 1988], S. 59 ff.,
Auskunft.

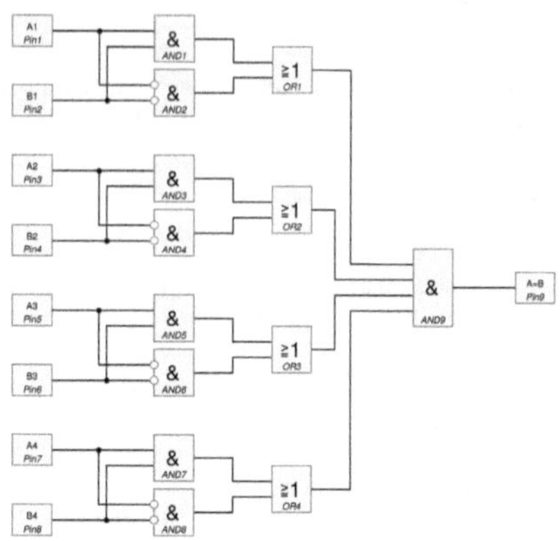

Abb. 3.15: 4-Bit-Vergleicher

[18]Diese Beschreibungen sind dem Kapitel 'Formale Definition assoziativer Operationen' eines Aufsatzes in [Waldschmidt 2009], S. 6 f., entnommen.

[19]Weitere Einzelheiten entnehme man [Waldschmidt 1995], S. 184.

Zugriffsarten von Speichern

[20]Speicher kann bezüglich der Zugriffsart in solchen mit direktem, zyklischem und sequenziellem Zugriff unterschieden werden. Beim Speicher mit zyklischem Zugriff sind die Daten wie bei einem Magnetplattenspeicher nur in regelmäßigen zeitlichen Abständen zugänglich. Beim Magnetbandspeicher, einem Speicher mit sequenziellem Zugriff, muss man womöglich erst vor- oder zurückspulen, um zu den gewünschten Daten zu gelangen. Speicher mit direktem Zugriff wird auch als Speicher mit wahlfreiem Zugriff bezeichnet (random access).

[21]Die Abbildung wurde [Claus and Schwill 2006], S. 52, entnommen.

Assoziativspeicher zur Speicherverwaltung

[22]In [Claus and Schwill 2006], S. 642, wird ein Assoziativspeicher zur Speicherverwaltung in der in Abb. 3.16 dargestellten Weise eingesetzt.

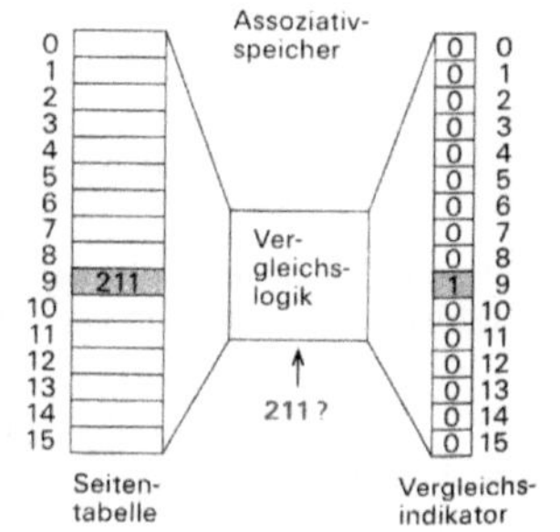

Abb. 3.16: Assoziativspeicher in der Cache-Speicherverwaltung

Der Assoziativspeicher wird gefragt, ob sich die Speicherseite 211 im Pufferspeicher (Cache) befindet. Tatsächlich liegt sie dort in der 9. Kachel (Cacheblock), wie der Vergleichsindikator nach der Abfrage anzeigt. Würde der Assoziativspeicher nirgendwo im Indikator eine 1 setzen, dann müsste die Speicherseite 211 vom Hintergrundspeicher angefordert werden.

Störunanfälligkeit durch Assoziativspeicher

[23]s. Israel Koren in „Fault Tolerant Computing", University of Massachusetts, Spring 2005: „A memory chip designed at Hughes Aircraft included spare blocks to be used upon a failure of several cells in the main array of cells. A small associative memory was included storing addresses of faulty locations, directing incoming addresses to spare blocks". Zum Thema Fehlertoleranz wird man in [Koren and Krishna 2007] fündig.

[24]Die Nachbildung von Zuses Assoziativspeicher von 1943 wurde mit dem Simulator
Digital ProfiLab 3.0 erstellt.

[25]vgl. [Waldschmidt 1995], S. 196: „Assoziative Speicher und Prozessoren sind Komponenten, die nach dem assoziativen Operationsprinzip arbeiten. Die assoziativen Komponenten werden in die Klassen der Komponenten mit lokaler und verteilter Speicherung
unterteilt. Die assoziativen Komponenten mit verteilter Speicherung werden auch als **neuronale Netze** bezeichnet."

Neuronale Netze sind assoziative Komponenten mit verteilter Speicherung.

[26]Steinbuch versteht unter einem Perzeptor eine technische Anordnung, „welche ankom-
mende Signalkombinationen (normalerweise flächenhafte Lichtsignale) auf darin enthaltene
Nachrichten prüft" (vgl. [Steinbuch 1965], S. 114). Das Schema eines Perzeptors gibt er wie
folgt an:

Perzeptor

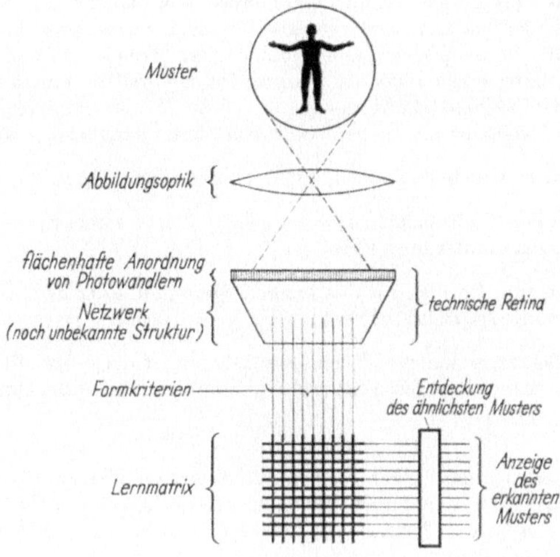

Abb. 3.17: Perzeptor (nach Steinbuch)

[27]Die Abbildung stammt von S. 220 aus [Steinbuch 1965] in einem Kapitel, welches Karl
Steinbuch mit „Bedingte Reflexe, die Lernmatrix" überschreibt. Darin bezieht er sich auf
die Versuche von Iwan Petrowitsch Pawlow (Pawlowsche Hunde).

[28]Steinbuch schreibt dazu in [Steinbuch 1965], S. 219, genauer, dass links 0 Volt und
rechts eine Spannung U angelegt wird, die der Eins entspricht.

[29]Steinbuch beschreibt die Zeilensumme durch sich addierende Beträge elektrischer Ströme, die von den Spalten- in die Zeilenleitungen fließen.

[30]Die Ähnlichkeit zweier binärer n-Tupel über die Anzahl der Stellen anzugeben, an
denen die Einträge voneinander abweichen, geht auf Richard Wesley Hamming zurück. Die
Hamming-Distanz $\Delta(x, y)$ berechnet sich durch

Hamming-Distanz

$$\Delta(x, y) = \sum_{x_i \neq y_i} 1, \; i = 1, ..., n.$$

[31]In [Steinbuch 1965], S. 223 ff., unterscheidet der Autor zwischen einer **Schichtung** der
Lernmatrizen und einer **Dipolbildung** . Bei der Dipolbildung nennt er wiederum zwei Arten der Kopplung. Durch die **ebe-Kopplung** (Eigenschaften – Bedeutung – Eigenschaften)
wird ein Eigenschaftssatz einer ersten Lernmatrix über die verbindenden Zeilenleitungen
einem Eigenschaftssatz einer zweiten Lernmatrix zugeordnet (s. Abb. 3.18). Bei der **beb-
Kopplung** dienen hingegen die Spaltenleitungen zur Verbindung zweier Lernmatrizen.
Eine Bedeutung bezüglich einer ersten Lernmatrix wird folglich über ihre Eigenschaften
der entsprechenden Bedeutung bezüglich der zweiten Lernmatrix zugeordnet.

Schichtung und Dipolbildung von Lernmatrizen

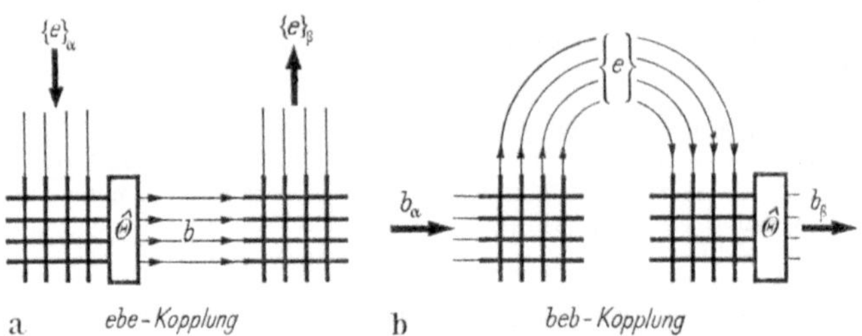

Abb. 3.18: Lernmatrix-Dipole

Anreihung von
Assoziativspeichern

[32]Ordnet man mehrere Assoziativspeicher hinter- oder nebeneinander an, von denen einige die Ausgaben der anderen weiterverarbeiten, so bewirkt man damit eine Abfolge oder Nebenläufigkeit von assoziativen Operationen. Zum Beispiel wurden 1988 im Projekt „ASSO[3]" Assoziativmatrizen so angereiht, dass sie Zahlen erst mit einem Faktor und dann einem anderen multiplizierten (s. [Dierks 1988]). Diese Art „assoziative Rechner" werden von konventionellen Rechnern aus bedient oder von diesen simuliert.

[33]Die Abbildung 3.11 wurde [Steinbuch 1965], S. 228, entnommen.

[34]Als Länge des Eigenschaftssatzes ist hier diejenige Länge gemeint, die die zuzuordnenden Vektoren des Eigenschaftsraumes besitzen.

[35]In *Maxima* wäre zum Beispiel für den ersten Eigenschaftssatz v_1 einzugeben: v1:[12,0.5,0.2]; v1n:1/sqrt(v1.v1)*v1;

Winkel zwischen
Eigenschaftssätzen

[36]Unter dem Winkel zwischen zwei Eigenschaftssätzen ist derjenige Winkel α zu verstehen, den die beiden zuzuordnenden Vektoren $\vec{v}_i$ und $\vec{v}_j$ miteinander bilden. Er berechnet sich über $\cos(\alpha) = \frac{\vec{v}_i \cdot \vec{v}_j}{|\vec{v}_i| \cdot |\vec{v}_j|}$.

[37]Assoziativmatrizen werden in zahlreichen Projekten zur Textrecherche, Ähnlichkeitssuche, Mustererkennung und den damit verwandten Bereichen eingesetzt. Eine Aufzählung von Beispielen befindet sich in Anmerkung 3 des Kapitels 1.

Darstellung von
Assoziativmatrizen

[38]Assoziativmatrizen werden außer in der hier gezeigten Gitterdarstellung auch als (mathematische) Matrix oder in Form einer Tabelle notiert (vgl. Kapitel 2.5). Dort wird der „Lötfleck" dann als 1 und eine Nichtverbindung als 0 aufgeschrieben.

Assoziativprozessoren

[39]In [Waldschmidt 1995], S. 197, heißt es dazu: „Während assoziative Speicher in der Aktionsphase lediglich Funktionen der Klassen Verfeinerung und Kommunikation (z. B. Ein- und Ausgabe) unterstützen, lassen assoziative Prozessoren umfangreichere mathematische und logische Manipulationen am Inhalt der Speicherzellen zu."

[40]Die Angaben entstammen [Waldschmidt 1995], S. 201.

Hosts

[41]Diese Wirtsrechner (hosts) werden in der Literatur auch als „general purpose computer (GPC)" bezeichnet.

RAP

[42]Zum Beispiel beschreiben E. A. Ozkarahan et al. in „RAP — An associative processor for data base management" schon 1975 den Vorteil ihres Prozessors für den schnellen Datenbankzugriff (vgl. [Ozkarahan et al. 1975], S. 379-387).

C-NNAP

[43]In [Kennedy et al. 1995] schildern J. V. Kennedy, J. Austin, R. Pack und B. Cass im Jahr 1995 die Fortschritte in der Entwicklung ihrer Maschine C-NNAP, die ein Bündel neuronaler Assoziativspeicher nutzt.

Assoziativprozessor für
schnelle Multiplikation

[44]In der Patentschrift EP0100511 (A2) meldet J. M. Cotton und die International Standard Electric Corporation, New York, 1984 einen Assoziativprozessor zur variablen und schnellen Multiplikation von Zahlen an.

[45]Die Abbildungen wurden [Ozkarahan et al. 1975], S. 380, entnommen.

[46]s. Anm. 20

[47]Das Beispiel stammt von [Ozkarahan et al. 1975], S. 386, und geht davon aus, dass in den Speicherzellen Elemente der Relation EMP(NAME,DEPT,MGR,SAL) abgelegt wurden,

das heißt, die Angestellten wurden mit ihrem Namen, ihrer Abteilungszugehörigkeit, dem Namen ihres Vorgesetzten und ihrem Gehalt erfasst.

[48][Waldschmidt 1995], S. 211, nennt PASCAL L für den assoziativen Prozessor LUCAS und PFOR (Parallel FORTRAN) für den PEPE Rechner der Firma Burroughs Corporation.   **PASCAL L und PFOR**

[49]Das Beispiel ist [Potter 1992], S. 26, entnommen.

[50]Associative Computation findet bei Andreas Wichert auf neuronaler Architektur, die auf der Assembly Theorie basiert, statt. Es wird gezeigt, dass eine robuste und parallele Verarbeitung von strukturiertem Wissen mit vektorieller (im Kontrast zur symbolischen) Repräsentation möglich ist und somit als Modell für das menschliche Problemlösen in Frage kommt. Neuronale Assoziativspeicher bilden die Grundbausteine für diverse Modelle, mit denen man eine Reihe von Problemlöseaufgaben behandeln kann wie z.B. Muster erkennen, Objekte kategorisieren, Eigenschaften deduzieren (vgl. [Wichert 2000]).   **Associative Computation**

Literaturverzeichnis zu Kapitel 3

Volker Claus and Andreas Schwill. *DUDEN Informatik A-Z — Fachlexikon für Studium, Ausbildung und Beruf.* Dudenverlag, Mannheim Leipzig Wien Zürich, 2006. 4. Auflage, ISBN 978-3-411-05234-9.

Andreas Dierks. *ASSO³ - Entwicklungs- und Interpreterschalen für ein Assoziativspeicherkonzept mit Matrizen.* Universität Osnabrück, 1988. Seminarunterlage.

A. G. Hanlon. *Content-Addressable and Associative Memory Systems — A Survey.* IEEE, 1966. in: „IEEE Transactions on Electronic Computers", Vol. EC-15, No. 4, August 1966.

John V. Kennedy, Jim Austin, Rick Pack, and Bruce Cass. *C-NNAP — A Parallel Processing Architecture for Binary Neural Networks.* IEEE New York, 1995. in: „Proceedings of the IEEE International Conference on Neural Networks (ICNN 95)", University of Western Australia, Perth, Nov 27-Dec 01, 1995), S. 1037-1041.

Teuvo Kohonen. *Content-Adressable Memories.* Springer-Verlag, Berlin Heidelberg New York, 1987. Second Edition, o.J., ISBN 3-540-17625-X.

Teuvo Kohonen. *Self-Organization and Associative Memory.* Springer-Verlag, Berlin Heidelberg New York, 1988. Second Edition, o.J., ISBN 3-540-18314-0.

Israel Koren and C. Mani Krishna. *Fault-Tolerant Systems.* Morgan Kaufmann, 2007. ISBN 978-0-12-088525-1.

E. A. Ozkarahan, S. A. Schuster, and K. C. Smith. *RAP — An associative processor for data base management.* AFIPS, 1975. in: „1975 Proceedings of the National Computer Conference", Anaheim 1975.

Jerry L. Potter. *Associative Computing — A Programming Paradigm for Massively Parallel Computers.* Plenum Press, New York, 1992. ISBN 0-306-43987-5.

Karl Steinbuch. *Automat und Mensch — Kybernetische Tatsachen und Hypothesen.* Springer Verlag, Berlin Heidelberg New York, 1965. 3. Auflage.

U. Tietze and Ch. Schenk. *Halbleiter-Schaltungstechnik.* Springer Verlag, Berlin Heidelberg New York, 2002. 12. Auflage, ISBN 3-540-42849-6.

Klaus Waldschmidt. *Assoziative Architekturen*. B. G. Teubner, Stuttgart, 1995. in „Parallelrechner — Architekturen – Systeme – Werkzeuge", S. 181-214, ISBN 3-519-02135-8.

Klaus Waldschmidt. *Assoziativspeicher und eine erste Skizze von Konrad Zuse aus dem Jahre 1943*. Vieweg + Teubner, 2009. in „Informatik als Dialog zwischen Theorie und Anwendung — Festschrift für Volker Claus zum 65. Geburtstag", 2009, ISBN 978-3-8348-0824-0.

Andreas Wichert. *Associative Computation*. Universität Ulm, 2000. Dissertationsschrift.

Konrad Zuse. *Der Plankalkül*. GMD, 1972. Nachdruck in „GMD Research Series" Nr. 25/2001, ISBN 3-88457-408-6.

Konrad Zuse. *Der Computer — Mein Lebenswerk*. Springer Verlag, Berlin Heidelberg, 2010. 5. Auflage, ISBN 978-3-642-12095-4.

Kapitel 4

Assoziativmaschinen

> *„Denn es ist ausgezeichneter Menschen unwürdig, gleich Sklaven Stunden zu verlieren mit Berechnungen." (Gottfried Wilhelm Leibniz, um 1650)*
>
> *"Die Assoziationen liegen allem Denken als Material zugrunde, sind aber selbst noch kein Denken." (Rudolf Eisler, 1904)*

Den herkömmlichen Computer kennzeichnet seit den Anfängen seiner Entwicklung der Wunsch, in vielfältiger Weise, schnell und fehlersicher mit Zahlen umgehen zu können. Der in diesem Zusammenhang gern genannte und eingangs zitierte Gedanke von Leibniz sei dafür Beleg. Damit stehen heutige Computer in der Tradition von frühen mechanischen Rechenmaschinen wie etwa denen von Wilhelm Schickard,[1] Blaise Pascal oder Gottfried Wilhelm Leibniz.[2] Konrad Zuse nutzte die von Leibniz entdeckten Vorteile der binären Zahlendarstellung zum Bau von Maschinen, die ein programmgesteuertes Rechnen ermöglichten. Ein Rechenwerk gilt als Kernstück eines Rechners, worauf bereits dessen Name hinweist. Programmzähler müssen beim Abarbeiten eines Programms voran- und zurückgerechnet werden, beim Speicherzugriff werden Adressen über Addierwerke bestimmt, Wiederholungen werden gesteuert, indem das Rechenwerk Zähler auf die gewünschten Anzahlen bringt, und dergleichen mehr.

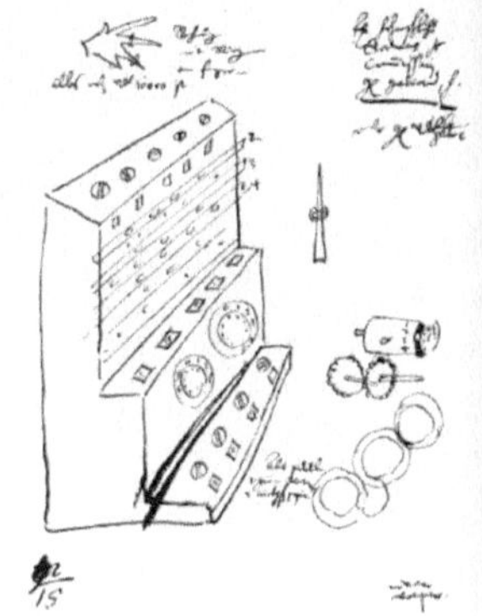

Abb. 4.1: Skizze von Wilhelm Schickard zu einer Rechenmaschine (1623)

Die aus Assoziativspeichern aufgebaute Assoziativmaschine hat kein Rechenwerk. Sie kann dennoch Programme abarbeiten. Sie kann dennoch mit Zahlen rechnen. Programmzähler benötigt sie nicht, Speicheradressen sind nicht zu berechnen, Wiederholungen steuert sie über Assoziationsketten.[3] Zudem ist sie bei Einsatz geeigneter Assoziativspeicher störunanfällig und arbeitet fehlertolerant.

Der Programmierer einer Assoziativmaschine lässt sich darauf ein, dass Zahlen anders repräsentiert werden als durch eine übliche binäre oder dezimale Zahlendarstellung, dass Adressberechnungen wie bei einem RAM-Speicher hier keinen Sinn ergeben, dass sich vieles in der Zuordnung von Fragen zu Antworten ausdrückt.

Da Assoziierwerke an die Stelle der für den Computerbau bisher grundlegenden Rechenwerke treten, gewinnt beim Umgang mit Assoziativmaschinen gelegentlich die oben zitierte Beschreibung Rudolf Eislers an Aufmerksamkeit,[4] wenn man bei der Programmierung Rechenwege in Denkwege umsetzt oder den Entstehungsweg eines vorgelegten Ergebnisses oder Verhaltens der Maschine hinterfagt. Bezeichnungen wie „Elektronengehirn"[5] oder „Thinking machine",[6] mit denen man herkömmliche Computer versehen hat, wären für eine Maschine mit Assoziierwerk womöglich angemessener gewesen, wenn man über den Namen eine Nähe zum menschlichen Denken andeuten wollte.[7]

endliche Automaten

Die Absicht, aus Modellneuronen und Assoziierwerken Maschinen aufzubauen, die Programme ausführen, führte zu unterschiedlichen Ergebnissen. Einen Zusammenhang zwischen einer Nachbildung von Vorgängen im Gehirn und endlichen Automaten stellt [Wennekers 1998], Kapitel 8.2 bis 8.4, her.[8] Hier wird unter anderem der Frage nachgegangen, ob und wie man mit am biologischen Vorbild orientierten neuronalen Strukturen Programme speichern, ausführen und etwas „berechnen" kann.[9] Dafür werden kleine Funktionseinheiten aus Modellneuronen so zusammengefügt, dass deren Anordnung das gewünschte Programm bildet und abarbeitet. Ein Beispiel für diese Funktionseinheiten ist in Abb. 4.2 angegeben. Diese Abbildung zeigt einen Schaltkreis, der einen Sprung im Aktivierungsablauf von Neuron n zu Neuron m leistet, wenn in der Variablen x der Wert 0 steht (Jump on Zero), sonst feuert das Neuron $n + 1$. An den Pfeilen sind die Verbindungsgewichte notiert, an den Neuronen $n + 1$ und m stehen die Schwellwerte Θ. Enthält x den Wert Null, dann liefern $n + 1$ Null und m Eins. Enthält x den Wert Eins, dann liefern die Neuronen $n + 1$ eine Eins und m eine Null.

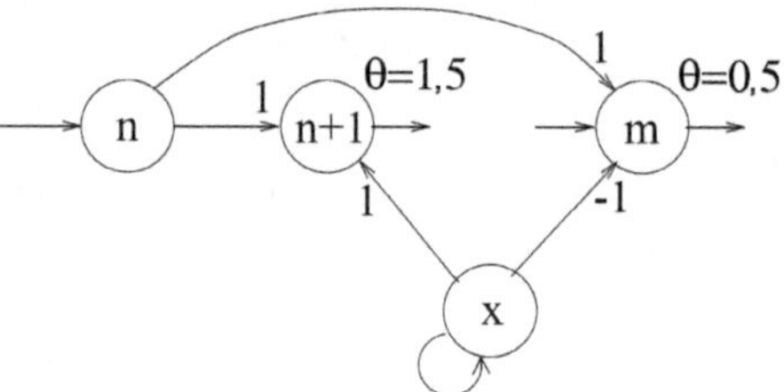

Abb. 4.2: Neuronaler Schaltkreis für den JZERO-Befehl

Bei Assoziativmaschinen wird nicht jeder Programmschritt durch einen neuronalen Schaltkreis nachgebildet. Vielmehr stößt die zu einem Programmschritt gehörende Antwort der Befehlsmatrix die Abarbeitung des zugehörigen Programmschritts durch ein immergleiches Steuerwerk an. Die Bedeutung und Art der Synchronisation der Abläufe und die Eigenschaften eines Takts, der die Vorgänge in neuronalen Strukturen vorantreibt, diskutiert Wennekers detailliert.[10] Bei Assoziativmaschinen wird vereinfachend vorausgesetzt, dass alle Abläufe in ihnen durch Taktgeber synchronisiert werden.

Assoziativmaschinen
System 1 und
System X

In diesem Buch wird vornehmlich die aus sechs Assoziativspeichern gebildete und mit System 9 bezeichnete Assoziativmaschine untersucht, deren Aufbau in Abb. 1.1 gezeigt ist. Es sind Assoziativmaschinen sowohl einfacherer als auch komplexerer Struktur möglich, wie in den Abb. 4.3 und 4.6 angedeutet. Als Assoziativspeicher werden im Folgenden Assoziativmatrizen genutzt, da sie sich hinsichtlich ihrer Fehlertoleranz, ihren schnell durchführbaren Lern- und Abfrageregeln und ihren Möglichkeiten zur Umsetzung in einfache Schaltwerke besonders gut eignen. Die Assoziativmaschine System

1 besteht insgesamt nur aus einer Abfolgematrix A und einer Befehlsmatrix B, was ihre Einsatzmöglichkeiten und Programmierbarkeit einschränkt, SYSTEM X wäre hingegen eine Assoziativmaschine, in der mehrere Kurz- und Langzeitgedächtnisse K_i und L_i ihren Platz haben.

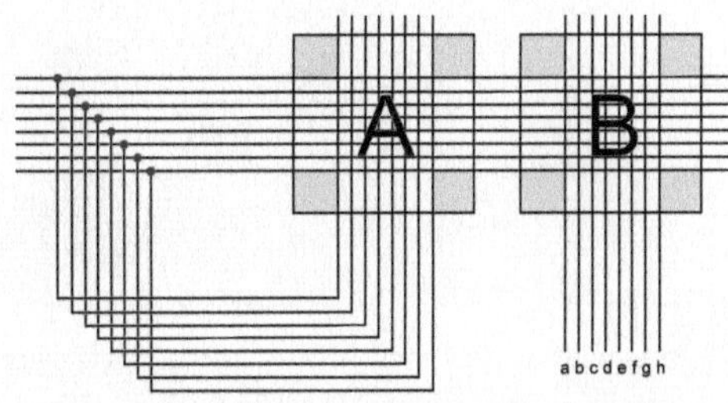

Abb. 4.3: Assoziativmaschine SYSTEM 1

Zum Start eines Programms werden diejenigen Zeilenleitungen der Assoziativmaschine aktiviert, die zur ersten Programmzeile gehören. Die Assoziativmatrix A liefert dann die zu aktivierenden Zeilenleitungen, die zur zweiten Programmzeile gehören, und so fort. Gleichzeitig assoziiert die Befehlsmatrix B, die über dieselben Zeilenleitungen angesprochen wird, den zur Programmzeile gehörenden Befehl und aktiviert die zur Ausführung des Befehls nötigen Befehlsleitungen a, b, c, ... Eine ausführliche Vorstellung der Assoziativmatrizen mit ihren Lern- und Abfrageregeln befindet sich in den Kapiteln 2.5 und 2.5.

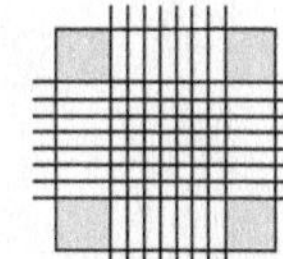

Abb. 4.4: Symbol für eine Assoziativmatrix mit zugehöriger Lern- und Abfragetechnik

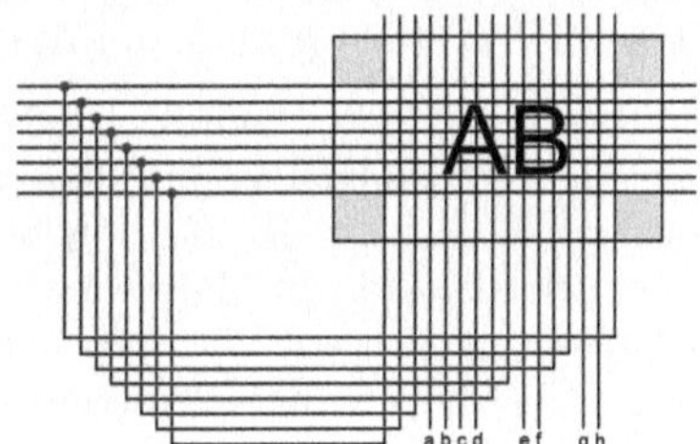

Abb. 4.5: Variante von Assoziativmaschine SYSTEM 1

Da die Matrizen A und B und die Parametermatrizen P_i auf denselben Zeilenleitungen liegen, könnte man sie sich auch in einer einzigen Matrix vereint oder vermischt vorstellen und technisch verwirklichen. Als Beispiel zeigt Abb. 4.5 die Assoziativmaschine SYSTEM 1 mit zusammengelegten Matrizen A und B und einer geänderten Leitungsführung.

vereinte oder gemischte Matrizen

Selbst wenn man Matrizen des Programmspeichers oder auch des Datenspeichers platzsparend oder aus technischen Gründen auf die in Abb. 4.5 angedeutete Weise zusammenlegen könnte, nutzen wir hier im Buch den Vorteil der klar voneinander abgegrenzten Darstellung der Matrizen, um besondere Eigenschaften der einzelnen Matrizen gedanklich und sichtbar voneinander getrennt erläutern zu können.

Wie in Abb. 4.4 durch die Bildunterschrift angedeutet wird, zeichnet man das Schaltwerk, durch das die Assoziativmatrix mit der größten Spaltensumme

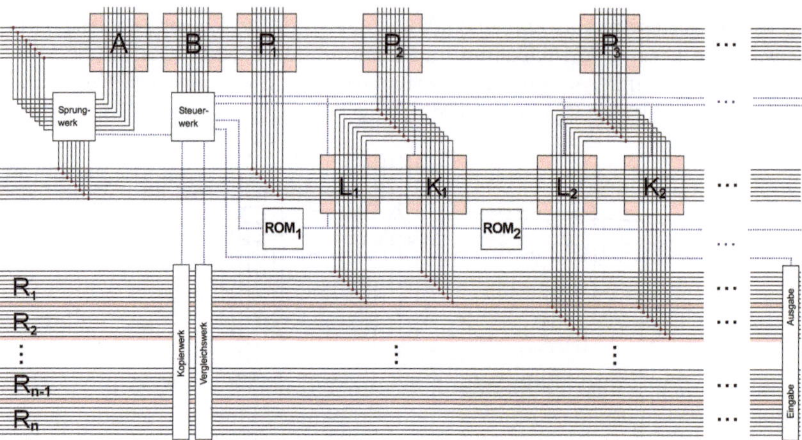

Abb. 4.6: Assoziativmaschine SYSTEM X

als Schwellwert $\widehat{\Theta}$ abgefragt wird, bei dieser Veranschaulichung von Matrizen nicht eigens mit. Dieses Schaltwerk ist als Bestandteil des Matrixsymbols zu verstehen.

Anstatt von einer Extremwertbestimmung wie bei der Steinbuchschen Lernmatrix zu reden, spricht man bei den Assoziativmatrizen der Assoziativmaschine von einer Schwellwertsteuerung, da beim Abfragen nicht stets der Extremwert, also der größte Wert der Spaltensumme, sondern auch ein niedrigerer Wert als Schwelle gewählt werden könnte, um Antworten zu finden.

Schwellwertsteuerung

Die Assoziativmaschine SYSTEM 9 bietet dem Anwender keine Schwellwertsteuerung, auf die er Einfluss nehmen könnte. Bei allen Abfragen werden nur die Antworten berücksichtigt, die sich auf der höchsten Schwelle finden lassen. So wird beispielsweise bei der Abfrage von Matrix A als nächste Programmzeile nur diejenige akzeptiert, die sich auf höchster anzutreffender Schwelle findet. Bei der Ermittlung von Befehlen, die sich aus einer Abfrage der Matrix B ergeben, gilt das Gleiche.

Auch wenn es hier nicht Gegenstand weiterer Betrachtungen sein wird, so ist es nichtsdestotrotz eine reizvolle Aufgabe, die Schwellwertsteuerung einer Assoziativmatrix dynamisch zu organisieren und damit komplexere Probleme anzugehen.[11]

4.1 Speicherkonzept

Programmspeicher
von SYSTEM 9

Diejenigen Assoziativmatrizen, die zum Assoziieren des Programmablaufs, der Befehle und deren Parametern dienen, bilden den Programmspeicher der Assoziativmaschine. Abb. 4.7 stellt den Programmspeicher der Assoziativmaschine SYSTEM 9 vereinfacht dar, der in Abb. 1.1 detaillierter zu sehen ist.

Die Abfolgematrix A assoziiert eine Programmzeile mit der nächsten, eine Befehlsmatrix B liefert dem Steuerwerk die zu den Programmzeilen gehörenden

Befehle und zwei weitere Matrizen P_1 und P_2 übernehmen die Parameterversorgung der Befehle.

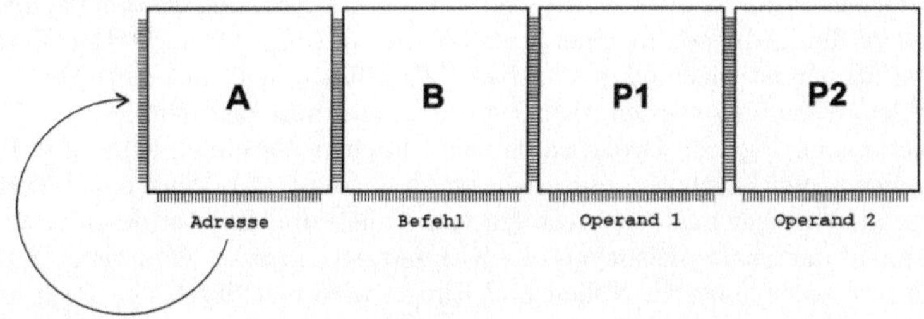

Abb. 4.7: Programmspeicher der Assoziativmaschine SYSTEM 9

Auf die Assoziativmatrizen des Programmspeichers hat der Programmierer einer Assoziativmaschine durch sein Programm keinen Zugriff. Aus seiner Sicht besteht die Assoziativmaschine SYSTEM 9 aus den Speichern in Abb. 4.8, in denen er Daten ablegt und die er abfragen kann.

Datenspeicher von SYSTEM 9

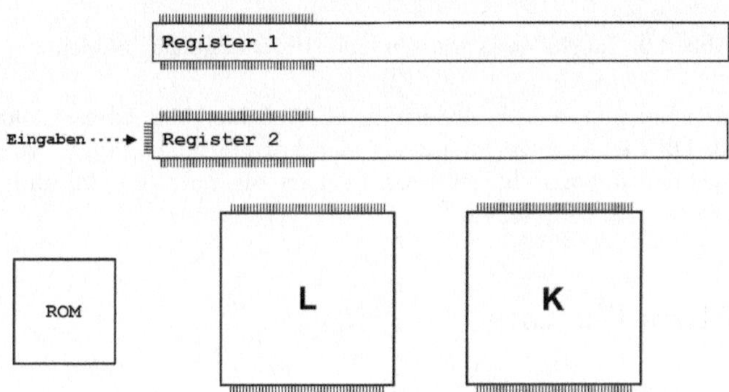

Abb. 4.8: Register und Speicher der Assoziativmaschine SYSTEM 9

Das sogenannte „Langzeitgedächtnis" L besteht aus einer Assoziativmatrix mit einer Lernregel, durch die Verbindungen zwischen Zeilen- und Spaltenleitungen immer nur geschaffen, aber nie aufgehoben werden. Das „Kurzzeitgedächtnis" K dient zur Ablage von Werten der Variablen eines Programms. Da sich die Werte von Variablen verändern lassen, muss der jeweils vorherige Wert „vergessen" werden. Folglich besteht das Kurzzeitgedächtnis K aus einer Assoziativmatrix mit einer für diesen Zweck geeigneten Lernregel. Diese Lernregeln werden in Kapitel 2.5 und die Abfrageregel in Kapitel 2.5 erläutert. Die beiden Register von SYSTEM 9 dienen zur Aufnahme von Zwischenergebnissen, Ausgabe- und Eingabedaten. Ein gewöhnliches ROM[12] dient zur dauerhaften Aufbewahrung einer Belegung für das Langzeitgedächtnis L. Der im ROM abgelegte Inhalt kann zur Laufzeit der Assoziativmaschine durch einen besonderen Befehl in L eingetragen werden (s. Kapitel 5.6).

Langzeitgedächtnis mit der L-Lernregel

Kurzzeitgedächtnis mit der K-Lernregel

ROM

4.2   Variablenkonzept

Für jede Variable werden Zeilenleitungen des Kurzzeitgedächtnisses reserviert. Der Programmeditor VIDAS nimmt diese Zuordnung automatisch vor und zeigt die „Adresse" in einer Tabelle wie in Abb. 4.9 an.[13] Der Variablenbezeichner ist nicht etwa selbst der Zugriffsschlüssel auf den Wert der Variablen. Variablen werden nicht typisiert, also zum Beispiel als Zahl, Zeichenkette oder logische Größe vereinbart, da einer Variablen kein vom Typ abhängiger Speicherplatz zugewiesen werden muss. Der Wert einer Variablen besteht immer aus einer Abfolge von Nullen und Einsen, deren Anzahl der Anzahl der Spaltenleitungen des Kurzzeitgedächtnisses entspricht.[14] Die Bedeutung einer Folge an Nullen und Einsen wird erst durch den Programmierzusammenhang deutlich, der erkennen lässt, ob der Wert der Variablen zum Beispiel eine Zahl, eine Richtung, einen Text, einen Umgebungseindruck oder etwa anderes darstellt.

Variable	Adresse
i	0000'0000'0402'0000
k	0800'0020'0000'0000
tmp	0000'2000'0000'4000

Abb. 4.9: Tabelle der Variablen eines Programms für 'Modell 2'

Im gezeigten Beispiel in Abb. 4.9 erhält die Variable i die Adresse 0000 0000 0402 0000. Da die Anzeige im Editor hier hexadezimal erfolgt, jede Ziffer also für vier Leitungen steht, sind für die Variable i also die 38. und die 47. Zeilenleitung von K vorgesehen.[15]

4.3   Modellierung

Für die Assoziativmatrizen, aus denen man eine Assoziativmaschine zusammensetzt, wählt man je nach Anwendungsfall eine geeignete Größe.[16] Um in wenig aufwändiger Weise die Assoziativmaschine SYSTEM 9 mit Assoziativmatrizen verschiedener Größe versehen und untersuchen zu können, erhielt das Simulationsprogramm VIDAS ein Modellkonzept, über das nicht nur die Größe, sondern auch die Darstellung der Matrixinhalte und der Befehlssatz wählbar sind. Für einige dieser Modelle wurden Namen vereinbart. Das *Modell* 1 der Assoziativmaschine SYSTEM 9 besitzt Matrizen der Größe 16 x 16 und die Matrixinhalte werden binär angezeigt. Man entnehme weitere Festlegungen der Tabelle 4.1.

Mit 'Ascii 64' sei hier eine Darstellung benannt, bei der die 64 Zeichen dem ASCII-Zeichensatz entnommen werden, bei 'Ascii 128' sind es 128 und so fort (s. auch Kapitel 8.2). Der Zeichensatz lässt sich in der zum Modell gehörenden Modelldatei auf Wunsch abändern.[17] Durch das Modellkonzept des Simulationsprogramms VIDAS kann der Befehlssatz auch erweitert werden, worauf im Kapitel 7 über die Turtle-, Robot- und Homunkulus-Modelle eingegangen werden wird. Über den Befehlssatz der in Tab. 4.1 aufgelisteten

Name	Matrixgröße	Darstellung
Modell 1	16 x 16	binär
Modell 2	64 x 64	hexadezimal
Modell 3	256 x 256	Ascii 64
Modell 4	512 x 512	Ascii 128
Modell 5	1024 x 1024	Ascii 128
Modell 6	2048 x 2048	Ascii 256
Modell 7	4096 x 4096	Ascii 256
Modell 8	8192 x 8192	Ascii 256

Tabelle 4.1: Erste Modelle der Assoziativmaschine SYSTEM 9

Modelle gibt Kapitel 5 Auskunft. Der zu den jeweiligen Modellen gehörende Befehlssatz und die Kodierung der Befehle ist ebenfalls in den zugehörigen Modelldateien verzeichnet.

Das Simulationsprogramm VIDAS zeigt das aktuell gewählte System und Modell oben in der Fensterleiste des Programmeditors an, indem er dort wie zum Beispiel in Abb. 4.10 'System 9 (16)' einträgt und mit dem Wert in Klammern auf die Größe der verwendeten (quadratischen) Matrizen hinweist.[18]

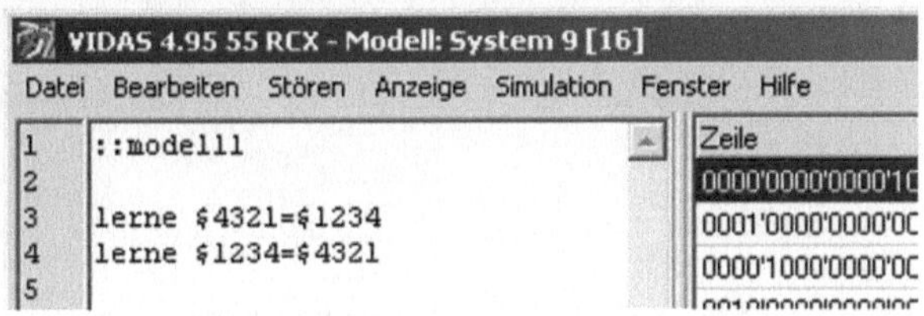

Abb. 4.10: Anzeige des aktiven Modells in VIDAS

4.4 Assoziativmaschinen emulieren oder simulieren?

Der Vorschlag, Assoziativmaschinen in Hardware aufzubauen, also zu emulieren statt zu simulieren, führt zur Frage, ob das gegenüber einer Simulation auf einem herkömmlichen Rechner auch auf lange Sicht einen Nutzen haben wird. Die nachfolgend vorgestellten zwei Beispiele mögen aufzeigen, mit welchen Erfahrungen man sich bei der Entscheidungsfindung auseinandersetzen sollte.

zwei Beispiele

Um Ideen eines Mathematikunterrichts „mit Kalkülen und Maschinen" zu verwirklichen, baute man um 1980 seitens des mathematischen Instituts der Universität Osnabrück eine Registermaschine[19] in Hardware. Die Maschine wurde in einem pultartigen Gehäuse untergebracht und konnte so im Unterricht eingesetzt werden.[20]

Bau einer speziellen Rechenmaschine

Bald nachdem die Maschine in der nötigen Stückzahl hergestellt worden war und ihr Einsatz im Unterricht begann, simulierte sie jemand durch ein Programm, welches auf einem Kleinrechner lief. Das ließ den Aufwand zum Bau der Maschine im Nachhinein als unverhältnismäßig erscheinen, insbesondere, da die Simulation eine registerreichere und schnellere Registermaschine verfügbar machte.

Assoziativmatrix in Hardware (PAN)

Um 1993 setzte eine Arbeitsgruppe um Günther Palm an der Universität Ulm assoziative Strukturen (PAN-Systeme, BACCHUS-Chip) in Hardware um.[21] Olaf Holthausen untersuchte 1994, ob ein Simulationsprogramm auf einem Rechner der mittleren Datentechnik dieser Realisierung überlegen sein kann.[22] Er kam zu dem Schluss, dass zum damaligen Zeitpunkt die Hardwarerealisierung ab einer gewissen Matrixgröße schneller sei.

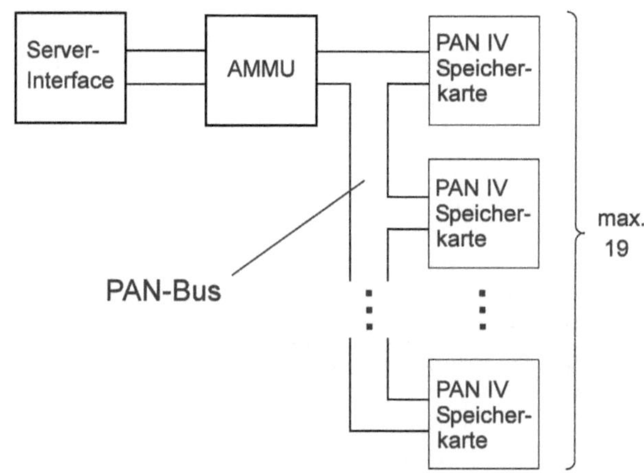

Abb. 4.11: Prinzipschaltbild PAN IV

Palm betonte seinerzeit den prinzipiellen Geschwindigkeitsvorteil, den man durch Nutzung der Parallelverarbeitungsmöglichkeiten bei neuronalen Assoziativspeichern in Hardware gewinnt.[23] Die Abb. 4.11 gibt den Aufbau eines PAN IV-Systems wieder. Engpass in dieser assoziativen Struktur war, dass die Fragen über eine sogenannte Associative Memory Management Unit (AMMU) vom Wirtsrechner in die Matrix hinein- und die Antworten auch wieder zu ihm herausgeschafft werden mussten. Die AMMU stellte also hinsichtlich der Zeit ein Nadelöhr des Systems dar.

Assoziativmaschine ohne Wirtsrechner

Bei einer Assoziativmaschine bleiben hingegen die Daten innerhalb des Systems und werden dort auch verarbeitet. Damit ist der Schritt getan, Programme zusammen mit ihren Daten in den gleichen Speicher zu legen, wie in Kapitel 1 bereits betrachtet wurde. Ein Nadelöhr wie es durch den Anschluss an einen Wirtsrechner entsteht gibt es nicht. Dennoch bliebe die Frage, ob nicht im Zuge immer schneller werdender Systeme aus herkömmlichen Prozessoren eine Softwaresimulation einer Assoziativmaschine so schnell liefe, dass sich der Aufwand zum Bau einer Assoziativmaschine erübrigen könnte.

Um die Anzahl der Programmschritte, also Matrixabfragen pro Sekunde, die eine Assoziativmaschine bewältigt, zu simulieren, müsste ein Programm auf einem herkömmlichen Prozessor bei einer Matrixgröße von 1000 x 1000 etwa 1000 Mal schneller laufen als die Assoziativmaschine,[24] das heißt, was die Assoziativmaschine in einem Takt schafft, fordert hier vom Simulationsprogramm etwa die tausendfache Geschwindigkeit. Bei noch größeren Matrizen wächst dieses Missverhältnis, ein Ergebnis, welches die Beobachtungen von Holthausen widerspiegelt. Ferner ist zu erwarten, dass die mögliche Realisierung einer Assoziativmaschine aus einfachen, wegen der matrixartigen Struktur gleichmäßig über die Fläche verteilten Schaltgattern mit der dadurch günstigen Wärmeabführung eine hohe Taktfrequenz zum Betrieb der Maschine erlaubt.[25]

Geschwindigkeit der Assoziativmaschine

Eine Assoziativmaschine wird die Vorteile ihrer großen Störfestigkeit nur ausspielen können, wenn sie in Hardware verwirklicht ist. Eine Simulation einer Assoziativmaschine auf einem herkömmlichen Rechner verlässt sich auf dessen Störunanfälligkeit. Eine Beschädigung oder Störung des Prozessors oder Speichers eines konventionellen Systems wird jedoch vermutlich den Ausfall aller Programmabläufe des Rechners zur Folge haben, wohingegen die Assoziativmaschine mit hoher Wahrscheinlichkeit weiterliefe.[26] Der Einsatz unter rauen Bedingungen (Höhenstrahlung, elektromagnetische Belastungen) wird den konventionellen Prozessor eher zu fehlerhaftem Verhalten bringen als eine Assoziativmaschine, deren Aufbau Beschädigungen prinzipiell toleriert.

Verhalten bei Beschädigungen

Beim Abwägen des Für und Widers einer Emulation des Gehirns wird betont, dass Emulationsschaltungen zehn Milliarden Mal energiesparender und eine Million Mal schneller als die digitalen Schaltungen des Simulationsrechners seien.[27] Für eine Simulation spricht hingegen die Fähigkeit zur schnelleren Anpassung an neue Fragestellungen und Erkenntnisse.[28]

Emulation oder Simulation?

4.5 Programmiersprachen für Assoziativmaschinen

Zur Programmierung von Maschinen mit assoziativen Prozessoren zählt Waldschmidt vier mögliche Ansätze auf.[29] Es wurden dafür (a) eigene assoziative Sprachen entwickelt oder (b) bestehende Sprachen erweitert oder (c) Bibliotheken mit assoziativen Funktionen aufgebaut oder (d) Compiler für bestehende Sprachen so angepasst, so dass sie die assoziative Hardware für bereits vorhandene, geeignete Sprachelemente nutzen.

Der Ansatz (a) wurde seit Beginn der Entwicklung assoziativer Prozessoren eingeschlagen, da er eine direkte und umfassende Unterstützung der Möglichkeiten der Hardware verspricht. Ein Beispiel für die Sprache des RAP-Prozessors wurde in Kapitel 3.3 gegeben. Mit der Sprache ASC[30] lassen sich Konzepte zur Programmierung paralleler, assoziativer Computer umsetzen, die den Programmierenden von einem allzu sequentiellen Programmierstil lösen. Als Beispiel sei eine FOR-Anweisung (Wiederholungsanweisung, Schleife) in ASC gegeben (die Zeilennummern sind nicht Bestandteil des Programmtextes):[31]

assoziative Sprachen

```
(1)     sum = 0;
(2)     for xx in a[$] .eq. 2
(3)       sum = sum + b[xx];
(4)       b[xx] = sum;
(5)     endfor xx;
```

In Zeile (1) wird der Inhalt der Variablen **sum** auf Null gesetzt. Durch die Zeile (2) werden alle beteiligten Prozessoren aufgefordert zu prüfen, ob die Komponente a bei ihnen den Wert 2 hat. Ist dieses der Fall, setzen die Prozessoren bei sich eine Markierung, sonst unternehmen sie nichts. Die FOR-Anweisung sucht danach nacheinander alle Prozessoren heraus, die sich markiert haben. In der Variablen **xx** steht der Index des jeweiligen Prozessors. In Zeile (3) wird vom aktuell indizierten Prozessor der Wert der Komponente b zum bisherigen Inhalt der Variablen **sum** addiert und dann in Zeile (4) dem aktuell indizierten Prozessor als neuen Wert für b zurückgegeben. Die FOR-Anweisung ist in Zeile (5) erst dann beendet, wenn alle markierten Prozessoren besucht worden sind. Potter gibt die in Abb. 4.12 gezeigten Beispielwerte für den obigen ASC-Programmabschnitt an.

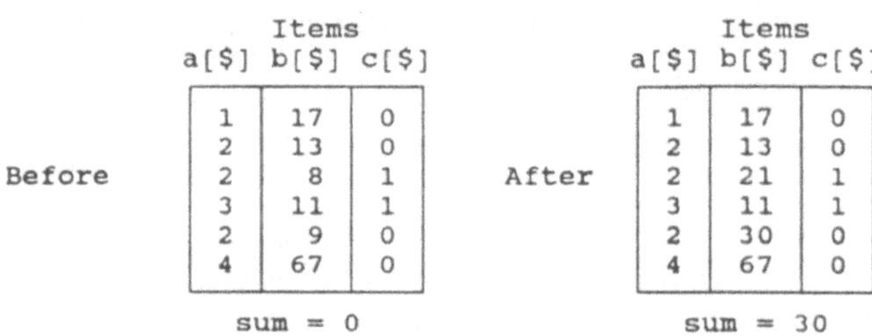

Abb. 4.12: Beispiel zur FOR-Anweisung der assoziativen Sprache ASC

Da eine Assoziativmaschine in der in Abb. 1.1 wiedergegebenen Konfiguration nicht aus selbsttätig arbeitenden, assoziativen Prozessoren aufgebaut ist, bietet es sich nicht an, bei der Programmierung auf eine der vorhandenen assoziativen Sprachen zurückzugreifen, deren Sprachelemente, wie obiges Beispiel deutlich gemacht haben mag, auf parallel arbeitende Prozessoren zugeschnitten sind.

Erweiterung bestehender Sprachen

Auch die Ansätze (b) und (d) stehen zur Programmierung einer Assoziativmaschine nicht in vollem Umfang zur Verfügung, da sich die bestehenden Sprachen unter anderem hinsichtlich ihres Typenkonzepts, ihrer arithmetischen Werkzeuge oder auch ihrer Zählschleifen schwerlich auf die untypisierten Variablen und das Nichtvorhandensein eines Rechenwerks bei der Assoziativmaschine abbilden lassen. Die Funktionsbibliotheken des Ansatzes (c) setzen wiederum eine bestehende Programmiersprache oder einen Wirtsrechner voraus, was für eine Assoziativmaschine aufgrund prinzipieller Überlegungen nicht vorgesehen ist.[32]

Sprachen für Assoziativmaschinen

Daher erhalten Assoziativmaschinen eigene Sprachen, deren Sprachelemente zu ihren Besonderheiten passen und dem Programmierenden den vollen Umfang ihrer Möglichkeiten erschließen.

```
<1>      var i;
<2>      repeat
<3>         erkenne;
<4>         gehe;
<5>         schaue i;
<6>         zeige i
<7>      until registergleich;
```

Zum Beispiel lässt vorstehender Programmabschnitt einen Robot so lange in einer erkannten Richtung weitergehen, bis seine Sensoren ein bestimmtes Muster aufnehmen. Sowohl das Erkennen der einzuschlagenden Richtung als auch die Abfrage des aufgenommenen Musters geschieht ohne weiteres Zutun fehlertolerant. Dieser Programmabschnitt kann maschinennäher formuliert werden. Dazu wird die repeat-until-Anweisung, also eine nichtabweisende Schleife, mit den Sprungbefehlen der Assoziativmaschine wie folgt notiert:

```
(1)      var i
(2)      markiere oben2
(3)         erkenne
(4)         gehe
(5)         schaue i
(6)         zeige i
(7)         gleichspringe unten2
(8)      springe oben2
(9)      markiere unten2
```

Kapitel 5 wird die hier benutzte, maschinennahe Sprache vorstellen.[33]

4.6 Assoziativmaschinen simulieren mit VIDAS

Um eine Variante einer Assoziativmaschine vor ihrem Bau zu untersuchen, die Vorgänge in ihr zu veranschaulichen, ihre Wirkungsweise einzuschätzen und die Möglichkeiten ihrer Programmierung auszuloten, ist eine Hardware-Simulation mit Hilfe eines Digitalsimulators möglich. Das erwies sich in der Praxis jedoch als so aufwändig,[34] dass zur Erprobung von Assoziativmaschinen der Art SYSTEM 9, die wie in Abb. 1.1 aufgebaut sind, das Simulationsprogramm VIDAS entwickelt wurde. Es erlaubt den Einsatz von Assoziativmatrizen mit jeweils mehreren tausend Zeilen- und Spaltenleitungen.

Erprobung von Assoziativmaschinen

VIDAS besteht aus einem Editor zur Erfassung des Programmtextes, aus Anzeigen zur Darstellung der Vorgänge in den Matrizen und aus Komponenten, die den Programmablauf für den vorgelegten Programmtext bezüglich des jeweils gewählten Modells der Assoziativmaschine nachbilden.[35]

Bestandteile von VIDAS

Nach dem Start wird das Hauptfenster von VIDAS in etwa wie in Abb. 4.13 angezeigt. Es besteht aus mehreren Teilfenstern. Links wird der Programmtext eingegeben (Bereich A), rechts werden die Belegungen der Programmspeichermatrizen (Bereich B) und die Kodierungen der Variablen (Bereich C) dargestellt. Darunter befindet sich ein Verzeichnis der Sprungmarken (Bereich D), zu denen der Programmablauf verzweigen kann. Je nach Bedarf lassen sich die Teilfenster vergrößern, verkleinern oder ausblenden. Weitere Bedienungshinweise befinden sich bei www.assoziativmaschine.de.

Hauptfenster von VIDAS mit Programmtexteditor

Im Beispiel in Abb. 4.14 ist oben rechts neben dem Hauptfenster von VIDAS ein Fenster zu erkennen (Bereich P), in welchem während des Programmlaufs ein Protokoll zu den Vorgängen in der Maschine mitgeschrieben wird. In Bildmitte zeigt ein weiteres Fenster den Zustand der simulierten Maschine während des aktuellen Programmschritts an (Bereich S). In diesem Fenster lässt sich zudem die Geschwindigkeit der Simulation über einen Schieberegler

Protokollfenster, Simulationsfenster und Matrixfenster

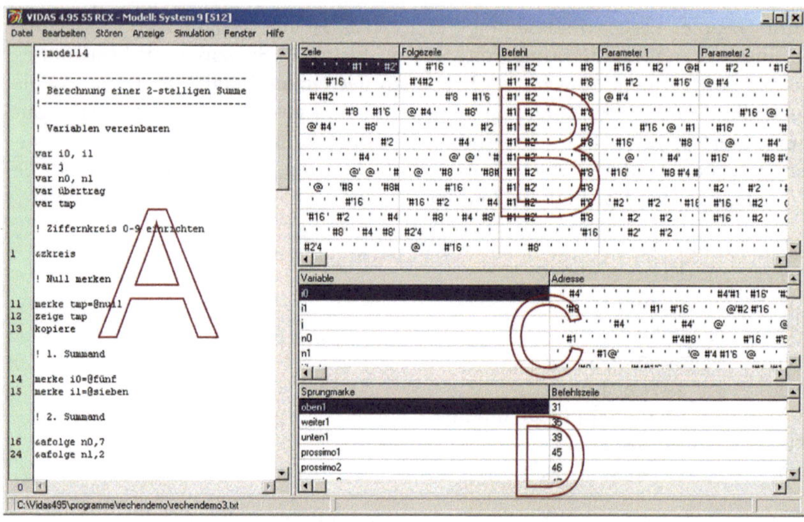

Abb. 4.13: Hauptfenster von VIDAS mit dem Programmtexteditor

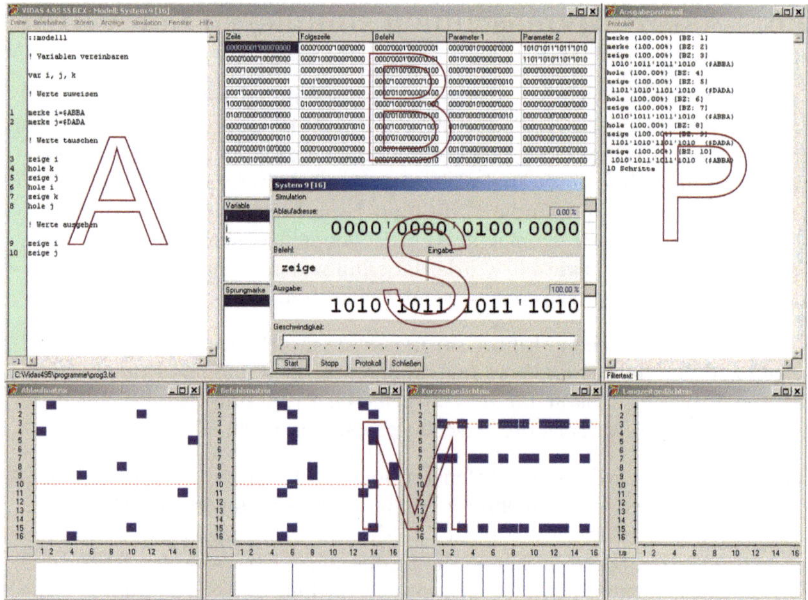

Abb. 4.14: Übersicht zu den Fenstern von VIDAS

einstellen, das Protokoll ein- und ausschalten und der Simulatorlauf neustarten oder abbrechen. In der unteren Teil der Abb. 4.14 (Bereich M) ist der Zustand von vier der Matrizen dargestellt, aus denen die Assoziativmaschine besteht. Diese vier Matrixfenster kann man auch dafür nutzen, sich Matrixteile vergrößert anzeigen zu lassen. Im gezeigten Beispiel haben die Matrizen eine Größe von lediglich 16 x 16 Leitungen, so dass keine vergrößerte Anzeige nötig wäre. Ferner erlauben es diese Matrixfenster den Inhalt der zugehörigen Matrix zu ändern, wenn man etwa die Absicht hat, die Störfestigkeit der Maschine zu untersuchen. Alle Fenster tragen in ihrer Kopfleiste zuordnende Bezeichnungen.

Alle Fenster von VIDAS lassen sich frei und in ihrer Größe einstellbar auf dem Bildschirm anordnen, was sich insbesondere dann als nützlich erweist, wenn man Unterprogrammtexte mit Hilfe zusätzlicher Fenster erfasst, wenn man die Vorgänge in einer Assoziativmatrix gesondert in vergrößerter Darstellung beobachten möchte, wenn man das Ausgabeprotokoll im Einzelnen auswertet oder wenn man beispielsweise das ROM eines Assoziativmaschinenmodells mit Frage-Antwort-Paaren füllt.

Es sei dazu angeregt, mit Hilfe von VIDAS die Beispiele dieses Buches nachzuvollziehen oder eigene Ideen umzusetzen. Detaillierte Hinweise zur Bedienung des Simulationsprogramms VIDAS werden in den folgenden Kapiteln gegeben. Der Simulator VIDAS wird über `www.assoziativmaschine.de` zur Verfügung gestellt.

`assoziativmaschine.de`

4.7 Übungen 4

Ü 4.1 (SYSTEM 1)

Eine Assoziativmaschine sei in dem nachfolgend dargestellten Zustand. Das
in ihr abgelegte Programm wird mit dem Fragetupel (1, 0, 1, 0, 0, 0, 0, 0)
gestartet.

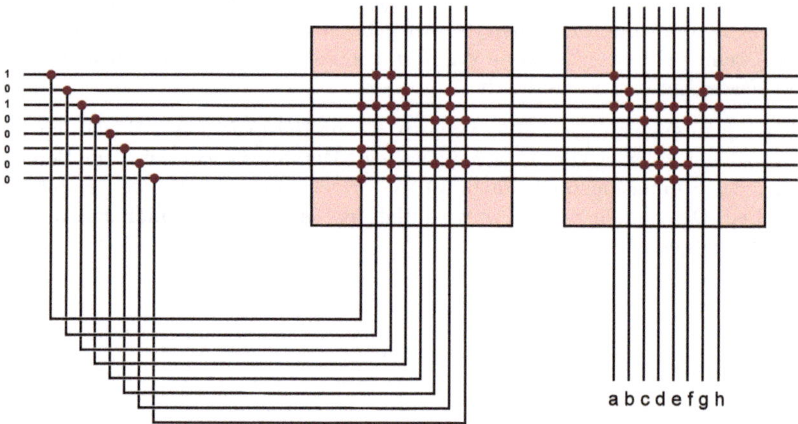

a) Man notiere die Abfolge der durch das Programm aktivierten Befehlsleitungen a, b, c, ..., h.

b) Was ist zu erwarten, wenn das Programm durch (1, 0, 0, 0, 0, 0, 0, 0)
oder durch (0, 0, 1, 0, 0, 0, 0, 0) gestartet wird?

Ü 4.2 (SYSTEM 1)

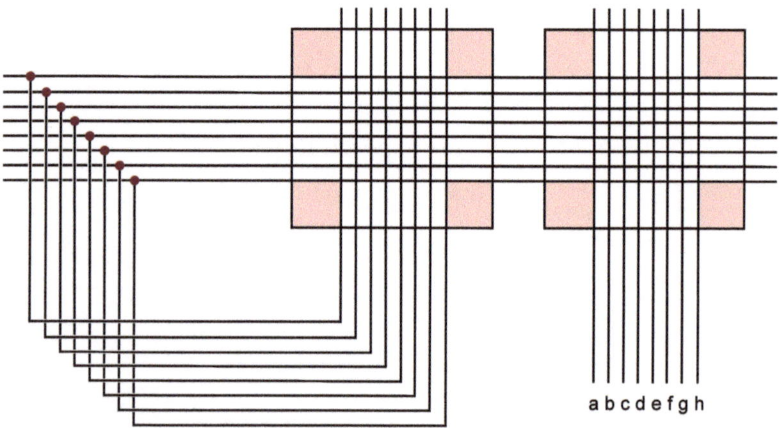

Man trage in die vorstehend abgebildete Assoziativmaschine ein Programm ein, dessen Programmzeilen und Befehle wie in folgender Tabelle angegeben codiert sind. Das Programm soll nach der 4. Zeile stoppen.

Zeile	Codierung	Befehl
1	0100 0100	1000 1000 (a e)
2	0011 0000	0100 0100 (b f)
3	1000 1000	1010 0011 (a c g h)
4	0000 0011	1110 0111 (a b c f g h)

Ü 4.3 (System 1)

Man trage in die Assoziativmaschine ein Programm ein, welches endlos nacheinander die Befehlsleitungen a, c, e und g aktiviert.

Ü 4.4 (Assoziativmatrix)

Es werden Wörter über einem vierbuchstabigen Alphabet $\mathbb{A} = \{a, b, e, r\}$ gebildet. Auf die Anfrage 'aber' soll eine rote Lampe aufleuchten, auf die Anfrage 'rabe' eine blaue und auf die Anfrage 'beere' eine grüne.

a) Man gebe eine geeignete Kodierung an.

b) Man trage die Frage-Antwort-Paare in eine Matrixdarstellung des Langzeitgedächtnisses L ein.

c) Man überprüfe, ob bei einer Abfrage mit 'rabe' die blaue Lampe aufleuchtet.

d) Man notiere, wie die Assoziativmatrix auf die folgenden Anfragen antwortet

    i) beere   iii) aare

    ii) rebe   iv) abba

und begründe jeweils, warum es zur notierten Antwort kommt.

Ü *4.5 (System 1)

Es sei eine Assoziativmatrix als Matrix A der Assoziativmaschine wie folgt gegeben.

$$A = \begin{pmatrix} 0 & 0 & 0 & 0 & 1 & 0 & 0 & 1 \\ 1 & 0 & 1 & 0 & 0 & 1 & 0 & 0 \\ 1 & 0 & 1 & 0 & 1 & 1 & 0 & 1 \\ 0 & 1 & 1 & 0 & 0 & 0 & 0 & 0 \\ 0 & 0 & 0 & 0 & 0 & 0 & 0 & 0 \\ 0 & 0 & 0 & 0 & 1 & 0 & 0 & 1 \\ 0 & 1 & 1 & 0 & 0 & 0 & 0 & 0 \\ 0 & 0 & 0 & 0 & 0 & 0 & 0 & 0 \end{pmatrix}$$

a) Man untersuche, welche möglichen Programmabläufe in A abgelegt sein könnten.

b) Man überlege sich prinzipiell, wie man einer beliebigen Matrix die in ihr gespeicherten Programmabläufe entnehmen könnte. Welche Ausgangsinformationen sind nötig?

Anmerkungen

[1]Die Skizze von Wilhelm Schickard ist [Wußing 2008], S. 421, entnommen.

Rechenmaschinen

[2]Wilhelm Schickard (1592-1635) entwarf um 1623/1624 eine Rechenmaschine zum Addieren und Subtrahieren von bis zu sechsstelligen Zahlen (vgl. [Wußing 2008], S. 420 f.). Schickards Rechenmaschine wurde im Jahr 1960 rekonstruiert. Von Blaise Pascal (1623-1662) stammt die „Pascaline", eine Rechenmaschine, mit der ab etwa 1642 zunächst mehrstellige Zahlen addiert, in späteren Versionen auch subtrahiert werden konnten. Die Rechenmaschine von Gottfried Wilhelm Leibniz (1646-1716) sollte alle vier Grundrechenarten beherrschen.

[3]Assoziationsketten werden in Kapitel 5.9 als Fortsetzungsassoziationen bezeichnet und ausführlich besprochen.

[4]Das Zitat wurde dem „Wörterbuch der philosophischen Begriffe" von Rudolf Eisler entnommen (Berlin 1904).

Elektronengehirn,
Elektronikgehirn

[5]In „Was denkt sich ein Elektronengehirn?" hinterfragten Rolf Lohberg und Theo Lutz schon 1963 dieses Wort (Heyne 1970, 8. Auflage). Sie führen in ihre Ausführungen mit dem Satz „es gibt gar keine Elektronengehirne" ein. Dass man elektronische Rechenmaschinen Elektronengehirne nenne, „schießt weit übers Ziel hinaus. Zur Stunde ist ihre Intelligenz — die man bei einem Gehirn nun einmal voraussetzt — noch nicht größer als die eines Teesiebs" (s. S. 7). Entnimmt man dem Begriff Elektronengehirn die Vorstellung, man könne Gehirn durch elektronische Schaltkreise nachbilden, so liefert das „neuromorphic engineering" in jüngster Zeit dafür Ansätze. Der Begriff Elektronikgehirn wäre dann treffender.

Thinking Machines

[6]Es heißt, das Schachprogramm Thinking Machine 4 „explores the invisible, elusive nature of thought" (s. http://www.turbulence.org/spotlight/thinking/chess.html). — Die Firma „Thinking Machines Corporation", Massachusetts, baute Großrechner mit Parallel-Architektur und warb dafür mit: „Some day we will build a thinking machine. It will be a truly intelligent machine. One that can see and hear and speak. A machine that will be proud of us." — In einem Artikel mit dem Titel „Thinking Machine – Can we build an artificial brain?" referiert Douglas Fox im Oktober 2009 im Discover Magazine über aktuelle Ergebnisse des „neuromorphic engineering". Nach biologischem Vorbild werden Neuronen aus jeweils einigen Hundert Transistoren aufgebaut. Aus „Neurogrid"-Chips mit je 65.536 dieser Neuronen entstand ein Forschungsgerät aus Millionen von Neuronen. Die Fortschritte werden mit „Still, they represent mere baby steps on the road to building a brain-inspired computer" kommentiert. — Wolfgang Hilberg, Professor für Computertechnik an der TU Darmstadt, erläutert unter der Überschrift „Eine Denkmaschine ohne Sprachprobleme", dass die Denkmaschine keine bloße Theorie mehr sei, „sondern eine in Silizium realisierbare Anwendung und damit eine echte Konkurrenz zum Computer" (s. „Echo online", 28.9.10). Die Maschine müsse allerdings „zuerst mit Texten gefüttert werden. Daraus schaue sie sich Wörter, Sätze und die grammatischen Konstruktionen ab." Nach diesem exemplarischen Lernprozess sei die Maschine in der Lage, „die wesentlichen Informationen als Gedanken aus einem Text herauszuholen – und damit zu denken."

denkende Maschinen

[7]Inwieweit Maschinen „denken" können, ist in der Diskussion. Roger Penrose hat Ende der 1980er-Jahre „versucht, die Unhaltbarkeit der – heutzutage offenbar eher vorherrschenden – Ansicht zu zeigen, dass unser Denken im Grunde dasselbe sei wie die Tätigkeit eines sehr komplizierten Computers" (s. [Penrose 2002], S. 436)

neuronale Automaten

[8]In [Wennekers 1998], S. 172, wird auf die Arbeiten [Omlin and Giles 1996] und [Maass 1995] hingewiesen, in denen ebenfalls Automaten durch neuronale Strukturen gebildet wurden. Das führt bis hin zu in Echtzeit simulierten Turing- und Registermaschinen. — Hinsichtlich der Bildung von Speichereinheiten nach natürlichem Vorbild verweist [Wennekers 1998], S. 153 ff., auf die von [Abeles 1982], S. 67 ff., beschriebenen, synchron feuernden Neuronenbündel, den „synfire chains": „This type of time-locking could be explained by assuming that neural activity is largely organized in the form of synchronously firing sets of neurons. Each set excites synchronous firing in the next set, which in turn excites synchronously the next set of neurons, etc. We shall call this arrangement of synchronously firing sets [...] the *synfire chain*."

synfire chains

[9]In [Wennekers 1998], S. 178 ff., wird ein Beispiel angegeben, in dem durch die Anordnung neuronaler Mikroschaltkreise eine Modulo-10-Arithmetik entsteht.

Automatentakt

[10]In [Wennekers 1998], S. 170, schreibt der Autor zur Konstruktion seines aus Modellneuronen bestehenden Automaten: „Alternativ ist eine Variante mit 'Eingabetakt' denkbar,

..." und „Für einen solchen 'Takt' käme nach dem oben Gesagten zum Beispiel der kortikale Gamma-Rhythmus in Frage."

[11]Eventuell ergeben sich so Modelle und Einsichten für manche Abläufe in natürlichen Gehirnen (vgl. [Palm 1982], S. 117 ff.: „Introspection and the Rules of Threshold Control").

[12]ROM — Read Only Memory, Nur-Lese-Speicher   ROM

[13]Durch das Optionenmenü (Strg-Alt-O) beziehungsweise über Strg-Alt-K lässt sich die Variablentabelle anzeigen.

[14]Die Nicht-Typisierung von Variablen ist Konsequenz der Feststellung, dass sich alle   Nicht-Typisierung
Situationen, Aktionen, Inhalte als Folgen zweier Werte darstellen lassen (vgl. [Palm 1982],
S. 26).

[15]Zur Deklaration von Variablen in der Assoziativen Programmierung gibt Kapitel 5.2 weitere Auskunft.

[16]Mit dem Digitalsimulator „Digital ProfiLab 3.0" wurden bis dato zwei Assoziativma-   SYSTEM 7 und SYSTEM
schinen zum Laufen gebracht: SYSTEM 7 mit Matrizen der Größe 8 x 8 und SYSTEM 9 mit   9
Matrizen der Größe 16 x 16. Die Möglichkeit zur Hardware-Simulation größerer Assoziativmaschinen hängt von den Ressourcen des Simulationsrechners ab.

[17]Die Modelldateien zur Festlegung der Kenngrößen aller Modelle erwartet VIDAS im Unterverzeichnis modelle.

[18]Bei den Übungsaufgaben zu den Kapiteln wird hinter der jeweiligen Aufgabennummer vermerkt, mit welchem Modell der Assoziativmaschine die Aufgabe zu lösen ist. Steht dort beispielsweise *Modell* 1, dann ist als Assoziativmaschine SYSTEM 9 mit Matrizen der Größe 16 x 16 anzunehmen.

[19]„Die Registermaschine ist das Modell eines Automaten, dessen Speicher aus einer festen   Registermaschine
endlichen Anzahl von Registern besteht. Jedes Register kann eine beliebig große natürliche
Zahl aufnehmen" (s. [Claus and Schwill 2006], S. 571). Die Register dieser Maschine kann
man lediglich inkrementieren, dekrementieren und auf Null abprüfen lassen und dennoch
kann man mit der Registermaschine u.a. alle Grundrechenarten ausführen. Die Registermaschine geht auf eine Arbeit von John C. Shepherdson und Howard E. Sturgis aus dem
Jahr 1963 zurück.

[20]vgl. Cohors-Fresenborg, E.: „Mathematik mit Kalkülen und Maschinen", Vieweg, Braunschweig 1977, und „Registermaschinen und Funktionen", Universität Osnabrück 1982

[21]In [Palm 1993] ist das PAN-Projekt beschrieben. Das PAN IV-System wird als massiv-   PAN-Projekt
paralleler, neuronaler Assoziativspeicher vorgestellt.

[22]Die Untersuchung [Holthausen 1994] vergleicht mehrere Implementationsformen binärer assoziativer Speicher.

[23]In [Palm 1993], S. 143, nennt der Autor als einen Grund für die Beschäftigung mit
künstlichen neuronalen Netzen: „Their massive parallel processing capability allows the
conception and hardware implementation of parallel processing strategies.". Er führt in
[Palm o.J.] des Weiteren aus: „Da die für die Simulation eines Assoziativspeichers mit
binärer Matrix benötigten Operationen auf heutigen Prozessoren nicht effizient realisiert
werden können, wurde speziell für die schnelle Implementierung sehr großer neuronaler
Assoziativspeicher das System PAN IV (*Parallel Associative Network*) entwickelt."

[24]Bei den bisherigen Hardware-Simulationen der Assoziativmaschine SYSTEM 9 zeigte
sich, dass die Abfragezeit proportional zur Anzahl der Zeilenleitungen ist.

[25]Die auftretenden elektrischen Ströme fließen in der Regel durch immer wieder andere   Wärmeverteilung
Zeilen- und Spaltenleitungen, an keinem Ort in den Assoziativmatrizen der Assoziativmaschine fließen sie bei üblicher Kodierung ständig. Bei spärlicher Kodierung (vgl. [Palm
2013]) werden jeweils nur etwa zehn Prozent aller Leitungen pro Takt aktiv sein, ähnlich
zu den 1 bis 15 Prozent aller Neuronen, die im Gehirn jeweils nur aktiv sind (vgl. Douglas
Fox: „Thinking Machines", Discover Magazine, Oktober 2009, S. 62). Zudem gibt es schaltungstechnische Überlegungen, Abfragen der Matrizen in nur einem Takt zu erledigen oder
zumindest mit logarithmischem Aufwand. Das spräche zugunsten einer Hardwarerealisierung der Assoziativmaschine.

[26]Zum Nachweis der Robustheit vom Komponenten einer Assoziativmaschine gegen ei-   zerstörte Disketten lesen

ne physikalische Zerstörung von (Teil-) Strukturen haben wir bereits 1992 mit Hilfe eines geeigneten Laufwerkcontrollers 3,5-Zoll-Disketten in der Art einer Assoziativmatrix formatiert und Daten auf ihr abgelegt. Die Oberflächen der Disketten wurden dann teilweise zerkratzt und die Disketten anschließend wieder eingelesen. Bei den Messungen haben wir zur Kontrolle das Disketten-Image vor und nach der Zerstörung verglichen. Die Daten konnten zum überwiegenden Teil korrekt ausgelesen werden, die Güte war natürlich vom Grad der Zerstörung abhängig.

Zeit und Energie

[27]In [Meier 2012], S. 95, heißt es: „Für die Simulation einer Sekunde Lebenszeit benötigt der BlueGene/P zirka 100 Sekunden." Gemeint ist hier der Superrechner IBM BlueGene/P in Lausanne. Er besitzt 16.384 Rechenkerne und leistet um die $50 \cdot 10^{12}$ FLOPS. Ferner nennt der Autor als Vorteil der Emulation: „FACETS ist bereits zehn Milliarden Mal effizienter als der BlueGene/P-Rechner" (s. S. 99). Damit verweist der Autor auf den Umstand, dass die Emulationshardware von FACETS nur eine Energie von 10^{-10} Joule pro zu erzeugendem neuronalen Signal aufwende, während der BlueGene/P dafür 1 Joule benötige.

Anpassungsfähigkeit

[28]Henry Markram schreibt über das Human Brain Project dazu in [Markram 2012], S. 86: „Auch unsere Software entwickeln wir kontinuierlich weiter, so dass wir jede Woche, wenn wir die Simulation neu starten, mit mehr Daten und Regeln arbeiten und so der Realität noch ein Stückchen näher kommen."

[29]Die programmiersprachlichen Möglichkeiten, eine vorhandene assoziative Funktionalität zu nutzen, werden in [Waldschmidt 1995], S. 210 ff., beschrieben.

ASC

[30]ASC — **As**sociative **C**omputing Language, vgl. [Potter 1992], S. 1

[31]Das Beispiel wurde [Potter 1992], S. 81, entnommen.

[32]Auf den Nachteil eines sich dadurch ergebenden Nadelöhrs wurde in Kapitel 4.4 bereits hingewiesen.

[33]Zum Zeitpunkt der Drucklegung dieses Buches steht noch keine höhere Programmiersprache zur Programmierung der Assoziativmaschine zur Verfügung.

[34]Die Assoziativmaschine aus Abb. 1.1 konnte bis zu Matrixgrößen von 16 x 16 Leitungen auf handelsüblichen PCs in Hardware simuliert werden.

[35]Hinweise zu Modellen der Assoziativmaschine nach Art von Abb. 1.1 stehen in Kapitel 4.3.

Literaturverzeichnis zu Kapitel 4

Moshe Abeles. *Local Cortical Circuits — An Electrophysiological Study.* Springer-Verlag, Berlin Heidelberg New York, 1982. ISBN 3-540-11034-8.

Volker Claus and Andreas Schwill. *DUDEN Informatik A-Z — Fachlexikon für Studium, Ausbildung und Beruf.* Dudenverlag, Mannheim Leipzig Wien Zürich, 2006. 4. Auflage, ISBN 978-3-411-05234-9.

Olaf Holthausen. *Ein Vergleich verschiedener Implementationen binärer neuronaler Assoziativspeicher.* Universität Ulm, 1994. Dissertationsschrift.

Wolfgang Maass. *Lower bounds on the Computational Power of Networks of Noisy Spiking Neurons.* TU Graz, 1995. in: „Neural Computation 8", S. 1-20, 1995.

Henry Markram. *Auf dem Weg zum künstlichen Gehirn.* Spektrum der Wissenschaft Verlag, Heidelberg, 2012. in: „Spektrum der Wissenschaft", Heft 9/12 (September 2012), S. 82-90.

Karlheiz Meier. *Neurone & Co. — Imitieren mit Silizium.* Spektrum der Wissenschaft Verlag, Heidelberg, 2012. in: „Spektrum der Wissenschaft", Heft 9/12 (September 2012), S. 92-99.

Christian W. Omlin and C. Lee Giles. *Constructing Deterministic Finite-State Automata in Recurrent Neural Networks.* ACM, 1996. in: „Journal of the ACM", Vol. 43, No. 6, S. 937-972, 1996.

Günther Palm. *Neural Assemblies — An Alternative Approach to Artificial Intelligence.* Springer-Verlag, Berlin Heidelberg New York, 1982. ISBN 3-540-11366-5.

Günther Palm. *The PAN System and the WINA Project.* Springer-Verlag, Berlin Heidelberg, 1993. in: „Euro-ARCH '93. Europäischer Informatik Kongreß Architektur von Rechensystemen" (Spies, P.P, Hrsg.), S. 142-156.

Günther Palm. *Neural associative memories and sparse coding.* Elsevier, 2013. in: „Neural Networks" Vol. 37 (January 2013), S. 165-171, ISSN 1879-2782.

Günther Palm. *PAN IV — Ein Massiv Paralleler Neuronaler Assoziativspeicher.* Universität Ulm, o.J.

Roger Penrose. *Computerdenken — Die Debatte um künstliche Intelligenz, Bewußtsein und die Gesetze der Physik.* Spektrum Akademischer Verlag, Heidelberg Berlin, 2002. ISBN 978-3-8274-1332-1.

Jerry L. Potter. *Associative Computing — A Programming Paradigm for Massively Parallel Computers.* Plenum Press, New York, 1992. ISBN 0-306-43987-5.

Klaus Waldschmidt. *Assoziative Architekturen.* B. G. Teubner, Stuttgart, 1995. in „Parallelrechner — Architekturen – Systeme – Werkzeuge", S. 181-214, ISBN 3-519-02135-8.

Thomas Wennekers. *Synchronisation und Assoziation in Neuronalen Netzen.* Universität Ulm, 1998. Dissertationsschrift.

Hans Wußing. *6000 Jahre Mathematik — Eine kulturgeschichtliche Zeitreise – 1. Von den Anfängen bis Leibniz und Newton.* Springer Verlag, Berlin Heidelberg, 2008. ISBN 978-3-540-77189-0.

Kapitel 5

Assoziative Programmierung

> *„Als letzter Punkt bleibt noch der programmerzeugende Superplan selbst. Seine Aufgabe ist, wie schon gesagt, das Pseudoprogramm zu entschlüsseln und mit den ihm zur Verfügung stehenden Hilfsmitteln in ein Maschinenprogramm zu übersetzen." [...] „Wir kommen also [...] zum Pseudoprogramm, und damit zu **dem** Problem der Programmierungstechnik." (Klaus Samelson, Dresden 1955)*

```
procedure  Simps (F(  ), a, b, delta, V);
begin
Simps:     Ibar: =V×(b−a)
           n    : =1
           h    : =(b−a)/2
           J    : =h ×(F(a)+F(b) )
J1:        S    : =0;
   for     k    : =1 (1) n
           S    : =S+F (a+(2×k−1) ×h)
           I    : =J+4×h×S
   if      (delta < abs ( I−Ibar) )
begin      Ibar: =I
           J    := (I+J)/4
           n    :=2×n; h := h/2
           go to  J1  end
           Simps := I/3
return
integer    (k, n)
   end     Simps
```

Abb. 5.1: Simpson-Regel in ALGOL 58

Über die Hürden, die zur Programmierung von Rechenmaschinen in den 1950er-Jahren zu überwinden waren, trug Klaus Samelson[1] bei einem internationalen Kolloquium in Dresden vor. Das einleitende Zitat deutet eines der damaligen Probleme an. Zur Programmierung von Assoziativmaschinen ist es zum Glück nicht nötig, sämtliche seinerzeit begonnenen Entwicklungsschritte angepasst an die neue, um ein Assoziierwerk statt eines Rechenwerks aufgebaute Maschinerie zu wiederholen. Als „programmerzeugenden Superplan", also als Programm, welches einen gegebenen Programmtext in eine Belegung für die Matrizen der Assoziativmaschine umsetzt, nutzen wir im Folgenden den Simulator VIDAs, welcher auf herkömmlichen Rechnern läuft. Es ist also kein Compiler zu entwickeln, der auf der Assoziativmaschine selbst läuft. Beim Thema „Pseudoprogramm" hingegen,[2] welches Samelson als bedeutsames Problem des Programmierens beschrieb, werden noch einige Entwickungswünsche zu erfüllen sein. Es ging Samelson um das Abfassen der Programme in einer anwenderfreundlichen Weise, insbesondere um die gewohnte Notation mathematischer Ausdrücke, was zu Programmiersprachen wie ALGOL 58 führte.[3] Wenngleich es bei den Anwendungen einer Assoziativmaschine nicht vornehmlich um die Auswertung von Rechenausdrücken gehen mag, so bleibt es beim Ziel einer für den Anwender einfachen Sprache zur Formulierung seiner algorithmischen Anliegen. Für die Assoziativmaschine benutzen wir in diesem Buch eine einfache, maschinennahe Sprache, die in den folgenden Kapiteln vorgestellt wird. Zur übersichtlicheren Darstellung von Beispielen werden in den kommenden Kapiteln jedoch gelegentlich Formulierungen mit Hilfe üblicher Sprachkonstrukte wie `if - then - else`, `repeat - until` oder `while - do` vorgenommen. Wie diese Konstrukte in die maschinennahe Sprache der Assoziativmaschine umgesetzt werden können, wird ab Kapitel 5.9 gezeigt werden.

Die Assoziative Programmierung befasst sich mit der Programmierung von Assoziativmaschinen. Auch wenn es neben der Assoziativmaschine SYSTEM 9 viele weitere gibt (vgl. Kapitel 4), die ihre eigenen programmtechnischen Besonderheiten aufweisen, so soll hier beispielgebend die Programmierung von SYSTEM 9 (wie in Abb. 1.1) im Mittelpunkt stehen.

Assoziative Programmierung für Assoziativmaschinen

Die Befehlssätze zur Programmierung eines Modells von SYSTEM 9 sind nicht sehr umfangreich. Im Kern stehen lediglich ein gutes Dutzend **Maschinenbefehle**. Hinzu kommen allerdings noch einige Befehle an das Simulatorprogramm VIDAS, also Variablendeklarationen, Sprungmarken und Direktiven für das Verhalten des Simulators. Für die Belegung der Matrizen der Assoziativmaschine kommt es nur auf die Maschinenbefehle an, so dass zwischen **Programmzeilen** und **Befehlszeilen** (BZ) unterschieden wird. Im Ausgabeprotokoll von VIDAS (s. Kapitel 5.7) wird nur auf die Befehlszeilen Bezug genommen, auf die Programmzeilen sind von dort aus keine Rückschlüsse möglich. Viele Modellklassen erweitern den Befehlssatz des Kerns um Befehle, die für Modelle dieser Klasse typische Bestandteile sind, zum Beispiel kommen in den Turtle-Modellen Befehle zur Lenkung der Turtle hinzu und in den Robot- und Homunkulus-Modellen Befehle zur Abfrage der Sensorik, zur Motorsteuerung und zur Ablage und Abfrage von Umgebungseindrücken. Auch innerhalb von Modellklassen erfahren Befehlssätze gegebenenfalls Erweiterungen, wenn beispielsweise für ein tatsächlich anzusteuerndes Robotfahrzeug unterschiedliche Konfigurationen an Aktoren oder Sensoren berücksichtigt werden sollen. In diesem Buch wird auf derartige Details konkreter Entwicklungen nicht vertiefend eingegangen, sondern es werden vielmehr die Grundlinien zur Assoziativen Programmierung in solchen Modellklassen aufgezeigt.

Programmzeilen und Befehlszeilen

5.1 Modellauswahl

VIDAS simuliert Modelle der Assoziativmaschine SYSTEM 9. Das zu wählende Modell gibt man wie in Tabelle 5.1 festgelegt[4] im Programmtext in einer beliebigen Zeile an. Stehen (versehentlich) mehrere Modellangaben in einem Programmtext, wird die zuletzt stehende Angabe als gewünscht angenommen.

Angabe des gewünschten Modells

```
(R1)    :: <bezeichner>
(R2)    <bezeichner> ::= {a | b | ... | z | 0 | 1 | ... | 9}
```

Tabelle 5.1: Editorbefehl :: zur Modellauswahl

Als <bezeichner> wird der Name des nachzubildenden Modells angegeben. Tabelle 4.1 im Kapitel 4.3 listet einige grundlegende, erste Modelle auf. Die Modelle sind in **Modelldateien** beschrieben, die sich in VIDAS im Unterverzeichnis 'modelle' befinden.[5]

Es seien zur Erläuterung einige Auswahlbeispiele gegeben.

Beispiele

```
(1)       :: modell6
(2)       :: tmodell1
(3)       :: rmodell2
(4)       :: hmodell1
```

Mit der Auswahl in Zeile (1) wird VIDAS beim nächsten Simulationslauf in ein Modell der Assoziativmaschine SYSTEM 9 wechseln, welches Matrizen der Größe 2048 x 2048 einsetzt. Mit der Auswahl in Zeile (2) ruft man hingegen ein Turtle-Modell auf, in welchem die Turtle durch Matrizen mit 1024 x 1024 Leitungen gesteuert wird (s. Kapitel 7.1). Durch den Aufruf in Zeile (3) wird ein Robot-Modell (s. Kapitel 7.5) und durch denjenigen von Zeile (4) ein Homunkulus-Modell (s. Kapitel 7.9) aktiv.

5.2 Vereinbarung von Variablen

keine Typisierung

Da die Variablen in der Assoziativen Programmierung nicht typisiert werden, da alle ihnen zugewiesenen Werte aus gleichlangen Folgen von Nullen und Einsen bestehen, ist zur Vereinbarung von Variablenbezeichnern lediglich das Format aus Tabelle 5.2 eingeführt. Die vereinbarten Variablennamen werden

```
(R3)   var <bezeichner> [[<n>]] [{, <bezeichner> [[<n>]]}]
(R4)   <n> ::= {0 | 1 | ... | 9}
```

Tabelle 5.2: Editorbefehl `var` zur Deklaration von Variablenbezeichnern

zusammen mit ihrer Kodierung wie in den Abb. 4.13 und 4.9 im Hauptfenster von VIDAS angezeigt.[6] `<n>` beschreibt eine natürliche Zahl (Anzahl).

Beispiele

Es seien Variablen zum Beispiel wie folgt vereinbart.

```
(1)     var i, j, k
(2)     var m[8]
(3)     var donaudampfschifffahrtsgesellschaft, m, 5, vier, 7[3]
(4)     var VIER
```

Erläuterungen

Dann bewirkt die Vereinbarung in Zeile (1), dass im Kurzzeitgedächtnis K für drei Variablen mit den Namen `i`, `j` und `k` Zeilenleitungen reserviert werden. Durch Zeile (2) werden gleich acht Variablen mit den Namen `m_1`, `m_2`, `m_3`, ..., `m_8` vereinbart.[7] Die Zeile (3) veranschaulicht, dass die durch die Regel (R2) festgelegten Variablennamen (nahezu) beliebig lang gewählt werden können. Die Länge ist nicht durch die Assoziativmaschine begrenzt, sondern durch Beschränkungen des Programmtexteditors. Ferner ist es möglich eine Variable `m` zu vereinbaren, auch wenn in Zeile (2) bereits `m[8]` deklariert wurde, da sich die Variablenbezeichner eindeutig unterscheiden. Zudem sind gemäß Regel (R2) Ziffern an beliebiger Stelle des Variablennamens erlaubt. Damit führt der letzte Teil der Aufzählung in Zeile (3) zur Vereinbarung der Variablennamen `7_1`, `7_2` und `7_3`.[8] Auf Groß- und Kleinschreibung kommt es grundsätzlich nicht an, somit ist die Deklaration des Variablenbezeichners in Zeile (4) unzulässig, da eine Variable dieses Namens bereits in Zeile (3) eingeführt wurde und Mehrdeutigkeiten vermieden werden sollen.[9] Eine

Variablendeklaration an beliebiger Stelle

Variablendeklaration darf im Programmtext an beliebiger Stelle stehen. Weitere Erläuterungen zum Einsatz von Variablen in Assoziativmaschinen gibt Kapitel 4.2.

5.3 Darstellung von Konstanten

Sowohl die Konstanten, die einer Variablen als Wert zugewiesen werden, als
auch alle anderen Einträge in die Matrizen der Assoziativmaschine sind Abfolgen von Nullen und Einsen, deren Anzahl zur Anwendung der Lernregeln
(s. Kapitel 2.5) mit der Anzahl der Zeilen- beziehungsweise Spaltenleitungen der Matrizen übereinstimmen muss. Hat zum Beispiel das *Modell* 5 der
Assoziativmaschine SYSTEM 9 je 1024 Spalten- und Zeilenleitungen, so bestehen die zu lernenden Frage-Antwort-Paare ebenfalls aus je 1024 Nullen
und Einsen. Gibt der Programmierende für eine Konstante zu viele Nullen
und Einsen an, so erhält er eine Fehlermeldung, gibt er zu wenige an, so fügt   Zu kurze Eingaben
VIDAS so viele Nullen **vor** den eingegebenen Nullen und Einsen ein, bis die   werden mit Nullen
erforderliche Anzahl erreicht ist. Zur Vereinfachung der Angabe von konstan-   aufgefüllt.
ten Werten sind die Darstellungen aus Tabelle 5.3 möglich. Als <zeichen>
gelten hierbei alle vom Programmtexteditor darstellbaren Zeichen.

```
(R5)    <konstante> ::= <binäre_konstante> |
        <hexadezimale_konstante> | <positionen_konstante>
        | <zeichen_konstante> | <zeichenpaar_konstante> |
        <zeichentripel_konstante> | <muster_konstante> |
        <zufalls_konstante> | <variablen_adresse>
(R6)    <binäre_konstante> ::= * {0 | 1}
(R7)    <hexadezimale_konstante> ::= $ {0 | 1 | ... | 9 | A | B
        | ... | F}
(R8)    <positionen_konstante> ::= ! (<n> | <n>-<n>) [{, (<n> |
        <n>-<n>)}]
(R9)    <zeichen_konstante> ::= " {<zeichen>} ["]
(R10)   <zeichenpaar_konstante> ::= # {<zeichen>} [#]
(R11)   <zeichentripel_konstante> ::= § {<zeichen>} [§]
(R12)   <muster_konstante> ::= & {<n> , (<binäre_konstante> |
        <hexadezimale_konstante>) ;}
(R13)   <zufalls_konstante> ::= % <n> [%]
(R14)   <variablen_adresse> ::= @ <bezeichner>
```

Tabelle 5.3: Darstellung von konstanten Werten

Es seien konstante Werte zum Beispiel wie folgt angegeben.   Beispiele

```
(1)     *0110001101010110
(2)     $4711BEBE
(3)     !5, 10, 3, 8-12, 915
(4)     "Rosenkohl
(5)     "Rosenkohl "
(6)     @i
(7)     &5,*1010000101
(8)     #krokodil
(9)     §krokodil
(10)    %8
```

Die Zeile (1) gibt den Wert in **binärer Darstellung** an, also direkt als   Erläuterungen
Abfolge von Nullen und Einsen. Sollten die Matrizen im gewählten Modell
der Assoziativmaschine mehr Leitungen besitzen, als in der Angabe Ziffern

vorhanden sind, wird die Angabe vorne mit Nullen aufgefüllt. Die **hexadezimale Darstellung** in Zeile (2) wird intern in eine binäre Darstellung gewandelt, hier also in *01000111000100011011111010111110, die ebenfalls bei Bedarf vorne durch Nullen ergänzt wird. Die Angaben in Zeile (3) sind **Angaben von Positionen** und bewirken, dass in einer Abfolge von Nullen, die von vornherein die zum Modell passende Länge erhält, die 3., 5., 10. und 915. Null in eine Eins gewandelt wird. Das setzt voraus, dass das gewählte Modell mindestens 915 Leitungen besitzt, sonst wird der Wunsch, die 915. Position auf Eins zu setzen, übersprungen. Die angegebenen Zahlen müssen nicht nach Größe geordnet sein. Die Positionsangabe '8-12' hat in Robot- oder Homunkulusmodellen (s. Kapitel 7.5 und 7.9) die Bedeutung, dass an diejenige Position eine Eins gesetzt wird, die zum **Merkmalspaar** (8, 12) gehört.

Für Modelle, in denen eine Darstellung von **Zeichenketten** vorgesehen ist (s. Tabelle 4.1), sind Angaben konstanter Werte wie in den Zeilen (4) und (5) möglich. Das Anführungszeichen am Ende der Zeichenkette darf weggelassen werden, aber es wird nötig, wenn die Zeichenkette wie in Zeile (5) mit Leerzeichen enden soll oder wenn man in einer Wertzuweisung die Zeichenkette vor dem Gleichheitszeichen beenden muss (s. Befehl `lerne` in Kapitel 5.4).

In Zeile (6) wird die **Adresse** der Variablen i, also die zum Variablennamen gehörige Kodierung, als konstanter Wert angegeben, was zur Bildung von Assoziationsketten wichtig ist (s. Kapitel 5.14).

Musterkonstante

Um einen konstanten Wert aus einem **Muster** aufzubauen, geht man wie in Zeile (7) vor. Dort wird das Muster `1010000101` fünf Mal hintereinander gesetzt und dann mit Nullen fortgesetzt bis die zur Matrixgröße passende Länge erreicht ist. Die Angabe des Musters darf auch hexadezimal erfolgen.

Eine für die Assoziative Programmierung kennzeichnende Art der Angabe konstanter Werte findet sich in den Zeilen (8) und (9). Hier wird die Zeichenkette `krokodil` nicht wie sie ist als konstanter Wert angegeben, sondern hinsichtlich ihrer Eigenarten, was die Abfolge der Zeichen in ihr betrifft. Wird die Zeichenkette mit einem Doppelkreuz '#' eingeleitet, so werden diejenigen Positionen in einer zur Matrixgröße passend langen Abfolge von Nullen auf

Zeichenpaare und Zeichentripel

Eins gesetzt, die zu den **Zeichenpaaren** `kr`, `ro`, `ok`, `ko`, `od`, `di`, `il` gehören. Zudem werden Einsen gesetzt, durch die vermerkt wird, dass `krokodil` mit einem k beginnt und einem l aufhört. Wird die Zeichenkette hingegen mit einem Paragrafenzeichen '§' eingeleitet, dann werden die Positionen, die zu den **Zeichentripeln** `kro` - `rok` - `oko` - `kod` - `odi` - `dil` gehören, auf Eins gesetzt.

Der Bestimmung der Positionen von Zeichenpaaren liegt folgendes Alphabet zugrunde. Je nach Modell wird dieses Alphabet hinten gekürzt. Dazu rundet man die Quadratwurzel aus der Anzahl an Spaltenleitungen nach unten ab und kopiert die sich ergebende Anzahl Zeichen in ein Arbeitsalphabet hinüber. Zeichen, die in diesem Arbeitsalphabet nicht enthalten sind, werden während der Bestimmung durch das letzte Zeichen des Arbeitsalphabets ersetzt.

```
#ABCDEFGHIJKLMNOPQRSTUVWXYZ0123456789äöü
ßÄÖÜ °!"$%&''()*+,-./:;<=>?@[\]^_{|}~áâà
éêëèíïîìóôòúûùçÁÀÉÈÍÌÓÒÚÙ§
```

Möchte man beispielsweise nachvollziehen, warum VIDAS im *Modell* 4 für das Zeichenpaar kr an die 261. Position eine Eins setzt, so suche man die Zeichen k und r in obigem Alphabet. Das k steht an 12. Stelle, das r an 19. Im *Modell* 4 haben die Matrizen 512 Spaltenleitungen. Das ergibt in diesem Fall die Positionsberechnung

$$(12 - 1) \cdot \left\lfloor \sqrt{512} \right\rfloor + 19 = 261.$$

Allgemein wird die Position P bestimmt durch

$$P = (p_1 - 1) \cdot \left\lfloor \sqrt{k} \right\rfloor + p_2$$

Position von
Zeichenpaaren

mit p_1 und p_2 als Stellen der beiden Zeichen des Zeichenpaars im Arbeitsalphabet und k als Anzahl der Spaltenleitungen des gewählten Modells. Auf diese Weise erhält jedes Zeichenpaar eine eindeutige Position P in den zur Matrix passenden binären Darstellungen.

Zur Bestimmung der Positionen von Zeichentripeln wird nachstehendes Alphabet herangezogen. Auch hier wird ein vorderer Teil des Alphabets je nach Modell in ein Arbeitsalphabet übertragen, allerdings ergibt sich die Anzahl an Zeichen aus der dritteln Wurzel der Anzahl an Spaltenleitungen.

Position von
Zeichentripeln

#ABCDEFGHIJKLMNOPQRSTUVWXYZ§

Die Positionen P der Zeichentripel berechnen sich damit über

$$P = (p_1 - 1) \cdot \left\lfloor \sqrt[3]{k} \right\rfloor^2 + (p_2 - 1) \cdot \left\lfloor \sqrt[3]{k} \right\rfloor + p_3$$

mit p_1, p_2 und p_3 als Stellen der drei Zeichen des Zeichentripels im Arbeitsalphabet und k als Anzahl der Spaltenleitungen des gewählten Modells. Im *Modell* 8 wäre die Position des Tripels kro also

$$(12 - 1) \cdot \left\lfloor \sqrt[3]{8192} \right\rfloor^2 + (19 - 1) \cdot \left\lfloor \sqrt[3]{8192} \right\rfloor + 16 = 4776,$$

da im *Modell* 8 Matrizen mit 8192 Spaltenleitungen eingesetzt werden.

In Zeile (10) der oben gegebenen Beispiele wird eine Zufallskonstante vereinbart. Eine kostante, **zufällige** Belegung einer Variablen mit Einsen erreicht man beispielsweise durch die Anweisung merke zuf=%8%. Die Variable zuf erhält dadurch an acht zufällig bestimmten Positionen eine Eins. Die zufällige Belegung erfolgt einmalig vor Programmstart.

Zufallskonstante

In Zeichenketten haben die Doppelzeichen \<, \>, \-, \\ und \{ eine besondere Bedeutung. Dazu betrachte man folgende Beispiele.

Formatierung von
Zeichenketten mit
\<, \>, \- und \{

```
(1)     "Hallo Welt!
(2)     "Hallo Welt!\<
(3)     "Hallo \< Welt!
(4)     "\<Hallo Welt!\<
(5)     "\<Hallo \< Welt! \<
(6)     "Hallo \> Welt!
(7)     #Hallo \- Welt!
(8)     §Hallo \- Welt!
(9)     "Hallo \Welt!
```

```
(10)    "Hallo \\Welt!
(11)    "Hallo Welt!\{*10100001}
(12)    "Hallo Welt!\{$7A}
(13)    "\{^10,72}Hallo Welt!"
```

Formatierung mit \<

Um bei Zeichenketten den Automatismus zu umgehen, dass zu kurze Angaben wie in Zeile (1) vorne mit Nullen aufgefüllt werden, setzt man das Doppelzeichen \< an der gewünschten Auffüllstelle in die Textkonstante ein. Während in Zeile (1) der Text **Hallo Welt!** ganz rechts in die Zeichenkette eingetragen wird,[10] so füllt VIDAS bei der Angabe in Zeile (2) hinten mit der nötigen Anzahl Nullen auf, so dass der Text **Hallo Welt!** ganz nach links gelangt. Die Doppelzeichen selbst werden beim Auffüllen gelöscht. In Zeile (3) wird in der Mitte der Zeichenkette mit Nullen aufgefüllt, so dass einer der beiden Textteile ganz nach links und der andere ganz nach rechts rückt. Das Einfügen der Formatierungszeichen darf auch mehrfach erfolgen, damit wie in den Zeilen (4) und (5) der Text oder Textteile beispielsweise zur Mitte hin verschoben werden können.

Formatierung mit \>

Wenn die Zeichenketten statt mit Nullen mit Leerzeichen aufgefüllt werden sollen,[11] benutzt man wie in Zeile (6) das Doppelzeichen \>.

Formatierung mit \-

In Zeichenketten, die bezüglich ihrer Zeichenpaare oder Zeichentripel ausgewertet werden, vor denen also das Doppelkreuz # oder das Paragrafenzeichen § steht, erreicht man durch das Einfügen des Doppelzeichens \- , dass die beiden dadurch getrennten Textteile auch in getrennten Hälften des konstanten Werts abgelegt werden. Im Beispiel aus Zeile (7) werden die Positionen, die zum Textteil 'Hallo ' gehören, vorne im konstanten Wert eingetragen, während die zum Textteil ' Welt!' gehörenden Positionen davon getrennt dahinter gesetzt werden. Für das Beispiel mit Tripelzeichen in Zeile (8) gilt das entsprechend. Wegen der Ablage der Textteile in getrennten Hälften sind die Arbeitsalphabete zu verkleinern, was zum Beispiel im *Modell* 8 beim Verfahren für die Positionierung von Tripelzeichen eine Kürzung des Alphabets von 20 auf 16 Zeichen zur Folge hat.

**Formatierung mit **

Möchte man den Schrägstrich \ innerhalb einer Textkonstanten angeben, muss man ihn doppelt setzen in der Form \\. Daher wird in Zeile (9) der Schrägstrich \ nicht übernommen, während er in Zeile (10) als einzelner Schrägstrich in die Zeichenkette eingetragen wird.

Formatierung mit \{

Bestimmte Bitfolgen lassen sich nach dem Sonderzeichen \{ entweder binär wie in Zeile (11), hexadezimal wie in Zeile (12) oder als Anzahl an ASCII-Zeichen[12] wie in Zeile (13) an beliebiger Stelle der Zeichenkette eintragen.

5.4 Lernen und Abfragen

Der Datenspeicher der Assoziativmaschine SYSTEM 9 besteht aus dem Langzeitgedächtnis L, dem Kurzzeitgedächtnis K, einem ROM und zwei Registern R_1 und R_2 (s. Abb. 4.8). Zunächst betrachten wir die beiden Matrizen L und

Lernen und Abfragen im Langzeitgedächtnis

K, in den nächsten Kapiteln die beiden Register und das ROM. Zum Lernen und Abfragen von Frage-Antwort-Paaren gemäß der herkömmlichen Lernregel und der Abfrageregel für Assoziativmatrizen (s. Kapitel 2.5) sind für das

Langzeitgedächtnis L die drei Maschinenbefehle aus Tabelle 5.4 eingeführt.

```
(R15)    lerne <konstante> = <konstante>
(R16)    lerneregister
(R17)    beantworte <konstante>
```

Tabelle 5.4: Maschinenbefehle `lerne`, `lerneregister` und `beantworte` für L

Durch die Lernbefehle in den Zeilen (1) bis (3) von Programm $\boxed{\text{P1}}$ werden drei Frage-Antwort-Paare ins Langzeitgedächtnis L eingetragen.   Beispiele

```
(1)      lerne *0101010000010000 = *0100110000001100        P1
(2)      lerne *0000011101000000 = *1001011000000000
(3)      lerne *0000110011001000 = *0000011101100000
(4)      beantworte *0000100011000000
```

Die Matrix liefert auf die Abfrage in Zeile (4) als Antwort *0000011101100000 (=\$0760) ins Register R_1, auch wenn in der Abfrage einige Einsen von dem beim Lernen eingesetzten Fragetupel aus Zeile (3) fehlen.

Mit Hilfe des `lerneregister`-Befehls werden die Inhalte der Register R_1 und R_2 als Frage-Antwort-Paar ins Langzeitgedächtnis L übernommen.

```
(1)      lerne *0101010000010000 = *0100110000001100        P2
(2)      lerne *0000011101000000 = *1001011000000000
(3)      beantworte *0101010000010000
(4)      kopiere
(5)      beantworte *0000011101000000
(6)      lerneregister
(7)      beantworte *1001011000000000
```

Durch Zeile (3) von Beispiel $\boxed{\text{P2}}$ gelangt *0100110000001100 ins Register R_1 und wird in Zeile (4) mit dem `kopiere`-Befehl (s. Tabelle 5.6) ins Register R_2 kopiert. Danach liefert Zeile (5) den Wert *1001011000000000 ins Register R_1 und Zeile (6) trägt das Registerpaar in L ein, wodurch die Abfrage in Zeile (7) als Antwort *0100110000001100 (=\$4C0C) ergibt.

Für das Kurzzeitgedächtnis K, dem Variablenspeicher, werden die beiden Befehle aus Tabelle 5.5 zur Ausführung der K-Lernregel und der Abfrageregel genutzt.   Lernen und Abfragen im Kurzzeitgedächtnis

```
(R18)    merke <bezeichner> = <konstante>
(R19)    zeige <bezeichner>
```

Tabelle 5.5: Maschinenbefehle `merke` und `zeige` für K

Die Variable i erhält in den ersten drei Zeilen des Beispiels $\boxed{\text{P3}}$ im *Modell* 1 immer denselben Wert.   Beispiel

```
(1)      merke i = *0101100100110000        P3
(2)      merke i = $5930
(3)      merke i = !2,4,5,8,11,12
(4)      zeige i
```

Erläuterungen

In anderen Modellen wären zwar die Angaben in den Zeilen (1) und (2) gleichwertig, nicht jedoch die Angabe der Positionen in Zeile (3), da diese Angabe im Unterschied zu den Angaben in den Zeilen (1) und (2) nicht vorne mit Nullen aufgefüllt wird sondern hinten.

Der `zeige`-Befehl aus Zeile (4) liefert das Ergebnis der Abfrage von K mit der Variablen i gemäß der Abfrageregel aus Kapitel 2.5 ins Register R_1.

5.5 Datenaustausch mit den Registern

Die Befehle `beantworte` und `zeige` legen die Ergebnisse der Anfragen an die Assoziativmatrizen K und L im Register R_1 ab. Die Assoziativmaschine SYSTEM 9 besitzt noch ein zweites Register, welches auch zur Aufnahme von Eingabewerten an die Maschine gedacht ist.[13] Zum Austausch von Werten zwischen den Matrizen und den Registern stehen der Assoziativmaschine SYSTEM 9 vier weitere Maschinenbefehle zur Verfügung, die in der Tabelle 5.6 angegeben sind. Durch den Befehl `hole` wird der Wert, der in Register

```
(R20)    hole <bezeichner>
(R21)    lies <bezeichner>
(R22)    kopiere
(R23)    ereipok
```

Tabelle 5.6: Maschinenbefehle <code>hole</code>, <code>kopiere</code> und <code>lies</code>

R_1 liegt, in die Variable mit dem Namen `<bezeichner>`, also ins Kurzzeitgedächtnis K gebracht. Der Befehl `lies` leistet das Entsprechende für den Wert, der sich in Register R_2 befindet. Mit `kopiere` wird eine Kopie des Werts von Register R_1 ins Register R_2 eingetragen. Die umgekehrte Wirkung hat der Befehl `ereipok`.

Beispiel

Nehmen wir als Beispiel an, zwei Variablen sollen ihre Werte mit Hilfe der Befehle aus Tabelle 5.6 tauschen.

P4

```
(1)    var i,j
(2)    merke i="Haus\<
(3)    merke j="Boot\<
(4)    zeige i
(5)    kopiere
(6)    zeige j
(7)    lies j
(8)    hole i
```

Erläuterungen

In den Zeilen (1) bis (3) von Programm P4 werden die Variablen i und j vereinbart und mit Werten versorgt. Der `zeige`-Befehl in Zeile (4) bringt den Wert von i ins Register R_1 und das anschließende `kopiere` in Zeile (5) fertigt davon eine Kopie für das Register R_2 an. Durch Zeile (6) gelangt der Wert von j ins Register R_1. Anschließend erhält j den Wert aus Register R_2, also den Wert aus i, durch den `lies`-Befehl in Zeile (7). Die Variable i wiederum erhält durch das `hole` in Zeile (8) den ursprünglichen Wert von j, womit der Tausch der Werte erfolgt ist.

Zur Veranschaulichung der Vorgänge beim Datenaustausch zwischen Registern, Matrizen und ROM ist ein Speicherplan wie in Abb. 5.2 nützlich. Hier ist der Wertetausch dargestellt, der Gegenstand obigen Beispiels war.

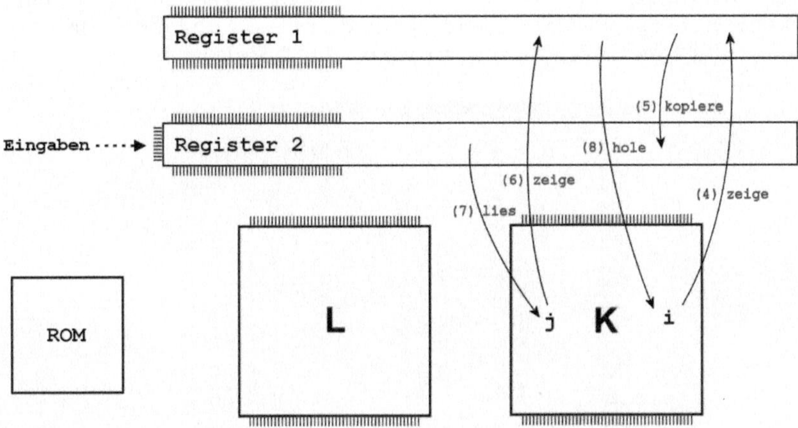

Abb. 5.2: Speicherplan für den Tausch zweier Variablenwerte

5.6 Das ROM

Als Nur-Lese-Speicher erfüllt das ROM in der Assoziativmaschine SYSTEM 9 die Aufgabe, dem Langzeitgedächtnis L ein „Urwissen" zur Verfügung zu stellen. Das hat den Vorteil, dass man Frage-Antwort-Paare, auf die häufiger zugegriffen werden soll, nicht bei jedem Programmstart erneut lernen lassen muss. Das ROM ist ein gebräuchlicher Speicherbaustein, keine Assoziativmatrix, und enthält die Belegung für L in kompakter, seriell auszulesender Weise. Im Folgenden wird der Inhalt des ROM dennoch als Matrix dargestellt. Das Übertragen des ROM-Inhalts nach L leistet der Maschinenbefehl `laderom` (s. Tabelle 5.7). Der Inhalt des ROMs wird durch `laderom` zur aktuellen Belegung von L hinzugelernt. Sind in L vor dem Aufruf von `laderom` schon Frage-Antwort-Paare auf anderem Wege eingetragen worden, so werden diese vor dem Lernen aus dem ROM nicht gelöscht. Folglich kommt es im Allgemeinen auf die Zeile an, in welcher der `laderom`-Befehl in einem Programmtext steht.

Urwissen für das Langzeitgedächtnis L

(R24)   `laderom`

Tabelle 5.7: Maschinenbefehl `laderom`

Zur Erläuterung der Eigenschaft des Befehls `laderom` sei ein Beispiel gegeben, für das zuerst eine ROM-Inhalt erzeugt werden muss. Als Vorlage sollen wie oben in Kapitel 5.4 die nachstehenden Frage-Antwort-Paare dienen.

Beispiel

$$\mathfrak{f}_1 = (0101010000010000)\,, \quad \mathfrak{a}_1 = (0100110000001100)$$
$$\mathfrak{f}_2 = (0000011101000000)\,, \quad \mathfrak{a}_2 = (1001011000000000)$$
$$\mathfrak{f}_3 = (0000110011001000)\,, \quad \mathfrak{a}_3 = (0000011101100000)$$

VIDAS zeigt durch die Menüauswahl **Anzeige | ROM** oder über die Funktionstaste F8 die aktuelle Belegung des ROM der Assoziativmaschine in Matrixdarstellung an. Durch Anklicken der Matrixplätze mit der Maus verkehrt man deren Eintrag in ihr Gegenteil, das heißt, aus einer 1 wird eine 0 und umgekehrt. Abb. 5.3 gibt das Ergebnis des Eintragens der drei Frage-Antwort-Paare $(\mathfrak{f}_i, \mathfrak{a}_i)$ gemäß der L-Lernregel aus Kapitel 2.5 wieder.

ROM	1	2	3	4	5	6	7	8	9	10	11	12	13	14	15	16
1																
2		1			1	1							1	1		
3																
4		1			1	1							1	1		
5						1	1	1		1	1					
6	1	1		1	1	1	1	1		1	1		1	1		
7	1			1		1	1									
8	1			1		1	1									
9						1	1	1		1	1					
10	1			1		1	1	1		1	1					
11																
12		1			1	1							1	1		
13						1	1	1		1	1					
14																
15																
16																

C:\VidAs5\rom_rom.bits16

Abb. 5.3: ROM mit drei eingetragenen Frage-Antwort-Paaren

Die Belegung wird über den Menüpunkt **ROM | Speichern** abgespeichert. Sie wird in die Datei des Unterverzeichnisses **rom** kopiert, deren Name in der Fußleiste des ROM-Fensters angezeigt ist. Das gleiche Menü bietet auch die Möglichkeit, den gesamten ROM-Inhalt zu löschen. Im linken Teil der Fußleiste zeigt ein rotes Feld hier wie in anderen Editorfenstern an, dass Änderungen noch nicht abgespeichert wurden.

Zur Vereinfachung der Eingabe ins ROM öffnet man über den Menüpunkt **Lernen | Frage-Antwort-Paare (F10)** des ROM-Fensters einen Frage-Antwort-Editor (s. Abb. 5.4), der das automatisierte Eintragen von Frage-Antwort-Paaren ermöglicht.

Frage-Antwort-Editor für das ROM

Frage-Antwort-Paare eingeben

Daten Eintragen

*0000110011001000	*0000011101100000
Frage	**Antwort**
*0101010000010000	*0100110000001100
*0000011101000000	*1001011000000000
*0000110011001000	*0000011101100000

C:\VidAs5\rom_rom.paare16

Abb. 5.4: Frage-Antwort-Editor zum Eintragen einer Belegung ins ROM

Mit `Daten | Neu` legt man ein neues Frage-Antwort-Paar an, dessen Werte in den oben liegenden Eingabefeldern notiert werden. Durch `Eintragen | ins ROM` werden alle Frage-Antwort-Paare in die Matrixdarstellung des ROM hinzugelernt, die über die rechte Maustaste nicht als 'gesperrt' markiert worden sind. Gesperrte Paare werden halbhoch dargestellt, die Eingabe der konstanten Werte erfolgt in den in Kapitel 5.3 vorgestellten Formaten (s. Abb. 5.5).

Sperren von Frage-Antwort-Paaren

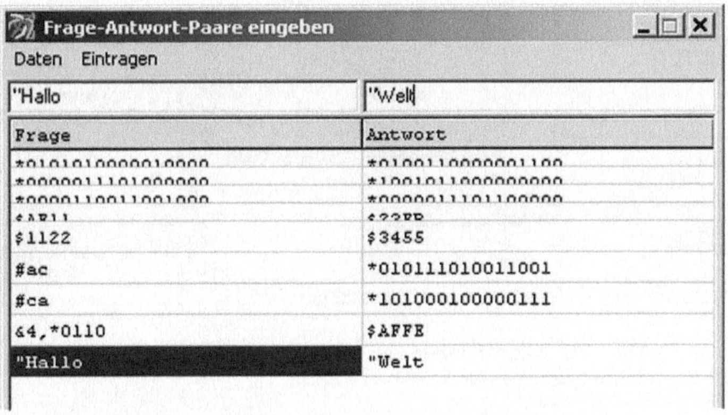

Abb. 5.5: Gesperrte und freigegebene Frage-Antwort-Paaren im Editor des ROM

Nach dem erfolgreichen Eintragen der drei Beispiel-Frage-Antwort-Paare ins ROM liefert das nachstehende Programm P5 in den Zeilen (3) bis (6) sowohl richtige Antworten zu den drei im ROM abgelegten Paaren als auch zu dem zuvor in Zeile (1) eingetragenen Paar.

```
(1)     lerne *1010000000010001=$BABA
(2)     laderom
(3)     beantworte *0101010000010000
(4)     beantworte *0000011101000000
(5)     beantworte *0000110011001000
(6)     beantworte *1010000000010001
```

P5

5.7 Editor- und Ausgabefenster von VIDAS

Der Editor von VIDAS überprüft laufend die Syntax des eingegebenen Programmtexts. Bei Verstößen gegen die Regeln meldet der Editor diese in der Fußleiste rechts unten. Eine Liste etwaiger Fehler und möglicher Abhilfen findet man bei **www.assoziativmaschine.de**. Im Beispiel von Abb. 5.6 hat VIDAS den unbekannten Befehl 'machwas' in Zeile 10 des Programmtextes entdeckt. Bei Fehlermeldungen wird stets die Programmzeilennummer und nicht die Befehlszeilennummer angegeben. Möchte man die Befehlzeilennummern angezeigt bekommen, so klicke man mit der Maus in das Feld mit den Zeilennummern.

Fehlermeldungen

Im Hauptfenster liest man links unten in einem Textfeld der Fußleiste den Dateinamen des aktuellen Programmtextes.[14] Vergisst der Benutzer das Abspei-

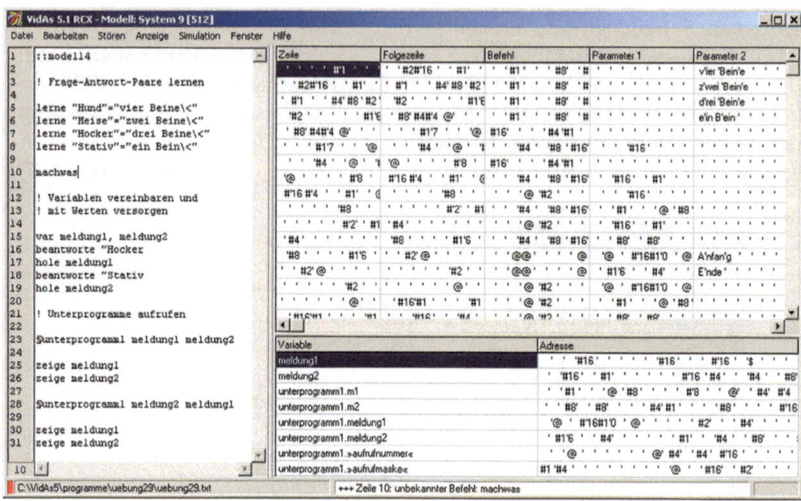

Abb. 5.6: Hauptfenster von VIDAS mit Fehlermeldung

chern eines geänderten Programmtextes, wird er beim Schließen des Hauptfensters durch einen Warnhinweis daran erinnert.

In den tabellarischen Übersichten der Matrixinhalte des Programmspeichers der Assoziativmaschine und der Variablen und Sprungmarken vergrößert ein Mausklick auf die jeweilige Kopfzeile die Anzeige. Ein weiterer Mausklick stellt wieder die alte Anzeigenbreite her.

Die Wirkung der durch die Assoziativmaschine abgearbeiteten Programme liest man je nach Anwendungsfall im Ausgabeprotokollfenster, im Simulationsfenster oder in den Fenstern mit den Darstellungen der Assoziativmatrizen des Programm- und Datenspeichers ab.

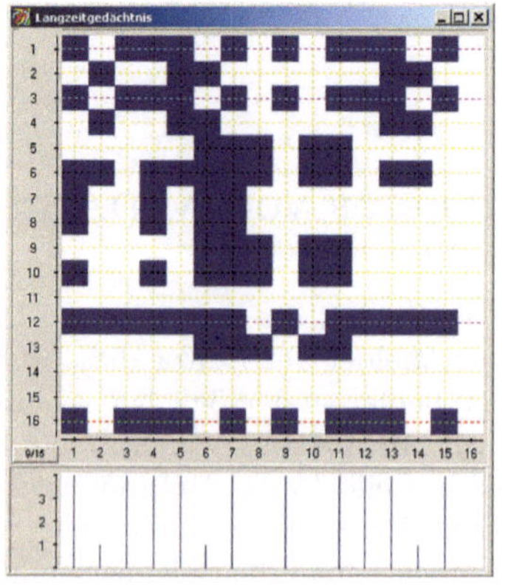 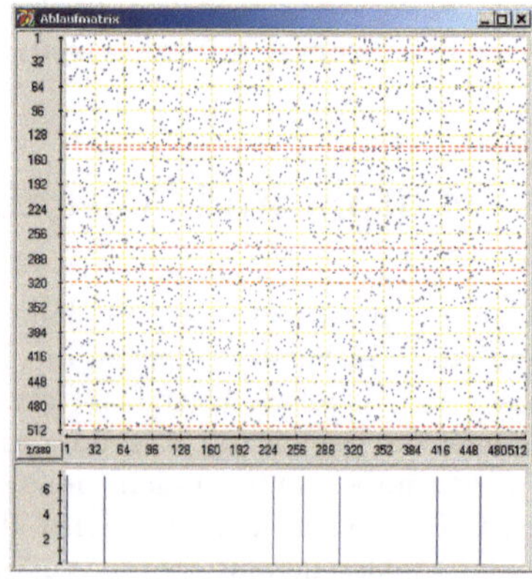

Abb. 5.7: Matrixanzeigefenster für *Modell* 1 und *Modell* 4

Matrixfenster

Die Matrixanzeigefenster bestehen aus zwei Teilen: oben wird die Matrix in Gitterdarstellung angezeigt, unten die Spaltensummen (s. Abb. 5.7). Links neben der Anzeige der Spaltensummen gibt eine Skala die Größe der Summen an. Fehlt die Skala, ist entweder die maximale Spaltensumme der aktuellen Abfrage Null oder es fand keine Abfrage statt.

Ein Gitter in der Matrixanzeige schaltet man durch Mausklick auf die Koordinatenanzeige ein und aus. Die Koordinatenanzeige befindet sich links, in Höhe der horizontalen Skala. Die Anzeige der aktiven Matrixzeilen durch rote, unterbrochene Linien erreicht man über den Menüpunkt **Anzeige | Animation** oder die Tastenkombination Strg-Alt-A.

Fährt man mit dem Mauszeiger über die Matrixdarstellung, taucht die Zeile/Spalte, in der sich der Mauszeiger befindet, in der Koordinatenanzeige auf. Klickt man in das Anzeigefenster wird eine Ausschnittvergrößerung der Matrix wie in Abb. 5.8 angezeigt.

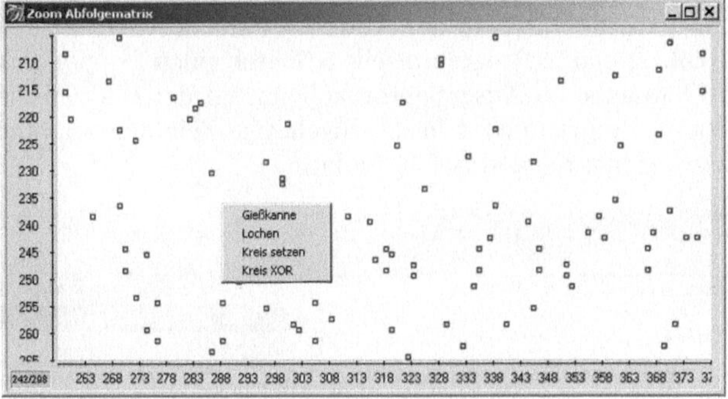

Abb. 5.8: Ausschnittvergrößerung einer Matrix

Innerhalb der Ausschnittvergrößerung erhält man die Möglichkeit, die Matrixeinträge nach Belieben zu verändern, um beispielsweise das Verhalten der Assoziativmaschine bei Störungen zu untersuchen.

```
VIDAS 4.9.5 - Modell: System 9 [16        Ausgabeprotokoll

Datei  Bearbeiten  Zerstören  Anzeige    Protokoll

 1  ::modell1                             lerne (100.00%) [BZ: 1]
 2                                        lerne (100.00%) [BZ: 2]
 3  ! Frage-/Antwortpaare eint            lerne (100.00%) [BZ: 3]
 4                                        beantworte (100.00%) [BZ: 4]
 5  lerne $1212=$0101                      0000000100000001  ($0101)
 6  lerne $3121=$1010                     beantworte (100.00%) [BZ: 5]
 7  lerne $8080=$2222                      0001000000010000  ($1010)
 8                                        beantworte (100.00%) [BZ: 6]
 9  ! Abfragen                             0010001000100010  ($2222)
10                                        beantworte (100.00%) [BZ: 7]
11  beantworte $1212                       0000000100000001  ($0101)
12  beantworte $3121                      beantworte (100.00%) [BZ: 8]
13  beantworte $8080                       0010001000100010  ($2222)
14                                        beantworte (100.00%) [BZ: 9]
15  ! Abfrage mit "gestörten"              0001000000010000  ($1010)
16
17  beantworte $1213
18  beantworte $8082
19  beantworte $3180
20  beantworte $3112
```

Abb. 5.9: Ausgabeprotokoll und Programmtexteditor von VIDAS

Ausgabeprotokoll

Das Ausgabeprotokoll von VidAs dient vornehmlich der Kontrolle des Verlaufs eines simulierten Programms. Im Ausgabeprotokoll werden die erkannten Befehle aufgelistet und dahinter in Klammern die Schwellwertgüte genannt, mit der das passierte. In eckigen Klammern folgt die Angabe der Nummer der Befehlszeile (BZ).

Auch leere Programmtextzeilen, Kommentarzeilen oder Zeilen, in denen Variablen vereinbart werden, erhalten eine Programmzeilennummer. Würde man alle Zeilen weglassen, in denen keine Maschinenbefehle an die Assoziativmaschine stehen, bleiben die Befehlszeilen übrig, die kodiert und dann in die Programmmatrizen eingetragen werden. Diese Befehlszeilen werden von oben nach unten nummeriert und eigens für das Ausgabeprotokoll in eine besondere, zum Editor gehörende Assoziativmatrix eingetragen. Auf diesem Wege gelangen die Befehlszeilennummern ins Ausgabeprotokoll und verraten dem Programmierenden beispielsweise, in welcher Schleife ein Programmlauf festhängt. Im Programmtext in der Abb. 5.9 steht der Befehl **lerne** in Befehlszeile 1 (BZ: 1) und in Programmzeile 5. Durch einen Doppelklick auf eine Zeile mit 'BZ'-Angabe im Ausgabeprotokoll springt der Bildschirmzeiger im Editorfenster im Programmtext in die zugehörige Zeile und markiert sie, so dass man den verursachenden Befehl findet.[15]

Auffinden von Befehlszeilen

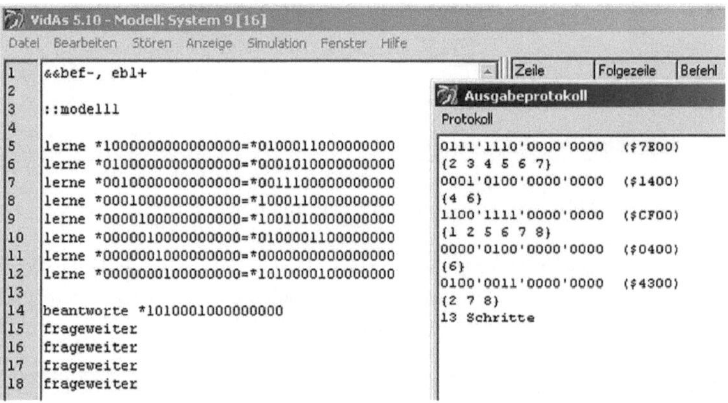

Abb. 5.10: Ausgabeprotokoll mit den Optionen &&bef-, ebl+

&&

Auf die Inhalte des Ausgabeprotokolls kann man mit Editorbefehlen Einfluss nehmen, die mit dem Doppelzeichen **&&** beginnen (s. Tabelle 5.8).

(R25)   **&&** {bef | edz | etz | ebl | aus} {+|-}

Tabelle 5.8: Editorbefehl **&&**

Ausgabeoptionen

Durch die Optionen **bef+** beziehungsweise **bef-** wird die Anzeige der ausgeführten Befehle verlangt beziehungsweise unterdrückt, durch **edz+** und **edz-** schaltet man die Ausgabe in Form von Doppelzeichen ein und aus, mit **etz+** und **etz-** diejenige mit Tripelzeichen. Möchte man eine Liste der Positionen anzeigen, an denen sich in der Ausgabe die Einsen befinden, stellt man das über die Option **ebl** ein. Wählt man die Option **aus-**, tauchen nur diejenigen von den Befehlen **zeige**, **zeigeweiter**, **beantworte** und **frageweiter** veranlassten Ausgaben im Protokollfenster auf, deren erstes Zeichen ein Punkt ist. Mehrere Optionen können wie in Abb. 5.10 gezeigt in einer Zeile durch Komma getrennt angereiht werden.

Im Beispiel in Abb. 5.10 wurde durch `bef-` die Auflistung der abgearbeiteten Befehle ausgeschaltet. Ferner wird mit `ebl+` dafür gesorgt, dass die Positionen der Einsen im Ausgaberegister aufgezählt werden. Letzteres wird dann nützlich, wenn man mit den (spärlich kodierten) Antworten größerer Matrizen umgeht, die keine Texte sind und bei denen eine überschaubare Darstellung in anderer Weise schwierig wird.

Beispiel

5.8 Übungen 5

Alle nachfolgenden Aufgaben beziehen sich auf die Assoziativmaschine SYSTEM 9, wenn nichts anderes vermerkt ist.

Ü 5.1 (*Modell* 1)

Man überlege sich zuerst die von der Assoziativmaschine erwarteten Antworten zu folgenden Programmtexten und gebe die Texte dann ein. Man überprüfe seine Überlegungen anhand der Antworten der Maschine.

<table>
<tr><td>

a)

```
::modell1

! Variablen vereinbaren

var i, j, k

! Werte zuweisen

merke i=$AFFE
merke j=$FEE1
merke k=$BEBE

! Variablenwerte abfragen

zeige i
zeige j
zeige k

! neue Werte zuweisen

merke i=$1111
merke j=$DADA

! Variablenwerte abfragen

zeige i
zeige j
zeige k
```

</td><td>

b)

```
::modell1

! Frage-/Antwortpaare eintragen

lerne $1212=$0101
lerne $3121=$1010
lerne $8080=$2222

! Abfragen

beantworte $1212
beantworte $3121
beantworte $8080

! Abfrage mit "gestörten" Fragen

beantworte $1213
beantworte $8082
beantworte $3180
beantworte $3112
```

</td></tr>
</table>

Ü 5.2 (*Modell* 1)

Die Belegung einer Matrix sei durch nachfolgendes Matrixfenster angegeben. Zu den Fragen $\mathfrak{f}_i$ und Antworten $\mathfrak{a}_j$, die zu dieser Belegung führten, gehören

$$\mathfrak{f}_1 = \$A010, \ \mathfrak{f}_2 = \$01A2, \ \mathfrak{f}_3 = \$4481$$

und

$$\mathfrak{a}_5 = \$8040, \ \mathfrak{a}_6 = \$0BB1, \ \mathfrak{a}_7 = \$2080, \ \mathfrak{a}_8 = \$1C14 \ .$$

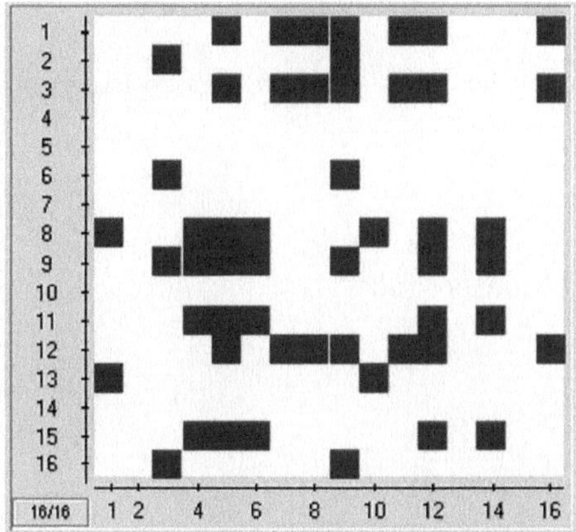

a) Man trage die Belegung in das ROM der Assoziativmaschine ein.

b) Schreiben Sie ein Programm, mit welchem der Inhalt des ROMs ins Langzeitgedächtnis L übertragen wird und mit dem dann die drei Fragen f_1, f_2 und f_3 beantwortet werden.

c) Man ordne die Fragen den zugehörigen Antworten zu.

d) Man gebe zur nicht zugeordneten Antwort eine mögliche Frage an.

e) Man lerne zusätzlich das Frage-Antwort-Paar $f_4 = (0000010101111010)$, $a_4 = (1011001110011010)$ und untersuche und begründe die Veränderungen im Antwortverhalten der Maschine.

Ü 5.3 (*Modell* 1)

Man trage mit Hilfe des Frage-Antwort-Editors die folgenden Paare ins ROM der Assoziativmaschine ein und notiere das Ergebnis in untenstehende Matrixdarstellung des ROM-Inhalts.

Frage	Antwort
\$3570	\$110F
*1000010100001001	*0011001110110010
&2, \$3	\$77
!2, 5, 6, 16	&3, *101

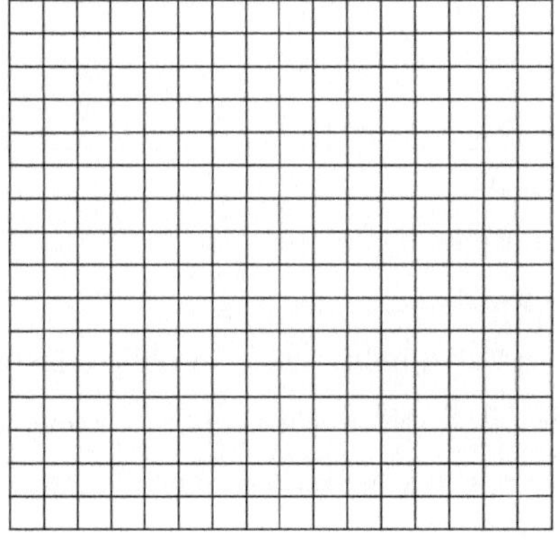

Ü 5.4 (*Modell* 1)

Welche Werte befinden sich nach Ablauf folgenden Programms in den Variablen i, j und k?

```
var i
var j
var k
merke j = *0000000010001001
zeige j
hole i
merke k = $ABC0
zeige k
kopiere
zeige j
hole k
lies i
hole j
```

Man nehme für seine Überlegungen folgende Übersicht zum Speicherplan der Assoziativmaschine zu Hilfe. Dazu zeichne man sich die Wirkung der Befehle **zeige**, **hole**, **kopiere** und **lies** anschaulich ein und verfolge dann damit den 'Weg', den die Werte durch obiges Programm nehmen.

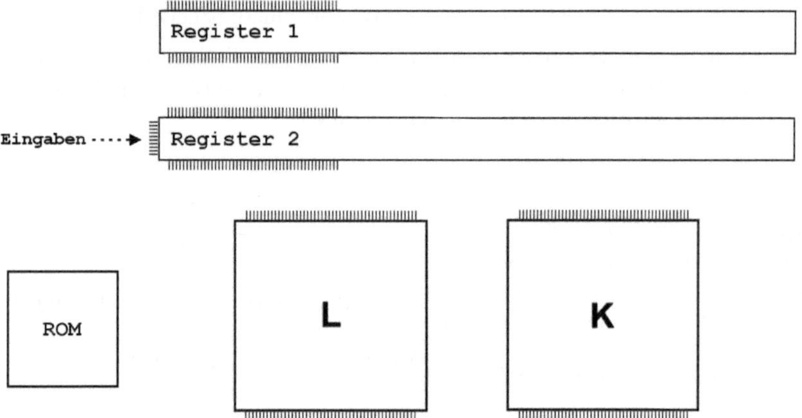

Ü 5.5 (*Modell* 6)

Man weise einer Variablen 'text1' den Wert „Rosenkohl macht Magenwohl"
in der folgenden Weise zu:

a) Der Text wird linksbündig eingetragen.

b) Der Text wird rechtsbündig eingetragen.

c) „Rosenkohl macht" wird links-, „Magenwohl" rechtsbündig eingetragen.

d) Die drei Wörter des Textes werden zentriert eingetragen.

e) Die drei Wörter des Textes werden über die ganze Zeile gleichmäßig verteilt eingetragen.

Ü 5.6 (*Modell* 1)

a) Man schreibe ein Programm für die Assoziativmaschine, durch welches in Register R_1 der Wert \$AA eingetragen wird und in Register R_2 der Wert \$BB.

b) Man schreibe ein Programm für die Assoziativmaschine, durch welches die Werte aus Register R_1 und Register R_2 getauscht werden.

Ü 5.7 (*Modell* 1 und *Modell* 6)

Man überlege, welche Ausgaben die Assoziativmaschine liefern wird und überprüfe, ob die Annahmen zutreffen.

```
a)                           b)
::modell1                    :: modell6

var i, j, k                  var text[3]

merke i = $0AD89F012         merke text_1 = "\{$42}ENGEL\<
merke j = "HI                merke text_2 = "L\{*1000001}BSK\{$41}US\<
merke k = &3,$3              merke text_3 = "\>HAFER\\STROH
zeige i                      zeige text_1
zeige j                      zeige text_2
zeige k                      zeige text_3
```

Ü 5.8 (*Modell* 2)

Man schreibe ein Programm für die Assoziativmaschine, durch welches zwei Variablen i, j ihre Werte tauschen. Folgender Programmtextrahmen sei vorgegeben. Die Lösung setze man an die Stelle «gesuchter Programmtext» ein.

```
merke i=$ABBA
merke j=$DADA
<<gesuchter Programmtext>>
zeige i
zeige j
```

Ü 5.9 (*Modell* 1)

Gegeben seien die fünf Variablen v1, v2, v3, v4 und v5 und der Wert \$07. Man gebe ein möglichst kurzes Programm an, durch welches alle Variablen diesen Wert zugewiesen bekommen.

Ü 5.10 (*Modell* 2)

Gegeben seien die drei Variablen i, j und k mit:

```
merke i = $FEE1
merke j = $0202
merke k = $1234
```

Man schreibe ein Programm für die Assoziativmaschine, durch welches j den Wert von i, k den Wert von j und i den Wert von k erhält.

5.9　Fortsetzungsassoziationen

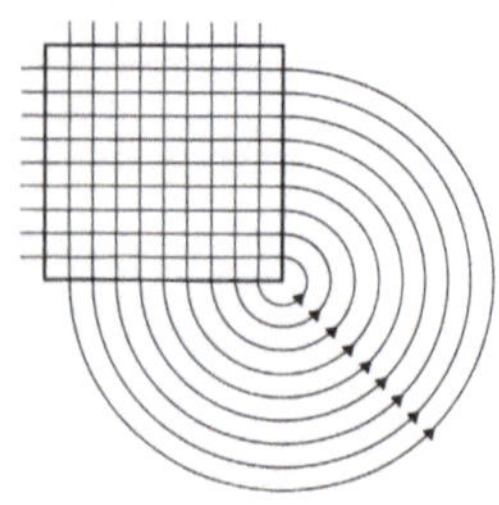

Abb. 5.11: Rückkopplung einer Assoziativmatrix (Palm 1982)

Mit **Fortsetzungsassoziation** sei ein Vorgang beschrieben, bei dem bei Abfrage einer Assoziativmatrix die Antwort gleich wieder als Frage eingesetzt wird. Dieser Vorgang ist für den Ablauf von Programmen in der Assoziativmaschine grundlegend,[16] da die Maschine Befehlszeilen eines Programms mit den jeweiligen Nachfolgezeilen assoziiert. Palm untersuchte in den 1980er-Jahren die Rückkopplungsvorgänge, die es ermöglichen, mit einer Assoziativmatrix eine Abfolge von Situationen aufzunehmen.[17] In der Assoziativmaschine soll die Fortsetzungsassoziation außer für den Programmspeicher auch für den Datenspeicher in Form von Assoziationsketten und Assoziationskreisen verfügbar sein, womit sich dieses Kapitel einführend und dann das Kapitel 5.14 weiterführend befassen werden.

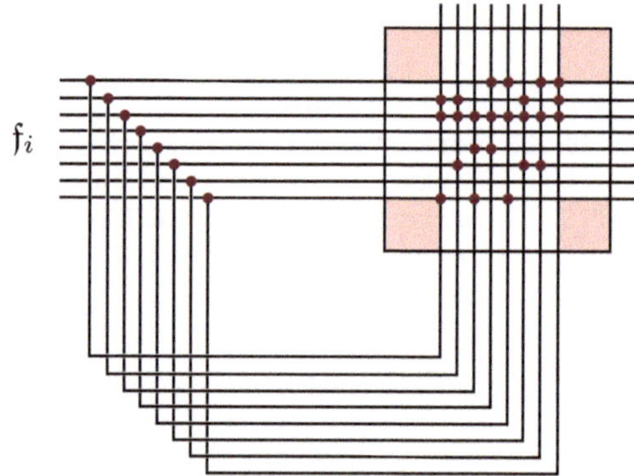

Abb. 5.12: Rückkopplung einer Assoziativmatrix, Beispiel 1

Der Abfrageprozess mit der achtzeiligen Matrix in Abbildung 5.12 werde beispielgebend durch folgende drei Fragen $\mathfrak{f}_i$ gestartet.

$$\mathfrak{f}_1 = (0,1,0,0,0,1,0,0)$$
$$\mathfrak{f}_2 = (1,0,1,0,0,1,0,0)$$
$$\mathfrak{f}_3 = (0,0,1,0,1,0,0,1)$$

Durch diese Fragen werden drei verschiedenartige Reaktionen der rückgekoppelten Matrix ausgelöst. Startet man die Fortsetzungsassoziation mit der Frage $\mathfrak{f}_1$, wird jeder der folgenden Assoziationsschritte mit $\mathfrak{f}_1$ beantwortet. Außer der zweiten und sechsten Leitung werden keine der anderen Leitungen aktiv werden. Ein Ablauf, bei dem die Fortsetzungsassoziation zu keinem Ende kommt, wird **Endloskette** genannt.

Endloskette

Fragt man hingegen mit $\mathfrak{f}_2$ an, kommt der Abfrageprozess bereits nach dem zweiten Assoziationsschritt zum Erliegen (**Nullaktivität**), weil keine Leitungen mehr aktiv sein werden.

Nullaktivität

Wählt man $\mathfrak{f}_3$ als Startfrage, so werden ab dem zweiten Assoziationsschritt ständig sämtliche Leitungen aktiviert bleiben (**Überreizung**).

Überreizung

Zum kontrollierten Umgang mit der Fortsetzungsassoziation wird man eine Überreizung vermeiden und Endlosketten und Nullaktivitäten so gezielt

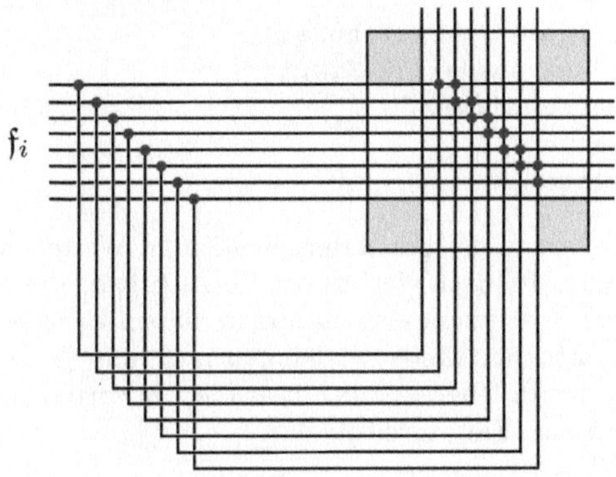

Abb. 5.13: Rückkopplung einer Assoziativmatrix, Beispiel 2

einsetzen wollen, wie es das Programmieranliegen verlangt. Eine dabei wiederkehrende Aufgabe ist es, eine Fragenfolge fester Länge einzurichten. Die Fortsetzungsassoziation, die über die Beispielsmatrix in Abb. 5.13 durch Start mit $(1, 0, 0, 0, 0, 0, 0, 0)$ in Gang gesetzt wird, hat eine Länge von 6, da die Fortsetzungsassoziation nach sechs Fragen, die Startfrage eingerechnet, an eine Nullaktivität gelangt.

Eine Fortsetzungsassoziation, bei der von einer Frage zur nächsten fortgeschritten wird bis die n. Frage erreicht ist, heiße **Assoziationskette der Länge** n. Wenn sie nicht stoppt, sondern mit der Startfrage wieder von vorne beginnt, heiße die Fragefolge **Assoziationskreis der Länge** n. Trägt man mehrere Fortsetzungsassoziationen in eine Matrix ein, kann es bei nicht sorgfältiger Planung dazu kommen, dass durch deren Überlagerung eine Kette ihre n. Frage nicht erreicht, die vorgesehene Reihenfolge der Fragen nicht eingehalten wird oder der Abfrageprozess zwischen einem Teil der Folgeglieder hin- und herpendelt. Bei der Programmierung der Assoziativmaschine wird dies für gewöhnlich auch mit Hilfe von VIDAS vermieden. Da man Assoziationsketten und -kreise gelegentlich miteinander verzahnen oder ineinander schachteln muss, so dass sie sich gegenseitig kontrollieren, wechselseitig anstoßen oder stoppen können, wird man allerdings in der Regel ohne komplexer angelegte Gefüge von Fortsetzungsassoziationen nicht auskommen.

Assoziationsketten und -kreise

Um mit einer Antwort, die ins Register R_1 gelangt ist, sogleich wieder abfragen zu können, stehen in der Assoziativen Programmierung die Befehle `frageweiter` für das Langzeitgedächtnis L und `zeigeweiter` für das Kurzzeitgedächtnis K zur Verfügung.

frageweiter und zeigeweiter

```
(R26)    frageweiter
(R27)    zeigeweiter
```

Tabelle 5.9: Maschinenbefehle `frageweiter` und `zeigeweiter`

In folgendem Programmbeispiel P6 wird eine Assoziationskette der Länge 4 erzeugt und dann mit `frageweiter` bis zum „Ziel" fortassoziiert.

Beispiel

```
(1)      :: modell6
(2)      lerne "Hase\<"="Igel\<"
```

P6

```
(3)      lerne "Igel\<"="Buxtehude\<"
(4)      lerne "Buxtehude\<"="Ziel\<"
(5)      beantworte "Hase\<"
(6)      frageweiter
(7)      frageweiter
```

Erläuterung

Da sich die Kodierungen der benutzten konstanten Werte genügend voneinander unterscheiden, um nach vier Assoziationsschritten die Nullaktivität zu erreichen, läuft die Fortsetzungsassoziation in diesem Beispiel wie gewünscht ab. Würde man statt „Buxtehude" in den Zeilen (3) und (4) den Wert „Igelin" einsetzen, werden durch Überlagerung zwar die Antworten zum Teil unleserlich, dennoch wird das „Ziel" erreicht.

Setzt man das Programm $\boxed{\text{P6}}$ in einer möglichen höheren Sprache für die Assoziative Programmierung um, wird die Assoziationskette einfacher durch einen Verkettungsbefehl wie nachstehend in Zeile <1> aufzubauen sein.

```
<1>      verkette "Hase\<","Igel\<","Buxtehude\<","Ziel\<";
<2>      beantworte "Hase\<";
<3>      frageweiter;
<4>      frageweiter;
```

Beispiel

Im Kurzzeitgedächtnis K, welches als Speicher für die Variablen eines Programms dient, lassen sich Fortsetzungassoziationen wie in Beispiel $\boxed{\text{P7}}$ für *Modell* 1 durchführen.

$\boxed{\text{P7}}$
```
(1)      var i,j,k
(2)      merke i=$AFFE
(3)      merke j=@i
(4)      merke k=@j
(5)      zeige k
(6)      zeigeweiter
(7)      zeigeweiter
```

Erläuterung

In Zeile (3) erhält die Variable j als Wert die Adresse der Variablen i, in Zeile (4) erhält k die Adresse von j. Durch Zeile (5) wird der Wert von k ins Register R_1 geschafft, so dass die in den Zeilen (6) und (7) anschließenden **zeigeweiter**-Befehle letztlich den Wert **$AFFE** ausgeben.

Das Beispiel $\boxed{\text{P7}}$ hätte höhersprachlich formuliert in etwa das folgend vorgestellte Aussehen. In Zeile <3> stellt ein Befehl die Verbindung zwischen denjenigen Variablen her, die die Assoziationskette bilden.

```
<1>      var i,j,k;
<2>      i := $AFFE;
<3>      verbinde i,j,k;
<4>      zeige k;
<5>      zeigeweiter;
<6>      zeigeweiter;
```

In dieser Weise längere Assoziationsketten und -kreise aufzubauen ist aufwändig, weswegen in Kapitel 5.14 anwenderfreundlichere Sprachmittel von VIDAS vorgestellt werden.

5.10 Unbedingte Sprünge

Das im Programmspeicher der Assoziativmaschine abzulegende Programm wird Zeile für Zeile als Fortsetzungsassoziation eingetragen, indem VIDAS jeder Befehlszeile eine eindeutige Kodierung zuordnet und diese dann in der gewünschten Reihenfolge in der Abfolgematrix A mittels der ersten Lernregel (s. Kapitel 2.5) ablegt.[18] Auf die von VIDAS anzulegende Fortsetzungsassoziation kann man Einfluss nehmen, indem man dem Programmetexteditor durch den Befehl **springe** mitteilt, wohin der Programmablauf an einer bestimmten Stelle unbedingt zu verzweigen hat.[19]

Als Sprungziel ist mit dem Editor-Befehl **markiere** der gewünschte Ort anzugeben, an dem ein Programmablauf fortzusetzen ist. Der **markiere**-Befehl muss vor einer Befehlszeile stehen, also vor einem von der Maschine ausführbaren Befehl.

springe und
markiere

```
(R28)    springe <bezeichner>
(R29)    markiere <bezeichner>
```

Tabelle 5.10: Editorbefehle springe und markiere

Im folgenden Beispiel wird die Zeile (5) übersprungen, so dass zum Schluss durch Zeile (7) nur einmal „Hallo Welt!" ausgegeben wird.

Beispiele

```
(1)      :: modell5
(2)      var meldung
(3)      merke meldung="Hallo Welt!\<"
(4)      springe unten
(5)        merke meldung="Hallo Hildesheim!\<"
(6)      markiere unten
(7)      zeige meldung
```

P8

In folgendem Fall wird endlos oft „Hallo Welt!" ausgegeben, da der **springe**-Befehl den Programmablauf immer wieder zur Zeile (4) führt.

```
(1)      var meldung
(2)      merke meldung="Hallo Welt!\<"
(3)      markiere oben
(4)        zeige meldung
(5)      springe oben
```

P9

In einer höheren Programmiersprache würde der Programmtext P9 in dieser Weise als nichtabweisende Schleife[20]

```
<1>      var meldung;
<2>      meldung := "Hallo Welt!\<";
<3>      repeat
<4>        zeige meldung
<5>      until FALSE;
```

oder wie folgt als abweisende Schleife formuliert.[21]

```
<1>      var meldung;
<2>      meldung := "Hallo Welt!\<";
<3>      while TRUE do
```

```
<4>        begin
<5>          zeige meldung
<6>        end;
```

5.11 Bedingte Sprünge

Der bedingte Sprung ist grundlegender Baustein der freien Programmierbarkeit einer Maschine. Durch Fortsetzungsassoziationen gebildete Schleifen sollten beim Eintreffen einer vorgelegten Bedingung verlassen werden können. Dazu muss eine als Endlosschleife angelegte Fortsetzungsassoziation kontrolliert abgebrochen werden können. Die zugehörige Abbruchbedingung wird zur Laufzeit des Programms geprüft und der Ausstieg aus der Endlosschleife erst beim Eintreffen der gestellten Bedingung veranlasst. Folglich hat die Maschine dafür geeignete Maschinenbefehle zu bieten. Die Assoziativmaschine SYSTEM 9 stellt zu diesem Zweck die beiden Befehle `nullspringe` und `gleichspringe` zur Verfügung (s. Tabelle 5.11).

nullspringe und gleichspringe

(R30)   `nullspringe` <bezeichner>
(R31)   `gleichspringe` <bezeichner>

Tabelle 5.11: Maschinenbefehle `nullspringe` und `gleichspringe`

Erläuterung

Die Verzweigung des Programmablaufs zur durch <bezeichner> markierten Befehlszeile erreicht `nullspringe` mit Hilfe der von der Parametermatrix P_1 gelieferten Kodierung der anzuspringenden Fortsetzungszeile und dem Sprungwerk (s. Abb. 1.1),[22] falls in Register R_1 nur Nullen stehen.[23] Entsprechendes leistet `gleichspringe`, falls der Inhalt von Register R_1 gleich dem Inhalt von Register R_2 ist.[24]

Beispiele

Die folgenden Beispiele veranschaulichen die Möglichkeiten des Einsatzes der beiden bedingten Sprungbefehle.

P10

```
(1)      lerne $AA00=$1400
(2)      lerne $1400=$0014
(3)      lerne $0014=$4040
(4)      lerne $4040=$00AA
(5)      beantworte $AA00
(6)      markiere oben
(7)        frageweiter
(8)        nullspringe unten
(9)      springe oben
(10)     markiere unten
```

Durch vorstehenden Programmtext P10 für das *Modell* 1 wird in den Zeilen (1) bis (4) eine Assoziationskette der Länge 5 aufgebaut, deren Startfrage durch Zeile (5) ins Register R_1 gelangt und der dann mit den `frageweiter`-Befehlen solange gefolgt wird, bis im Register R_1 nur noch Nullen stehen (Nullaktivität). Der in Zeile (8) untergebrachte `nullspringe`-Befehl verzweigt in diesem Fall zu der nach Zeile (10) folgenden Befehlszeile. Im Register R_1 stehen deswegen am Ende der Assoziationskette nur noch Nullen, weil zuletzt

mit $00AA angefragt wird, wozu das Langzeitgedächtnis L keine Antwort ge-
lernt hat, so dass Nullaktivität eintritt.

In einer hochsprachlichen Formulierung sähe der Programmtext P10 in etwa
folgendermaßen aus.

```
<1>      verkette $AA00,$1400,$0014,$4040,$00AA;
<2>      beantworte $AA00;
<3>      repeat
<4>         frageweiter
<5>      until registernull;
```

Der gleichspringe-Befehl sei durch Beispieltext P11 erläutert. In ihm wird
eine Assoziationskette der Länge 7 vorzeitig in Zeile (14) abgebrochen, weil
die Inhalte der beiden Register R_1 und R_2 übereinstimmen, denn in beiden
steht in diesem Moment der Wert $0180. In das Register R_2 gelangt dieser
Stoppwert durch den kopiere-Befehl in Zeile (10).

P11

```
(1)      var stopp
(2)      merke stopp=$0180
(3)      lerne $AA00=$1400
(4)      lerne $1400=$0014
(5)      lerne $0014=$4040
(6)      lerne $4040=$0180
(7)      lerne $0180=$0028
(8)      lerne $0028=$ABBA
(9)      zeige stopp
(10)     kopiere
(11)     beantworte $AA00
(12)     markiere oben
(13)        frageweiter
(14)        gleichspringe unten
(15)     springe oben
(16)     markiere unten
```

In einer möglichen Hochsprache für die Assoziativmaschine könnte man den
vorstehenden Programmtext P11 wie folgt notieren.

```
<1>      verkette $AA00,$1400,$0014,$4040,$0180,$0028,$ABBA;
<2>      register2 := $0180;
<3>      beantworte $AA00;
<4>      repeat
<5>         frageweiter
<6>      until registergleich;
```

Bisher wurden in den Beispielen dieses Kapitels nur nichtabweisende Schleifen
eingesetzt. Dadurch würde beispielsweise im Programmtext P11 die Fortsetzungsassoziation auch begonnen, wenn man die Assoziationskette in Zeile
(3) statt mit $AA00 mit dem Wert $0180 startete, der eigentlich als Stoppwert
zum Aussprung aus der Endlosschleife dienen sollte. Daher wäre zum Suchen
eines Wertes in einer Assoziationskette eine abweisende Schleife besser.

```
<1>      verkette $AA00,$1400,$0014,$4040,$0180,$0028,$ABBA;
<2>      register2 := $0180;
```

```
<3>      beantworte $AA00;
<4>      while not registergleich do
<5>        begin
<6>          frageweiter
<7>        end;
```

Eine solche abweisende Schleife wäre hier mit Mitteln der eingeführten maschinennahen Sprache durch einfaches Vertauschen der Zeilen (13) und (14) von Programm $\boxed{\text{P11}}$ zu erreichen.

```
(12)     markiere oben
(14)       gleichspringe unten
(13)       frageweiter
(15)     springe oben
(16)     markiere unten
```

nichtabweisende
Schleife

Eine **nichtabweisende Schleife** der folgenden Gestalt[25]

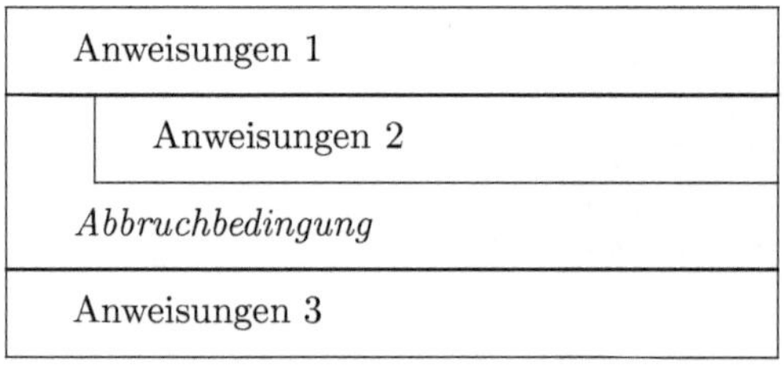

<table>
<tr><td colspan="2">Anweisungen 1</td></tr>
<tr><td></td><td>Anweisungen 2</td></tr>
<tr><td colspan="2">Abbruchbedingung</td></tr>
<tr><td colspan="2">Anweisungen 3</td></tr>
</table>

lässt sich mit den bedingten Sprüngen der Assoziativen Programmierung wie nachstehend umsetzen.

```
<<Anweisungen 1>>
markiere <<MarkeOben>>
  <<Anweisungen 2>>
  nullspringe oder gleichspringe <<MarkeUnten>>
springe <<MarkeOben>>
markiere <<MarkeUnten>>
<<Anweisungen 3>>
```

abweisende Schleife

Demgegenüber lassen sich **abweisende Schleifen** der nachstehenden Form

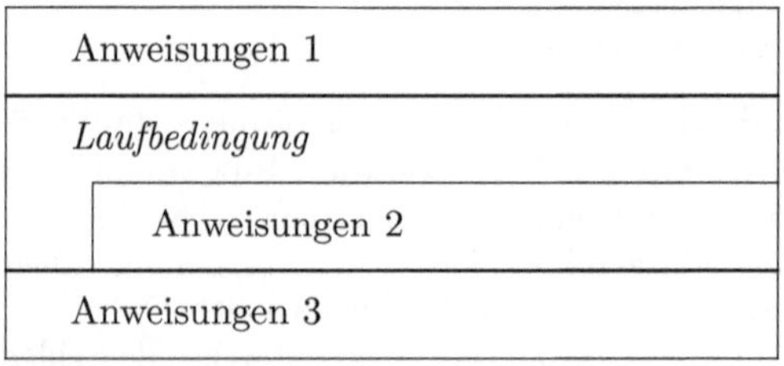

<table>
<tr><td>Anweisungen 1</td></tr>
<tr><td>Laufbedingung</td></tr>
<tr><td>Anweisungen 2</td></tr>
<tr><td>Anweisungen 3</td></tr>
</table>

durch Umsetzen des `gleichspringe`- oder `nullspringe`-Befehls vom Schleifenfuß an den Schleifenkopf wie folgt anlegen.

```
<<Anweisungen 1>>
markiere <<MarkeOben>>
  nullspringe oder gleichspringe <<MarkeUnten>>
  <<Anweisungen 2>>
springe <<MarkeOben>>
markiere <<MarkeUnten>>
<<Anweisungen 3>>
```

Für eine **einseitige Auswahl** folgender Art   einseitige Auswahl

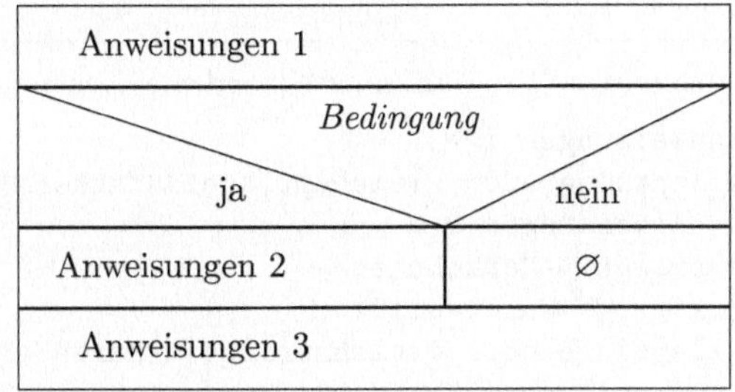

bietet sich nachstehender Aufbau des Programmtexts an.

```
<<Anweisungen 1>>
nullspringe oder gleichspringe <<MarkeNein>
  <<Anweisungen 2>>
markiere <<MarkeNein>>
<<Anweisungen 3>>
```

Eine **zweiseitige Auswahl** dieser Form   zweiseitige Auswahl

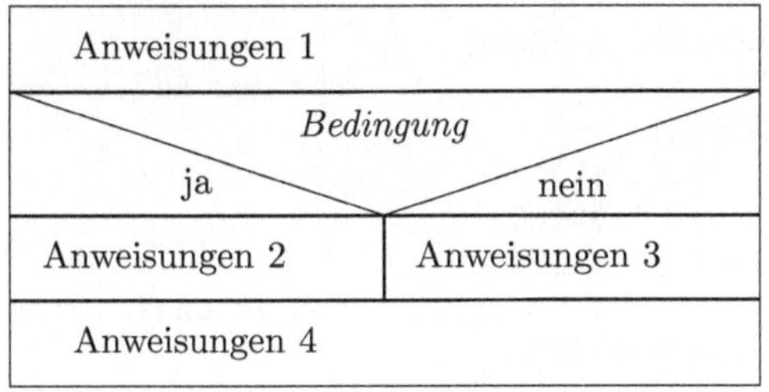

lässt sich wie folgt verwirklichen.

```
<<Anweisungen 1>>
nullspringe oder gleichspringe <<MarkeNein>>
  <<Anweisungen 2>>
  springe <<MarkeUnten>>
markiere <<MarkeNein>>
  <<Anweisungen 3>>
markiere <<MarkeUnten>>
<<Anweisungen 4>>
```

Auch eine **Fallunterscheidung** lässt sich mit den bedingten Sprüngen der   Fallunterscheidung
Assoziativen Programmierung formulieren.

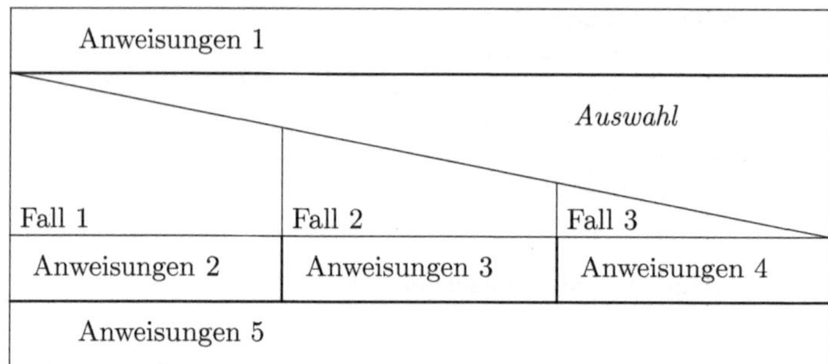

Der Aufbau des zugehörigen Programmtextes wird wie nachstehend aussehen.

```
<<Anweisungen 1>>
nullspringe oder gleichspringe <<MarkeFall2>>
  <<Anweisungen 2>>
  springe <<MarkeUnten>>
markiere <<MarkeFall2>>
nullspringe oder gleichspringe <<MarkeFall3>>
  <<Anweisungen 3>>
  springe <<MarkeUnten>>
markiere <<MarkeFall3>>
  <<Anweisungen 4>>
markiere <<MarkeUnten>>
<<Anweisungen 5>>
```

Die durch spitze Doppelklammern markierten Teile der vorangehenden Programmtexte enthalten dabei auch die für die Durchführung der bedingten Sprünge nötigen Vorbereitungen. Das Programmbeispiel P12 veranschaulicht dies für die mehrseitige Auswahl (Fallunterscheidung).

Beispiel

```
P12   (1)    var schritt, meldung
      (2)                        ! Werte der Fälle festlegen
      (3)    var fall[3]
      (4)    merke fall_1=$0014
      (5)    merke fall_2=$0180
      (6)    merke fall_3=$ABBA
      (7)                        ! Assoziationskette erzeugen
      (8)    lerne $AA00=$1400
      (9)    lerne $1400=$0014
     (10)    lerne $0014=$4040
     (11)    lerne $4040=$0180
     (12)    lerne $0180=$0028
     (13)    lerne $0028=$0003
     (14)    lerne $0003=$ABBA
     (15)                        ! Startfrage stellen
     (16)    beantworte $4040
     (17)                        ! Fortsetzungsassoziation starten
     (18)    markiere oben
     (19)      kopiere
     (20)      zeige fall_1
     (21)      gleichspringe fall1
     (22)      zeige fall_2
```

```
(23)        gleichspringe fall2
(24)        zeige fall_3
(25)        gleichspringe fall3
(26)        ereipok
(27)        frageweiter
(28)        nullspringe ganzunten
(29)      springe oben
(30)                              ! Fälle bearbeiten
(31)      markiere fall1
(32)        merke meldung=$1
(33)      springe ergebnis
(34)      markiere fall2
(35)        merke meldung=$2
(36)      springe ergebnis
(37)      markiere fall3
(38)        merke meldung=$3
(39)                              ! Ergebnis mitteilen
(40)      markiere ergebnis
(41)        zeige meldung
(42)
(43)      markiere ganzunten
```

Das Beispiel P12 würde in einer höhersprachlichen Formulierung womöglich nachstehende Fassung erhalten.

```
<1>     var schritt, meldung;
<2>     verkette $AA00,$1400,$0014,$4040,$0180,$0028,$0003,$ABBA;
<3>     beantworte $4040;                 // Startfrage
<4>     repeat
<5>       case register1 of             // Fallunterscheidung
<6>         $0014 : begin meldung := $1; break end;
<7>         $0180 : begin meldung := $2; break end;
<8>         $ABBA : begin meldung := $3; break end
<9>       end;
<10>      frageweiter
<11>    until registernull;
<12>    zeige meldung;                    // Ergebnisanzeige
```

5.12 Kommentare

Zeilen, deren erstes Zeichen ein Ausrufezeichen ist, werden von VIDAS als Kommentarzeilen behandelt. Vor dem Ausrufezeichen dürfen lediglich Leerzeichen stehen.

   (R32)   `! <bezeichner>`

Tabelle 5.12: Editorbefehl !

Beispiele für den Einsatz von Kommentaren sind dem Programmtext P12 zu entnehmen.

5.13 Übungen 6

Ü 6.1 (Assoziativmatrix)

Man überlege sich, wie die Fortsetzungsassoziation abläuft, wenn folgende Frage-Antwort-Paare (f_i, f_j) in eine jeweils leere Matrix eingetragen werden und die Abfrage danach mit f_1 gestartet wird.

a) $f_1 = (1,0,0,0,0,0,0,0,0)$, $f_2 = (0,1,0,0,0,0,0,0,0)$
   $f_2 = (0,1,0,0,0,0,0,0,0)$, $f_3 = (0,0,0,0,0,0,1,0,0)$
   $f_3 = (0,0,0,0,0,0,1,0,0)$, $f_1 = (1,0,0,0,0,0,0,0,0)$

b) $f_1 = (0,0,1,0,1,0,0,0,0)$, $f_2 = (0,1,0,1,1,0,0,0,0)$
   $f_3 = (0,1,0,0,1,0,0,0,0)$, $f_4 = (0,0,0,0,0,0,1,0,0)$
   $f_4 = (0,0,0,0,0,0,1,0,0)$, $f_5 = (1,1,0,0,0,0,0,0,0)$

c) $f_1 = (1,1,0,0,0,0,0,0,0)$, $f_2 = (0,1,0,1,1,0,0,0,0)$
   $f_2 = (0,1,0,1,1,0,0,0,0)$, $f_3 = (0,0,0,0,0,1,1,0,1)$
   $f_4 = (0,0,1,0,1,0,0,0,0)$, $f_5 = (1,1,0,1,1,0,0,0,0)$

Ü 6.2 (Assoziativmatrix)

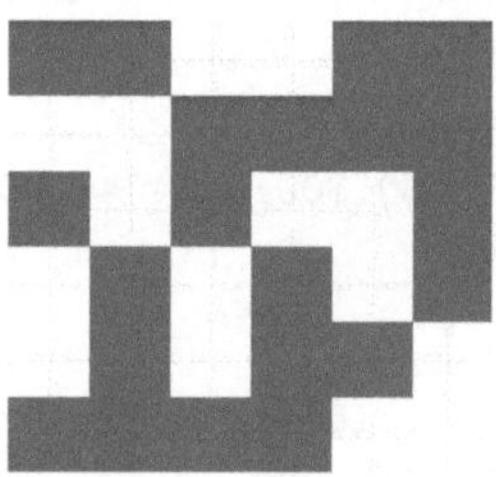

Man belege eine 6x6-Matrix wie obenstehend und gebe die Fortsetzungsassoziationen an, die sich nach dem Start mit folgenden Fragen ergeben.

a) $f_1 = (0,1,1,0,0,0)$ c) $f_1 = (1,0,0,0,1,0)$
b) $f_1 = (1,1,0,0,0,0)$ d) $f_1 = (1,0,0,1,0,0)$

Hinweis: Zwecks abkürzender Darstellung der Ergebnisse sei folgende Zuordnung vereinbart.

$(1,1,0,0,0,0) \rightarrow 1$	$(0,1,1,0,0,0) \rightarrow 6$	$(0,0,1,0,1,0) \rightarrow 11$
$(1,0,1,0,0,0) \rightarrow 2$	$(0,1,0,1,0,0) \rightarrow 7$	$(0,0,1,0,0,1) \rightarrow 12$
$(1,0,0,1,0,0) \rightarrow 3$	$(0,1,0,0,1,0) \rightarrow 8$	$(0,0,0,1,1,0) \rightarrow 13$
$(1,0,0,0,1,0) \rightarrow 4$	$(0,1,0,0,0,1) \rightarrow 9$	$(0,0,0,1,0,1) \rightarrow 14$
$(1,0,0,0,0,1) \rightarrow 5$	$(0,0,1,1,0,0) \rightarrow 10$	$(0,0,0,0,1,1) \rightarrow 15$

Ü 6.3 (Modell 1)

Bevor man folgenden Programmtext der Assoziativmaschine zur Abarbeitung übergibt, überlege man sich die zu erwartenden Antworten sorgfältig und vergleiche diese später mit den Ergebnissen im Ausgabeprotokoll von VIDAs.

```
                              ! Variablen vereinbaren
   var i,j,k,m,n
                              ! Werte zuweisen
   merke i = $AFFE
   merke j = @i
   merke k = @j
   merke m = @k
   merke n = @m
                              ! Abfragen
   zeige m
   zeigeweiter
   zeigeweiter
   zeigeweiter
   zeigeweiter
```

Ü 6.4 (Modell 1)

Bevor man folgenden Programmtext von der Assoziativmaschine abarbeiten
lässt, überlege man sich die zu erwartenden Antworten und vergleiche diese
später mit den Ergebnissen im Ausgabeprotokoll.

```
                              ! Frage-Antwort-Paare lernen
   lerne $0101 = $0202
   lerne $0202 = $0404
   lerne $0404 = $0808
   lerne $0808 = $1010
                              ! Abfragen
   beantworte $0101
   frageweiter
   frageweiter
   frageweiter
   frageweiter
```

Ü 6.5 (Modell 2)

Eine rote Lampe leuchte auf, wenn der Wert $8080 im Register 1 liegt, eine
gelbe Lampe bei $4004 und eine grüne bei $0420. Diese drei Lampen sollen
in der Reihenfolge rot – gelb – grün nacheinander aufleuchten und dieses
insgesamt genau viermal. Man gebe ein Assoziativmaschinen-Programm an,
welches diese Aufgabe löst.

Ü 6.6 (Modell 1)

Was leistet folgendes Programm? Wird es stoppen? Wenn ja, warum, wenn
nein, wie stoppt man es?

```
                              ! Variablen vereinbaren
   var i,j,k,l
                              ! Werte zuweisen
   merke i = @l
   merke j = @i
   merke k = @j
```

```
      merke l = @k
                              ! Startfrage stellen
      zeige i

                              ! Schleife ausführen
      markiere oben
        zeigeweiter
      springe oben
```

Ü 6.7 (Modell 1)

Man überlege vor Ausführung folgenden Programms, welche Ausgaben von
der Assoziativmaschine zu erwarten sind.

```
                              ! Variablen vereinbaren und Werte
                              ! zuweisen
      var null, eins, zwei, drei
      var text
      merke text = $EBBE
                              ! Assoziationskette der Länge 4 bilden
      merke null = $0
      merke eins = @null
      merke zwei = @eins
      merke drei = @zwei

                              ! Schleife ausführen
      zeige drei
      markiere oben
        zeigeweiter
        nullspringe unten
      springe oben
      markiere unten
      zeige text
```

Anschließend variiere man den Programmtext so, dass

a) die **oben**-Schleife genau fünfmal durchlaufen wird,

b) bei jedem Schleifendurchlauf der Wert von **text** angezeigt wird,

c) die Schleife nicht mit 'null = $0', sondern mit 'null = $1001' abgebrochen wird.

Ü 6.8 (Modell 2)

Wenn im Register 1 der Wert $0101 liegt, fahre ein Robotfahrzeug 5 cm vor-
wärts, liegt in Register 1 der Wert $0202 ändere der Roboter die Fahrtrich-
tung um 45 Grad nach links. Man gebe ein (möglichst kurzes) Assoziativmaschinen-Programm an, durch welches das Robotfahrzeug genau einmal im
Kreis fährt.

Ü 6.9 (Modell 1)

Gegeben seien die vier Variablen i, j, ja und **nein** und vier Wertzuweisungen
wie folgt:

```
var i, j, ja, nein

merke i = <<ersterwert>>
merke j = <<zweiterwert>>
merke ja = $AAAA
merke nein = $EEEE
```

An die Stellen «ersterwert» und «zweiterwert» sollen zwei beliebige Werte
eingetragen werden. Sind diese Werte gleich, soll das gesuchte Programm zum
Schluss den Wert von ja anzeigen, sind die Werte ungleich, soll zum Schluss
der Wert von **nein** in der Anzeige stehen.

Ü 6.10 (Modell 2)

Die Sensordaten eines Robotfahrzeugs werden laufend im Register 2 einer
Assoziativmaschine abgelegt. Über den Befehl **lies** gelangen die Werte ins
Kurzzeitgedächtnis. Wenn dieser Wert $8008 beträgt, soll das Fahrzeug wie
in Ü 3.8 vorwärts fahren, beträgt er $0880 soll es sich um 45 Grad nach links
drehen. Man gebe ein Programm an, welches diese Aufgabe löst.

Ü 6.11 (Assoziativmatrix)

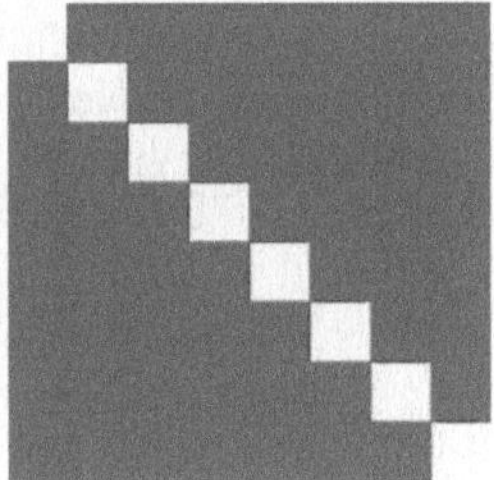

Man trage in eine 8x8-Matrix die obenstehende Belegung ein, bei der nur in
der Hauptdiagonalen Nullen stehen. Man frage die Matrix einige Male ab,
vergleiche jeweils Frage und Antwort, schildere die Beobachtungen und gebe
die Ursachen dafür an. Man untersuche, ob man mit einer Matrix, die nur in
der Nebendiagonalen Nullen besitzt, den gleichen Effekt erreichen kann.

5.14 Assoziationsketten und -kreise

Um Assoziationsketten und -kreise, die in der Assoziativen Programmierung
unter anderem zur Steuerung von Schleifen (Wiederholungen) benötigt werden, nicht zeitaufwändig von Hand in den von Kapitel 5.11 her bekannten
Formen

```
lerne $AA00=$1400              var k[10]
lerne $1400=$0014              merke k_0 = $0
lerne $0014=$4040     oder     merke k_1 = @k_0
lerne $4040=$0180             merke k_2 = @k_1
lerne $0180=$0028             merke k_3 = @k_2
 ...                            ...
```

einfachere Erzeugung
von Assoziationsketten

anlegen zu müssen, übernimmt der Editor von VIDAS diese Arbeit über die
Editor-Befehle &afolge, &ifolge, &zfolge, &zkreis und &rkreis. Der Befehl &afolge erzeugt eine Assoziationskette im Langzeitgedächtnis L, die anderen Befehle legen diese im Kurzzeitgedächtnis K an.[26]

```
(R33)    &afolge <bezeichner> , <n> [-p <n> [, <n>]]
(R34)    &ifolge <bezeichner> , <n> [-p <n> [, <n>]] [-r] [-r0]
(R35)    &zfolge <n> [-r] [-r0]
(R36)    &zkreis <n> [-r]
(R37)    &rkreis [-r]
```

Tabelle 5.13: Editorbefehle &afolge, &ifolge, &zfolge, &zkreis und &rkreis

&afolge

Durch die Anweisung &afolge <bezeichner>,<n> erzeugt der Programmeditor von VIDAS eine durch den maschinellen Zufall bestimmte Assoziationskette der Länge <n> in L.[27] Der Startwert der Kette wird in der Variablen mit
dem Namen <bezeichner> abgelegt. Die Variable muss vereinbart worden
sein.[28] Der Startwert wird benötigt, um die Fortsetzungsassoziation längs der
angelegten Assoziationskette beginnen zu können. Die Option -p beschränkt
&afolge beim Verteilen der zufällig bestimmten Einsen zur Einrichtung der
gewünschten Assoziationskette auf einen durch eine linke und rechte Grenze festzulegenden Bereich.[29] Beispielsweise legt &afolge 30 -p150,200 eine
dreißiggliedrige Assoziationskette auf die Spaltenleitungen 150 bis 200. Wird
die rechte Grenze nicht angegeben, gilt die Anzahl an Spaltenleitungen des
aktuellen Modells als rechte Grenze. So wird die Optionsangabe -p270 alle
Leitungen ab der 270. bis zur letzten zur Erzeugung der Assoziationskette
heranziehen.

VIDAS achtet darauf, dass kein Glied der Kette mit einem anderen Einsen gemeinsam hat, damit der Kette möglichst störunanfällig gefolgt werden kann.
Dennoch kann es zur Laufzeit eines Programms passieren, dass eine Assoziationskette zum Beispiel bei der Ablage von Umgebungseindrücken oder
Bewegungsfolgen (s. zum Beispiel Robot- oder Homunkulus-Modell in den
Kapiteln 7.5 und 7.9) im Langzeitgedächtnis zu sehr gestört wird, als dass
die Fortsetzungsassoziation an ihr geplantes Ende gelangt. Daher sind Assoziationsketten in vielen Fällen besser mittels &zfolge oder &ifolge im
Kurzzeitgedächtnis unterzubringen.[30] Reicht der Platz in der Matrix für die
gewünschte Assoziationskette nicht mehr aus, zeigt VIDAS eine entsprechende Fehlermeldung an.[31]

Die Einrichtung einer Assoziationskette der Länge 10 im Langzeitgedächtnis,   Beispiel
der dann von Anfang bis Ende gefolgt wird, zeigt Beispiel P13 .

```
(1)      var i
(2)      &afolge i,10
(3)      zeige i
(4)      markiere oben
(5)        frageweiter
(6)        nullspringe unten
(7)      springe oben
(8)      markiere unten
```
P13

In Zeile (2) fügt VIDAS die nötigen Maschinenbefehle ein, um eine zehngliedrige Kette herzustellen, auf deren erstes Glied durch den Inhalt der Variablen i gezeigt wird.

Für das Kurzzeitgedächtnis richtet man über die Anweisungen `&ifolge <n>`   `&ifolge, &zfolge`
oder `&zfolge <n>` eine Assoziationskette der Länge `<n>` ein, auf deren Glieder
im Unterschied zu `&afolge` über deren Namen zugegriffen werden kann. Diese
Namen sind im Falle von `&zfolge` Zahlwörter und im Falle von `&ifolge` kann
ein Name als `<bezeichner>` vom Programmierenden gewählt werden. Diesem
Namen hängt VIDAS zur Benennung der Assoziationskettenvariablen hinter
einem Unterstrich die Platznummer an. So wird zum Beispiel im Kurzzeitgedächtnis K durch `&ifolge k,5` eine Assoziationskette mit den Variablen `k_1`,
`k_2`, `k_3`, `k_4`, `k_5` angelegt, deren Werte wie im Einstiegsbeispiel dieses
Kapitels jeweils die Adressen des Nachfolgers sind. Diese Variablen werden
durch VIDAS vereinbart und in die Variablentabelle eingetragen.

Für den `&zfolge`-Befehl in Zeile (1) in folgendem Beispiel P14 wird eine   Beispiele
Folge von zehn Variablen in K eintragen. Die Variablen, die von `&zfolge`
angelegt werden, erhalten als Namen die Zahlwörter von null bis zu `<n>-1`.

```
(1)      &zfolge 10
(2)      zeige null
(3)      markiere oben
(4)        zeigeweiter
(5)        nullspringe unten
(6)      springe oben
(7)      markiere unten
```
P14

Obwohl die in Beispiel P14 genutzte Assoziationskette die Länge 10 besitzt, so wird die Schleife nur neun Mal durchlaufen, da der `zeige`-Befehl in
Zeile (2) bereits einen ersten Assoziationsschritt ausführt, bevor die `oben`-
Schleife beginnt. Daher ist das in Programmtext P15 gezeigte Vorgehen
beispielgebend, wenn die Anzahl an Schleifendurchläufen gleich der Länge
der Assoziationskette sein soll.

```
(1)      &zfolge 10
(2)      var i
(3)      merke i=@null
(4)      markiere oben
(5)        <<Anweisungen>>
(6)        zeige i
(7)        zeigeweiter
```
P15

```
(8)         hole i
(9)         nullspringe unten
(10)     springe oben
(11)     markiere unten
```

Dieses entspricht in hochsprachlicher Formulierung einer **for-Schleife**, also einer Wiederholungsanweisung mit einer festen Anzahl an Durchläufen.

```
<1>     for i := 0 to 9 do
<2>         begin
<3>             <<Anweisungen>>
<4>         end;
```

&inkk und &inkl   Die Zeilen (6) bis (8) im Beispiel P15 stellen einen **Assoziationsschritt** dar und werden so häufig eingesetzt, dass der Editor-Befehl `&inkk` die drei Maschinenbefehle `zeige <bezeichner> - zeigeweiter - hole <bezeichner>` zusammenfasst und erzeugt. Das gleiche leistet der Editor-Befehl `&inkl` mit den Befehlen `zeige <bezeichner> - frageweiter - hole <bezeichner>` für Assoziationsketten im Langzeitgedächtnis L.[32]

```
(R38)   &inkk <bezeichner>
(R39)   &inkl <bezeichner>
```

Tabelle 5.14: Editorbefehle `&inkk` und `&inkl`

Mit Hilfe des Editor-Befehls `&inkk` wird Programm P15 wie folgt kürzer aufgeschrieben.

```
(1)     &zfolge 10
(2)     var i
(3)     merke i=@null
(4)     markiere oben
(5)       <<Anweisungen>>
(6)       &inkk i
(7)       nullspringe unten
(8)     springe oben
(9)     markiere unten
```

Die Verwendung des Befehls `&inkl` für eine Assoziationskette in L veranschaulicht nachstehendes Beispiel.

```
(1)     var i
(2)     &afolge i,15
(3)     markiere oben
(4)       <<Anweisungen>>
(5)       &inkl i
(6)       nullspringe unten
(7)     springe oben
(8)     markiere unten
```

&zkreis   Einen **Ziffernkreis** als Assoziationskreis der Länge `<n>` erstellt der Editor-Befehl `&zkreis <n>`. Es werden die Zahlwörter von 0 bis `<n>-1` aneinandergereiht.

Im Beispiel P16 wird in Zeile (3) ein Ziffernkreis der Länge 7 eingerichtet. Beginnend bei der 3 werden ab Zeile (6) fünf Assoziationsschritte ausgeführt, so dass zuletzt die 1 ausgegeben wird.

Beispiele

P16

```
(1)                  ! Z-Kreis der Länge 7 bilden
(2)      &zkreis 7
(3)      var i
(4)      merke i=@drei
(5)                  ! 5 Assoziationsschritte ausführen
(6)      &inkk i
(7)      &inkk i
(8)      &inkk i
(9)      &inkk i
(10)     &inkk i
```

Den Abbruch einer Fortsetzungsassoziation, die einem Ziffernkreis der Länge 11 folgt, zeigt Beispiel P17 . Der Stoppwert wird in Zeile (8) ins Register R_2 kopiert. Die **oben**-Schleife wird bei Erreichen des Wertes @sieben abgebrochen.

P17

```
(1)                  ! Z-Kreis der Länge 11 bilden
(2)      &zkreis 11
(3)                  ! Variablen und Stoppwert vereinbaren
(4)      var i, stopp
(5)      merke i = @null
(6)      merke stopp = @sieben
(7)      zeige stopp
(8)      kopiere
(9)                  ! Schleife mit Abbruch bei der 7
(10)     markiere oben
(11)       &inkk i
(12)      gleichspringe unten
(13)     springe oben
(14)     markiere unten
```

Über &zfolge oder &zkreis aufgebaute Assoziationsketten dürfen in Abhängigkeit vom Vorrat an Zahlwörtern eine bestimmte Länge nicht überschreiten.[33] Beim Überschreiten dieser Länge weist VIDAS mit einer Fehlermeldung darauf hin, dass die Kette nicht erzeugt wird.

Variable	Adresse
neunundzwanzig	'#2 ' #1'6 '#2'
dreißig	@
einunddreißig	#'1
zweiunddreißig	'€ ' '#16'
dreiunddreißig	'#1'
vierunddreißig	#'4
fünfunddreißig	'#1 € ' '#4
sechsunddreißig	#'8
siebenunddreißig	'#16' '#8' '#1 '

Abb. 5.14: Benennung der Variablen für &zfolge

Die von **&zfolge** oder **&zkreis** genutzten Zahlwörter werden in der Variablentabelle des Hauptfensters aufgelistet (s. Abb. 5.14).

&rkreis

Es erwies sich für die Homunkulus-Modelle (s. Kapitel 7.9) als nützlich, einen Assoziationskreis für die acht Himmelsrichtungen einzurichten. Dieser **Richtungskreis** wird durch den Editor-Befehl **&rkreis** eingerichtet. Es werden die Richtungen **nord** – **nordwest** – **west** – **südwest** – **süd** – **südost** – **ost** – **nordost** miteinander verbunden, bei Eingabe von **&rkreis -r** rechts herum.

Wie das Beispiel P18 im Vergleich mit P17 erkennen lässt, gibt es beim Zugriff des Programmierenden auf diesen Assoziationskreis kaum Unterschiede zum Ziffernkreis.

P18

```
(1)                         ! R-Kreis bilden
(2)        &rkreis
(3)                         ! Variablen und Stoppwert vereinbaren
(4)        var i, stopp
(5)        merke i = @nord
(6)        merke stopp = @südost
(7)        zeige stopp
(8)        kopiere
(9)                         ! Schleife mit Abbruch im Südosten
(10)       markiere oben
(11)         &inkk i
(12)          gleichspringe unten
(13)       springe oben
(14)       markiere unten
```

Befehlszeilennummerierung

```
   var i, m, n

   ! Zahlenraum einstellen

1  &zfolge 60

   ! 1. Faktor

60 &afolge m, 17

   ! 2. Faktor

77 &afolge n, 3

   ! Rechenschleifen

80 merke i = @null
81 zeige n
```

Abb. 5.15: Nummerierung der Befehlszeilen bei **&afolge** und **&zfolge**

Die in diesem Kapitel vorgestellten Editor-Befehle **&zfolge**, **&zkreis** und **&rkreis** tragen Variablen in die Variablenliste des Programmeditors von VIDAS ein, die als Werte jeweils die Adressen ihrer Vorgängerinnen in der Assoziationskette erhalten. Die Wertzuweisung selbst erfolgt erst zur Laufzeit durch die Ausführung einer passenden Anzahl von **lerne**- beziehungsweise **merke**-Befehlen, die von den genannten Editor-Befehlen im Programmspeicher abgelegt werden. Der Nummerierung der Befehlszeilen im Editorfenster entnimmt man (siehe Abb. 5.15), wie viele dieser **lerne**- oder **merke**-Befehle eingefügt worden sind (in diesem Beispiel sind es 59 Befehle für **&zfolge** 60 und 17 Befehle für **&afolge** m,17). Um diese Anzahlen schreitet die Nummerierung also fort, hier bei der ersten Ziffernkette von 1 auf 60, dann bei der zweiten Assoziationskette von 60 auf 77 und nach der mit dem Startwert **n** versehenen, dritten Assoziationskette von 77 auf 80.[34]

Vermeintlich kleine Änderungen beim programmierenden Umgang mit Schleifen ergeben nicht selten deutlich andere Ergebnisse, wie folgende Beispiele P19 zeigen mögen, in denen vorausgesetzt sei, dass jeweils eine Zahlenkette durch &zfolge 10 angelegt wurde. Eine Variable i diene als **Laufvariable**, also als Variable, die der Assoziationskette folgt, indem sie nacheinander deren Werte annimmt.

Laufvariable

[P19]

```
merke meldung=$4711     merke meldung=$4711     merke meldung=$4711
merke i=@null           merke i=@null           merke i=@null
markiere oben           markiere oben           markiere oben
  zeige meldung           &inkk i                 &inkk i
  &inkk i                 zeige meldung           nullspringe unten
  nullspringe unten       nullspringe unten       zeige meldung
springe oben            springe oben            springe oben
markiere unten          markiere unten          markiere unten
```

In allen Beispielen erhält die Variable i als Wert die Adresse der Variablen **null** zugewiesen. Innerhalb der **oben**-Schleifen wird mit Hilfe von &inkk i jeweils ein Assoziationsschritt ausgeführt. Das Ergebnis dieses Schritts befindet sich anschließend in i. Im ersten Schleifendurchlauf wird das die Adresse der Variablen **eins** sein, beim zweiten Schleifendurchlauf ist es die Adresse der Variablen **zwei**. Im neunten Schleifendurchlauf erhält i die Adresse der Variablen **neun**, im zehnten wird i dann auf den Wert Null gesetzt, da &zfolge 10 zur Variablen **neun** keine Antwort lernen lässt. Die Ausgabe von **meldung** erfolgt im linken Beispiel vor dem Sprungbefehl **nullspringe**. Folglich wird der Wert der Variablen **meldung** genau zehn Mal angezeigt. Im rechten Beispiel wird der Wert von **meldung** genau neun Mal ausgegeben. Im mittleren Beispiel entsteht durch die Platzierung der Anzeige von **meldung** jedoch eine Endlosschleife. Zur Bildung von **for-Schleifen** wäre das linke Beispiel in [P19] als Muster zu empfehlen.

Die über &zfolge oder &zkreis erzeugten Assoziationsketten dürfen eine maximale Länge nicht überschreiten. Durch den Einsatz mehrerer Laufvariablen kann man durch geschachtelte Schleifen aber trotzdem eine viel größere Anzahl von Wiederholungen erreichen. Dazu lässt man alle Laufvariablen auf einer einzigen Assoziationskette arbeiten. Dieses Vorgehen wird im folgenden Kapitel beschrieben.

5.15 Geschachtelte Schleifen

Die Herstellung zweier ineinander geschachtelter Schleifen im Langzeitgedächtnis L mit den Laufvariablen i und j kann dem durch das Beispiel [P20] gegebenem Muster folgen.

geschachtelte Schleifen
im Langzeitgedächtnis

[P20]

```
(1)     :: modell4
(2)                     ! Variablen vereinbaren
(3)                     ! und Werte zuweisen
(4)     var k[2], i, j
(5)     var meldung[2]
(6)     merke meldung_1 = "Hallo!\<"
(7)     merke meldung_2 = "Welt!\<"
(8)                     ! Assoziationsketten bilden
(9)     &afolge k_1, <<m>>
(10)    &afolge k_2, <<n>>
(11)                    ! Doppelschleife ausführen
```

```
(12)    zeige k_1
(13)    hole i
(14)    markiere außen
(15)      zeige meldung_1
(16)      zeige k_2
(17)      hole j
(18)      markiere innen
(19)        zeige meldung_2
(20)        &inkl j
(21)        nullspringe ende_innen
(22)      springe innen
(23)      markiere ende_innen
(24)      &inkl i
(25)      nullspringe ende_außen
(26)    springe außen
(27)    markiere ende_außen
```

Die Ausgabe von `meldung_1` erfolgt durch das Programm $\boxed{\text{P20}}$ «m» Mal und diejenige von `meldung_2` wird «m»·«n» Mal ausgeführt. Vor dem Beginn der **innen**-Schleife wird bei jedem Durchlauf der äußeren Schleife durch die Zeilen (16) und (17) die Laufvariable j auf den Startwert der Assoziationskette gesetzt.

geschachtelte Schleifen im Kurzzeitgedächtnis

In grundsätzlich anderer Weise baut man geschachtelte Schleifen im Kurzzeitgedächtnis K auf. Statt für jede Schleife eine eigene Assoziationskette zu erzeugen, dient eine einzige Zahlenkette zur Steuerung der miteinander ablaufenden Schleifen. Jede Schleife erhält im Beispiel $\boxed{\text{P21}}$ weiterhin eine eigene Laufvariable, diese folgen aber der gleichen Zahlenkette. Diese wird in Zeile (9) in der gewünschten Länge k angelegt (hier ist $k = 20$). Soll dann die äußere Schleife m Mal durchlaufen werden, setzt man die Laufvariable auf die Adresse der Variablen zum Wert $k - m$ (hier ist es für die Laufvariable i in Zeile (11) der Wert $20 - 5$). Entsprechend setzt man die übrigen Laufvariablen auf ihren Startwert (hier ist für die Laufvariable j in Zeile (14) der Startwert $20 - 11$).

$\boxed{\text{P21}}$
```
(1)     :: modell4
(2)                     ! Variablen vereinbaren und
(3)                     ! Werte zuweisen
(4)     var i, j
(5)     var meldung[2]
(6)     merke meldung_1 = "Hallo!\<"
(7)     merke meldung_2 = "Welt!\<"
(8)                     ! Assoziationskette bilden
(9)     &zfolge 20
(10)                    ! Doppelschleife ausführen
(11)    merke i = @fünfzehn
(12)    markiere außen
(13)      zeige meldung_1
(14)      merke j = @neun
(15)      markiere innen
(16)        zeige meldung_2
(17)        &inkk j
```

```
(18)            nullspringe ende_innen
(19)         springe innen
(20)         markiere ende_innen
(21)         &inkk i
(22)          nullspringe ende_außen
(23)       springe außen
(24)       markiere ende_außen
```

Insgesamt wird durch das Programm $\boxed{\text{P21}}$ der Inhalt von meldung_2 also   **&zfolge -r**
$5 \cdot 11 = 55$ Mal ausgegeben. Diese unbequemen Rechnungen erspart man
sich, indem man die Zahlenkette in umgekehrter Reihenfolge anlegen lässt,
wozu die Option -r des Editor-Befehls **&zfolge** dient (s. Tabelle 5.13). Damit
wird $\boxed{\text{P21}}$ einfacher aufzuschreiben sein, wie die nachstehenden Änderungen
in den Zeilen (9), (11) und (14) verdeutlichen.

```
(8)                          ! Assoziationskette rückwärts bilden
(9)       &zfolge 20 -r
(10)                         ! Doppelschleife ausführen
(11)      merke i = @fünf
(12)      markiere außen
(13)        zeige meldung_1
(14)        merke j = @elf
(15)        markiere innen
(16)          zeige meldung_2
(17)          &inkk j
(18)          nullspringe ende_innen
(19)        springe innen
(20)        markiere ende_innen
(21)        &inkk i
(22)         nullspringe ende_außen
(23)      springe außen
(24)      markiere ende_außen
```

Höhersprachlich formuliert hätte die Doppelschleife aus Beispiel $\boxed{\text{P21}}$ dann
folgendes Aussehen.

```
<1>      for i := 1 to 5 do
<2>         begin
<3>           writeln(meldung_1);
<4>          for j := 1 to 11 do
<5>             begin
<6>               writeln(meldung_2)
<7>             end
<8>         end;
```

Die Reihenfolge der Glieder eines mit **&zkreis** angelegten Assoziationskreises   **&zkreis -r**
lässt sich ebenfalls umkehren, indem man die Option -r hinzusetzt. Sollte es
nötig werden, eine durch **&zfolge** angelegte Zahlenkette statt bei **eins** bei   **&zfolge -r0**
null enden zu lassen, wählt man die Option -r0. Eine durch **&zfolge <n>**
-r0 eingetragene Zahlenkette beginnt bei **<n>-1** und endet bei **null**.

5.16   Maskieren und vereinen

In vielen Anwendungen, die in diesem Kapitel durch einige Beispielprogramme vorgestellt und näher erläutert werden, und beim Assoziativen Rechnen in Kapitel 6.3, benötigt man nur Teile der Antwort einer Matrixabfrage zur Weiterverarbeitung oder man steht vor der Aufgabe, einer Antwort gezielt weitere Inhalte hinzuzufügen. Mit dem `maskiere`-Befehl ist es möglich, beliebige Teile einer Antwort, die in Register R_1 liegt, **auszublenden**. Dazu wird in das Register R_2 eine **Maske** eingetragen, also ein Bitmuster, mit dem der Inhalt von R_1 bitweise durch ein aussagenlogisches UND verknüpft wird, sobald die Maschine den `maskiere`-Befehl ausführt.[35] Ein **Hinzufügen** von Einsen zu einer Antwort durch eine bitweise Verknüpfung mit einem aussagenlogischen ODER leistet demgegenüber der Maschinenbefehl `vereine`.

(R40)   <u>maskiere</u>

(R41)   <u>vereine</u>

Tabelle 5.15: Maschinenbefehle `maskiere` und `vereine`

Befindet sich beispielsweise im Register R_1 der Wert *0001001011110100 und kopiert man dann ins Register R_2 als Maske den Wert *0000000001111100, so ergibt sich, wie in Tabelle 5.16 dargestellt, als Ergebnis des `maskiere`-Befehls der Wert *0000000001110100, der anschließend in Register R_1 eingetragen wird.

	0001001011110100	Register 1
$\wedge$	0000000001111100	Register 2
$=$	0000000001110100	Register 1

Tabelle 5.16: Beispiel für den `maskiere`-Befehl im *Modell* 1

Demgegenüber liefert der `vereine`-Befehl in derselben Situation das Ergebnis *0001001011111100, wie in Tabelle 5.17 berechnet.

	0001001011110100	Register 1
$\vee$	0000000001111100	Register 2
$=$	0001001011111100	Register 1

Tabelle 5.17: Beispiel für den `vereine`-Befehl im *Modell* 1

Sowohl für den `maskiere`- als auch für den `vereine`-Befehl werden im Folgenden Programmbeispiele gegeben, um die vielfältigen Einsatzmöglichkeiten der beiden Befehle innerhalb der Assoziativen Programmierung anzudeuten.

Im Programm P22 zieht die Abfrage in Zeile (12) keine verständliche Ausgabe nach sich, weil sich die Einsen zweier Antworten überlagern. Maskiert man jedoch vorher die Frage wie in den Zeilen (17) und (23), so werden die in den Zeilen (4) und (5) gelernten Antworten wie gewünscht angezeigt.

```
(1)         :: modell4
(2)                         ! Beispieldaten lernen
(3)     lerne "Guten Tag!"="Hallo\<Welt!"
```

```
(4)        lerne "Hallo\<"="Hildesheim!\<"
(5)        lerne "\<Welt!"="Timbuktu!\<"
(6)                          ! Masken einrichten
(7)        var maske[2]
(8)        merke maske_1=&256,*1;256,*0
(9)        merke maske_2=&256,*0;256,*1
(10)                         ! Abfragen ohne Maske
(11)       beantworte "Guten Tag!"
(12)       frageweiter
(13)                         ! Abfrage mit Maske 1
(14)       zeige maske_1
(15)       kopiere
(16)       beantworte "Guten Tag!"
(17)       ·maskiere
(18)       frageweiter
(19)                         ! Abfrage mit Maske 2
(20)       zeige maske_2
(21)       kopiere
(22)       beantworte "Guten Tag!"
(23)       maskiere
(24)       frageweiter
```

Die Maske `maske_1` besteht im Programm $\boxed{\text{P22}}$ in der ersten Hälfte aus
Einsen, die Maske `maske_2` in der zweiten Hälfte. Dadurch wird in Zeile (18)
mit `"Hallo\<"` abgefragt, während in Zeile (24) dem Langzeitgedächtnis L
die Frage `"\<Welt!"` gestellt wird.

Trägt man Datensätze wie in Beispiel $\boxed{\text{P23}}$ in L ein und möchte auf ein Feld   Zugriff auf Felder
des Datensatzes zugreifen, dann nutzt man `maskiere`. In den Zeilen (7) bis   eines Datensatzes
(10) werden Datensätze mit zwei Feldern zu je zehn Zeichen Länge gelernt.

```
(1)        :: modell6                                          P23
(2)                          ! Masken festlegen
(3)        var maske[2], antwort
(4)        merke maske_1=&10,$FF
(5)        merke maske_2=&10,$00;12,$FF
(6)                          ! Datensätze eintragen
(7)        lerne #Amsel#    = "Vogel       Wuermer     \<"
(8)        lerne #Elefant#  = "SaeugetierGruenfutter \<"
(9)        lerne #Gnu#      = "SaeugetierGraeser      \<"
(10)       lerne #Kabeljau# = "Fisch       Wuermer    \<"
(11)                         ! Abfrage
(12)       beantworte #Elefant#
(13)       hole antwort
(14)                         ! 1. Teil der Antwort
(15)       zeige maske_1
(16)       kopiere
(17)       zeige antwort
(18)       maskiere
(19)                         ! 2. Teil der Antwort
(20)       zeige maske_2
(21)       kopiere
```

```
(22)    zeige antwort
(23)    maskiere
```

Der `maskiere`-Befehl in Zeile (18) blendet von der Antwort alles ab dem elften Zeichen aus, derjenige von Zeile (23) lässt nur das elfte bis zweiundzwanzigste Zeichen sichtbar werden. Die beiden Masken werden in den Zeilen (4) und (5) gebildet, indem passende Musterkonstanten (s. Tabelle 5.3) erzeugt werden. Für die erste Maske ist das zehn Mal der Wert \$FF, also werden achtzig Einsen in die Maske eingetragen und der Rest sind Nullen. Die zweite Maske beginnt mit achtzig Nullen und daran schließen sich 96 Einsen an.

Daten zusammensetzen

Umgekehrt lässt sich mit dem `vereine`-Befehl eine Antwort aus Teilen anderen Antworten zusammensetzen. Dazu fügt Zeile (11) von P24 die Einsen des Registers R_2 zu denjenigen von R_1 hinzu.

P24

```
(1)     :: modell6
(2)                         ! Variable vereinbaren
(3)     var antwort
(4)                         ! Daten eintragen
(5)     lerne #Wuermer# = "\{^10,0}Wuermer\<"
(6)     lerne #Saeuger# = "Saeugetier\<"
(7)                         ! Werte vereinen
(8)     beantworte #Wuermer#
(9)     kopiere
(10)    beantworte #Saeuger#
(11)    vereine
```

Die in Zeile (5) verwendete Einfügung von zehn Mal dem ASCII-Zeichen NUL[36] bewirkt, dass in den ersten zehn Zeichen der Zeichenkette nur Nullen stehen. Würde man die Zeile (5) hingegen wie folgt ansetzen

```
(5)     lerne #Wuermer# = "          Wuermer\<"
```

Leerzeichen ungleich NUL-Zeichen

dann bestünden die ersten zehn Zeichen aus Leerzeichen, also dem 32. ASCII-Zeichen, welches binär dargestellt *00100000 (= \$20) entspricht. Dadurch bekämen die ersten zehn Zeichen alle ein Bit hinzugefügt. Statt wie gewünscht 'SaeugetierWuermer' lieferte Zeile (11) dann 'saeugetierWuermer'.[37]

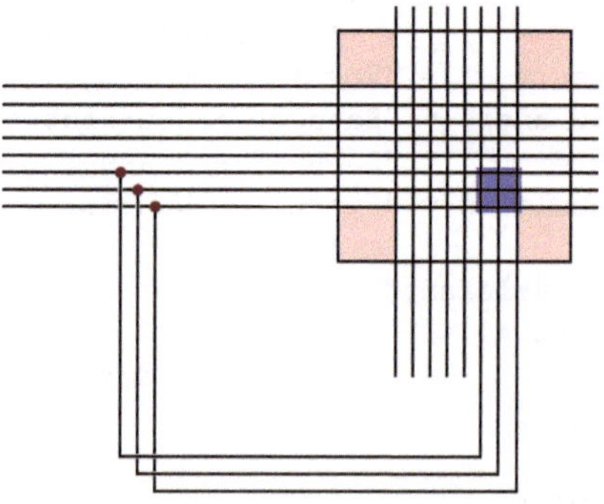

Abb. 5.16: Fortsetzungsfaden mit Fortsetzungskern am unteren Matrixrand

Die Möglichkeiten, die das in obigen Beispielen erläuterte Maskieren und Vereinen in der Assoziativen Programmierung eröffnet, seien hier nur grundlegend vorgestellt. Hinsichtlich des Aufbaus von Listenstrukturen und des Nachbildens klassischer Programmierkonzepte sind mit Hilfe dieser Werkzeuge viele weitere Erkenntnisse und Hinweise zu erwarten. Im übertragenen Sinne schafft man mit diesen Mitteln die Voraussetzung für das Aufspalten und Zusammenführen von Gedankengängen. In einem Graphen[38] angeordnete gedankliche Möglichkeiten ließen sich auf diesem Wege verfolgen oder bearbeiten. Dazu wären Inhalte mit **Fortsetzungsfäden** zu verbinden, also Fortsetzungsassoziationen, an denen nur Teile der Matrix beteiligt sind (s. Abb. 5.16).

Fortsetzungsfäden

Der Matrixteil, in dem die Fortsetzungsassoziation untergebracht wird, ist der zur Fortsetzungsassoziation gehörige **Fortsetzungskern**. In den vorhergehenden Kapiteln wurden Fortsetzungsassoziationen stets mit der ganzen Antwort durchgeführt, die vollständig als nächste Frage eingesetzt wird. Der Fortsetzungskern besteht dort also aus der gesamten Matrix.

Fortsetzungskern

Im folgenden Programmbeispiel P25 wird in den Zeilen (2) bis (4) ein Fortsetzungsfaden in drei Texte eingesetzt.

```
(1)                    ! Fortsetzungsfaden einsetzen            P25
(2)      lerne *01001001="Hallo Welt!\<\{*10100001}"
(3)      lerne *10100001="Hallo Hildesheim!\<\{*00010101}"
(4)      lerne *00010101="Hallo Marienburger Höhe!\<\{*00000000}"
(5)                    ! Fortsetzungsfaden starten
(6)      beantworte *01001001
(7)      markiere oben
(8)        frageweiter
(9)        nullspringe ende
(10)     springe oben
(11)     markiere ende
```

Auf die erste Abfrage in Zeile (6) antwortet das Langzeitgedächtnis L mit dem Wert, welchen er in Zeile (2) gelernt hat. Es wird "Hallo Welt!" ausgegeben und gleichzeitig dem Fortsetzungskern der nächste Wert vorgelegt. Damit kann durch den `frageweiter`-Befehl in Zeile (8) fortassoziiert werden bis die `oben`-Schleife nach dem dritten Durchlauf durch `nullspringe` beendet wird, weil der Fortsetzungskern Nullaktivität erreicht hat.

Einer der Nutzen eines Fortsetzungsfadens zeigt sich darin, dass Daten angereiht werden können, die selbst nicht dazu taugen, als Frage-Antwort-Paare zur Bildung einer Fortsetzungsassoziation eingesetzt zu werden, weil sie sich in ihrer Kodierung zu ähnlich oder sogar gleich sind, wie das Programmbeispiel P26 zeigt. Statt den Fortsetzungsfaden wie in P25 „von Hand" einzusetzen, wird nunmehr eine von VIDAS erzeugte Assoziationskette als Fortsetzungsfaden mit den Daten vereint.

Fortsetzungsfaden mit Daten vereinen

```
(1)                    ! Variablen und Daten festlegen           P26
(2)      var i,j, k[6], kopf
(3)      merke k_1 = "\{^50,0}Hallo Welt!\<"
(4)      merke k_2 = "\{^50,0}Hallo Hildesheim!\<"
(5)      merke k_3 = "\{^50,0}Hallo Helsinki!\<"
(6)      merke k_4 = "\{^50,0}Hallo Hongkong!\<"
```

```
(7)    merke k_5 = "\{^50,0}Hallo Honolulu!\<"
(8)    merke k_6 = "\{^50,0}Hallo Hawaii!\<"
(9)                          ! Assoziationskette einrichten
(10)   &afolge kopf,6 -p1,400
```

Die anzureihenden Inhalte werden in den Zeilen (3) bis (8) so angelegt, dass jeweils die ersten 50 Bytes für die Aufnahme des Fortsetzungsfadens frei bleiben. Diese Assoziationskette wird durch Zeile (10) auf den ersten 400 Spaltenleitungen erzeugt, ist folglich 50 Bytes breit.

```
(11)                     (24)                     (37)
(12) zeige kopf          (25) zeige j             (38) zeige j
(13) hole i              (26) hole i              (39) hole i
(14) frageweiter         (27) frageweiter         (40) frageweiter
(15) hole j              (28) hole j              (41) hole j
(16)                     (29)                     (42)
(17) zeige k_1           (30) zeige k_2           (43) zeige k_3
(18) kopiere             (31) kopiere             (44) kopiere
(19) zeige j             (32) zeige j             (45) zeige j
(20) vereine             (33) vereine             (46) vereine
(21) kopiere             (34) kopiere             (47) kopiere
(22) zeige i             (35) zeige i             (48) zeige i
(23) lerneregister       (36) lerneregister       (49) lerneregister

(50)                     (63)                     (76)
(51) zeige j             (64) zeige j             (77) zeige j
(52) hole i              (65) hole i              (78) hole i
(53) frageweiter         (66) frageweiter         (79) frageweiter
(54) hole j              (67) hole j              (80) hole j
(55)                     (68)                     (81)
(56) zeige k_4           (69) zeige k_5           (82) zeige k_6
(57) kopiere             (70) kopiere             (83) kopiere
(58) zeige j             (71) zeige j             (84) zeige j
(59) vereine             (72) vereine             (85) vereine
(60) kopiere             (73) kopiere             (86) kopiere
(61) zeige i             (74) zeige i             (87) zeige i
(62) lerneregister       (75) lerneregister       (88) lerneregister
```

Einsetzen des Fortsetzungsfadens

Es schließt sich in den Zeilen (11) bis (88) sechs Mal in gleicher Weise das Vereinen der Glieder des Fortsetzungsfadens mit den zu verbindenden Daten an. Die sechsmalige, nahezu gleichförmige, schreibaufwändige Wiederholung derselben Tätigkeit wird Anlass sein, in Kapitel 5.19 auf den Nutzen von Unterprogrammen einzugehen und das Programm P26 kürzer zu notieren. Nach dem in den Zeilen (11) bis (88) vorgenommenen Vereinen der Assoziationskette mit den Daten lässt sich die gewünschte Anzeigereihenfolge der Daten wie folgt durch die Zeilen (90) bis (95) bewerkstelligen.

Ausgabe der Daten

```
(89)                          ! Abfrageschleife
(90) zeige kopf
(91) markiere oben
(92)    frageweiter
(93)    nullspringe unten
(94) springe oben
(95) markiere unten
```

Diese durch ein einfaches `frageweiter` in Zeile (92) erreichte Ausgabe der Inhalte ist deswegen möglich, weil der Fortsetzungskern auf für ihn reservierten Leitungen untergebracht ist, auf die nur zum Fortassoziieren zugegriffen wird.

Der Fortsetzungskern sitzt in ⸤P26⸥ im Langzeitgedächtnis L oben links auf den ersten vierhundert Zeilen- und Spaltenleitungen. Möchte man den Kern auf die jeweils letzten vierhundert Leitungen legen, dann wären die Programmzeilen (3) bis (10) wie nachstehend abzuändern.

Variationen mit Fortsetzungskernen

```
(3)     merke k_1 = "Hallo Welt!\<\{^50,0}"
(4)     merke k_2 = "Hallo Hildesheim!\<\{^50,0}"
        ...
(10)    &afolge kopf,6 -p1649
```

Sollte der Kern mitten in der Matrix untergebracht werden, zum Beispiel auf den Leitungen 49 bis 448, dann könnte ⸤P26⸥ folgendermaßen umgeschrieben werden.

```
(3)     merke k_1 = "Hallo \{^50,0} Welt!\<"
(4)     merke k_2 = "Hallo \{^50,0} Hildesheim!\<"
        ...
(10)    &afolge kopf,6 -p49,448
```

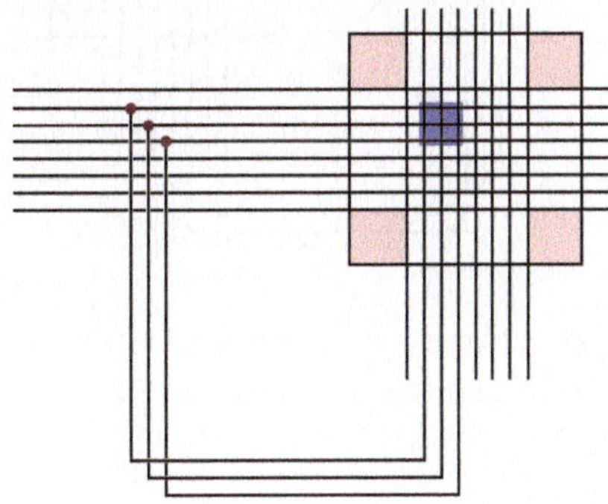

Abb. 5.17: Fortsetzungsfaden mit Fortsetzungskern in Matrixmitte

Möchte man den Fortsetzungsfaden nicht im Langzeitgedächtnis L sondern im Kurzzeitgedächtnis K erzeugen, dann ließe sich das durch Einsatz von `&ifolge` mit folgenden Änderungen im Text von ⸤P26⸥ verwirklichen.

Fortsetzungsfaden im Kurzzeitgedächtnis

```
(10)    &ifolge idx,6 -p1,400
(11)    merke kopf=@idx_1
        ...
(14)    zeigeweiter
        ...
(27)    zeigeweiter
        ...
```

Alle `frageweiter`-Befehle im Bereich der Zeilen (11) bis (88) sind wegen des Wechsels in das Kurzzeitgedächtnis in `zeigeweiter`-Befehle zu ändern, die übrigen Teile des Programmtexts bleiben gleich.

mehrere Fortsetzungs-
fäden

Zum Einflechten mehrerer Fortsetzungsfäden reserviert man für diese mehrfach eine passende Anzahl an Leitungen:

```
(3)    merke k_1 = "\{^20,0}\{^20,0}\<\<Hallo Welt!"
(4)    merke k_2 = "\{^20,0}\{^20,0}\<\<Hallo Hildesheim!"
       ...
(10)   &ifolge idx1,6 -p1,160
(11)   &ifolge idx2,6 -p161,320
       ...
```

In den Zeilen (3) bis (8) werden hier in den zu lernenden Daten jeweils zwei Bereiche zu je zwanzig Zeichen, also jeweils 160 Leitungen, für zwei Fortsetzungsfäden bereit gestellt. Damit ließen sich die Inhalte dann in zweierlei Reihenfolgen fortassoziieren. Die Positionen der Fortsetzungskerne dieses Beispiels entsprechen in etwa denjenigen in Abb. 5.18, allerdings wurden in der Abbildung Kerne unterschiedlicher Größe dargestellt, während sie im obigen Beispiel gleichgroß sind.

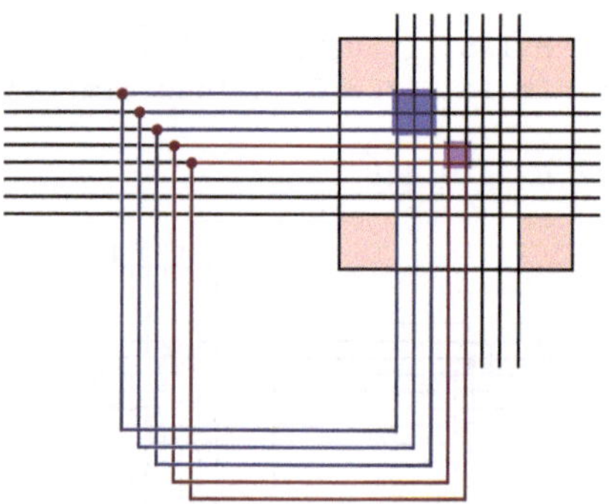

Abb. 5.18: Zwei Fortsetzungsfäden mit Fortsetzungskernen

5.17 Pausieren

Für die Assoziativmaschine SYSTEM 9 sind in den vorausgehenden Kapiteln bereits alle Maschinenbefehle vorgestellt worden.[39] Die Maschinenbefehle wurden als Schaltwerke in Hardware umgesetzt.[40] Es gibt jedoch noch einen weiteren Maschinenbefehl, für den kein Schaltungsaufwand zu treiben ist und dem dennoch eine wichtige Rolle zukommt: **pausiere**. Der Befehlscode für den **pausiere**-Befehl ist gleich null. Programmzeilen, in denen der **pausiere**-Befehl auftaucht, haben also nur die Wirkung, die Assoziativmatrizen der Assoziativmaschine einen Takt lang mit einer Frage zu beschäftigen, die ausschließlich aus Nullen besteht. Für die Programmierung ist der **pausiere**-Befehl dann nützlich, wenn beim Setzen von Sprungmarken keine Zeile folgt, die einen ausführbaren Befehl enthält (s. Kapitel 5.10).

pausiere

```
(R42)   pausiere
```

Tabelle 5.18: Maschinenbefehl `pausiere`

Hin und wieder wird es zudem nötig sein, dass ein Programmablauf verzögert wird, um beispielsweise eine gewisse Zeit auf Werte zu warten, die von einigen externen Sensoren angeliefert werden. Der **pausiere**-Befehl verschafft dem Ablauf dann die nötige Wartezeit.

Der **pausiere**-Befehl mag unbedeutend erscheinen. Da eine Assoziativmaschine nach der Abarbeitung eines Programms im Unterschied zum Simulationsprogramm VIDAS jedoch nicht abgeschaltet wird, sondern bis zur Vorlage des nächsten abzuarbeitenden Programms weiterläuft, ist dieser einfache Maschinenbefehl notwendig, um die Maschine in einem definierten Zustand zu behalten.

5.18   Übungen 7

Ü 7.1 (Modell 4)

Man überlege sich, wie oft der Text „Hallo Welt!" von folgenden Schleifen
ausgegeben werden wird.

<table>
<tr><td>

a)

```
var i, meldung
merke meldung="Hallo Welt!\<"
&zfolge 12
merke i=@null
markiere oben
  zeige meldung
  &inkk i
  nullspringe unten
springe oben
markiere unten
```

</td><td>

b)

```
var i, meldung
merke meldung="Hallo Welt!\<"
&zfolge 12
zeige null
hole i
markiere oben
  zeige meldung
  &inkk i
  nullspringe unten
springe oben
markiere unten
```

</td></tr>
<tr><td>

c)

```
var i, meldung
merke meldung="Hallo Welt!\<"
&zfolge 12
merke i=@zwei
markiere oben
  &inkk i
  nullspringe unten
  zeige meldung
springe oben
markiere unten
```

</td><td>

d)

```
var i, j, meldung
merke meldung="Hallo Wald!\<"
&zfolge 12
merke i=@vier
markiere ganzoben
  merke j=@zehn
  markiere oben
    zeige meldung
    &inkk j
    nullspringe unten
  springe oben
  markiere unten
  &inkk i
  nullspringe ganzunten
springe ganzoben
markiere ganzunten
```

</td></tr>
</table>

Man lasse die Programme von der Assoziativmaschine abarbeiten und vergleiche seine Überlegungen mit den Ergebnissen im Ausgabeprotokoll.

Ü 7.2 (Modell 4)

Man überlege sich, wie oft der Text „Hallo Welt!" von folgenden mit **gleichspringe** erzeugten Schleifen ausgegeben werden wird.

a)
```
var i, meldung
merke meldung="Hallo Welt!\<"
&zfolge 10
```

```
      merke i=@null
      zeige zwei
      kopiere
      markiere oben
        zeige meldung
        zeige i
        gleichspringe unten
        zeigeweiter
        hole i
      springe oben
      markiere unten


b)    var i, meldung
      merke meldung="Hallo Welt!\<"
      &zfolge 10
      merke i=@null
      zeige zwei
      kopiere
      markiere oben
        zeige meldung
        zeige i
        zeigeweiter
        hole i
        gleichspringe unten
      springe oben
      markiere unten


c)    var i, j, meldung
      merke meldung="Hallo Welt!\<"
      &zfolge 10
      merke j=@zwei
      zeige vier
      kopiere
      markiere ganzoben
        merke i=@eins
        markiere oben
          zeige meldung
          zeige i
          zeigeweiter
          hole i
          gleichspringe unten
        springe oben
        markiere unten
        zeige j
        zeigeweiter
        hole j
        gleichspringe ganzunten
      springe ganzoben
      markiere ganzunten
```

Ü 7.3 (Modell 4)

Man überlege sich, wie oft der Text „Hallo Welt!" von folgenden Schleifen ausgegeben werden wird.

<table>
<tr><td>

a)

```
var i, meldung
merke meldung="Hallo Welt!\<"
&afolge i,14
zeige i
markiere oben
  zeige i
  frageweiter
  hole i
  nullspringe unten
  zeige meldung
springe oben
markiere unten
```

</td><td>

b)

```
var i, meldung
merke meldung="Hallo Welt!\<"
&zkreis 10
zeige vier
kopiere
zeige neun
hole i
markiere oben
  zeige meldung
  zeige i
  zeigeweiter
  hole i
  gleichspringe unten
springe oben
markiere unten
```

</td></tr>
<tr><td>

c)

```
var i, meldung
merke meldung="Hallo Welt!\<"
&rkreis
zeige west
kopiere
merke i = @nord
markiere oben
  zeige meldung
  zeige i
  zeigeweiter
  hole i
  gleichspringe unten
springe oben
markiere unten
```

</td><td>

d)

```
var i, meldung
&ifolge i,14
merke i = @i_1
merke meldung="Hallo Welt!\<"
zeige i_10
kopiere
markiere oben
  &inkk i
  gleichspringe unten
  zeige meldung
springe oben
markiere unten
```

</td></tr>
</table>

Ü 7.4 (Modell 4)

Die beiden Texte „Guten" und „Tag" sollen insgesamt fünfzehnmal nacheinander angezeigt werden, wobei nach jedem fünften Durchgang einmal der Text „Hildesheim" ausgegeben wird.

Ü 7.5 (Modell 5)

Man überlege sich ein Programm für die Assoziativmaschine, welches drei ineinander geschachtelte Schleifen besitzt, die den Text „Ardua prima via est." gemeinsam 5.083 Mal ausgeben würden.

Ü 7.6 (Modell 5)

Es sollen die vier Texte „Rem tene, verba sequentur.", „Veritas vincit.", „Verba docent, exempla trahunt." und „Acta, non verba." mit einem Fortsetzungsfaden versehen werden, so dass die Texte durch Fortassoziieren des Fadens nacheinander angezeigt werden.

Ü 7.7 (Modell 6)

Man gebe einen Programmtext für die Assoziativmaschine an, durch den zwölfmal die drei Texte „rot", „gelb", „grün" hintereinander angezeigt werden.

Ü 7.8 (Modell 4)

Ins Langzeitgedächtnis soll die Assoziationskette $< k_n >$ mit

$$k_1 = \text{„Hund"}, \quad k_2 = \text{„Katze"}, \quad k_3 = \text{„Maus"}, \quad k_4 = \text{„Speck"}$$

abgelegt und dann dreimal durchlaufen werden. Dabei sollen die Werte der vier Folgeglieder jeweils angezeigt werden.

Ü 7.9 (Modell 4)

Ins Kurzzeitgedächtnis sollen zwei Assoziationsketten $< k_n >$ und $< l_n >$ erzeugt werden. $< k_n >$ soll aus fünf Folgegliedern und $< l_n >$ aus drei Folgegliedern bestehen. $< k_n >$ soll durchlaufen und dabei bei jedem Schritt der Text „Zucchini" angezeigt werden. Nach jeder dieser Anzeigen soll $< l_n >$ einmal durchlaufen werden.

Ü 7.10 (Modell 6)

Die drei Texte „Der frühe Vogel fängt den Wurm.", „Das Ende krönt das Werk." und „Doppelt genäht hält besser." sollen mit zwei Fortsetzungsfäden so verbunden werden, dass durch Fortassoziieren des einen Fadens die Texte vorwärts und durch das Fortassoziieren des zweiten Fadens die drei Texte rückwärts ausgegeben werden.

a) Man erzeuge die beiden Fortsetzungsfäden, die mit den Texten vereint werden, im Langzeitgedächtnis L.

b) Man erzeuge die beiden Fortsetzungsfäden im Kurzzeitgedächtnis K.

c) Man erzeuge einen der Fäden in K, den anderen in L.

5.19 Unterprogramme

Das zuletzt vorgestellte Programm P26 enthält sechs Programmteile, deren Befehlsfolge bis auf einige Parameterangaben stets gleich ist. Für den Programmierenden kann es von Nachteil sein, den immer nahezu gleichen Text einzugeben, sei es, dass die Übersichtlichkeit des Programmtextes leidet oder dass der Programmspeicher unnötig angefüllt wird. Klaus Samelson nannte bereits 1955 zwei Arten von Unterprogrammen, die hier Abhilfe schaffen.[41]

Makros
Zum einen sind dies „offene Unterprogramme", die wir heute wohl als Makros bezeichnen, die stets als Ganzes, also mit allen Befehlen, aus denen sie bestehen, in den auszuführenden Programmcode kopiert werden. Das bedeutet im Falle der Assoziativmaschine, dass eine als Makro gespeicherte Befehlsfolge bei jedem Auftreten des Makrobefehls vollständig in die Matrizen des Programmspeichers eingetragen wird. Makros werden im Programmtexteditor von VIDAS durch das Doppelzeichen &" kenntlich gemacht, dem der Name des einzufügenden Programmtextes folgt.

Beispiel
Legt man etwa folgende Wertzuweisungen im Programmtext „daten1.txt" ab, was man zum Beispiel mit dem Programmtexteditor von VIDAS erreicht,

```
(a)                              ! Daten eintragen
(b)        merke text_1 = "Hallo\<"
(c)        merke text_2 = "\{^6,0}Welt!\<"
```

dann lässt sich dieser Text durch den Makrobefehl &" daten1 in einen anderen Programmtext einbinden, wie in P27 gezeigt.

```
P27   (1)     var i,text[2]
      (2)     &zfolge 5 -r
      (3)     merke i=@fünf
      (4)     markiere oben
      (5)        &" daten1
      (6)        zeige text_1
      (7)        kopiere
      (8)        zeige text_2
      (9)        vereine
      (10)       hole text_1
      (11)       hole text_2
      (12)       &inkk i
      (13)       nullspringe unten
      (14)     springe oben
      (15)     markiere unten
```

Die Zeile (5) wird beim Eintragen des Programmtextes P27 in den Programmspeicher von VIDAS durch die Zeilen (a), (b) und (c) des Makros ersetzt.

Den „offenen Unterprogrammen" stellt Samelson die „geschlossenen Bibliotheksprogramme" gegenüber, deren Vorteil darin besteht, dass ihre Befehle nur genau einmal in den Programmspeicher abgelegt werden. Beim Aufruf eines solchen Unterprogramms verzweigt der Programmablauf zu den Befehlen des Unterprogramms und kehrt nach deren Abarbeitung an die aufrufende Stelle zurück.[42] Der Einsprung in ein Unterprogramm und der Rücksprung ins aufrufende Programm fordern der Assoziativmaschine im Unterschied zum Einsatz von Makros die Abarbeitung einer Reihe zusätzlicher Befehle ab, unter anderem zum Auffinden derjenigen Programmzeile, zu der zurückzukehren ist. Dieser Verwaltungsaufwand wirkt sich nachteilig auf die Laufzeit eines Programms aus. Dem steht die Einsparung von Befehlszeilen bei genügend großen Unterprogrammen gegenüber.

Unterprogramme werden in der Assoziativen Programmierung durch ein vorangestellte Paragraphenzeichen § kenntlich gemacht oder durch das Befehlswort **rufe**. Daran schließt sich der Name des Unterprogramms an.   § oder **rufe**

Einem Unterprogramm können durch das aufrufende Programm Werte oder Variablen übergeben werden, auf die das Unterprogramm bei der Abarbeitung seiner Befehle zugreift. Die Platzhalter für diese Werte und Variablen, die Parameter, notiert man durch Kommata getrennt hinter dem Namen des Unterprogramms. Im aufrufenden Programm sind als Parameternamen nur Variablenbezeichner erlaubt, was nicht auch bedeutet, dass die zugehörigen Variablen ihren Wert durch das Unterprogramm verändert bekommen können. Das regelt vielmehr die Beschreibung der Parameter, die im Unterprogramm durch den Editor-Befehl **par** erfolgt. Hinter dem Befehl **par** listet man durch Kommata getrennt auf, durch welche Parameter das Unterprogramm versorgt wird und von welcher Art die Parameter sind. Wird einem Bezeichner in der Parameterangabe ein Stern-Zeichen '∗' vorangestellt, so wird der aktuelle Wert, den die Variable, die zu diesem Parameter gehört, beim Rückkehrsprung ins aufrufende Programm besitzt, auch ins aufrufenden Programm mitgenommen.[43] Fehlt bei einer Parameterangabe das Stern-Zeichen, behält die zugehörige Variable trotz etwaiger Wertzuweisungen an den Parameter innerhalb des Unterprogramms letztlich den Wert, den sie vor Aufruf des Unterprogramms besaß.[44]   Parameter   **par**   call by value, call by reference

```
(R43)   &" <bezeichner> ["]
(R44)   rufe|§ <bezeichner> [{, <bezeichner> }]
(R45)   par [*]<bezeichner> [{, [*]<bezeichner> }]
```

Tabelle 5.19: Editorbefehle zum Aufruf von Makros, Unterprogrammen und zur Deklaration von Parameterbezeichnern

In folgendem Programmbeispiel ⸢P28⸣ soll ein Unterprogramm eingesetzt werden, durch welches die beiden Variablen, die an den beiden Parameterpositionen angegeben werden, ihre Werte tauschen. Das Unterprogramm erhält den Namen **tauschewert** und besteht aus den Zeilen (a) bis (e).   Beispiel

```
(a)     par *i, *j
(b)     zeige i
(c)     kopiere
(d)     zeige j
(e)     hole i
(f)     lies j
```

In Zeile (a) werden zwei Parameter i und j beschrieben, deren zugehörige Variablen ihre Werte durch das Unterprogramm verändern lassen können. Das aufrufende Hauptprogramm ⸢P28⸣ versorgt beim Unterprogrammaufruf in Zeile (4) die beiden Parameter i und j mit den Werten der beiden Variablen `text_1` und `text_2`.

P28

```
(1)        var text[2]
(2)        merke text_1="Hallo!\<"
(3)        merke text_2="Welt!\<"
(4)        §tauschewert text_1, text_2
(5)        zeige text_1
(6)        zeige text_2
```

Die Ausgaben durch die Zeilen (5) und (6) zeigen, dass die Variablen ihre Werte getauscht haben. Hätte man im Unterprogramm **tauschewert** die beiden Stern-Zeichen weggelassen, wären die Werte nicht getauscht worden.

Unterprogrammtabelle und Unterprogrammeditor

Möchte man ein neues Unterprogramm eingeben, schreibt man im Programmtexteditor ein Paragrafenzeichen § unmittelbar gefolgt von dem Namen des neuen Unterprogramms. Klickt man dann mit der Maus doppelt auf das Paragrafenzeichen, öffnen sich sowohl das Fenster mit der Unterprogrammtabelle (T) als auch das Fenster mit einem eigenen Editor (U) für den Unterprogrammtext (s. Abb. 5.19).[45]

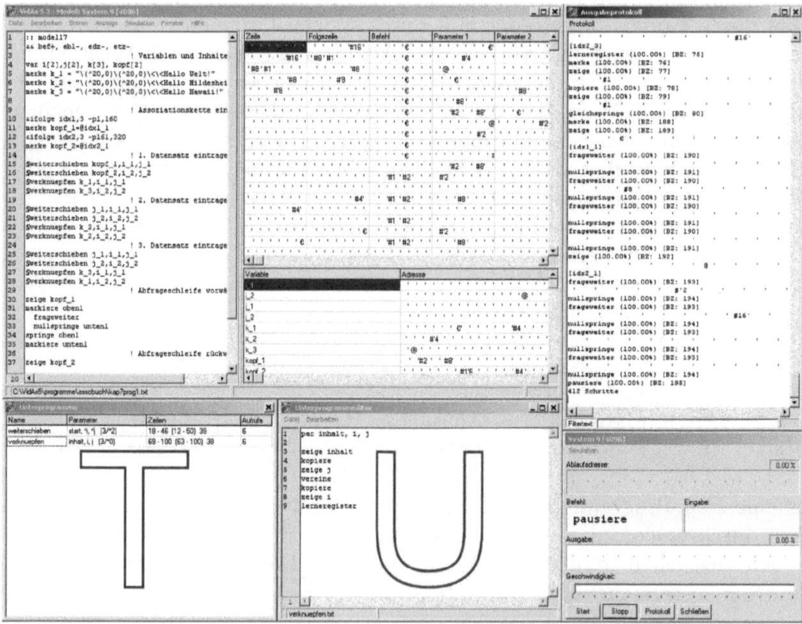

Abb. 5.19: Unterprogrammtabelle (T) und Unterprogrammeditor (U)

Sobald in einem Programmtext der Aufruf eines bereits existierenden Unterprogramms entdeckt wird, öffnet sich das Unterprogrammtabellen-Fenster (T) wie in Abb. 5.19 oder Abb. 5.20, in dem eine Liste aller verwendeten Unterprogramme erscheint. Dazu gehören auch diejenigen Unterprogramme, die von Unterprogrammen aus aufgerufen werden.

In der Unterprogrammtabelle sind in den ersten beiden Spalten außer den Namen auch die Anzahl und Art der Parameter der Unterprogramme aufge-

Unterprogramme			×
Name	Parameter	Zeilen	Aufrufe
weiterschieben	start, *i, *j (3/*2)	14 - 42 (8 - 46) 39	6
verknuepfen	inhalt, i, j (3/*0)	53 - 84 (47 - 84) 38	6

Abb. 5.20: Unterprogrammtabelle mit Parameterübersicht

listet. Die dritte Spalte nennt erst die Befehlszeilen, in denen die Maschinenbefehle des jeweiligen Unterprogramms untergebracht sind, und dahinter in
Klammern den Befehlszeilenbedarf für das Unterprogramm. Darin inbegriffen
sind die für die Parameterverwaltung benötigten Befehlszeilen, also für die
Wertübergabe und -rückgabe an das aufrufende Programm. Im in Abb. 5.20
gezeigten Beispiel belegt das Unterprogramm **weiterschieben** samt Verwaltung folglich die Zeilen 14 bis 52, also insgesamt 39 Befehlszeilen. In der
vierten Spalte wird die Anzahl an Aufrufen des Unterprogramms angezeigt.
Durch einen Klick auf einen der Unterprogrammnamen wird der Unterprogrammeditor zur Bearbeitung des zugehörigen Unterprogramms geöffnet.

Durch den Einsatz von Unterprogrammen lässt sich das längliche Programmbeispiel ¦P26¦ deutlich übersichtlicher gestalten, wie in ¦P29¦ gezeigt wird.
Die Zahl der Programmzeilen sinkt auf etwa ein Drittel und durch die Wahl
selbsterklärender Unterprogrammnamen wird der Programmtext einfacher
lesbar. Die zwei Unterprogramme erhalten dazu die Namen **weiterschieben**
und **verknuepfen**.

kürzere Programme
durch den Aufruf von
Unterprogrammen

```
(1)      :: modell6                                                     ¦P29¦
(2)      && bef+, ebl-, edz-, etz-
(3)                          ! Variablen und Inhalte festlegen
(4)      var i,j, k[6], kopf
(5)      merke k_1 = "\{^50,0}\<Hallo Welt!\<"
(6)      merke k_2 = "\{^50,0}\<Hallo Hildesheim!\<"
(7)      merke k_3 = "\{^50,0}\<Hallo Helsinki!\<"
(8)      merke k_4 = "\{^50,0}\<Hallo Hongkong!\<"
(9)      merke k_5 = "\{^50,0}\<Hallo Honolulu!\<"
(10)     merke k_6 = "\{^50,0}\<Hallo Hawaii!\<"
(11)                          ! Assoziationskette einrichten
(12)     &ifolge idx,6 -p1,400
(13)     merke kopf=@idx_1
(14)
(15)     §weiterschieben kopf, i, j
(16)     §verknuepfen k_1, i, j
(17)     §weiterschieben j, i, j
(18)     §verknuepfen k_2, i, j
(19)     §weiterschieben j, i, j
(20)     §verknuepfen k_3, i, j
(21)     §weiterschieben j, i, j
(22)     §verknuepfen k_4, i, j
(23)     §weiterschieben j, i, j
(24)     §verknuepfen k_5, i, j
```

```
(25)      §weiterschieben j, i, j
(26)      §verknuepfen k_6, i, j
(27)                           ! Abfrageschleife
(28)      zeige kopf
(29)      markiere oben
(30)        frageweiter
(31)        nullspringe unten
(32)      springe oben
(33)      markiere unten
```

weiterschieben

Das Unterprogramm **weiterschieben** besteht aus Programmzeilen wie in den Zeilen (12) bis (15) von P26 , sieht also wie folgt aus:

```
(a)      par start, *i, *j
(b)      zeige start
(c)      hole i
(d)      zeigeweiter
(e)      hole j
```

Dieses Unterprogramm sorgt dafür, dass die Variable an zweiter Parameterposition, also i, den Wert der Variablen an erster Parameterposition erhält. Die Variable an dritter Position, übernimmt wiederum den Wert der in der Assoziationskette auf i folgenden Variablen. i und j werden dadurch in P29 auf der Assoziationskette, zu der sie gehören, „weitergeschoben", was die Namenswahl für dieses Unterprogramm erklärt.

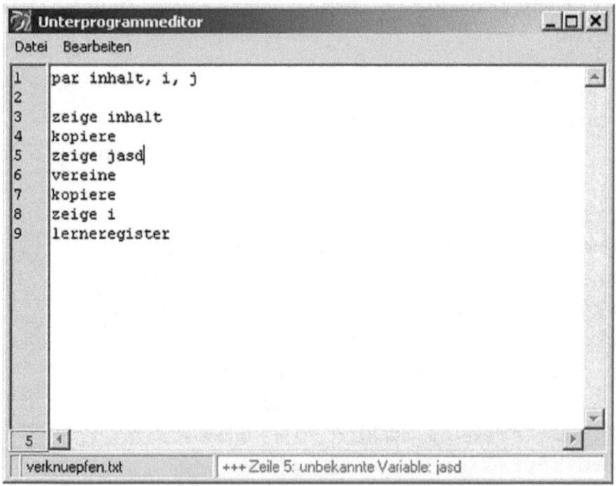

Abb. 5.21: Unterprogrammeditor

verknuepfen

Das Unterprogramm **verknuepfen** enthält dann die Befehlsfolge wie in den Zeilen (17) bis (23) von P26 , hat also folgenden Inhalt und trägt damit die durch Zeile (e) **vereinten** Werte der Variablen auf den ersten beiden Parameterpositionen so in das Langzeitgedächtnis ein, dass der Datensatz mit dem ihm durch die Variable an dritter Position angezeigten, nachfolgenden Datensatz assoziiert werden kann:

```
(a)      par inhalt, i, j
```

```
(b)        zeige inhalt
(c)        kopiere
(d)        zeige j
(e)        vereine
(f)        kopiere
(g)        zeige i
(h)        lerneregister
```

Der Unterprogrammeditor zeigt ein dem Programmtexteditor ähnliches Verhalten, was sich auch auf die Anzeige von Fehlermeldungen erstreckt, die in die Statuszeile in der unteren Leiste des Fensters geschrieben werden (s. Abb. 5.21).

Der Aufruf von Unterprogrammen darf geschachtelt werden, rekursive Aufrufe sind jedoch nicht zulässig, da der Simulator VidAs über keine dynamische Speicherverwaltung für die Assoziativmaschine verfügt.

keine Rekursion

5.20 Variablen in Unterprogrammen

In Unterprogrammen vereinbarte Variablen dürfen namensgleich zu Variablen sein, die im aufrufenden Programm eingeführt werden. Die Variablen werden voneinander unterschieden.

namensgleiche Variablen

Zum Beispiel zeigt P30 links den Text des Hauptprogramms, in welchem in Zeile (1) eine Variable i vereinbart wird, während im aufgerufenen Unterprogramm test1 in Zeile (a) eine Variable gleichen Namens steht. Auf diese Variablen wird getrennt zugegriffen.

Beispiel

```
(1)     var i              (a)     var i
(2)     merke i=$AFFE      (b)     merke i=$EBBE
(3)     §test1             (c)     zeige i
(4)     zeige i
```

P30

Nach dem Start von P30 wird durch Zeile (c) zuerst $EBBE ins Ausgabeprotokoll geschrieben und anschließend durch Zeile (4) der Wert $AFFE. Der Wert der Variablen i des aufrufenden Programms wird also durch den merke-Befehl in Zeile (b) nicht überschrieben.

Variable	Adresse
i	0000'0001'0000'0000
test1.i	0000'0000'1000'0000
test1.»aufrufnummer«	0010'0000'0000'0000
test1.»aufrufmaske«	0000'0010'0000'0000

Abb. 5.22: Variablennamen in Unterprogrammen

Die Variablentabelle in Abb. 5.22 lässt erkennen, wie im Kurzzeitgedächtnis K die beiden Variablen gleichen Namens unterschieden werden: Variablen in Unterprogrammen erhalten intern von VidAs als Namenszusatz den Namen des Unterprogramms vorangestellt, abgetrennt durch einen Punkt. Hier erhält die Variable i im Unterprogramm also den Namen test1.i zugewiesen.

Variablennamen im Unterprogramm

Zugriff auf Variablen des Hauptprogramms

Auf die Variable `i` des aufrufenden Hauptprogramms kann im Unterprogramm trotzdem zugegriffen werden, indem man dem Variablennamen des Hauptprogramms einen einzelnen Punkt voranstellt. Ergänzt man das Unterprogramm `test1` aus Beispiel P30 durch eine Zeile (d) wie folgt

```
(a)      var i
(b)      merke i=$EBBE
(c)      zeige i
(d)      zeige .i
```

dann wird vom Unterprogramm `test1` nicht nur $EBBE, sondern auch $AFFE angezeigt. Umgekehrt könnte das aufrufende Programm oder andere Unterprogramme auf die Variablen zugreifen, die innerhalb eines Unterprogramms vereinbart werden. Eine Einschränkung des Geltungsbereichs von Variablen findet durch VIDAS also nicht statt.

Parameterangaben

Enthält ein Unterprogramm Parameterangaben, so werden diese ebenfalls als Variable des Unterprogramms vereinbart und durch ihren Namen angegeben, dem der Name des Unterprogramms und ein Punkt voranstehen.

5.21   Programmtabelle zur Kodierungskontrolle

Rückübersetzung

Bei umfänglicheren Programmieraufgaben ist es gelegentlich hilfreich, sich von VIDAS das in den Matrizen des Programmspeichers abgelegte Programm rückübersetzen und anzeigen zu lassen. Dazu greift VIDAS außer auf die Matrizeninhalte von A, B, P_1 und P_2 auch auf die Variablen- und Sprungtabelle zu, was die Aufgabe des Rückübersetzens erleichtert. Zudem ist VIDAS die Startadresse des Programms bekannt. Man startet den Rückübersetzer durch Auswahl des Menüpunkts `Anzeige - Programmtabelle` oder die Tastenkombination Strg-Y. Die Programmtabelle wird dann wie in Abb. 5.23 (rechts) dargestellt.

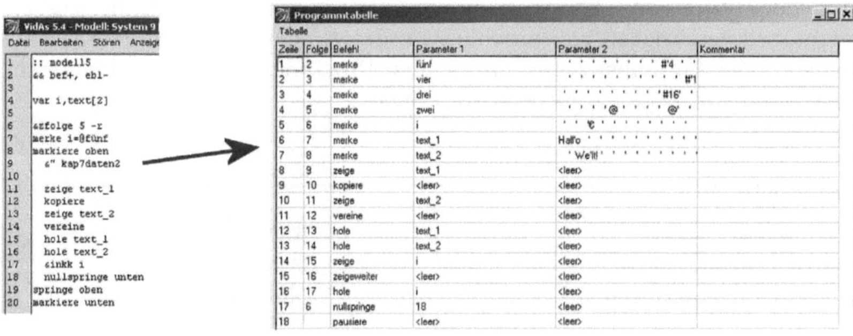

Abb. 5.23: Programmtabelle zur Überprüfung der Kodierung eines Programmtexts

Beispiel

Der in Abb. 5.23 links dargestellte Prsogrammtext wurde kodiert und mit Hilfe der herkömmlichen Lernregel in den Programmspeicher gebracht. Der Rückübersetzer trägt seine Ergebnisse in die rechts gezeigte Programmtabelle ein. In diesem Beispiel lässt sich so unter anderem überprüfen, ob der Aufruf des Makros aus Zeile 9 des Programmtexts richtig ausgeführt wurde. Hier sind die Befehle des Makros korrekt in den Zeilen 6 und 7 der Programmtabelle zu finden.[46]

5.22 Verwaltung von Unterprogrammaufrufen

Die Abarbeitung eines Unterprogramms durch eine Assoziativmaschine gliedert sich in vier Phasen. Zuerst erfolgt die Parameterversorgung des Unterprogramms. Dazu erhält jeder der Parameter des Unterprogramms den Wert derjenigen Variablen zugewiesen, die bei Aufruf an der zugehörigen Parameterposition steht. Die Abb. 5.24, ein Ausschnitt einer Programmtabelle zum Programm P29 , lässt erkennen, wie die Assoziativmaschine dabei vorgeht.

Parameterversorgung

14	15	zeige	kopf	<leer>	
15	16	hole	weiterschieben.start	<leer>	
16	17	zeige	i	<leer>	
17	18	hole	weiterschieben.i	<leer>	
18	19	zeige	j	<leer>	
19	20	hole	weiterschieben.j	<leer>	

Abb. 5.24: Parameterübergabe an ein Unterprogramm

Im Beispiel aus Abb. 5.24 werden an das Unterprogramm `weiterschieben` aus P29 drei Werte übergeben. Den Wert von `kopf` erhält die Unterprogramm-Variable `weiterschieben.start`, der Wert von `i` landet in `weiterschieben.i` und der Wert von `j` in `weiterschieben.j`.

20	21	zeige	weiterschieben.start	<leer>	
21	22	hole	weiterschieben.i	<leer>	
22	23	zeigeweiter	<leer>	<leer>	
23	24	hole	weiterschieben.j	<leer>	

Abb. 5.25: Maschinenbefehle des Unterprogramms

Der Parameterübergabe folgt die Ausführung der eigentlichen Maschinenbefehle des Unterprogramms, wie in Abb. 5.25 wiedergegeben.

In der dritten Phase des Unterprogrammlaufs geschieht der Rücksprung in die richtige Zeile des aufrufenden Programms. Dafür besitzt jedes aufgerufene Unterprogramm zwei besondere Variablen, die mit dem Unterprogrammnamen, einem Punkt und dahinter mit den Texten ≫`aufrufnummer`≪ beziehungsweise ≫`aufrufmaske`≪ bezeichnet sind.[47] In der Unterprogrammvariablen für die Aufrufnummer wird vermerkt, von welcher Stelle des aufrufenden Programms der Aufruf erfolgte. Bei jedem Unterprogrammaufruf, außer beim ersten, wird dazu beim Eintragen des Programmtexts in den Programmspeicher eine zufällig erzeugte, aber eindeutige „Nummer" aus Nullen und Einsen gebildet und in ≫`aufrufnummer`≪ eingetragen. Innerhalb des Unterprogramms erfolgt die Rückkehr an die Aufrufstelle dadurch, dass der Variablen ≫`aufrufmaske`≪ nacheinander alle möglichen Aufrufnummern zugewiesen und mit der aktuellen Aufrufnummer verglichen werden. Ist die aktuelle Aufrufnummer in der Liste gefunden, wird an die zugehörige Aufrufstelle zurückgesprungen.

Rücksprungverwaltung

24	25	merke	weiterschieben.»aufrufmaske«	' ' ' ' ' ' ' ' ' ' #
25	26	zeige	weiterschieben.»aufrufmaske«	<leer>
26	27	kopiere	<leer>	<leer>
27	28	zeige	weiterschieben.»aufrufnummer«	<leer>
28	29	gleichspringe	178	<leer>
29	30	merke	weiterschieben.»aufrufmaske«	' '#16 ' #1' ' ' ' ' ' ' '
30	31	zeige	weiterschieben.»aufrufmaske«	<leer>
31	32	kopiere	<leer>	<leer>
32	33	zeige	weiterschieben.»aufrufnummer«	<leer>
33	34	gleichspringe	158	<leer>
34	35	merke	weiterschieben.»aufrufmaske«	' ' ' ' '#16 ' ' ' ' ' '
35	36	zeige	weiterschieben.»aufrufmaske«	<leer>
36	37	kopiere	<leer>	<leer>
37	38	zeige	weiterschieben.»aufrufnummer«	<leer>
38	39	gleichspringe	138	<leer>
39	40	merke	weiterschieben.»aufrufmaske«	' ' ' ' #8' ' ' ' ' ' '
40	41	zeige	weiterschieben.»aufrufmaske«	<leer>
41	42	kopiere	<leer>	<leer>
42	43	zeige	weiterschieben.»aufrufnummer«	<leer>
43	44	gleichspringe	118	<leer>
44	45	merke	weiterschieben.»aufrufmaske«	' ' ' ' ' ' ' ' ' ' '
45	46	zeige	weiterschieben.»aufrufmaske«	<leer>
46	47	kopiere	<leer>	<leer>
47	48	zeige	weiterschieben.»aufrufnummer«	<leer>
48	49	gleichspringe	98	<leer>

Abb. 5.26: Rücksprungverwaltung eines Unterprogramms

Für das Beispiel aus P29 sieht die Rücksprungverwaltung des Unterprogramms **weiterschieben** wie in Abb. 5.26 aus. Das Unterprogramm wird insgesamt sechs Mal aufgerufen, also ist an fünf verschiedene Aufrufstellen zurückzuspringen. Lediglich beim ersten Aufruf ist kein Sprung erforderlich. Die fünf möglichen Aufrufnummern werden in den Befehlszeilen 24, 29, 34, 39 und 44 der Unterprogrammvariablen **verschieben.»aufrufmaske«** zugewiesen und durch die jeweils darauf folgenden vier Maschinenbefehle **zeige**, **kopiere**, **zeige** und **gleichspringe** mit der aktuellen Aufrufnummer, die in der Variablen **verschieben.»aufrufnummer«** vermerkt ist, verglichen, so dass der passende Rücksprung in einer der Befehlszeilen 28, 33, 38, 43 und 48 ausgelöst wird.

Parameterwerterückgabe In der vierten und letzten Phase werden die Parameterwerte an das aufrufende Programm zurückgegeben, falls es sich um Rückgabeparameter handelt, die durch einen Stern in der Parametervereinbarung **par** als solche gekennzeichnet wurden (s. Tabelle 5.19).

49	50	zeige	weiterschieben.i	<leer>	
50	51	hole	i	<leer>	
51	52	zeige	weiterschieben.j	<leer>	
52	53	hole	j	<leer>	Ende 'weiterschieben' (1)|Start 'verl

Abb. 5.27: Rückgabe der Parameterwerte eines Unterprogramms

Die Werterückgabe, die für das Beispiel P29 in Abb. 5.27 dargestellt ist, gestaltet sich wie eine Umkehrung der Parameterversorgung aus Abb. 5.24. Hier sind allerdings nur zwei der drei Parameter für eine Werterückgabe vereinbart worden, also besteht die Rückgabe auch nur aus vier Maschinenbefehlen und nicht aus sechs.

5.23   Übungen 8

Ü 8.1 (Modell 4)

Für die Assoziativmaschine sei folgendes Hauptprogramm vorgelegt:

```
:: modell4
                                    ! Frage-Antwort-Paare lernen
lerne "Hund"="vier Beine\<"
lerne "Meise"="zwei Beine\<"
lerne "Hocker"="drei Beine\<"
lerne "Stativ"="ein Bein\<"

                                    ! Variablen vereinbaren und
                                    ! mit Werten versorgen
var meldung1, meldung2
beantworte "Hocker
hole meldung1
beantworte "Stativ
hole meldung2

                                    ! Unterprogramme aufrufen
§unterprogramm1 meldung1, meldung2
zeige meldung1
zeige meldung2


§unterprogramm1 meldung2, meldung1
zeige meldung1
zeige meldung2
```

Man überlege sich, welche Ausgaben beim Einsatz der folgenden Texte für
das Unterprogramm **unterprogramm1** jeweils erzeugt werden und überprüfe
seine Ergebnisse anschließend mit Hilfe von VIDAS .

```
a)    par m1, m2
      var meldung1, meldung2
      merke meldung1="Anfang\<"
      merke meldung2="Ende\<"

      zeige meldung1
      zeige m1
      zeige m2
      zeige m2
      zeige m1
      zeige meldung2
      merke m1="Buongiorno!\<"
      merke m2="Buonasera!\<"


b)    par *m1, m2
      var meldung1, meldung2
      merke meldung1="Anfang\<"
      merke meldung2="Ende\<"
```

```
        zeige meldung1
        zeige m1
        zeige m2
        zeige m2
        zeige m1
        zeige meldung2
        merke m1="Buongiorno!\<"
        merke m2="Buonasera!\<"


c)      par m1, *m2
        var meldung1, meldung2
        merke meldung1="Anfang\<"
        merke meldung2="Ende\<"

        zeige meldung1
        zeige m1
        zeige m2
        zeige m2
        zeige m1
        zeige meldung2
        merke m1="Buongiorno!\<"
        merke m2="Buonasera!\<"


d)      par *m1, *m2
        var meldung1, meldung2
        merke meldung1="Anfang\<"
        merke meldung2="Ende\<"

        zeige meldung1
        zeige m1
        zeige m2
        zeige m2
        zeige m1
        zeige meldung2
        merke m1="Buongiorno!\<"
        merke m2="Buonasera!\<"
```

Ü 8.2 (Modell 4)

Es seien folgendes Hauptprogramm und die drei Unterprogramme `durch-zaehlen`, `anzeigen` und `hilfe` gegeben:

```
:: modell4

var i, meldung
merke meldung="Fertig!\<"
&zfolge 3
```

```
merke i=@null
§durchzaehlen i

zeige i
zeige meldung
```

Der Text des Unterprogramms durchzaehlen lautet:

```
par k
var meldung
merke meldung="Hallo Welt!\<"

markiere oben
  §anzeigen meldung
  &inkk k
  nullspringe unten
springe oben

markiere unten
pausiere
```

Der Text des Unterprogramms anzeigen ist:

```
par *s
var meldung
merke meldung="Es ist angekommen, \<"
zeige meldung
zeige s
§hilfe s
```

Für das Unterprogramm hilfe gibt es nunmehr die folgenden beiden Varianten, die sich nur in der Wertübergabe unterscheiden.

```
a)    par *p_1
      var oha
      merke oha="Gut gemacht, \<"
      zeige oha
      zeige p_1
      merke p_1="Schweinchen!\<"


b)    par p_1
      var oha
      merke oha="Gut gemacht, \<"
      zeige oha
      zeige p_1
      merke p_1="Esel!\<"
```

Welche verschiedenen Ausgaben ergeben sich nach Start des Hauptprogramms für die beiden möglichen Texte von hilfe?

Ü 8.3 (Modell 5)

Gegeben ist ein Hauptprogramm und drei Unterprogramme namens `uprg1`, `uprg2`, `uprg3` und `uprg4` mit folgender Aufrufstruktur:

```
Hauptprogramm
          ↪    uprg1
                    ↪    uprg2
                              ↪    uprg4
          ↪    uprg3
                    ↪    uprg4
```

Das Unterprogramm `uprg1` soll das Zeichen 'A' ausgeben, `uprg2` das Zeichen 'B', `uprg3` 'C' und `uprg4` 'D'.

a) Man gebe an, welche Ausgaben nach Start des Hauptprogramms erfolgen.

b) Man ändere die Aufrufstruktur so, dass die Ausgabe B D C D A B D lauten wird.

Ü 8.4 (Modell 1)

Man beschreibe die Wirkung folgenden Unterprogrammaufrufs und überprüfe seine Überlegungen anschließend mit VIDAS . Das Hauptprogramm ist links, das Unterprogramm **ebbeanzeigen** rechts angegeben.

```
:: modell1                        par k

var meldung                       markiere oben
merke meldung = $EBBE                zeige .meldung
                                     &inkk k
&zfolge 6 -r0                        nullspringe unten
                                  springe oben
§ebbeanzeigen fünf                markiere unten
                                  pausiere
```

Ü 8.5 (Modell 5)

Man schreibe ein Unterprogramm, welches einen an erster Parameterposition übergebenen Text so oft ausführt, wie durch den Wert des zweiten Parameters angegeben ist.

Ü 8.6 (Modell 6)

Im Hauptprogramm sei eine Z-Folge mit zwanzig Zahlen erzeugt worden. Man schreibe ein Unterprogramm `maximum` mit zwei Parametern, welches feststellt, welcher der beiden Parameter bei Aufruf den arithmetisch größeren Wert besitzt oder ob die Parameterwerte gleich groß sind.

Beispiel: Der Unterprogrammaufruf

```
maximum elf,neun
```

müsste die Antwort 'Der erste Parameterwert ist größer.' ergeben.

Anmerkungen

[1] Die einleitenden Zitate von Klaus Samelson stammen aus dem „Bericht über das Internationale Mathematiker-Kolloquium, Dresden, 22. bis 27. November 1955 'Aktuelle Probleme der Rechentechnik'", VEB Deutscher Verlag der Wissenschaften, Berlin 1957. Der Mathematiker und Physiker Klaus Samelson (1918-1980) entwickelte die Informatik im Bereich der Programmiersprachen wesentlich mit. In Hildesheim wurde ein Platz bei der Universität nach ihm benannt.

Klaus Samelson

[2] Als „Pseudoprogramm" werden hier Programme bezeichnet, die nicht als Maschinenprogramme (in Maschinencode) abgefasst sind.

[3] Die Programmiersprache ALGOL 58 hieß ursprünglich IAL (International **A**lgebraic **L**anguage). Der Quelltext einer Prozedur zur Integration einer Funktion nach der Simpson-Regel in Abb. 5.1 ist [Perlis and Samelson 1958] entnommen.

ALGOL 58

[4] Vor jeder syntaktischen Regel wird in runden Klammern eine eindeutige Regelnummer genannt. Ein Verzeichnis aller Regeln befindet sich in Kapitel 8.4. Die Notation der Befehle lehnt sich an die Backus-Naur-Form an. Unterstrichene Zeichen und Zeichenketten sind genau wie angegeben zu wählen, wobei zwischen und Groß- und Kleinschreibung nicht unterschieden wird. Eckige Klammern umschließen optionale Teile des Befehls, geschweifte Klammern umschließen Befehlsteile, die beliebig oft wiederholt werden können (mindestens ein Mal). In spitze Klammern gesetzte Befehlsteile werden an anderer Stelle syntaktisch festgelegt. Ein senkrechter Strich kennzeichnet ein Angebot zur Auswahl zwischen den links und rechts vom Strich angebotenen Möglichkeiten.

Backus-Naur-Form

[5] Für den Anwender eröffnet sich dadurch die Möglichkeit, eigene Modelldateien einzurichten oder bereits vorhandene den jeweiligen Erfordernissen anzupassen (vgl. Kapitel 8.1).

Modelldateien

[6] Durch das Optionenmenü (`Strg-Alt-O`) beziehungsweise über `Strg-Alt-K` lässt sich die Variablentabelle anzeigen.

[7] Diese Variante der Variablenvereinbarung ist also nicht mit der Vereinbarung einer Array-Variablen, auf deren Felder mit Hilfe eines Index zugegriffen werden kann, zu verwechseln.

Reihungen

[8] Der Simulator VIDAs erlaubt darüber hinaus, alle Zeichen des Zeichensatzes des Editors in Variablennamen zu benutzen. Lediglich das Gleichheitszeichen '=', das Komma ',', der Punkt '.', die eckige Klammer '[' und die spitzen Doppelklammern '≪' und '≫' sollten nicht verwendet werden, da sie besonderen Zwecken vorbehalten sind.

Zeichen für
Variablennamen

[9] In der Statuszeile des Programmtexteditors wird die Fehlermeldung '+++ Zeile 4: Variable doppelt vereinbart: vier' angezeigt.

[10] Die Eintragung geschieht in Form der erweiterten ASCII-Kodierungen der einzelnen Zeichen der Zeichenkette (siehe auch 8.2).

[11] Dem Leerzeichen ist der ASCII-Code *00100000 zugeordnet, also wird pro Leerzeichen eine Eins an der dritten Stelle und Nullen an die anderen sieben zu besetzenden Stellen in der Zeichenkette gesetzt.

Leerzeichen

[12] Eine Tabelle mit ASCII-Zeichen befindet sich auf S. 314.

[13] In der Hardwaresimulation von SYSTEM 9 ist für das Register R_2 eine Eingabemöglichkeit über eine parallele Schnittstelle eingerichtet worden. Das Register R_1 ist demgegenüber vornehmlich zur Aufnahme von Ausgabewerten vorgesehen.

[14] Durch Anklicken des Namens der aktuellen Programmdatei in der Fußleiste unten links werden Pfad- und Dateinamen in verschiedenen Formaten dargestellt.

[15] Einen Wechsel von der Anzeige der Befehlszeilennummern zur Anzeige der Programmzeilennummern erreicht man durch einen Mausklick links in den Streifen mit der Nummerierung.

Befehlszeilen und
Programmzeilen

[16] Die Fortsetzungsassoziation zur Programmabarbeitung wurde im Kapitel 4 bei Vorstellung von SYSTEM 1 und 9 und den zugehörigen Übungen bereits genutzt. Die Fortsetzungsassoziation ist nicht mit der Autoassoziation zu verwechseln, bei der Fragen mit sich selbst gelernt und beantwortet werden (s. Beispiel mit 525 Ortsnamen in Kapitel 2.5).

Fortsetzungsassoziation
und Autoassoziation

Speichern einer Folge von Situationen nach Palm

[17]Die Abb. 5.11 und 5.28 werden in [Palm 1982], S. 50 f., diskutiert. Die Rückkopplung einer Assoziativmatrix wird zum Speichern einer Folge von Situationen verwendet, indem im ersten Zeittakt die erste Situation s eintrifft, im zweiten Takt die Situation s', die mit s assoziiert wird, danach wird die nächste Situation s'' mit s' assoziiert und so fort.

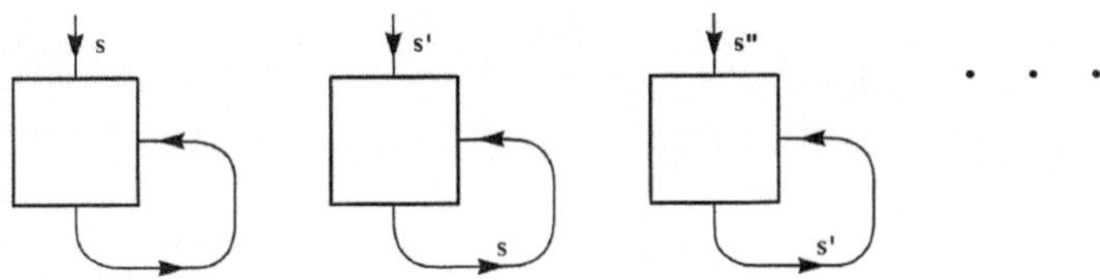

Abb. 5.28: Abspeichern einer Abfolge von Situationen (Palm 1982)

[18]Die Kodierung der Befehlszeilen wird von VIDAS so gewählt, dass keine zwei Kodierungen eine Eins an derselben Stelle erhalten. Das Skalarprodukt je zweier Kodierungen ist also null. Dieses erhöht die Störunanfälligkeit des Programmablaufs.

Dijkstras kritische Sicht auf den Sprungbefehl

[19]Edsger W. Dijkstra schrieb in seinem bekannten Artikel [Dijkstra 1968]: „I became convinced that the go to statement should be abolished from all 'higher level' programming languages (i.e. everything except, perhaps, plain machine code)." und „The go to statement as it stands is just too primitive; it is too much an invitation to make a mess of one's program." Da für VIDAS noch keine höhere Programmiersprache verfügbar ist, sind die Hinweise von Dijkstra noch immer sehr nützlich.

Schleifen

[20]Schleifen sind Anweisungen zur Wiederholung von einer oder mehreren Befehlszeilen (Wiederholungsanweisung). Sie können selbst wiederum Schleifen enthalten. Nichtabweisende Schleifen werden auch als nachprüfende oder fußgesteuerte Schleifen bezeichnet. Die Bedingung, die zum Abbruch der Schleife führt, wird am Schleifenende geprüft (Abbruchbedingung).

[21]Abweisende Schleifen werden auch als vorprüfende oder kopfgesteuerte Schleifen bezeichnet. Die Bedingung, die zum Abbruch der Schleife führt, wird zu Schleifenbeginn geprüft (Laufbedingung).

[22]Das Sprungwerk unterbricht die Fortsetzungsassoziation, indem es die von der Parametermatrix gelieferte Befehlszeilenkodierung in den Abfragevorgang einfügt.

[23]Es kann zur Erhöhung der Störfestigkeit des Programmablaufs angezeigt sein, das Vorhandensein einiger weniger Einsen zu tolerieren.

[24]Auch hier ließe sich zur Stärkung der Robustheit der Maschine von der Forderung nach einer exakten Gleichheit der Registerinhalte abweichen. Dazu könnte man eine Hamming-Distanz angeben, bis zu der die „Gleichheit" der Registerinhalte gelten soll.

Nassi-Sheiderman-Diagramme

[25]Die Programmabschnitte sind als Nassi-Shneiderman-Diagramme angegeben. Isaac Nassi und Ben Shneiderman entwickelten diesen Diagrammtyp in den 1970er-Jahren als Hilfsmittel zur strukturierten Programmierung. Damit wird der undisziplinierten Verwendung von Sprüngen vorgebeugt (s. [Claus and Schwill 2006], S. 661).

[26]Die Bezeichnungen `&afolge` und `&ifolge` für die Erzeugung äußerer und innerer Assoziationsketten gehen auf einen ursprünglichen Entwurf einer Assoziativmaschine mit einem äußeren und einem inneren Matrixgedächtnis zurück.

[27]Als (Pseudo-) Zufallszahlengenerator dient derjenige des Entwicklungssystems von VIDAS.

[28]Auf die Vereinbarung von Variablen geht Kapitel 5.2 ein.

[29]Zur damit möglichen partiellen Fortsetzungsassoziation s. Kapitel 5.16.

Variablen im Kurzzeitgedächtnis

[30]Da von VIDAS jeder Variablen im Kurzzeitgedächtnis eine Reihe von Zeilen überschneidungsfrei zugewiesen wird, kann es beim Eintrag neuer Werte in eine Variable, die nicht zu einer Assoziationskette oder einem Assoziationskreis gehört, zu keiner Störung einer Kette kommen.

[31] Die Fehlermeldung '+++ Zeile 0: Matrix zu klein' weist in diesem Fall darauf hin, dass Assoziationsketten der gewünschten Länge nicht mehr störunanfällig in den jeweiligen Matrizen K oder L unterzubringen sind. Im allgemeinen Fall wird die Fehlermeldung auch ausgegeben, wenn zu viele Befehlszeilen in die Abfolgematrix A eingetragen werden sollen.　　*Matrix zu klein*

[32] Die Wahl der Namen für die beiden Editor-Befehle &inkk und &inkl stammt von engl. *increment* — erhöhen, hochzählen. Der letzte Buchstabe 'k' von &inkk soll daran erinnern, dass der Assoziationsschritt im **K**urzzeitgedächtnis, der letzte Buchstabe 'l' von &inkl soll darauf hinweisen, dass der Assoziationsschritt im **L**angzeitgedächtnis durchgeführt wird.　　*inkrementieren*

[33] Die Zahlwörter stehen in den Dateien zahlen?.txt im Unterverzeichnis listen und können gegebenfalls eigenen Erfordernissen angepasst werden.

[34] Durch einen Mausklick in den Streifen mit der Nummerierung wechselt man von der Anzeige der Programmzeilennummern zur Anzeige der Befehlszeilennummern.

[35] Im Kapitel 3.1 wird mit Abb. 3.5 ein klassischer Assoziativspeicher vorgestellt, der ebenfalls über ein Maskenregister verfügt, um bestimmte Spalten des Speichers unbeachtet zu lassen. Auch der Zuse-Assoziativspeicher besitzt zu diesem Zweck Maskierungsschalter (s. Abb. 3.8).　　*Maskenregister*

[36] Eine Tabelle der ASCII-Zeichen befindet sich auf S. 314.

[37] Im ASCII-Code hat ein Groß- von seinem Kleinbuchstaben genau den Abstand 32.

[38] Hierbei ist an die von der Graphentheorie her bekannten Graphen gedacht.

[39] Von den Editorbefehlen fehlen noch diejenigen, die zur Erstellung von Unterprogrammen benötigt werden (s. Kapitel 5.19).

[40] Die Schaltpläne sind fast vollständig in [Dierks 2005] enthalten.

[41] In [Samelson 1957], S. 63, führt Samelson zu „offenen Unterprogrammen" das Folgende aus: „Hier handelt es sich um im Allgemeinen kurze Folgen von Maschinenbefehlen, die so häufig vorkommen, dass es sich lohnt, sie auf Vorrat zu programmieren, und die kurz genug sind, um [...] sie jedesmal, wenn sie in einem Programm gebraucht werden, an die betreffende Stelle als Ganzes einzufügen, so dass Aufruf- und Rückkehrsprung unnötig sind. Jedes solche Programm wird im Pseudoprogramm durch einen eigenen Pseudobefehl bezeichnet, der dann vom Programmerzeuger durch das betreffende Unterprogramm ersetzt wird, unter Umständen mit Einbeziehung von algebraischen Adressen."　　*offene Unterprogramme*

[42] Dazu schreibt Samelson in [Samelson 1957], S. 63: „Vom Prozeß her gesehen unterscheiden sie sich von den offenen Unterprogrammen dadurch, dass sie so lang sind, dass man [...] sie bei Gebrauch *einmal* im Arbeitsspeicher der Maschine unterbringen will, selbst wenn sie in einem Rechenprogramm mehrere Male hintereinander gebraucht werden. Sie müssen infolgedessen durch einen Sprung aufgerufen werden, der gleichzeitig alle Parameter des Prozesses mitbringt, und werden durch einen Rücksprung wieder verlassen, was sie rein äußerlich von den offenen Unterprogrammen unterscheidet."　　*geschlossene Bibliotheksprogramme*

[43] Dieses Parameterübergabekonzept wird als „call by reference" bezeichnet.　　*call by reference*

[44] Dieses Konzept trägt den Namen „call by value" (vgl. [Claus and Schwill 2006], S. 488).　　*call by value*

[45] Unterprogrammtexte lassen sich auch mit beliebigen anderen Texteditoren erfassen oder mit dem (Haupt-) Programmtexteditor. Der Unterprogrammtexteditor öffnet sich auch über die Funktionstaste F10 oder durch Klick auf den Namen des Unterprogramms im Fenster mit der Unterprogrammtabelle.

[46] Durch einen Mausklick auf die Kopfzelle einer Spalte der Programmtabelle, lässt sich der Spalteninhalt breiter anzeigen.

[47] In der Variablentabelle der Abb. 5.22 findet man diese Variablen zum Beispiel für das Unterprogramm test1 angezeigt.

Literaturverzeichnis zu Kapitel 5

Volker Claus and Andreas Schwill. *DUDEN Informatik A-Z — Fachlexikon für Studium, Ausbildung und Beruf.* Dudenverlag, Mannheim Leipzig Wien Zürich, 2006. 4. Auflage, ISBN 978-3-411-05234-9.

Andreas Dierks. *VidAs — Aufbau einer robusten, frei programmierbaren Maschine aus Assoziativmatrizen. Simulation und Hardware-Lösung.* Universität Hildesheim, 2005. in: „Hildesheimer Informatik-Berichte", Band 2/2005 (September 2005), ISSN 0941-3014.

Edsger W. Dijkstra. *Go to statement considered harmful.* ACM, 1968. in: „Communications of the ACM", Vol. 11, No. 3, 1968, S. 147-148.

Günther Palm. *Neural Assemblies — An Alternative Approach to Artificial Intelligence.* Springer-Verlag, Berlin Heidelberg New York, 1982. ISBN 3-540-11366-5.

A. J. Perlis and K. Samelson. *Preliminary Report — International Algebraic Language.* ACM, 1958. in: „Communications of the ACM", Volume 1, Issue 12, Dezember 1958, S. 8-22.

Klaus Samelson. *Probleme der Programmierungstechnik.* VEB Deutscher Verlag der Wissenschaften, Berlin, 1957. in: „Bericht über das Internationale Mathematiker-Kolloquium — Dresden, 22. bis 27. November 1955".

Kapitel 6

Assoziatives Rechnen

> *„Diese Ausführungen zeigen, dass das Nervensystem, betrachtet man es als Automaten, unbedingt sowohl einen arithmetischen als auch einen logischen Teil besitzen muss, und dass die Anforderungen an die Arithmetik in ihm von ebenso großer Bedeutung sind wie die Anforderungen an die Logik. [...] Das Nervensystem ist eine Rechenmaschine, die ihre äußerst komplizierte Arbeit mit ziemlich niedriger Geschwindigkeit je Schritt zu leisten vermag". (John von Neumann, 1956)*

Auch wenn die einleitende Anmerkung zu einem anderen Schluss führen könnte,[1] so beobachten wir, dass der Mensch von seinen natürlichen Anlagen her nicht gut rechnen kann. In ihm ist kein Rechenwerk zu vermuten, weder eine arithmetische Einheit zum Umgang mit Brüchen oder anderen Zahlen noch etwa eine algorithmische Einheit zum Wurzelziehen. Mit Papier und Stift oder durch andere Rechenhilfsmittel bemüht sich der Markthändler, dem Kunden möglichst schnell die zu zahlende Summe zu bestimmen. Die Berechnung von Guthabenzinsen aller Sparkonten überlässt der Bankangestellte lieber dem Computer. Die benötigte Anzahl an Bodenfliesen für das neue Haus ermittelt der Bauherr mit Hilfe des Taschenrechners. Im Grunde sind die in diesen Beispielen anfallenden Rechentätigkeiten nicht sonderlich schwierig. Doch fühlt man sich bezüglich des Rechenergebnisses sicherer, wenn es von Rechenmaschinen stammt, ganz abgesehen von der vorteilhaften Rechengeschwindigkeit der Maschinen. Daher oder dennoch wird es als besondere Leistung anerkannt, wenn jemand geschickt, sicher und schnell rechnen kann. Umgekehrt erhalten Maschinen, die beeindruckend schnell rechnen können, menschliche Eigenschaften zugewiesen[2] oder werden als „Gehirn" empfunden,[3] obwohl das menschliche Gehirn mangels Rechenwerk nun eigentlich genau **nicht** als Rechenmaschine betrachtet werden müsste.[4] Die Aufgabe, zu berechnen, wie lange fünf Mitarbeiter für die Inventur einer Kaufhausabteilung benötigen, wenn vier Mitarbeiter damit in 20 Stunden fertig werden, erfordert mehr als einfache Rechentätigkeit, nämlich das Erkennen des Rechenansatzes. Eine Maschine mit einer solchen Fertigkeit, hätte den Titel „Gehirn" wohl eher verdient.

In diesem Kapitel wird nun der Frage nachgegangen, wie der Mensch trotz

Rechnen ohne
Rechenwerk

fehlenden Rechenwerks in der Lage sein könnte, mit Hilfe der assoziativen Fähigkeiten des Gehirns zu rechnen, die wir im Folgenden durch eine Assoziativmaschine nachbilden.[5] Da die Assoziativmaschine nicht um ein Rechenwerk sondern um ein Assoziierwerk herum arbeitet, werden Rechenvorgänge durch den **Einsatz von Assoziationsketten**, also durch Abzählen, oder durch **direktes Assoziieren** erreicht. Als direktes Assoziieren wird hier derjenige Ablauf bezeichnet, mit dem ein Ergebnis dem Gedächtnis durch einen einzigen Abfragevorgang, einem einzelnen Assoziationsschritt entnommen werden kann, also dass beispielsweise mit der Aufgabe „6 · 9" unmittelbar die Lösung „54" assoziiert wird.

Abzählen und direktes Assoziieren

6.1 Rechnen mit den Fingern

Mit dem Konzept der Assoziationskette kann man einen Algorithmus zur Addition zweier Zahlen aufstellen, den man einem Erstklässler von den Fingern abliest. Dazu stellt das Kind mit der einen Hand den ersten Summanden dar, richtet für die Aufgabe 3 + 6 also drei Finger der linken Hand auf, die restlichen Finger bleiben angelegt, s. Abb. 6.1,[6] und zählt dann von 1 bis zum Wert des zweiten Summanden hoch, bei jeder Zahl einen Finger aufrichtend.

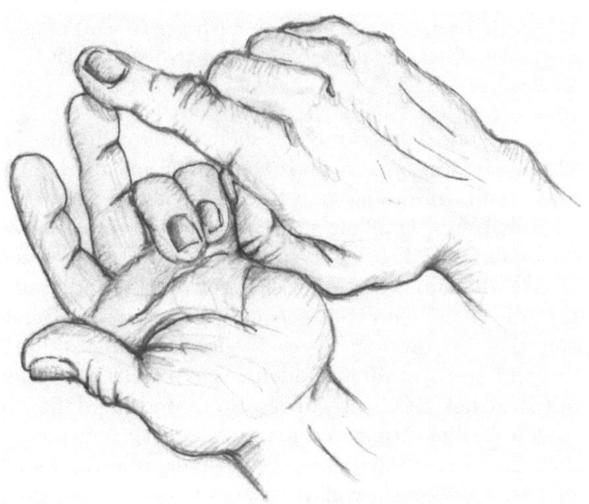

Abb. 6.1: Rechnen mit den Fingern

Rechnen durch Abzählen

In dieser Weise geht das Programm P31 vor, welches 17 + 4 „berechnet". Der erste Summand wird eingestellt, hier in Zeile (11) durch `merke i = @siebzehn`, und der zweite Summand dient zum Abzählen, ist also eine Assoziationskette der Länge 4, daher die Umsetzung in Zeile (13) über `&afolge n,4`.

P31

```
(1)        :: modell4
(2)                           !----------------------------
(3)                           ! Berechnung einer Summe m+n
(4)                           !----------------------------
```

```
(5)
(6)                                 ! Variablen vereinbaren
(7)       var m, n
(8)                                 ! Zahlenraum einstellen
(9)       &zfolge 50
(10)                                ! 1. Summand
(11)      merke m=@siebzehn
(12)                                ! 2. Summand
(13)      &afolge n,4
(14)                                ! Rechenschleife
(15)      markiere oben
(16)        &inkk m
(17)        &inkl n
(18)        nullspringe unten
(19)      springe oben
(20)      markiere unten
(21)                                ! Ergebnisanzeige
(22)      zeige m
```

Die Multiplikation lässt sich mit dem hier vorgestellten Ansatz als wiederholtes Abzählen auffassen und wie in P32 umsetzen.

```
(1)       :: modell5                                                P32
(2)                                 !-------------------------------
(3)                                 ! Berechnung eines Produkts m*n
(4)                                 !-------------------------------
(5)                                 ! Variablen vereinbaren
(6)       var i, j, m, n, p
(7)                                 ! Zahlenraum einstellen
(8)       &zfolge 100
(9)                                 ! 1. Faktor m
(10)      &afolge m,17
(11)                                ! 2. Faktor n
(12)      &afolge n,4
(13)                                ! Produkt p
(14)      merke p=@null
(15)                                ! Rechenschleife
(16)      zeige n
(17)      hole i
(18)      markiere ganzoben
(19)        zeige m
(20)        hole j
(21)        markiere oben
(22)          &inkk p
(23)          &inkl j
(24)          nullspringe unten
(25)        springe oben
(26)        markiere unten
(27)        &inkl i
(28)        nullspringe ganzunten
(29)      springe ganzoben
(30)      markiere ganzunten
```

```
(31)                                    ! Ergebnisanzeige
(32)      zeige p
```

Multiplikation als wiederholtes Abzählen

Die innere Schleife von Zeile (21) bis (25) wird so oft durchlaufen, wie es der 1. Faktor m vorgibt. Diese innere Schleife befindet sich in einer äußeren Schleife, die in Zeile (18) beginnt und deren Anzahl an Durchläufen durch den 2. Faktor n bestimmt wird.

6.2 Rechnen mit Zählrädern

Beim Schulkind und auch beim Nutzer der obenstehenden Programme stellt sich sehr bald die Einsicht ein, dass das Bilden von Summen und Produkten größerer Zahlen mit der in Kapitel 6.1 vorgestellten Methode zu aufwändig ist. Daher erlernt man Verfahren, bei denen ziffernweise addiert wird. Ein solches Vorgehen findet man bei frühen Rechenmaschinen wie der Pascaline (s. Abb. 6.2) verwirklicht. Sie wurde mit Zählrädern versehen, auf denen die Ziffern 0 bis 9 vermerkt sind. Eine besondere Vorrichtung, die Klaue a, sorgt dafür, dass beim Zehnerübergang das höherwertige Zählrad um 1 weitergedreht wird. Die Sperrklinke b hält die Zahlenwalze c in ablesbarer Position.

Subtraktion durch Änderung der Sicht

Durch Verschieben der Abdeckplatte d lässt sich mit der hier abgebildeten Maschine auch subtrahieren.

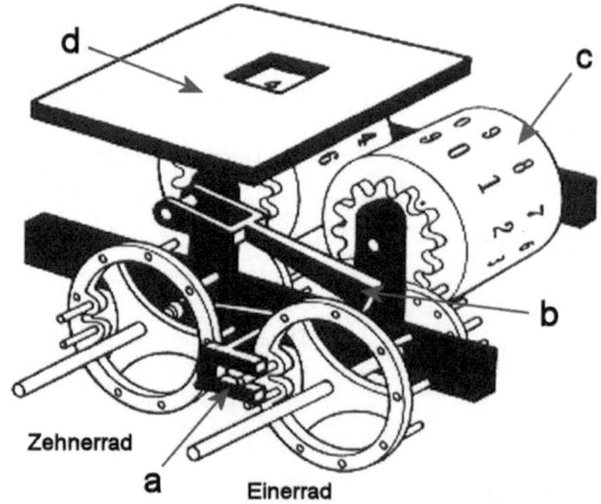

Abb. 6.2: Zählräder der Pascaline

Nachbildung des Rechnens mit der Pascaline

Ahmt man das Vorgehen der Pascaline nach, erhält man eine ziffernweise Addition für die Assoziativmaschine unter Zuhilfenahme des Abzählens. Der Zehnerübergang wird dadurch bemerkt, dass das Zählrad (der Assoziationskreis) die Null anzeigt. Hierbei ist als null das anzusehen, was die Assoziativmaschine unter einer Null versteht, was also keine 0 ist, sondern eine zufällig ermittelte Darstellung dieser Zahl. Eine Variable mit dem Namen klaue übernimmt in P33 die Aufgabe, diesen Ort (diesen Wert) zu vermerken.

```
(1)        :: modell5
(2)                             !-------------------------------
(3)                             ! Berechnung einer mehrstelligen
(4)                             ! Summe im Dezimalsystem
(5)                             !-------------------------------
(6)
(7)                             ! Variablen vereinbaren
(8)        var a[4], b[4], übertrag
(9)        var klaue, ergtext
(10)       merke ergtext="Ergebnis:\<"
(11)                            ! Ziffernkreis 0-9 einrichten
(12)       &zkreis 10
(13)       merke klaue=@null
(14)                            ! Abzählkette einrichten
(15)       &ifolge z,10 -r0
(16)                            ! 1. Summand
(17)       merke a_4=@null
(18)       merke a_3=@zwei
(19)       merke a_2=@sieben
(20)       merke a_1=@fünf
(21)                            ! 2. Summand
(22)       merke b_4=@z_0
(23)       merke b_3=@z_9
(24)       merke b_2=@z_2
(25)       merke b_1=@z_7
(26)                            ! Berechnung der Summe
(27)       zeige klaue
(28)       hole übertrag
(29)       §ziffernverrechnen a_1, b_1, übertrag
(30)       §ziffernverrechnen a_2, b_2, übertrag
(31)       §ziffernverrechnen a_3, b_3, übertrag
(32)       §ziffernverrechnen a_4, b_4, übertrag
(33)                            ! Ergebnis anzeigen
(34)       zeige ergtext
(35)       zeige a_4
(36)       zeige a_3
(37)       zeige a_2
(38)       zeige a_1
```

P33

Das zugehörige Unterprogamm **ziffernverrechnen** leistet sowohl das Zusammenrechnen der beiden an Parameterposition übergebenen Ziffern als auch die Verrechung des Übertrags. Hierbei beachte man, dass das Hinzuzählen des Übertrags in Zeile (1) gleich wieder einen neuen Übertrag für die nächsthöherwertige Stelle der Zahl ergeben kann, weswegen die Zeile (n) wichtig ist.

Unterprogramm **ziffernverrechnen**

```
(a)        par *ziffer1, ziffer2, *übertragsziffer
(b)                            ! "kein Übertrag" in R2 merken
(c)        zeige .klaue
(d)        kopiere
(e)                            ! Gibt es einen Übertrag?
```

```
(f)     zeige übertragsziffer
(g)     gleichspringe oben
(h)                         ! alten Übertrag löschen
(i)     zeige .klaue
(j)     hole übertragsziffer
(k)                         ! Übertrag dazuzählen
(l)     &inkk ziffer1
(m)                         ! Erneuter Übertrag?
(n)     gleichspringe übertragsetzen
(o)                         ! Zählschleife
(p)     markiere oben
(q)       &inkk ziffer2
(r)       nullspringe unten
(s)       &inkk ziffer1
(t)       gleichspringe übertragsetzen
(u)       pausiere
(v)     springe oben
(w)                         ! Übertrag merken
(x)     markiere übertragsetzen
(y)       merke übertragsziffer=@.eins
(z)     springe oben
(A)                         ! Schluss
(B)     markiere unten
(C)     pausiere
```

<table>
<tr><td>Subtraktion durch
Umkehrung der
Assoziationskette</td><td>

Oben wurde erwähnt, dass die Pascaline durch einfaches Verschieben der Abdeckplatte d in die Lage versetzt wird zu subtrahieren. Tatsächlich braucht man auch bei ⌐P33¬ lediglich zwei Zeilen zu verändern und erhält ein Programm zum Subtrahieren auf der Assoziativmaschine. Durch die Zeile (12) kehrt man die Assoziationskette um und zählt also rückwärts. Durch Zeile (13) legt man fest, bei welcher Ziffer die „Klaue" einen Übertrag weiterreichen soll. In der Abb. 6.2 erkennt man, dass die Zählräder c über der Ziffer 0 die Ziffer 9 tragen. Also setzt man im Subtraktionsprogramm als Wert für **klaue** nunmehr **@neun** an die Stelle von **@null**. Das Unterprogramm **ziffernverrechnen** bleibt **unverändert**.

</td></tr>
</table>

```
(12)    &zkreis 10 -r
(13)    merke klaue=@neun
```

Aus der Sicht des Assoziativen Rechnens ergibt sich die Subtraktion somit verglichen mit der Addition in einfacher Weise durch Umkehrung des zu durchlaufenden Ziffernkreises.

6.3   Rechnen durch direktes Assoziieren

Stehen keine Rechenhilfsmittel zur Verfügung, wird man in unserem Alltag wohl kaum die bisher erläuterten Verfahren des Abzählens mit oder ohne Stellenwerten einsetzen, sondern es werden die weit verbreiteten schriftliche Verfahren für die Grundrechenarten genutzt. Diese fußen darauf, dass man die Summen oder Produkte in einem gewissen Zahlenraum weitgehend **auswendig** gelernt hat, um möglichst wenig abzählen zu müssen.

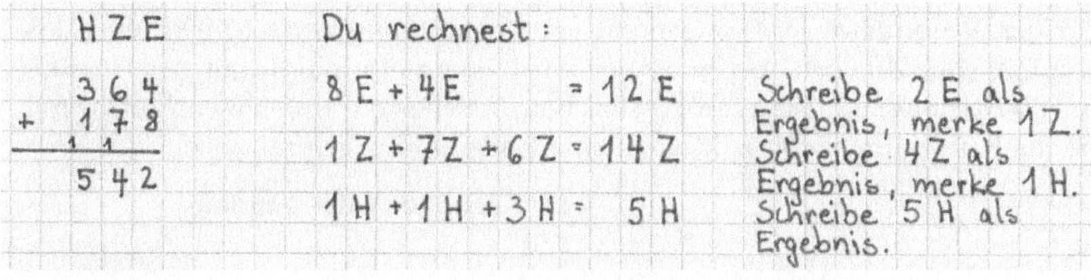

Abb. 6.3: Erläuterung zur schriftlichen Addition für Grundschüler

Aus den Verfahren zum schriftlichen Rechnen lassen sich Verfahren für das Assoziative Rechnen ableiten, die gänzlich ohne ein Abzählen auskommen, also keine Assoziationsketten nutzen, sondern auf direktes Assoziieren aufbauen.

Rechnen ohne Abzählen

In der Abbildung 6.3 ist im mittleren Teil dasjenige, was man durch direktes Assoziieren erhält, mit „Du rechnest" überschrieben,[7] auch wenn „Du weißt" den erwarteten Vorgang womöglich treffender beschreibt. Dieses Wissen wäre im Datenspeicher der Assoziativmaschine abzulegen und dann für jede Stelle der Rechnung abzurufen. Zudem hätte man den Umgang mit einem etwaigen Übertrag in den Griff zu bekommen, ohne ein Rechenwerk einsetzen zu können. Zur Erleichterung der Umsetzung eines auf direkte Assoziation aufbauenden Rechenverfahrens in ein Programm für die Assoziativmaschine stellt VIDAS den Editorbefehl &zpaare zur Verfügung, der in Tabelle 6.1 angegeben ist. Damit wird Assoziatives Rechnen zu einem Rechnen mit **Zahlenpaaren**, bei dem zu jedem Paar das jeweilige Ergebnis gelernt wird, so wie man mit den Zahlen 9 und 6 bezüglich der herkömmlichen Multiplikation die Zahl 54 assoziiert, also $(9,6) \rightarrow (5,4)$.

Rechnen mit Zahlenpaaren

(R46)   &zpaare <n> [-<bezeichner>]

Tabelle 6.1: Editorbefehl &zpaare

Mit dem Befehl &zpaare <n> werden Variablen vereinbart, deren Bezeichner aus allen Kombinationen der Zahlwörtern von 0 bis n-1 gebildet werden. So liefert der Befehl &zpaare 5 die 25 Variablen mit den Namen nullnull, nulleins, ..., viervier. Ist die Option -<bezeichner> angegeben, dann werden so viele Zahlwortpaare vereinbart, wie es Zeichen in <bezeichner> gibt und diese Zeichen werden nach und nach zwischen die beiden Zahlwörter eingefügt. Beispielsweise erbringt &zpaare 10 -+* die 200 Variablen mit den Namen null+null, null+eins, null+zwei, ..., neun+neun und null*null, null*eins, ..., neun*acht, neun*neun.

&zpaare <n> -<bezeichner>

Zudem sorgt der Editorbefehl &zpaare <n> für die Erzeugung von zweimal n-1 Variablen, deren Namen aus den Zahlwörtern der Zahlen von 0 bis n-1 entstehen, denen man einmal das Zeichen Tilde ˜ voranstellt und einmal anhängt. Damit soll der gleichzeitige Zugriff auf alle Zahlenpaare möglich werden, die mit demselben Zahlwort anfangen beziehungsweise enden.[8] Mit dem Editorbefehl &zpaare 5 würde man also zum Beispiel die Variablen null˜, eins˜, zwei˜, drei˜, vier˜ und ˜null, ˜eins, ˜zwei, ˜drei und ˜vier vereinbaren. Weitere Erläuterungen dazu finden sich weiter unten in diesem Kapitel.

Tilde-Variablen null˜, eins˜, ... ˜null, ˜eins, ...

Für das Programm P34 zur einfachen Nachbildung der schriftlichen Addition mit Hilfe direkter Assoziationen wird zuerst ein Makro mit der Bezeichnung `kleineseinspluseins` geschrieben, welches die Befehle enthält, durch die ins Kurzzeitgedächtnis K das kleine Einspluseins gelernt wird.

Makro
`kleineseinspluseins`

```
(a)                           ! "Kleines 1+1" lernen
(b)                           ! 0 +
(c)      merke nullnull="null\<"
(d)      merke nulleins="eins\<"
(e)      merke nullzwei="zwei\<"
(f)      merke nulldrei="drei\<"
(g)      merke nullvier="vier\<"
(h)      merke nullfünf="fünf\<"
(i)      merke nullsechs="sechs\<"
(j)      merke nullsieben="sieben\<"
(k)      merke nullacht="acht\<"
(l)      merke nullneun="neun\<"
(m)                           ! 1 +
(n)      merke einsnull="eins\<"
(o)      merke einseins="zwei\<"
(p)      merke einszwei="drei\<"
(q)      merke einsdrei="vier\<"


...


(W)      merke neunsechs="fünfzehn\<"
(X)      merke neunsieben="sechzehn\<"
(Y)      merke neunacht="siebzehn\<"
(Z)      merke neunneun="achtzehn\<"
```

Das Programm P34 nutzt das Makro `kleineseinspluseins` und „berechnet" zum Beispiel unten in Zeile (11) die Summe $9 + 6$, indem der Inhalt der Variablen **neunsechs** angezeigt wird, also der Text **fünfzehn**.

P34
```
(1)      :: modell6
(2)                           !------------------------------
(3)                           ! Berechnung einer Summe mit
(4)                           ! Hilfe direkter Assoziationen
(5)                           !------------------------------
(6)
(7)                           ! "Kleines 1+1" lernen
(8)      &"kleineseinspluseins
(9)                           ! Anzeige von Ergebnissen
(10)     zeige einszwei
(11)     zeige neunsechs
(12)     zeige achtnull
```

Nachteil des Programms P34 ist, dass man über das kleine Einspluseins mangels einer Übertragsrechnung nicht hinauskommt. Wollte man den Zahlenraum erweitern, benötigte man mehr Speicherplatz. Schon für das obige, kleine Einspluseins wird im Kurzzeitgedächtnis Platz für hundert Variablen belegt. Der Platzbedarf wächst quadratisch mit der Größe des Zahlenraums. Daher wird nun eine Lösung vorgestellt, die auch dem Verfahren aus Abbildung 6.3 besser entspricht, da stellenweise summiert wird.

Dazu wird zunächst das Makro `kleineseinspluseins` so verändert, dass den
Antworten zu entnehmen ist, wann ein Übertrag eintritt. Das geschieht hier
jeweils durch Assoziation eines Zahlenpaars mit dessen Summe, die ebenfalls
als Zahlenpaar notiert wird. Auf die Frage **neunacht** antwortet das Kurzzeitgedächtnis K dann also nicht mehr mit dem Text **siebzehn**, sondern mit dem
Zahlenpaar **einssieben**.

Makro
`kleineseinspluseins`
Version 2

```
(a)                             ! "Kleines 1+1" lernen
(b)                             ! 0 +
(c)     merke nullnull=@nullnull
(d)     merke nulleins=@nulleins
(e)     merke nullzwei=@nullzwei
(f)     merke nulldrei=@nulldrei
(g)     merke nullvier=@nullvier
(h)     merke nullfünf=@nullfünf
(i)     merke nullsechs=@nullsechs
(j)     merke nullsieben=@nullsieben
(k)     merke nullacht=@nullacht
(l)     merke nullneun=@nullneun
(m)                             ! 1 +
(n)     merke einsnull=@nulleins
(o)     merke einseins=@nullzwei
(p)     merke einszwei=@nulldrei
(q)     merke einsdrei=@nullvier

...

(W)     merke neunsechs=@einsfünf
(X)     merke neunsieben=@einssechs
(Y)     merke neunacht=@einssieben
(Z)     merke neunneun=@einsacht
```

In Folge muss man einen Weg finden, mit dem festgestellt werden kann, ob
das resultierende Zahlenpaar mit einer Zahl ungleich **null** beginnt, ob sich
also ein Übertrag ergeben hat. Ferner wird die Möglichkeit einer ziffernweisen
Eingabe der Operanden gesucht. Zu beiderlei Zweck wird ein Makro geschrieben, welches die Bezeichnung `zahlenpaarteilebilden` erhält und welches im
Langzeitgedächtnis L die Adressen aller Zahlenpaare einträgt, die mit demselben Zahlwort beginnen beziehungsweise enden. Nachfolgend ist ein Ausschnitt dieses Makros angegeben, der spaltenweise zu lesen ist.

Makro
`zahlenpaarteilebilden`

```
(a)  ! Zahlenpaarteile bilden      (x)  ! ~ 1 ~
(b)                                (y)  lerne @eins~=@einsnull
(c)  ! ~ 0 ~                       (z)  lerne @eins~=@einseins
(d)  lerne @null~=@nullnull
(e)  lerne @null~=@nulleins
(f)  lerne @null~=@nullzwei        ...
(g)  lerne @null~=@nulldrei
(h)  lerne @null~=@nullvier        ( )  lerne @~neun=@einsneun
(i)  lerne @null~=@nullfünf
(j)  lerne @null~=@nullsechs       ...
```

```
(k)   lerne @null~=@nullsieben      (C)   lerne @neun~=@neunacht
(l)   lerne @null~=@nullacht        (D)   lerne @neun~=@neunneun
(m)   lerne @null~=@nullneun        (E)   lerne @~null=@neunnull
(n)   lerne @~null=@nullnull        (F)   lerne @~eins=@neuneins
(o)   lerne @~eins=@nulleins        (G)   lerne @~zwei=@neunzwei
(p)   lerne @~zwei=@nullzwei        (H)   lerne @~drei=@neundrei
(q)   lerne @~drei=@nulldrei        (I)   lerne @~vier=@neunvier
(r)   lerne @~vier=@nullvier        (J)   lerne @~fünf=@neunfünf
(s)   lerne @~fünf=@nullfünf        (K)   lerne @~sechs=@neunsechs
(t)   lerne @~sechs=@nullsechs      (L)
(u)   lerne @~sieben=@nullsieben    (M)   ...
(v)   lerne @~acht=@nullacht        (N)
(w)   lerne @~neun=@nullneun        (O)
```

Zusätzlich werden in das Makro **zahlenpaarteilebilden** die folgenden Zeilen (Q) bis (Z) gesetzt, um im Kurzzeitgedächtnis K zu speichern, mit welchem Zahlwort jeweils die Nachfolger eines Zahlenpaares enden. Damit gelingt die Verrechnung von Überträgen durch die Frage an K nach dem Nachfolger einer Tilde-Variablen.

```
(P)                                 ! Inkremente
(Q)        merke  ~null=@~eins
(R)        merke  ~eins=@~zwei
(S)        merke  ~zwei=@~drei
(T)        merke  ~drei=@~vier
(U)        merke  ~vier=@~fünf
(V)        merke  ~fünf=@~sechs
(W)        merke  ~sechs=@~sieben
(X)        merke  ~sieben=@~acht
(Y)        merke  ~acht=@~neun
(Z)        merke  ~neun=@~null
```

Die durch das Makro **zahlenpaarteilebilden** bewirkten Wertzuweisungen an die mit einer Tilde gekennzeichneten Variablen erlauben nunmehr durch eine einzige Abfrage den Zugriff auf alle Zahlenpaare, die mit einer bestimmten Zahl beginnen oder enden. Seien x~ und ~y zwei dieser **Tilde-Variablen**, dann liefert das **Maskieren** von x~ mit ~y genau das Zahlenpaar (x, y).[9, 10]

$$x^{\sim} \wedge {}^{\sim}y = (x, y)$$

Maskiert man eine dieser Tilde-Variablen x~ mit einem Zahlenpaar (a, b), dann ist das Ergebnis nur dann gleich (a, b), wenn x~ = a~.

$$x^{\sim} \wedge (a, b) = (a, b) \rightarrow x^{\sim} = a^{\sim}$$

Vereint man eine dieser Tilde-Variablen x~ mit einem Zahlenpaar (a, b), dann ist das Ergebnis nur dann gleich x~, wenn x~ = a~.

$$x^{\sim} \vee (a, b) = x^{\sim} \rightarrow x^{\sim} = a^{\sim}$$

Des Weiteren gelten die entsprechenden Aussageformen für die zweite Zahl eines beliebigen Zahlenpaars (a, b): ${}^{\sim}y \wedge (a, b) = (a, b) \rightarrow {}^{\sim}y = {}^{\sim}b$ und ${}^{\sim}y \vee (a, b) = {}^{\sim}y \rightarrow {}^{\sim}y = {}^{\sim}b$.

Maskieren von
Tilde-Variablen

Vereinen mit einer
Tilde-Variablen

Die Eigenschaften des Maskierens und Vereinens von Tilde-Variablen, die an
die Verknüpfung von Mengen erinnern, werden in den folgenden Programmen
genutzt.

Das Programm P35 ruft zunächst in den Zeilen (9) und (10) die beiden
oben vorgestellten Makros auf. Die ab Zeile (13) eingeführten Variablen, deren Namen mit 'ü' beginnen, dienen der Übertragsverwaltung. In den Zeilen
(19) bis (22) und (24) bis (27) werden die beiden Operanden in Form von
Zahlenpaarteilen eingegeben und ein vierparametriges Unterprogramm namens **ziffernsummieren** sorgt dann für die stellenweise durchgeführte Bestimmung der Summe der beiden Operanden.

P35

```
(1)      :: modell8
(2)                            !-------------------------------
(3)                            ! Ziffernweise Berechnung einer
(4)                            ! Summe m+n mit Hilfe direkter
(5)                            ! Assoziationen
(6)                            !-------------------------------
(7)      &zpaare 10
(8)                            ! "Kleines 1+1" lernen
(9)      &"kleineseinspluseins_vers2
(10)     &"zahlenpaarteilebilden
(11)                           ! Variablen vereinbaren
(12)     var m[4], n[4], m+n[4]
(13)     var übertrag, ergtext, ünull~, ~ünull
(14)     merke ergtext="Ergebnis:\<"
(15)     merke übertrag=@null~
(16)     merke ünull~=@null~
(17)     merke ~ünull=@~null
(18)                           ! Erster Summand
(19)     merke m_4=@fünf~
(20)     merke m_3=@sieben~
(21)     merke m_2=@sechs~
(22)     merke m_1=@fünf~
(23)                           ! Zweiter Summand
(24)     merke n_4=@~acht
(25)     merke n_3=@~neun
(26)     merke n_2=@~neun
(27)     merke n_1=@~neun
(28)                           ! Berechnung der Summe
(29)     §ziffernsummieren m_1, n_1, m+n_1, übertrag
(30)     §ziffernsummieren m_2, n_2, m+n_2, übertrag
(31)     §ziffernsummieren m_3, n_3, m+n_3, übertrag
(32)     §ziffernsummieren m_4, n_4, m+n_4, übertrag
(33)                           ! Ergebnis anzeigen
(34)     zeige ergtext
(35)     zeige übertrag
(36)     zeige m+n_4
(37)     zeige m+n_3
(38)     zeige m+n_2
(39)     zeige m+n_1
```

Unterprogramm
ziffernsummieren

Das in `P35` aufgerufene Unterprogramm **ziffernsummieren** fragt in den Zeilen (c) bis (f) ab, ob der durch den Parameter **über** an das Unterprogramm gelieferte Übertrag gleich null ist. Dabei beachte man, dass es nicht reicht, durch Zeile (h) einfach den Nachfolger des vorgelegten zweiten Summanden zu bestimmen, sondern dass zudem zu prüfen ist, ob die Nachfolgerbildung wiederum einen Übertrag für die nächsthöherwertige Stelle ergibt. Die Zeilen (j) bis (p) sorgen für diese Überprüfung, gegebenenfalls wird in Zeile (p) ein neuer Übertrag vermerkt. Auch die Zeilen (B) bis (G) dienen diesem Zweck. Doch wird hier überprüft, ob die direkte Assoziation, also das Aufsummieren der Operanden **m** und **n** einen Übertragsvermerk geliefert hat, ob das resultierende Zahlenpaar also nicht mit **null** beginnt.

```
(a)      par m, n, *m+n, *über
(b)                              ! Übertrag zu n hinzufügen
(c)      zeige .ünull~
(d)      kopiere
(e)      zeige über
(f)      gleichspringe unten
(g)      merke über=@.null~
(h)      &inkk n
(i)                              ! Übertrag erneut setzen?
(j)      zeige .~ünull
(k)      kopiere
(l)      zeige n
(m)      gleichspringe weiter
(n)      springe unten
(o)      markiere weiter
(p)      merke über=@.eins~
(q)                              ! Ziffernsumme abrufen
(r)      markiere unten
(s)      zeige m
(t)      frageweiter
(u)      kopiere
(v)      zeige n
(w)      frageweiter
(x)      maskiere
(y)      zeigeweiter
(z)      hole m+n
(A)                              ! Erneut ein Übertrag?
(B)      beantworte @.null~
(C)      kopiere
(D)      zeige m+n
(E)      vereine
(F)      gleichspringe schluss
(G)      merke über=@.eins~
(H)                              ! fertig
(I)      markiere schluss
(J)      pausiere
```

Der **maskiere**-Befehl in Zeile (x) hat die Aufgabe, diejenige Abfrage für Zeile (y) zu ermitteln, die infolge der Angabe der beiden Zahlenpaarteile in **m** und **n** an das Kurzzeitgedächtnis K zu stellen ist. Sollte also beispielsweise in **m** die Adresse von **acht˜** stehen und in **n** die Adresse von **˜fünf**, so wird K mit **achtfünf** abgefragt werden.

Durch das Programm P35 wird ein Rechenverfahren zum Addieren für die Assoziativmaschine beschrieben, welches ohne ein Abzählen, also ohne Assoziationsketten auskommt. Es könnte als Vorlage dienen, um weitere Rechenverfahren mit Stellenwertsystem zu verwirklichen. Doch bliebe man damit auf eine Rechenoperation beschränkt, was zum Beispiel beim Multiplizieren zweier mehrstelliger Zahlen nicht ausreicht, da Zwischenergebnisse aufzusummieren sind. Durch das Einführen weiterer Tilde-Variablen lässt sich diese Aufgabe jedoch lösen, wie im Folgenden gezeigt wird.

mehrere Rechenverfahren nebeneinander

Über den Editorbefehl **&zpaare 10 -+*** werden dazu im Programm P36 für jede der zu erlernenden Operationen Zahlenpaare vereinbart, hier also mit den Bezeichnern **null+null, null*null, null+eins, null*eins, null+zwei, ..., neun*acht, neun+neun, neun*neun**. Die Zuweisung der Produkte und Summen erfolgt ähnlich wie in oben gezeigtem Makro **kleineseinspluseins**, aber getrennt für Tilde-Variablen **x˜** in das Kurzzeitgedächtnis K und für Tilde-Variablen **˜x** in das Langzeitgedächtnis L in der Form

```
( )      merke null+null=@null~
( )      lerne @null+null=@~null
...
( )      merke neun+neun=@eins~
( )      lerne @neun+neun=@~acht
```

und für das Multiplizieren nimmt ein Makro **kleineseinmaleins** die Wertzuweisungen wie nachstehend ausschnittweise angegeben vor.

Makro kleineseinmaleins

```
( )      merke null*null=@null~
( )      lerne @null*null=@~null
( )      merke null*eins=@null~
( )      lerne @null*eins=@~null
...
( )      merke neun*acht=@sieben~
( )      lerne @neun*acht=@~zwei
( )      merke neun*neun=@acht~
( )      lerne @neun*neun=@~eins
```

Das zugehörige Makro **zahlenpaarteilebilden** sorgt für die Zuweisungen an die Tilde-Variablen $x˜$ und $˜x$, jetzt aber stets für beide Zahlenpaare **x+y** und **x*y**. Außerdem werden wie oben Nachfolger zu Tilde-Variablen nach K gelernt und zu jeder Tilde-Variable $˜x$ die Adresse der Tilde-Variablen $x˜$, um zu einem 2. Operanden den entsprechenden 1. Operanden assoziieren zu können.

Inkremente und Spiegelungen

```
( )                      ! Inkremente
( )      merke null~=@eins~
( )      merke eins~=@zwei~
( )      merke zwei~=@drei~
( )      merke drei~=@vier~
( )      merke vier~=@fünf~
( )      merke fünf~=@sechs~
( )      merke sechs~=@sieben~
```

```
( )        merke sieben~=@acht~
( )        merke acht~=@neun~
( )        merke neun~=@null~
( )                                   ! Spiegelungen
( )        merke ~null=@null~
( )        merke ~eins=@eins~
( )        merke ~zwei=@zwei~
( )        merke ~drei=@drei~
( )        merke ~vier=@vier~
( )        merke ~fünf=@fünf~
( )        merke ~sechs=@sechs~
( )        merke ~sieben=@sieben~
( )        merke ~acht=@acht~
( )        merke ~neun=@neun~
```

Tilde-Variablen ~add~
und ~mult~

Makro
operationenlernen

Um im Weiteren aber immer nur genau auf das Zahlenpaar zugreifen zu können, das das erwünschte Verknüpfungsergebnis liefert, hier also die Summe
oder das Produkt der Zahlen des Paares, werden Tilde-Variablen ~add~ und
~mult~ für die beiden Operationen eingeführt. Ein Makro mit dem Namen
operationenlernen, von dem nachstehend ein Ausschnitt angegeben ist, legt
die benötigten Werte in den beiden Operations-Tilde-Variablen ab.

```
( )        lerne @~add~=@null+null
( )        lerne @~add~=@null+eins
( )        lerne @~add~=@null+zwei
...
( )        lerne @~add~=@neun+neun
...
( )        lerne @~mult~=@null*null
( )        lerne @~mult~=@null*eins
...
( )        lerne @~mult~=@neun*neun
```

Makro
ziffernrechnen

Das Unterprogramm **ziffernrechnen** wandelt in den Zeilen (d) und (e) den
Wert des Parameters m von $\tilde{x}$ nach $x\tilde{}$. Das Ergebnis der durch den Parameter **op** bestimmten Verknüpfung wird in den Zeilen (g) bis (u) nach
zweimaligem Maskieren abgerufen. Das erste Maskieren in Zeile (k) liefert
die durch die Parameter m und n in Gestalt von Tilde-Variablen bestimmten beiden Zahlenpaare. Beim Maskieren in Zeile (o) wird von den beiden
Zahlenpaaren dasjenige bestimmt, welches zur durch den Parameter **op** verlangten Verknüpfung gehört. Ab Zeile (w) erfolgt danach die Verrechnung
der Überträge.

```
(a)        par op, m, n, *mn, *über
(b)        var tmp[2]
(c)                              ! 1. Operanden spiegeln
(d)        zeige m
(e)        zeigeweiter
(f)                              ! Ziffernergebnis abrufen
(g)        frageweiter
(h)        kopiere
(i)        zeige n
(j)        frageweiter
```

```
(k)        maskiere
(l)        kopiere
(m)        zeige op
(n)        frageweiter
(o)        maskiere
(p)        hole tmp_1
(q)        frageweiter
(r)        hole mn
(s)        zeige tmp_1
(t)        zeigeweiter
(u)        hole tmp_1
(v)                            ! Übertrag zu mn addieren
(w)        zeige über
(x)        frageweiter
(y)        kopiere
(z)        zeige mn
(A)        frageweiter
(B)        maskiere
(C)        kopiere
(D)        beantworte @.~add~
(E)        maskiere
(F)        hole tmp_2
(G)        frageweiter
(H)        hole mn
(I)                            ! Übertrag erneut setzen?
(J)        zeige .zero~
(K)        kopiere
(L)        zeige tmp_2
(M)        zeigeweiter
(N)        gleichspringe unten
(O)        &inkk tmp_1
(P)                            ! fertig
(Q)        markiere unten
(R)        zeige tmp_1
(S)        hole über
```

Das Programm ⸢P36⸥ verschafft sich in den Zeilen (11) und (12) das Wissen
über die Produkte und Summen der Zahlenpaare, die in Zeile (8) vereinbart
wurden. Die Zeilen (15) und (16) sorgen für die Wertzuweisungen an die
Tilde-Variablen. Die Eingabe der Faktoren und die Berechnung des Produkts
geschieht über die oben erläuterten Tilde-Variablen und den stellengerechten
Aufruf des Unterprogramms **ziffernrechnen**.

```
(1)        :: modell8                                              P36
(2)                            !--------------------------------
(3)                            ! Ziffernweise Berechnung eines
(4)                            ! Produkts m*n mit Hilfe
(5)                            ! direkter Assoziationen
(6)                            !--------------------------------
(7)                            ! Zahlenpaare/-teile vereinbaren
(8)        &zpaare 10 -+*
(9)                            ! "Kleines 1+1" und "Kleines
```

```
(10)                                      ! 1*1" lernen
(11)      &"kleineseinspluseins_vers4
(12)      &"kleineseinmaleins_vers4
(13)                              ! Operandenpaare und Operationen
(14)                              ! lernen
(15)      &"zahlenpaarteilebilden_vers3
(16)      &"operationenlernen_vers2
(17)                              ! Variablen vereinbaren
(18)      var m[4], n[4], erg[8], tmp[20]
(19)      var add, mult, übertrag, ergtext, zero~, ~zero
(20)      merke ergtext="Ergebnis:\<"
(21)      merke zero~=@null~
(22)      merke ~zero=@~null
(23)      merke add=@~add~
(24)      merke mult=@~mult~
(25)                              ! Erster Faktor
(26)      merke m_4=@~null
(27)      merke m_3=@~zwei
(28)      merke m_2=@~sieben
(29)      merke m_1=@~fünf
(30)                              ! Zweiter Faktor
(31)      merke n_4=@~acht
(32)      merke n_3=@~neun
(33)      merke n_2=@~sechs
(34)      merke n_1=@~drei
(35)                              ! Berechnung des Produkts
(36)      merke übertrag=@null~
(37)      §ziffernrechnen mult, m_1, n_1, tmp_1, übertrag
(38)      §ziffernrechnen mult, m_2, n_1, tmp_2, übertrag
(39)      §ziffernrechnen mult, m_3, n_1, tmp_3, übertrag
(40)      §ziffernrechnen mult, m_4, n_1, tmp_4, übertrag
(41)      §ziffernrechnen add, ~zero, ~zero, tmp_5, übertrag
(42)
(43)      merke übertrag=@null~
(44)      §ziffernrechnen mult, m_1, n_2, tmp_6, übertrag
(45)      §ziffernrechnen mult, m_2, n_2, tmp_7, übertrag
(46)      §ziffernrechnen mult, m_3, n_2, tmp_8, übertrag
(47)      §ziffernrechnen mult, m_4, n_2, tmp_9, übertrag
(48)      §ziffernrechnen add, ~zero, ~zero, tmp_10, übertrag
(49)
(50)      merke übertrag=@null~
(51)      §ziffernrechnen mult, m_1, n_3, tmp_11, übertrag
(52)      §ziffernrechnen mult, m_2, n_3, tmp_12, übertrag
(53)      §ziffernrechnen mult, m_3, n_3, tmp_13, übertrag
(54)      §ziffernrechnen mult, m_4, n_3, tmp_14, übertrag
(55)      §ziffernrechnen add, ~zero, ~zero, tmp_15, übertrag
(56)
(57)      merke übertrag=@null~
(58)      §ziffernrechnen mult, m_1, n_4, tmp_16, übertrag
(59)      §ziffernrechnen mult, m_2, n_4, tmp_17, übertrag
(60)      §ziffernrechnen mult, m_3, n_4, tmp_18, übertrag
```

```
(61)      §ziffernrechnen mult, m_4, n_4, tmp_19, übertrag
(62)      §ziffernrechnen add, ~zero, ~zero, tmp_20, übertrag
(63)
(64)                      ! Aufsummieren der Teilergebnisse
(65)      zeige tmp_1
(66)      hole erg_1
(67)      merke übertrag=@null~
(68)      §ziffernrechnen add, tmp_2, tmp_6, erg_2, übertrag
(69)      §ziffernrechnen add, tmp_3, tmp_7, erg_3, übertrag
(70)      §ziffernrechnen add, tmp_4, tmp_8, erg_4, übertrag
(71)      §ziffernrechnen add, tmp_5, tmp_9, erg_5, übertrag
(72)      §ziffernrechnen add, ~zero, tmp_10, erg_6, übertrag
(73)
(74)      merke übertrag=@null~
(75)      §ziffernrechnen add, erg_3, tmp_11, erg_3, übertrag
(76)      §ziffernrechnen add, erg_4, tmp_12, erg_4, übertrag
(77)      §ziffernrechnen add, erg_5, tmp_13, erg_5, übertrag
(78)      §ziffernrechnen add, erg_6, tmp_14, erg_6, übertrag
(79)      §ziffernrechnen add, ~zero, tmp_15, erg_7, übertrag
(80)
(81)      merke übertrag=@null~
(82)      §ziffernrechnen add, erg_4, tmp_16, erg_4, übertrag
(83)      §ziffernrechnen add, erg_5, tmp_17, erg_5, übertrag
(84)      §ziffernrechnen add, erg_6, tmp_18, erg_6, übertrag
(85)      §ziffernrechnen add, erg_7, tmp_19, erg_7, übertrag
(86)      §ziffernrechnen add, ~zero, tmp_20, erg_8, übertrag
(87)
(88)                      ! Anzeige der Ergebnisse
(89)      zeige ergtext
(90)      zeige erg_8
(91)      zeige erg_7
(92)      zeige erg_6
(93)      zeige erg_5
(94)      zeige erg_4
(95)      zeige erg_3
(96)      zeige erg_2
(97)      zeige erg_1
```

Mit dem hier gezeigten Ansatz wird die Assoziativmaschine zu einer störunanfälligen Rechenmaschine, deren Anzahl an zu lernenden Rechenverfahren durch die Einführung weiterer Tilde-Variablen nach dem vorgestellten Muster erhöht werden kann.

Assoziativmaschine als störunanfällige Rechenmaschine

In der Praxis erweist es sich als aufwändig, das für Programme der Art P36 benötigte Wissen zum Assoziativen Rechnen bei jedem Programmlauf zu Beginn in den Datenspeicher einzutragen. Um diesen Vorgang abzukürzen, bietet VIDAS die Möglichkeit, alles Wissen, das man im Datenspeicher angesammelt hat, durch den Maschinenbefehl `speicheredaten` auszulagern, wie Programm P37 zeigt.

speicheredaten

```
P37   (1)      :: modell6c
      (2)                           !------------------------------
      (3)                           ! Abspeichern von Daten zum
      (4)                           ! Assoziativen Rechnen
      (5)                           !------------------------------
      (6)      &zpaare 10 -+*
      (7)                           ! "Kleines 1+1" und "Kleines 1*1"
      (8)                           ! und Zahlenpaarteile lernen
      (9)      &"kleineseinspluseins_vers4
      (10)     &"kleineseinmaleins_vers4
      (11)     &"zahlenpaarteilebilden_vers3
      (12)     &"operationenlernen_vers2
      (13)                          ! Datenspeicher sichern
      (14)     speicheredaten "rechnenplusmal10"
```

Durch die Zeile (14) von ⟨P37⟩ wird sowohl der Inhalt des Langzeit- und
Kurzzeitgedächtnisses L und K, als auch der Inhalt der Variablentabelle unter
dem angegebenen Namen in das Unterverzeichnis **programme** gesichert. Der
Name ist in Anführungszeichen zu setzen.[11] Das gesonderte Abspeichern der
Variablentabelle ist deswegen notwendig, da bei einem späteren Wiederver-
wenden der Daten schon vor der Laufzeit bekannt sein muss, welche Variablen
welche Adressen zugewiesen bekommen hatten. Das Laden der Variablentabelle vor Laufzeit eines Programms leistet der Editor-Befehl **&ladevartab**,
der in ⟨P38⟩ in Zeile (7) eingesetzt wird. Durch Zeile (8) wird das in ⟨P37⟩
gesicherte Wissen zum Assoziativen Rechnen geladen und kann wiederver-
wendet werden, wie ab Zeile (10) an zwei Beispielen gezeigt wird.

```
P38   (1)      :: modell6c
      (2)                           !------------------------------
      (3)                           ! Laden von Daten zum
      (4)                           ! Assoziativen Rechnen
      (5)                           !------------------------------
      (6)      var i
      (7)      &ladevartab "rechnenplusmal10"
      (8)      ladedaten "rechnenplusmal10"
      (9)
      (10)     merke i = @drei+neun
      (11)     zeige i
      (12)     zeigeweiter
      (13)     zeige i
      (14)     frageweiter
      (15)
      (16)     merke i = @drei*neun
      (17)     zeige i
      (18)     zeigeweiter
      (19)     zeige i
      (20)     frageweiter
```

In den beiden Tabellen 6.2 und 6.3 sind die zum Sichern und Laden des
Datenspeichers und der Variablentabelle dienenden Befehle verzeichnet.

(R47)   `speicheredaten "<bezeichner>"`
(R48)   `ladedaten "<bezeichner>"`

Tabelle 6.2: Maschinenbefehle `speicheredaten` und `ladeedaten`

Die Maschinenbefehle in der Tabelle 6.2 stellt VIDAS allerdings erst zur Verfügung, wenn der Anwender dieses durch einen entsprechenden Eintrag in die **Modelldatei** verlangt.[12] Demgegenüber steht der Editorbefehl aus Tabelle 6.3 auch ohne Anmeldung bereit.

(R49)   `&ladevartab "<bezeichner>"`

Tabelle 6.3: Editorbefehl `&ladevartab`

6.4 Vergleich dreier Verfahren zum Addieren

Diejenigen Rechenverfahren für die Assoziativmaschine, die das „Abzählen mit den Fingern" wie in Programm P31 zur Vorlage nehmen, hängen in ihrer Laufzeit von der Anordnung der Operanden ab. $17 + 4$ wird weniger Abfragen der Matrizen des Programmspeichers erfordern als $4 + 17$, da der zweite Operand die Anzahl der Abfragen der Matrizen des Programmspeichers bestimmt.

Laufzeiten der Additionsprogramme

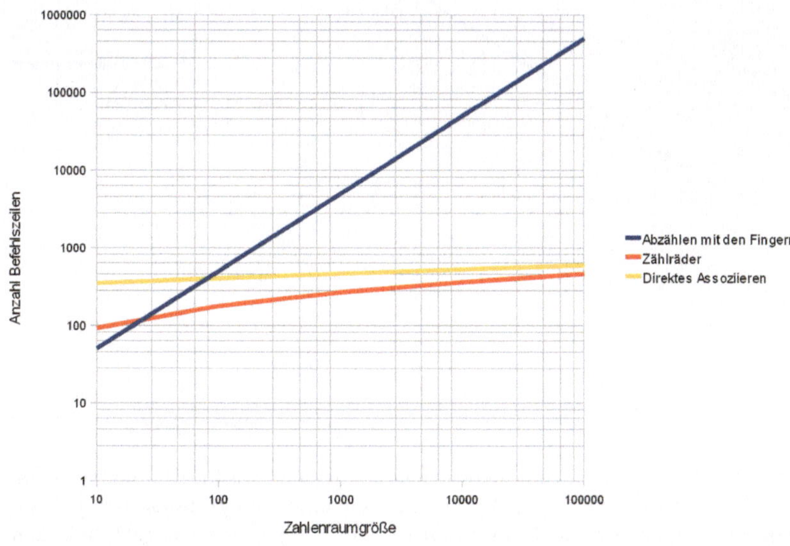

Abb. 6.4: Vergleich der Laufzeiten von drei Rechenverfahren

Das Programm P33 , welches ein „Abzählen mit Stellenwertsystem" durch die Nachbildung von Zählrädern vornimmt, hängt in seiner Laufzeit ebenfalls von den zweiten Operanden ab, wegen des Stellenwertsystems jedoch in geringerem Maße als in P31 . Für jede Stelle sind in P33 im Mittel etwa hundert Befehlszeilen auszuführen. Das Diagramm in Abb. 6.4 stellt die Unterschiede beider Ansätze in Abhängigkeit von der Größe des Zahlenraums dar, in dem man die Berechnungen ausführen möchte.

Im Unterschied zu P31 und P33 ist das Programm P35 zum Rechnen mit direkten Assoziationen in seiner Laufzeit vom zweiten Operanden nicht abhängig, sondern lediglich von der Größe des Zahlenraums, also von der Stellenzahl der Zahlendarstellung. Es ergibt sich, dass P35 im Mittel ab einer Stellenzahl von 10 dem Programm P33 zeitlich überlegen ist.[13]

Im Programm P35 trägt der Erwerb des Wissens zur Laufzeit wesentlich bei. Rechnet man bei Bestimmung der Laufzeit diejenigen Befehlszeilen nicht mit, die zum Aufbau der Zähl- oder Rechenassoziationen dienen, erhält man die im Diagramm in Abb. 6.5 gezeigten Laufzeiten. P35 läuft stets schneller als P33 , das direkte Assoziieren ist dann dem Rechnen mit Zählrädern immer überlegen. Die in den Diagrammen dargestellten Messwerte wurden mit Hilfe des Simulationsprogramms VIDAS ermittelt. Alle Zahlen in den verglichenen Programmen wurden im Dezimalsystem dargestellt.

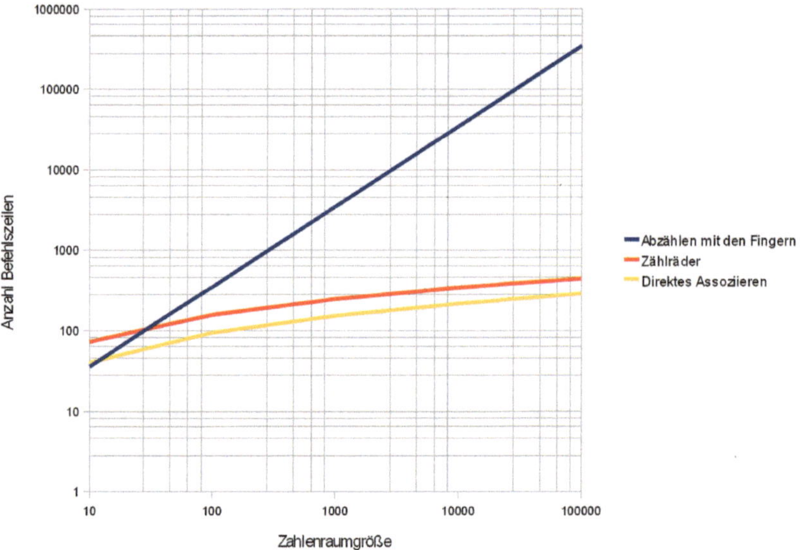

Abb. 6.5: Vergleich der Laufzeiten ohne Wissenserwerb

Jede Befehlszeile fordert eine Abfrage der Matrizen des Programmspeichers. Zur Abschätzung der tatsächlichen Laufzeit eines Programms auf der Assoziativmaschine, ist die Kenntnis über die Art der schaltungstechnischen Verwirklichung der Maschine nötig. Nehmen wir an, es läge eine digitalelektronische Realisierung wie in [Dierks 2005] vor und die Schaltzeit eines Flip-Flops betrage etwa $10^{-9}s$. Dann benötigte man beim Einsatz von Modell 5 (1024x1024-Matrizen) etwa $1024 \cdot 10^{-9}s \approx 1\mu s$ pro Abfrage der Matrizen des Programmspeichers. Es liegen Schaltungsvorschläge vor, die diese Zeit durch einen höheren Bauteileaufwand auf $\log_2(1024) \cdot 10^{-9}s = 0,01\mu s$ und sogar auf $0,001\mu s$ zu senken versprechen.[14] Damit würde die Assoziativmaschine pro Sekunde etwa 3,5 Millionen Additionen von fünfstelligen Zahlen schaffen oder 0,5 Millionen Additionen zwanzigstelliger Zahlen oder knapp 400 Additionen tausendstelliger Zahlen pro Sekunde. Das Diagramm 6.6 stellt diesen Zusammenhang zwischen Stellenanzahl und Laufzeit dar. Die Achsenteilung erfolgte aus Gründen der besseren Lesbarkeit logarithmisch.

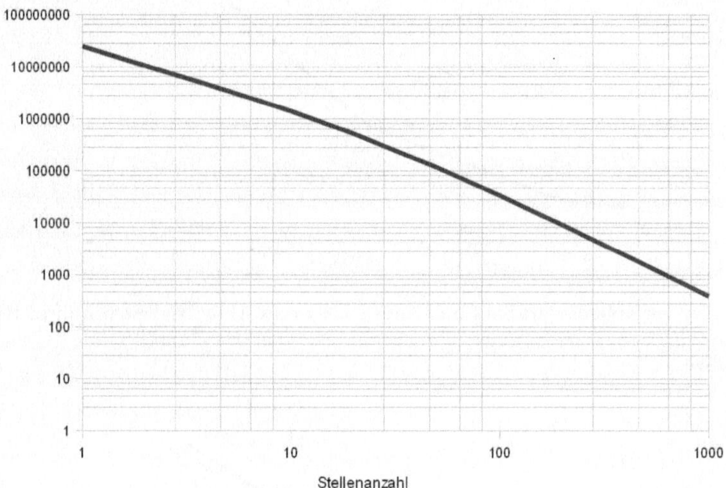

Abb. 6.6: Anzahl an Additionen pro Sekunde in Abhängigkeit von der Stellenanzahl

Man beachte beim Lesen des Diagramms in Abb. 6.6 des Weiteren, dass das Laufzeitverhalten nicht von der Basis der Zahlendarstellung abhängt. Würde man in P35 statt im Dezimalsystem im Hexadezimalsystem rechnen wollen, dann wird zwar der Variablenbedarf steigen, nicht aber die Laufzeit des Programms. Mit dem 64-stelligen, binären Rechenwerk eines herkömmlichen Prozessors könnte man gut $1,84 \cdot 10^{19}$ Zahlen unterscheiden und mit ihnen rechnen. Demgegenüber unterscheidet eine Assoziativmaschine bei 64-stelliger, hexadezimaler Darstellung etwa $1,16 \cdot 10^{77}$ Zahlen, bei vigesimaler Darstellung sogar $1,84 \cdot 10^{83}$ Zahlen.[15]

Laufzeit unabhängig von der Basis der Zahlendarstellung

Wie sich der Variablenbedarf ändert, wenn man die zu verrechnenden Zahlen bezüglich größer werdender Basen darstellt, geben die im Diagramm in Abb. 6.7 gezeigten Messwerte wieder. Anstelle des Speicherbedarfs wurde hier der Variablenbedarf beobachtet, da sich der letztlich nötige Speicherbedarf bei Assoziativmatrizen auch an der gewünschten Störfestigkeit der Speicher bemisst.

Der Variablenbedarf steigt mit zunehmender Stellenanzahl beim direkten Assoziieren in P35 verglichen mit den Abzählverfahren aus P31 kaum. Bezüglich des Variablenbedarfs liegt das Rechnen mit direkten Assoziationen im Programm P35 stets vor dem Rechnen mit Zählrädern in Programm P33 , da beim direkten Assoziieren sämtliche Rechenergebnisse zu erlernen sind, während beim Zählrad-Verfahren lediglich zwei Assoziationskreise in der durch die Zahlenbasis vorgegebenen Länge angelegt werden. Durch das Diagramm in Abb. 6.8 wird der jeweilige Variablenaufwand verdeutlicht.

Variablenbedarf der Additionsprogramme

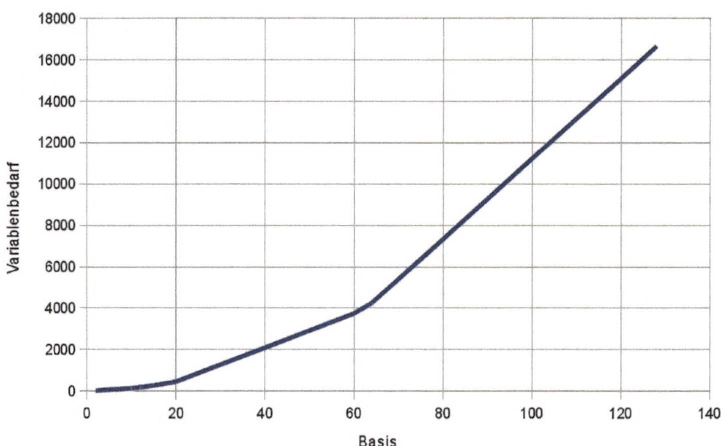

Abb. 6.7: Variablenbedarf bei fünfstelligen Zahlen in Abhängigkeit von ihrer Basis

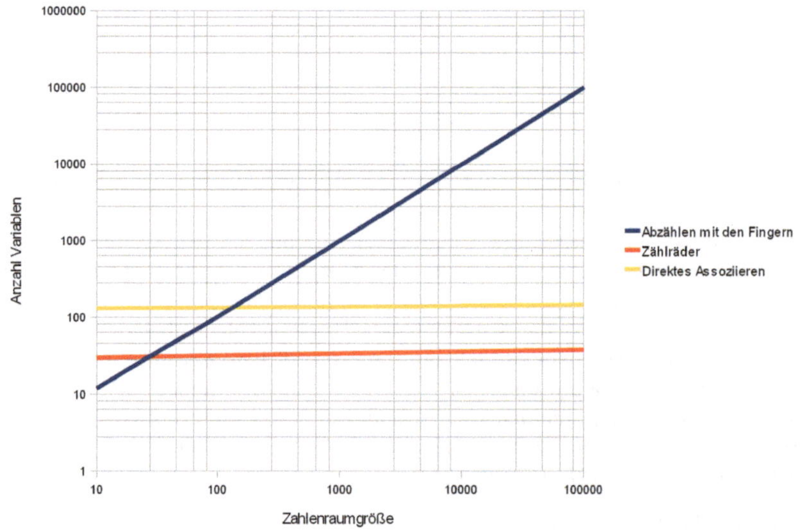

Abb. 6.8: Vergleich des Variablenbedarfs

6.5 Rechenfertigkeiten und -unfertigkeiten

Die in den Kapiteln 6.1 bis 6.3 vorgestellten Möglichkeiten des Assoziativen Rechnens werden zum einen dem Wunsch gerecht, der Assoziativmaschine das Rechnen beizubringen. Darüber hinaus eignen sich die Verfahren, um die Auswirkungen fehlender, fehlerhaft angelegter oder gestörter Assoziationen auf die Rechenfertigkeiten zu untersuchen und so zum Beispiel Erklärungen für typische Rechenfehler bei Schülern zu finden. Bei Abzählverfahren bietet es sich an, auf die Folgen fehlender oder falsch angeordneter Zahlwörter zu achten.

Einige elementare Rechenfertigkeiten sind Menschen und Tieren angeboren, wie in [Dantzig 1967] und [Dehaene 1999] ausgeführt wird.[16] Darüber hinausgehende Fertigkeiten sind hingegen zu erlernen. An dieser Stelle lassen sich Assoziativmaschinen zur Modellierung der Lernvorgänge einsetzen, die dem Erwerb nichtelementarer Rechenfertigkeiten dienen.

angeborene Fertigkeiten

Die Folgen falsch angeordneter oder fehlender Zahlwörter sind offensichtlich. Lässt man in einer Assoziationskette Zahlwörter aus, die man beim Abzählen hätte aufrufen müssen, wird die Antwort durch ein Zahlwort erfolgen, das eine zu große Zahl bezeichnet. Bei vertauschten Zahlwörtern oder durch andere Wörter ersetzte Zahlwörter könnte die Antwort hingegen die richtige Zahl benennen, wenn die richtige Zahl nicht ausgerechnet zu einer der vertauschten oder ersetzten Wörter gehört. In beiden Fällen wird also der Vorgang des „Rechnens" im Grunde korrekt durchgeführt, aber bei Nennung des Ergebnisses wird das falsche Zahlwort genannt. Nachbildungen dieses Verhaltens erreicht man mit Assoziationsketten folgender Art:

Fehler beim Abzählen

(1) `merke eins=@zwei`	(1) `merke eins=@zwei`
(2) `merke zwei=@drei`	(2) `merke zwei=@drei`
(3) `merke drei=@vier`	(3) `merke drei=@vier`
(4) `merke vier=@fünf`	(4) `merke vier=@pferd`
(5) `merke fünf=@sieben`	(5) `merke pferd=@sechs`
(6) `merke sieben=@acht`	(6) `merke sechs=@sieben`
...	...

Bei Rechenfertigkeiten, die sich durch direktes Assoziieren wie in P35 beschreiben lassen, gehen Fehler zum einen auf fehlerhafte Zuordnungen zurück, sie können aber auch auf eine fehlerhafte Durchführung der eingeübten Verfahren gründen. Solche Verfahren hängen von den besuchten Schulen, den jeweils genutzten didaktischen Erkenntnissen oder auch vom Kulturkreis ab, in welchem man aufwächst.[17] Auf der Assoziativmaschine werden die Verfahren durch deren Programmierung nachgebildet. Fehler in den Verfahren entsprächen Fehlern im Programm, zum Beispiel einer fehlerhaften Übertragsverrechnung, oder Störungen des Programmablaufs durch fehlerhafte Einträge in der Ablaufmatrix. Das Letztere lässt sich mit VIDAS simulieren, indem zufällig Einsen in die Matrix geschrieben werden oder aus ihr gelöscht werden. Die Abbildung 6.9 zeigt solcherart gestörte Matrizen, die aufgrund ihrer Störfestigkeit hier allerdings noch das korrekte Rechenergebnis erbrachten.

Fehler beim direkten Assoziieren

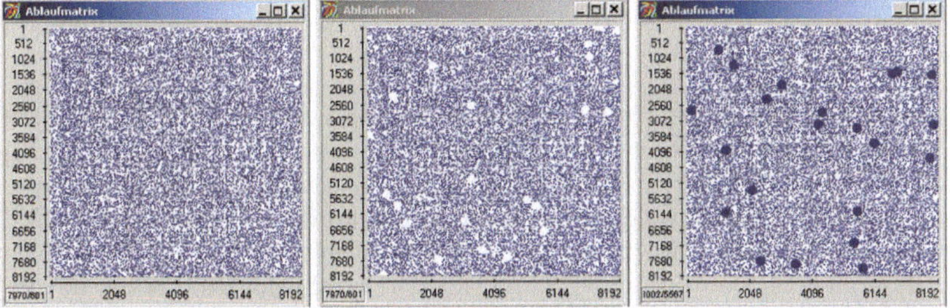

Abb. 6.9: Neu generierte Rechen-Assoziativmatrizen (links) können mit dem Simulator VIDAS durch das Löschen von Einsen (Mitte) oder das Setzen zusätzlicher Einsen (rechts) in zufällig bestimmten Bereichen verändert werden, um den Einfluss von Störungen zu untersuchen.

Die bei den Simulationen mit Matrizen wie in Abbildung 6.9 beobachtete Robustheit lässt erwarten, dass auftretende Rechenfehler kaum auf Störungen in der Ablaufmatrix noch auf Störungen im Datenspeicher zurückzuführen sind. Vielmehr werden die Rechenfertigkeiten von der Vollständigkeit und Korrektheit der gelernten direkten Assoziationen abhängen. So erklärt [Dehaene 1999] die Ergebnisse von Untersuchungen, denenzufolge das Rechnen mit der 7, 8 oder 9 länger dauert als das Rechnen mit kleineren Zahlen,[18] mit der Reihenfolge des Lernens und dem Ausmaß an Übung,[19] also dem Vorhandensein der Assoziationen. Was für die menschliche Rechenfertigkeit also offenbar nötig ist, das wiederholte Auffrischen der „mentalen Tabellen",[20] ist für das Rechnen mit der Assoziativmaschine verzichtbar, es sei denn, man hat Störungen zu erwarten (s. Abb. 6.9), die durch ein gelegentliches erneutes Lernen ausgeglichen werden sollen.

Rechenfertigkeit und Umfang an direkten Assoziationen

Die von Dehaene angegebene Beobachtung, „dass zur Multiplikation von zwei Ziffern im Wesentlichen genauso viel Zeit gebraucht wird wie zur Addition" (s. [Dehaene 1999], S. 147), lässt annehmen, dass die im Kapitel 6.3 vorgestellten Abläufe eines Assoziativen Rechnens durch direkte Assoziationen den Vorgängen beim Rechnen durch jugendliche und erwachsene Menschen näher kommt als ein Abzählverfahren, wie es das Kapitel 6.1 zeigt. Kinder werden hingegen mit dem Letzteren zu rechnen beginnen. Schon die angegebenen Programmbeispiele geben wieder, dass solche Verfahren einfacher zu beschreiben und auszuführen sind. Mit dem Beginn der Schulzeit wird von ihnen erwartet, dass sie von dem einen Verfahren auf das andere wechseln.[21]

Umkehrrechnungen

Die Grundrechenarten der Subtraktion und Division werden oft als Umkehrungen der Addition und Multiplikation beschrieben. Die Nachbildung des Rechnens mit der Pascaline im Kapitel 6.2, bei der lediglich eine Abdeckplatte verschoben werden musste, um die Zählrichtung umzukehren, legen eine solche Auffassung von Subtraktion und Division nahe. Doch ließen sich diese beiden Rechenfertigkeiten auch durch ein direktes Assoziieren nachbilden oder sogar durch ein Abzählen. Eine Differenz wird vermutlich oft errechnet, indem man den Abstand vom Subtrahenden zum Minuenden einfach abzählt, beim schriftlichen Subtrahieren ziffernweise. Doch eine direkte Zuordnung eines Minuend-Subtrahend-Paares zu seiner Differenz bietet sich ebenfalls an, um die Fertigkeit zum Subtrahieren zu erwerben. Auch beim Dividieren stehen mehrere Möglichkeiten offen. Man könnte abzählen, wie oft sich der Divisor vom Dividenden abziehen lässt oder man nutzt direkt ein Wissen darüber aus, dass beispielsweise die 8 sieben Mal in die 56 „hineinpasst".

Umkehrassoziationen

Der letzte Gedanke führt zur interessanten Frage, welchen Wert Umkehrassoziationen für den Erwerb von Rechenfertigkeiten haben. Wenn Schülern beispielsweise ein Polynom vorgelegt wird, das in Linearfaktoren zu zerlegen ist, um die Nullstellen zu erhalten, so stellt das an die Fähigkeit des „Rückwärtsrechnens" einige Ansprüche. Zu den Nullstellen von $x^2+13x+36$ gelangt man durch eine Assoziation der 36 mit allen ganzzahligen Produkten, die 36 ergeben, und gleichzeitig durch eine Assoziation der 13 mit allen ganzzahligen Summen, die 13 ergeben. Zwei Dinge mögen für den Beobachter hier überraschend sein: zum einen sind viele Schüler in der Lage, die nötigen Umkehrassoziationen unmittelbar zu leisten, zum anderen wird aus den Mengen an Produkten und Summen die gesuchte Lösung $(x+4)\cdot(x+9)$ schnell ermittelt. Die letztgenannte Fähigkeit erinnert an den Umgang mit Tilde-Variablen und wird im Kapitel 6.6 noch einmal aufgegriffen. Die erste Fähigkeit lässt vermuten, dass mit einer Assoziation auch deren Umkehrassoziation angelegt wird, was in den bisherigen Beispielen nicht nachgebildet wurde. Für eine Weiterentwicklung des Assoziativen Rechnens könnte dieses aber bedeutsam werden, insbesondere wenn unsere eigenen Rechenfertigkeiten dafür Vorbild oder Ziel sein sollten.[22]

Die Bruchrechnung wird von Schülern als schwierig empfunden.[23] Verwirklicht man ein Bruchrechnen mit den Mitteln des Assoziativen Rechnens, erklären sich die Schwierigkeiten schon damit, dass der Bruch selbst ein Zahlenpaar darstellt, welches dann mit einem weiteren Zahlenpaar zu verrechnen wäre. Statt zahlreiche Zuordnungen von Zahlen-Viertupeln zu Zahlenpaaren zu schaffen, wird sich aufgrund ausreichend vieler Anwendungsbezüge ein direktes Assoziieren nur für einfache Brüche wie zum Beispiel $\frac{1}{2} + \frac{1}{2}$ oder $\frac{1}{4} + \frac{1}{2}$ festigen.[24]

Bruchrechnung

Die in China gängige Praxis, statt des gesamten Kleinen Einmaleins nur etwa die Hälfte von dessen Gleichungen auswendig zu lernen (vgl. [Dehaene 1999], S. 159), verringert die Anzahl der ins Gedächtnis einzutragenden Frage-Antwort-Paare, indem man nur diejenigen Zahlenpaare ihrem Produkt zuzuordnen weiß, in denen der erste Faktor kleiner oder gleich dem zweiten Faktor ist. Dazu muss der Rechnende dann aber in der Lage sein, Zahlen ihrer Größe nach ordnen zu können. Mit dieser Aufgabe wird das menschliche Gehirn gut fertig. Die Assoziativmaschine müsste diese Fertigkeit erst einmal erlernen.

Einsparung von Frage-Antwort-Paaren beim Rechnen

6.6 Begriffsbildung und Tilde-Variablen

Die Ursache dafür, dass Schüler nicht selten $2 + 3 = 6$ oder auch $4 \cdot 4 = 8$ rechnen, liegt nach Dehaene darin, dass unser Gedächtnis Schwierigkeiten damit hat, „die Ergebnisse von Additionen und Multiplikationen in getrennten Fächern zu speichern" (s. [Dehaene 1999], S. 151). Im Assoziativen Rechnen finden wir dazu eine fassbare Erklärung. Wählen wir zu diesem Zweck als Beispiel die Aufgabe $2 + 3$ und nehmen wir wie im letzten Teil des Kapitels 6.3 an, dass die Assoziativmaschine das Kleine Einspluseins und das Kleine Einmaleins gelernt hat. In Programmbeispiel P39 wird dieses Wissen durch die Zeilen (2) und (3) verfügbar. Über die beiden `frageweiter`-Befehle in den Zeilen (10) und (13) und das Maskieren in Zeile (14) ermittelt die Maschine alle ihr bekannten Zahlenpaare, die mit einer Zwei beginnen und einer Drei aufhören. Diese liegen nach Abarbeitung von Zeile (14) versammelt im Register R_1.

```
(1)        :: modell6c
(2)        &ladevartab "rechnenplusmal10"
(3)        ladedaten "rechnenplusmal10"
(4)
(5)        var op[2]
(6)        merke op_1 = @zwei~
(7)        merke op_2 = @~drei
(8)                   ! (2,3)-Zahlenpaare ermitteln
```

P39

```
(9)      zeige op_1
(10)     frageweiter
(11)     kopiere
(12)     zeige op_2
(13)     frageweiter
(14)     maskiere
(15)                     ! Additionszahlenpaar ermitteln und damit
(16)                     ! abfragen
(17)     kopiere
(18)     beantworte @~add~
(19)     maskiere
(20)     frageweiter
(21)                     ! Multiplikationszahlenpaar ermitteln und
(22)                     ! damit abfragen
(23)     beantworte @~mult~
(24)     maskiere
(25)     frageweiter
```

Damit wären wir dann in der Situation, dass eine `frageweiter`-Abfrage, die
wir in Zeile (15) einfügten, ein Gemenge aus beiden möglichen Antworten liefern würde. Erst das Ausnutzen der Kenntnis darüber, ob eine Addition oder
eine Multiplikation gewünscht wird, ergibt nach Zeile (20) beziehungsweise
(25) die gesuchte Antwort.

Während diese eben beschriebene, zu Fehlern führende Eigenheit des Er-
innerns beim Kopfrechnen unerwünscht ist, so wurde sie im Beispiel P35
im nützlichen Sinne wirksam. Die Abfolge an Assoziationsschritten für die
Ziffernrechnung beim Addieren und Multiplizieren lässt sich in gleicher Weise aufschreiben, es wird lediglich aus dem Angebot an Ergebnissen das zur
Rechenart passende durch einen `maskiere`-Befehl herausgefischt.

Der `maskiere`-Befehl lässt sich im Assoziativen Rechnen auch nutzbringend
einsetzen, wenn man beispielsweise an das in Kapitel 6.5 angesprochene Rück-
wärtsrechnen denkt. Wenn zum Beispiel $x^2 + 5x + 6$ in ganzzahlige Linearfaktoren zu zerlegen ist, dann sind zwei ganze Zahlen gesucht, deren Summe
5 und deren Produkt 6 ist. Zunächst ließe sich durch folgende Zuweisungen
ein Wissen über Summen und Produkte aufbauen.

Makro
summenundprodukte

```
(a)   lerne @~+null=@nullnull       (A)   lerne @~*null=@nullnull
(b)   lerne @~+eins=@nulleins       (B)   lerne @~*null=@nulleins
(c)   lerne @~+zwei=@nullzwei       (C)   lerne @~*null=@nullzwei
(d)   lerne @~+zwei=@einseins       (D)   lerne @~*null=@nulldrei
(e)   lerne @~+drei=@nulldrei       ( )   ...
(f)   lerne @~+drei=@einszwei       (U)   lerne @~*acht=@einsacht
(g)   lerne @~+vier=@nullvier       (V)   lerne @~*acht=@zweivier
(h)   lerne @~+vier=@einsdrei       (W)   lerne @~*neun=@einsneun
(i)   lerne @~+vier=@zweizwei       (X)   lerne @~*neun=@dreidrei
( )   ...                           (Y)   lerne @~*zehn=@einszehn
(z)   lerne @~+zehn=@fünffünf       (Z)   lerne @~*zehn=@zweifünf
```

In den Variablen, deren Namen mit den Zeichen ~+ beginnen, werden diejenigen Zahlenpaare gesammelt, deren Summen gleich sind, und in den Variablen
mit den Zeichen ~* sammeln sich die Zahlenpaare gleichen Produkts. Mit Hilfe dieser Tilde-Variablen lässt sich nun das gesuchte Zahlenpaar ermitteln,

wie Programm P40 zeigt. In Zeile (5) werden alle Zahlenpaare abgefragt, deren Summe fünf beträgt, in Zeile (7) alle diejenigen, deren Produkt 6 ist, und durch das Maskieren in Zeile (8) erhält man dann das Zahlenpaar (2, 3) als Lösung.

```
(1)       :: modell6c
(2)
(3)       &zpaare 11
(4)       &"summenundprodukte
(5)       beantworte @~+fünf
(6)       kopiere
(7)       beantworte @~*sechs
(8)       maskiere
```

P40

Eigenschaften des Rechnens mit Tilde-Variablen wurden bereits auf Seite 200 vorgestellt. Dort und bis Programm P40 ging es um den Umgang mit Zahlenpaaren. Doch auf diese Art des „Rechnens", die an Operationen mit Mengen erinnert, beschränkt sich das Anwendungsfeld für Tilde-Variablen nicht. Wurden als Bezeichner für diese Variablen bisher beispielsweise a~ oder ~b gewählt, um anzudeuten, dass in den Variablen die Darstellungen von Zahlenpaaren gesammelt wurden, deren erste Komponente die Darstellung der Zahl a beziehungsweise deren zweite Komponente die Darstellung der Zahl b ist, so wird für eine **verallgemeinerte** Vorstellung von Tilde-Variablen die Schreibweise ~x und ~y gewählt. In diesen Tilde-Variablen können **Eindrücke** abgelegt und gesammelt werden. Das hat in der Regel den Zweck, Gemeinsamkeiten oder Unterschiede zu den Inhalten anderer Tilde-Variablen bestimmen zu können oder Eindrücke einzuordnen. Beim Robotmodell in Kapitel 7.5 sind dies zum Beispiel Umgebungseindrücke, an welche sich der Robot erinnern soll.

Ein **Eindruck** ist ein Gedächtniseintrag, der aus einer beliebigen Folge an Nullen und Einsen besteht. Für einen Eindruck e, der sowohl in ~x als auch ~y enthalten ist, gilt

$$\tilde{x} \wedge \tilde{y} = e \quad ,$$

wenn e der einzige Eindruck ist, den ~x und ~y gemeinsam besitzen und keine zwei Eindrücke im Gedächtnis gemeinsame Einsen belegen.[25] Teilen sich zwei Tilde-Variablen **mehrere** Eindrücke, dann bringt das Maskieren ein Gemenge an Eindrücken zutage, auf die für gewöhnlich einzeln erst durch weiteres Maskieren zugegriffen werden kann. Doch könnte dieses Gemenge auch selbst wieder genau der Inhalt einer weiteren Tilde-Variablen sein. Enthalten zwei Tilde-Variablen ~x und ~y als gemeinsamen Inhalt genau denjenigen einer dritten Tilde-Variablen ~z, dann liefert das Maskieren

$$\tilde{x} \wedge \tilde{y} = \tilde{z} \quad .$$

Das **Vereinen** von Eindrücken kann ebenfalls dazu führen, dass das Ergebnis gleich dem Inhalt einer Tilde-Variablen wird oder dass ein Gemenge an Eindrücken entsteht, für welches kein Name in Gestalt eines Tilde-Variablenbezeichners vorhanden ist.[26]

Der Inhalt einer Tilde-Variablen kann als **Begriff** verstanden werden, wenn dem Inhalt eine Benennung zugeordnet wird, was hier durch die Wahl eines Bezeichners für die Tilde-Variable geschieht. Die Vergabe eines Namens liegt

Verallgemeinerung

Eindrücke

Begriff und
Begriffsbildung

insofern auf der Hand, als verbunden mit einer **Begriffsbildung** die Vergabe eines Namens für den Begriff recht hilfreich ist.[27, 28] Der Nutzen des Namens für einen Begriff erweist sich im Assoziativen Rechnen und bei der Assoziativmaschine SYSTEM 9 in zwei Richtungen. Zum einen zeigt die Maschine den Begriffsnamen an, wenn sich ein bestimmter Begriff im Register R_1 befindet, zum anderen liefert die Maschine alle Eindrücke eines Begriffs, wenn man die Matrix K mit Hilfe des Begriffsnamens abfragt.

Sammelbegriffe

Mit diesem Verständnis von Begriffen und Begriffsbildung wären die Inhalte von Tilde-Variablen dann als **Sammelbegriffe** oder Oberbegriffe anzusehen, wenn diese Tilde-Variablen selbst wieder Begriffe oder Sammelbegriffe enthalten. Äußerlich ist den Eindrücken, Begriffen und Sammelbegriffen nicht anzusehen, dass sie das eine oder andere sind. Beides sind Folgen aus Nullen und Einsen. Ihre jeweilige Bedeutung bleibt verborgen. Ein Gedankenlesen gestaltet sich schon deswegen schwierig, da sich jedes Gedächtnis auf andere Weise einen Begriff von den Dingen macht. Im Assoziativen Rechnen wird das daran deutlich, dass jedes Zahlenpaar von der Maschine eine zwar eindeutige, aber zufällige Folge von null und eins zugeordnet bekommt.[29] Je zwei verschiedene Maschinen haben also vom Zahlenpaar (2, 3) einen anderen Eindruck und kommen beim „Rechnen" dennoch zum selben Ergebnis, da sie sich vom Zahlenpaar den gleichen Begriff gemacht haben. Ähnlich verhält es sich beispielsweise bei den Eindrücken, die man sich von Farben macht. Auch wenn die Farbeindrücke, die zwei Maschinen oder Personen in einer rotfarbigen Umgebung aufsammeln, längst nicht in allen Nullen und Einsen übereinstimmen werden, so werden sich die beiden Maschinen zum Begriff „rot" verständigen können, wenn sie ihn sich durch eine gemeinsame Bezeichnung gebildet haben.

Eindruck und Begriff

Verarbeitung von
Eindrücken

Zudem werden die Maschinen Eindrücke sammeln, für die es zwar zu keiner Begriffsbildung kommt, die aber dennoch abgefragt oder verglichen werden können. Das erinnert an die sprachwissenschaftlichen Ergebnisse für Kulturen, die mit wenigen Farbwörtern auskommen.[30]

Enthaltensein von
Eindrücken

Ob einer der gesammelten Eindrücke e zu einem bestimmten Begriff b passt, prüft man, indem man ihn entweder mit der zum Begriff b gehörenden Tilde-Variablen $\tilde{b}$ maskiert oder ihn mit $\tilde{b}$ vereint. Wenn der Eindruck e zum Begriff b passt,[31] dann gilt

$$e \wedge \tilde{b} = e$$

und

$$e \vee \tilde{b} = \tilde{b} \ .$$

Zur Erläuterung der Bedeutung dieser Gleichungen für das Kurzzeitgedächtnis K sei im Beispiel P41 noch einmal kurz wiederholt, wie die Assoziativmaschine auf die Abfrage mit vom Gelernten abweichenden Einträgen durch ihr Langzeitgedächtnis antwortet. In den Zeilen (5) bis (9) werden dazu fünf beliebig gewählte Eindrücke in die Matrix L eingetragen, wie sie eine Maschine über ihre Sensorik aufnehmen könnte.

P41

```
( 1)        :: modell4
( 2)                              !-------------------------------
( 3)                              ! Eindrücke sammeln
( 4)                              !-------------------------------
```

```
( 5)     lerne !3, 185, 214, 422!=!3, 185, 214, 422!
( 6)     lerne !5, 20, 96, 134!=!5, 20, 96, 134!
( 7)     lerne !31, 35, 180, 311!=!31, 35, 180, 311!
( 8)     lerne !15, 25, 123, 200!=!15, 25, 123, 200!
( 9)     lerne !2, 15, 90, 200, 256!=!2, 15, 90, 200, 256!
(10)                         !-------------------------------
(11)                         ! abfragen
(12)                         !-------------------------------
(13)     beantworte !31, 35, 311!
(14)     beantworte !15, 185, 200!
```

In Zeile (13) wird mit einem Eindruck abgefragt, der ganz ähnlich dank Zeile
(7) bereits bekannt ist. Also antwortet die Maschine mit jenem ihr bekannten
Eindruck. Die Anfrage in Zeile (14) wird hingegen mit einem Gemenge aus
zwei bekannten Eindrücken beantwortet, da zwei Einsen der Frage zu den
beiden Eindrücken aus den Zeilen (8) und (9) passen. Die eine Eins, die die
Frage aus Zeile (14) mit dem Eindruck aus Zeile (5) gemeinsam hat, setzt
sich in der Antwort hingegen nicht durch. Dass dieses Verhalten bei einem
Kurzzeitgedächtnis K so nicht zu erreichen ist, ist kein Problem des Abfragens
der Matrix sondern ein Problem des Lernens.

Das in den Zeilen (5) bis (9) vorgestellte Sammeln von Eindrücken wurde in
der Matrix L durch die L-Lernregel geleistet. Wegen der K-Lernregel gelingt
ein solches Vorhaben in gleicher Weise in Matrix K nicht. Hier wäre zu diesem Zweck der **vereine**-Befehl anzuwenden. Nachstehendes Beispiel in P42
erläutert sowohl das zugehörige Vorgehen, als auch den Nutzen der beiden
Gleichungen $e \wedge \tilde{}b = e$ und $e \vee \tilde{}b = \tilde{}b$ für das Abfragen.

Sammeln von
Eindrücken mit der
K-Lernregel

P42

```
( 1)     :: modell6
( 2)                         !-------------------------------
( 3)                         ! Begriffe bilden
( 4)                         !-------------------------------
( 5)     var tmp, ~b[2]
( 6)
( 7)     merke tmp=!3, 185, 214, 422!
( 8)     zeige tmp
( 9)     kopiere
(10)     merke tmp=!31, 35, 180, 311!
(11)     zeige tmp
(12)     vereine
(13)     kopiere
(14)     merke tmp=!2, 15, 90, 200, 256!
(15)     zeige tmp
(16)     vereine
(17)     hole ~b_1
(18)     merke tmp=!5, 20, 96, 134!
(19)     zeige tmp
(20)     kopiere
(21)     merke tmp=!15, 25, 123, 200!
(22)     zeige tmp
(23)     vereine
(24)     hole ~b_2
```

Anwendung der
Gleichungen $e \wedge \tilde{}b = e$
und $e \vee \tilde{}b = \tilde{}b$

Drei der fünf Eindrücke werden durch die Zeilen (7) bis (17) **vereint** und in der Tilde-Variablen $\tilde{}b_1$ gesammelt. Die anderen beiden Eindrücke werden durch die Zeilen (18) bis (24) in $\tilde{}b_2$ abgelegt. Von einem der fünf Eindrücke soll überprüft werden, ob er zu $\tilde{}b_1$ oder zu $\tilde{}b_2$ gehört. Dieser Eindruck dient als Frage, er wird in Zeile (32) festgelegt und dann ins Register R_2 **kopiert**, wo er für die beiden **maskiere**-Befehle in den Zeilen (37) und (42) verbleibt.

```
(25)                                    !-------------------------------
(26)                                    ! abfragen
(27)                                    !-------------------------------
(28)     var frage, text[2]
(29)     merke text_1=".Begriff b_1!\<"
(30)     merke text_2=".Begriff b_2!\<"
(31)
(32)     merke frage=!2, 15, 90, 200, 256!
(33)     zeige frage
(34)     kopiere
(35)
(36)     zeige ~b_1
(37)     maskiere
(38)     nullspringe weiter1
(39)        zeige text_1
(40)     markiere weiter1
(41)     zeige ~b_2
(42)     maskiere
(43)     nullspringe weiter2
(44)        zeige text_2
(45)     markiere weiter2
(46)
(47)     zeige ~b_1
(48)     kopiere
(49)     zeige frage
(50)     vereine
(51)     gleichspringe weiter3
(52)        springe weiter4
(53)     markiere weiter3
(54)        zeige text_1
(55)     markiere weiter4
(56)     zeige ~b_2
(57)     kopiere
(58)     zeige frage
(59)     vereine
(60)     gleichspringe weiter5
(61)        springe weiter6
(62)     markiere weiter5
(63)        zeige text_2
(64)     markiere weiter6
```

Die Abfrage über die Gleichung $e \wedge \tilde{}b = e$ führt in den Zeilen (36) bis (45) nicht zum Ziel, da die Frage sowohl einige Einsen mit b_1 als auch mit b_2 teilt. Doch die Abfrage in den Zeilen (47) bis (64) mit Hilfe der Gleichung $e \vee \tilde{}b = \tilde{}b$ gelingt. Es wird korrekt mit dem Begriff b_1 geantwortet. Der

Eindruck, mit dem abgefragt wird, fügt zu b_1 keine Einsen hinzu, wohl aber zu b_2.

Die Assoziativmaschine gibt Anlass, sich eine Vorstellung über die Verarbeitung von Eindrücken und Begriffen zu machen.[32] Auch ein Denken, ein sich Gedanken machen lässt sich für die Assoziativmaschine beschreiben, wenn man wie in Beispiel P43 darunter die Verarbeitung von Eindrücken versteht, die hinsichtlich ihrer Zugehörigkeit zu einem oder mehreren Begriffen überprüft werden. Stellt man sich dann jeden Begriff mit Handlungen verknüpft vor, so reagiert die Maschine auf ihr Umfeld durch das in ihr entstandene Begriffssystem.[33]

Gedanken machen

```
( 1)                        !---------------------------------      P43
( 2)                        ! Begriffe bilden
( 3)                        !---------------------------------
( 4)     var ~b[10], t[10]
( 5)     §begriffebilden
( 6)                        !---------------------------------
( 7)                        ! Eindrücke verarbeiten
( 8)                        !---------------------------------
( 9)     var eindruck
(10)
(11)     markiere oben
(12)        wuerfle
(13)        hole eindruck
(14)        §eindruckverarbeiten eindruck
(15)     springe oben
```

In den Zeilen (4) und (5) des erläuternden Beispiels P43 seien irgendwelche zehn Begriffe b_i gebildet, also auch mit Namen t_i versehen worden. In Zeile (13) erhält die Variable `eindruck` durch den Befehl `wuerfle` als Wert einen zufälligen Eintrag.[34] Der Aufruf des Unterprogramms `eindruckverarbeiten` schafft dann die Einordnung des Eindrucks in die vorhandene Begriffswelt ähnlich wie in den Zeilen (48) bis (65) von P42 und löst die zugehörigen Handlungen aus. In den Robot- und Homunkulus-Modellen des Kapitels 7 lässt sich diese Art des Einsatzes einer Assoziativmaschine weiterverfolgen.

wuerfle

Es sei abschließend noch einmal hervorgehoben, dass alle Eindrücke, Begriffe, Sammelbegriffe, Zahlenpaare, Rechenoperationen, Programmzeilen, Befehle von denen in diesen Kapiteln die Rede ist, stets als eine Folge von Nullen und Einsen dargestellt sind. Das Format aller Objekte ist gleich. Alle Einträge in den Programm- und Datenspeicher der Assoziativmaschine SYSTEM 9 haben die gleiche Länge.[35] Eine Typisierung von Daten findet nicht statt.[36] Ein rechnender Umgang mit Zahlen ist der Assoziativmaschine unter diesen Bedingungen und trotz fehlenden Rechenwerks auf mehreren Weisen und zudem störunanfällig möglich. Dieses Vermögen lässt sich auf die Fähigkeit der Maschine zurückführen, mit Tilde-Variablen, zum Beispiel mit ~7 für „alle Zahlenpaare, die mit der Zahl 7 enden", operieren zu können. Den Inhalt von Tilde-Variablen kann man als Eindruck, Begriff, Sammelbegriff verstehen und so den Bereich erweitern, in welchem diese Art Variablen Verwendung finden. Dazu gehört das Einordnen von Eindrücken in eine Begriffssammlung, dem ein begriffsgesteuertes Verhalten der Maschine folgen kann.

alle Objekte im gleichen Format

6.7　Übungen 9

Ü 9.1 (Modell 6)

Man schreibe ein Programm für die Assoziativmaschine, mit dem man mit Hilfe der Methode des **Rechnens durch Abzählen** (s. Kapitel 6.1)

a) die Differenz zweier natürlicher Zahlen,

b) den Quotienten zweier natürlicher Zahlen

bestimmt.

Ü 9.2 (Modell 5)

Man schreibe ein Programm für die Assoziativmaschine, mit dem man mit Hilfe der Methode des **Rechnens mit Zählrädern** (s. Kapitel 6.2) die Summe zweier zweistelliger Zahlen

a) in Hexadezimaldarstellung,

b) in der Darstellung der Mayas (Vigesimalsystem),

c) in quinärer Zahlendarstellung (wie im Dialekt der Betoyas, Südamerika)

berechnen kann.

Ü 9.3 (Modell 6)

Man bringe mit Hilfe der Methode des **direkten Assoziierens** (s. Kapitel 6.3) der Assoziativmaschine das Addieren von mehrstelligen Zahlen bei, die zur Basis 3 dargestellt sind.

Ü 9.4 (Modell 4)

Folgende Tabelle gibt eine Zuordnung von Tieren zu einigen ihrer Eigenschaften an.

Tier	Größe	Beine	Gefährlichkeit	Lautstärke
Hund	mittelgroß	vierbeinig	problematisch	laut
Katze	mittelgroß	vierbeinig	harmlos	leise
Maus	klein	vierbeinig	harmlos	still
Hase	mittelgroß	vierbeinig	harmlos	still
Schwein	groß	vierbeinig	harmlos	leise
Huhn	mittelgroß	zweibeinig	harmlos	leise
Kuh	groß	vierbeinig	harmlos	leise

Man lege die Tiere und Eigenschaften als Begriffe in der Assoziativmaschine ab und frage dann nach demjenigen Tier, welches mittelgroß, vierbeinig, harmlos und leise ist.

Ü *9.5 (Modell 5)

Beim Rechnen im Stellenwertsystem stellt die Verrechnung von Überträgen eine besondere Anforderung dar. Zum einfacheren Umgang mit der Übertragsrechnung lassen sich zwei Assoziativmatrizen bilden, von denen die eine die Ziffernsumme **ohne** und die andere die Ziffernsumme **mit** Übertrag liefert. Diese beiden lassen sich zu einer einzigen Matrix zusammenfügen. Zum Rechnen zur Basis 3 sei eine solche kleine, einfach aufgebaute Matrix M_3 wie folgt vorgelegt.

$$M_3 = \left(\begin{array}{ccccc|ccccc} 1 & 1 & 0 & 0 & 0 & 0 & 1 & 1 & 0 & 0 \\ 0 & 0 & 1 & 1 & 0 & 0 & 0 & 0 & 1 & 1 \\ 0 & 0 & 0 & 0 & 1 & 1 & 0 & 0 & 0 & 0 \\ 1 & 0 & 1 & 0 & 1 & 1 & 1 & 0 & 1 & 0 \\ 0 & 1 & 0 & 1 & 0 & 0 & 0 & 1 & 0 & 1 \end{array}\right)$$

Diese Matrix soll mit Ziffernpaaren (x, y) abgefragt werden, so dass der Antwort die Summe der beiden Ziffern x und y zu entnehmen ist. Der vordere Teil der Antwort enthält die Summe ohne Anrechnung eines Übertrags und der hintere Teil der Antwort liefert die Summe unter Einberechnung eines Übertrags. Für die Ziffernpaare (x, y) sei dabei nachstehende Kodierung für die Abfrage vereinbart

$(0,0)$	$(0,1)$	$(0,2)$	$(1,0)$	$(1,1)$	$(1,2)$	$(2,0)$	$(2,1)$	$(2,2)$
1	0	0	0	0	1	0	1	0
0	1	0	1	0	0	0	0	1
0	0	1	0	1	0	1	0	0
1	1	1	1	1	0	1	0	0
0	0	0	0	0	1	0	1	1

und für das Lesen der Antwort sei folgende Kodierung gegeben:

Bit	1	2	3	4	5	6	7	8	9	10
Summenziffer und Übertrag	0	0 Ü	1	1 Ü	2	0 Ü	1	1 Ü	2	2 Ü

Beispiel: Es soll die Summe $(12)_3 + (11)_3$ berechnet werden. Zuerst wird daher M_3 mit den letzten beiden Ziffern $(2, 1) \hat{=} (10001)$ abgefragt, was das Ergebnis (0100000100) bringt. Da kein Übertrag zu verrechnen war, werden nur die ersten fünf Bit betrachtet. Folglich hat das Ergebnis die Bedeutung '0 Ü', liefert also die Ergebnisziffer '0' und einen Übertrag für die nächsthöhere Stelle. Jetzt wird mit $(1, 1)$ abgefragt und man erhält (0000110000). Da ein Übertrag zu verrechnen war, wird nur das 6. Bit der Antwort ausgewertet, also '0 Ü', womit sich als Gesamtergebnis $(100)_3$ ergibt, da die Abfrage einen Übertrag für die 3. Stelle erbrachte.

a) Man schreibe ein Programm, welches nach diesem Verfahren die Summe mehrstelliger Zahlen zur Basis 3 bestimmt.

b) Man berechne mit dem gegebenen Verfahren die Summe $(112)_3 + (201)_3$.

c) Mit derselben Matrix M_3 kann man auch subtrahieren, wenn man die Kodierungen der Ein- und Ausgabe geeignet anpasst. Man gebe eine solche Kodierung an.

Anmerkungen

[1]Das Zitat ist [Neumann 1970], S. 73, entnommen und stammt aus dem Vorlesungsskript für die *Silliman Lectures* der Universität Yale im Frühjahr 1956. Der Autor, John von Neumann, stellt darin die Gemeinsamkeiten und Unterschiede von Gehirn und Rechenmaschine aus der Sicht eines Mathematikers gegenüber.

[2]Auf die Bezeichnungen „Thinking machine" oder „Denkmaschine" wurde bereits auf S. 101 eingegangen.

[3]vgl. mit „Elektronengehirn", „Rechengehirn" u.ä. in den Anmerkungen auf S. 116

Kopfrechnen

[4]Zu unseren Rechenfertigkeiten schreibt Stanislas Dehaene: „Das Kopfrechnen bringt das menschliche Gehirn an seine Grenzen. Nichts hat es je auf die Aufgabe vorbereitet, Dutzende miteinander verwobener arithmetischer Tatsachen auswendig zu lernen oder die zehn bis fünfzehn Schritte fehlerfrei auszuführen, die zur Subtraktion von zwei zweistelligen Zahlen nötig sind. Zwar mag in unseren Genen ein Gefühl für ungefähre numerische Größen verankert sein, aber es fehlen uns doch die richtigen Hilfsmittel, wenn wir genaue symbolische Rechnungen ausführen müssen" (s. [Dehaene 1999], S. 139).

keine speziellen
Schaltkreise

[5]Der Ansatz von Thomas Wennekers zum Aufbau einer Arithmetik durch neuronale Mikroschaltkreise (s. [Wennekers 1998], S. 178 ff.) wird hier nicht verfolgt. Es geht in diesem Kapitel nicht um den Aufbau einer speziellen „Hardware", die zum Rechnen befähigt, und auch nicht um das Erzeugen oder den Einsatz besonderer Rechen-Assoziativmatrizen wie in Kapitel 2.5.5, sondern vielmehr um den programmgesteuerten Einsatz der „normalen" Matrizen der Assoziativmaschine. Dieses Vorgehen folgt der Idee, dass unser Gehirn auch keine besondere Rechenhardware besitzt.

[6]Die Zeichnung zum Abzählen mit den Fingern wurde von Marina Carletto, Hildesheim, angefertigt und gibt die im Text geschilderte Situation wieder.

[7]Das Beispiel stammt von Malin Dierks, Grundschule Deichhorst, Delmenhorst.

Tilde-Zeichen

[8]Das Schriftzeichen Tilde (lat. titulus — Überschrift, Überzeichen) wurde gewählt, um darauf zu verweisen, dass hier ein Zugriff auf eine Sammlung von Einträgen („Eindrücken") gemeinsamer Eigenschaft geschieht.

[9]Zum Maskieren und Vereinen gibt Kapitel 5.16 Auskunft.

[10]Grundlage für diese Eigenschaften ist es, dass keines der Zahlenpaare mit einem anderen Zahlenpaar in seiner Darstellung in der Matrix eine Eins gemeinsam hat.

[11]Die zugehörigen Dateien erhalten als Zusatz zu ihrem Namen die Suffixe `.krz` (Kurzzeitgedächtnis K), `.lgz` (Langzeitgedächtnis L) und `.var` (Variablentabelle) gefolgt von der Anzahl der Spalten- und Zeilenleitungen der eingesetzten Assoziativmatrizen.

[12]Über die Möglichkeiten, die das Anlegen eigener Modelldateien bietet, informiert Kapitel 8.1. In diesem Fall wären die Zeilen `$speicheredaten = %,K,` und `$ladedaten = %,K,` in die Modelldatei einzutragen.

[13]Die Laufzeit von P33 wird im Mittel durch den Term $\frac{5}{2}x^2 + \frac{155}{2}x + 13$ bestimmt und diejenige von P35 durch $\frac{5}{2}x^2 + \frac{93}{2}x + 301$ (jeweils in Anzahl Befehlszeilen). Es wird angenommen, dass jedes Zählrad im Mittel eine halbe Umdrehung macht.

kürzere Abfragezeiten

[14]Eine praktische Erprobung dieser schaltungstechnischen Vorschläge steht zum Zeitpunkt der Drucklegung dieses Buches noch aus. Zur Verwirklichung einer Abfragezeit von $0{,}01\mu s$ soll die Schwellwertbestimmung parallelisiert werden. Um auf Abfragezeiten von $0{,}001\mu s$ zu kommen, sollen die Schwellwerte als Summe von Stromstärken (wie bei Steinbuch, s. Abb. 3.11) in einem Schritt gebildet werden. Schaltungen zu Assoziativmatrizen in verschiedenen Techniken finden sich auch in [Rückert 1991]. Den Vorschlag, die Geschwindigkeit der Assoziativmaschine statt in Rechenschritten pro Sekunde (FLOPS) in Assoziationen pro Sekunde anzugeben (ASSOPS), macht [Dierks 2006].

Zahlendarstellungen

[15]In hexadezimaler Darstellung werden Zahlen zur Basis 16 notiert, in vigesimaler Darstellung zur Basis 20. Die vigesimale Zahlendarstellung wurde von den Mayas genutzt, die Babylonier setzten eine Darstellung zur Basis 60 ein (Sexagesimalsystem). In unserem Alltag finden wir noch Bezüge zum Duodezimalsystem beim Rechnen mit dem Dutzend, dem Schock (fünf Dutzend) oder dem Gros (zwölf Dutzend) oder bei der Einteilung des Tages in zwölf Stunden oder des Jahres in zwölf Monate.

[16] Im Kapitel „Wieviel ist 1 + 1?" beschreibt [Dehaene 1999] das Experiment von Karen Wynns, auf das sich die Annahme stützt, dass fünf Monate alte Kinder falsche Additionen 1 + 1 = 1 oder 1 + 1 = 3 erkennen können. Zur Größe des Zahlenraums schreibt er im Kapitel „Die Grenzen kindlichen Rechnens": „Erstens scheinen ihre Fähigkeiten für genaue Berechnungen nicht über die Zahlen 1, 2, 3 und vielleicht 4 hinauszugehen. Immer wenn es bei den Versuchen um Mengen mit zwei oder drei Gegenständen ging, zeigte sich, dass Kleinkinder sie unterscheiden können. Nur gelegentlich jedoch kam es vor, dass sie drei und vier unterschieden. Und niemals konnte eine Gruppe von Kindern unter einem Jahr vier Punkte von fünf oder gar sechs unterscheiden. Anscheinend kennen Babys nur die ersten Anzahlen genau." (a.a.O, S. 71).

Größe des Zahlenraums bei Kleinkindern

[17] Man denke dabei an das Rechnen über eine gedankliche Nachbildung des Rechnens mit den fernöstlichen Rechenbrettern (Soroban, Suanpan) oder dem russischen Stschoty (s. [Dehaene 1999], S. 157) oder an die Rechenverfahren, die der indischen Kultur zugerechnet werden („vedische Mathematik").

[18] Dietmar Grube referiert in [Grube 2006] über den „problem size"-Effekt und nennt als ein Ergebnis der Untersuchungen von Ashcraft und Battaglia (1978) die Erkenntnis, dass die **Lösungszeit** beim Addieren am besten durch das **Quadrat der Summe** vorhersagbar ist (s. S. 9). Mark H. Ashcraft hebt im Beitrag „Cognitive Psychology and Simple Arithmetic: A Review and Summary of New Directions" in „Mathematical Cognition", Volume 1, 1996, S. 3-34, ein „strength-based retrieval model" hervor, demzufolge Rechenfertigkeiten von der Anzahl an Übungsdurchgängen in diesem Bereich abhängen.

Rechenzeit für das Addieren hängt von der Summandengröße ab

[19] In [Dehaene 1999], S. 147, heißt es dazu: „Es gibt vermutlich mehrere Ursachen dafür, dass die Zahlengröße den Gedächtnisabruf beeinflusst. Wie in früheren Kapiteln wiederholt gesagt wurde, nimmt die Genauigkeit unserer mentalen Repräsentationen mit zunehmender Zahlengröße ab. Auch die Reihenfolge, in der wir diese Rechnungen lernen, könnte eine Rolle spielen, denn einfache arithmetische Tatsachen, bei denen die Operanden klein sind, werden oft vor den schwierigeren mit größeren Operanden gelernt. Ein dritter Faktor ist das Ausmaß der Übung. Weil die Häufigkeit der Zahlwörter mit der Größe der Zahlen abnimmt, sind wir bei Rechnungen mit größeren Zahlen weniger geübt." Als Gründe für das geringere Ausmaß an Übung nennt Dehaene zum einen die Tatsache, dass in Schulbüchern weniger Aufgaben zur Addition oder Multiplikation mit 7, 8 oder 9 stehen (s. S. 147). Ferner verweist er auf das Benfordsche Gesetz, nach dem die Wahrscheinlichkeit P, „dass eine Zahl mit der Ziffer n beginnt, [...] sehr genau von der Formel $P(n) = \log_{10}(n+1) - \log_{10} n$ vorhergesagt" wird (s. S. 132). Der amerikanische Elektroingenieur und Physiker Frank Albert Benford (1883-1948) arbeitete in der Forschung bei der General Electric Company. Eine kritische Analyse der Aussagen über das Benford-Gesetz mit überraschenden Gegenbeispielen findet sich bei Arno Berger und Theodore P. Hill: „Benford's Law Strikes Back: No Simple Explanation in Sight for Mathematical Gem", The Mathematical Intelligencer, Volume 33, Issue 1, Springer Sciences + Business Media, New York 2011, S. 85-91.

Ursachen für längere Rechenzeiten

Benfordsches Gesetz

[20] Der Begriff „mentale Tabelle" wird in [Grube 2006], S. 9, genannt.

[21] Dehaene schreibt dazu: „Die Hypothese, dass das Gedächtnis beim Kopfrechnen von Erwachsenen eine wichtige Rolle spielt, ist mittlerweile allgemein akzeptiert. [...] Es bedeutet jedoch vor allem, dass sich in Bezug auf das Kopfrechnen beim Schuleintritt eine wesentliche Umwälzung abspielt, denn die Kinder, die numerische Größen zunächst intuitiv erfasst hatten, müssen von einem einfachen Zählverfahren zum Auswendiglernen der Ergebnisse übergehen. Es ist kein Zufall, wenn die ersten ernsthaften Schwierigkeiten beim Rechnen genau zu diesem Zeitpunkt auftreten. Plötzlich setzt Fortschritt in der Mathematik das Speichern von viel numerischem Wissen voraus, eine Aufgabe, auf die unser Gehirn kaum vorbereitet ist" (s. [Dehaene 1999], S. 147 f.).

vom Abzählen zum Auswendiglernen

[22] Im Mathematikunterricht wird heutzutage auf eine geeignete Aufgabenvielfalt geachtet, zu der stets auch Umkehraufgaben gehören. Regina Bruder unterscheidet bei den von ihr aufgelisteten acht Aufgaben-Zieltypen zwischen einfachen und schwierigen Umkehraufgaben. Bei Letzteren ist auch das benötigte Lösungsverfahren zu entdecken (vgl. u.a. [Bruder 2003]). Für unsere Fertigkeiten im Problemlösen hat dieses offensichtlich große Bedeutung, was der Idee zur Beschäftigung mit Umkehrassoziationen im Assoziativen Rechnen Gewicht verleiht.

Umkehraufgaben

[23] Zu den Ursachen für Schwierigkeiten mit der Bruchrechnung bemerkt Dehaene (s. [Dehaene 1999], S. 17): „Allerdings ist die Bruchrechnung für viele Kinder schwer zu erlernen, weil ihre kortikale Maschinerie sich gegen einen so unanschaulichen Begriff wehrt."

Schwierigkeiten mit der Bruchrechnung

[24]Die Beobachtung, dass Schüler mehr Probleme mit der Aufgabe „Berechne $\frac{1}{2} \cdot \frac{1}{4}$." als mit der Aufgabe „Wie groß ist die Hälfte von einem Viertel?" haben, belegt diese Annahme. Noch größeren Erfolg bringt die Formulierung „Wie groß ist die Hälfte einer Viertelpizza?", da damit ein breiteres Angebot an Assoziationsmöglichkeiten entsteht.

[25]Wurden beispielsweise zwei Eindrücke e_1 und e_2 in den Tilde-Variablen ˜x und ˜y eingetragen und enthält der Eindruck e_1 nur Einsen, die auch im Eindruck e_2 enthalten sind, dann ist e_1 durch ein Maskieren nicht mehr zu ermitteln. Wäre e_1 nur in ˜x und e_2 nur in ˜y eingetragen worden, dann würde $˜x \wedge ˜y = e_1$ gelten, obwohl e_1 nicht in ˜x abgelegt wurde.

[26]Die in diesen Kapiteln genutzte Assoziativmaschine bewahrt den Inhalt von Tilde-Variablen (auch) im Kurzzeitgedächtnis K auf. Andere Assoziativmaschinen mit einer eigenen Matrix für Tilde-Variablen wären den hier verfolgten Ideen womöglich angemessener.

Namensvergabe und Begriff

[27]Mit dem Thema Namensvergabe beschäftigt sich auch die Terminologielehre. Hier dient die Benennung der Bezeichnung eines Objekts durch ein oder mehrere Wörter (s. auch Reiner Arntz, Heribert Picht, Felix Mayer: „Einführung in die Terminologiearbeit", Georg Olms Verlag, 2009). Es ist als interessant zu bemerken, dass von Sprachforschern die Benennung als Mittel gesehen wird, Begriffe ins Bewusstsein zu rufen. — Die Besonderheit der Vergabe von Namen findet bereits in alten Texten ihren Ausdruck. In der Bibelübersetzung aus dem Hebräischen von Heinrich Tischner heißt es beispielsweise zur Namensvergabe: „19 Und JeHWH Götter formte aus der Erde alle Lebewesen des Feldes und alles Geflügel des Himmels, und ließ (sie) zum Erdling kommen, um zu sehen, was er ihm zuriefe. Und alles, was der Erdling, lebender Atem, ihm zurufen würde, das (wäre) sein Name." Der Erdling (Adam) vergibt Namen für die ihm gezeigten Tiere, um diese ansprechen zu können, während sich der Schöpfer einer aussprechbaren Namensgebung verschließt, also einem greifbaren Wesen nicht gleichkommt.

Begriffe erwerben

[28]In [Braitenberg 1986] wird unter einem Begriff ebenfalls eine Zusammenlegung von Eindrücken verstanden, doch geht der Autor auf den Bezeichner eines Begriffs nicht ein. Als „Wesen 7" wird ab S. 31 ein Vehikel vorgestellt, welches durch ein Verknüpfen von Eindrücken Begriffe erwirbt.

[29]Die zufällige Darstellung wird durch VIDAS mit Hilfe eines (Pseudo-) Zufallszahlengenerators geleistet.

Farbwörter

[30]Die Untersuchung verschiedener Sprachen hinsichtlich des Vorhandenseins von Farbwörtern ergab zwar, dass einige Sprachen nur wenige Farbwörter besitzen (beispielsweise unterscheiden die Kwerba in Papua-Neuguinea nicht zwischen schwarz, blau und grün). Dennoch sind alle in der Lage, auch Farben zu unterscheiden, für die in ihrer Sprache kein Name existiert (vgl. Arnold Groh: „Farbbegriffe indigener Kulturen", in: „TRANS" Nr. 18, Juni 2011).

[31]Das heißt, dass jede Eins des Eindrucks auch im Begriff gesetzt ist.

Eindrücke und Begriffe

[32]Das Wortfeld zum Thema Eindrücke liefert dazu eine Fülle an Anregungen: „Eindrücke sammeln", „auf jemanden einen (guten) Eindruck machen", „einen Eindruck erwecken/vermitteln", „sich einen Eindruck verschaffen", „einen flüchtigen/bleibenden Eindruck hinterlassen". Für das Thema Begriffe ist die Liste an Redewendungen und festen Ausdrücken nicht weniger facettenreich: „sich (k)einen Begriff von etwas machen", „langsam/schnell/schwer von Begriff sein", „ein dehnbarer/schwammiger Begriff", „einen falschen Begriff von etwas haben", „ein stehender Begriff", „im Begriff sein etwas zu tun".

Begriffssystem

[33]Zum Begriffssystem einer Assoziativmaschine rechnet zum einen ihre Sammlung an Begriffen und Oberbegriffen und zum anderen die durch Abfrage der Begriffe geplanten, auszulösenden Handlungen. Diese könnten auch selbst wieder zur weiteren Begriffsbildung beitragen.

wuerfle

[34]Den Befehl `wuerfle` kann man jedem Modell hinzufügen, indem man in die zugehörige Modelldatei die Zeile `$wuerfle = %,,` hinzufügt (siehe Kapitel 8.1).

[35]In anderen Assoziativmaschinen könnte man die Matrixgrößen für die Daten- und Programmspeicher auch unterschiedlich wählen.

Typisierung von Variablen

[36]Damit ist gemeint, dass in Programmiersprachen für herkömmliche Computer für gewöhnlich angegeben werden muss, welchen Typ eine Variable erhalten soll, damit der für sie benötigte Speicher bereit gehalten werden kann.

Literaturverzeichnis zu Kapitel 6

Valentin Braitenberg. *Künstliche Wesen — Verhalten kybernetischer Vehikel*. Vieweg, Braunschweig, 1986. ISBN 3-528-08949-0.

Regina Bruder. *Methoden und Techniken des Problemlösenlernens*. TU Darmstadt, 2003.

Tobias Dantzig. *Number — The Language of Science — Fourth Edition Revised and Augmented*. The Free Press, New York, 1967.

Stanislas Dehaene. *Der Zahlensinn oder warum wir rechnen können*. Birkhäuser Verlag, Basel Boston Berlin, 1999. ISBN 3-7643-5960-9.

Andreas Dierks. *VidAs — Aufbau einer robusten, frei programmierbaren Maschine aus Assoziativmatrizen. Simulation und Hardware-Lösung*. Universität Hildesheim, 2005. in: „Hildesheimer Informatik-Berichte", Band 2/2005 (September 2005), ISSN 0941-3014.

Andreas Dierks. *VidAs — Eine robuste, frei programmierbare Assoziativmaschine aus neuronalen Netzen*. Böttcher IT Verlag, Bremen, 2006. in: „KI — Künstliche Intelligenz", Heft 2/06 (Mai 2006), S. 58-60, ISSN 0933-1875.

Dietmar Grube. *Entwicklung des Rechnens im Grundschulalter*. Waxmann Verlag, Münster, 2006. ISBN 3-8309-1572-1.

John von Neumann. *Die Rechenmaschine und das Gehirn*. Oldenbourg Verlag, München, 1970. 3. Auflage.

Ulrich Rückert. *VLSI Design of an Associative Memory based on Distributed Storage of Information*. Kluwer Academic Publishers, Boston, 1991. in: Ramacher, Ulrich; Rückert, Ulrich (Hrsg.) : „VLSI Design of Neural Networks", S. 153-168.

Thomas Wennekers. *Synchronisation und Assoziation in Neuronalen Netzen*. Universität Ulm, 1998. Dissertationsschrift.

Kapitel 7

Anhang: Anwendungsmodelle

„The Turtle is a computer-controlled cybernetic animal. [...] The Turtle serves no other purpose than of being good to program and good to think with.". (Seymour Papert, 1980)

Als Seymour Papert gegen Ende der 1960er-Jahre ferngesteuerte, kleine Fahrzeuge, mit einem Zeichenstift versah und über Zeichenpapier lenken ließ, verfolgte er damit vornehmlich pädagogische Ziele.[1] Zu Ehren der kybernetischen Vehikel von William Grey Walter nannte Papert seine Vehikel ebenfalls „Turtles" (s. [Papert and Solomon 1971], S. 3).[2] Es ging Papert darum, ein „object-to-think-with" zu erhalten. Mit den eingangs zitierten Sätzen beschreibt er dieses Anliegen,[3] in dem der Umgang mit der Turtle ein geeignetes Mittel zum Erlernen von problemlösenden Denkweisen und programmierendem Vorgehen darstellt.[4]

Eine Turtle des MIT (um 1970) auf einem Zeichenblatt

Die Turtle hat als „object-to-think-with" noch über vierzig Jahre nach ihrer Entwicklung Bedeutung, auch wenn sie in der Schule heute meist in anderer Form genutzt wird.[5] Die Turtle soll in diesem Kapitel Anlass sein, über verschieden ausgestaltete Anwendungsmodelle der Assoziativmaschine nachzudenken. Die frühen Turtles des Massachusetts Institute of Technology (MIT) erhielten ihre Steuerbefehle über ein Kabel, besaßen einen Zeichenstift, ein Signalhorn und Antennen, um Hindernisse zu erkennen.[6] Einige Ausstattungsmerkmale sind für ein ferngesteuertes Fahrzeug wesentlich, während andere ein Reagieren auf Umgebungseindrücke ermöglichen. Valentin Braitenberg fügt in seiner Aufstellung künstlicher Wesen welche hinzu, die zudem über ein Gedächtnis verfügen.[7]

drei unterschiedliche Anwendungsmodelle

In den folgenden Abschnitten sollen daher drei Anwendungsmodelle der Assoziativmaschine betrachtet werden. Die Anwendungsmodelle werden wie bei Braitenberg auch Vehikel genannt. Es wird zwischen **ferngesteuerten, sensorgeführten** und **gedächtnisgestützten** Vehikeln unterschieden. Die zugehörigen Modelle der Assoziativmaschine erhalten in VIDAs die Bezeichnungen Turtle-, Robot- und Homunkulus-Modelle. Die Turtle-Modelle von VIDAs verfügen dabei im Unterschied zur ursprünglichen Turtle zunächst über keine Sensorik. Die Robot-Modelle werden hingegen durch eine matrixartig angeordnete Sensorik durch einen „Wald" von Merkmalen geführt. Zur Orientierung in einem solchen Merkmalswald nutzen die Homunkulus-Modelle den Zugriff auf das Langzeitgedächtnis der sie steuernden Assoziativmaschine.

Alle im Weiteren eingeführten Turtle-, Robot- und Homunkulus-Modelle sind mit den grundlegenden Befehlen der Assoziativmaschine SYSTEM 9 ausgestattet, die in den vorangehenden Kapiteln vorgestellt wurden.[8] Jedes der Anwendungsmodelle erhält einen erweiternden Satz an Befehlen, der ihre kennzeichnenden Eigenschaften ausmacht.[9]

Die in den Kapiteln 7.1 bis 7.9 vorgestellten Modelle werden vom Assoziativmaschinen-Simulator VIDAS in idealisierter Form nachgebildet. Das bedeutet beispielsweise, dass jeder Vorwärts-Schritt und jede Drehung exakt in immer gleicher Weise ausgeführt wird. Ein reales Vehikel wird sich so nicht verhalten. Die Beschaffenheit des Bodens und seine Neigung, der Zustand der Batterien, der Motoren oder der Räder, vieles nimmt Einfluss auf die Bewegung eines wirklichen Vehikels. Zur Untersuchung dieser Einflüsse wurden einfache Vehikel eines Spielzeugherstellers über eine Assoziativmaschine SYSTEM 9 betrieben. Über die zugehörigen Erfahrungen und den daraus abgeleiteten Maßnahmen, die sich auf das Langzeitgedächtnis L der Assoziativmaschine stützen, berichtet Kapitel 7.11.

reale und virtuelle Vehikel

7.1 Ferngesteuerte Vehikel (Turtle-Modelle)

Der Simulator VIDAS bildet eine Reihe von Turtle-Modellen nach, über deren Eigenschaften die Tabelle 7.1 Auskunft gibt. Dabei bedeutet der Eintrag 'einfach', dass die Modelle auf einen Befehlssatz zugreifen, der lediglich auf die Bewegung und die Stiftführung der Turtle Einfluss nimmt, während der Eintrag 'erweitert' auf zusätzliche Befehle verweist, die im Kapitel 7.3 erläutert werden. Dort wird auch auf die Merkmalsanzahl eingegangen.

Turtle-Modelle

Name	Matrixgröße	Darstellung	Befehlssatz	Merkmale
Turtlemodell 1	1024 x 1024	Ascii 128	einfach	
Turtlemodell 2	2048 x 1024	Ascii 256	einfach	
Turtlemodell 3	4096 x 4096	Ascii 256	einfach	
Turtlemodell 4	1024 x 1024	Ascii 128	erweitert	30
Turtlemodell 5	2048 x 2048	Ascii 256	erweitert	45
Turtlemodell 6	4096 x 4096	Ascii 256	erweitert	60

Tabelle 7.1: Turtle-Modelle der Assoziativmaschine SYSTEM 9

Der Wechsel zu einem dieser Modelle geschieht entweder über den Menüpunkt `Datei | Modell wechseln` oder durch den Editorbefehl ::, also beispielsweise durch:

Modellwechsel

```
(1)      :: tmodell2
```

Die virtuelle Turtle wird als rot ausgefülltes Quadrat der Größe 4 x 4 Pixel dargestellt (s. Abb. 7.1, links). Wählt man für die Turtle eine andere Farbe, wird der Rand der Turtle wie gewünscht eingefärbt (s. Abb. 7.1, rechts).

Abb. 7.1: Turtlesymbole

Zur einfachen Fortbewegung der Turtle dienen die Befehle aus Tabelle 7.2. VIDAS führt die Turtle über die Zeichenfläche des Turtlefensters (s. Abb. 7.2), wobei der Weg der Turtle als Spur auf der Zeichenfläche sichtbar bleibt, falls der Zeichenstift nicht hochgehoben wurde. Zum Programmstart befindet sich die Turtle mit abgesetztem Stift in der Mitte der Zeichenfläche mit Blickrichtung 0° (Ost). Bei jedem **vorwaerts**-/**rueckwaerts**-Befehl wird die Turtle fünf Pixel vorwärts/rückwärts bewegt. Der aktuelle Aufenthaltsort und die Blickrichtung der Turtle werden rechts unten im Turtlefenster angezeigt. Das Turtlefenster lässt sich durch Ziehen mit der Maus am Fensterrand auf die gewünschte Größe bringen.

vorwaerts und
rueckwaerts

P44

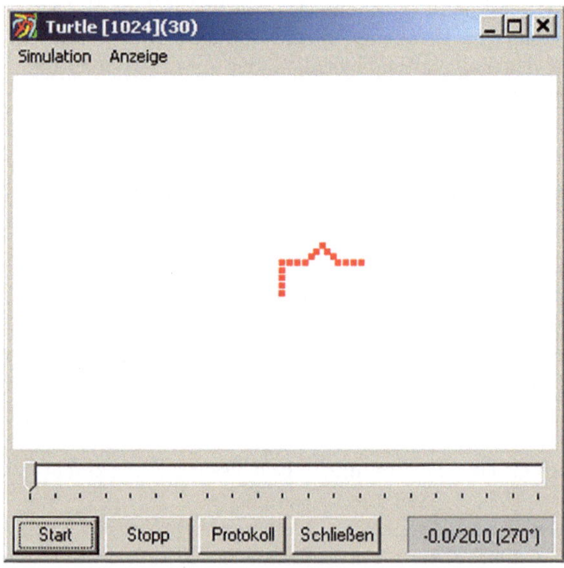

Abb. 7.2: Turtlefenster

```
vorwaerts
vorwaerts
vorwaerts
links
vorwaerts
vorwaerts
vorwaerts
rechts
rechts
vorwaerts
vorwaerts
vorwaerts
links
vorwaerts
vorwaerts
vorwaerts
links
links
gehezumstart
rueckwaerts
rueckwaerts
rueckwaerts
rueckwaerts
```

Mit der Anweisung **gehezumstart** kehrt die Turtle zur Mitte der Zeichenfläche zurück. Jede Drehung mit **rechts** oder **links** wird bezogen auf die aktuelle Blickrichtung um 45° ausgeführt.

rechts und **links**

(R50)	vorwaerts
(R51)	rueckwaerts
(R52)	rechts
(R53)	links
(R54)	gehezumstart

Tabelle 7.2: Grundlegende Befehle für die Turtle-Modelle

Die ersten vier Befehle des Turtle-Modells aus Tabelle 7.2 lassen sich durch `vw`, `rw`, `re`, `li`
`vw`, `rw`, `re` und `li` abkürzen.

```
(R55)   stifthoch
(R56)   stiftab
(R57)   farbwechsel
(R58)   farbe "<farbe>"
(R59)   formwechsel
(R60)   form "<form>"
(R61)   <farbe> ::= {rot | blau | gelb | gruen | schwarz | grau
            | weiss | pink | creme | orange | braun | purpur
            | hellblau | oliv | silber | dunkelgrau | pfefferminz}
(R62)   <form> ::= {quadrat | kreis | kreuz | plus | karo
            | punkt}
```

Tabelle 7.3: Stift-Befehle für die Turtle-Modelle

Weitere grundlegende Befehle, die die Farbe, Position und Form des Zeichenstifts der Turtle regeln, sind in Tabelle 7.3 verzeichnet. Ob der Stift hochge-   `stifthoch` und
hoben oder abgesetzt werden soll, legt man mit `stifthoch` und `stiftab` fest.   `stiftab`
Nach der Anweisung `stifthoch` wird weder die Turtle noch deren Spur angezeigt. Durch die Befehle `farbwechsel` und `formwechsel` ändert man Farbe   `farbwechsel` und
und Form der Turtle in einer festgelegten Reihenfolge, die der Abbildung 7.3   `formwechsel`
zu entnehmen ist.

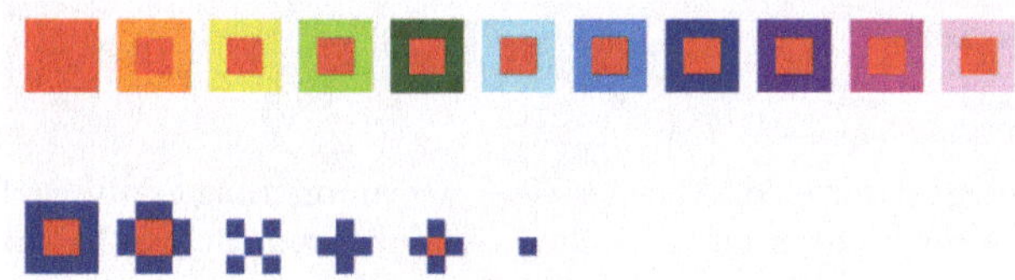

Abb. 7.3: Reihenfolge der Farbwechsel (oben) und Formwechsel (unten)

Soll die Turtle eine bestimmte Form und Farbe erhalten, so lässt sich das   `form` und `farbe`
über die Befehle `form` und `farbe` einstellen, wie P45 zeigt.

```
var breite
&zfolge 10 -r

merke breite=@fünf
§quadrat breite
stifthoch
farbe "gelb"
form "kreis"
links
links
links
vorwaerts
stiftab
merke breite=@zehn
§quadrat breite
```

P45

Abb. 7.4: Quadrate zeichnen

Quadrat beliebiger
Breite

Das zu P45 gehörige Unterprogramm `quadrat` übernimmt die Seitenlänge des zu zeichnenden Quadrats als Parameterwert für **b**. Die Schleife in den Zeilen (d) bis (q) wird viermal durchlaufen, um die vier Seiten des Quadrats zu zeichnen.

```
(a)    par b
(b)    var i,j
(c)    merke i=@.vier
(d)    markiere ganzoben
(e)      zeige b
(f)      hole j
(g)      markiere oben
(h)        vorwaerts
(i)        &inkk j
(j)        nullspringe ende
(k)      springe oben
(l)      markiere ende
(m)      re
(n)      re
(o)      &inkk i
(p)      nullspringe ganzunten
(q)    springe ganzoben
(r)    markiere ganzunten
(s)    pausiere
```

Die Schleifenkonstrukte der Assoziativen Programmierung erlauben das Zeichnen komplexerer Figuren aus einfachen Grundfiguren wie das Programmbeispiel P46 zeigt.

P46

Abb. 7.5: Turtlefiguren aus Quadraten

```
var i, j, breite
&zfolge 10 -r
merke breite=@fünf
merke j=@zwei
markiere ganzoben
  merke i=@acht
  markiere oben
    §quadrat breite
    rechts
    rechts
    §strecke breite
    links
    farbwechsel
    &inkk i
    nullspringe ende
  springe oben
  markiere ende
  stifthoch
```

Das Unterprogramm **strecke** zeichnet eine Strecke der Länge, die als Parameterwert übergeben wird. Durch Aufruf des Unterprogramms **umkehren** kehrt man die Blickrichtung der Turtle um.

```
§strecke breite
§strecke breite
§umkehren
stiftab
&inkk j
nullspringe ganzunten
springe ganzoben
markiere ganzunten
```

Zum Zeichnen beliebiger Vielecke, insbesondere mit kleineren Winkelbeträgen, ist der bisher eingeführte Befehlssatz nicht ausreichend. Daher wird er durch die Befehle aus Tabelle 7.4 ergänzt.

```
(R63)   wenigvor
(R64)   wenigzurueck
(R65)   wenigrechts
(R66)   ganzwenigrechts
(R67)   weniglinks
(R68)   ganzweniglinks
```

Tabelle 7.4: Turtlebefehle **wenigvor**, **wenigzurueck**, **wenigrechts**, **weniglinks**, **ganzwenigrechts** und **ganzweniglinks**

Diese sechs Befehle des Turtle-Modells lassen sich durch **wvw**, **wrw**, **wre**, **gwre**, **wli** und **gwli** abkürzen. In Programm P47 wird dafür ein Beispiel gegeben.

```
var i                              P47
&zfolge 100 -r
li
li
merke i=@zweiundsiebzig
markiere oben
   vw
   wli
   &inkk i
   nullspringe ende
springe oben
markiere ende
farbwechsel
merke i=@zweiundsiebzig
markiere oben2
   wvw
   wvw
   wre
   &inkk i
   nullspringe ende2
springe oben2
markiere ende2
```

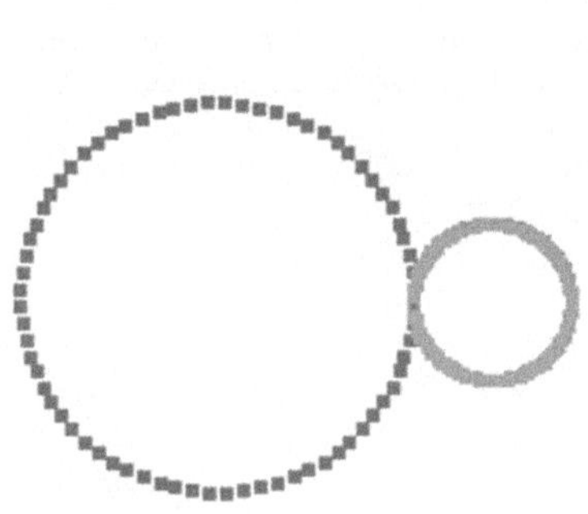

Abb. 7.6: Zeichnen von Kreisen

Die Befehle **wenigvor** und **wenigzurueck** bewegen die Turtle um ein Pixel vor und zurück. Mit **wenigrechts** und **weniglinks** dreht man die Turtle um fünf Grad, mit **ganzwenigrechts** und **ganzweniglinks** um einen Grad.

kleine Bewegungen und Drehungen

Einfluss von Störungen

Da sich im Bereich der Turtlegrafik Störungen der sie steuernden Assoziativmaschine besonders augenfällig in etwaige Änderungen des Weges der Turtle umsetzen, eignet sich dieser Bereich zur Demonstration der Störfestigkeit besonders. Stört man in der Abfolgematrix, ändert sich eventuell die Abfolge der Programmschritte, stört man in der Befehlsmatrix, entstehen womöglich Befehle, die die Assoziativmaschine nicht kennt.

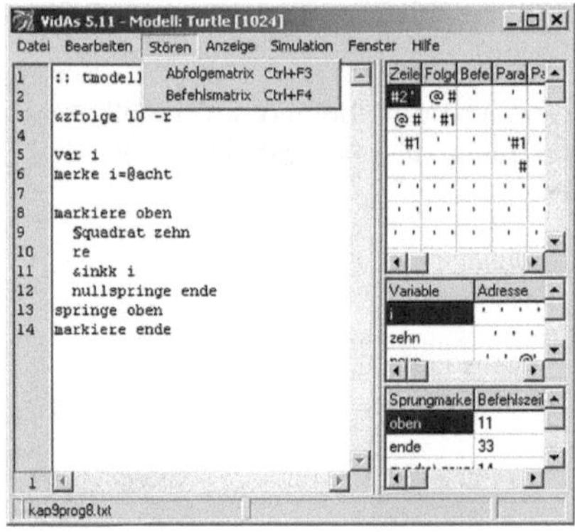

Abb. 7.7: Stören der Matrizen

Um die Störunanfälligkeit der Assoziativmaschine zu zeigen, lassen sich in der Abfolgematrix oder Befehlsmatrix durch Auswahl des Menüpunkts **Stören -- Abfolgematrix** oder **Stören -- Befehlsmatrix** zufällig Nullen und Einsen eintragen (s. Abb. 7.7). Danach erscheint ein kleines Auswahlfenster in welchem man die gewünschte Störungsart und die Anzahl der Störungsvorgänge festlegt.

Störungsarten

Pro Störungsvorgang werden **ein Prozent** aller Matrixpositionen zufällig ausgewählt und wie gewünscht verändert. Wird die Art **Gießkanne** gewählt, werden Nullen zufällig über die gesamte Matrixfläche verteilt gesetzt. Beim **Lochen** werden die Nullen in mehreren kreisförmigen Bereichen in die Matrix „gestanzt". Bei der Zerstörungsart **Kreis setzen** werden zufällig gewählte, kreisförmige Bereiche mit Einsen gefüllt.

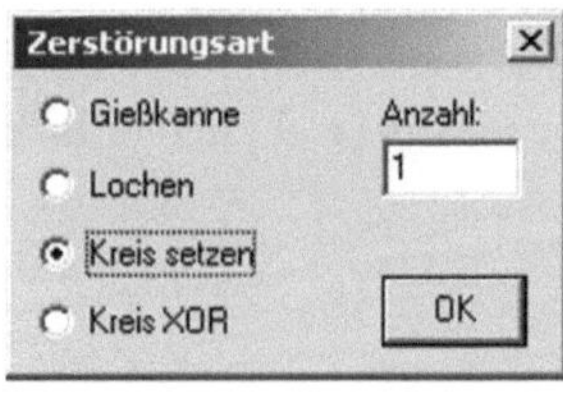

Abb. 7.8: Störungsarten für die Assoziativmatrizen

Schwellwertbild

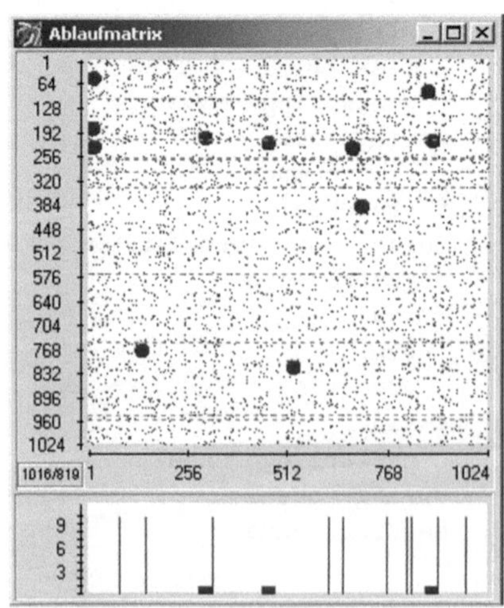

Abb. 7.9: Durch **Kreis setzen** gestörte Matrix

Mit **Kreis XOR** werden Nullen in Einsen und Einsen in Nullen gewandelt. — Wählt man für die Ablaufmatrix beispielsweise einmalig **Kreis setzen**, so ergibt die anschließende Anzeige der Matrix (Funktionstaste F7) bei Ablauf des Programms typischerweise das Bild in Abbildung 7.9. Man erkennt, dass sich die Störungen im Schwellwertfenster unten „anhäufen", doch haben sie noch keinen Einfluss auf den korrekten Programmablauf. Erst wenn die Störungen derart zunehmen, dass sie im Schwellwertbild die Höhe der maximalen Schwellwerte erreichen oder deren Höhen vermindern, ändern sie den Programmablauf.

Störungen in den Matrizen lassen sich auch über das Zoomfenster vornehmen (in die Matrixdarstellung hineinklicken und dann im Zoomfenster mit der rechten Maustaste aus dem Popup-Menü die gewünschte Störung wählen).

Störungen im Zoomfenster

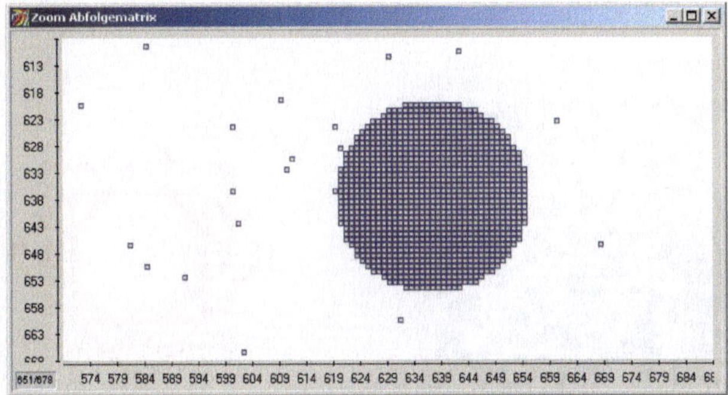

Abb. 7.10: Kreisförmige Störung in einem Zoomfenster für Matrizen

Mit dem Beispiel ┊P48┊ soll veranschaulicht werden, wie sich Störungen auf die Befehlsmatrix auswirken können. Zunächst wurden 40 Prozent der Matrix gestört (s. Abb. 7.11), was keinen Einfluss auf die Zeichnung hatte.

┊P48┊

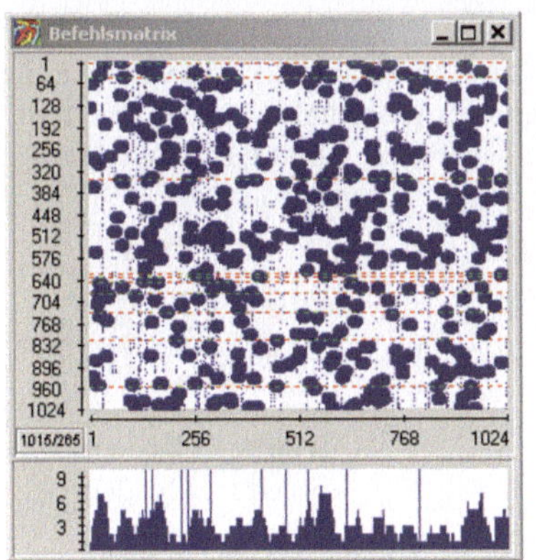

Abb. 7.11: 40 Prozent der Matrixeinträge wurden gestört.

Abb. 7.12: Die geplante Figur wurde trotz der 40-prozentigen Störung korrekt gezeichnet.

Das zugehörige Programm zeichnet acht Quadrate der Seitenlänge zehn Schritte jeweils um 45° gegenüber dem zuletzt gezeichneten Quadrat gedreht.

```
( 1)     &zfolge 10 -r
( 2)     var i
( 3)     merke i=@acht
( 4)     markiere oben
( 5)       §quadrat zehn
( 6)       re
( 7)       &inkk i
( 8)       nullspringe ende
( 9)     springe oben
(10)     markiere ende
```

Nach einer Störung von 50 Prozent der Matrixeinträge entstand in diesem Beispiel die Figur in Abbildung 7.14, die von der geplanten Figur deutlich abwich. Zwar sieht die Figur noch vollständig aus, doch wurden offenbar durch die Störung der Befehlsmatrix einige Bewegungen nicht mehr wie gewünscht ausgeführt.

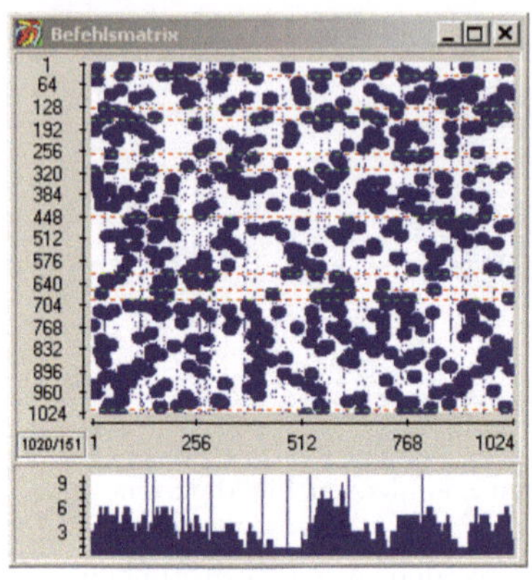

Abb. 7.13: 50 Prozent der Matrixeinträge wurden gestört.

Abb. 7.14: Die geplante Figur wurde nach einer 50-prozentigen Störung nicht mehr korrekt gezeichnet.

Störungen durch Lochen oder Kreis setzen

Wird statt der Befehls- die Ablaufmatrix durch `Lochen` oder `Kreis setzen` gestört, äußert sich dieses meist in vorzeitigen Programmabbrüchen, wodurch die geplante Figur nicht zu Ende gezeichnet wird (s. Abb. 7.15 bis 7.16 bei jeweils 40-prozentiger Störung).

Abb. 7.15: Abbruch vor der ersten Drehung

Abb. 7.16: Abbruch nach der ersten Drehung

Abb. 7.17: Abbruch nach dem ersten Quadrat

Störungen durch Kreis XOR

Am ehesten wirkt sich die Störungsart `Kreis XOR` auf die Programmausführung aus. Schon bei einem Prozent Störungen erhält man Figuren wie sie in den Abbildungen 7.18 bis 7.20 wiedergegeben sind.

Abb. 7.18: Endloser Lauf der Turtle auf kreisförmiger Bahn

Abb. 7.19: Abbruch nach wenigen Schritten und einer Drehung

Abb. 7.20: Zeichnen eines kleineren Quadrats und Abbruch

7.2 Übungen 10

Ü 10.1 (Turtlemodell 1)

Man trage in nachstehende Zeichenfläche den Weg der Turtle ein, den diese bei Ausführung des rechts stehenden Programms nehmen wird.

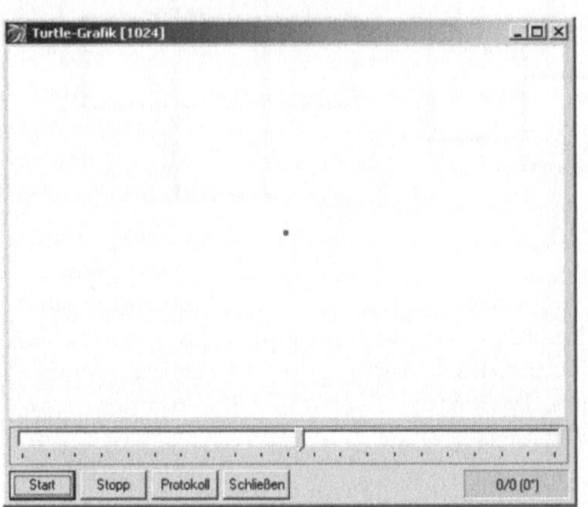


```
&zfolge 10 -r
var i, j
merke i = @acht
markiere ganzoben
  merke j = @fünf
  markiere oben
    vorwaerts
    &inkk j
    nullspringe weiter
  springe oben
  markiere weiter
  rechts
  &inkk i
  nullspringe ende
springe ganzoben
markiere ende
```

Ü 10.2 (Turtlemodell 1)

Man zeichne in das Turtlefenster den Weg der Turtle ein, den diese bei Ausführung rechts stehenden Programms nehmen wird. Die dort aufgerufenen Unterprogramme **quadrat** und **strecke** sind diejenigen von Seite 232f.

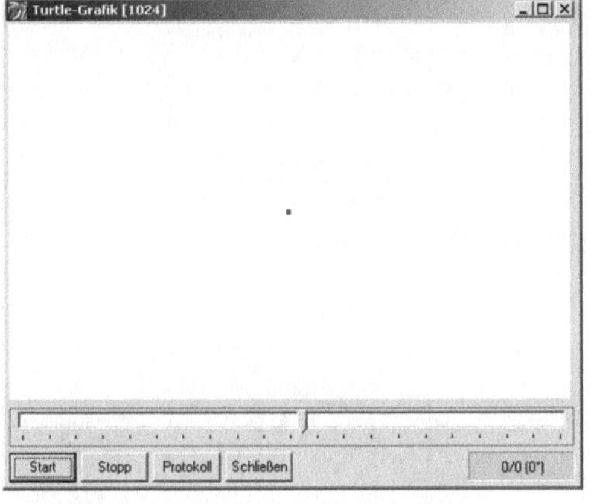


```
&zfolge 10 -r
var i, 5, 10
merke 5 = @fünf
merke 10 = @zehn
merke i = @acht
markiere oben
  §quadrat 5
  §strecke 10
  rechts
  &inkk i
  nullspringe unten
springe oben
markiere unten
```

Ü 10.3 (Turtlemodell 1)

Man gebe Unterprogramme an, durch die man

a) ein regelmäßiges Sechseck   c) ein regelmäßiges Zwölfeck
b) ein regelmäßiges Fünfeck   d) ein regelmäßiges Zwanzigeck

beliebiger Größe zeichnen kann. Die gewünschte Größe soll jeweils per Parameter an das Unterprogramm übergeben werden.

Ü 10.4 (Turtlemodell 1)

Man gebe Programme an, durch die folgende drei Figuren entstehen.

a)   b)   c)

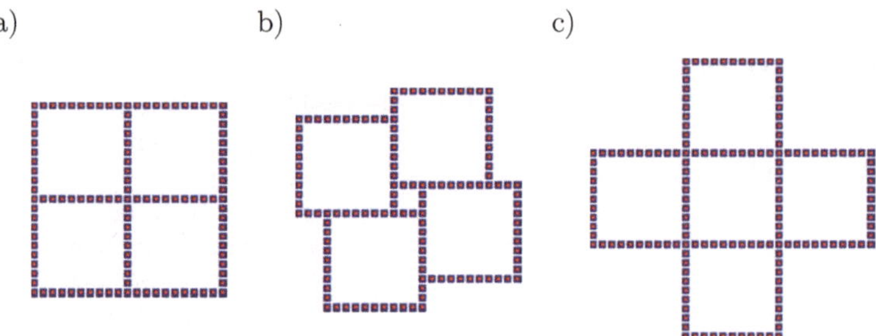

Ü 10.5 (Turtlemodell 1)

Vorgelegt sei folgendes Unterprogramm `figur1`. Die vom Unterprogramm
aufgerufenen Unterprogramme `quadrat` und `strecke` sind diejenigen von Seite 232f. Man beschreibe die Wirkung des Unterprogramms `figur1`, wenn es
bei Aufruf mit einem Wert für den Parameter **n** versorgt wird, der der Startwert einer sechsgliedrigen Assoziationskette ist.

```
par n
markiere oben
   §quadrat .sechzehn
   stifthoch
   §strecke .sechs
   stiftab
   links
   farbwechsel
   &inkk n
   nullspringe ende
springe oben
markiere ende
pausiere
```

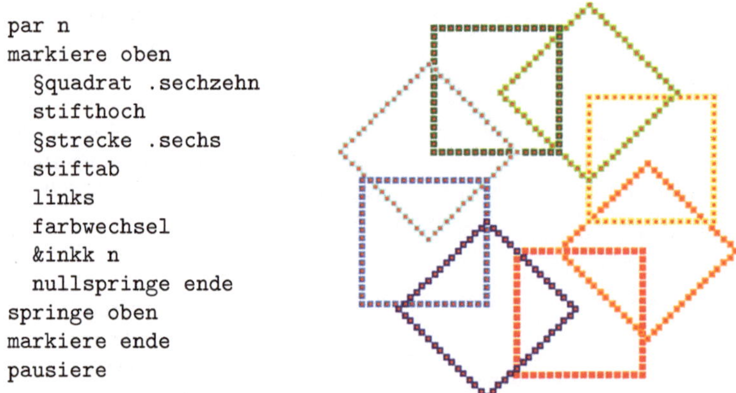

Anschließend erzeuge man mit Hilfe des Unterprogramms die rechts abgebildete Figur.

Ü 10.6 (Turtle-Modell 1)

Man erzeuge nebenstehende Figur, die aus genau 36 Quadraten
besteht.

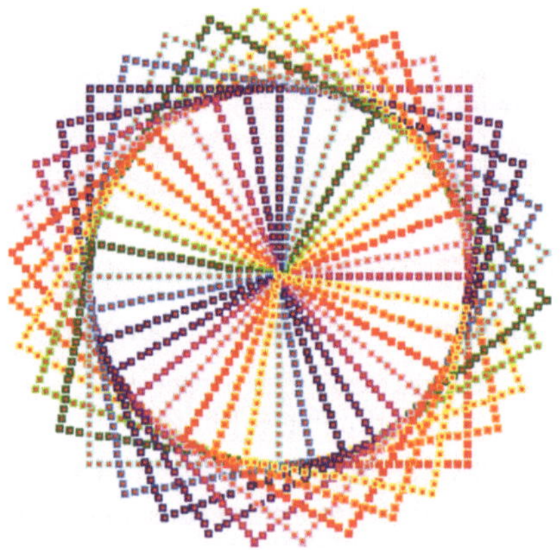

Ü 10.7 (Turtle-Modell 3)

Man zeichne folgende Figuren.

a) „Kreissegment

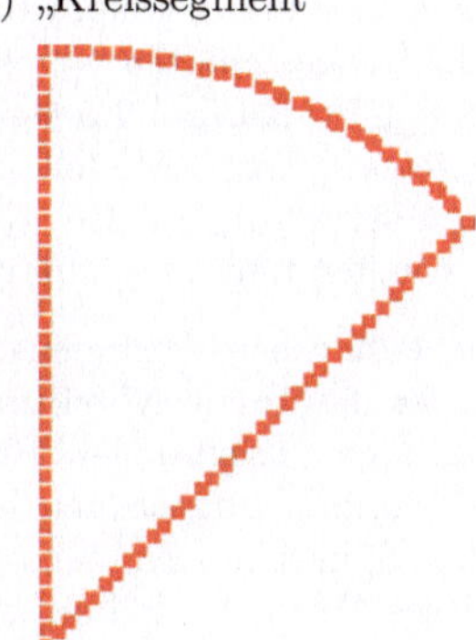

b) „Haus des Nikolaus"

Ü 10.8 (Turtle-Modell 1)

Man gebe ein Unterprogramm an, durch welches irgendein rechtwinkliges Dreieck gezeichnet wird. Dann rufe man dieses Unterprogramm von einem Hauptprogramm aus viermal auf, mit einer Drehung von jeweils neunzig Grad zwischen den Aufrufen. Man skizziere die entstehende Figur.

Ü 10.9 (Turtle-Modell 1)

Man gebe ein Unterprogramm an, welches ein Rechteck zeichnet. Die beiden Seitenlängen des Rechtecks sollen dem Unterprogramm als seine Parameter übergeben werden.

Ü 10.10 (Turtle-Modell 1)

Man schreibe ein Programm, mit welchem unter Einsatz von zwei Unterprogrammen nebenstehende Figur gezeichnet wird. Ein Unterprogramm soll das Fünfeck zeichnen, ein weiteres den Stiel, an dem dieses befestigt wird. Diese Unterprogramme sind dann vom Hauptprogramm aus acht Mal in geeigneter Weise aufzurufen.

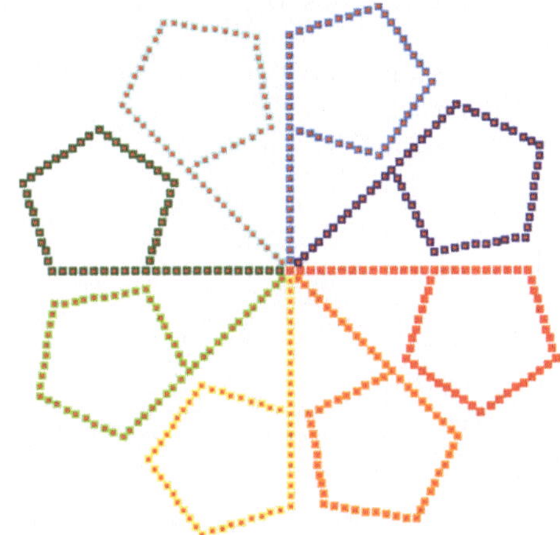

Ü 10.11 (Turtle-Modell 1)

Man zeichne eine vielfarbige Kreislinie eines Kreises mit einem Durchmesser von 57 Schritten.

7.3   Ergänzungen zu den Turtle-Modellen

Von den ersten Turtles des MIT wird berichtet, dass sie über Antennen verfügten, um Hindernisse zu erkennen.[10, 11] Dadurch erhielten diese „floor turtles" Eigenschaften, die über diejenigen eines rein ferngesteuerten Vehikels hinausgehen. Sensorgeführte Vehikel sollen zwar erst im Kapitel 7.5 weiter betrachtet werden, aber an dieser Stelle bietet es sich an, Turtle-Modelle mit einer Merkmalserkennung auszustatten, um eine Überleitung zu den Möglichkeiten der sensorgeführten Robot-Modelle zu schaffen und zu erläutern.

Merkmalsebene und Zeichenebene

Der Anzeigeebene der Turtle-Modelle, also der Zeichenfläche im Turtlefenster, wurde zu diesem Zweck eine Ebene hinzugefügt, der die Turtle **Merkmale** entnehmen kann, um sich an ihren Aufenthaltsort zu „erinnern". Jedem Pixel der Anzeigeebene wird dazu ein zufällig erzeugtes Merkmal zugeordnet. Ferner erhielt das Modell eine Zeichenebene, auf der alle Spuren des Zeichenstifts der Turtle festgehalten werden. Somit arbeitet dieses Turtle-Modell auf drei Ebenen:

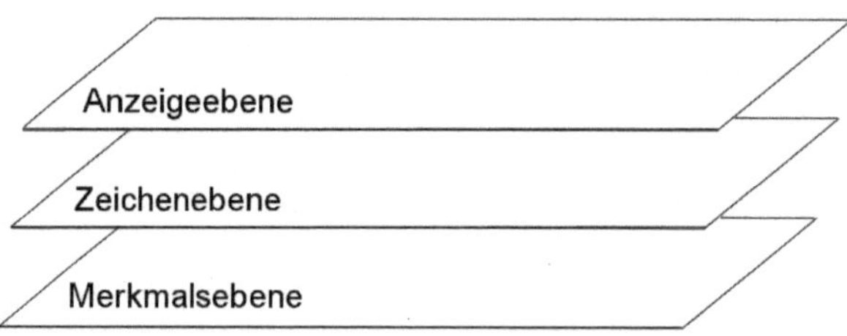

Abb. 7.21: Die drei Ebenen der erweiterten Turtle-Modelle

Merkmale

Als Merkmale werden Werte bezeichnet, die durch die Sensorik eines Vehikels erfasst und eindeutig voneinander unterschieden werden können. Jedem Merkmal wird in diesen Modellen ein Merkmalswert zwischen eins und der Anzahl der durch das Modell erfassbaren Merkmale zugeordnet. Diese Anzahl an Merkmalen ist in Tabelle 7.1 aufgeführt.[12] Anhand der Merkmale ihrer Umgebung kann die Turtle sich an eine bekannte Umgebung erinnern.

16	9	20	15	24
1	28	26	21	11
3	18	17	27	14
21	19	11	16	13
4	29	25	13	2

1	6	4
7	9	2
3	8	5

Abb. 7.22: Ausschnitt aus der Merkmalsebene   Abb. 7.23: Turtle-Kodierfeld

In Abbildung 7.22 sind zum Beispiel 5 x 5 Merkmale aus einer Merkmalsebene angegeben. Die Turtle befinde sich genau in der Mitte, also über dem Merkmal 17, und könne jeweils die Merkmale in ihrer nächsten Umgebung erfassen („1-Pixel-Umgebung"). Das Erfassen dieser Merkmale geschieht in der in Abbildung 7.23 dargestellten Reihenfolge.[13] In diesem Beispiel ergibt das die Merkmalsreihenfolge 28 — 27 —19 — 21 — 16 — 26 — 18 — 11 — 17. Diese Merkmalskette wird nun paarkodiert wie die Zeichenpaare in Kapitel 5.3, wobei das letzte Merkmal zusammen mit dem ersten als ein weiteres Merkmalspaar berücksichtigt wird. In diesem Fall werden bei einer Merkmalsanzahl von 30 folglich die Einsen an die Positionen 348, 507, 539, 552, 592, 647, 799, 830, 868 gesetzt.[14]

Bei jedem Start eines Turtle-Programms werden Merkmale erneut durch VID-AS zufällig in der Merkmalsebene verteilt.

Der Befehlssatz dieser neuen Turtle-Modelle wird als „erweitert" bezeichnet, wie in der Tabelle 7.1 bereits festgehalten wurde. Die Befehle dieser Ergänzungen zum Turtle-Befehlssatz sind in Tabelle 7.5 aufgelistet.   *erweiterter Befehlssatz*

```
(R69)    schaue <bezeichner>
(R70)    erinnere
(R71)    pruefepixel
(R72)    schreibe "<bezeichner>"
(R73)    sprich "<bezeichner>"
(R74)    hoere "<bezeichner>"
(R75)    ladezeichnung "<bezeichner>"
(R76)    speicherezeichnung "<bezeichner>"
```

Tabelle 7.5: Ergänzende Befehle für die Turtle-Modelle

Merkmale können mit dem Befehl schaue aus der Umgebung der Turtle entnommen und in einer anzugebenden Variablen abgelegt werden, wie das folgende Beispiel P49 zeigt. In den Zeilen (3) bis (5) wird eine Umgebung aufgenommen und zum späteren Vergleichen in das Register R_2 kopiert. Dann geht die Turtle einige Schritte rückwärts und läuft danach vorwärts, bis sie wieder an dem Ort anlangt, den sie sich anfangs gemerkt hat. Diesen Ort erkennt sie durch einen Vergleich der Registerinhalte über gleichspringe in Zeile (17) wieder und die ortsuchen-Schleife wird dadurch beendet.   *schaue*

```
( 1)      var umg, tmp                                          P49
( 2)                      ! Umgebung nach R2 kopieren
( 3)      schaue umg
( 4)      zeige umg
( 5)      kopiere
( 6)                      ! einige Schritte rückwärts
( 7)      rueckwaerts
( 8)      rueckwaerts
( 9)      rueckwaerts
(10)      rueckwaerts
(11)      rueckwaerts
(12)      farbe "blau"
(13)                      ! vorwärts bis zur gemerkten Umgebung
(14)      markiere ortsuchen
(15)         schaue tmp
(16)         zeige tmp
(17)         gleichspringe ende
(18)         vorwaerts
```

```
(19)     springe ortsuchen
(20)                      ! Ziel erreicht!
(21)     markiere ende
(22)     schreibe "Banzai!"
```

schreibe

Am Ende des Beispielprogramms P49 wird in Zeile (22) der Befehl `schreibe` eingesetzt, um in die Anzeige- und Zeichenebene den angegebenen Text in der aktuell eingestellten Farbe auszugeben.

pruefepixel
ladezeichnung

Während `schaue` auf die Merkmalsebene zugreift, fragt man mit `pruefepixel` die Zeichenebene ab. Im folgenden Beispiel P50 wird mit `ladezeichnung` eine Grafikdatei namens 'marilyn' geladen.[15] In der Variablen `testfarbe` merkt sich die Assoziativmaschine die Farbe 'gelb'. Die nachfolgende Schleife von Zeile (9) bis (13) lässt die Turtle dann so lange vorwärts laufen, bis sie auf ein gelbes Pixel der Zeichenebene trifft.[16]

P50
```
( 1)                  ! Testfarbe und Prüf-
( 2)                  ! bild festlegen
( 3)     var testfarbe
( 4)     merke testfarbe="gelb"
( 5)     ladezeichnung "marilyn"
( 6)                  ! Farbe suchen
( 7)     zeige testfarbe
( 8)     kopiere
( 9)     markiere oben
(10)       vorwaerts
(11)       pruefepixel
(12)       gleichspringe gefunden
(13)     springe oben
(14)                  ! Ziel erreicht!
(15)     markiere gefunden
(16)     sprich "gut"
```

Abb. 7.24: Die Turtle (Bildmitte) sucht in einem Bild eine Farbe.

sprich

Der Befehl `sprich` in Zeile (16) von P50 bewirkt das Abspielen einer Audiodatei, die im Unterverzeichnis 'wavs' erwartet wird. Im obigen Beispiel wird die WAV-Datei 'gut.wav' ausgegeben.

erinnere

Ein weiterer Befehl vereinfacht die Programmierung im Turtle-Modell: mit `erinnere` wird der Inhalt von Register R_1 ins Langzeitgedächtnis L als Frage und als Antwort eingetragen. Der Inhalt von R_1 wird also mit sich selbst gelernt. Das bringt den Vorteil, dass man beim Lernen mehrerer Orte nicht für jeden eine Variable einführen muss, die man beim Abfragen alle nacheinander abprüft.

Möchte man auf einen Ort reagieren können, den die Turtle eventuell erreicht, erlaubt der Einsatz von `erinnere` dann im Unterschied zu P49 die in Beispiel P51 vorgestellte Programmierweise, die sich auf das Langzeitgedächtnis L stützt.

P51
```
( 1)     var umg, tmp
( 2)                      ! Umgebung merken in R2
( 3)     schaue umg
( 4)     zeige umg
( 5)     erinnere
```

```
( 6)                      ! einige Schritte rückwärts
( 7)      rueckwaerts
( 8)      rueckwaerts
( 9)      rueckwaerts
(10)      rueckwaerts
(11)      rueckwaerts
(12)      farbe "blau"
(13)                      ! vorwärts bis zur gemerkten Umgebung
(14)      markiere oben
(15)        vorwaerts
(16)        schaue tmp
(17)        zeige tmp
(18)        frageweiter
(19)      nullspringe oben
(20)                      ! Ziel erreicht!
(21)      schreibe "Banzai!"
```

Der Erfolg des Programms P51 hängt davon ab, dass `frageweiter` in Zeile
(18) vom Langzeitgedächtnis L nur Nullen als Antwort erhält, solange sich
die Turtle in „unbekannter" Umgebung aufhält. Dass dieser Ansatz nicht immer glückt, soll im folgenden, mehrteiligen Beispiel P52 gezeigt werden. **Rand des Quadrats**
Dabei sorgt das Unterprogramm `quadraterinnern` dafür, dass nicht nur ein **lernen**
Quadrat mit der angegebenen Seitenlänge gezeichnet wird, sondern dass zudem alle Orte des Randes des Quadrats ins Langzeitgedächtnis L eingetragen
werden, damit die Turtle erkennen kann, dass sie auf diesen Rand trifft.

```
( 1)      var umg                                          P52
( 2)      &zfolge 20 -r
( 3)                      ! Quadrat zeichnen und erinnern
( 4)      §quadraterinnern fünfzehn
( 5)                      ! einige Schritte hineingehen
( 6)      farbe "blau"
( 7)      stifthoch
( 8)      rechts
( 9)      rechts
(10)      §strecke fünf
(11)      links
(12)      links
(13)      §strecke fünf
(14)      stiftab
(15)                      ! vorwärts bis zur gemerkten Umgebung
(16)      markiere oben
(17)        vorwaerts
(18)        schaue umg
(19)        zeige umg
(20)        frageweiter
(21)      nullspringe oben
```

Nach dem Lernen der Orte des Quadratrandes in Zeile (4) wird die Turtle
in das Quadrat hineingesetzt (Zeilen (6) bis (14), wobei das Unterprogramm
strecke dasjenige von Seite 232f ist) und soll dann durch die Schleife in
den Zeilen (16) bis (21) solange vorwärts gehen, bis sie auf den Quadratrand

trifft. Dieser Absicht, die durch ein `frageweiter` und `nullspringe` wie in P51 umgesetzt werden soll, wird jedoch nicht genügt, wie die Abbildungen 7.25 und 7.26 zeigen. Die Turtle hält schon nach einem Schritt an.

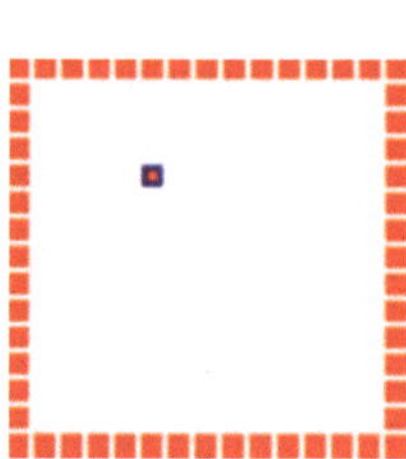

Abb. 7.25: Die Turtle stoppt schon nach einem Schritt.

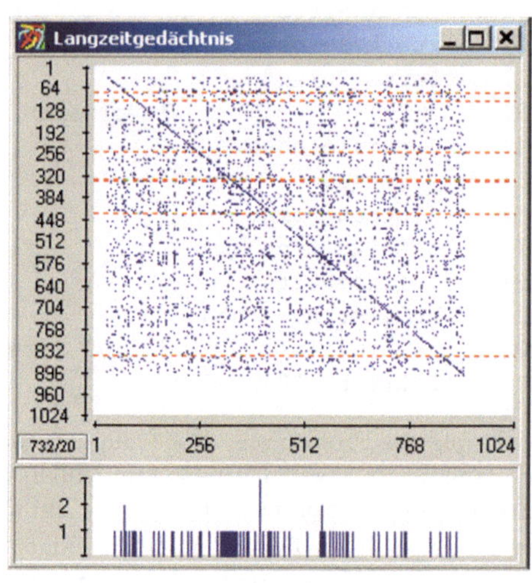

Abb. 7.26: Das Schwellwertbild lässt die Ursache für den vorzeitigen Halt erkennen.

Durch die sechzig Orte, die die Turtle in Matrix L eingetragen hat, ist sie Wahrscheinlichkeit gestiegen, in „unbekannter" Umgebung Merkmalspaare anzutreffen, die diese mit bekannten Umgebungen gemeinsam hat. Im in Abbildung 7.26 dargestellten Fall hat die aktuelle Umgebung der Turtle sogar drei Merkmalspaare gemeinsam, wie man dem Schwellwertbild bei etwa der 400. Position entnehmen kann. Daher ist der obige Ansatz nicht erfolgreich und besser durch ein `kopiere` — `frageweiter` — `gleichspringe` wie in den Zeilen (20) bis (22) der folgenden Programmzeilen zu ersetzen (die Zeilen (1) bis (14) bleiben die gleichen wie oben).

```
(15)                         ! vorwärts bis zur gemerkten Umgebung
(16)     markiere oben
(17)        vorwaerts
(18)        schaue umg
(19)        zeige umg
(20)        kopiere
(21)        frageweiter
(22)        gleichspringe ende
(23)     springe oben
(24)     markiere ende
```

Tatsächlich hält die Turtle nun am Rand des Quadrats an, wie in Abbildung 7.27 zu sehen. Dem zugehörigen Schwellwertbild in Abbildung 7.28 ist zu entnehmen, dass hier neun Merkmalspaare einer bekannten Umgebung deutlich hervortreten.[17]

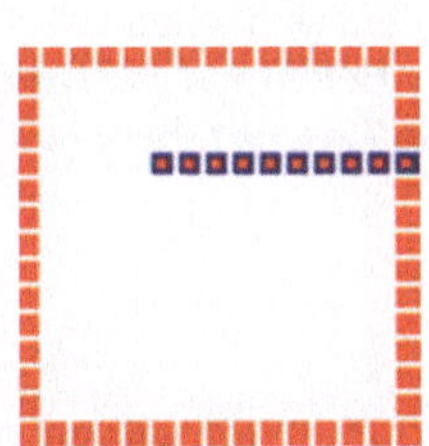

Abb. 7.27: Die Turtle hält beim Rand des Quadrats an.

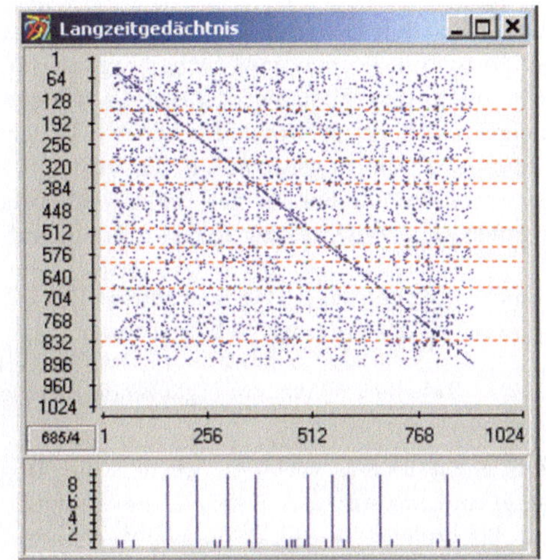

Abb. 7.28: Das Schwellwertbild zeigt, dass der bekannte Ort klar als solcher erkannt wurde.

Leider versagt die gerade gefundene Lösung jedoch, wenn man die Turtle an anderer Stelle auf den Rand treffen lässt, indem man beispielsweise die Zeilen (5) bis (14) aus obigem Programmtext durch die folgenden Zeilen (5) bis (10) ersetzt. Die Turtle erkennt nun anscheinend den Eckpunkt des Quadrats nicht (s. Abb. 7.29).

```
( 5)                    ! einige Schritte hineingehen
( 6)     farbe "blau"
( 7)     stifthoch
( 8)     rechts
( 9)     §strecke fünf
(10)     stiftab
```

Der Grund für dieses unerwünschte Verhalten ist schnell gefunden, wenn man bedenkt, dass das Quadrat mit Hilfe des **vorwaerts**-Befehls gezeichnet wurde. Dadurch wird nur jedes fünfte Pixel des Quadratrandes in L eingetragen. Wechselt man also den **vorwaerts**-Befehl gegen einen **wenigvor**-Befehl aus, dann hält die Turtle an der Ecke des Quadrats an (s. Abb. 7.30).[18]

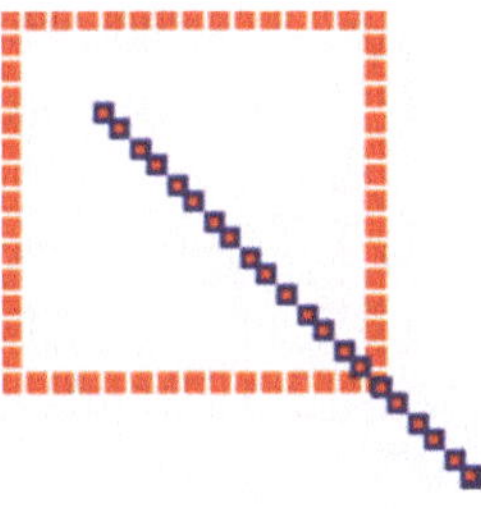

Abb. 7.29: Die Turtle hält am Rand des Quadrats nicht an.

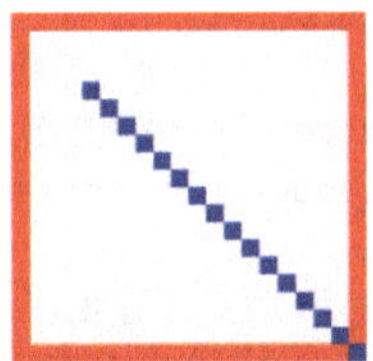

Abb. 7.30: Die Turtle hält an, da es keine Lücken im Rand mehr gibt.

Zur Veranschaulichung der Leistung des Langzeitgedächtnisses L hinsichtlich Mustervervollständigung, -extraktion und -erkennung (s. S. 45 ff.) kann die **lernedatei** und **zeigeeintrag**

Turtle über den Befehl `lernedatei` Textzeilen lernen, die in einer Datei stehen. Nach dem Lernen wird L abgefragt und die zur von L gelieferten Antwort gehörenden Textzeilen werden kodiert wie gewünscht im Protokollfenster angezeigt. Sollte als Antwort eine Adressliste der gefundenen Textzeilen geliefert werden (s. Kodierungsart ADR in Tabelle 7.7), sucht der Befehl `zeigeeintrag` alle betroffenen Zeilen aus der Textdatei heraus. Tabelle 7.6 listet diese beiden Textrecherche-Befehle des Turtle-Modells auf.

(R77) `lernedatei "<bezeichner>"`
(R78) `zeigeeintrag "<bezeichner>"`

Tabelle 7.6: Weitere ergänzende Befehle für die Turtle-Modelle

Kodierung der Fragen und Antworten

Wenn nicht anders verlangt, werden die Textzeilen paarkodiert in L eingetragen und als Antwort liefert L die Textzeile als Zeichenkonstante. Möchte man das ändern, vermerkt man hinter einem Ausrufezeichen seinen Wunsch zuoberst in der zu lernenden Textdatei wie in Tabelle 7.7 gezeigt. Zur Paar- und Tripelzeichenkodierung lese man gegebenenfalls in Kap. 5.3 nach. Man beachte, dass der Befehl `zeigeeintrag` nur sinnvoll ist, wenn man als Kodierung für die Antwort ADR wählt, da sonst die betreffenden Textzeilen nicht korrekt in der Textdatei gefunden werden können.

Eintrag in Lerndatei	Frage	Antwort
!DZ,-	paarkodiert	Textkonstante
!TZ,-	tripelkodiert	Textkonstante
!DZ,DZ	paarkodiert	paarkodiert
!TZ,TZ	tripelkodiert	tripelkodiert
!DZ,ADR	paarkodiert	Adressen der Textzeilen
!TZ,ADR	tripelkodiert	Adressen der Textzeilen

Tabelle 7.7: Kodierungsmöglichkeiten für `lernedatei`

In Beispiel B34 werden durch Zeile (3) über 500 Ortsnamen paarkodiert ins Langzeitgedächtnis L eingetragen. Als Antwortkodierung wurde ADR gewählt.

```
B34   ( 1)      :: tmodell5
      ( 2)              ! Textzeilen der Datei "orte525.txt" lernen
      ( 3)      lernedatei "orte525"
      ( 4)              ! Abfragen
      ( 5)      beantworte #HEIM#
      ( 6)      zeigeeintrag "orte525"
      ( 7)
      ( 8)      beantworte #Z*#
      ( 9)      zeigeeintrag "orte525"
      (10)
      (11)      beantworte #*Z#
      (12)      zeigeeintrag "orte525"
```

Die Abfrage in Zeile (5) liefert alle Ortsnamen, in denen die Doppelzeichen HE, EI und IM auftreten. Die Abfragen in den Zeilen (8) und (11) listen alle Ortsnamen auf, die mit einem Z anfangen oder aufhören. Weitere Beispiele sind auf den Seiten 45 ff. zu finden.

Nach dem Eintragen von Textzeilen ins Langzeitgedächtnis L lässt sich überprüfen, an wie viele dieser Texte sich L bei fortlaufenden Zerstörungen noch erinnert. Das soll mit den vier in Kapitel 7.1 erläuterten Störungsarten geschehen (s. S. 234). In den Diagrammen in den Abb. 7.31 bis 7.34 sind jeweils die Anzahl der Störungsaktionen gegen die Anzahl der korrekten Antworten aufgetragen. Bei jedem Zerstörungslauf wurden 10.000 Matrixpositionen zufällig ausgewählt, das sind etwa 2 % der Assoziativmatrix L, und gegebenenfalls wie durch die gewünschte Zerstörungsart vorgegeben verändert.

Einfluss von Störungen auf das Erinnern

Vergessenskurven

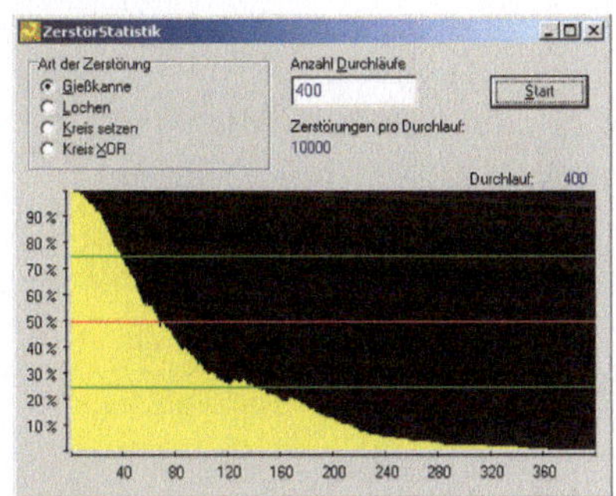

Abb. 7.31: Störungen des Langzeitgedächtnisses L mit der „Gießkanne"

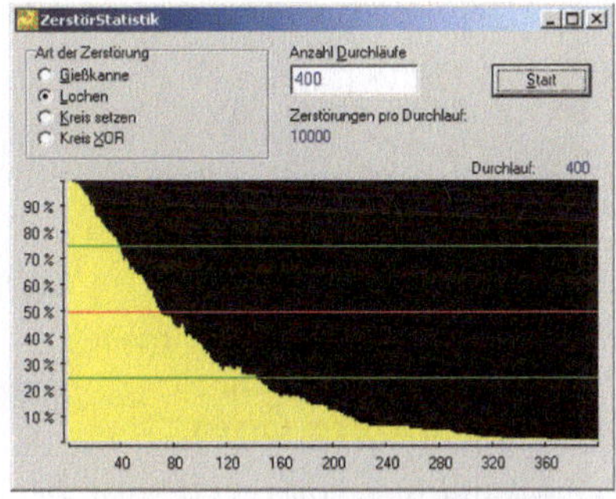

Abb. 7.32: Störungen von L durch kreisförmiges Löschen von Einsen

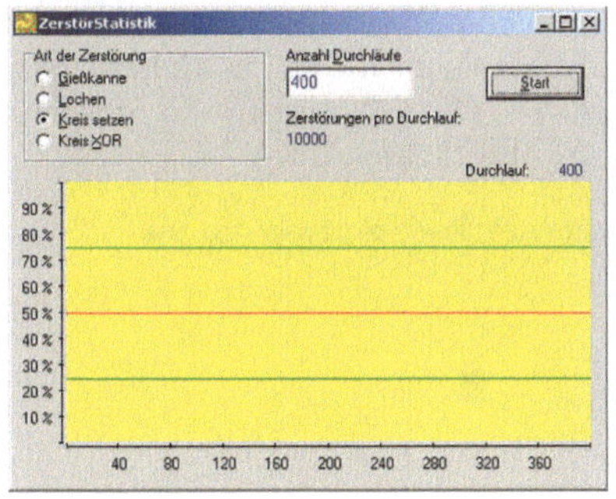

Abb. 7.33: Störungen von L durch Setzen von Kreisen mit Einsen

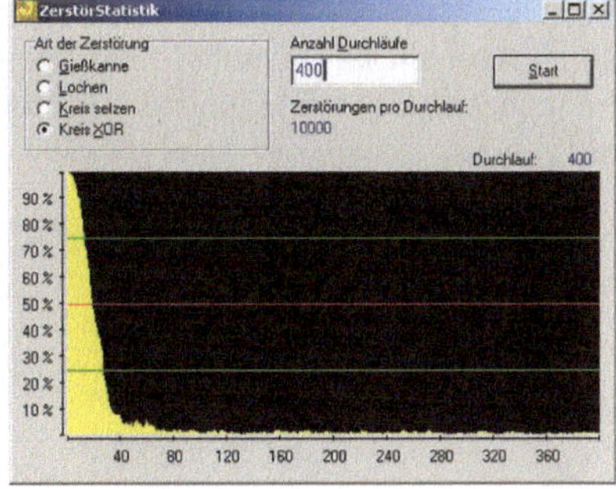

Abb. 7.34: Störungen von L durch Umkehren ihrer Einträge (XOR)

Nach etwa 70 Zerstörungsläufen werden noch 50 % der Fragen korrekt beantwortet, wenn die Störungsarten „Gießkanne" oder „Lochen" gewählt werden (s. Abb. 7.31 und 7.32). Die Störungsart „Kreis XOR" wirkt sich am stärksten auf ein Vergessen aus. Schon nach etwa 20 Zerstörungsläufen antwortet L auf 50 % der Fragen falsch (s. Abb. 7.34). Beim „Kreis setzen" befindet sich unter den Antworten zwar immer auch die korrekte, wie Abb. 7.33 verdeutlicht, doch stört hier das Überangebot an Antworten.[19]

In Ausschnittvergrößerungen von Vergessenskurven wie in Abb. 7.35 wird sichtbar, dass der Fortgang an Zerstörungen ab und an wieder zu mehr richtigen Antworten führt, die Kurve verläuft nicht glatt. Diese Beobachtung erklärt sich dadurch, dass eine Störung gelegentlich Einsen entfernt, die vorher den Zugriff auf die richtige Antwort verhindert haben. Die durch VIDAS gemessenen Vergessenskurven ähneln den Kurven von Hermann Ebbinghaus.[20]

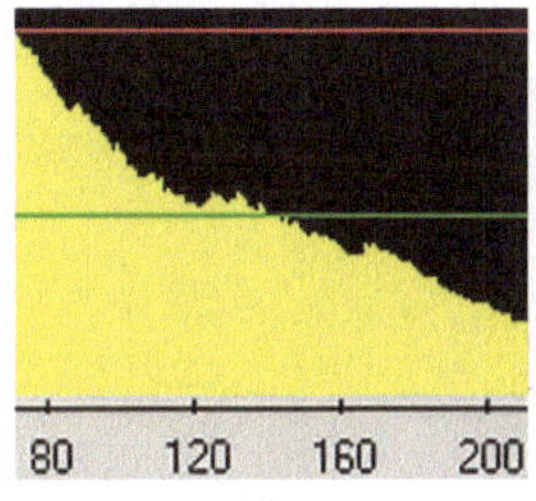

Abb. 7.35: Detail der Vergessenskurve in 7.31

hoere

Während man die Turtle durch den Befehl `sprich` anweisen kann, eine Sprachdatei abzuspielen,[21] öffnet der Befehl `hoere` einen Audio-Eingabekanal, damit die Turtle zum Beispiel auf Sprachsignale, die ein Mikrofon liefert, reagieren kann. Als Parameterwert wird der Name der Sprachdatei erwartet, deren Inhalt ausgewertet werden soll, oder ein Leerzeichen, was die Audio-Information direkt vom Mikrofon holt, wie Zeile (8) von B35 zeigt.

B35

```
( 1)      :: tmodell4
( 2)      && bef-,edz-
( 3)
( 4)      var i
( 5)      &afolge i,10
( 6)
( 7)      markiere oben
( 8)        hoere " "
( 9)        &inkl i
(10)        nullspringe unten
(11)      springe oben
(12)      markiere unten
```

Bei Ausführung von B35 wird zehn Mal das Mikrofon abgehört und die Erkennungsergebnisse im Protokollfenster angezeigt. Zur Aufnahme und Untersuchung von Sprachdateien sind im Turtle-Fenster die beiden Menüpunkte **Simulation** — **Sprachdatei aufnehmen** (F4) und **Anzeige** — **Sprachdatei** (F11) vorgesehen. Zur Auswertung der Sprachdatei zerlegt VIDAS diese in kleine Abschnitte (Streifen, „chunks") und untersucht die in ihr enthaltenen Frequenzen. Über F11 und dann **Anzeige** — **FFT** (F6) werden die Streifen und die Ergebnisse der Analyse sichtbar (s. Abb. 7.36).

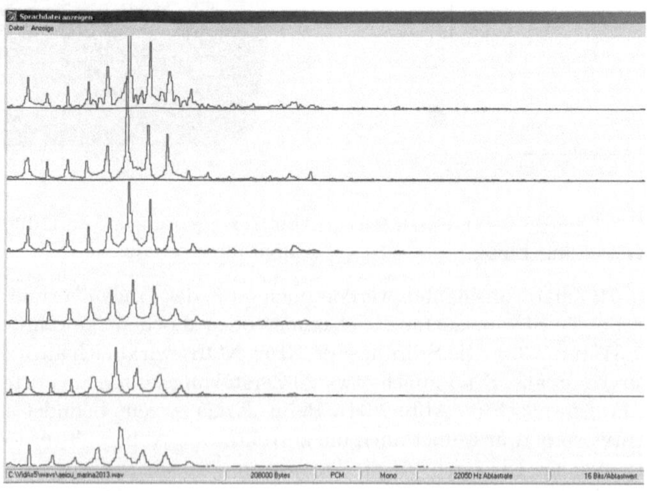

Abb. 7.36: In Streifen zerlegtes und nach Frequenzen sortiertes Audiosignal

Die Abb. 7.36 zeigt sechs Streifen einer Datei, in die der Vokal A von einer weiblichen Sprecherin aufgenommen wurde. Die Anzahl an lokalen Maxima („peaks") gibt der Turtle Hinweise auf den gesprochenen Laut.

7.4 Übungen 11

Ü 11.1 (Turtlemodell 6)

Man lade ein Bild auf die Zeichenfläche des Turtlefensters, in welchem sich
wie in unten angefügtem Beispiel senkrechte, farbige Streifen befinden. Dann
lasse man eine Turtle horizontal über das Bild laufen und die Anzahl der
roten Streifen zählen und ausgeben.

Ü 11.2 (Turtlemodell 4)

Man lade ein Bild mit einem Rechteck auf die Zeichenfläche und lasse die
Turtle auf das Rechteck zulaufen. Die Turtle soll nicht in das Rechteck hineinlaufen, sondern dem Rand des Rechtecks außen herum folgen, bis sie wieder
an der Stelle angekommen ist, an der sie auf das Rechteck traf.

Ü 11.3 (Turtlemodell 6)

Der Turtle werden eine Reihe von Bildern wie die folgenden vorgelegt, deren
Eigenschaften sie sich einprägen soll.

Nofretete   Marilyn

Marinda

Der Turtle wird anschließend eines der Bilder gezeigt und sie soll erkennen,
um welches es sich handelt.

Ü *11.4 (Turtlemodell 4)

Durch zwei gerade rote Linien sei auf der Zeichenfläche eine trichterförmige
Figur gegeben, in die die Turtle hineinlaufen soll. Die Turtle soll den Ausgang
des Trichters erreichen, ohne die beiden Begrenzungslinien überschritten zu
haben.

7.5 Sensorgeführte Vehikel (Robot-Modelle)

Die zuletzt vorgestellten Turtle-Modelle wurden mit Sensoren ausgestattet, damit sie sich an eine Umgebung erinnern können, in welcher sie sich zuvor aufgehalten haben. Jede dieser Umgebungen ist durch die Merkmale gekennzeichnet, die das Vehikel in ein oder zwei Schritt Entfernung umgeben.[22] Unter den Robot-Modellen der Assoziativmaschine SYSTEM 9 sind sensorgeführte Vehikel zu verstehen, die zu jeder **Umgebung**, in der sie sich einmal aufgehalten haben, auch die **Richtung** lernen, in der sie diese Umgebung verließen. Das Langzeitgedächtnis L verschafft einem Robot-Modell also die Fähigkeit, zu einer Umgebung eine Richtung zu assoziieren, der er dann folgen kann. Die in Tabelle 7.8 aufgezählten Modelle stellt VIDAS zur Verfügung.[23] Die Modelle mit erweitertem Befehlssatz werden in Kapitel 7.7 vorgestellt.

Robot-Modelle: Umgebung ⟶ Richtung

Name	Matrixgröße	Darstellung	Befehlssatz	Merkmale
Robotmodell 1	1024	Ascii 128	einfach	30
Robotmodell 2	2200	Ascii 256	einfach	45
Robotmodell 3	1024	Ascii 128	erweitert	30
Robotmodell 4	2200	Ascii 256	erweitert	45

Tabelle 7.8: Robot-Modelle der Assoziativmaschine SYSTEM 9

Modellwechsel

Der Wechsel zu einem dieser Modelle geschieht entweder über den Menüpunkt `Datei | Modell wechseln` oder durch den Editorbefehl `::`, also beispielsweise durch:

(1)　　　`:: rmodell1`

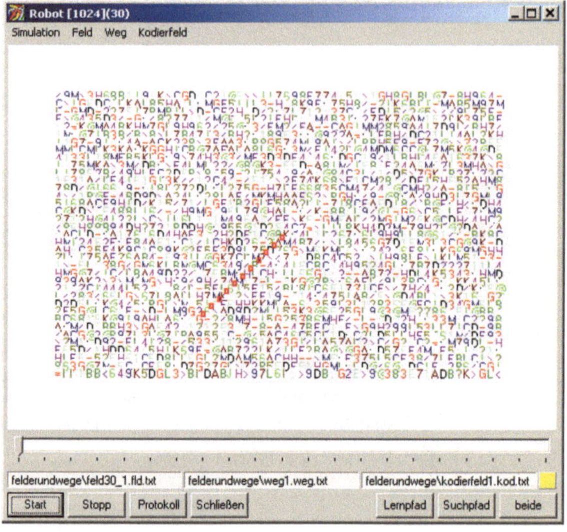

Abb. 7.37: Robotfenster

Merkmalswald

Die Robot-Figur wird zusammen mit allen Merkmalen der Ebene dargestellt, in der sie sich bewegen kann. Die Gesamtheit an Merkmalen wird **Merkmalswald** genannt. Je nachdem, wie groß man das Robotfenster vor dem Start eines Programms aufzieht, stellt VIDAS den Merkmalswald gedrängter oder lockerer dar (s. Abb. 7.37). Jedes Merkmal wird durch einen farbigen Buchstaben wiedergegeben. Die Farbe und Form der Robotfigur lässt sich durch die Befehle `farbe`, `farbwechsel`, `form`, `formwechsel` wie bei den Turtle-Modellen einrichten (s. Tabelle 7.10), die Formen der Robotfiguren weichen jedoch etwas von denjenigen der Turtlefiguren ab, um die Merkmale einigermaßen erkennbar zu behalten.

`farbe`, `farbwechsel`, `form`, `formwechsel`

Wie oben bereits erwähnt, werden in den Robot-Modellen Umgebungen mit Richtungen assoziiert. Es werden acht Richtungen unterschieden, in die sich der Robot fortbewegen kann. Er erreicht damit die acht Felder im Merkmalswald, die seinen aktuellen Aufenthaltsort umgeben. Mit den Richtungen der Windrose ausgedrückt, geht der Robot entweder nach Norden, Nordwesten, Westen, Südwesten, Süden, Südosten, Osten oder Nordosten. Die Darstellung dieser Richtungen wird von der Assoziativmaschine bei jedem Programmstart zufällig durch Abfolgen von Nullen und Einsen vorgenommen. Wenn sich eine dieser Richtungen im Register R_1 befindet, lässt der Befehl `gehe` den Robot einen Schritt in diese Richtung nehmen, sonst bewegt sich der Robot in eine zufällige Richtung. Fragt man mit `erkenne` die Umgebung des Robots ab, dann liefert das Langzeitgedächtnis L als Antwort eine Richtung ins Register R_1, in die der Robot `gehen` kann. Sollte dem Langzeitgedächtnis die Umgebung nicht genau bekannt sein, so liefert es dank der gutartigen Eigenschaften der Assoziativmatrizen eine Richtung, die der Robot in einer ähnlichen Umgebung genommen hatte. Dieses gutartige Verhalten kommt insbesondere dann zum Tragen, wenn sich der Robot nur einen Schritt weit von einem zuvor gelernten Weg befindet. Er vermag dem gelernten Weg dann auf einer parallelen Spur zu folgen.

Umgebungen und Richtungen

`gehe`

`erkenne`

unbekannte Umgebung

(R79)	`gehe`
(R80)	`schaue <bezeichner>`
(R81)	`erkenne`
(R82)	`gehezumstart`
(R83)	`folgedermaus`
(R84)	`warte`

Tabelle 7.9: Grundlegende Befehle für die Robot-Modelle

Die aktuelle Umgebung des Robots wird über den Befehl `schaue` wahrgenommen und in der anzugebenden Variablen abgelegt. Die Kodierung der Umgebung erfolgt über ein Kodierfeld so, wie in Kapitel 7.3 beschrieben wurde. Das aktuell gewählte Kodierfeld wird unten links im Robotfenster angezeigt. Das Kodierfeld lässt sich durch den Menüpunkt `Kodierfeld | Bearbeiten` verändern. Ein neues wird über `Kodierfeld | Neu` erzeugt, ein bereits vorhandenes Kodierfeld lädt man über `Kodierfeld | Laden`. Enthält eine Umgebung keine Merkmale, so liefert `schaue` der angegebenen Variablen nur Nullen. Dadurch kann man mit `nullspringe` auf solche leeren Umgebungen reagieren, wie sie in Abbildung 7.37 am Rand des Merkmalswaldes auftreten. Dieses wird beispielsweise genutzt, um den Lauf eines Robots zu beenden, der den Merkmalswald verlassen hat.

`schaue`

`Kodierfeld`

leere Umgebung

Zu Beginn seines Laufs steht der Robot in der Mitte des Robotfensters. Dort-

`gehezumstart`

warte

hin kann man ihn jederzeit mit dem Befehl `gehezumstart` zurückkehren lassen. Mit `warte` lässt sich der Lauf des Robots unterbrechen.

folgedermaus

Um dem Robot einen Weg durch den Merkmalswald beizubringen, kann man ihn auf den Mauszeiger zulaufen lassen. Trifft der Programmablauf auf einen `folgedermaus`-Befehl, dann setzt sich der Robot dorthin in Bewegung, wo zuletzt in den Merkmalswald mit der Maus über die linke Maustaste hineingeklickt wurde. Solange noch kein Mausklick erfolgt ist, bleibt der Robot stehen. `folgedermaus` sorgt auch dafür, dass zu jeder Umgebung, in die der Robot hineinläuft, die Laufrichtung nach L gelernt wird.

P53

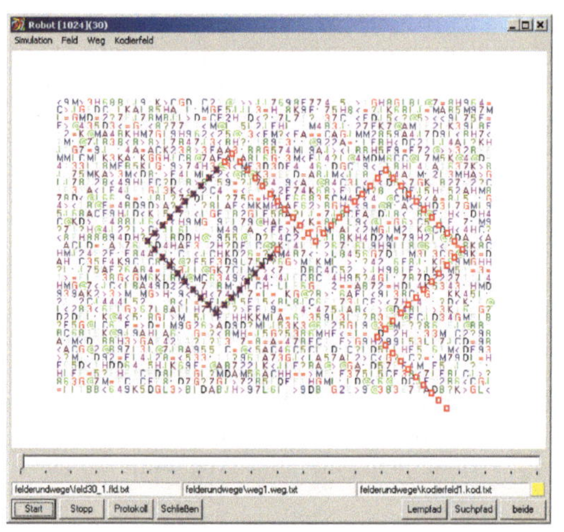

Abb. 7.38: Der Robot folgt dem gelernten Weg.

```
var umg
markiere pfadlernen
  folgedermaus
  schaue umg
  zeige umg
  nullspringe weiter
springe pfadlernen

markiere weiter
gehezumstart
farbe "blau"
form "kreuz"
markiere pfadfinden
  erkenne
  gehe
  schaue umg
  zeige umg
  nullspringe ende
springe pfadfinden
markiere ende
```

Im ersten Teil des Beispielprogramms P53 lernt der Robot über den Befehl `folgedermaus` den in Abbildung 7.38 eingezeichneten Weg. Die `pfadlernen`-Schleife wird dadurch beendet, dass `schaue` auf eine leere Umgebung trifft. Dem gelernten Weg folgt der Robot über die `pfadfinden`-Schleife mit Hilfe von `erkenne` und `gehe`. Damit man im Robotfenster den Lernpfad vom Suchpfad unterscheiden kann, ändert der Robot zwischen beiden Schleifen Form und Farbe. Mögliche Formen und Farben werden durch die Befehle aus Tabelle 7.10 eingestellt. Die möglichen Farben und Formen wurden bereits bei den Turtle-Modellen in Tabelle 7.3 aufgezählt. Um die Merkmale nicht zu verdecken, wird der Robot immer etwas rechts unterhalb seiner aktuellen Position eingezeichnet.

Darstellung und Lage der Robotfigur

(R85)	`farbwechsel`
(R86)	`farbe "<farbe>"`
(R87)	`formwechsel`
(R88)	`form "<form>"`

Tabelle 7.10: Robotbefehle `farbwechsel`, `farbe`, `formwechsel` und `form`

Von Interesse ist in diesem Zusammenhang das Verhalten des Robot, wenn der gelernte Weg Kreuzungen besitzt oder sich in Teilen überlagert. Dadurch erhält der Robot in diesen Umgebungen widersprüchliche Richtungsinformationen.

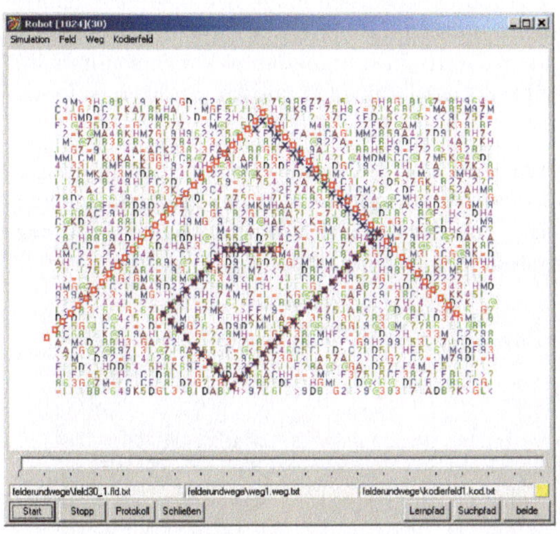

Abb. 7.39: Der Robot folgt einem ähnlichen Weg.

An einem Ort des gelernten Weges wurde im nebenstehend abgebildeten Fall dieselbe Umgebung mit zwei verschiedenen Richtungen ins Langzeitgedächtnis L eingetragen. Rechts in der Mitte des Merkmalswaldes führt der Lernpfad erst nach rechts unten, kehrt dann um und führt nach links oben weiter. Der Robot entscheidet sich hier für eine Richtung, die den gelernten Weg abkürzt und folgt dem Weg längs eines parallelen Pfads bis ans Ende.

Zwei weitere Fragestellungen bezüglich des Verhalten des von der Assoziativmaschine gelenkten Robots lassen sich über die Befehle `ladefeld` und `waldschaden` untersuchen (s. Tabelle 7.11).

(R89)   `ladefeld "<bezeichner>"`
(R90)   `waldschaden`

Tabelle 7.11: Robotbefehle `ladefeld`, `waldschaden`

Mit dem `ladefeld`-Befehl lassen sich auch Merkmalswälder für den Robot laden, deren Verteilung an Merkmalen nicht so ebenmäßig wie im Beispiel P53 ist. Es fragt sich zum Beispiel, wie und ob der Robot seinen Weg in merkmalsarmen Bereichen des Feldes finden kann.   `ladefeld`

Abb. 7.40: Merkmalsarme Gebiete sind beim Pfadfinden nicht immer hinderlich.

Abb. 7.41: In einem merkmalsarmen Gebiet verliert der Robot gelegentlich die Orientierung.

Sind die Merkmale dünner gesät, so wird es für den Robot schwieriger, den gelernten Weg wiederzufinden. Je nach Kodierfeld ist es möglich, dem Weg auch durch leere Umgebungen zu folgen (s. Abbildungen 7.40 und 7.41), doch wenn die Assoziativmatrix des Langzeitgedächtnisses mit zu wenig Einsen antworten muss, führt dies den Robot gelegentlich in die Irre. Damit in einem solchen Fall das Programm nicht endlos läuft, bricht VIDAs den Robotlauf gegebenenfalls ab.[24] Dieses wird durch eine „Signallampe" rechts unten im Robotfenster angezeigt, die während des Laufs gelb und am Ende eines Laufs violett leuchtet.

waldschaden

Durch den Befehl `waldschaden` wird der Merkmalswald an zufällig ausgewählten Orten verändert. Auf diese Weise möchte man der Frage nachgehen können, welchen Einfluss solche Veränderungen des Merkmalswaldes auf das Wiederfinden eines Weges durch den Robot nimmt.

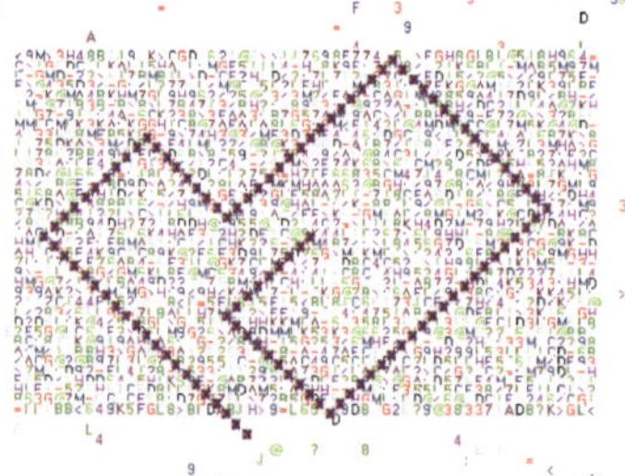

Abb. 7.42: Der Robot fand trotz 5 Prozent veränderter Merkmale seinen Weg wieder.

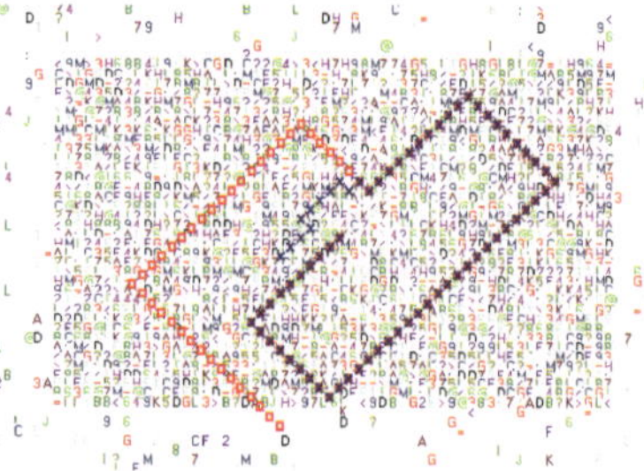

Abb. 7.43: Nach doppelt so vielen Störungen bekam der Robot im zweiten Teil des Weges Probleme.

Jeder `waldschaden`-Befehl verändert per Zufall ein Prozent der Merkmale des Merkmalswaldes. In Abbildung 7.42 wurde `waldschaden` fünf Mal zwischen dem Lernen und dem Wiederfinden des Weges aufgerufen, in Abbildung 7.43 zehn Mal. Die Störfestigkeit der Assoziativmaschine macht sich auch hier nützlich und gleicht ein gewisses Maß an Veränderungen aus. Der Einfluss, den die Sensorenanzahl und das Kodierfeld auf das Wiederfinden eines gelernten Weges nehmen, ist Gegenstand des folgenden Kapitels 7.7.

Erzeugen eines Merkmalswaldes

Nach Auswahl des Menüpunkts `Feld | Neu` im Robotfenster erscheint eine Zeichenfläche zum Erzeugen eines Merkmalswaldes. Mit der linken Maustaste spannt man dazu einen rechteckigen Bereich auf, drückt dann nochmals die linke Maustaste und der Bereich wird mit zufällig ausgewählten Merkmalen gefüllt. Drückt man stattdessen zuletzt die rechte Maustaste, so wird der aufgespannte Bereich geleert. Betätigt man nach dem Aufspannen gleichzeitig die Hochstell- und die rechte Maustaste,[25] so wird das Feld mit demjenigen Merkmal gefüllt, welches vorher unten in der Liste aller Merkmale ausgewählt wurde.[26]

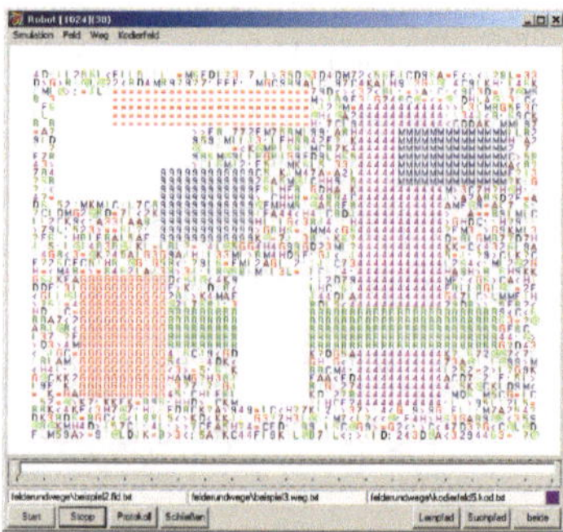

Abb. 7.44: VIDAs-Editor für den Merkmalswald

7.6 Übungen 12

Ü 12.1 (Robot-Modell 1)

a) Man wandle das Programm aus P53 ab, indem man den Robot zwischen Lern- und Suchphase mit **gehe** einige zufällige Schritte machen lässt und beobachte den Robot während der anschließenden Suchphase.

b) Man ändere das Programm aus P53 , indem man den Merkmalswald zwischen Lern- und Suchphase des Robots verändert. Dazu rufe man (eventuell auch mehrfach) den Befehl **waldschaden** auf. Man untersuche das Verhalten des Robots bezüglich dieser Störungen.

Ü 12.2 (Robot-Modell 1)

Man erzeuge mit Hilfe von **folgedermaus** Wege der folgend abgebildeten Art und beobachte das Verhalten des Robots beim Pfadfinden.

a)
b)
c)
d)

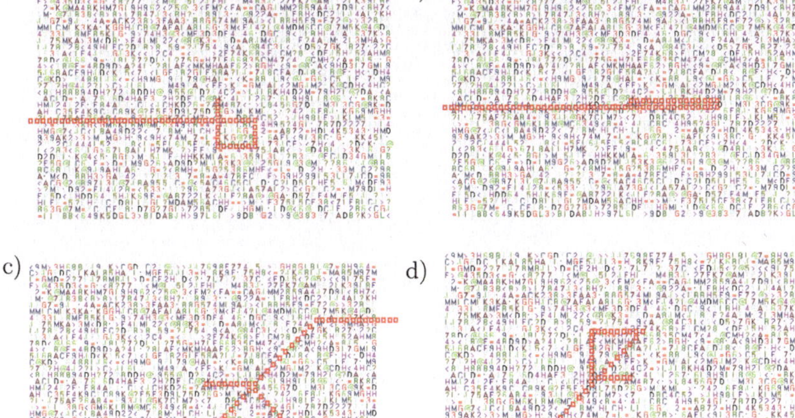

Ü 12.3 (Robot-Modell 1)

Man erzeuge einen neuen Merkmalswald, der so aussieht wie nebenstehend gezeigt. Man lerne Wege in diesem neuen Merkmalswald wie in der vorherigen Aufgabe und erkläre das eventuell unterschiedliche Verhalten des Robots, wenn dieser die Wege darin wiederfinden soll.

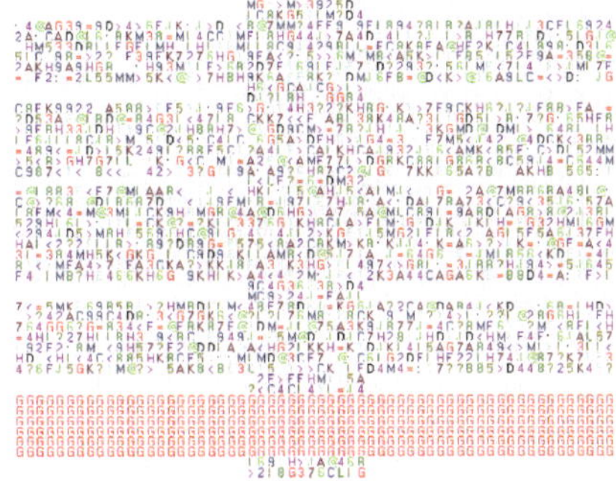

7.7 Ergänzungen zu den Robot-Modellen

Störfestigkeit

Die Unanfälligkeit des Robotlaufs sowohl gegenüber Störungen als auch gegenüber merkmalsarmen oder eintönigen Gebieten im Merkmalswald ist vom Kodierfeld abhängig. Das Auswählen, Anlegen und Ändern von Kodierfeldern und die Kodierung selbst wurden in den Kapitel 7.3 und 7.5 schon beschrieben. Zur Erläuterung der Bedeutung des Kodierfelds sei der Merkmalswald

Eintönigkeit

aus Abbildung 7.45 gewählt. Er enthält ein leeres und drei eintönige Gebiete, in denen sich nur ein Merkmal befindet. Um diese Gebiete überwinden zu können, liegt es auf der Hand, dem Robot ein Kodierfeld mit ausreichend vielen Sensoren in einigen Schritten Entfernung zu geben. Es werden im Folgenden einige mögliche Kodierfelder vorgestellt, später für das Finden von Wegen durch diesen Merkmalswald eingesetzt und miteinander verglichen.

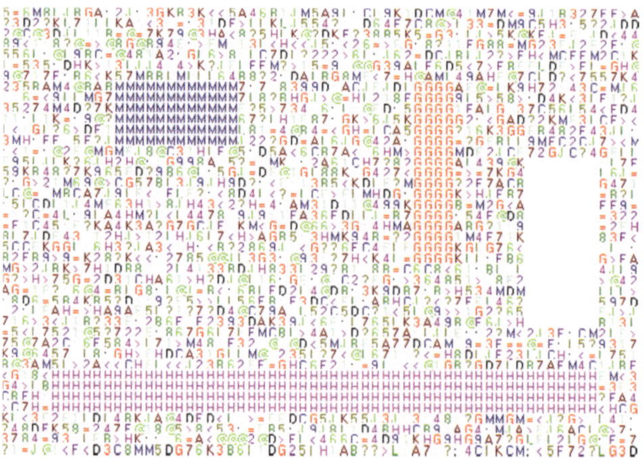

Abb. 7.45: Merkmalswald mit eintönigen und leeren Gebieten

Anzahl und Anordnung von Sensoren

Würde der Robot alle Merkmale in ein bis zwei Schritt Entfernung und unter sich selbst auslesen, wären 25 Messungen durchzuführen und eine Kodierung über die 25 Messergebnisse durchzuführen. Mit einer solchen kompletten Erfassung des Umfelds erhielte man jedoch für jede Umgebung relativ viele Einsen[27] und handelte sich zum anderen in der Praxis eventuell einen größeren zeitlichen Aufwand zur Ermittlung der Messwerte ein.[28] Daher wählt man in der Umgebung des Robots womöglich nur einige „Streifen" aus, die überwacht werden. In der Abbildung 7.46 sind das äußere Streifen links und unten und innere Streifen oben, rechts und unten.

Diese Anordnung in Reihen muss selbstverständlich nicht bedeuten, dass man bei der Anreihung der Merkmalspaare für die Kodierung diesen Reihen folgt. Davon wäre sogar abzuraten, damit der Robot zwei Umgebungen ausreichend gut unterscheiden kann, die neben- oder übereinander liegen. An einem Beispiel lässt sich erkennen, warum sich ein Kodierfeld wie in Abbildung 7.47 wenig eignet, die Merkmalspaare benachbarter Umgebungen gut auseinander zu halten. Zur weiteren Erklärung sei dieses Kodierfeld auf den Ausschnitt eines Merkmalswaldes wie in Abbildung 7.48 angewandt.

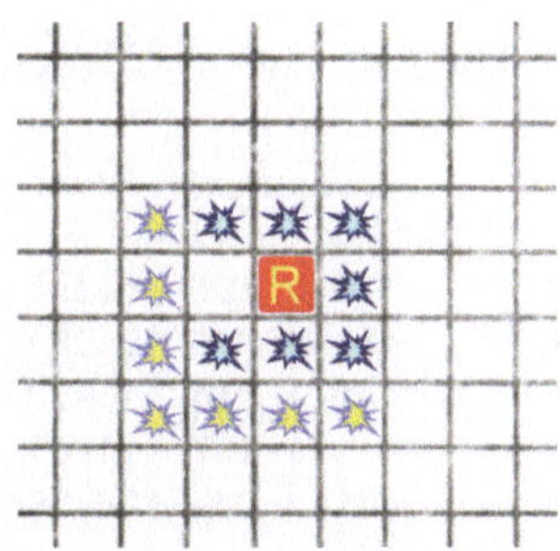
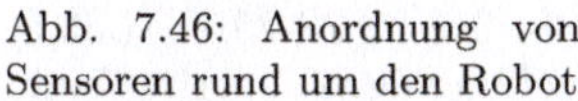

Abb. 7.46: Anordnung von Sensoren rund um den Robot

Abb. 7.47: Kodierfeld 1

Die Abbildung 7.48 zeigt den Ausschnitt eines Merkmalswaldes, welcher an jeder Position eines von 30 möglichen Merkmalen erkennen lässt. Jedes Merkmal wurde aus Gründen der Anschaulichkeit auf ein farbiges Zeichen abgebildet. Möchte man wissen, welches Merkmal dem jeweiligen farbigen Zeichen entspricht, klicke man mit der Maus auf das Zeichen und lese den Merkmalswert ab, der in der Nähe des Mauszeigers in einem gelbfarbenen Feld kurz angezeigt wird. Stellt man den Ausschnitt 7.48 statt durch farbige Zeichen durch Merkmalswerte dar, erhält man Tafel 7.49.

Merkmale als farbige Zeichen

R A M 4 @ R A R
= < 9 L I M G 7
7 4 M 4 D ? 7 K
I 1 K = · 9 @?
G I ? 6 > D F 1
· F F 5 F ? J

18	17	29	4	16	18	17	18
13	12	9	28	25	29	23	7
7	4	29	4	20	15	7	27
28	1	27	13	10	9	16	15
23	25	15	6	14	20	22	1
10	22	22	11	5	22	15	26

Abb. 7.48: Ausschnitt aus einem Merkmalswald

Abb. 7.49: Zahlenwerte für den Ausschnitt aus dem Merkmalswald

Man nehme an, die Sensoren des Robots befänden sich zuerst über den 5 x 5 Merkmalen, die in Abbildung 7.50 links durch ein Rechteck markiert wurden, und bewegten sich dann eine Position nach rechts, sodass die Sensoren die rechts dargestellten 5 x 5 Merkmalen abtasten könnten.

Abb. 7.50: Der Robot bewegt sich einen Schritt nach rechts.

Eine Protokollierung[29] dieses einen Schritts liefert das folgende Ergebnis, welchem hier eine dritte Spalte mit den gemeinsamen Merkmalspaaren angefügt wurde. Darin bedeutet der Eintrag <-1->, dass im Vergleich mit dem letzten Schritt ein gemeinsames Paar bemerkt wurde, ein Eintrag <-2->, dass mit dem vorletzten Schritt eine Gemeinsamkeit besteht uns so fort. Die rechts daneben stehende Zahl gibt die Position der zum Merkmalspaar gehörenden

Bewegungsprotokoll

Eins in Fragen oder Antworten an und ganz rechts steht dann das Merkmalspaar selbst in Zahlendarstellung.

```
    1. Schritt:           2. Schritt:          Gemeinsame Paare:

  17 29  4 16 18        29  4 16 18 17         <-1-> 196 (6-15)
  12  9 28 25 29         9 28 25 29 23         <-1-> 299 (9-28)
   4 29  4 20 15        29  4 20 15  7         <-1-> 314 (10-13)
   1 27 13 10  9        27 13 10  9 16         <-1-> 427 (14-6)
  25 15  6 14 20        15  6 14 20 22         <-1-> 866 (28-25)
```

Man entnimmt dem Protokoll, dass sich bezüglich des Kodierfelds 1 (s. Abb.
7.47) die Merkmalspaare 6-15, 9-28, 10-13, 14-6 und 28-25 sowohl in der
Umgebung des 1. Schritts als auch in der Umgebung des 2. Schritts befinden.
Der Robot kann die beiden Umgebungen also womöglich nicht gut genug
unterscheiden und die mit der Umgebung zu assoziierende Bewegungsrichtung
nicht klar ermitteln, falls noch Störungen oder weitere Überlagerungen mit
den Merkmalen anderer Umgebungen hinzukommen.

Geht man der Ursache für die gemeinsamen Merkmalspaare auf den Grund,
stellt man beispielsweise für das Merkmalspaar 6-15 fest, dass das Kodierfeld 1 das Merkmal an Position 9 mit dem Merkmal an Position 10 und das
Merkmal an Position 10 mit dem Merkmal an Position 11 paart. Bei einer
Bewegung des Robots nach rechts „rutscht" also das Merkmalspaar, welches
sich gerade an den Positionen 9 und 10 befand, nun auf die Positionen 10 und
11. Somit haben beide benachbarte Umgebungen ein gemeinsames Merkmalspaar. Wählt man als zu nutzendes Kodierfeld dasjenige aus Abbildung 7.51,
so ergibt sich diesbezüglich ein besseres Verhalten.

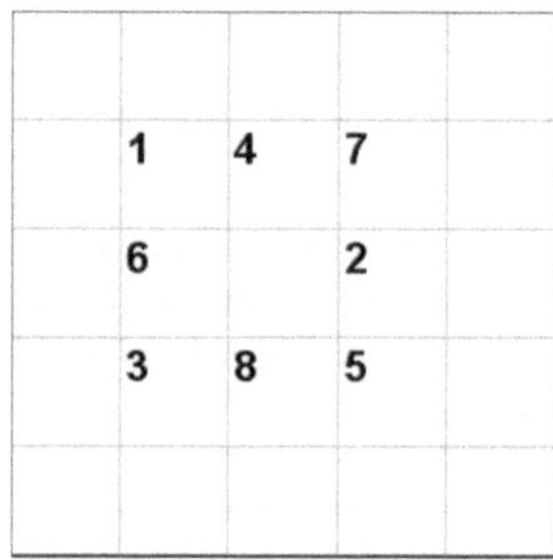

Abb. 7.51: Kodierfeld 2 mit
Springer-Kodierung

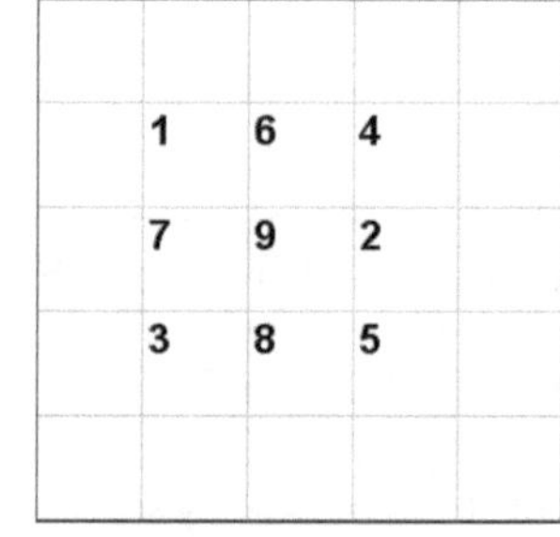

Abb. 7.52: Kodierfeld 3

Springer-Kodierung

Bei Benutzung des Kodierfelds 2 (s. Abb. 7.51) tritt im Unterschied zu Kodierfeld 2 bei horizontalen, vertikalen oder diagonalen Bewegungen kein einziges Merkmalspaar in den beiden Umgebungen gemeinsam auf. Da die Reihenfolge der Positionen auf dem Kodierfeld an eine Folge von Zügen eines
Springers beim Schachspiel erinnert, heißt die zugehörige Kodierung Springer-
Kodierung.

Es ist trotz Anwendung der Springer-Kodierung nicht auszuschließen, dass
benachbarte Umgebungen gemeinsame Merkmalspaare liefern. Merkmale können schließlich in einer Umgebung mehrfach auftreten. Insbesondere wenn der
Robot in ein eintöniges Merkmalsfeld gerät, was bedeutet, dass alle Merkmale in diesem Feld den gleichen Merkmalswert m besitzen, treten gemeinsame

Merkmalspaare auf und in den Fragen und Antworten ist nur noch die zum Paar m-m gehörige eine Eins gesetzt.

Beim Überwinden von Störungen und merkmalsarmen Bereichen auf dem gelernten Weg durch den Merkmalswald, erweisen weitere Kodierfelder ihre Stärken und Schwächen. Das Kodierfeld 3 (s. Abb. 7.52) ergänzt die Springer-Kodierung um die Wahrnehmung eines Messwerts in der Mitte der Anordnung, was gelegentlich bei diagonalen Bewegungen einen Vorteil bringt.

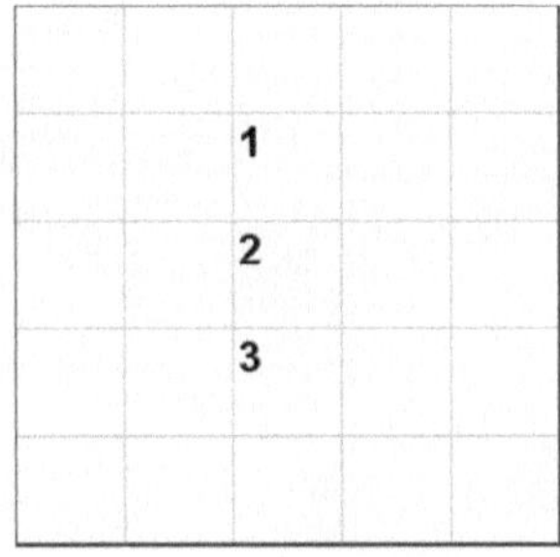

Abb. 7.53: Kodierfeld 4   Abb. 7.54: Kodierfeld 5

Das Kodierfeld 4 erweitert die Springer-Kodierung um einige Positionen, die weiter außerhalb liegen, um streifenartige Störungen längs des Lernwegs besser überwinden zu können. Das einfache Kodierfeld 5 lässt den Robot gelegentlich an streifenartig angelegten, merkmalsarmen Bereichen in den Merkmalswäldern scheitern.[30]

(R91)	ladekodierfeld	"<bezeichner>"
(R92)	lerneweg	"<bezeichner>"
(R93)	gehezumstart	
(R94)	speichererichtungen	"<bezeichner>"
(R95)	laderichtungen	"<bezeichner>"
(R96)	ladestoerungen	"<bezeichner>"

Tabelle 7.12: Ergänzende Befehle für die Robot-Modelle

Den ergänzenden Befehlssatz zur Untersuchung von Kodierfeldern im Robot-Modell zeigt Tabelle 7.12. Der Befehl `gehezumstart` ist hier nochmals aufgelistet, da er bei diesen erweiterten Robot-Modellen eine weitere Funktion erhält. Falls nämlich ein Lernweg eingerichtet ist, wie unten im Einzelnen beschrieben, führt `gehezumstart` den Robot zu dessen Startort und nicht in die Mitte des Robotfensters.

`gehezumstart`

Um ein bestimmtes Kodierfeld für einen Programmlauf zu nutzen, lädt man dieses programmseitig über den Befehl `ladekodierfeld`. Des Weiteren ist es zum Testen der Wirkung der Kodierfelder nützlich, wenn man feste Lernwege einrichtet, welche der Robot lernen und wiederfinden kann. Das löst beim Lernen den `folgedermaus`-Befehl ab, der vom Anwender zu diesem Zweck viel Geduld erfordern würde. Einen vorhandenen Lernweg trägt man durch den `lerneweg`-Befehl ins Langzeitgedächtnis L ein.

`ladekodierfeld`

`lerneweg`

Um einen neuen Lernweg festzulegen, wählt man den Menüpunkt Weg | Neu. Mit Hilfe der zunächst auftauchenden Dateiauswahlbox gibt man einen Na-

Erzeugen eines Lernweges

men für den neuen Lernweg an. Es erscheint dann der aktuelle Merkmalswald, auf dem man mit der Maus den Lernweg entstehen lässt. Ein Beispiel ist in Abbildung 7.55 wiedergegeben.

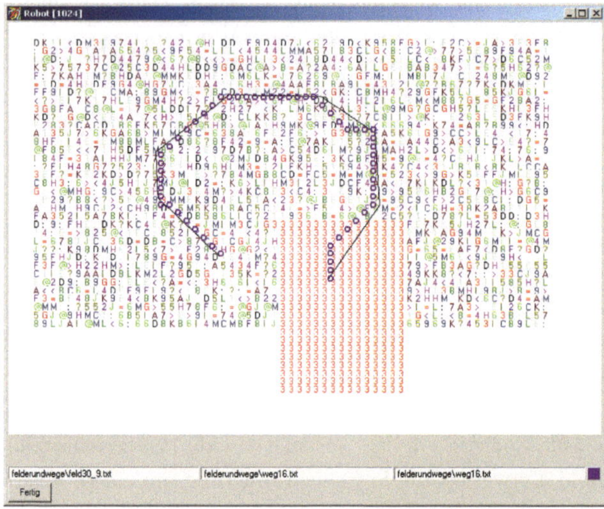

Abb. 7.55: Lernwegeditor

Der Ort im Merkmalswald, der als erster mit der linken Maustaste angeklickt wird, wird als Startort des Lernwegs festgehalten. Alle weiteren Klicks dienen zur Festlegung des Verlaufs des Weges. Eine schwarze Linie gibt die kürzeste Verbindung zwischen den gewählten Orten an, über die der Weg führen soll. Der zu lerndende Weg, den der Editor erzeugt, wird durch violette Kreise dargestellt. Man achte darauf, dass der Lernweg an einem Ort endet, den man später als Stoppbedingung einfach beschreiben kann. Im hier angezeigten Beispiel ist das ein Feld, das mit dem Merkmal '3' gefüllt wurde.

Lernweg und Suchweg werden unterschieden

Der Simulator VIDAs unterscheidet zwischen dem Lernweg, der durch diesen Editor erzeugt wird und der eine feste Länge hat, und dem Suchweg, der sich während der Laufzeit des Abfrageprogramms ergibt. Der Suchweg hat eine maximale Länge. Ist diese erreicht, wird die Simulation abgebrochen. Dieses ist insbesondere dann nötig, wenn sich der Robot bei der Suche nach dem gelernten Weg aufgrund von Störungen andauernd zwischen zwei Umgebungen hin- und herbewegt.

Nach dem Betätigen der Schaltfläche `Fertig` wird der Lernweg unter dem anfangs gewählten Namen abgespeichert und der Wegeditor verlassen.

Im Programmbeispiel P54 werden das Lernfeld „feld30_7" und das Kodierfeld „kodierfeld1" geladen und dann der Weg „beispiel3" gelernt. Beim Lernen wird der Robot in roter Farbe als Rechteck angezeigt. Durch die Befehle `form` und `farbe` in den Zeilen (10) und (11) wird seine Position ab dort mit einem grünen Kreuz markiert.

P54

```
( 1)     :: rmodell3
( 2)
```

```
( 3)      var umg
( 4)                              ! Felder und Wege laden
( 5)      ladefeld "feld30_7"
( 6)      ladekodierfeld "kodierfeld1"
( 7)      lerneweg "beispiel3"
( 8)
( 9)      gehezumstart
(10)      form "kreuz"
(11)      farbe "gruen"
(12)                              ! Pfad wiederfinden
(13)      markiere pfadsuchen
(14)        erkenne
(15)        gehe
(16)        schaue umg
(17)        zeige umg
(18)        nullspringe schluss
(19)      springe pfadsuchen
(20)      markiere schluss
```

Wie am **nullspringe**-Befehl in der Zeile (18) von P54 zu erkennen ist, dient
diesem Programm als Stoppbedingung eine leere Umgebung. Die Abbildung
7.56 zeigt einen Lauf des Robots, der oben rechts beginnt und in den ersten
beiden eintönigen Feldern keine Probleme zu haben scheint. Erst im unteren
eintönigen Feld gerät der Robot einige Male vom gelernten Pfad ab, um letztlich dennoch die leere Umgebung zu erreichen, die Ziel des Weges „beispiel3"
ist.

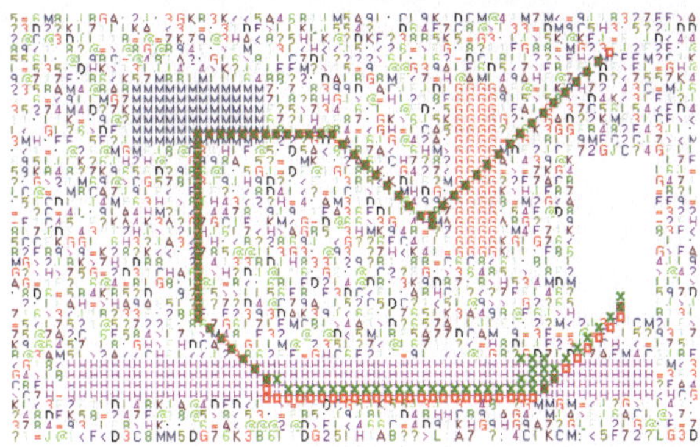

Abb. 7.56: Testlauf mit Kodierfeld 1 auf Lernweg „beispiel3"

Wählt man ein anderes Kodierfeld aus, erhält man andere Ergebnisse, wie
die Abbildungen 7.57 und 7.58 zeigen. Weder mit Kodierfeld 2 (Springer-
Kodierung) und erst recht nicht mit dem einfachen Kodierfeld 5 (nur drei
Sensoren) gelangt der Robot hier ans Ziel. Doch in allen Fällen lässt sich
beobachten, dass das erste eintönige Feld ohne Irrtum durchquert wird. Der
Grund für diese Wegsicherheit ist, dass ins Langzeitgedächtnis L für diese
schlichte Umgebung immer dieselbe Richtung eingetragen wurde. Der Robot
kann gar nicht auf andere „Einfälle" kommen, als nach Südwesten weiterzulau-
fen. Demgegenüber hat der Robot in den anderen beiden eintönigen Feldern

einen Richtungswechsel durchzuführen, was ihm dann nicht gelingt, wenn das
Kodierfeld zu klein ist, so dass er zwischen Geradeauslauf und Linksabbiegen
nicht klar unterscheiden kann und auf zufälliges Herumirren angewiesen ist.
Letzteres bringt den Robot in diesen Beispielen allerdings gelegentlich auf
den Lernweg zurück und dem Ziel näher.

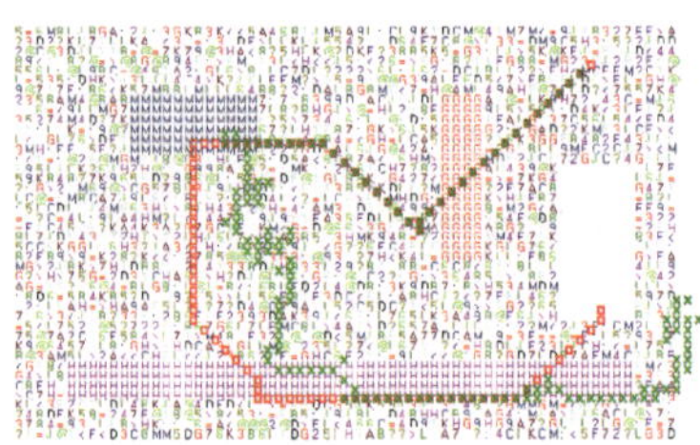

Abb. 7.57: Testlauf mit Kodierfeld 2
auf Lernweg „beispiel3"

Abb. 7.58: Testlauf mit Kodierfeld 5
auf Lernweg „beispiel3"

Festzuhalten lohnt sich, dass merkmalsarme Gebiete sogar mit einfachen Kodierfeldern überwunden werden können, wenn innerhalb dieser Bereiche keine
Richtungswechsel verlangt werden. Aus der Beobachtung, dass ein Robot in
einem Gebiet die richtige Richtung einschlägt, lässt sich nicht schließen, dass
die Kodierung sehr nützlich ist.

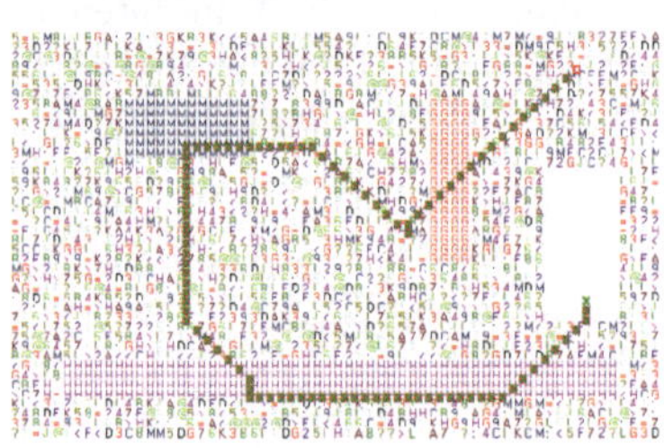

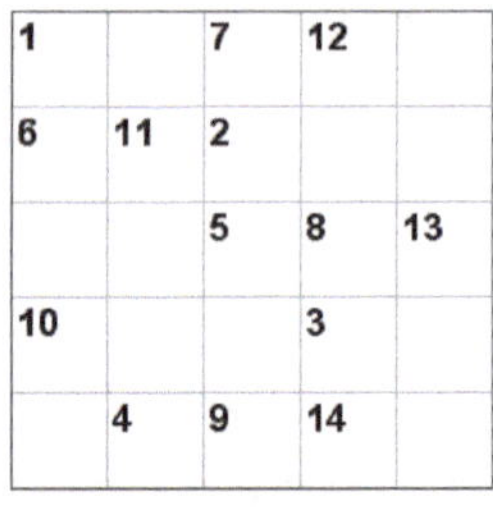

1		7	12	
6	11	2		
			5	8	13
10			3	
		4	9	14	

Abb. 7.59: Testlauf mit Kodierfeld 7
auf Lernweg „beispiel3"

Abb. 7.60: Kodierfeld 7

Für den oben untersuchten Lernweg „beispiel3" wurde ein Kodierfeld auf der
Grundlage der Springer-Kodierung gefunden, mit dem der Weg stets wieder-
gefunden wird (s. Abb. 7.59 und 7.60).

Sollte die Stoppbedingung nicht wie in P54 durch eine leere Umgebung
festzulegen sein, sondern durch eine beliebige andere Umgebung, dann kann
das wie in Programmbeispiel P55 geleistet werden.

P55
```
( 1)     var umg, stopper
( 2)     ladefeld "feld30_7"
( 3)     ladekodierfeld "kodierfeld6"
( 4)     lerneweg "weg14"
( 5)
( 6)     gehezumstart
( 7)     form "kreuz"
( 8)     farbe "gruen"
( 9)                              ! Stoppbedingung setzen
(10)     merke stopper=!29-21,21-29,29-29!
```

```
(11)     zeige stopper
(12)     kopiere
(13)                         ! Lernweg wiederfinden
(14)     markiere pfadsuchen
(15)       erkenne
(16)       gehe
(17)       schaue umg
(18)       zeige umg
(19)       gleichspringe schluss
(20)     springe pfadsuchen
(21)     markiere schluss
```

Die zweite Programmhälfte von P55 beginnt in Zeile (10) mit der Festlegung der Stoppbedingung. Bezüglich des Kodierfeldes 6 soll der Robot anhalten, wenn die Merkmale 29 und 21, 21 und 29, 29 und 29 aufeinanderfolgen. Durch den **merke**-Befehl in Zeile (10) wird der Variablen **stopper** eine entsprechende Positionenkonstante zugewiesen, der Wert wird dann über die Zeilen (11) und (12) ins Register R_2 kopiert. Wenn der Robot in eine solche Umgebung gelangt, wie sie der Wert von **stopper** angibt, dann wird die Abfrageschleife mit **gleichspringe** verlassen.

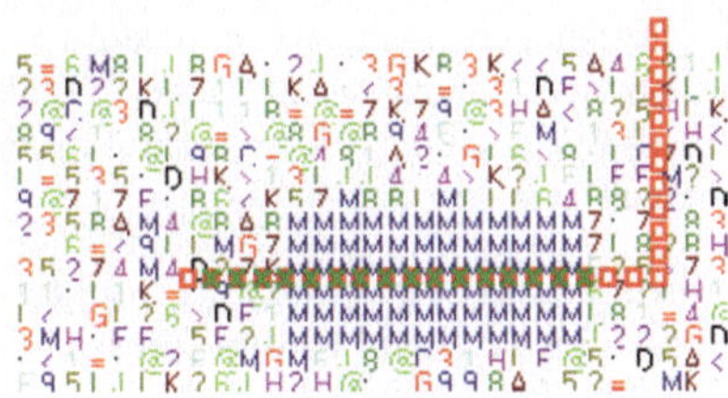

Abb. 7.61: Testlauf mit Stoppbedingung

Der Robot hält am Ende des eintönigen Bereichs wie geplant an, wie der Abbildung 7.61 entnommen werden kann (das Merkmal 'M' hat den Wert 29, das Merkmal 'E' den Wert 21).

Möchte man gelernte Wege und andere Daten mit den Assoziativmaschinen-Befehlen **speicheredaten** und **ladedaten** sichern und laden, dann müsste man auch die zugehörigen, zufällig erzeugten Richtungen und den Startort des Robots speichern und laden können. Dazu dienen die beiden Robot-Befehle **speichererichtungen** und **laderichtungen**.

```
( 1)                         ! Felder laden, Wege lernen
( 2)     ladefeld "feld30_7"
( 3)     ladekodierfeld "kodierfeld1"
( 4)     lerneweg "beispiel3"
( 5)                         ! Daten und Richtungen sichern
( 6)     speicheredaten "robotbeispiel1"
( 7)     speichererichtungen "robotbeispiel1"
```

Durch Zeile (6) wird der Datenspeicher der Assoziativmaschine gesichert, mit Zeile (7) bewahrt man die dazu passenden Richtungsdaten und die Länge und den Startort des aktuellen Lernwegs auf, so dass **gehezumstart** den Robot am richtigen Ort loslaufen lassen kann.

Die mit P56 gespeicherten Daten werden durch P57 wieder geladen, so dass der Robot seinen Suchlauf ab Zeile (9) durchführen kann.

P57

```
( 1)                              ! Daten und Richtungen laden
( 2)     ladedaten "robotbeispiel1"
( 3)     laderichtungen "robotbeispiel1"
( 4)     gehezumstart
( 5)     form "kreuz"
( 6)     farbe "gruen"
( 7)                              ! Pfad wiederfinden
( 8)     var umg
( 9)     markiere pfadsuchen
(10)       erkenne
(11)       gehe
(12)       schaue umg
(13)       zeige umg
(14)       nullspringe schluss
(15)     springe pfadsuchen
(16)     markiere schluss
```

ladestoerungen

Im Robot-Modell lässt sich der Einfluss von Störungen nicht nur über den **waldschaden**-Befehl untersuchen, sondern man kann mit **ladestoerungen** auch Beschädigungen an den Assoziativmatrizen ausführen. Dadurch wird also nicht der Merkmalswald, sondern Programm- und Datenspeicher der steuernden Assoziativmaschine gestört.

Zunächst schreibt man zu diesem Zweck in eine Textdatei, welche Matrix man durch welche Störungsart in welchem Umfang beschädigen möchte. Durch folgenden beispielgebenden Text werden in Abfolgematrix **A** (s. Abb. 1.1) zweimal je ein Prozent der Einträge durch die Störungsart **Kreis setzen** per Zufallsgenerator verändert. Anschließend wird auch das Langzeitgedächtnis L einmal in gleicher Weise gestört.

```
abfolge
kreis setzen
2
langzeit
kreis setzen
1
```

Störungsdatei

Diese Textdatei erhält den Suffix 'str', damit VIDAs sie als Störungsdatei erkennen kann. Hier im Beispiel sei sie unter dem Namen **stoerung3.str** angelegt. Jede Störung schreibt man in die Störungsdatei in drei Zeilen untereinander, zuerst die gewünschte Matrix (**abfolge**, **befehle**, **kurzzeit** oder **langzeit**), dann die Störungsart (**giesskanne**, **lochen**, **kreis setzen** oder **kreis xor**) (s. Abb. 7.8) und dann die Anzahl an Störungsläufen (zu je einem Prozent).

Nun kann die Störungsdatei durch den ladestoerungen-Befehl an beliebiger Stelle im Laufe eines Programms ausgeführt werden, beispielsweise ließe sich in Programm P57 dazu folgende Zeile einsetzen:

```
( 7)     ladestoerungen "stoerung3"
```

Wie man in Abbildung 7.62 erkennt, wirken sich in diesem Beispiel die Störungen der Assoziativmatrizen A und L in den eintönigen Bereichen auf den Robotlauf aus. Letztlich erreicht der Robot dennoch sein Ziel.

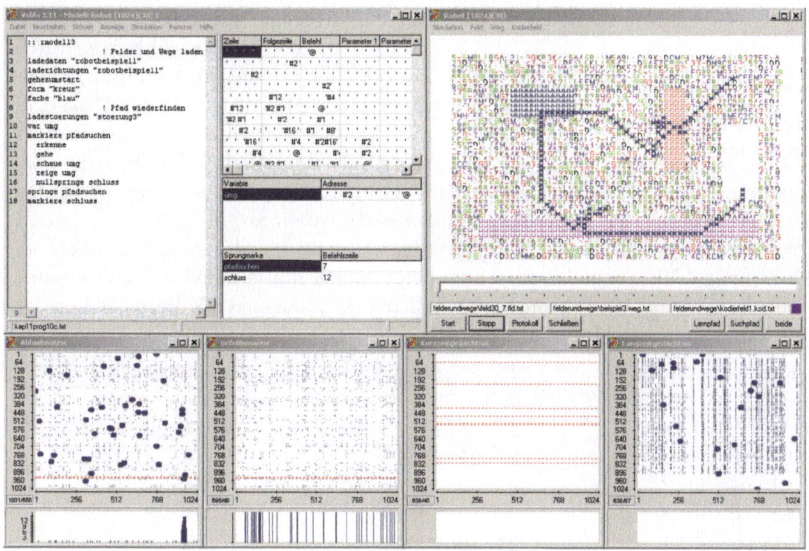

Abb. 7.62: Die geladenen Störungen wirken sich auf den Lauf des Robots kaum aus.

Die oben beschriebenen, programmgesteuerten Möglichkeiten der Robot-Modelle werden vom Simulator durch Angebote ergänzt, die über das Menü des Robotfensters zu erreichen sind.

Menügesteuerte Möglichkeiten der Robot-Modelle

Der Simulator VIDAS unterscheidet zwischen dem ursprünglichen Merkmalswald, kurz 'Feld' genannt, in dem ein Weg gelernt wird, und dem möglicherweise veränderten, gestörten Merkmalswald, welches 'aktuelles Feld' genannt wird. Auf dem aktuellen Feld sucht der Robot jeweils seinen Weg. Im Menü 'Feld' des Robotfensters wählt man, ob man ein neues Feld erzeugen möchte (Neu), ein vorhandenes laden (Laden...), ein vorhandenes als aktuelles (Stör-) Feld laden (aktuelles Feld laden...), das aktuelle Feld ändern (aktuelles Feld ändern) oder abspeichern (Sichern als...) möchte. Mit den unteren drei Menüpunkten zeigt man das ursprüngliche Feld (originales Feld anzeigen) oder das aktuelle Feld (aktuelles Feld anzeigen) oder die Unterschiede zwischen beiden Feldern an (Unterschiede anzeigen).

Menü Feld

Menü Weg

Durch das Menü 'Weg' legt man neue Lernwege an, lädt bereits vorhandene oder speichert einen Lernweg ab. Auch das Lernen und Abfragen eines Weges ist über das Menü möglich, ohne dass man dafür eigens ein Programm schreiben muss. Das Lernen geschieht im ursprünglichen Feld, das Abfragen auf dem aktuellen Feld. Es wird dazu jeweils das aktuelle Kodierfeld benutzt.

Abb. 7.63: Menü Weg im Robotfenster

Menü `Kodierfeld`

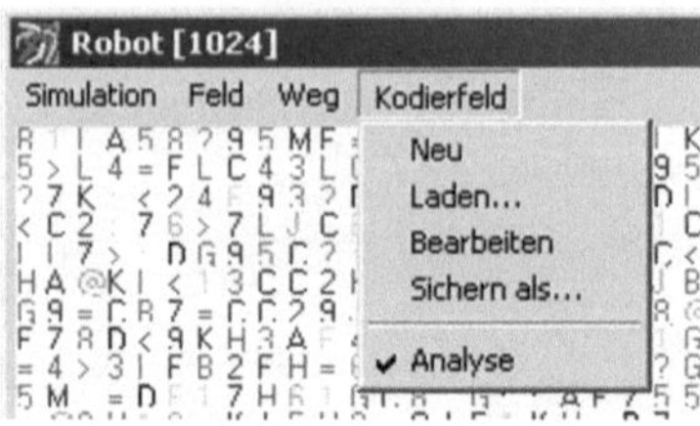

Abb. 7.64: Menü `Kodierfeld` im Robotfenster

Über das Menü 'Kodierfeld' legt man neue Kodierfelder an, lädt bereits vorhandene, bearbeitet diese oder sichert sie. Der Menüpunkt 'Analyse' wirkt nur bei der Abfrage mit `Weg | Abfragen`. Wenn man **Analyse** auswählt, was durch ein Häkchen vor diesem Menüpunkt markiert wird, gibt VIDAS in das Protokoll zur Analyse des Suchwegs des Robots Informationen über jeden Schritt aus, den der Robot ausgeführt hat. Am Beginn der Protokollausgabe steht das benutzte Kodierfeld. Dahinter schließen sich Tafeln an, die die Merkmale in der Umgebung des Robots beim jeweiligen Schritt wiedergeben. Wie oben bei Abbildung 7.50 bereits beschrieben, liefert die Analyse Hinweise, ob sich aufeinanderfolgende Umgebungen bezüglich des benutzten Kodierfelds bei der Kombination ihrer Merkmale gleichen.

```
Kodierfeld:           1. Schritt:          2. Schritt:

 0  0  0  0  0        19   5 24   3 10      16 27 22 26 13
14  1  2  3  0        27 22 26 13 21        29 23   2   3 21
13  0  0  4  0        23   2   3 21 26      22 24 12 29 19
12  7  6  5  0        24 12 29 19 22        21 21 28 20 21
11 10  9  8  0        21 28 20 21 14         7 19 25 20 15

                                           <-1-> 629 (20-28)
                                           <-1-> 651 (21-20)
                                           <-1-> 862 (28-21)
```

Das vorstehende Protokoll gibt die ersten Schritte des Robotlaufs auf dem Lernweg „beispiel3" mit Hilfe von Kodierfeld 1 im Merkmalswald aus Abbildung 7.45 wieder. Der schräge Lauf in Richtung Südwesten wird im Protokoll ebenso deutlich wie die Eigenart dieses Kodierfeldes, vergleichsweise viele Merkmalspaare mit den vorangehenden Schritten gemeinsam zu haben.

Anforderungen an ein Kodierfeld

Doch wird eine möglichst geringe Anzahl wiederkehrender Merkmalspaare nicht das einzige Kriterium für die Güte eines Kodierfeldes sein. Zum Beispiel liefert das Kodierfeld 5 weniger solcher Hinweise ins Protokoll als Kodierfeld 1, da es weniger Sensoren einsetzt. Es bringt den Robot aber auch deutlich seltener zum Ziel. Weniger Sensoren könnten folglich zwar weniger gemeinsame Einsen zwischen den Umgebungen erzeugen und damit Verwechslungen vorbeugen, doch sinkt mit der abnehmenden Anzahl auch die Fähigkeit, sich an veränderten Orten oder bei Störungen oder bei merkmalsarmen Gebieten erwartungsgemäß zu verhalten. Zusätzlich hängt es noch von der Länge des Weges ab, welches Kodierfeld sich am besten für eine gestellte Aufgabe eignet. Das Langzeitgedächtnis L büßt seine gutartigen Eigenschaften nach und nach ein, wenn man es zu über 69% mit Einsen füllt (s. [Palm 1993], S. 144). Die Robot-Modelle 2 und 4 bieten mit ihren größeren Assoziativmatrizen in einem solchen Fall womöglich einen Ausweg.[31]

7.8 Übungen 13

Ü 13.1 (Robot-Modell 3)

a) Man wähle einen Merkmalswald folgender Gestalt und das Kodierfeld 2 und erzeuge einen Weg mit dem nachstehend eingezeichneten Verlauf.

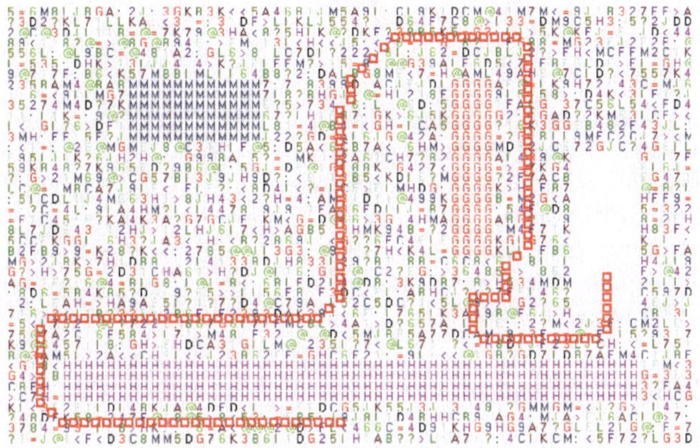

b) Man prüfe, ob der Robot den Weg auch findet, wenn man den Merkmalswald an einer Stelle verändert (Menüpunkt `Feld | aktuelles Feld ändern`).

c) Man verändere den Merkmalswald, indem man in den zu lernenden Weg „Störungen" einbaut. Dazu sollen neben dem Weg Merkmale verändert werden, erst eines, ein Stück weiter dann zwei, wiederum ein Stück weiter drei, dann vier und so fort. Wie viele Störungen „schafft" der Robot, ohne vom Weg abzukommen?

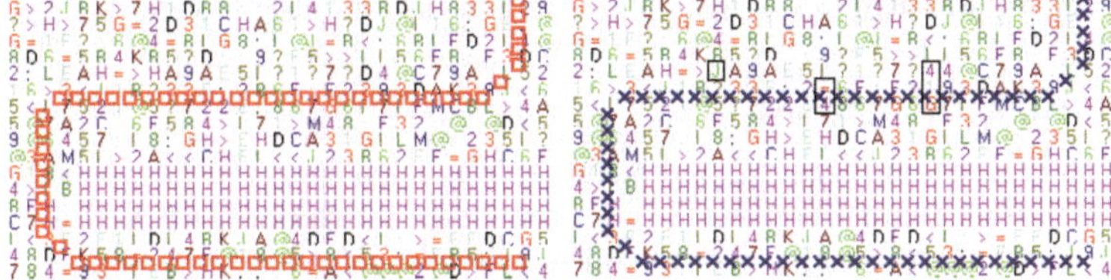

d) Man ändere das Kodierfeld jeweils wie unten angegeben und überprüfe, wie sich das auf den Weg des Robots durch das gestörte Feld aus Aufgabenteil c) auswirkt.

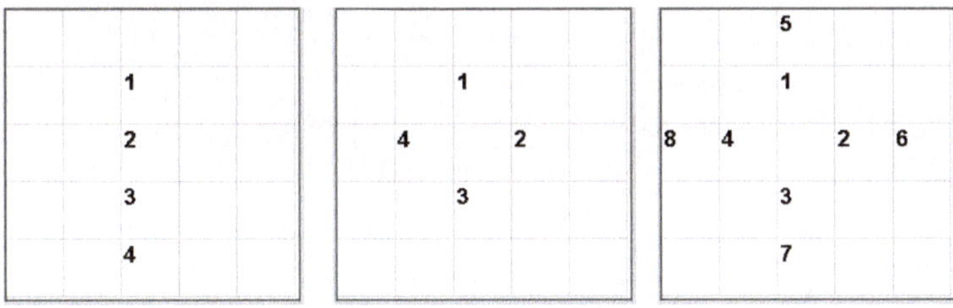

e) Warum wird der Robot mit dem Weg links vermutlich leichter fertig werden als mit dem Weg rechts?

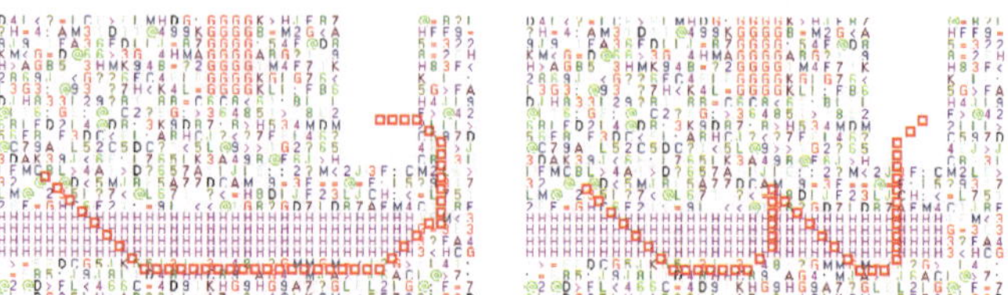

f)

Aus technischen Gründen können bei einem Robot die Sensoren nur entweder horizontal oder vertikal angebracht werden. Wird der Robot damit dem rechts eingezeichneten Weg durch ein eintöniges Gebiet folgen können?

Ü 13.2 (Robot-Modell 4)

Der Robot soll einen „Rundkurs" lernen, also einen Lernweg, bei dem Start und Ziel gleich sind. Diesen Rundkurs soll er genau fünfmal durchlaufen. Man beobachte, wie lange er dem gelernten Weg folgen kann, wenn bei jedem Umlauf ein `waldschaden` passiert.

Ü 13.3 (Robot-Modell 3)

In einem Merkmalswald befinde sich ein leeres Feld, welches als „Parkplatz" dienen soll. Auf diesem Platz soll der Robot letztlich anhalten. Dazu sind **drei** Wege zu lernen, auf denen der Robot zum Parkplatz gelangen kann. Trifft er auf einen der Wege, soll er diesem bis zum Ziel folgen.

Ü 13.4 (Robot-Modell 4)

Man erzeuge ein Lernfeld und einen zu lernenden Weg wie in nachstehender Abbildung. Dann schreibe man ein Programm, durch das der Robot die weiße Fläche durchquert und erst im eintönigen Feld (Merkmal 'V') stoppt.

7.9 Gedächtnisgestützte Vehikel (Homunkulus-Modelle)

Die Vehikel der Robot-Modelle lernen vor ihrem Suchlauf Wege kennen, denen sie dann mit ihrer Sensorik zu folgen versuchen. Die Aufgabenstellungen für die Robot-Modelle lassen sich als Pfadfindeprobleme beschreiben. Durch die in diesem Kapitel vorgestellten Modelle der Assoziativmaschine, die **Homunkulus**-Modelle genannt werden,[32] erhält man die Möglichkeit, einen Weg durch einen Merkmalswald suchen zu lassen, **ohne** dass dieser Weg anfangs gelernt wurde. Dafür nutzt der Homunkulus das Langzeitgedächtnis L, in welchem er sich die Orte merkt, an denen er schon einmal war. Die Aufgabenstellungen für die Homunkulus-Modelle kann man als Irrgartenprobleme auffassen und damit zum Ausdruck bringen, dass man erst einem Vehikel eines Homunkulus-Modells die Fähigkeit zuspricht, sich **orientieren** zu können.

Homunkulus-Modelle: Umgebung $\longrightarrow$ Umgebung

Pfadfindeproblem vs. Irrgartenproblem

Den eigenen Standort zu erfassen, stellt in Gestalt eines Homunkulus-Modells den Schritt zu einem Vehikel dar, welches auf dem Weg ist, sich seines Umfelds bewusst zu sein. Im Unterschied zu Vehikeln des Robot-Modells bedeutet es, über ein schlichtes Verhalten des Erkennens und Reagierens hinaus, zu einem zielgerichteten Umgang mit seinem Wissen gelangen zu können. Die Ausrichtung auf ein Ziel wird im Folgenden durch die Programmierung der Homunkuli geleistet. Für diese ist ein größerer Aufwand als im Robot-Modell zu erbringen.

Nutzung des Wissens

Name	Matrixgröße	Darstellung	Homunkuli
Homunkulusmodell 1	2200	Ascii 256	1
Homunkulusmodell 2	2200	Ascii 256	2
Homunkulusmodell 3	2200	Ascii 256	3
Homunkulusmodell 4	2200	Ascii 256	4
Homunkulusmodell 5	4400	Ascii 256	2
Homunkulusmodell 6	6600	Ascii 256	3

Tabelle 7.13: Homunkulus-Modelle der Assoziativmaschine SYSTEM 9

Es stehen für die Assoziativmaschine SYSTEM 9 die in der Tabelle 7.13 aufgelisteten Homunkulus-Modelle durch VIDAS zur Verfügung. In der Spalte 'Homunkuli' wird jeweils die Anzahl an Homunkuli angegeben, die in dem Modell an den Start gehen. In den Merkmalswäldern dieser Modelle werden stets 45 Merkmale voneinander unterschieden. Die Homunkulus-Modelle 5 und 6 besitzen eine größere Matrixbreite, damit die Homunkuli in diesen Modellen mit getrennten Gedächtnissen versehen werden können.[33]

Der Wechsel zu einem der Homunkulus-Modelle geschieht entweder über den Menüpunkt `Datei | Modell wechseln` oder durch den Editorbefehl `::`, also beispielsweise durch:

Modellwechsel

```
(1)      :: hmodell1
```

Im Beispiel, dessen Ergebnis die Abbildung 7.65 zeigt, suchte ein Homunkulus einen Weg durch die leeren Gänge eines Irrgartens, in dem er sich an der jeweils rechten Wand haltend am unteren, rechten Waldrand in eine Kammer gelangte, aus der er keinen Ausweg mehr fand. Mit „keinen Ausweg mehr

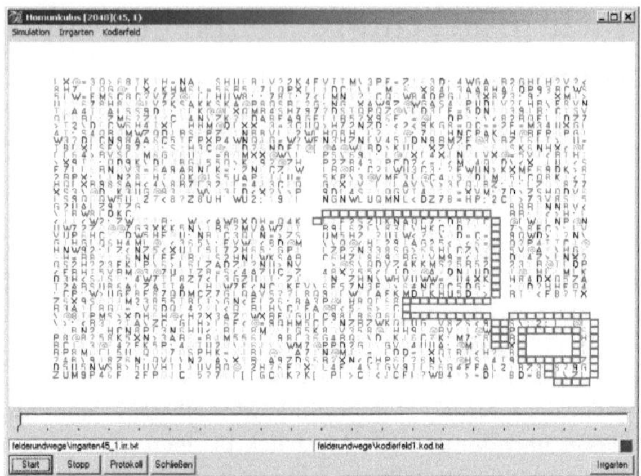

Abb. 7.65: Homunkulusfenster

finden" ist hier gemeint, dass der Homunkulus wusste, welche leeren Felder er bereits besucht hatte, und in seiner Umgebung nun kein unbesuchtes mehr fand, um sich dorthin zu bewegen. Der zugehörige Programmtext wird am Ende dieses Kapitels vorgestellt.

In den Homunkulus-Modellen wird der grundlegenden Befehlssatz der Assoziativmaschine SYSTEM 9 um die in den Tabellen 7.14 bis 7.16 verzeichneten Befehle erweitert.

(R97)	<u>schaue <bezeichner></u>
(R98)	<u>erinnere</u>
(R99)	<u>pruefefeld</u>
(R100)	<u>macheschrittvorwaerts</u>
(R101)	<u>machschrittrueckwaerts</u>
(R102)	<u>warte</u>

Tabelle 7.14: Grundlegende Befehle für die Homunkulus-Modelle

schaue

Wie im Robot-Modell dient der Befehl **schaue** zur Aufnahme des Umgebungseindrucks, der in einer anzugebenden Variablen abgelegt wird. Und ebenfalls wie im Robot-Modell erfolgt die Kodierung über ein Kodierfeld,

ladekodierfeld

welches man mit **ladekodierfeld** auswählen kann. Die Umgebungswahrnehmung wird in den acht Himmelsrichtungen Norden, Nordwesten, Westen, Südwesten, Süden, Südosten, Osten, Nordosten, ausgeführt, unabhängig von der Richtung, in welcher der Homunkulus gerade unterwegs ist. Bei tatsächlich fahrenden Modellen wird diese Umgebungswahrnehmung anders erfolgen müssen, wenn sich die Sensoren mit dem Vehikel mitbewegen und nicht mit-

warte

tels eines Kompasses nach Norden ausgerichtet werden können.[34] Um den Ablauf eines Programms zu unterbrechen, lässt sich der **warte**-Befehl an den gewünschten Stellen einfügen.

Im Homunkulus-Modell werden die Richtungen des Richtungskreises genutzt, die mittels des Editor-Befehls **&rkreis** (s. S. 154 ff.) verfügbar werden. Liegt ein Wert dieses Assoziationskreises im Register R_1, so führt der Befehl **mache-**

schrittvorwaerts einen Schritt des Homunkulus in diese Richtung aus. Entsprechend wirkt macheschrittrueckwaerts in die entgegengesetzte Richtung. Folglich lässt das Programm P58 den Homunkulus einmal im Kreis laufen. Wegen des Befehls zeigeweiter in Zeile (6) wird der Richtungskreis durchlaufen, bis der Homunkulus wieder nach Norden unterwegs ist.

macheschritt-
vorwaerts,
macheschritt-
rueckwaerts

```
( 1)     &rkreis
( 2)     zeige nord
( 3)     kopiere
( 4)     markiere oben
( 5)        macheschrittvorwaerts
( 6)        zeigeweiter
( 7)        gleichspringe schluss
( 8)     springe oben
( 9)     markiere schluss
```

P58

Während der Robot zu Beginn eines Suchlaufs das Langzeitgedächtnis L gefüllt mit Weginformation zur Verfügung hat, befindet sich der Homunkulus zu Beginn seines Einsatzes mit einem leeren Langzeitgedächtnis auf unbekanntem Terrain. Der Robot lernt seine Wege mit den Befehlen folgedermaus oder lerneweg, der Homunkulus merkt sich Orte, an denen er sich befindet mit dem Befehl erinnere, so dass er später durch eine Abfrage von L weiß, wo er schon einmal war. Damit sich der Homunkulus grundsätzlich auch an andere Dinge als nur die Umgebung erinnern kann, lehrt der erinnere-Befehl nach L dasjenige, was sich in Register R_1 befindet mit sich selbst. Also muss man, wenn die Erinnerung eine Umgebung sein soll, diese erst schauen und dann zeigen. Dieses Vorgehen wurde bereits bei Turtle-Modellen mit erweitertem Befehlssatz genutzt (vgl. S. 242), welche ebenfalls einen erinnere-Befehl kennen.

erinnere

Der pruefefeld-Befehl des Homunkulus-Modells legt den Wert desjenigen Merkmals ins Register R_1, welches das Feld besitzt, das der Homunkulus als nächstes betreten würde.

pruefefeld

```
(R103)    homunkuluswechsel
(R104)    gehezumstart
(R105)    schwaermeaus
(R106)    farbwechsel
(R107)    farbe "<farbe>"
(R108)    formwechsel
(R109)    form "<form>"
(R110)    ladeirrgarten "<bezeichner>"
(R111)    ladekodierfeld "<bezeichner>"
```

Tabelle 7.15: Ergänzende Befehle für die Homunkulus-Modelle

Merkmalswälder, die im Homunkulus-Modell auch Irrgärten genannt werden, kann man im Homunkulusfenster über den Menüpunkt Irrgarten | Neu in der vom Robot-Modell her bekannten Weise erzeugen (vgl. S. 254). Man achte darauf, dass die Homunkulus-Modelle 45 Merkmalswerte unterscheiden. Mit ladeirrgarten lassen sich die Irrgärten vom Programm aus laden, wenn man dieses nicht über den Menüpunkt Irrgarten | Laden machen möchte. Die Befehle farbwechsel, formwechsel und waldschaden sind ebenfalls bereits

ladeirrgarten

`homunkuluswechsel`   aus dem Robot-Modell bekannt und unterscheiden sich von diesen nicht. Neu ist hingegen der Befehl `homunkuluswechsel`, mit dem man die Wirkung der Befehle auf jeweils den nächsten Homunkulus lenken kann.

Im Programmbeispiel P59 werden vier Homunkuli mit der Aufgabe durch einen Merkmalswald gelenkt, ein eintöniges Gebiet zu finden, welches nur aus dem 'G'-Merkmal (Merkmalswert 23) besteht. Dazu werden in den Zeilen (10) bis (13) für jeden Homunkulus eine Startrichtung und in Zeile (14) die Abbruchbedingung festgelegt. Die `feldabsuchen`-Schleife sorgt dafür, dass nacheinander für alle Homunkuli ein nächster Schritt ausgeführt wird. Dafür sorgen die `homunkuluswechsel`-Befehle in den Zeilen (19) bis (25).

P59
```
( 1)     ::hmodell4
( 2)                             ! Felder laden
( 3)     ladeirrgarten "irrgarten45_2
( 4)     ladekodierfeld "kodierfeld2
( 5)                             ! Variablen für Richtung und
( 6)                             ! Umgebung vereinbaren
( 7)     var r[4], schatz, abbruch
( 8)                             ! Richtungskreis einrichten
( 9)     &rkreis
(10)     merke r_1=@südost
(11)     merke r_2=@west
(12)     merke r_3=@südwest
(13)     merke r_4=@nordost
(14)     merke schatz=!23-23
(15)     merke abbruch=$1
(16)                             ! Feld absuchen
(17)     markiere feldabsuchen
(18)       §homunkulusschritt r_1, abbruch
(19)       homunkuluswechsel
(20)       §homunkulusschritt r_2, abbruch
(21)       homunkuluswechsel
(22)       §homunkulusschritt r_3, abbruch
(23)       homunkuluswechsel
(24)       §homunkulusschritt r_4, abbruch
(25)       homunkuluswechsel
(26)       zeige abbruch
(27)       nullspringe schluss
(28)     springe feldabsuchen
(29)
(30)     markiere schluss
(31)     pausiere
```

Das Unterprogramm `homunkulusschritt`, welches laufend nacheinander auf alle vier Homunkuli angewandt wird, bestimmt den nächsten Schritt, ändert über den Parameter `r` gegebenenfalls die Richtung oder bricht im Erfolgsfall über `abbr` den Programmlauf ab. Ob sich der jeweilige Homunkulus in einer bekannten Umgebung befindet, stellt das Unterprogramm in den Zeilen (g) bis (j) fest. Diese vergleichen die mit `schaue` – `zeige` – `kopiere` ins Register R_2 gebrachte Umgebung mit dem Ergebnis von `frageweiter` aus Zeile (j). Sollte die Umgebung bekannt sein, wird genau mit dieser geantwortet, so dass gleichspringe in Zeile (k) darauf reagieren kann.

Unterprogramm
homunkulusschritt

```
(a)      par *r, *abbr
(b)      var u
(c)      markiere weiter
(d)         zeige r
(e)         macheschrittvorwaerts
(f)                         ! Ist die Umgebung bekannt?
(g)         schaue u
(h)         zeige u
(i)         kopiere
(j)         frageweiter
(k)         gleichspringe bekannteumgebung
(l)                         ! Ist der Rand erreicht?
(m)         markiere weiter2
(n)         zeige r
(o)         pruefefeld
(p)         nullspringe randerreicht
(q)                         ! Ist der Schatz gefunden?
(r)         zeige .schatz
(s)         kopiere
(t)         zeige u
(u)         gleichspringe schatzgefunden
(v)                         ! Umgebung in L merken
(w)         markiere weiter3
(x)         schaue u
(y)         zeige u
(z)         erinnere
(A)      springe schluss
(B)      markiere bekannteumgebung
(C)         zeige r
(D)         macheschrittrueckwaerts
(E)         &inkk r
(F)      springe weiter
(G)      markiere randerreicht
(H)         zeige r
(I)         macheschrittrueckwaerts
(J)         &inkk r
(K)      springe weiter2
(L)      markiere schatzgefunden
(M)         merke abbr=$0
(N)      springe weiter3
(O)      markiere schluss
(P)      pausiere
```

Im Falle einer bekannten Umgebung werden die Zeilen (C) bis (E) ausgeführt, also ein Schritt rückwärts entgegen der aktuellen Richtung gegangen
und dann die nächste Richtung im Richtungskreis eingestellt. Entsprechendes geschieht in den Zeilen (H) bis (J), wenn der Rand des Merkmalswaldes
erreicht wurde. Sollte das gesuchte Gebiet gefunden sein, erhält die abbr-
Variable in Zeile (M) den zugehörigen Wert.

Das Unterprogramm **homunkulusschritt** geht davon aus, dass sich für den jeweiligen Homunkulus beim Erreichen einer bereits bekannten Umgebung oder des Randes immer noch eine Richtung finden lässt, in die der Homunkulus weiterlaufen kann. Möchte man auf den Fall, dass dem nicht so ist, programmseitig reagieren, müsste man hinter den Zeilen (E) und (J) noch abprüfen, ob wieder die Richtung erreicht ist, die beim Start des Unterprogramms in **r** gespeichert war.

gemeinsames Gedächtnis

Die Orte, die ein Homunkulus betreten hat, werden in Zeile (z) in Matrix L eingetragen. Dieses Wissen steht sofort auch allen anderen Homunkuli zur Verfügung, so dass diese an keinen Ort gehen, der schon von einem anderen Homunkulus besucht wurde. Die Wege der vier Homunkuli in einem Beispiellauf von P59 zeigt die Abbildung 7.66. Dabei ändert einer der Homunkuli unten in der Bildmitte seinen Weg, um nicht die gleiche Umgebung wie sein Partner abzusuchen, und trifft dadurch am Ziel ein.

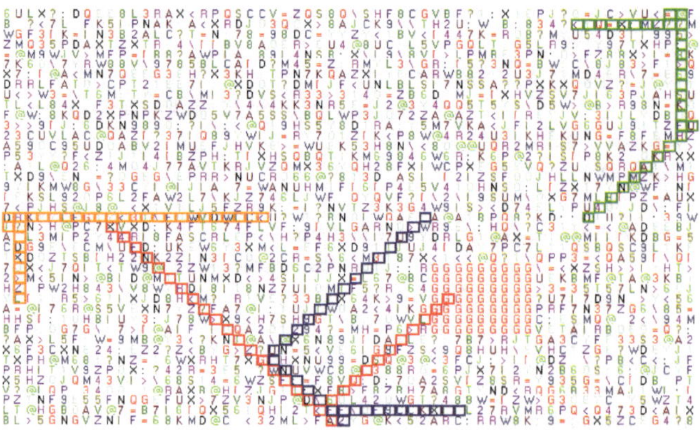

Abb. 7.66: Vier Homunkuli mit einem gemeinsamen Gedächtnis auf der Suche

individuelles Gedächtnis

Gegenstück zum gemeinsamen Sammeln von Wissen wie in P59 wäre ein konkurrierendes Verhalten der Homunkuli, indem jeder sein eigenes Wissen aufbaut, um eigenständig sein Ziel zu erreichen. Damit wird ein Übergang vom Wir zum Ich angedeutet. Um eine getrennte Gedächtnisverwaltung zu erreichen, gibt man den Befehl **lernegetrennt**. Zu einer gemeinsamen Nutzung von Matrix L gelangt man über **lernegemeinsam**. Man beachte, dass die Matrix groß genug sein muss, um für jeden Homunkulus ein eigenes Gedächtnis anzubieten. Zu diesem Zweck stehen die Homunkulus-Modelle 5 und 6 mit den Befehlen aus der Tabelle 7.16 zur Verfügung.

lernegetrennt, lernegemeinsam

> (R112) **lernegemeinsam**
> (R113) **lernegetrennt**
> (R114) **unterdruecke**
> (R115) **bringevor**
> (R116) **schichteum**

Tabelle 7.16: Gedächtnis-Befehle für die Homunkulus-Modelle

Das grundsätzliche Vorgehen zum Aufbau eines eigenen Gedächtnisses für jeden Homunkulus zeigt das Beispiel P60 . Der erste Homunkulus wird nach

Westen auf den Weg geschickt und der zweite läuft nach Osten. In den Zeilen (10) und (12) erhält jeder eine Farbe, um sie voneinander unterscheiden zu können. Zeile (15) sorgt für die Gedächtnistrennung. Die Aufteilung des Langzeitgedächnisses L in die Gedächtnisse für die Homunkuli ist in den Abbildungen 7.67 und 7.68 für zwei und drei Homunkuli veranschaulicht. Der erste Homunkulus erhält den ersten Anteil an Positionen in den Fragen und Antworten, der zweite den zweiten Anteil und so fort.

Der Befehl **schwaermeaus** in Zeile (16) setzt die Homunkuli im Unterschied zum Befehl **gehezumstart** an zufälligen Orten des Irrgartens aus. Mit einem **gehezumstart** erreicht man hingegen ein gleichverteiltes Aussetzen der Figuren in der Mitte des Merkmalswaldes.

`schwaermeaus`

```
( 1)      :: hmodell5                               P60
( 2)                    ! Felder laden
( 3)      ladeirrgarten "irrgarten45_3"
( 4)      ladekodierfeld "kodierfeld2"
( 5)                    ! Startvorbereitungen
( 6)      var umg, r[2]
( 7)      &rkreis
( 8)      merke r_1=@west
( 9)      merke r_2=@ost
(10)      farbe "rot"
(11)      homunkuluswechsel
(12)      farbe "blau"
(13)      homunkuluswechsel
(14)                    ! Umgebung erkunden
(15)      lernegetrennt
(16)      schwaermeaus
(17)      markiere oben
(18)        schaue umg
(19)        erinnere
(20)        zeige r_1
(21)        macheschrittvorwaerts
(22)        zeige umg
(23)        nullspringe schluss
(24)        homunkuluswechsel
(25)        schaue umg
(26)        erinnere
(27)        zeige r_2
(28)        macheschrittvorwaerts
(29)        zeige umg
(30)        nullspringe schluss
(31)        homunkuluswechsel
(32)      springe oben
(33)      markiere schluss
```

Die Zeilen (18) bis (22) wirken nun auf den ersten Homunkulus, diejenigen von (25) bis (29) auf den zweiten. Beide sammeln getrennt Umgebungseindrücke ein. Das Programm wird durch die Zeilen (23) oder (30) beendet, wenn einer der beiden Homunkuli den Irrgarten verlässt.

Die Aufteilung des Langzeitgedächnisses L für die Homunkuli-Gedächtnisse wie in Abbildungen 7.67 und 7.68 wirft die Frage auf, ob der freie Platz nicht für das Eintragen weiterer Daten genutzt werden kann. Dieses ist möglich. Diejenige Information, die man dazu beispielsweise für den ersten Homunkulus rechts neben der für den Befehl `erinnere` genutzten Matrixteil unterbringt, könnte man nach einer Abfrage gegebenenfalls durch den `maskiere`-Befehl herausfiltern (s. S. 162).

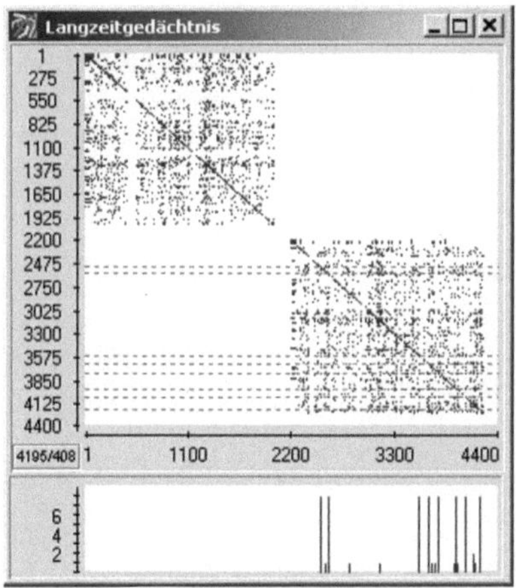
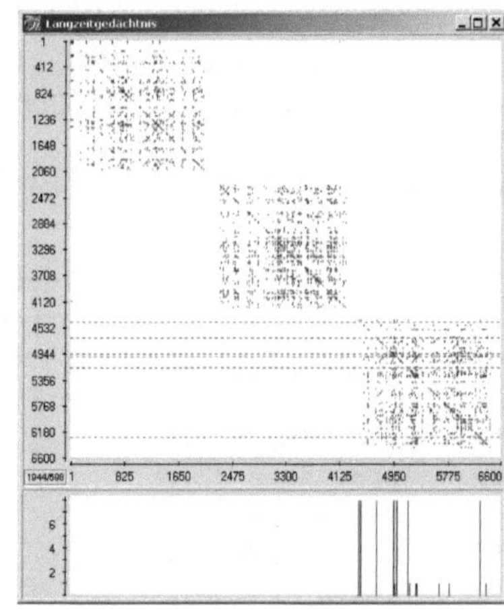

Abb. 7.67: Getrennte Gedächtnisse für zwei Homunkuli

Abb. 7.68: Getrennte Gedächtnisse für drei Homunkuli

Weitere Möglichkeiten des Umgangs mit den Homunkulus-Gedächtnissen bieten die drei Befehle `unterdruecke`, `bringevor` und `schichteum`. Dabei leistet `unterdruecke` das, was man über `maskiere` erreichen würde, wenn man die oben im letzten Absatz genannten weiteren Daten ausblendet. `unterdruecke` löscht im Register R_1 also alle Einsen, die nicht auf Positionen stehen, die dem jeweiligen Homunkulus zugeordnet sind. So lassen sich bei einer Abfrage, ob der Homunkulus die aktuelle Umgebung schon kennt, die dabei störende weitere Daten entfernen. Eine mögliche Abfolge an Befehlen wäre dafür die folgende:

```
( 1)    schaue umg
( 2)    zeige umg
( 3)    kopiere
( 4)    frageweiter
( 5)    unterdruecke
( 6)    gleichspringe umgebungbekannt
```

Durch Zeile (4) werden neben der Erinnerung an eine bekannte Umgebung eventuell noch weitere Daten geliefert, die man vor dem Vergleich in Zeile (6) unterdrücken muss. Ist beispielsweise von drei Homunkuli der zweite aktiv, dann bleiben nach `unterdruecke` im Register R_1 nur die Anteile des zweiten Homunkulus erhalten wie Abbildung 7.69 zeigt.

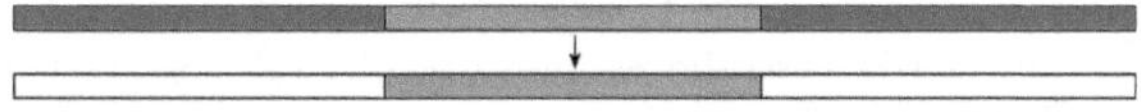

Abb. 7.69: Der Befehl `unterdruecke` entfernt die Anteile anderer Homunkuli.

Bei einigen Anwendungsaufgaben erweist es sich als nützlich, dass der Anteil des aktiven Homunkulus im Register R_1 nach vorn in den Anteil des ersten Homunkulus kopiert und alle anderen Anteile entfernt werden. Die Wirkungsweise des dafür eingeführten Befehls `bringevor` ist in Abbildung 7.70 dargestellt.

`bringevor`

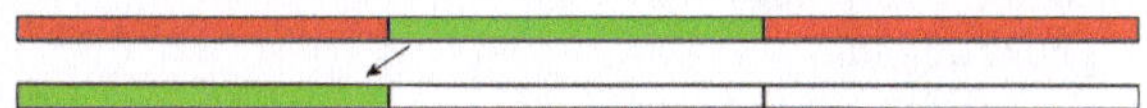

Abb. 7.70: Der Befehl `bringevor` zieht den Anteil des aktiven Homunkulus vor.

Des Weiteren lässt der Befehl `schichteum` die Anteile der Homunkuli im Register R_1 ihren Platz tauschen. Die Abbildung 7.71 verdeutlicht, dass dieses Umschichten nach links hin geschieht, wobei der erste Anteil dann ganz hinten eingefügt wird.

`schichteum`

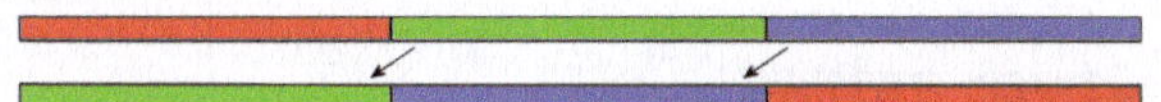

Abb. 7.71: Der Befehl `schichteum` verlagert die Anteile aller Homunkuli.

Beispiele für den Umgang mit diesen Befehlen, die sich für den Fall getrennter Gedächtnisse anbieten, werden in den Übungen zu diesem Kapitel (s. S. 280 f.) und in den zugehörigen Lösungen (s. S. 363 ff.) gegeben. Dort wird unter anderem ersichtlich, wie sich der `schichteum`-Befehl einsetzen lässt, um von einem Homunkulus aus auf das Wissen anderer Homunkuli zuzugreifen, oder wie `bringevor` das Vergleichen mit gesuchten Umgebungen erleichtert.

Als abschließendes Programmbeispiel für dieses Kapitel sei mit ⸤P61⸥ auf das anfangs in Abbildung 7.65 gezeigte Beispiel zurückgekommen. Das Programm schickt den Homunkulus durch einen Irrgarten, in welchem Gänge durch „leere" Felder (Merkmalswert 0) markiert wurden. Der Homunkulus soll sich ausschließlich durch diese Gänge bewegen. Bei jedem Durchlauf der `gaengedurchlaufen`-Schleife sucht der Homunkulus sich in seiner Umgebung ein leeres Feld, auf das er gehen könnte. Ob er nun aber tatsächlich auf dieses Feld wechselt, hängt davon ab, ob er die Umgebung dieses leeren Feldes bereits kennt. Wenn er kein leeres Feld in seiner Umgebung mehr findet, hält der Homunkulus durch den Vergleich in Zeile (22) endgültig an. Das Programm endet auch, wenn sich in einer Umgebung keine Merkmale mehr befinden (s. Zeile (30)).

⸤P61⸥

```
( 1)     :: hmodell1
( 2)                   ! Irrgarten und Kodierfeld wählen
( 3)     ladeirrgarten "irrgarten45_1"
( 4)     ladekodierfeld "kodierfeld1"
( 5)                   ! Variablen vorbereiten
( 6)     var richtung, umgebung, tmp
( 7)     &rkreis
( 8)     merke richtung=@ost
( 9)                   ! Gänge durchlaufen
(10)     schaue umgebung
(11)     markiere gaengedurchlaufen
(12)       zeige umgebung
```

```
(13)         erinnere
(14)         zeige richtung
(15)         kopiere
(16)                     ! leeres Feld suchen
(17)       markiere leeresfeldsuchen
(18)          zeige richtung
(19)          pruefefeld
(20)          nullspringe leeresfeld
(21)          &inkk richtung
(22)          gleichspringe schluss
(23)        springe leeresfeldsuchen
(24)                     ! leeres Feld gefunden
(25)       markiere leeresfeld
(26)          zeige richtung
(27)          macheschrittvorwaerts
(28)          schaue umgebung
(29)          zeige umgebung
(30)          nullspringe schluss
(31)          lies tmp
(32)          kopiere
(33)          frageweiter
(34)          gleichspringe bekannteumgebung
(35)                     ! unbekannte Umgebung
(36)          zeige richtung
(37)          zeigeweiter
(38)          zeigeweiter
(39)          zeigeweiter
(40)          zeigeweiter
(41)          zeigeweiter
(42)          zeigeweiter
(43)          hole richtung
(44)        springe gaengedurchlaufen
(45)                     ! bekannte Umgebung
(46)       markiere bekannteumgebung
(47)          zeige richtung
(48)          macheschrittrueckwaerts
(49)          zeigeweiter
(50)          hole richtung
(51)          zeige tmp
(52)          kopiere
(53)        springe leeresfeldsuchen
(54)       markiere schluss
```

Das Suchen nach einem leeren Feld, auf das der Homunkulus ziehen kann,
geschieht in den Zeilen (17) bis (23) mit der Schleife `leeresfeldsuchen`, für
deren korrekte Wirkung die davor stehenden Zeilen (14) und (15) bedeutsam
sind, in denen die aktuelle Laufrichtung des Homunkulus ins Register R_2 kopiert wird. Bezüglich dieser Richtung werden die umliegenden Felder gegen
den Uhrzeigersinn mit Hilfe des in Zeile (7) eingerichteten Assoziationskreises abgesucht. Gelangt man beim Folgen dieser Assoziationskette wieder an
dasjenige Kettenglied, mit dem die Suche begann, so wird der Lauf des Ho-

munkulus beendet.

Im anderen Falle könnte das gefundene Leerfeld dem Homunkulus durch den **erinnere**-Befehl in Zeile (13) bekannt sein, was bedeutet, dass der Homunkulus auf diesem Feld bereits einmal stand. Daher wird in den Zeilen (47) bis (52) zunächst ein Schritt zurück gegangen und die nächste Richtung eingestellt. Aber auch der durch die Umgebungsabfrage in den Zeilen (28) bis (34) überschriebene Vergleichswert für die Startrichtung, muss wieder ins Register R_2 kopiert werden, was durch die Zeilen (51) und (52) geleistet wird. Der Vergleichswert wurde dazu in Zeile (31) vor dem Überschreiben mit **lies** in der Variablen **tmp** abgelegt.

Sollte das gefundene Leerfeld dem Homunkulus aber nicht bekannt sein, dann ist vor dessen Betreten für dieses Leerfeld die neue Suchrichtung in Abhängigkeit von der aktuellen Richtung zu bestimmen, was in den Zeilen (36) bis (43) erfolgt. Ist der Homunkulus beispielsweise gerade in Richtung Osten unterwegs, dann wird die Startrichtung für die Suche nach etwaigen umgebenden Leerfeldern auf Süden gesetzt (sechs Schritte im Assoziationskreis), wodurch sich ein Verhalten des Homunkulus ergibt, welches man mit „immer an der Wand entlang" beschreiben könnte. Das Programm P61 berücksichtigt die Fälle nicht, dass der Homunkulus nicht in einem Gang oder in einem gänzlich leeren Gebiet ausgesetzt wird.

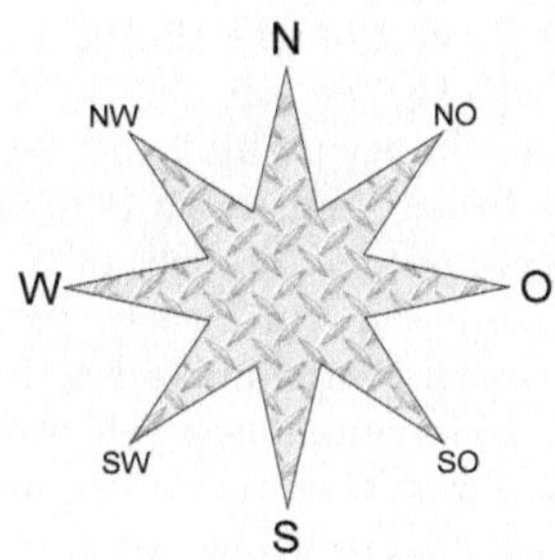

Abb. 7.72: Bewegungsrichtungen von Turtle- und Homunkulus-Modellen

Die Erfahrungen mit den Homunkulus-Modellen belegen, dass es einigen Programmieraufwand bedeutet, den Homunkuli ein gewünschtes Verhalten zu geben. Daher wurde der Programmspeicher für diese Modelle vergleichsweise groß bemessen. Sollte VIDAS dennoch auf zu viele Programmzeilen hinweisen, so hilft es, in der betreffenden Modelldatei die Bitdichte herabzusetzen.

7.10   Übungen 14

Ü 14.1 (Homunkulus-Modell 1)

Man verändere das Programm $\boxed{\text{P61}}$, indem man das Abtasten der Wand
statt mit der rechten „Hand" mit der linken vornimmt. Das heißt, die Vor-
zugsrichtung des Homunkulus soll nicht von ihm aus gesehen rechts sondern
links sein.

Ü 14.2 (Homunkulus-Modell 5)

a) Zwei Homunkuli sollen ihre **getrennten**
Gedächtnisse mit den Informationen über die
Umgebungen füllen, die sie auf einem kurz-
en Stück Weg durch den Merkmalswald ken-
nenlernen. Zusätzlich soll zu den Umgebungen
auch jeweils ein Text in der Matrix L abgelegt
werden. Homunkulus 1 soll „Homunkuls Eins"
und Homunkulus 2 soll den Text „Homunkulus Zwei" hinzuschreiben, so dass die Matrix L
das nebenstehende Aussehen bekommt.
b) Anschließend sollen die beiden Homunkuli ausschwärmen und eine selbstgelernte Umgebung wiederfinden. Sobald das geschafft ist,
soll das Programm mit der Meldung abbrechen, ob Homunkulus 1 oder 2 der Sieger ist.

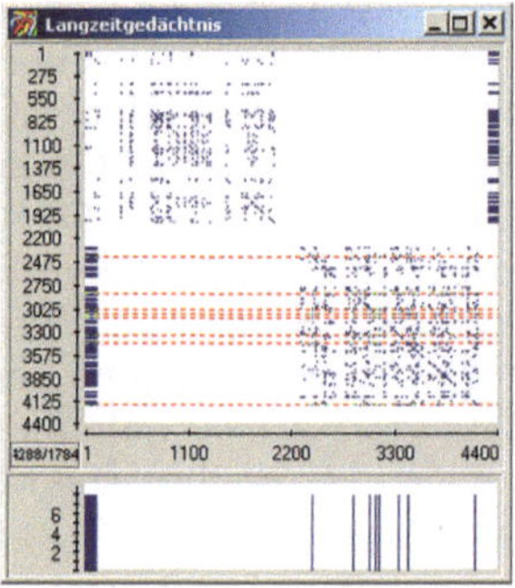

Ü *14.3 (Homunkulus-Modell 5)

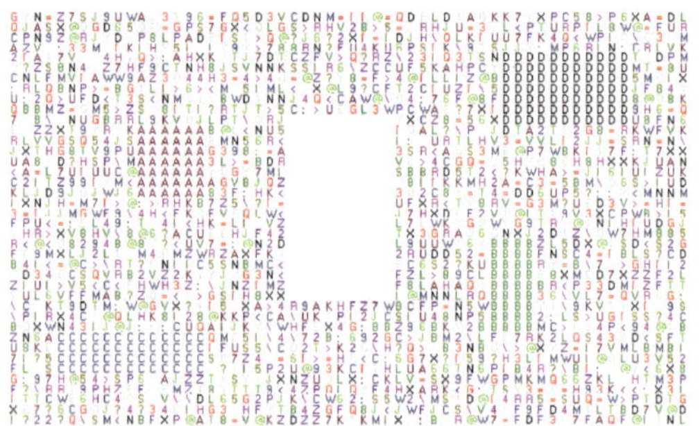

In einem Merkmalswald
sind vier eintönige Ge-
biete mit den Merkma-
len A, B, C und D (Merk-
malswerte 17, 18, 19 und
20) untergebracht (s. Ab-
bildung links). Diese vier
Gebiete werden von zwei
Homunkuli gesucht, die
mit **getrennten** Gedächtnissen arbeiten.

Dabei soll es einem Homunkulus möglich sein, dem konkurrierenden Homunkulus die bereits gefundenen Gebiete zu "stehlen", wenn er in eine Umgebung
kommt, in welcher der andere Homunkulus bereits einmal war, wenn er also
auf dessen Spur trifft. Ein Homunkulus soll seine Bewegungsrichtung um jeweils 45 Grad ändern, wenn er auf eine solche Spur oder auf ein leeres Gebiet,
also einem Merkmal mit dem Wert 0 trifft.

7.11 Reale Vehikel (Lego-Modelle)

Die bisher vorgestellten Turtle-, Robot- und Homunkulus-Modelle der Assoziativmaschine sind virtuelle Vehikel, die sich in idealer Weise auf Zeichenblättern und in Merkmalswäldern bewegen. Sie nehmen die möglichen Positionen exakt ein, zeichnen pixelgenau, bewerten die Merkmale einer Umgebung immer gleich und erkennen damit ihre Positionen auf höchster Schwelle wieder. Zwar lässt sich durch Störungen des Merkmalswaldes oder der Matrizen des Programm- oder Datenspeichers die Fehlertoleranz der Vehikel und ihre Reaktion auf Ungenauigkeiten überprüfen, doch bereitet das nur zum Teil auf die Anforderungen vor, auf die man bei der Steuerung realer Vehikel durch Assoziativmaschinen stößt. Die Werte, die die Sensorik liefert, streuen beispielsweise je nach Umgebungsverhältnissen oder der Antrieb des Vehikels ändert sich mit der Beschaffenheit und Neigung des Untergrunds, dem Ladezustand der Batterie oder dem Umfang der Räder.

virtuelle Vehikel $\longrightarrow$ reale Vehikel

NXT-Robotfenster

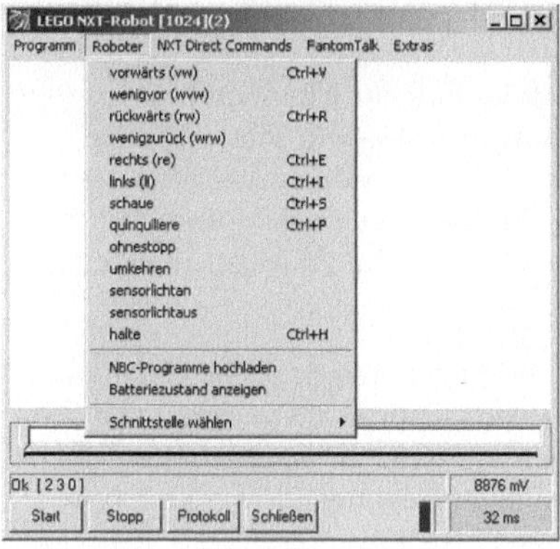

Abb. 7.73: Dialogfenster für ein reales Vehikel

Abb. 7.74: Direkte Befehle an ein reales Vehikel

Reale Vehikel, die mit realen Assoziativmaschinen ausgestattet sind, gibt es derzeit nicht. Daher sind Erfahrungen durch Simulation zu sammeln. Zur Simulation einer Assoziativmaschine, die das reale Vehikel steuert, bieten einfache reale Vehikel nicht genügend Speicherplatz. Also werden Befehle und Daten zwischen Vehikel und dem Rechner, auf dem die Simulation läuft, hin und her zu senden sein. Der Simulator VIDAS unterstützt dieses Vorgehen auch für den NXT-Robotbaustein[35] von Lego.[36] Mit VIDAS lassen sich die Aktoren[37] und Sensoren[38] der Robotbausteine dieses Herstellers ansprechen.

Funkverbindung

Aktoren und Sensoren

Das NXT-Robotfenster von VIDAS erlaubt die Nutzung und Überprüfung vieler Funktionen des NXT-Bausteins. Im Fenster wird unten rechts die Batteriespannung und die Reaktionszeit des Bausteins angezeigt. Das **Roboter**-Menü des NXT-Fensters (s. Abb. 7.73) verweist auf die besonderen Befehle der Lego-Modelle von VIDAS. Im **NXT Direct Commands**-Menü (s. Abb. 7.74) ist der Befehlssatz des Herstellers aufgelistet.[39] Durch beide Menüs lassen sich die ausgewählten Befehle entweder direkt ausführen oder nach Eingabe weiterer Daten über Dialogfenster zur Ausführung bringen. In Abb. 7.75 ist dazu beispielsweise das Dialogfenster zur Eingabe der Daten für die Motorsteuerung wiedergegeben.

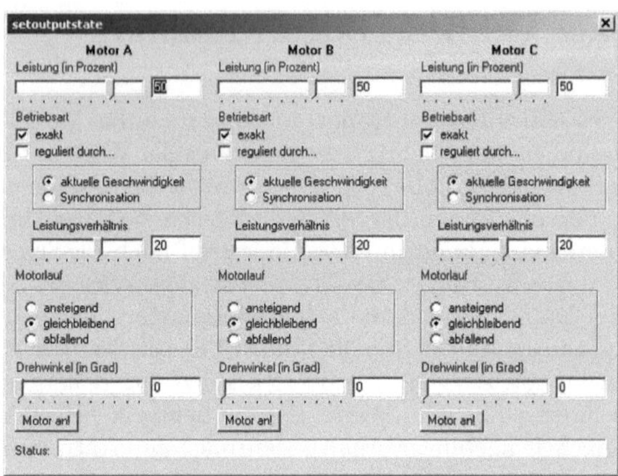

Abb. 7.75: Dialogfenster zur Eingabe von Daten zur Motorsteuerung

vielfältige
Möglichkeiten

Die Abbildung 7.75 lässt erkennen, welche Vielfalt an Einstellmöglichkeiten solche Robotbausteine bieten, um Bewegungen wie gewünscht ausführen zu können. Ein in den Motoren untergebrachter Drehsensor unterstützt die Bewegungskontrolle, indem er die Anzahl an Umdrehungen der Motorachse feststellt. Andere Dialogfenster bieten die Einstellungs- und Abfragevarianten der weiteren am Robotbaustein befestigten Sensorik an.

Der Umfang der sich daraus ergebenden Möglichkeiten und der Befehlssatz der Lego-Modelle von VIDAS sollen in diesem Kapitel nicht detailliert vorgestellt werden. Im Folgenden wird lediglich auf einige Besonderheiten dieser Modelle in ihrer Eigenschaft als reale Vehikel eingegangen.

Bewegungsbefehle

Wie im Turtle-Modell sind auch in den Lego-Modellen Bewegungsbefehle wie **vorwaerts**, **rueckwaerts**, **rechts**, **links** vorhanden, deren Wirkung durch den Menüpunkt **Extras - Motor-Einstellungen** eingestellt werden kann. Dieses ist notwendig, da aus den Bausätzen eine Vielzahl unterschiedlicher Vehikel zusammengesetzt werden kann,[40] deren Bewegungseigenschaften variieren. Lässt man beispielsweise das Programm P62 laufen, dann ist zu erwarten, dass das Vehikel einen quadratförmigen Weg abfährt, wie es die Turtle im Turtle-Modell machen würde. Die Befehle **rechts** und **links** sollen wie dort eine Drehung um 45° bewirken.

P62

```
( 1)    :: nxtmodell1
( 2)
( 3)    var i
( 4)    &zfolge 4 -r0
( 5)    merke i=@drei
( 6)
( 7)    markiere oben
( 8)       vorwaerts
( 9)       vorwaerts
(10)       rechts
(11)       rechts
(12)       &inkk i
```

```
(13)       nullspringe schluss
(14)       springe oben
(15)       markiere schluss
```

Trotz der Bemühungen um eine exakte Einstellung der Motorbewegungen mit **Extras - Motor-Einstellungen** wird das reale Vehikel aus den eingangs genannten Gründen meist vom geplanten Weg etwas abweichen. Dieses ist eine Erfahrung, wie sie bereits beim ursprünglichen, realen Turtle-Modell zu beobachten war (s. S. 228). Für die genaue Positionierung oder die Positionsbestimmung des realen Vehikels reichen die odometrischen Mittel des Bausteins bei längeren Wegen nicht aus.[41] Auch Positionierungssysteme wie *GPS* oder *Galileo* bieten für diesen Fall nur eine ungenügende Genauigkeit.[42] Eine Richtungsbestimmung mit Hilfe von Magnetfeldsensoren ergab in der Praxis ebenfalls keine befriedigend genauen Daten für eine ausreichend exakte Ausrichtung des Vehikels.[43]

An dieser Stelle der Überlegungen erinnere man sich an die Orientierung der Robot-Modelle im Merkmalswald (vgl. Kap. 7.7) und an die Eigenschaften der Abfrage von Assoziativmatrizen (vgl. Kap. 2.5). Sollte sich das reale Vehikel einer bekannten Umgebung nähern, wird ihm die Sensorik Messwerte aus der Umgebung liefern, die zu immer größeren Schwellwerten führen, je näher man der bekannten Umgebung kommt.

Orientierung durch Schwellwertbeobachtung

Für die realen Vehikel wurden dazu zwei Befehle eingeführt, die das Vehikel in diejenige Position der näheren Umgebung bringen, in der die Messwerte bezüglich der eingesetzten Kodierung den größten Schwellwert ergeben. Mit dem Befehl **schnuppere** wird das Vehikel etwas hin- und hergedreht, bis das Schwellwertmaximum gefunden ist. In der zu diesem Maximum gehörenden Umgebung bleibt es stehen. Der Befehl **schnueffle** wirkt entsprechend, nur dass das Vehikel etwas vor- und zurückfährt, um den Ort mit dem höchsten Schwellwertausschlag zu finden.

schnuppere und **schnueffle**

Wie sich der Schwellwertausschlag verändert und zur Positionierung nutzen lässt, kann man an einem Beispiel P63 zeigen, in welchem ein Vehikel auf eine bekannte Umgebung zufährt.

```
( 1)       :: nxtmodell1d
( 2)
( 3)       var i, umg
( 4)       &zfolge 10 -r
( 5)                           ! bekannte Umgebungen lernen
( 6)       lerne #DSMWDMSSW# = #DSMWDMSSW#
( 7)       lerne #WWWWHDSMH# = #WWWWHDSMH#
( 8)       lerne #MHDSSHWDM# = #MHDSSHWDM#
( 9)       lerne #SSWWWHMHD# = #SSWWWHMHD#
(10)       lerne #SSHWDMDSD# = #SSHWDMDSD#
(11)                           ! losfahren und schauen
(12)       merke i = @vier
(13)       sensorlichtan
(14)       markiere oben
(15)         wenigvor
(16)         schaue umg
(17)         zeige umg
```

P63

```
(18)          frageweiter
(19)          &inkk i
(20)          nullspringe ende
(21)      springe oben
(22)      markiere ende
(23)      sensorlichtaus
```

Beispiel zur Positionierung eines Vehikels durch Schwellwertbeobachtung

In den Abbildungen 7.76 bis 7.79 zeigt links auf dem Graustufenbild ein Quadrat die Position der Sensoren des Vehikels an, das sich über eine bekannte Umgebung hinwegbewegen soll. Das Vehikel ist mit 3 x 3 Lichtsensoren ausgestattet. Es werden jeweils fünf Helligkeitsstufen unterschieden: W – weiß, H – hellgrau, M – mittelgrau, D – dunkelgrau, S – schwarz. Die Umgebung, über der sich das Vehikel in Abbildung 7.78, also beim dritten Schritt, befindet, ist eine der bekannten Umgebungen. Die Kodierung dieser und anderer Umgebungen wurde in den Zeilen (6) bis (10) von P63 ins Langzeitgedächtnis L eingetragen. Das Vehikel fragt nach jedem `wenigvor`-Schritt in Zeile (15) mit der Kodierung der aktuellen Umgebung ab. Das geschieht durch den `frageweiter`-Befehl in Zeile (18). Die zu diesen Abfragen gehörenden Schwellwertdiagramme sind in den Abbildungen 7.76 bis 7.79 wiedergegeben.

Die Befehle in den Zeilen (13) und (23) sorgen für das Ein- und Ausschalten der Beleuchtung der durch die Lichtsensoren abzutastenden Unterlage.[44] Der `schaue`-Befehl in Zeile (15) leistet bei diesem Modell, das mit `nxtmodell1d` bezeichnet wurde, die Messung der neun Helligkeitswerte, ihre jeweilige Einordnung in die fünf Helligkeitsstufen W, H, M, D, S und die Kodierung mit dem Zeichenpaarverfahren.[45]

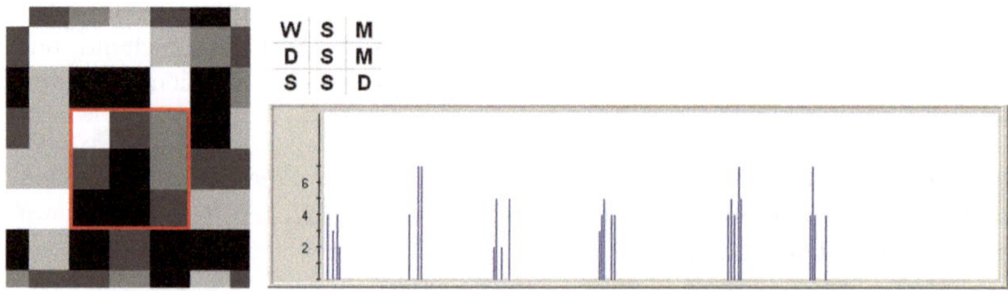

Abb. 7.76: Ein Vehikel mit 3 x 3 Sensoren nähert sich einer bekannten Umgebung.

Im ersten Schritt liefert die Sensorik die in Abb. 7.76 oberhalb des Schwellwertdiagramms angezeigten Helligkeitsstufen. Nach der Abfrage mit der Kodierung dieser Messergebnisse liegen die größten Schwellwerte bei 7.

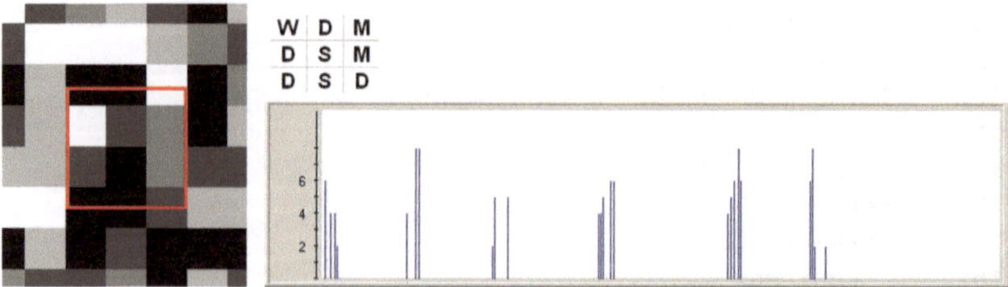

Abb. 7.77: Kurz vor der bekannten Umgebung werden die Schwellwerte größer.

Nach dem nächsten `vorwaerts`-Schritt (s. Abb. 7.77) ergeben sich Schwellwerte bis zur Größe 8.

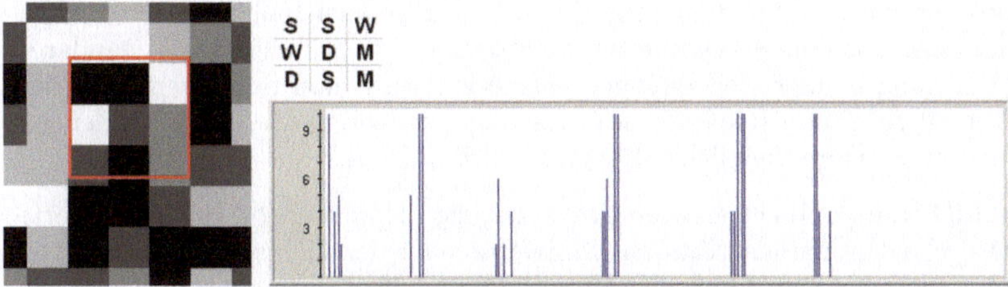

Abb. 7.78: In der bekannten Umgebung werden die Schwellwerte maximal.

Im dritten Schritt (s. Abb. 7.78 erreichen die Schwellwerte ein Niveau von 10. Mehr ist bei der in diesem Beispiel eingesetzten Kodierung für die neun Helligkeitsstufen nicht möglich.

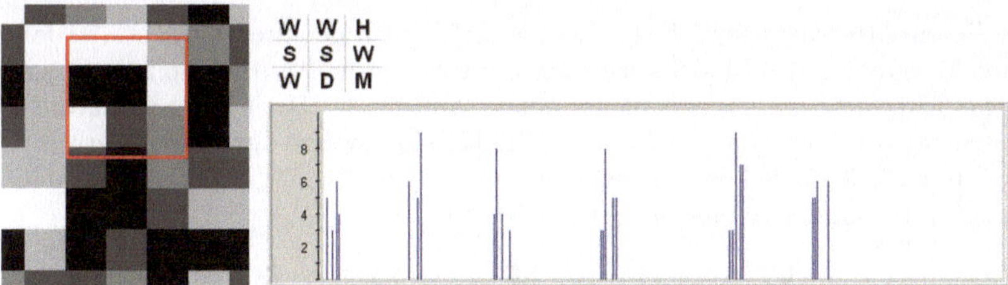

Abb. 7.79: Hinter der bekannten Umgebung werden die Schwellwerte wieder kleiner.

Nachdem das Vehikel die bekannte Umgebung überquert hat (s. Abb. 7.78), gehen die Schwellwerte wieder zurück (s. Abb. 7.79). Das Vehikel könnte nun also zur vorherigen Position zurückfahren, wenn es bei der gestellten Aufgabe darum geht, sich bestmöglich in einer bekannten Umgebung zu positionieren.

Bei der Erfassung von Messwerten aus ihrer Umgebung werden bei realen Vehikeln verschiedene Arten von Sensoren und Kodierverfahren beziehungsweise Kodierfeldern (vgl. Kap. 7.7) zum Einsatz kommen. Lichtsensoren, Abstandsmessgeräte, Kameras, Mikrofone und weitere Messfühler für Temperaturen, elektrische Spannungen, Druck, Gas-, Rauch- oder Feuchtigkeitskonzentrationen liefern Messwerte, die die Eigenschaft haben, mehr oder weniger zu streuen. Misst man beispielsweise mit einem NXT-Lichtsensor die Helligkeit desselben Untergrunds mehrmals aus, so treten Streuungen von etwa 5 Einheiten auf.[46] Der Abstand von der Unterlage spielt hier eine Rolle, ein etwaiger Lichteinfall von außen oder technische Eigenarten der einzelnen Sensoren.[47] Folglich bietet es sich an, die Differenzen zwischen den von den Sensoren kommenden Messergebnissen auszuwerten, statt sich auf absolute Messwerte zu verlassen. Diese Differenzen wären dann zur Merkmalsfeststellung heranzuziehen. Möchte man als Merkmal gewinnen, ob der vom Sensor gelieferte Messwert oder eine Differenz von Messwerten innerhalb eines bestimmten Intervalls liegen, wird man um eine Kalibrierung der Sensoren nicht herumkommen, um ihre Verschiedenheit auszugleichen. Hierfür hält VIDAS im NXT-Robotfenster einige Werkzeuge bereit (Menüpunkt **Extras**

Unterschiede statt absoluter Werte

```
-- Kalibrierung).
```

Breite des Messwertintervalls pro Merkmal

Die zu wählende Intervallbreite wird man von der Streuung der Messwerte abhängig machen. Lässt eine Reihe von Messungen der Helligkeit der gleichen Unterlage mit einem bestimmten Lichtsensor eine Schätzung der Standardabweichung σ aller Helligkeitsmesswerte zu, wird man mit deren Hilfe das Intervall so groß wählen können, dass das zugehörige Merkmal mit der gewünschten Wahrscheinlichkeit erkannt wird.[48]

Beispiel für die Wahl der Intervalle

In P63 wurden Lichtsensoren eingesetzt, die theoretisch 2^{10} Helligkeitswerte unterscheiden können. Tatsächlich lieferte einer der Lichtsensoren im Mittel Messwerte zwischen 424 (weiße Unterlage) und 668 (schwarze Unterlage), wie die Abbildung 7.80 veranschaulicht.

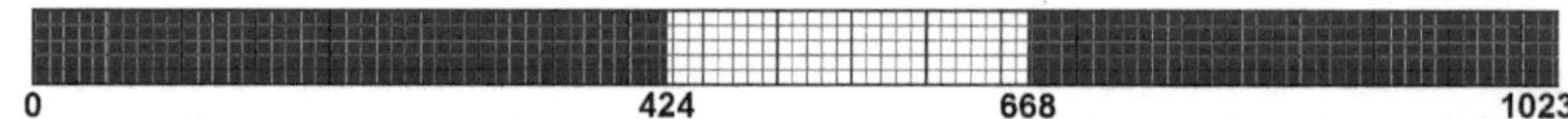

Abb. 7.80: Messwertebereich eines Lichtsensors

In diesem Messwertebereich wurden die fünf Intervalle untergebracht, die den fünf Merkmalen des Modells `nxtmodell1d` zugeordnet werden sollen. Abbildung 7.81 zeigt die dazu vorgenommene Aufteilung. Bei einer Standardabweichung von jeweils $\sigma \approx 5$ für die Helligkeitsmesswerte der fünf Helligkeitsstufen W, H, M, D, S könnten offenbar noch deutlich mehr Helligkeitsstufen sicher voneinander unterschieden werden.[49]

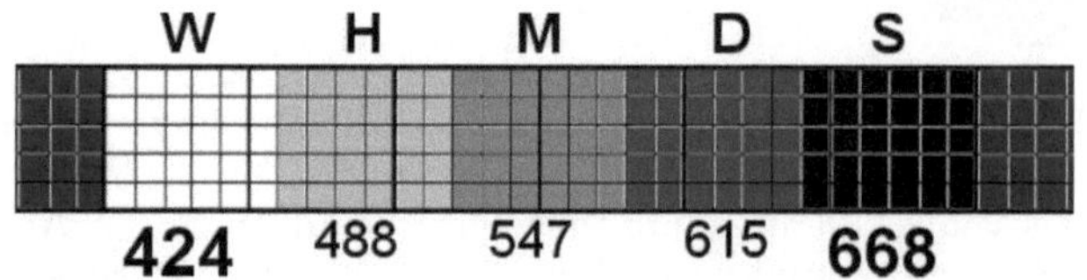

Abb. 7.81: Messwertintervalle eines Lichtsensors

In Abbildung 7.81 sind unten jeweils die gerundeten Mittelwerte der gemessenen Helligkeitswerte für den untersuchten Lichtsensor angegeben. Eine Aufteilung in Messwertintervalle wird für jeden angeschlossenen Lichtsensor gesondert vorgenommen.

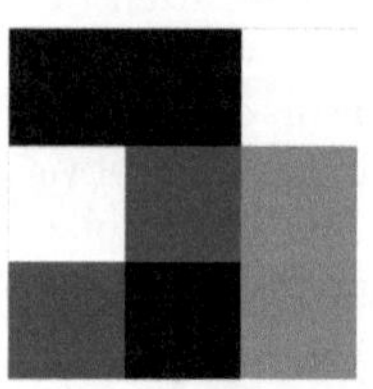

Dem links gezeigten Ausschnitt aus dem Merkmalswald von P63 müssten gemäß dieser Aufteilung die rechts abgebildeten Merkmale zugeordnet werden, wenn die Lichtsensoren genau genug positioniert sind.

S	S	W
W	D	M
D	S	M

Sollte das reale Vehikel mit einer Kamera statt mit einzelnen Lichtsensoren ausgestattet sein, lässt sich das Kamerabild in Felder aufteilen, deren mittlerer Helligkeitswert (oder Farbwert) dann wiederum Helligkeitsstufen (Farbstufen) und also Merkmalen zugeordnet wird. Zur Erläuterung dieses Vorgehens zeigt Abbildung 7.82 links ein Kamerabild und rechts dessen Aufteilung in Farbfelder.[50]

Abb. 7.82: Aufteilung eines Kamerabildes in Farbfelder

Das Aufteilen eines Bildes in ein solches Mosaik scheint das Erkennen nicht zu behindern, wie man nicht zuletzt sogenannten „Pixelbüchern" entnehmen kann, in denen Figuren durch wenige Pixel[51] dargestellt und dennoch erkennbar sind.[52]

Zur schnellen Erkennung der Umgebung bietet es sich an, nicht nur ein einzelnes Kamerabild, sondern auch demgegenüber etwas gedrehte Bilder zu lernen. Dies geschieht entweder in eine einzige Assoziativmatrix oder in eine aus mehreren Assoziativmatrizen bestehende Struktur, die man als mehrschichtig beschreiben kann. Jede der Schichten bewahrt die Erinnerung einer anderen Sicht auf das zu erkennende Bild. Abb. 7.83 zeigt drei der gegenüber dem Kamerabild aus Abb. 7.82 gedrehte Sichten. Eine mehrschichtige assoziative Struktur dieser Art ermöglicht das schnellere Erkennen einer Umgebung verglichen mit Vorgehen, bei denen eine Mechanik oder eine Bildverarbeitung die Drehung des Kamerabildes vornimmt und die gedrehten Bilder dem Langzeitgedächtnis L nacheinander vorlegt.[53]

mehrschichtige assoziative Struktur

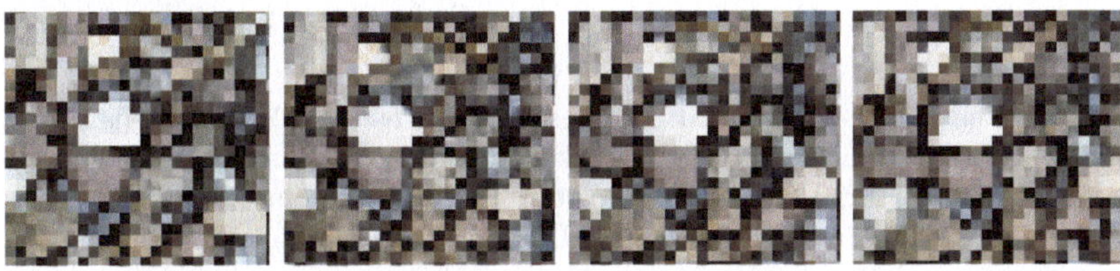

Abb. 7.83: Um -5, 0, 5, 10 Grad gedrehtes Kamerabild.

Zur Umsetzung des Wunsches einer gesonderten Einordnung von Messwerten, die auf oder nahe einer Intervallgrenze liegen, könnte man ansetzen, indem man diese Messwerte in beide Intervalle einordnet, sich also zu diesen Messwerten zwei Helligkeitsstufen merkt. Für den Erfolg der Umgebungserkennung kommt es darauf an, für diesen Ansatz eine ähnlichkeitserhaltende Kodierung zu finden.

Zuordnung von Messwerten zu mehreren Merkmalen

An die Stelle der bisher genutzten Paarkodierung kann beispielsweise eine Kodierung treten, bei der für jedes Farbfeld des Kamerabildes ein bestimmter

Positionskodierung

Bereich der Bitfolge für die Fragen und Antworten reserviert wird. Möchte man beispielsweise n Merkmale pro Farbfeld unterscheiden, dann könnte man für das Feld in der linken, oberen Ecke des Kamerabildes stets die ersten n Bits nutzen, für das Farbfeld rechts davon die nächsten n Bits und so fort. Man setzt innerhalb dieser n Bits dasjenige, welches dem gemessenen Merkmal entspricht. Eine solche Kodierung wird **Positionskodierung** genannt. Sie erlaubt dadurch, dass man auch mehrere Bits innerhalb eines solchen Bereichs setzen könnte, einen Messwert gleichzeitig auf zwei Merkmale abzubilden.

Nehmen wir an, es wird wie im Beispiel weiter oben zwischen den Helligkeitsstufen W, H, M, D, S unterschieden und eine Messung in einem 3x3-Feld ergab die nebenstehenden Werte, wobei unten in der Mitte nicht klar zwischen einem D und einem S entschieden werden konnte. Dann lässt sich dafür mit der Positionskodierung die folgende Folge an Nullen und Einsen bilden: (00001 00001 10000 10000 00010 00100 00010 00011 00100). Eine Anfrage mit dieser 0,1-Folge wird trotz der zwei Einsen im vorletzten Feld die gewünschte Antwort erbringen.

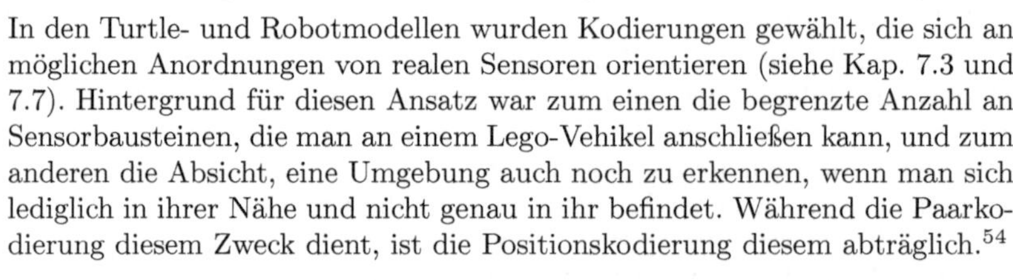

In den Turtle- und Robotmodellen wurden Kodierungen gewählt, die sich an möglichen Anordnungen von realen Sensoren orientieren (siehe Kap. 7.3 und 7.7). Hintergrund für diesen Ansatz war zum einen die begrenzte Anzahl an Sensorbausteinen, die man an einem Lego-Vehikel anschließen kann, und zum anderen die Absicht, eine Umgebung auch noch zu erkennen, wenn man sich lediglich in ihrer Nähe und nicht genau in ihr befindet. Während die Paarkodierung diesem Zweck dient, ist die Positionskodierung diesem abträglich.[54]

Könnte man statt einzelner Lichtsensoren eine Kamera an das Vehikel montieren und wollte man das Kamerabild zur Umgebungs- beziehungsweise Bilderkennung mit der Assoziativmaschine auswerten, dann stünde man wie bei den Farbfeldern der nebenstehenden Abbildung vor der Aufgabe, entweder das Mosaik an Farbwerten durch ein entsprechend größeres Kodierfeld zu verarbeiten oder das Kamerabild in weniger Farbfelder aufzuteilen oder das Mosaik mit einem kleineren Kodierfeld „abzufahren".[55]

Bilderkennung

Mischformen der Programmierung

mache

Abschließend sei noch darauf hingewiesen, dass mit VIDAs auch Mischformen der Programmierung realer Vehikel möglich sind, also teilweise durch die Assoziative Programmierung und teilweise durch die herkömmliche Programmierung eines Lego-Bausteins.[56] Das heißt zum Beispiel, dass man die Bewegungskontrolle oder Messwertaufnahme des Fahrzeugs einem Programm überlässt, welches im Robotbaustein abgelegt und in ihm ausgeführt wird. Mit dem Befehl mache stößt dann die Assoziativmaschine diese Programme an. Als Parameterwert ist der Name des Programms im Robotbaustein anzugeben, beispielsweise bewirkt

```
mache "vorwaerts"
```

die Ausführung einer Vorwärtsfahrt des Vehikels um eine im NXT-Programm „vorwaerts" festgelegte Strecke. Bei zeitkritischen Abläufen oder bei schlechten Funkverbindungen lassen sich durch den Aufruf solcher in den Robotbaustein geladenen Programme Abläufe beschleunigen und Störungen vorbeugen.

7.12 Übungen 15

Ü 15.1 (Lego-Modell 1)

Man schreibe ein Programm, durch welches ein Vehikel einen Weg abfährt, der einem gleichseitigen Dreieck gleicht.

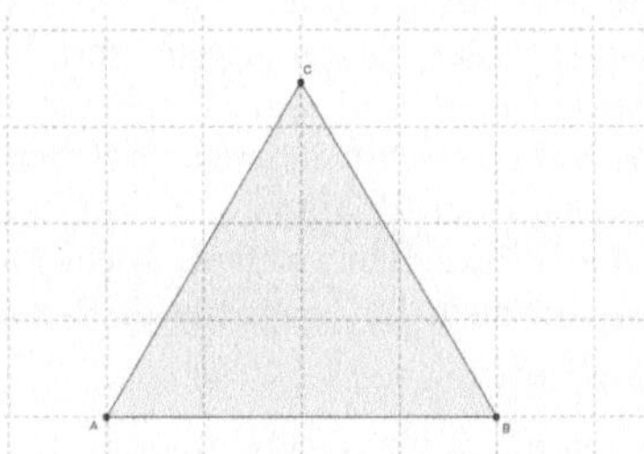

Ü 15.2 (Lego-Modell 1)

a) Man erzeuge mit VIDAS einen Graustufenausdruck wie abgebildet (Menüpunkt `Extras -- Zufallsfeld -- neues Feld erzeugen`).

b) Man lasse ein Vehikel einen Weg auf diesem Ausdruck lernen, indem es jeweils einen `vorwaerts`-Schritt macht und dabei die aktuelle Umgebung ins Langzeitgedächtnis L eingetragen wird.

c) Danach setze man das Vehikel wieder an die Startposition und lasse es durch die Assoziativmaschine gesteuert dem gelernten Weg bis zu der Stelle folgen, an dem es beim Lernen anhielt.

Ü 15.3 (Lego-Modell 1)

Im Unterverzeichnis NXT des Simulators VIDAS befindet sich eine Datei namens `lied.txt`. Man ändere den Inhalt dieser Datei so ab, dass ein anderes Lied als das vorhandene vom Robotbaustein abgespielt wird (Menüpunkt `NXT Direct Commands -- playtone` und dann Schaltfläche `Lied`).

Ü 15.4 (Lego-Lichtsensor)

Ein Lichtsensor lieferte beim Messen der Helligkeitswerte einer schwarzen Unterlage die sechs Werte 652, 656, 668, 649, 650 und 652. Wie breit sollte man das Messwertintervall für das Merkmal „schwarz" mindestens wählen, damit erwartet werden kann, dass 95 % der Messwerte in ihm liegen?

7.13   Künstliches Wesen

Beim Entwurf von Modellen der Assoziativmaschine gelangte man auch zu
solchen, bei denen man zur Beschreibung ihrer Leistung auf Bezeichner wie
„Robot" und „Homunkulus" zurückgriff. Dieses sei Anlass, diesen Benennun-
gen und den Erwartungen und Vorstellungen, die mit diesen Namen verbunden sind und waren, nachzugehen. Ferner mögen diese Betrachtungen
darüber Aufschluss geben, welcher Abstand sich in diesem Bereich zwischen
menschlicher Phantasie, Zukunftsträumen, Science Fiction und der technischen Wirklichkeit auftut. Nicht zuletzt sei auf die Problemkreise verwiesen,
mit der sich die Literatur in Bezug auf künstliches Wesen seit Langem beschäftigt.

Wortfelder

Schon als es im Kapitel 6.6 um das Sammeln von Eindrücken und das Bilden
von Begriffen ging, erwies es sich als hilfreich, die zugehörigen Wortfelder
zu betrachten (s. S. 226, Anm. 32), um den Dingen auf den Grund zu gehen und Ansätze zu finden, ihre Erfassung mit der Assoziativmaschine zu
beschreiben.[57] Das führte dort zu einem „Gedanken machen", welches nicht
zielgerichtet war, sondern von einem `wuerfle`-Befehl angetrieben wurde. Von
einem Roboter oder gar Androiden[58] erwartet man aber in der Regel, dass
das Handeln ein Ziel hat, dass eine Aufgabe gelöst wird. Was wir von einem
künstlichen Wesen erwarten und mit ihm in Verbindung bringen, legen die
zugehörigen Wortfelder zum Teil offen, weswegen wir im Folgenden einige
davon untersuchen.

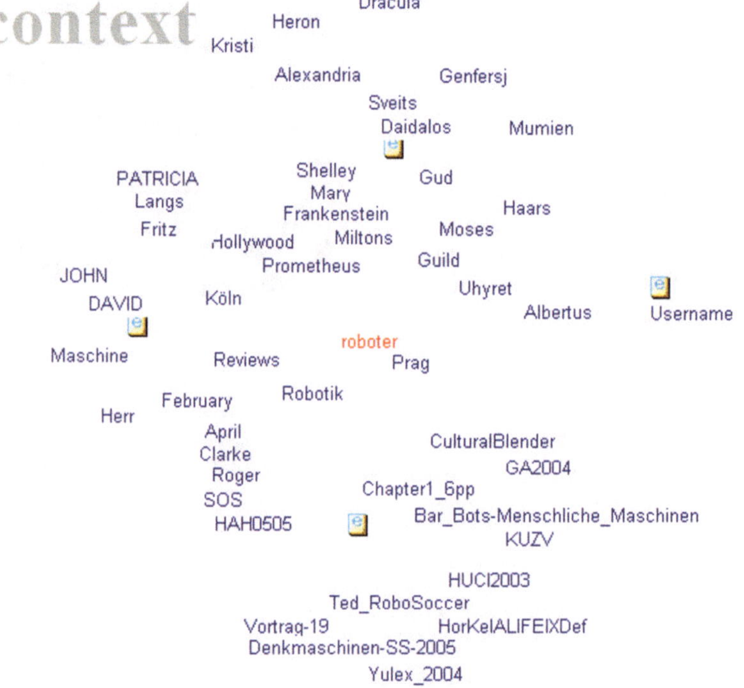

Abb. 7.84: SENTRAX-Wortfeld zum Suchbegriff 'roboter'

Zur Erledigung der Aufgabe, Wortfelder zu bilden, lassen sich wiederum Assoziativmatrizen einzusetzen, nämlich diejenigen der Kontextsuchmaschine SENTRAX.[59] Die SENTRAX fertigte aus zweihundert zum Thema gesammelten Dokumenten das Wortfeld in Abbildung 7.84 an.[60]

SENTRAX

Dass in der Nähe des Wortes 'roboter' ein Begriff wie 'Robotik' auftaucht, hätte man erwartet, aber die Wörter 'Prag', 'Prometheus' oder gar 'Frankenstein' überraschen. Eine Anfrage mit dem englischsprachigen 'robot' erbrachte weitere Fingerzeige auf die Zusammenhänge. Die SENTRAX-Suche lieferte das in Abbildung 7.85 wiedergegebene Wortfeld.

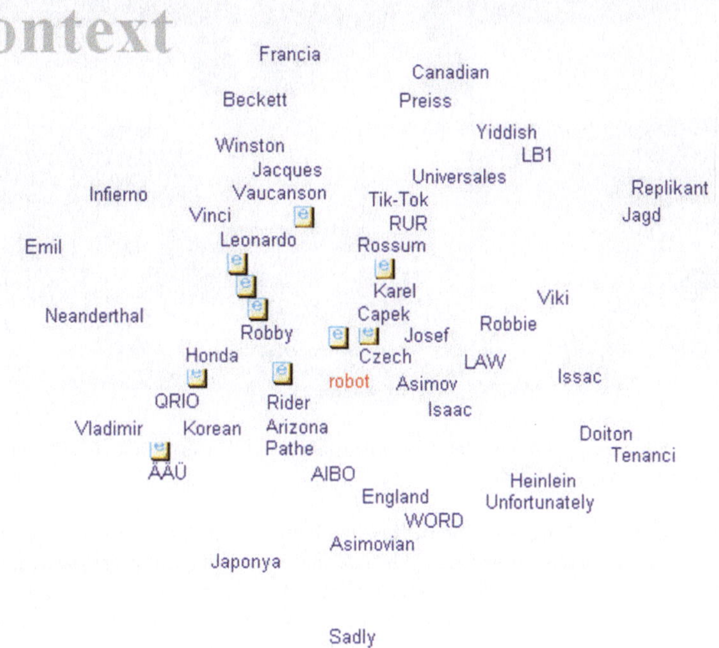

Abb. 7.85: SENTRAX-Wortfeld zum Suchbegriff 'robot'

Wieder verweist die Wortwolke auf Tschechien und nennt die Autoren Isaac Asimov und Karel Čapek. Ferner springen die Roboterprodukte 'QRIO' und 'AIBO' ins Auge.[61] 'RUR' ist der Name eines Dramas von Karel Čapek und im Stück selbst die Abkürzung für „Rossum's Universal Robots". Damit hatte Čapek die wohl von seinem Bruder Josef stammende Bezeichnung 'Roboter' auf die Bühne gebracht. Sie prägten das Wort in Nutzung des slawischen Worts 'robota' für 'Fronarbeit'.[62,63] Im damaligen Bühnenbild von RUR liest man die neue Bezeichnung an mehreren Stellen der Bühnenwände (s. Abbildung 7.86).

Karel Čapek und RUR

Bei Čapek sind Roboter Wesen aus belebter „kolloidaler Gallerte",[64] die maschinell in Fabriken gefertigt werden. Harry Domin, Generaldirektor von Rossum's Universal Robots, erklärt: „Roboter sind keine Menschen. Sie sind mechanisch vollkommener als wir, haben eine verblüffende Intelligenz, aber sie haben keine Seele". Der RUR-Konzern fährt große Gewinne ein, indem immer mehr Arbeiter gegen die billigeren Roboter ausgetauscht werden. Als die

Arbeiter dagegen revoltieren, bewaffnet man die Roboter und lehrt den Soldatenrobotern das Töten so gründlich, dass von der Menschheit kaum etwas übrig bleibt (nach [Wuckel 1986], S. 140).

Abb. 7.86: Szenenbild aus der Uraufführung von Čapeks Stück „RUR" im Nationaltheater Prag (21.1.1921)

Durch Çapeks Stück und beim Thema Roboter und Arbeiterschicksal fühlt man sich sogleich an den Film „Metropolis" von Fritz Lang erinnert. Der Name Fritz Langs tauchte im ersten Wortfeld in Abbildung 7.84 auch bereits auf, denn die Wortfelder geben solche Assoziationen wieder. Lang ließ in seinem Film erstmals einen Roboter auftreten, eine Roboterfrau, die eine Arbeiterrevolte und in deren Folge die Flutung der unterirdischen Arbeiterstadt auslöst. Im Unterschied zu Čapeks Robotern aus Gallerte erhält der Roboter bei Lang ein metallenes Inneres (s. nebenstehende Abbildung). Er wird durch offenbar elektrische Vorgänge zu einem Androiden, zu einer Kopie der weiblichen Hauptfigur des Films gemacht. Bei der Schaffung künstlicher Menschen mit Hilfe rätselhafter elektrischer Wirkungen wird man an den Film über Frankensteins Monster von 1931 denken, und auch diese Assoziation lässt sich im Wortfeld in Abbildung 7.84 entdecken.[65]

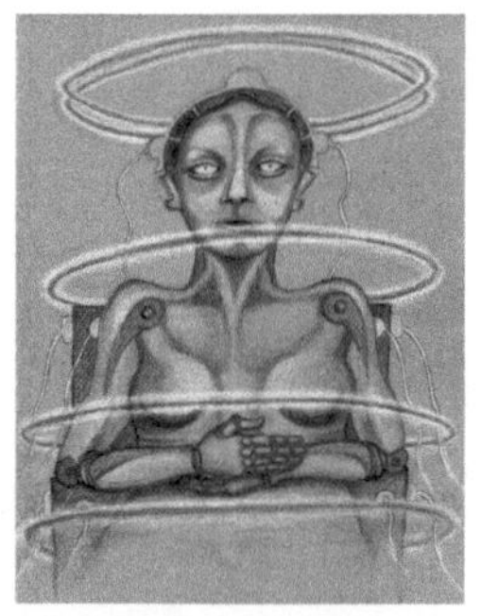

Metropolis-Gynoid (1926)

HRP-4C (2009), ©AIST, www.aist.go.jp

Während japanische Publikationen und Forschungsberichte bis heute auf eine verbreitete Roboterbegeisterung schließen lassen können,[66] liest man aus europäischen Veröffentlichungen neben der Freude an neuer Technik nicht selten auch kritische Töne zum Umgang mit künstlich erschaffenen Wesen heraus. Der Name Isaac Asimovs,[67] auf den weiter unten in diesem Zusammenhang noch einzugehen sein wird, wurde von der SENTRAX in Abbildung 7.85 bereits in der Nähe der Namen von Josef und Karel Čapek gefunden.

Den SENTRAX-Wortfeldern lassen sich auch noch frühere Vorstellungen von der Entstehung künstlichen Wesens entnehmen, also aus der Zeit vor Karel

Čapek. Geben wir dazu in die SENTRAX noch einmal neugierig die Kombination 'Prag robot' ein und betrachten die sich ergebende Wortwolke (s. Abbildung 7.87).

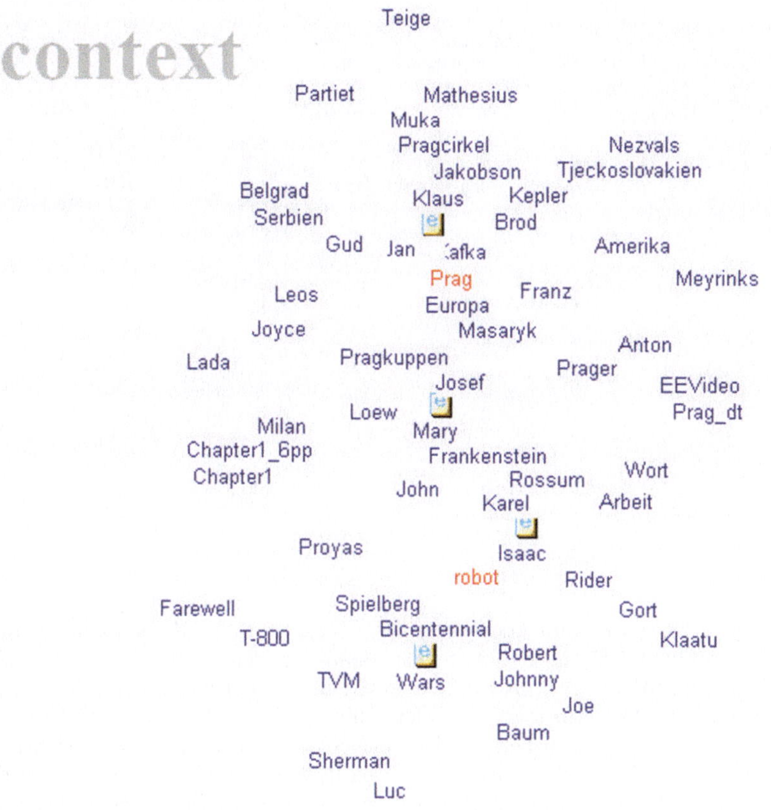

Abb. 7.87: SENTRAX-Wortfeld zum Suchbegriff 'Prag robot'

Auffällig sind in Abbildung 7.87 die Namen 'Loew', 'Frankenstein' und rechts auch 'Meyrink', wozu man erfährt, dass Gustav Meyrink 1915 ein Werk mit dem Titel „Der Golem" veröffentlichte,[68] in welchem der Golem auftritt, der in den Legenden um den Rabbi Löw als künstliches Wesen erschaffen wird.[69] Von Rabbi Löw berichtet die Legende, dass er eine Gestalt aus Lehm zum Leben erweckt habe, um die Prager Juden gegen Verfolgungen zu schützen. Eine SENTRAX-Abfrage mit 'golem robot' lässt den Namen 'Löw' dann auch in dieser Schreibung auftauchen, wie die Abbildung 7.88 zeigt.[70] Bezeichnend ist, dass im Unterschied zur Schaffung des künstlichen Wesens in „Metropolis" nicht etwa vermeintlich naturwissenschaftliche Erkenntnisse eingesetzt werden, sondern auf Lehm und mystisches Wissen im Umfeld der Kabbala zurückgegriffen wird.[71]

Auch die Hauptfigur aus Mary Shelleys Roman „Frankenstein oder Der moderne Prometheus" (1819), Victor Frankenstein, ein Forscher an der Universität Ingolstadt, der einen künstlichen Menschen erschafft, nimmt vermeintlich naturwissenschaftliche Erkenntnisse zu Hilfe. Mit dem Stichwort 'Fran-

Abb. 7.88: SENTRAX-Wortfeld zum Suchbegriff 'golem robot'

kenstein' sind wir dann auch bei einem weiteren SENTRAX-Suchergebnis aus Abbildung 7.87 angelangt.[72] Das Rätsel um den Namen 'Prometheus', welchen die SENTRAX im Kontext mit dem Wort 'Roboter' in Abbildung 7.84 anzeigte, löst sich auch bei einem Blick in [Schwab o.J.] auf.[73] Prometheus schuf seinen Menschen aus Ton und belebte den „Erdenkloß" mit Athenes Hilfe. Ähnliche Schöpfungsgeschichten finden sich in der Bibel[74] und im Gilgamesch-Epos[75], in welchem Aruru das menschenähnliches Wesen Enkidu erschafft.[76] In der ägyptischen Mythologie setzt Isis den von Seth zerstückelten Osiris wieder zusammen und erweckt ihn durch ihre Zauberkraft.[77]

War in den frühen Erzählungen die Schaffung künstlichen Wesens einem Gott, Göttern, Halbgöttern vorbehalten, so wird es sehr reizvoll gewesen sein, als man im Zeitalter der Aufklärung begann,[78] von Uhrwerken getriebene, mechanische Puppen zu entwickeln, die den Anschein erweckten, sie besäßen Fähigkeiten lebender Wesen. Es sind als mechanisch angetriebene Figuren aus dieser Zeit beispielsweise ein Flötenspieler, eine Ente,[79] eine Organistin, ein Schreiber, ein Zeichner,[80] ein Trapezturner[81] und der berühmte „schachspielende Türke" von Wolfgang von Kempelen bis heute bekannt.[82] E.T.A. Hoffmann schreibt in „Die Automate" (1814) und „Der Sandmann" (1816) über künstliche Wesen.[83]

Goethe nahm sich 1831 im zweiten Akt des „Faust II"[84] der Erschaffung eines künstlichen Wesens an, des „Homunkulus", eines „Menschleins" also. Das „Menschlein" entsteht durch einen kunstvollen Vorgang in der Retorte. Schon Paracelsus lieferte für ein solches Vorgehen ein Rezept.[85] Goethe greift hier also nicht die Vorstellung auf, künstliches Wesen durch mechanisches Handwerk zu erzeugen, obwohl dieses in die Zeit passen würde, sondern liefert

Lehm, Ton, Erde, Odem des Lebens

mechanische Figuren

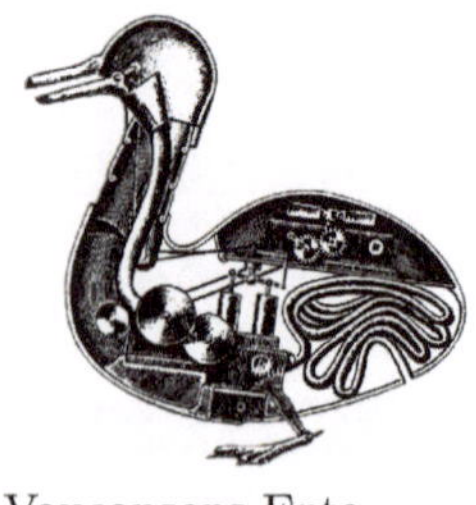

Vaucansons Ente

organische Materie

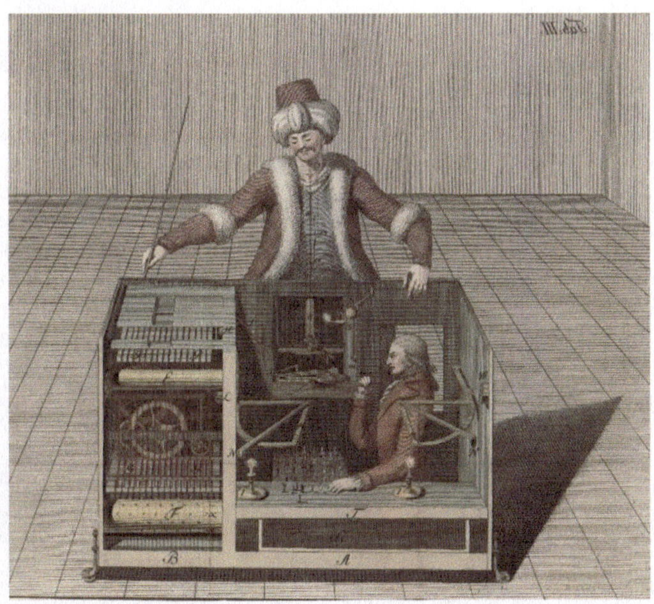

Abb. 7.89: Der „schachspielende Türke" des Wolfgang von Kempelen (1769)

eine Vorlage für Autoren, die ihre Kunstwesen im Reagenzglas entstehen lassen möchten.[86] Es geht Fausts Famulus Wagner vielmehr darum, dass der Mensch sich als „Denker" künftig losgelöst von Zufälligkeiten selbst erschaffen kann und dass „ein Hirn, das trefflich denken soll" entsteht.[87] In Kapitel 7.9 wurde die Bezeichnung „Homunkulus" für ein gedächtnisgestütztes Vehikel genutzt. Schon 1767 beschäftigte sich Goethe in einem Gedicht mit der Pygmalion-Erzählung,[88] ohne dort auf das Wesentliche, nämlich die Belebung des künstlichen Wesens einzugehen.

Mit dem Übergang von mechanischen, technischen Meisterstücken zu solchen, in denen elektrische Bauteile zum Einsatz kamen, wurden neue Phantasien frei, was die Schaffung von „Elektronengehirnen" und Robotern anging. Die SENTRAX lieferte in Abbildung 7.85 bereits den Namen Isaac Asimovs, der eine Vielzahl von Erzählungen schrieb, in denen das Zusammenleben zwischen Robotern und Menschen geschildert und auf mögliche Probleme, die aus dem Umgang miteinander entstehen, verwiesen wird. In der Kurzgeschichtensammlung „Ich, der Robot" geht Asimov auf viele Aspekte seiner drei sehr bekannt gewordenen „Robotergesetze" ein.[89] Dabei unterstellt er, dass ein Roboter in der Lage sein wird, einen Menschen als solchen zu erkennen.

Isaac Asimov: "Ich, der Robot" (©1952 Karl Rauch Verlag, Bad Salzig, Düsseldorf)

Vorstellungen über robotische Fähigkeiten

Die Erwartungen an die umfangreichen Fähigkeiten eines Roboters oder Androiden werden insbesondere im Film deutlich.[90] Von *Tobor* und *Robby*, ungelenke und kräftige Robotrecken aus den 50er-Jahren,[91] über die spezialisierten und vergnüglichen Serviceroboter *R2-D2* und *C-3PO* in den 70er-Jahren[92] bis zu einem selbstbewussten und lernbegierigen Androiden *Data* Ende der 80er-Jahre[93] und einem gegenständlich-holografischen Arzt[94] reicht die Bandbreite an Vorstellung von dem, was künstliche, menschenförmige Wesen in der Zukunft leisten könnten, eine Zukunft, die zum Teil bereits hinter uns liegt, ohne dass Roboter gebaut wurden, die wirklich in der Lage gewesen wären, autonom zu laufen oder gar zu handeln oder etwa mit Menschen tatsächlich frei kommunizieren zu können.[95]

Fortschritte in der Robotik wurden in Büchern und Zeitschriften nicht selten in Verkennung dessen dargestellt, was an künstlichem Wesen in den Folgejahren tatsächlich auf uns zukam. So spricht ein Artikel in der Zeitschrift *hobby* vom März 1954 davon, dass eine „Denkmaschine" die USA vor einem Krieg mit China bewahrt habe (s. Abbildung 7.90). Das Schicksal der Welt habe für einige Stunden am „Funktionieren von ein paar Relais und Röhren in einem Elektronengehirn" abgehangen. „Elektronengehirne" nennt der Autor „die Roboter unserer Tage", womit sich Unterschiede zwischen Robotern und Computern verwischen.[96] Eine Maschine namens *Garco*, deren

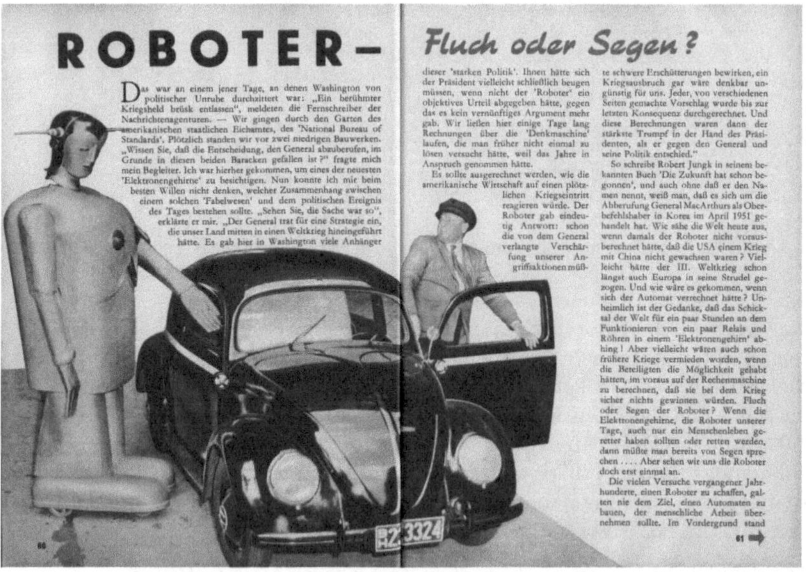

Abb. 7.90: Artikel über Roboter aus der Zeitschrift *HOBBY — DAS MAGAZIN DER TECHNIK* im März 1954 erschienen im Egmont Ehapa Verlag

Arme sich fernlenken ließen, wird anschließend als Roboter vorgestellt, der „sogar Schach spielen" könne (s. Abbildung 7.91), obwohl er wie die Mechanik des Schachautomaten des Wolfgang von Kempelen lediglich die Figuren zu bewegen vermochte. Mit der Bemerkung „Wie die Nervenbahnen des menschlichen Gehirns verbindet ein Gewirr von Drähten die einzelnen Bauelemente, die Zählwerke und Speichereinrichtungen" wird angesichts des unaufgeräumten Kabelgewirrs in einem alten Computer offenbar eine Begründung für die Verwendung des Begriffs „Elektronengehirn" versucht. Die Faszination für die Geschwindigkeit, in der diese Maschinen rechnen können, scheint Anlass, die für uns heute „unförmigen Taschenrechner" zusätzlich als „Gehirne" zu bewundern, als sei schnelles Rechnen etwas typisch Menschliches.[97, 98]

Immerhin hilft ein solcher Artikel aus heutiger Sicht dabei, die Gedanken zu ordnen, die ein Blick mit der SENTRAX auf das Wort Roboter hervorrief. Eines der Ergebnisse wäre, zwischen denjenigen Robotern zu unterscheiden,

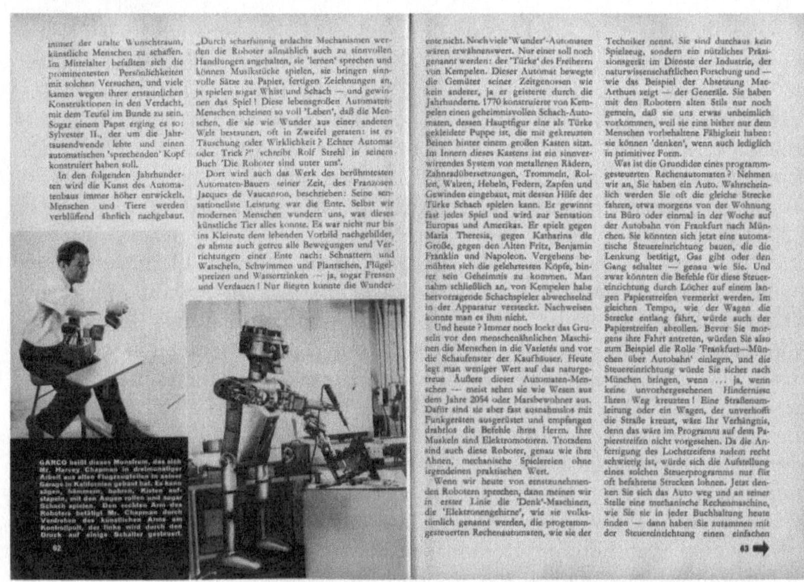

Abb. 7.91: Die Vorstellung von „Garco" in der Zeitschrift *HOBBY — DAS MAGA-ZIN DER TECHNIK* im März 1954 erschienen im Egmont Ehapa Verlag

die wie *Garco* lediglich ferngelenkt werden, und denen, die aufgrund eigener „Erkenntnisse" ihr Handeln in die eigenen Hände nehmen. Diese Erkenntnisse fußen auf Beobachtungen, also auf die von der Sensorik kommenden Messwerte. Diese müssten entweder im Roboter verarbeitet oder an ein angebundenes System übermittelt werden. Im letzteren Fall sind die Resultate von dort auch wieder zu empfangen. Zum zweiten reizt die Lektüre derartiger Artikel, bei den aktuell tatsächlich im Einsatz befindlichen Robotern zu untersuchen, wie viel sie von den nach- oder vorhergesagten Eigenschaften besitzen. Und schließlich ist auf die unterschiedlichen Ziele und Ergebnisse beim Nachbilden körperlicher, mechanischer Fertigkeiten und sensorischer, intelligenter Fähigkeiten einzugehen.

Ob es für einen Roboter wesentlich ist, dass die Verarbeitung der von den Sensoren erfassten Daten **im** Roboter geschieht oder ob man die Datenverarbeitung per Funkanbindung abruft, mag man in einer Zeit in Frage stellen, in der sich viele Anbieter und Kunden dem Cloud-Computing[99] zuwenden. Für einige Einsatzfelder (im Tunnel, unter Wasser, auf dem Mars) wäre ein solche Unterscheidung zwischen gänzlich autonomen und per Funk oder Kabel mehr oder weniger an externe Rechner angebundenen Robotern aber sinnvoll. Eine Unterscheidung zwischen ferngesteuerten, autonomen und halbautonomen Robotern wird auch hinsichtlich der Ausstattung des Roboters mit den dafür jeweils notwendigen Ressourcen wie Speicherbedarf, Prozessorleistung oder Energiequellen bedeutsam. Bei einem Androiden, also einem humanoiden Roboter, wird man einen höheren Grad an Autonomie erwarten, als bei einem im Karosseriebau eingesetzten Roboterarm.

Zur Einschätzung der aktuellen Situation im Roboterbereich ist es erhellend, den Robotern aus der Phantasie, aus Literatur und Film, diejenigen Robo-

ferngesteuert,
autonom,
halbautonom

Industrieroboter und
Serviceroboter

ter gegenüberzustellen, die bei uns tatsächlich in Gebrauch sind. Die *International Federation of Robotics* (IFR) veröffentlicht dazu Statistiken über den weltweiten Einsatz von Robotern. Die IFR unterscheidet dazu in Industrieroboter und Serviceroboter. Industrieroboter werden unter anderem in Gestalt von „Roboterarmen" (Gelenkroboter, s. Abbildung 7.92),[100] als Portalroboter,[101] zylindrischer Roboter,[102] Polarroboter[103] oder Pendularroboter[104] angeboten. Weltweit waren nach Schätzung der IFR zum Jahresende 2011 etwa 1,15 Millionen Industrieroboter im Einsatz.[105] Angesichts von Film-Robotern wie *Tobor* oder *C-3PO* wirken die heutigen Industrieroboter unvollständig und ernüchternd praktisch. Um abzuklären, ob dann nicht auch Fräsmaschinen, Drehbänke, Trommelplotter, Verladekräne und Raupenbagger als Roboter aufzufassen sind, immerhin sind diese Maschinen in mehreren Achsen beweglich, einigte man sich bei der Internationalen Organisation für Normung (ISO) auf eine Festlegung.[106] Als Industrieroboter gilt ein Roboter gemeinhin, wenn er vielseitig einsetzbar, automatisch gesteuert, wiederprogrammierbar und in mindestens drei Achsen beweglich ist. Damit wären Raupenbagger und Verladekräne dann wohl keine Industrieroboter, bei Fräsen und Drehbänken müsste man im Einzelfall genauer hinsehen. Angesichts der Schwierigkeiten mit dem Roboterbegriff mag man vielleicht aufgeben und sich auf eine Aussage wie die von Joseph F. Engelberger zurückziehen: „Zwar kann ich nicht definieren, was ein Roboter ist, aber ich erkenne einen, wenn ich ihn sehe.",[107] aber ein fehlendes Bemühen um Verständigung ist unbefriedigend, da eine mangelnde Diskussion und Reflexion keine neuen Erkenntnisse liefert.

Definitionsprobleme

Abb. 7.92: Industrieroboter für mittlere Traglasten

Serviceroboter

Als Serviceroboter werden solche bezeichnet, die für den Menschen beispielsweise Reinigungs-, Überwachungs- oder Transport-Arbeiten verrichten und nicht in einem industriellen Umfeld eingesetzt werden. 2011 wurden laut IFR 1,7 Millionen Serviceroboter für den Gebrauch im privaten Haushalt zumeist zum Reinigen und Rasenmähen verkauft. Hinzu kommen 0,84 Millionen verkaufte Roboter für Ausbildung und Spiel. Im professionellen Bereich sind die Anzahlen an verkauften Servicerobotern schon deswegen geringer, weil ihr Stückpreis deutlich höher ist. So kostet gemäß der Angaben der IFR ein Tauchroboter etwa 660.000 Euro und ein Roboter für medizinische Aufgaben im Mittel rund 1,2 Millionen Euro. Im professionellen Bereich wurden 2011 vornehmlich Flugroboter ans Militär und Melkroboter für die Landwirtschaft verkauft.[108]

Die Industrie- und Serviceroboter erfüllen ihre besonderen Aufgaben, zumeist ohne dass man ihnen dazu eine menschliche Gestalt gibt. Eine solche Form, die wir in unserer Vorstellung von einem Roboter seit Karel Čapek oder Isaac Asimov unwillkürlich vor Augen haben, ist zur Erfüllung vieler Aufgaben nicht notwendig oder sogar unzweckmäßig. Dennoch ist der Wunsch nach humanoidem Aussehen bei einigen Projekten wie *Actroid* oder *HRP-4C* noch zu finden. Er wird beispielsweise mit der besonderen Wirkung begründet, die ein solcher Roboter als Blickfang und Präsentationsfigur aufweist,[109] oder mit der Annahme, dass ein ausreichendes Körpergefühl Voraussetzung für Lernen und intelligentes Verhalten sei.[110] Zu diesem Zweck werden eine Vielzahl von Aktoren zur Nachahmung menschlicher Mimik und Gestik eingesetzt,[111] man formt das Zusammenspiel von Sehnen und Muskeln nach, um die menschlichen Arm- und Handbewegungen in den Griff zu bekommen,[112] oder man bemüht sich um natürliche Bewegungsabläufe beim Laufen,[113] Hüpfen,[114] Treppensteigen[115] oder Tanzen.[116]

menschliche Form

menschliche Bewegungen

Neben den Fortschritten, die man in der Robotik hinsichtlich des Bewegungsapparats erreicht hat, wird auch das Bemühen um die Nachbildung von Gehirn und Gehirntätigkeit größer. Dabei begegnen sich zwei Ansätze. Zum einen sollen die Vorgänge im Gehirn durch Computer simuliert werden,[117] zum anderen soll das künstliche Gehirn aus elektronischen Bausteinen entstehen. Einer Simulation durch Hochleistungscomputer steht eine Emulation gegenüber, also eine Umsetzung auf physikalischer Ebene, was einen biologischen Tag des Gehirns statt in drei Monaten Rechenzeit in zehn Sekunden ablaufen lassen soll.[118] Für die Emulation einer Assoziativmaschine sind die entsprechenden zeitlichen, energetischen und produktionstechnischen Vorteile anzunehmen.[119] In Kapitel 4.4 wurde darauf bereits eingegangen. Vorteil einer Simulation wäre eine einfachere Erweiterbarkeit und eine schnellere Anpassung an neue Erkenntnisse.

Nachbildung des Gehirns

Simulation oder Emulation

Von einer Nachbildung des Gehirns verspricht man sich unter anderem Fortschritte in der Schaffung künstlicher Intelligenz.[120] Was unter künstlicher Intelligenz zu verstehen ist, fasste Elaine Rich 1983 in der Feststellung zusammen, dass sich die Künstliche Intelligenz mit der Untersuchung derjenigen Dinge befasse, welche Computer dazu befähigen, das zu machen, worin ihm die Menschen noch überlegen sind.[121, 122] Das künstliche intelligente Verhalten ist es, welches die durch Projektversprechen und Herstellerangaben geschürten Erwartungen bisher zu oft nicht erfüllt. In [Knoll and Christaller 2003] wird beklagt, dass die Serviceroboter als „ausgesprochen dumm" wahrgenommen werden, „ihre Dienstleistung wird vielfach auch nicht als Hilfe, sondern eher als Belastung, bestenfalls als Kuriosum empfunden."[123]

künstliche Intelligenz

Außenwahrnehmung

Die Zutaten zu einer künftigen künstlichen Intelligenz, die als nützlich oder natürlich wahrgenommen werden kann, beschrieb Gero von Randow 1997.

Unvorhersagbarkeit und Überraschung

Dazu gehöre eine gewisse Unvorhersagbarkeit, ein überraschendes Verhalten, das zu einem kreativen Tun führe.[124] „Systeme von bloßen Reflexhandlungen" könnten nicht allein gültiges Modell der Intelligenz sein.[125]

Im Unterschied zum Verhalten von „Telemanipulatoren", „programmierbaren Manipulatoren" oder „Handhabungsautomaten"[126] bedeute intelligentes Verhalten, sich an eine Umwelt anpassen zu können, um möglichst lange zu „überleben" (s. [Knoll and Christaller 2003], S. 30 f.). Es ginge um „Herstellung von Autonomie und zielgerichtetem Verhalten". Dabei kommt den äußeren Sensoren[127] des Roboters eine wesentliche Rolle zu. In der „sensorbasierten Robotik" wird das Verhalten der Roboter im Wesentlichen durch die Erfassung des Roboterumfelds bestimmt. In der „kognitiven Robotik" kommen kognitive Leistungen hinzu, die vom Roboter erwartet werden. Das sind zum Beispiel Objekterkennung, Szeneninterpretation, Problemlösung, Planung, Lernfähigkeit und die Fähigkeit zum Probehandeln (vgl. [Knoll and Christaller 2003], S. 31 und 96). Von einem intelligentes Wesen ist Autonomie und Adaptivität zu erwarten.[128]

Für künstliche Intelligenz, welche mit Hilfe einer Assoziativmaschine entstehen soll, bedeutet die Forderung nach Autonomie, dass im Programmspeicher der Assoziativmaschine alle für das gewünschte Verhalten benötigten Programme abgelegt werden. Adaptivität ist der Assoziativmaschine zum Teil durch die Fehlertoleranz und Störunanfälligkeit ihrer Assoziativspeicher bereits gegeben. Hinsichtlich ihrer Nachahmung menschlichen Verhaltens beim Lernen und Erinnern sei abschließend das Programmbeispiel ⟦P64⟧ angegeben, welches auf den Beginn dieses Kapitels Bezug nimmt. Dort wurde auf ein ungezieltes Gedankenmachen hingewiesen. Jetzt sollen hingegen gezielt verschiedene Begriffe b_i gefunden werden.

Autonomie und Adaptivität (margin note)

```
⟦P64⟧    ( 1)                        ! Begriffe bilden
         ( 2)     var ~b[5], n[5]
         ( 3)     §begriffe_bilden
         ( 4)                        ! Gedanken sammeln
         ( 5)     var schluss
         ( 6)     markiere oben
         ( 7)        §gedanken_sammeln
         ( 8)        §ist_alles_da schluss
         ( 9)        zeige schluss
         (10)     nullspringe oben
```

Erinnern an mehrere Begriffe (margin note)

Man stelle sich dazu eine typische Situation aus dem Supermarkt vor, in der man sich an die Dinge erinnern möchte, die man einzukaufen versprochen hatte. Im Beispiel ⟦P64⟧ sind das Apfelsaft, Butter, Chicorée, Dickmilch und Eier. Die Eindrücke, die zu diesen fünf Begriffen gehören, seien durch Aufruf von `begriffe_bilden` in Zeile (5) in den Tilde-Variablen $\tilde{b}_i$ versammelt und mit den Namen n_i versehen.

Startet man das Programm ⟦P64⟧ wird man feststellen, dass die gesuchten fünf Begriffe nach und nach erinnert werden. Interessant ist die Weise, in der das geschieht. Für das `gedanken_sammeln` wird wiederholt zunächst das Unterprogramm `gedanken_machen` und von diesem das Unterprogramm `begriff_suchen` aufgerufen, deren Programmtexte nachfolgend angegeben sind. Beim `gedanken_machen` dienen in Zeile (d) mit `wuerfle` erzeugte, zufällige Eindrücke als Mittel des „Inbewegungssetzens" (vgl. Kapitel 6.6). Diesem Grundrauschen entnimmt die Assoziativmaschine Anregungen, die zu den gelernten Begriffen b_i führen. In Zeile (g) wird geprüft, ob ein solch anregender (Teil-) Eindruck e_i in einem der vorherigen Aufrufe schon entdeckt wurde, der dann an die Stelle eines abermaligen wuerfle tritt. Dadurch gelingt ein schnelleres Auffinden aller gesuchten Begriffe.

```
(a)      par b, n, *e
(b)      var frage
(c)                     ! zufälligen Eindruck erzeugen
(d)      wuerfle
(e)      hole frage
(f)      zeige e
(g)      nullspringe weiter
(h)        hole frage
(i)      markiere weiter
(j)      §begriff_suchen frage, b, n, e
(k)      pausiere
```

In Zeile (j) wird mit dem Aufruf des nachstehend gelisteten Unterprogramms begriff_suchen geprüft, ob der Eindruck frage zu einem Begriff b gehört. Sollte das der Fall sein, wird diese besondere frage in e vermerkt und der Name n ausgegeben.

```
(A)      par f, b, n, *e
(B)                      ! Begriff getroffen?
(C)      zeige b
(D)      kopiere
(E)      zeige f
(F)      vereine
(G)      gleichspringe weiter
(H)        springe ende
(I)      markiere weiter
(J)                      ! Namen anzeigen und Eindruck merken
(K)      zeige n
(L)      frageweiter
(M)      zeige f
(N)      hole e
(O)      markiere ende
(P)      pausiere
```

Am Rand dieser Seite liest man in einem Beispiel nach, wie die Assoziativmaschine die Begriffe nach und nach entdeckt. Nachdem anfangs nur der Begriff mit dem Namen *Eier* gefunden und bei jedem Durchlauf der **oben**-Schleife aus P64 wiederholt wurde, kamen immer weitere Begriffe ans Tageslicht, bis zuletzt auch die *Dickmilch* erschien und der Einkauf erfolgreich durchgeführt werden konnte. Mit wenig Programmieraufwand zeigt die Assoziativmaschine hier ein Verhalten, welches die von Randow geforderte Unvorhersagbarkeit und Überraschung enthält und das uns im menschlichen Alltag immer wieder begegnet. Dieses letzte Programmbeispiel verdeutlicht, wie wichtig auch für die künstliche Intelligenz zufällige und überraschende Anregungen sein können.

überraschende
Anregungen

Anmerkungen

Seymour Papert

[1]Der Mathematiker Seymour Papert (*1928) arbeitete von 1958 bis 1963 mit dem Entwicklungspsychologen und Erkenntnistheoretiker Jean Piaget zusammen. Papert leitete von 1967 bis 1981 das Artificial Intelligence Laboratory am Massachusetts Institute of Technology (MIT), Cambridge, USA. Er entwickelte 1967/68 die Programmiersprache LOGO (vgl. [Abelson 1983], S. 165).

turtle robot

[2]Auf der Seite http://cyberneticzoo.com/?p=1711 wird die Entwicklung der ersten Turtles beschrieben. Dort heißt es: „In 1971, visiting consultant Mike Paterson introduced the Logo-controlled robot turtle, a 'floor turtle' physically connected to the computer via hardwire lines. As the turtle moved, it dragged the connecting wire along with it. Using Logo turtle commands, a student could command the turtle to move forward or back a specified distance, turn to the right or left a specified angle, sound its horn, use its pen to draw, and sense whether contact sensors on its antennas encountered an obstacle. 'Screen turtles' were introduced at the MIT Logo Lab around 1972."

[3]Die Sätze sind [Papert 1993], S. 11, entnommen.

besserer Mathematikunterricht

[4]Mit seinem pädagogischen Konzept wendet sich Papert gegen einen unzeitgemäßen Mathematikunterricht, bei dem das Lernen lediglich darin besteht, zum richtigen Zeitpunkt die richtigen Antworten zu geben, und befürwortet „eine kreative Wissenserschließung". Das erst versetzt den Schüler in die Lage, sein Wissen auch anwenden zu können.

„objects-to-think-with"

[5]An die Stelle der Nutzung einer Turtle mit der Programmiersprache LOGO sind eine Vielzahl von Projekten wie das „Java-Hamster-Modell", „Niki – der Roboter", „Lego Mindstorms" oder „Scratch" getreten.

[6]s. Anmerkung 2

Mnemotrix-Draht

[7]Valentin Braitenberg setzt in [Braitenberg 1986], S. 31 f., sogenannten „Mnemotrix-Draht" ein, der seine Leitfähigkeit je nach Nutzungshäufigkeit ändert, wodurch ein bestimmtes Verhalten angelernt werden kann.

[8]Das Verzeichnis aller Befehle steht im Kapitel 8.4.

Schaltpläne

[9]Im Unterschied zum Befehlssatz der grundlegenden Modelle der Assoziativmaschine, gibt es für die erweiterten Modelle zu diesem Zeitpunkt noch keine ausgearbeiteten Vorschläge für eine Hardware-Realisierung (vgl. [Dierks 2005]).

[10]s. Anmerkung 2

Schalter als Sensoren

[11]In der „Artificial Intelligence Memo No. 248: Twenty things to do with a computer" vom Juni 1971 schreiben Seymour Papert und Cynthia Solomon, S. 9: „To make the turtle more like a living creature we must give it behaviour patterns. This involves using sense organs. [...] Let's give the turtle a ridiculously simple piece of behaviour based on using 4 touch sensors which we call FRONTTOUCH, BACKTOUCH, LEFTTOUCH and RIGHT-TOUCH."

Merkmalsanzahl

[12]Die Anzahl an Merkmalen lässt sich in der zugehörigen Modelldatei im Unterverzeichnis 'modelle' einstellen. Man beachte dabei, dass das Quadrat der Anzahl nicht größer als die Matrixbreite sein darf.

Turtle-Kodierfeld

[13]Dieses Kodierfeld befindet sich in der Datei 'turtlekodierfeld.kod.txt' im Unterverzeichnis 'felderundwege' und kann eigenen Wünschen angepasst werden.

Position eines Merkmalspaars

[14]Beispielsweise wird das Paar 28 — 27 bei einer Merkmalsanzahl von 30 auf die Position $28 \cdot 30 + 27 + 1 = 868$ abgebildet.

Zeichnungen laden und speichern

[15]Die beiden Befehle ladezeichnung und speicherezeichnung laden und speichern Grafikdateien im BMP-Format aus und ins Unterverzeichnis 'bmps'.

[16]Als 'gelb' wird hier das reine Gelb mit den RGB-Werten 255, 255, 0 (Rot-, Grün-. Blauanteil) erwartet.

[17]Dass eine bekannte Umgebung hier bis zu neun Merkmalspaare besitzt, liegt an den neun abgefragten Merkmalen (s. Abb. 7.23).

[18]In diesem Beispiel wurde als Form außerdem 'punkt' eingestellt, um der feineren Auflösung gerecht zu werden.

[19]Zählte man eine Abfrage nur dann als korrekt beantwortet, wenn nur genau die erwartete Antwort gegeben wird, und stellte man das grafisch dar, dann ergäbe sich qualitativ ein Bild wie in Abb. 7.34, woraus sich schließen ließe, dass Mustervervollständigung (s. Abb. 7.31) leichter und zuverlässiger geleistet wird als Musterexktraktion. Fehlende Einsen in der Matrix wirken sich wie fehlende Einsen in den Fragen aus und umgekehrt.

[20]Der Psychologe Hermann Ebbinghaus (1850-1909) ermittelte seine Vergessenskurve experimentell mit Hilfe des Lernens sinnfreier Silben. Ebbinghaus nennt als Zusammenhang zwischen Zeit t und Prozentsatz b an Silben, die behalten werden,

$$b = \frac{100k}{(log\ t)^c + k}$$

ebbinghaussche
Vergessenskurve

mit $k = 1,84$ und $c = 1,25$ (s. [Ebbinghaus 1885], S. 105 f.). Mit log ist hier offenbar der Zehnerlogarithmus gemeint. Die Vergessenskurve hat damit die in Abb. 7.93 angegebene Gestalt. Aus dieser Kurve lässt sich zum Beispiel ablesen, dass man nach einer halben Stunde bereits fast die Hälfte der gelernten Silben wieder vergessen hat. Aus dem Fremd-

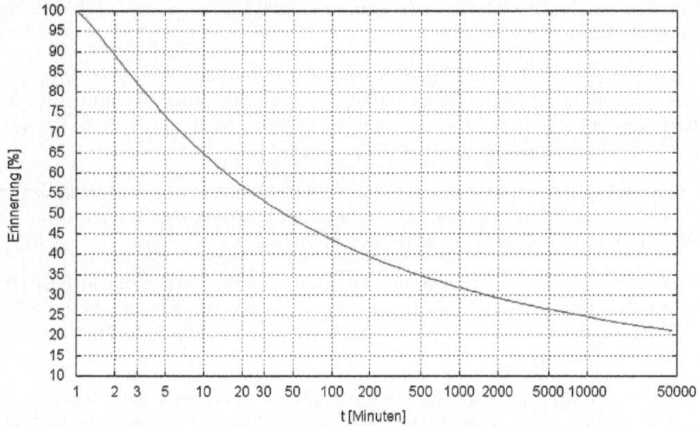

Abb. 7.93: Die Vergessenskurve nach Hermann Ebbinghaus

sprachenunterricht weiß man jedoch, dass sich Schüler zum Glück auch noch nach einigen Tagen an weit mehr als die Hälfte der gelernten Vokabeln erinnern. Die Geschwindigkeit des Vergessens hängt auch von den Lerninhalten ab.

[21]Die Sprachdateien werden als WAV-Dateien erwartet. Das WAV-Format dient hier der Speicherung von Audiodaten und wird beispielsweise in [Born 2000] beschrieben.

[22]Je nach Entfernung wurden diese 1-Pixel- und 2-Pixel-Umgebungen genannt.

Pixel-Umgebungen

[23]Dem Anwender steht auch hier frei, sich weitere Modelle durch Anlegen einer neuen Modelldatei zu erzeugen (s. Kapitel 8.1).

[24]Wurde als Form des Robot „kreuz" gewählt, wird der suchende Robot flimmernd dargestellt, damit die aktuelle Position erkennbar bleibt.

[25]Die Hochstelltaste wird oft auch Umschalt- oder Shift-Taste genannt.

[26]Unterhalb der Zeichenfläche erkennt man einen schmalen Streifen, in welchem die Merkmale dargestellt sind, die man beim Entwurf des Merkmalswaldes benutzen darf. Je nach gewähltem Robot-Modell ist die Anzahl der Merkmale unterschiedlich. Ist beispielsweise das Robot-Modell 2 eingestellt, werden hier 45 Merkmale angezeigt. Ein mit 45 Merkmalen erzeugter Merkmalswald, ist für das Robot-Modell 1 (30 Merkmale) nicht geeignet, wohl aber umgekehrt.

Merkmalsanzahl

[27]Die Forderung nach einer „spärlichen Kodierung" hätte eine Anzahl von etwa 1 Prozent an Einsen pro Umgebung zur Folge. Im Robot-Modell 1 mit seiner Merkmalspaarkodierung (wie beim Turtle-Modell in Kapitel 7.3) wären es bei 25 Einsen von 1024 möglichen fast 2,5 Prozent.

spärliche Kodierung

Übermittlungszeit

[28]Die Übermittlung eines einzelnen Messwerts von den Lichtsensoren des Lego-Robotbausteins RCX an die Assoziativmaschine geschah über eine Infrarotverbindung und benötigte gelegentlich etwa 1 s. Bei den heutigen technischen Möglichkeiten dürfte die Messwertaufnahme nicht mehr derart ins Gewicht fallen.

[29]Das automatische Generieren eines solchen Protokolls wird weiter unten in diesem Kapitel beschrieben.

Anordnung dreier Lichtsensoren

[30]Im Hinblick auf einfache Versuchsroboter entspricht diese Anordnung den Positionen der lediglich drei Lichtsensoren, die man ohne den Einsatz aktiver Sensor-Multiplexer zum Beispiel an den Lego RCX anschließen kann. Um trotz des Einsatzes von nur drei Lichtsensoren nicht an streifenförmigen Eintönigkeiten zu scheitern, kann man zum Beispiel den mittleren Sensor etwas versetzen, so dass die Positionen ein Dreieck aufspannen.

Modelldateien

[31]Ferner bleibt dem VIDAs-Anwender die Möglichkeit, eine eigene Modelldatei mit beispielsweise 60 Merkmalen bei Matrizengrößen von etwa 4000 Spalten- und Zeilenleitungen zu schreiben (vgl. Kapitel 8.1).

Goethes Homunculus

[32]Die Namensgebung erfolgte in Erinnerung an das künstliche Wesen, welches in Goethes „Faust" in der Retorte entstand: „Mephistopheles: 'Fürwahr, es ist Homunculus! Woher des Wegs, du Kleingeselle?' Homunculus: 'Ich schwebe so von Stell' zu Stelle [...]'". aus Johann Wolfgang von Goethe: „Faust, 2. Teil", 2. Akt.

Merkmalsanzahl

[33]Durch Erzeugen einer entsprechenden Modelldatei kann man die Merkmalsanzahl verändern (s. Kapitel 8.1). Man beachte dabei, dass das Quadrat der Merkmalsanzahl plus 1 kleinergleich der Anzahl der Matrixbreite sein muss.

Magnetfeldsensoren

[34]Als Zubehör zu einfachen Robotmodellen sind allerdings Magnetfeldsensoren erhältlich, mit denen das im gewissen Umfang zu ermöglichen wäre. Ein mächtigeres Werkzeug wäre ein GPS-Empfänger (**G**lobal **P**ositioning **S**ystem), falls die Satelliten erreichbar sind und sich das Vehikel bewegt.

[35]Der Steuerungscomputer NXT der Produktserie *Mindstorms* der Firma Lego ist seit 2006 im Handel und enthält einen ARM-Prozessor (ARM — **A**dvanced **R**ISC **M**achines, RISC — **R**educed **I**nstruction **S**et **C**omputer).

Bluetooth- und Infrarotverbindung

[36]Die Funkverbindung wird mittels des Datenübertragungsstandards Bluetooth hergestellt. Auch für den älteren RCX-Baustein von Lego wurde eine Schnittstelle in VIDAs eingerichtet (Infrarot-Verbindung).

Aktoren

[37]Ein Aktor, auch Aktuator oder Effektor genannt, wandelt elektrische Signale in mechanische Bewegung oder andere Effekte um (z. B. Licht, Temperatur, Druck).

Sensoren

[38]Sensoren nehmen Messgrößen wie Helligkeit, Schall, Temperatur, Beschleunigung, magnetische Flussdichte, elektrische Spannung, Feuchtigkeit, Gaskonzentration auf.

Direct Commands des NXT

[39]Der Befehlssatz ist der Schrift „LEGO MINDSTORMS NXT — Direct Commands — Version 1.00", The LEGO Group, 2006, entnommen.

„Castor Bot"

[40]Bei uns wurde der „Castor Bot" nach der Anleitung der Website `nxtprograms.com` aufgebaut.

Odometrie

[41]Odometrie — Lehre von der Positionsbestimmung eines Fahrzeugs mittels der Radumdrehungsanzahl oder Schrittanzahl (z. B. bei Schreitrobotern). Der NXT verfügt über Rotationssensoren an seinen Motoren, um die Motordrehung auf $1°$ genau zu messen.

GPS, Galileo, GLONASS, Compass

[42]Während das bisherige *GPS* im offenen Dienst die Position auf etwa 10 m genau zu bestimmen erlaubt, soll es beim europäischen *Galileo* etwa die Hälfte sein. Das russische Satellitennavigationssystem *GLONASS* und das chinesische *Compass* bieten öffentlich ebenfalls eine Genauigkeit in der Größenordnung von 10 m.

[43]Für eine grobe Ausrichtung des Vehikels lassen sich diese Messwerte in elektromagnetisch störungsfreien Umgebungen allerdings nutzen.

Beleuchtungsschwankungen

[44]Eine gleichmäßige Beleuchtung der Unterlage macht das Messergebnis der Lichtsensoren von den Schwankungen einer äußeren Beleuchtung (Tages-, Zimmerlicht) unabhängig.

Dazu ist direkt an den Lego-Lichtsensoren eine geeignete Lichtquelle angebracht, die durch **sensorlichtan** und **sensorlichtaus** ein- und ausgeschaltet wird.

[45] Das Zeichenpaarverfahren wurde in Kap. 5.3 vorgestellt.

[46] Als Streumaß wurde hier die empirische Standardabweichung genommen.

Streumaß

[47] Es fällt zum Beispiel auf, dass baugleiche Sensoren auf derselben Unterlage dennoch verschiedene Messwerte liefern oder dass die Spanne an Messwerten, die zwischen dem Abtasten eines schwarzen und eines weißen Untergrund geliefert werden, von Sensor zu Sensor unterschiedlich ist.

Bauteilschwankungen

[48] Der Term $\sqrt{\frac{1}{n-1} \cdot \sum_{i=1}^{n} (x_i - \mu)^2}$ einer Stichprobe des Umfangs n lässt eine Schätzung der Standardabweichung σ in der Grundgesamtheit zu, wenn wir annehmen, dass die Messwerte x_i normalverteilt um deren arithmetisches Mittel $\mu = \frac{1}{n} \cdot \sum_{i=1}^{n} x_i$ liegen. Dann werden sich gemäß der Sigma-Regeln etwa 95,4 % der gemessenen Helligkeitswerte im Intervall $[\mu - 2 \cdot \sigma, \ \mu + 2 \cdot \sigma]$ befinden. Zum Beispiel nahm ein Lichtsensor beim Fahren über ein weißes Blatt Papier die zwanzig Helligkeitswerte 426, 427, 425, 424, 419, 417, 416, 415, 424, 422, 423, 420, 420, 421, 421, 421, 432, 419, 417, 418 auf. Der Schätzer für die Standardabweichung liefert $\sigma = 4,17$, was die LAPLACE-Bedingung $\sigma > 3$ erfüllt. Der Mittelwert beträgt $\mu = 421,35$. Im Intervall $[\mu - 2 \cdot \sigma, \ \mu + 2 \cdot \sigma] \approx [413, 429]$ liegen hier tatsächlich 19 der 20 Messwerte, also 95 %. Im Intervall $[\mu - \sigma, \ \mu + \sigma] \approx [417, 425]$, also der einfachen Sigma-Umgebung, liegen nur 14 der 20 Messwerte, also 70 %.

Standardabweichung

[49] Das auf der Hannover-Messe 2006 vorgestellte **QuintAs**-Vehikel unterschied 12 Helligkeitsstufen (s. S. 10).

Helligkeitsstufen

[50] Die Fotografie von den Kieselsteinen stammt von Andre Oestreich, Harpstedt.

[51] Pixel — engl. **p**icture **el**ement

Pixel

[52] Solche Bücher sind beispielsweise „The Pixel Book" von Anja Haas (Hoffmann und Campe Verlag, Hamburg 2011) oder „Minipops" von Craig Robinson (Eichborn Verlag, Frankfurt am Main 2006).

[53] Der VIDAs-Befehl **schnuppere** gehört zu diesen Verfahren des Ausprobierens.

schnuppere

[54] Im Beispiel aus Abb. 7.50 würden bei Einsatz des Kodierfelds 1 (s. Abb. 7.47) bei der Paarkodierung die Merkmalspaare 4-16, 20-4, 10-13 und 13-27 in beiden Situationen gleich sein, also hätten die beiden zugehörigen Fragen vier Einsen gemeinsam. Bei Nutzung der Positionskodierung hätten die Fragen keine einzige Eins gemeinsam.

Paar- und Positionskodierung

[55] Zu „grob verpixelten Gesichtern" s. auch [Schlichting 2012].

[56] Zur Programmierung von Lego-Robotbausteinen stehen unter anderem C-, Java-, Forth- oder Basic-artige Sprachen zur Verfügung.

[57] Statt von einem Wortfeld spricht man wegen der wolkenförmigen Anordnung der Wörter auf dem Bildschirm auch von einer 'Wortwolke'.

Wortfeld, Wortwolke

[58] Menschenähnliche Roboter werden als Androiden bezeichnet. Weibliche Androiden werden auch Gynoide genannt.

Android, Gynoid

[59] Die SENTRAX Essence Extractor Engine ist eine Entwicklung der Firma Imbyte (s. [Bentz 2006]).

SENTRAX

[60] Die SENTRAX unterstützt vier Suchformen, von denen hier die *context*-Suche aufgerufen wurde. Dadurch sucht die SENTRAX mit Hilfe ihrer Assoziativmatrizen in den ihr zur Verfügung gestellten Dokumenten nach „bedeutungsverwandten bzw. im gleichen Kontext vorkommenden Begriffen" (s. [Bentz 2006], S. 14).

[61] Die Produktion der beiden Roboter QRIO und AIBO wurde laut *heise online* vom 27.1.06 inzwischen eingestellt.

[62] vgl. http://de.wikipedia.org/wiki/Karel_Čapek

Karel Čapek

[63] Andere Quellen weisen Karel Čapek selbst die Urheberschaft an der Bezeichnung Roboter zu (s. [Randow 1997], S. 24, [Wuckel 1986], S. 140, oder [Weymayr and Ritter 2010], S. 35). Laut [Randow 1997], S. 24, stand das Wort 'robot' erstmals in Karel Čapeks Stück *Opilek* von 1917.

kolloidale Gallerte

[64]Darunter kann man sich eine Art Gelee vorstellen (Gallerte), in der etwas in feinster Verteilung enthalten ist (kolloidal).

[65]vgl. Rolf Giesen in [Manthey 1983], S. 102 ff.

humanoide Roboter in Japan

[66]Beispielsweise wurde am National Institute of Advanced Industrial Science and Technology (AIST) der Gynoid *HRP-4C* entwickelt. Die Universität Tokyo zeigte 2008 den humanoiden Roboter *Kotaro*. 2003 wurde von der Universität Osaka auf der internationalen Roboterausstellung in Tokyo die Roboterreihe *Actroid* von Hiroshi Ishiguro vorgestellt. Es sind unter anderem die Actroid-Modelle *Repliee R* (fünfjähriges Mädchen), *Repliee Q* (35-jährige Frau) und *Geminoid HI-1* (Ishiguro selbst) konstruiert worden. Viele japanische Firmen bauen aus kommerziellen Gründen humanoide Roboter (u.a. Toyota: Robo-Geiger, „Trompeten-Robbi", *Robina* (2007); Honda: *ASIMO* (2004); Hitachi: *EMIEW 2* (2007); Sony: *QRIO* (2003); Mitsubishi: *Wakamaru* (2005); Fujitsu: *HOAP*-1 (2001), *HOAP*-2 und -3 (2005)). — Die japanischen Autoren Osamu Tezuka und Katsuhiro Otomo griffen 2001 den Stoff von „Metropolis" noch einmal auf, um letztlich einen aufwändigen Zeichentrickfilm ähnlichen Inhalts zu erarbeiten („Robotic Angel"). Osamu Tezuka war in Japan zudem mit seinem Manga „Astro Boy" von 1951 bis 1963 sehr erfolgreich, in dem ein kleiner, kräftiger Roboter mit Düsenantrieb seine Abenteuer besteht.

Isaac Asimov

[67]Der Schriftsteller Isaac Asimov (1920-1992) beschäftigte sich in „Robbie" bereits 1940 intensiv mit Maschinen mit künstlichen Gehirnen.

[68]Gustav Meyrink (1868-1932) war ein österreichischer Schriftsteller, der ab 1905 in München und Starnberg arbeitete.

Rabbi Löw

[69]Juda Löw ben Bezalel (* vermutlich um 1512 in Posen; +22. August 1609 in Prag) gilt als herausragender rabbinischer Denker, Talmudist und Kabbalist (vgl. Biographisch-Bibliographisches Kirchenlexikon, www.bautz.de/bbkl).

Golem-Legende

[70]Die Verbindung der Golem-Legende mit dem Thema Roboter stellt zum Beispiel der Golem-Vortrag von Alexander Wöll mit dem Untertitel „Kommt der erste künstliche Mensch und Roboter aus Prag?" her, der anlässlich einer Veranstaltung der Humboldt-Gesellschaft am 18.3.2002 gehalten wurde.

[71]1920, also etwa in derselben Zeit, in der Karel Čapek sein Drama „RUR" in Prag aufführte, entstand der schwarzweiße Stummfilm „Der Golem" von Paul Wegener, der von Schöpfungsakt und Schicksal des Golem erzählt.

Frankenstein-Verfil-mungen

[72]1910 erschien eine frühe Frankenstein-Verfilmung von Thomas Edison. 1931 kam dann die Fassung von James Whale mit Boris Karloff in der Rolle des „Monsters" heraus (s. http://de.wikipedia.org/wiki/Frankenstein).

Prometheus' Schöpfung

[73]In [Schwab o.J.], S. 17, heißt es: „Da betrat Prometheus die Erde, ein Sprößling des alten Göttergeschlechtes, das Zeus entthront hatte, ein Sohn des erdgebornen Uranossohnes Iapetos, kluger Erfindung voll. Dieser wußte wohl, daß im Erdboden der Same des Himmels schlummre; darum nahm er vom Tone, befeuchtete denselben mit dem Wasser des Flusses, knetete ihn und formte daraus ein Gebilde nach dem Ebenbilde der Götter, der Herren der Welt. Diesen seinen Erdenkloß zu beleben, entlehnte er allenthalben von den Tierseelen gute und böse Eigenschaften und schloß sie in die Brust des Menschen ein. Unter den Himmlischen hatte er eine Freundin, Athene, die Göttin der Weisheit. Diese bewunderte die Schöpfung des Titanensohnes und blies dem halbbeseelten Bilde den Geist, den göttlichen Atem ein."

[74]In der Bibel steht gleich auf der zweiten Seite: „Da machte Gott der Herr den Menschen aus Erde vom Acker und blies ihm den Odem des Lebens in seine Nase. Und so ward der Mensch ein lebendiges Wesen."

Gilgamesch-Epos

[75]Die Gilgamesch-Epos wurde vom 21. bis 6. Jahrhundert v. Chr. im Gebiet von Südbabylonien bis nach Kleinasien überliefert.

[76]vgl. z.B. N. K. Sandars (Hrsg.): „L'Epopea di Gilgameš", Adelphi Edizioni, Mailand 1986, ISBN 88-459-0211-0, Seite 86 f.

Osiris

[77]vgl. Gabriele Höber-Kamel: „Beschützer im Jenseits — die ägyptischen Unterweltsgötter", in: „Kemet", Jahrgang 13, Heft 1/2004, S. 12 f.

Aufklärung

[78]Zum Zeitalter der Aufklärung wird hier die Zeit ab der zweiten Hälfte des 17. Jahrhunderts bis zum Ende des 18. Jahrhunderts gerechnet.

[79] Jacques de Vaucanson (1709-1782) baute neben der mechanischen Ente, die sogar Nahrung aufnehmen und verdauen konnte, 1737 auch einen Flötenspieler (vgl. [Malone 2010], S. 10). Er konstruierte zudem einen vollautomatischen Webstuhl, der Vorlage für den späteren Jacquard-Webstuhl wurde, den Joseph-Marie Jacquard (1752-1834) u.a. mit einer Lochkartensteuerung versah.

Vaucansons mechanische Ente

[80] Die drei genannten, aufwändig gestalteten Automaten bestehen jeweils aus einigen Tausend Einzelteilen und wurden vom Uhrmacher Pierre Jaquet-Droz (1721-1790) und seinem Sohn Henri (1752-1791) in den Jahren 1767 bis 1774 gebaut (vgl. [Malone 2010], S. 10). Einer der vormaligen Mitarbeiter, Henri Maillardet, schuf 1805 einen komplexen, puppenförmigen Schreibautomaten.

Jaquet-Droz-Automaten

[81] Jean Eugène Robert-Houdin (1805-1871) setzte in den Aufführungen in seinem Theater in Paris „zauberhafte" Maschinen ein.

[82] Der vorgebliche Schachroboter, den man wegen seiner Kleidung „Schachtürke" nannte, wurde 1769 von Wolfgang von Kempelen (1734-1804) vorgestellt. In der Maschine war ein menschlicher Schachspieler versteckt, der diese über eine ausgeklügelte Mechanik bediente. Die Redewendung „einen Türken bauen" könnte auf den Bau dieses Schachroboters zurückgehen, aber es gibt dafür auch andere Etymologien. — Edgar Allan Poe beschreibt im Aufsatz „Maelzel's Chess-Player" eine Vorführung eines schachspielenden Automaten und zeigt sich überzeugt, dass der Automat eine Fälschung sei, der von einem Kleinwüchsigen bedient werde. Johann Nepomuk Mälzel hatte den Automaten nach Kempelens Tod erworben, so dass er unter Mälzels Namen weiterbetrieben wurde.

Kempelens „Schachtürke"

[83] In [Wuckel 1986], S. 41, wird ein Bericht wiedergegeben, den E.T.A. Hoffmann (1776-1822) über eine Vorführung eines Musikautomaten im Jahr 1813 in Dresden gab, durch die er zu seinen Texten angeregt worden sein mag. Die „lebendige Puppe" Olimpia aus „Der Sandmann" brachte Jacques Offenbach in „Hoffmanns Erzählungen" auf die Bühne. In ihr drückt sich Hoffmanns skeptische Einstellung gegenüber der Nachbildung des Menschen aus: „Schon die Verbindung des Menschen mit toten, das Menschliche in Bildung und Bewegung nachäffenden Figuren zu gleichem Tun und Treiben hat für mich etwas Drückendes, Unheimliches, ja Entsetzliches" (s. [Wuckel 1986], S. 42).

Hoffmanns Olimpia

[84] „Faust II" wurde im Sommer 1831 vollendet. Johann Wolfgang von Goethe (1749-1832) hatte den ersten Teil der Tragödie bereits 1805 fertiggestellt.

[85] Paracelsus (1493-1541) arbeitete unter anderem als Arzt, Alchemist, Astrologe und Philosoph. In der Schrift *De natura rerum* gibt er eine Anleitung für die Erzeugung eines Wesens, das „einem Menschen gleich, doch durchsichtig" sei. Er setzt dabei auf organisches Material und dessen Verfaulung in feucht-warmer Umgebung.

Paracelsus' Homunkulus

[86] Zum Beispiel wird das in Edisons „Frankenstein"-Verfilmung von 1910 mit Hilfe eines größeren Kessels so dargestellt.

[87] Im 2. Akt des „Faust II" befindet sich der Famulus Wagner im Laboratorium und beschreibt dem Mephistopheles den Verlauf und das Motiv für das Homunkulus-Experiment: „Es steigt, es blitzt, es häuft sich an, im Augenblick ist es getan. Ein großer Vorsatz scheint im Anfang toll; doch wollen wir des Zufalls künftig lachen, und so ein Hirn, das trefflich denken soll, wird künftig auch ein Denker machen." Allerdings schränkt der Homunkulus nach seiner Entstehung sogleich ein: „Das ist die Eigenschaft der Dinge: Natürlichem genügt das Weltall kaum, was künstlich ist, verlangt geschlossnen Raum."

Homunkulus' Entstehung in „Faust II"

[88] In Ovids *Metamorphosen* wird vom Bildhauer Pygmalion erzählt, der eine Elfenbeinstatue erschafft, die durch die Göttin Venus zum Leben erweckt wird.

Pygmalion

[89] Die drei Robotergesetze wurden von Isaac Asimov in der Kurzgeschichte „Runaround" (1942) aufgestellt, heißen dort „Grundregeln des Roboterdienstes" (s. Isaac Asimov: „Ich, der Robot", Karl Rauch Verlag, Düsseldorf und Bad Salzig 1952, S. 43) und lauten:

Asimovs Robotergesetze

I. Ein Robot darf kein menschliches Wesen verletzen oder durch Untätigkeit gestatten, dass einem menschlichen Wesen Schaden zugefügt wird.

II. Ein Robot muss den ihm von einem Menschen gegebenen Befehlen gehorchen, es sei denn, ein solcher Befehl würde mit Regel Eins kollidieren.

III. Ein Robot muss seine eigene Existenz beschützen, solange dieser Schutz nicht mit Regel Eins oder Zwei kollidiert.

Asimov und Roger McBride Allen diskutierten über 50 Jahre später diese drei Robotergesetze und ersetzten sie durch vier neue (vgl. Roger McBride: „Isaac Asimov's Caliban", Ace Books, New York 1993, ISBN 0-441-09079-6, S. 214 f.):

I. Ein Roboter darf keinen Menschen verletzen.

II. Ein Roboter ist verpflichtet, mit Menschen zusammenzuarbeiten, es sei denn, diese Zusammenarbeit stünde im Widerspruch zum Ersten Gesetz.

III. Ein Roboter muss seine eigene Existenz schützen, solange er dadurch nicht in einen Konflikt mit dem Ersten Gesetz gerät.

IV. Ein Roboter hat die Freiheit zu tun, was er will, es sei denn, er würde dadurch gegen das Erste, Zweite oder Dritte Gesetz verstoßen.

Asimovs Bücher beflügelten eine Vielzahl von Autoren, sich über Roboter Gedanken zu machen. Beispielsweise stammen von Daniel Torres über dreihundert Comic-Seiten der Erzählung „Rocco Vargas", die ausdrücklich auf die Asimovschen Robotergesetze Bezug nimmt. — In einer filmischen Umsetzung von „I, Robot" flossen 2004 eine Fülle von Gedanken Asimovs ein, beispielsweise zum Problem, wie man einen Robot unter seinen vielen gleichgestaltigen Kameraden herausfindet. Die Roboterfirma „U.S. Robots" und die Roboterpsychologin Susan Calvin spielen ihre von Asimovs Romanen her bekannten Rollen. Im Film „Alarm im Weltraum" (1956) erleidet der Roboter stets eine Art Kurzschluss, wenn von ihm ein Verstoß gegen die Robotergesetze erwartet wird.

[90] Einen Überblick über Roboter und Androiden im Science-Fiction-Film gibt Rolf Giesen in [Manthey 1983], S. 170 ff.

[91] *Tobor* (umgekehrte Schreibung von Robot) trat zunächst in der Fernsehserie „Captain Video and his Video Rangers" von 1949 bis 1955 auf und wurde 1954 Hauptfigur im Spielfilm „Tobor the Great". „Robby the Robot" hatte seinen ersten Auftritt 1956 in „Alarm im Weltall". Sie stehen beispielhaft für das Bild, welches man sich in jenen Jahren von Robotern machte. Auch in Europa griff man auf dieses Bild zurück (z.B. 'Tic l'automa perfetto', Lavatrice Candy, 1962).

[92] In „Star Wars", Episode IV: „Krieg der Sterne" (1977), nimmt der humanoide Roboter *C-3PO* die Rolle eines Kommunikationsroboters ein (Protokolldroide), während *R2-D2* als Mechaniker konstruiert wurde (Astromechdroide).

[93] In der Fernsehserie „Raumschiff Enterprise" (1987-1994) nahm der Androide *Data* eine der Hauptrollen ein und war Anlass, sich mit seinem künstlichen Sein inhaltlich und erzählerisch auseinanderzusetzen.

[94] Hier ist die Verstofflichung des „Medizinisch-holografisches Notfallprogramms" aus „Star Trek: Voyager" (1995-2001) gemeint. In der Folge 'Inhumane Praktiken' beklagt er angesichts einer Wissenslücke: „Meine Matrix ist einfach nicht groß genug."

Filme zu Robotern und künstlichem Wesen

[95] Von den zahlreichen Filmen, in denen Roboter und künstliche Wesen Thema sind, seien hier „Der Tag, an dem die Erde stillstand" (s. [Manthey 1983], S. 63 ff.), Stanley Kubricks „2001: Odyssee im Weltraum" (s. [Manthey 1983], S. 93 ff.) und die Folge 'Hüter des Gesetzes' der Reihe „Raumpatrouille - Die phantastischen Abenteuer des Raumschiffs Orion", erwähnt, da sie auf besondere Situationen eingehen, in die der Mensch im Umgang mit autonomen Systemen geraten kann.

[96] Zur Bezeichnung „Elektronengehirn" finden sich bereits Anmerkungen auf S. 116.

[97] Auf die Fehlvorstellung, dass ein menschliches Gehirn gut rechnen könne, wurde in Kapitel 6 eingegangen.

[98] Die Vorstellung über die Machtvollkommenheit der großen Rechenmaschinen findet in den Filmen „2001 — Odyssee im Weltraum"" (1968) oder „The invisible boy" (1957) seinen Ausdruck, in denen die Computer die Absicht entwickeln, die Menschen zu beherrschen.

[99] Unter dem Begriff Cloud-Computing werden hier sowohl die bei einem Wirtsrechner angeforderte Rechenleistung als auch die Auslagerung von Daten auf ferne Speichermedien zusammengefasst.

Gelenkroboter

[100] Es ist das Modell KR 60 der Firma KUKA abgebildet, welches für mittlere Traglasten (30 bis 60 kg) ausgelegt ist. Mit ihm lässt sich u. a. montieren, verpacken, lackieren, bestücken oder messen.

[101] Beim Portalroboter (kartesischen Roboter) wird der Aktor über einen auf Schienen laufenden Schlitten (waagerechte Bewegung) und einen Portalarm (vertikale Bewegung) zum Einsatzort gebracht. *(Portalroboter)*

[102] Bei einem zylindrischen Roboter ist der Aktor an einem mit einem Gelenk versehenen Ausleger befestigt. Dieser rechtwinklig abstehende Ausleger ist an einer zylinderförmigen Stange so montiert, dass er daran hin- und herbewegt werden kann. *(zylindrischer Roboter)*

[103] Am Polarroboter befindet sich der Aktor an einem in der Länge veränderbaren Arm. Dieser Arm sitzt an einem um eine waagerechte Achse drehbaren Gelenk. Das Gelenk wiederum lässt sich um eine senkrechte Achse drehen. *(Polarroboter)*

[104] Der dreh- und schwenkbare Aktor eines Pendularroboters lässt sich um zwei senkrecht zueinander stehenden Achsen pendeln. *(Pendularroboter)*

[105] Einer Pressemitteilung der IFR vom 30. August 2012 zufolge, wird der Bestand an Industrierobotern im Jahr 2011 auf 1,15 Millionen geschätzt. Er wird auf 1,24 Millionen im Jahr 2012 und auf 1,58 Millionen im Jahr 2015 hochgerechnet. Als Bestand in Deutschland werden 157.241 (2011), 163.500 (2012) und 176.800 (2015) Stück genannt. Weltweit die höchsten Roboterdichten in der Industrie besitzen laut IFR Südkorea, Japan und Deutschland mit Dichten zwischen 347 und 261 Robotern pro 10.000 Beschäftigten. In der Automobilindustrie ist Japan mit 1.600 Robotern pro 10.000 Beschäftigten Spitzenreiter, gefolgt von Italien, Deutschland und den USA mit Roboterdichten zwischen 1.000 und 1.200. *(2011: 1,15 Millionen Industrieroboter)*

[106] Zurzeit beschreibt die internationale Norm ISO 8373:2012, welche Geräte zu den Industrierobotern zählen. Des Weiteren liefert der *Verein Deutscher Ingenieure* (VDI) eine Definition in ihrer Richtlinie 2860. *(ISO 8373:2012)*

[107] Joseph F. Engelberger (*1925) gilt als einer der Gründerväter der Robotik. Er brachte den von George Devol (1912-2011) patentierten Industrieroboter *Unimate* auf den Markt. 1961 ging der erste *Unimate* bei *General Motors* in New Jersey in Betrieb. Er nahm Schweißaufgaben an Kraftfahrzeugteilen wahr. Laut [Randow 1997], S. 11, stammt der erste industriell eingesetzte Roboter von der Firma *Planet Corporation* und hieß *Planetbot*. Er bewegte 1955 bei *General Motors* heiße Metallteile. *(Unimate)*

[108] Die IFR listet in ihrer Statistik für das Jahr 2011 für den professionellen Bereich neben den Robotern für Militär, Landwirtschaft und Medizin zudem Serviceroboter für logistische und bautechnische Aufgaben, mobile Plattformen, Reinigungs-, Inspektions-, Rettungs- und Sicherheitsroboter auf. *(Serviceroboter im professionellen Bereich)*

[109] Der japanische Wissenschaftler Hiroshi Ishiguro, Entwickler der Actroid-Modelle, wies in den *tagesthemen* vom 29.12.2010 darauf hin, dass er mit dem Robotbau über sich selbst als Mensch viel erfahren wolle. Im „IEEE Spectrum" vom April 2010 erklärte er, dass er erforschen wolle, wie die Interaktion zwischen Mensch und Roboter späterhin gestaltet werden müsse, wenn immer mehr Roboter in unserem Alltag Einzug halten. Ferner interessiert ihn, was man spürt, wenn man einem Doppelgänger gegenübersitzt. Entsprechende Robotmodelle werden bei ihm *Geminoid* genannt (lat. geminus – Zwilling, doppelt). *(Actroid, Geminoid)*

[110] Owen Holland von der University of Sussex erklärte zur Bedeutung der Nachbildung des humanoiden Körpers: „Ein großer Teil dessen, was beim Menschen als abstrakte Intelligenz gilt, ist aber tatsächlich in seinem Körper verankert" (s. „Fortschritte in der Robotik – Frankensteins Traum" in: „SPIEGEL online" am 25.4.10). Wir hätten in jedem Moment ein „internes Modell von uns selbst", Körper und Geist seien nicht getrennt. *(Körper und Geist)*

[111] Beim Actroid-Modell *Repliee Q1* werden 31 Aktoren für die Artikulation eingesetzt, wie „National Geographic" am 10.06.2005 berichtete.

[112] Mittels des EU-Forschungsprojekts ECCEROBOT werden seit 2009, koordiniert von Owen Holland und Alois Knoll (TU München), Robotmodelle aus Thermoplast (Polycaprolacton), Drachenschnüren, Bungeeseilen und Akkuschraubermotoren hergestellt, um dem natürlichen Aufbau von Armen und Oberkörper nahe zu kommen. — An der Universität Bielefeld untersucht man unter der Leitung von Helge Ritter die Grundlagen für das Greifen mit Roboterhänden. Immerhin 170 Tastsensoren hat man bereits in einer Roboterhand unterbringen können (das sind etwa 1 % der Tastsensoren der menschlichen Hand; vgl. „future now", Deutsche Welle 2011). *(Armbewegungen, Handgriffe)*

Laufen

[113]Mit den neuen Fertigkeiten seines humanoiden Roboters *Asimo* erreichte Honda 2011 eine Laufgeschwindigkeit von 9 km/h, wobei beide Füße wie beim Menschen beim Vorschnellen eines Beines den Boden verlassen. Das Laufen beruht auf autonomen Entscheidungen des Roboters. Zum Vergleich: Bei Boston Dynamics erreichte man mit dem vierbeinigen Roboter *Cheetah* im August 2012 eine Geschwindigkeit von gut 45,4 km/h (s. BostonDynamics.com, 2012). Dabei wurde der Roboter allerdings von einem Gestänge in der Spur gehalten und von außen durch eine Hydraulikpumpe versorgt. — Mit einer „nervlichen Steuerung" der Beine bilden Anthony Lewis und Theresa Klein an der Universität von Arizona, Tucson, den menschlichen Bewegungsablauf mit dem Roboterbein *Achilles* nach (s. „Achilles: A robot with realistic legs" in: „The Neuromorphic Engineer", 2009).

Hüpfen

[114]Der Roboter *Asimo* kann seit 2011 auf einem Bein vor und zurück hüpfen und sich dabei sogar drehen (s. Honda-Pressemitteilung vom 8.11.11, asimo.honda.com).

Treppensteigen

[115]Das Treppensteigen bewältigt außer *Asimo* auch der humanoide Roboter *Nao* der Firma Aldebaran Robotics (s. [Oßwald et al. 2011]). — Die Defense Advanced Research Projects Agency (DARPA) schrieb 2012 einen hochdotierten Wettbewerb aus, in dem treppensteigende und Hindernisse überwindende Roboter ins Rennen gehen (s. „DARPA's Pet-Proto Robot Navigates Obstacles", youtube.com/user/DARPAtv).

Tanzen

[116]Der Gynoid *HRP-4C* vom AIST wird dahingehend weiterentwickelt, mit Armen und Beinen Tanzbewegungen ausführen zu können (vgl. Messepräsentation auf der Digital Content Expo 2010, Tokyo, Oktober 2010). Dazu dienen dem Gerät 30 Motoren in Armen und Beinen. Hinzu kommen 8 Motoren für die Mimik.

Human Brain Project

[117]Henry Markram verweist in [Markram 2012] auf die Nachbildung einer kortikalen Säule aus 10.000 Neuronen im Rahmen des „Blue Brain"-Projekts. Jetzt wird die Simulation des gesamten menschlichen Gehirns im Rahmen des „Human Brain Project" angestrebt. Auf Seite 10 stehen in Anmerkung 21 dazu weitere Einzelheiten.

BrainScaleS-Projekt

[118]Die aus Transistoren, Kondensatoren, Widerständen usw. zusammengesetzten Emulationsschaltungen bieten zeitliche und energetische Vorteile, wie Karlheinz Meier in [Meier 2012] ausführt. Die Zeitangaben sind den Seiten 97 und 98 entnommen. Weitere Angaben zu den Projekten befinden sich in der Anmerkung 22 auf Seite 11.

fehlertolerante Schaltungen

[119]Karlheinz Meier schreibt zur Produktion seiner FACETS-Siliziumchips in [Meier 2012], S. 98: „Dass keine Möglichkeit besteht, die unvermeidlichen Produktionsfehler durch Aussortieren der defekten Chips zu lösen, war hingegen unproblematisch: Anders als digitale Schaltungen sind die elektronischen fehlertolerant. Ein paar emulierte Synapsen mehr oder weniger – wie in der Biologie spielt das auch hier keine Rolle."

[120]Markram notiert in [Markram 2012], S. 82: „[Das simulierte Gehirn] würde einzigartige Einblicke in die Grundlagen unserer kognitiven Fähigkeiten erlauben und der Entwicklung künstlicher Intelligenz neue Impulse verleihen."

Definition zur Künstlichen Intelligenz

[121]In [Ertel 2009], S. 2, wird die Definition von Elaine Rich zitiert mit: „Artificial Intelligence is the study of how to make computers do things at which, at the moment, people are better."

ELIZA

[122]Als ein wichtiger Baustein für die Überlegungen zur Künstlichen Intelligenz gilt das in [Weizenbaum 1966] vorgestellte Programm ELIZA. Es ist benannt nach Eliza Doolittle aus dem Schauspiel Pygmalion von George Bernard Shaw, der Professor Henry Higgins eine feine Aussprache beizubringen versucht. Joseph Weizenbaum (1923-2008) schaffte es mit diesem skriptgesteuerten Dialogprogramm, einen Beitrag zur Diskussion über das zu geben, was als intelligentes Verhalten empfunden wird. Er stellte fest: „The human speaker will [...] contribute much to clothe ELIZA's responses in vestments of plausibility. But he will not defend his illusion (that he is being understood) against all odds." Weizenbaum gibt bezüglich eines ELIZA-Anwenders zu bedenken (a.a.O., S. 42): „What is he led to believe about the machine as a result of his conversational experience with it? Some subjects have been very hard to convince that ELIZA (with its present script) is *not* human. This is a striking form of Turing's test." Mit 'present script' ist ein ELIZA-Skript gemeint, welches ein Gespräch mit einem Psychotherapeuten nachbildet (a.a.O., S. 44 f.). Den erwähnten Turingtest besteht dieses Skript wohl nicht, da man recht schnell herausfindet, dass man statt mit einem Arzt mit einer Maschine spricht. Der Mathematiker Alan Turing (1912-1954) gilt als Wegbereiter der (theoretischen) Informatik. — Seit 2011 macht das Dialogprogramm „Siri" der Firma Apple von sich reden, da es die gesprochenen Aufforderungen und Fragen des Anwenders zu erkennen versucht und natürlich sprechend antwortet.

[123]Das Zitat ist[Knoll and Christaller 2003], S. 30 f., entnommen. Dort heißt es auf S. 94 auch: „[Die Serviceroboter] sind nicht intelligent genug, um in einem von Menschen geprägten Szenario aus dynamischen Umgebungen, Anforderungen und Aufgaben überleben zu können."

[124]Zu den Anforderungen an die künstliche Intelligenz heißt es in [Randow 1997], S. 253: „Doch damit Maschinen nicht nur den geraden Pfad gehen, sondern auch mäandrieren, damit sie mit der Welt interagieren können, ohne sie jedesmal mit ihrem notwendigerweise endlichen Verstand analysieren zu müssen, dazu brauchen sie eine Intelligenz, deren Schlüsselbegriffe nicht nur Logik und Schluss heißen, sondern ebenso Assoziation und Zufall, Klang und Bild. Darin läge ihre Chance zu neuen Fähigkeiten — die Welt von verschiedenen Standpunkten aus zu betrachten, unter verändertem Blickwinkel; die Welt mit nie gleich gestimmten Sinnen zu erfühlen, in oszillierenden Kategorien zu deuten und damit das Vertraute in das Fremdartige zu verwandeln. So entstünde, mit einem Wort: Kreativität."

Bedeutung des Zufälligen

[125]In [Randow 1997], S. 256, wird dazu ausgeführt, dass sich intelligentes Verhalten deswegen nicht aus reinen Reflexhandlungen zusammensetzen lasse, da dann die Unterschiede zwischen bewusstem und unbewusstem Tun nicht nachgebildet werden könnten.

Reflexhandlungen

[126]Diese Begriffe nennen [Knoll and Christaller 2003] auf den Seiten 5-6 und 16-17 und halten u. a. fest: „Telemanipulatoren sind von Menschen ferngesteuerte Maschinen, die gewöhnlich aus einem Arm und einem Greifer bestehen" (S. 5). — „Handhabungsautomaten, die speziell für eine kleine Klasse von Stückgütern konstruiert werden, können bestimmte Funktionen mit oft sehr hoher Geschwindigkeit durchführen [...] und müssen aufwändig umgebaut werden, wenn sich diese Objekte mehr als nur minimal ändern" (S. 16 f.).

Telemanipulatoren, Handhabungsautomaten

[127]Die äußeren Sensoren werden durch [Knoll and Christaller 2003], S. 31, von den inneren unterschieden. Die inneren Sensoren geben über den „inneren Zustand" des Roboters Auskunft. Sie tragen in diesem Sinne also zur Wahrnehmung der Umgebung des Roboters nicht bei, auch wenn man im Einzelfall dikutieren mag, ob eine Gelenkstellung eines Arms oder Beins nicht doch verrät, wie beispielsweise der Boden oder ein Hindernis beschaffen ist.

innere und äußere Sensoren

[128]Autonomie ist nach [Knoll and Christaller 2003], S. 31, die „Fähigkeit des Roboters, sich seine eigenen Verhaltensregeln entweder selbst zu geben oder sie aber zumindest in der Interaktion mit der Umwelt zu ergänzen, zu verändern oder durch neue zu ersetzen." — Adaptivität ist laut [Knoll and Christaller 2003], S. 30, die „Fähigkeit, die eigenen kognitiven und motorischen Fähigkeiten einer sich dynamisch ändernden Umwelt anzupassen, bzw. diese Welt auch (innerhalb eines bestimmten Rahmens) nach seinen Absichten und Wünschen zu verändern."

Autonomie

Adaptivität

Literaturverzeichnis zu Kapitel 7

Harald Abelson. *Einführung in LOGO*. IWT Verlag, Vaterstetten bei München, 1983. bearbeitet von Herbert Löthe, ISBN 3-88322-023-X.

Hans-Joachim Bentz. *Die Suchmaschine SENTRAX. Grundlagen und Anwendungen dieser Neuentwicklung*. Universität Hildesheim, 2006. in: „Proceedings des Fünften Hildesheimer Evaluierungs- und Retrievalworkshops", Hildesheim 2006.

Günter Born. *Dateiformate — Die Referenz*. Galileo Press, Bonn, 2000. ISBN 3-934358-83-7.

Valentin Braitenberg. *Künstliche Wesen — Verhalten kybernetischer Vehikel*. Vieweg, Braunschweig, 1986. ISBN 3-528-08949-0.

Andreas Dierks. *VidAs — Aufbau einer robusten, frei programmierbaren Maschine aus Assoziativmatrizen. Simulation und Hardware-Lösung*. Universität Hildesheim, 2005. in: „Hildesheimer Informatik-Berichte", Band 2/2005 (September 2005), ISSN 0941-3014.

Hermann Ebbinghaus. *Über das Gedächtnis: Untersuchungen zur experimentellen Psychologie*. Duncker & Humblot, Leipzig, 1885.

Wolfgang Ertel. *Grundkurs Künstliche Intelligenz — Eine praxisorientierte Einführung*. Vieweg+Teubner, Wiesbaden, 2009. 2. Auflage, ISBN 978-3-8348-0783-0.

Alois Knoll and Thomas Christaller. *Robotik*. Fischer Verlag, Frankfurt am Main, 2003. ISBN 978-3-596-15552-1.

Robert Malone. *Roboter — Vom Blechspielzeug zum Terminator*. Dorling Kindersley Verlag, München, 2010. ISBN 978-3-8310-9087-7.

Dirk Manthey, editor. *SF — Die Science-Fiction-Filme*. Zweiter Kino Verlag, Hamburg, 1983.

Henry Markram. *Auf dem Weg zum künstlichen Gehirn*. Spektrum der Wissenschaft Verlag, Heidelberg, 2012. in: „Spektrum der Wissenschaft", Heft 9/12 (September 2012), S. 82-90.

Karlheiz Meier. *Neurone & Co. — Imitieren mit Silizium*. Spektrum der Wissenschaft Verlag, Heidelberg, 2012. in: „Spektrum der Wissenschaft", Heft 9/12 (September 2012), S. 92-99.

Stefan Oßwald, Attila Görög, Armin Hornung, and Maren Bennewitz. *Autonomous climbing of spiral staircases with humanoids*. IEEE/RSJ, 2011. in: „Proceedings of the IEEE/RSJ International Conference on Intelligent Robots and Systems (IROS)", 2011.

Günther Palm. *The PAN System and the WINA Project*. Springer-Verlag, Berlin Heidelberg, 1993. in: „Euro-ARCH '93. Europäischer Informatik Kongreß Architektur von Rechensystemen" (Spies, P.P, Hrsg.), S. 142-156.

Seymour Papert. *Mindstorms — Children, Computers and Powerful Ideas*. Basic Books, 1993. Second Edition, ISBN 978-0-465-04674-4.

Seymour Papert and Cynthia Solomon. *Twenty things to do with a computer*. MIT, 1971. Artificial Intelligence Memo No. 248, Juni 1971.

Gero von Randow. *Roboter — Unsere nächsten Verwandten*. Rowohlt, Reinbek bei Hamburg, 1997. ISBN 978-3-498-05744-2.

H. Joachim Schlichting. *Schau nicht so genau hin! — Grob verpixelte Gesichter sind kaum zu erkennen – es sei denn, man vernichtet noch mehr Information*. Spektrum der Wissenschaft Verlag, Heidelberg, 2012. in: „Spektrum der Wissenschaft", Heft 5/2012, S. 50 f.

Gustav Schwab. *Die schönsten Sagen des klassischen Altertums*. Tosa Verlag, Wien, o.J.

Joseph Weizenbaum. *Computational Linguistics*. ACM, 1966. in: „Communications of the ACM", Volume 9, Number 1, Januar 1966, S. 36-45.

Christian Weymayr and Helge Ritter. *Roboter — Was unsere Helfer von morgen heute schon können*. Berlin Verlag, Berlin, 2010. ISBN 978-3-8270-5360-2.

Dieter Wuckel. *Science Fiction — Eine illustrierte Literaturgeschichte*. Olms Presse, Hildesheim Zürich New York, 1986. ISBN 3-487-08274-8.

Kapitel 8

Verzeichnisse und Lösungen

8.1 Modelldateien von VIDAS

Die Modelle von VIDAS werden durch Modelldateien beschrieben, die sich im Unterverzeichnis **modelle** befinden. Durch Ändern der Einträge in diesen Modelldateien, kann man sich ein zum jeweiligen Anwendungsfall passendes Modell erzeugen. Nachstehend ist der Inhalt der Modelldatei des *Modell* 6 der Assoziativmaschine SYSTEM 9 zu sehen. Kommentarzeilen beginnen mit einem Ausrufezeichen.

Erzeugung passender Modelle

```
(a)     !-----------
(b)     ! Modell 6
(c)     !-----------
(d)     name=System 9 [2048]
(e)     matsize=2048
(f)     bitdichte=0.5
(g)     zufallsbits=8
(h)     dispalphabet=<ascii256>
(i)     $merke          = %,V,ZK
(j)     $zeige          = %,V,
(k)     $lerne          = %,ZK,ZK
(l)     $lerneregister  = %,,
(m)     $beantworte     = %,ZK,
(n)     $maskiere       = %,,
(o)     $vereine        = %,,
(p)     $lies           = %,V,
(q)     $zeigeweiter    = %,,
(r)     $frageweiter    = %,,
(s)     $nullspringe    = %,M,
(t)     $gleichspringe  = %,M,
(u)     $hole           = %,V,
(v)     $kopiere        = %,,
(w)     $ereipok        = %,,
(x)     $laderom        = %,,
(y)     $pausiere       = %,,
```

```
(z)     $wuerfle      = %,,
(A)     $speicheredaten= %,K,
(B)     $ladedaten    = %,K,
```

Mit dem Eintrag `name=` kann man einen Namen für das Modell vergeben. Hinter `matsize=` wird die Anzahl an Spalten- und Zeilenleitungen für die im Modell einzusetzenden Assoziativmatrizen festgelegt (höchstens 8192). Mit der `bitdichte` legt man fest, wie viele Einsen von VIDAs für die Fragen und Antworten der Matrizen des Programmspeichers und für die Adressen der Variablen gesetzt werden sollen (in Prozent). Im oben stehenden Beispiel ist als Bitdichte 0,5 % gewählt worden, also werden $2048 \cdot 0,5/100 \approx$ 10 Einsen auf die 2048 Positionen einer Frage oder Antwort verteilt. Für den `wuerfle`-Befehl von VIDAs legt man mit `zufallsbits` fest, wie viele Einsen in diesem Modell bei einem Aufruf zufällig gesetzt werden sollen. Als `dispalphabet` darf man beliebige Zeichenketten angeben (zum Beispiel `dispalphabet=0123456789ABCDEF`) oder die Abkürzungen `<ascii128>` für das ASCII-Alphabet (siehe Kapitel 8.2) oder `<ascii256>` für das erweiterte ASCII-Alphabet wählen.

Im zweiten Abschnitt einer Modelldatei sind die Befehle und ihre Syntax aufgelistet, die im Modell genutzt werden sollen. Hinter einem Dollarzeichen $ folgt der Befehlsname und hinter einem Gleichheitszeichen die Kodierung und die Beschreibung der Art der beiden Parameter. Als Kodierung für einen Befehl darf VIDAs eigenständig und zufällig einen Kode festlegen, wenn ein Prozentzeichen % angegeben wird. Als Parametertyp werden Variablen mit `V`, Konstanten mit `K`, Variablenadressen mit `Z` („Zeiger") und Marken mit `M` eingetragen. Möchte man die Kodierung für Befehle festlegen, gibt man sie als Folge von Nullen und Einsen an (zum Beispiel steht im *Modell* 1 als Kodierung für den Lernbefehl `$lerne = 1000000000000001,ZK,ZK`). Es ist nur die Angabe von Befehlen sinnvoll, die der Simulator VIDAs kennt und ausführen kann. Eine Übersicht der Befehle enthält Kapitel 8.4.

8.2 ASCII-Code

Der **A**merican **S**tandard **C**ode for **I**nformation **I**nterchange (ASCII) ist ein 7-Bit-Code, mit dem auch die Zeichen in VIDAs dargestellt werden. Er wird in VIDAs mit 'Ascii 128' bezeichnet und in Modelldateien als `<ascii128>` notiert. Die ersten 32 und das letzte Zeichen sind nicht druckbar und daher in Tabelle 8.1 nicht aufgeführt, zum Beispiel dient(e) das 7. Zeichen `BEL` zur Ausgabe eines Signaltons und das 10. Zeichen `LF` zur Ausführung eines Zeilenvorschubs. Weitere der nicht druckbaren Zeichen sind das erste Zeichen `NUL` (alle Bits sind 0), das achte Zeichen `BS` (backspace, d.i. das Rückwärtslöschen), das zwölfte Zeichen `FF` (formfeed, d.i. der Seitenvorschub), das dreizehnte Zeichen `CR` (carriage return, d.i. die Rückkehr zum Anfang der aktuellen Zeile) und das 27. Zeichen `ESC` (escape, d.i. das Abbrechen des aktuellen (Eingabe-) Zustands). Das 33. Zeichen ist das Leerzeichen (hexadezimal $20).

Zur Bestimmung des ASCII-Codes eines Zeichens lese man aus Tabelle 8.1 die links und oben hexadezimal angegebene Zeilen- und Spaltennummer des Zeichens ab, füge sie als Ziffern aneinander und wandle sie in eine Dualzahl um. Beispielsweise wird die Zeichenkette `"Hallo"` von VIDAs im Modell

	0	1	2	3	4	5	6	7	8	9	A	B	C	D	E	F
0																
1																
2		!	"	#	$	%	&	'	(	)	*	+	,	-	.	/
3	0	1	2	3	4	5	6	7	8	9	:	;	<	=	>	?
4	@	A	B	C	D	E	F	G	H	I	J	K	L	M	N	O
5	P	Q	R	S	T	U	V	W	X	Y	Z	[	\	]	^	_
6	`	a	b	c	d	e	f	g	h	i	j	k	l	m	n	o
7	p	q	r	s	t	u	v	w	x	y	z	{	|	}	~	
	0	1	2	3	4	5	6	7	8	9	A	B	C	D	E	F

Tabelle 8.1: ASCII-Code

Modell 4 in die binäre Darstellung *1001000 11000011 1011001 1011001
101111 überführt.

In Modellen, die als darstellenden Zeichensatz <ascii256> angegeben haben, wird von VIDAS ein **erweiterter** ASCII-Code benutzt. Dies ist einer der nationalen 8-Bit-Codes, der in den ersten 128 Zeichen mit dem ASCII-Code in Tabelle 8.1 übereinstimmt. Im Falle des IBM-ASCII-Zeichensatzes („Codepage 437") sind in Tabelle 8.2 einige der Zeichen wiedergegeben.

erweiterter ASCII-Code

	0	1	2	3	4	5	6	7	8	9	A	B	C	D	E	F
8	Ç	ü	é	â	ä	à	å	ç	ê	ë	è	ï	î	ì	Ä	Å
9	É	æ	Æ	ô	ö	ò	û	ù	ÿ	Ö	Ü	¢	£	¥		
A	á	í	ó	ú	ñ	Ñ					¬				«	»
⋮																
E	α	β	Γ	π	Σ	σ	μ	τ	Φ	Θ	Ω	δ	ω	ϕ	ϵ	$\cap$
F	$\equiv$	$\pm$	$\geq$	$\leq$		$\div$	$\approx$	$°$	·	·	$\sqrt{\ }$	^{n}	^{2}			
	0	1	2	3	4	5	6	7	8	9	A	B	C	D	E	F

Tabelle 8.2: Erweiterter ASCII-Code (Codepage 437)

8.3 Lösungen zu den Übungen

Übungen 1

Ü 1.1 (Verbindungsmatrizen)

Für die Eins in der Aktion $\mathfrak{x}$ ergibt sich der aussagenlogische Term

$$\overline{x_1} \wedge \overline{x_2} \wedge x_3 \wedge x_4 \ .$$

Der gesuchte Term, der den Wert von y_1 liefert, lautet dann

$$((((x_1 \cdot V_\neg) \ (x_2 \cdot V_\neg)) \cdot V_\wedge \ x_3) \cdot V_\wedge \ x_4) \cdot V_\wedge$$

und die Werte von y_2, y_3 und y_4 sind dazu das aussagenlogische Gegenteil.

Ü 1.2 (Perzeptron)

Die Verbindungsmatrix V_1 der Eingabeschicht ist eine 5x5-Einheitsmatrix. Die zur Ausgabeschicht gehörende Verbindungsmatrix lautet

$$V_2 = \begin{pmatrix} 1 & 1 & 0 & 0 \\ 0 & 1 & 0 & 1 \\ 1 & 1 & 1 & 0 \\ 0 & 1 & 0 & 1 \\ 1 & 0 & 1 & 0 \end{pmatrix} \ .$$

Auf alle drei Fragen $\mathfrak{f}_i$ werden die verlangten Antworten $\mathfrak{a}_i$ geliefert.

Ü 1.3 (Perzeptron)

a) $(((((-8 \ \ 5) \cdot V_1) \cdot V_2) \cdot V_3) \cdot V_4) = (1)$

b)

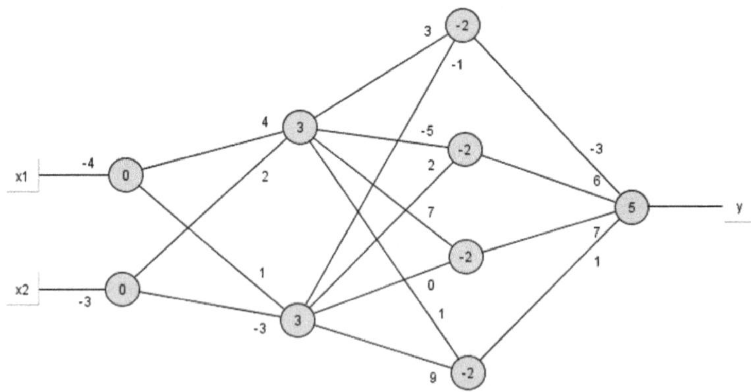

Ü 1.4 (Hopfield-Netz)

Als Verbindungsmatrix erhält man mit der Hopfield-Lernregel:

$$
V = \begin{pmatrix}
0 & -1 & -1 & 3 & -1 & -1 & -1 & 3 \\
-1 & 0 & 3 & -1 & -1 & -1 & 3 & -1 \\
-1 & 3 & 0 & -1 & -1 & -1 & 3 & -1 \\
3 & -1 & -1 & 0 & -1 & -1 & -1 & 3 \\
-1 & -1 & -1 & -1 & 0 & 3 & -1 & -1 \\
-1 & -1 & -1 & -1 & 3 & 0 & -1 & -1 \\
-1 & 3 & 3 & -1 & -1 & -1 & 0 & -1 \\
3 & -1 & -1 & 3 & -1 & -1 & -1 & 0
\end{pmatrix}
$$

a) $m_1 \cdot V = (1\ 0\ 0\ 1\ 0\ 0\ 0\ 1)$, $m_2 \cdot V = (0\ 1\ 1\ 0\ 0\ 0\ 1\ 0)$, $m_3 \cdot V = (0\ 0\ 0\ 0\ 1\ 1\ 0\ 0)$, auf alle Muster wird also korrekt geantwortet.

b) Es ergibt sich $m_1^+ \cdot V = m_1$, $m_1^{++} \cdot V = m_1$ und $m_2^+ \cdot V = m_2$. Die Störungen durch die zusätzlichen Einsen haben hier keine Auswirkung auf die Erkennung des Musters durch das Hopfield-Netz.

c) Es ergibt sich $m_1^- \cdot V = m_1$ und $m_2^- \cdot V = m_2$, das Entfernen der Einsen wirkt sich nicht aus.

d) Die Abfrage mit m_1^{+-} liefert das Ergebnis $m_* = (1\ 1\ 0\ 1\ 0\ 0\ 1\ 1)$. Dieses Muster ist ungleich allen gelernten Mustern. Nun wird V mit dem Ergebnis m_* abgefragt und man erhält $m_{**} = (1\ 0\ 1\ 1\ 0\ 0\ 0\ 1)$, was immer noch keinem gelernten Muster gleicht. Erst nach Abfrage mit diesem m_{**} antwortet das Netz mit dem gewünschten Muster m_1. Für die Abfrage mit m_2^{+-} zeigt das Netz ein ähnliches Verhalten. Nach zwei Zwischenschritten mit $m_* = (1\ 1\ 1\ 1\ 0\ 0\ 1\ 0)$ und $m_{**} = (0\ 1\ 1\ 0\ 0\ 0\ 1\ 1)$ erreicht der Abfragende letztlich sein Ziel m_2.

Ü 1.5 (Hebbsche Lernregel)

Die gesuchte Matrix lautet

$$
V = \begin{pmatrix}
0 & 0 & 0 & 0 & 2 \\
1 & -1 & -1 & 1 & 1 \\
-1 & 1 & 1 & -1 & 1 \\
0 & 0 & 0 & 0 & 0 \\
0 & 0 & 0 & 0 & 0
\end{pmatrix} .
$$

Ü 1.6 (Backpropagation Lernregel)

a) Nach dem Training wird sich in etwa das in der nachstehenden Abbildung dargestellte Verhalten des Netzes zeigen.

b) Nach einigen zehntausend Schritten ergibt sich eine ausreichend genaue Lösung, wie folgender Auszug aus dem **Maxima**-Protokoll zeigt.

```
(%i23)  a;
(%o23)  [[1  0  0],[0  1  0],[0  0  1]]

(%i24)  a_ist(1); a_ist(2); a_ist(3);
(%o24)  [0.995631483583208  0.00346710559039377  0.00321722637629393]
(%o25)  [0.00350079176171832  0.995368764325763  0.00370666907910072]
(%o26)  [0.00329821815839327  0.00398150098847588  0.995780435111419]
```

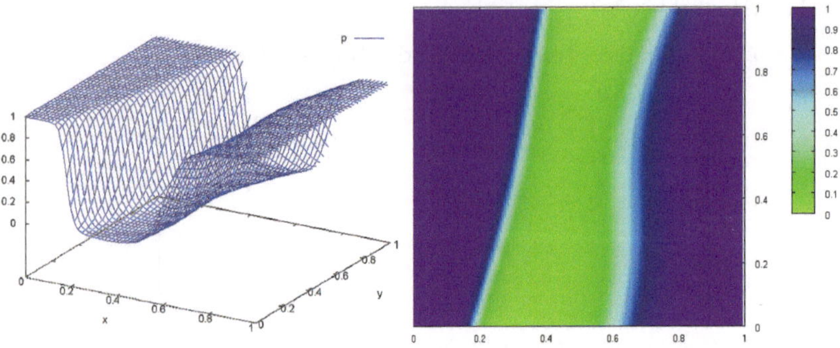

Übungen 2

Ü 2.1 (Assoziativmatrix)

a) Die Antwort lautet (010000000100).

b) Zur Abfrage wurden die 6. und 7. Zeile aktiviert.

c) Wird entweder die zweite oder die siebte Zeile zusätzlich aktiviert, ändert sich an der Antwort der Matrix nichts. Werden hingegen die zweite und die siebte Zeile zusätzlich aktiviert, dann antwortet die Matrix mit (010000110000).

d) Die Antwort lautet (011001000100).

Ü 2.2 (Assoziativmatrix)

a) Die Belegung der Matrix L nach dem Lernen der drei Frage-Antwort-Paare gibt folgende Abbildung wieder.

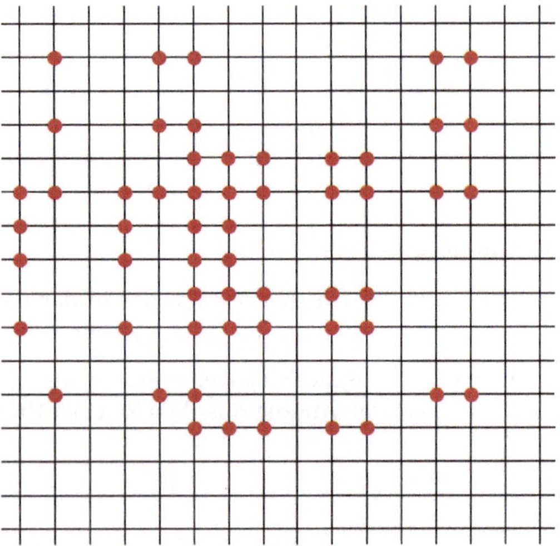

b) Nach dem Lernen der drei Frage-Antwort-Paare in genau der angegebenen Reihenfolge, liefert die Matrix K bei Abfrage mit den angegebenen

$\mathfrak{f}_i$ die Zwischenergebnisse

$$\mathfrak{s}_1 = (0\ 3\ 0\ 0\ 3\ 4\ 1\ 1\ 0\ 1\ 1\ 0\ 3\ 3\ 0\ 0)$$
$$\mathfrak{s}_2 = (2\ 0\ 0\ 2\ 0\ 4\ 4\ 2\ 0\ 2\ 2\ 0\ 0\ 0\ 0\ 0)$$
$$\mathfrak{s}_3 = (0\ 0\ 0\ 0\ 0\ 5\ 5\ 5\ 0\ 5\ 5\ 0\ 0\ 0\ 0\ 0)$$

und die Belegung von K sieht in Gitterdarstellung wie nachfolgend dargestellt aus.

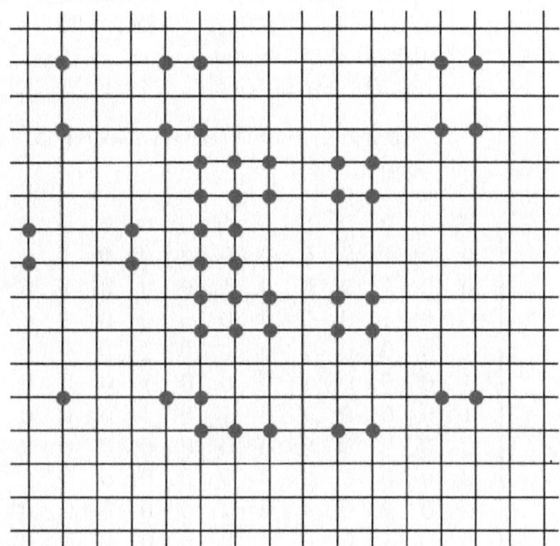

Ü 2.3 (Assoziativmatrix)

a) $\mathfrak{a}_1 = (01111110)$
b) $\mathfrak{a}_2 = (00010100)$
c) $\mathfrak{a}_3 = (11001111)$

d) $\mathfrak{a}_4 = (00010100)$
e) $\mathfrak{a}_5 = (00000100)$

Auch wenn $\mathfrak{a}_2$ und $\mathfrak{a}_4$ dasselbe Ergebnis aufweisen, so zeigt jedoch der Vergleich von $\mathfrak{a}_3$ und $\mathfrak{a}_5$, dass man eine Folge von Abfragen im Allgemeinen nicht durch eine Abfrage mit einer Matrixpotenz ersetzen kann. Die Matrixpotenzen A^2 und A^3 sind keine Assoziativmatrizen, da sie Einträge größer als 1 enthalten.

$$A^2 = \begin{pmatrix} 0 & 1 & 0 & 1 & 0 & 1 & 1 & 1 \\ 1 & 1 & 0 & 0 & 1 & 1 & 1 & 1 \\ 2 & 0 & 1 & 2 & 2 & 2 & 0 & 0 \\ 1 & 2 & 0 & 1 & 0 & 2 & 2 & 1 \\ 1 & 2 & 0 & 0 & 1 & 2 & 2 & 1 \\ 1 & 0 & 1 & 1 & 0 & 1 & 0 & 1 \\ 0 & 0 & 0 & 0 & 0 & 0 & 0 & 0 \\ 1 & 1 & 2 & 1 & 1 & 1 & 1 & 1 \end{pmatrix} \qquad A^3 = \begin{pmatrix} 2 & 1 & 1 & 1 & 1 & 2 & 1 & 2 \\ 2 & 2 & 1 & 2 & 0 & 3 & 2 & 2 \\ 4 & 4 & 1 & 3 & 3 & 6 & 4 & 2 \\ 2 & 3 & 1 & 2 & 1 & 4 & 3 & 3 \\ 2 & 3 & 1 & 3 & 0 & 4 & 3 & 3 \\ 2 & 2 & 2 & 1 & 2 & 2 & 2 & 2 \\ 0 & 0 & 0 & 0 & 0 & 0 & 0 & 0 \\ 3 & 2 & 3 & 4 & 3 & 4 & 2 & 2 \end{pmatrix}$$

Bei der Anreihung von mehreren Abfragen wie in den Aufgabenteilen b) und c) gehört zu jeder Abfrage eine Schwelloperation. Beim Umgang mit den Matrixpotenzen wie in den Aufgabenteilen d) und e) kommt es erst nach den Potenzieren zu einer einmaligen Schwelloperation.

Ü 2.4 (Assoziativmatrix)

a) Für eine 16x16-Matrix wäre zum Beispiel eine Kodierung in folgender Art möglich.

Eindrücke	Kodierung
süß	00000010 00000001
sahnig	00000100 00000010
Joghurt	00001000 00000100
bitter	00010000 00001000
krümelig	00100000 00010000
Kaffee	01000000 00100000
Erdbeeren	10000000 01000000

Marke	Kodierung
Jogurama	10001000 10000000
Caffètti	00100000 00100001
Fruttello	00000010 00001100

b) Nach dem Eintragen der neun Frage-Antwortpaare ist das Langzeitgedächtnis L wie folgt belegt:

$$L = \begin{pmatrix}
0 & 0 & 0 & 0 & 0 & 0 & 1 & 0 & 0 & 0 & 0 & 0 & 1 & 1 & 0 & 0 \\
0 & 0 & 1 & 0 & 0 & 0 & 0 & 0 & 0 & 0 & 1 & 0 & 0 & 0 & 0 & 1 \\
0 & 0 & 1 & 0 & 0 & 0 & 1 & 0 & 0 & 0 & 1 & 0 & 1 & 1 & 0 & 1 \\
0 & 0 & 1 & 0 & 0 & 0 & 0 & 0 & 0 & 0 & 1 & 0 & 0 & 0 & 0 & 1 \\
1 & 0 & 0 & 0 & 1 & 0 & 0 & 0 & 1 & 0 & 0 & 0 & 0 & 0 & 0 & 0 \\
1 & 0 & 0 & 0 & 1 & 0 & 0 & 0 & 1 & 0 & 0 & 0 & 0 & 0 & 0 & 0 \\
1 & 0 & 0 & 0 & 1 & 0 & 1 & 0 & 1 & 0 & 0 & 0 & 1 & 1 & 0 & 0 \\
0 & 0 & 0 & 0 & 0 & 0 & 0 & 0 & 0 & 0 & 0 & 0 & 0 & 0 & 0 & 0 \\
0 & 0 & 0 & 0 & 0 & 0 & 0 & 0 & 0 & 0 & 0 & 0 & 0 & 0 & 0 & 0 \\
0 & 0 & 0 & 0 & 0 & 0 & 1 & 0 & 0 & 0 & 0 & 0 & 1 & 1 & 0 & 0 \\
0 & 0 & 1 & 0 & 0 & 0 & 0 & 0 & 0 & 0 & 1 & 0 & 0 & 0 & 0 & 1 \\
0 & 0 & 1 & 0 & 0 & 0 & 1 & 0 & 0 & 0 & 1 & 0 & 1 & 1 & 0 & 1 \\
0 & 0 & 1 & 0 & 0 & 0 & 0 & 0 & 0 & 0 & 1 & 0 & 0 & 0 & 0 & 1 \\
1 & 0 & 0 & 0 & 1 & 0 & 0 & 0 & 1 & 0 & 0 & 0 & 0 & 0 & 0 & 0 \\
1 & 0 & 0 & 0 & 1 & 0 & 0 & 0 & 1 & 0 & 0 & 0 & 0 & 0 & 0 & 0 \\
1 & 0 & 0 & 0 & 1 & 0 & 1 & 0 & 1 & 0 & 0 & 0 & 1 & 1 & 0 & 0
\end{pmatrix}$$

c) Die Anfrage „sahnig und süß" mit dem Fragetupel (00000110 00000011) liefert das Antworttupel (10001000 10000000) also „Jogurama".

d) Folgende Tabelle gibt darüber Auskunft, wie das Langzeitgedächtnis L bezüglich der in a) angegebenen Kodierung antwortet.

Nr.	Anfrage	Fragetupel	Antworttupel	Antwort
i)	Erdbeeren, süß	10000010 01000001	00000010 00001100	Fruttello
ii)	sahnig, Erdbeeren, süß	10000110 01000011	10001010 10001100	Jogurama, Fruttello
iii)	bitter, Joghurt, Kaffee	01011000 00101100	00100000 00100001	Caffètti
iv)	sahnig, krümelig	00100100 00010010	10101010 10101101	Jogurama, Caffètti, Fruttello

Ü 3.1 (Klassischer Assoziativspeicher) **Übungen 3**

0	0	0	0	0	1	1	0	0	0	0	0
0	0	1	0	0	0	0	0	0	0	1	0
0	0	0	0	0	0	1	0	0	0	1	1
0	0	1	1	0	1	0	0	0	1	1	1
0	0	1	0	0	1	0	0	0	0	0	0
0	0	0	0	0	0	0	0	0	0	0	1
0	1	1	0	0	1	0	0	1	0	0	1
1	1	0	1	0	1	0	0	0	0	0	0
0	1	0	1	0	0	0	0	1	0	1	1
0	1	1	0	1	0	0	1	0	0	1	0
1	1	1	0	1	0	0	1	0	1	0	0
1	0	0	0	1	0	0	1	0	1	1	1
0	0	0	0	1	0	1	1	1	1	0	0
1	0	0	0	1	0	0	1	0	0	0	0
0	0	1	0	0	0	1	1	0	1	0	0
1	1	0	1	1	1	0	0	1	0	1	0

Vergleichslogik

0	0	0	0	0	0	0	0	0	0	0	0
0	0	0	0	0	0	0	0	0	0	0	0
0	0	0	0	0	0	0	0	0	0	0	0
1	1	1	1	1	0	0	0	1	1	1	1
0	0	0	0	0	1	1	0	0	0	0	0
0	0	0	0	0	1	0	0	0	0	0	0
1	1	1	1	1	1	1	1	1	1	1	1
0	0	0	0	0	0	0	0	0	0	0	0

Ü 3.2 (Zuse-Assoziativspeicher)

a) Die Schalter müssen wie folgt umgestellt werden:

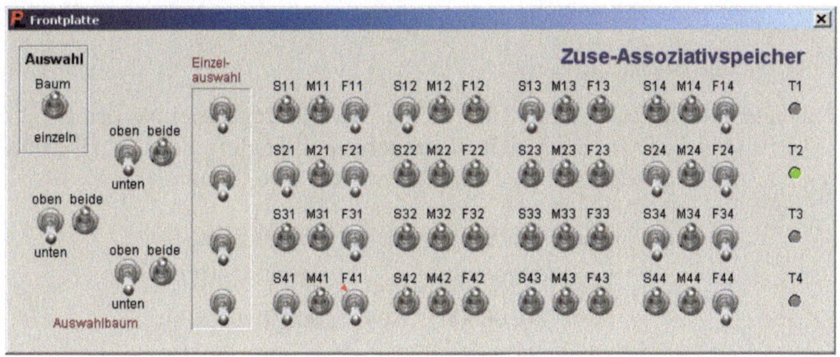

b) Es leuchten die Lampen T_2 und T_4 auf.

c) Es leuchten die Lampen T_2 und T_3 auf.

d) Keine der Lampen leuchtet auf.

e) Die Lampe T_2 leuchtet auf.

Ü 3.3 (Lernmatrix für binäre Daten)

a)

	B	C
A	5	2
B	6	1
C	3	6
D	1	2

b) Es wird die Bedeutung A geliefert (die Erregung beträgt 5).

c) Fragt man eine Assoziativmatrix mit einem Nulltupel ab, werden alle Spaltensumme gleich Null. Man erhält keine Antwort.

Ü 3.4 (Lernmatrix für nichtbinäre Daten)

a)

	Erregung			Bedeutung		
	$\mathfrak{v}_1$	$\mathfrak{v}_2$	$\mathfrak{v}_3$	$\mathfrak{v}_1$	$\mathfrak{v}_2$	$\mathfrak{v}_3$
$\mathfrak{v}_1$	2,45	145,0	8,54	0	0	0
$\mathfrak{v}_2$	145,0	12.500	350,0	1	1	1
$\mathfrak{v}_3$	8,54	350,0	45,56	0	0	0

b)

	Erregung			Bedeutung		
	$\mathfrak{v}_1$	$\mathfrak{v}_2$	$\mathfrak{v}_3$	$\mathfrak{v}_1$	$\mathfrak{v}_2$	$\mathfrak{v}_3$
$\mathfrak{v}_1$	1,0	0,83	0,81	1	0	0
$\mathfrak{v}_2$	0,83	1,0	0,46	0	1	0
$\mathfrak{v}_3$	0,81	0,46	1,0	0	0	1

c) Die Abfrage mit $\mathfrak{a}$ liefert (1, 1, 0) und die Abfrage mit $\mathfrak{b}$ ergibt (0, 0, 1).

d) Die zu berechnenden Winkel betragen jeweils $36,87^\circ$, daher sind $\mathfrak{a}$ und $\mathfrak{b}$ bezüglich $\mathfrak{v}_1$ und $\mathfrak{v}_2$ gleich „ähnlich".

Ü 3.5 (Assoziativmatrix)

a) Da die fünfte Zeilenleitung keine Verbindung zu einer der Spaltenleitungen besitzt, lässt sich die gegebene Belegung der Assoziativmatrix A mit folgenden sieben Frage-Antwort-Paaren erzeugen:

$$\mathfrak{f}_1 = (10000000), \quad \mathfrak{a}_1 = (001000000010)$$
$$\mathfrak{f}_2 = (01000000), \quad \mathfrak{a}_2 = (001000110011)$$
$$\mathfrak{f}_3 = (00100000), \quad \mathfrak{a}_3 = (100010100001)$$
$$\mathfrak{f}_4 = (00010000), \quad \mathfrak{a}_4 = (010000100010)$$
$$\mathfrak{f}_6 = (00000100), \quad \mathfrak{a}_6 = (100010111011)$$
$$\mathfrak{f}_7 = (00000010), \quad \mathfrak{a}_7 = (011010010001)$$
$$\mathfrak{f}_8 = (00000001), \quad \mathfrak{a}_8 = (010010000010)$$

b) Man könnte ein Frage-Antwort-Paar einsparen, wenn man eines fände, welches sich durch Linearkombination aus den anderen darstellen ließe.

Doch die Frage-Antwort-Paare sind linear unabhängig, der Rang der Assoziativmatrix ist 7.

c) Da der Rang dieser geänderten Assoziativmatrix 6 beträgt, müsste sich ein Frage-Antwort-Paar einsparen lassen. Tatsächlich findet man ein solches, denn die letzten beiden der oben aufgelisteten Frage-Antwort-Paare wurden geändert in:

$$f_7 = (00000010), \quad a_7 = (011010010011)$$
$$f_8 = (00000001), \quad a_8 = (010010010001) \,.$$

Also lässt sich das Paar (f_7, a_7) einsparen, indem man die Frage-Antwort-Paare (f_1, a_1) und (f_8, a_8) ändert durch Eintrag einer 1 an die siebten Stellen der Fragen:

$$f_1 = (10000010), \quad a_1 = (001000000010)$$
$$f_8 = (00000011), \quad a_8 = (010010010001) \,.$$

Ü 4.1 (System 1) Übungen 4

a) ah – bg – cf – de – ah – ...

b) Durch $(1, 0, 0, 0, 0, 0, 0, 0)$ wird der gleiche Programmablauf wie in a) gestartet. Durch $(0, 0, 1, 0, 0, 0, 0, 0)$ werden die Befehlsleitungen wie folgt aktiviert: abdegh – abcdefgh – de – adeh.

Ü 4.2 (System 1)

Die Belegung der Matrizen der Assoziativmaschine System 1 entnehme man folgender Abbildung.

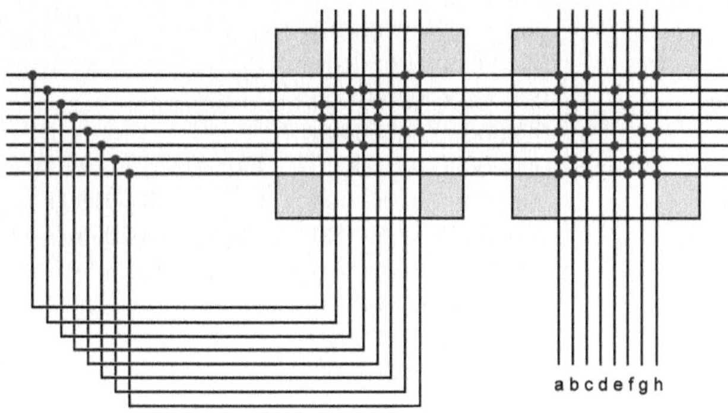

Ü 4.3 (System 1)

Die Lösung von Aufgabe Ü 4.4 wird so verändert, dass nach Start der Maschine mit $(0, 1, 0, 0, 0, 1, 0, 0)$ ein Programm abläuft, welches endlos nacheinander die Befehlsleitungen a, c, e, g aktiviert. Die nachstehende Abbildung zeigt eine mögliche Belegung der beiden Matrizen.

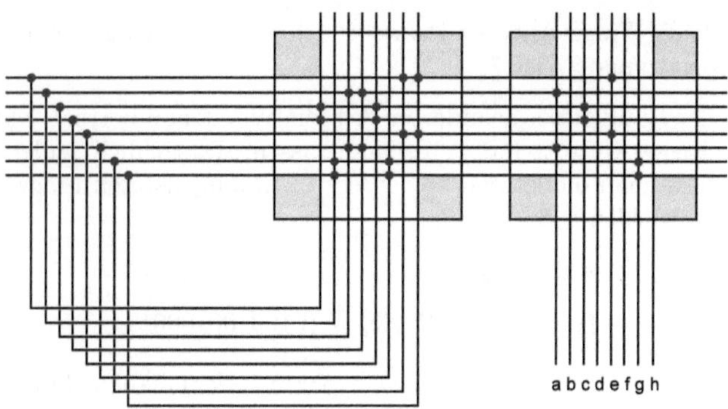

Ü 4.4 (SYSTEM 9, *Modell* 1)

a) Lediglich die einzelnen Buchstaben des Alphabets zu kodieren wäre unzweckmäßig. Zum Beispiel bringt eine Kodierung in folgender Art für rebe, eber, beere, berber eine identische Kodierung.

Buchstabe	Kodierung
a	00010001 00010001
b	00100010 00100010
e	01000100 01000100
r	10001000 10001000

Stattdessen geben wir für alle Buchstaben**paare**, die sich über dem Alphabet $\mathbb{A}$ bilden lassen, eine Kodierung an und auch eine für die Lampenfarben:

Buchstaben-paar	Kodierung
aa	00000000 00000001
ab	00000000 00000010
ae	00000000 00000100
ar	00000000 00001000
ba	00000000 00010000
bb	00000000 00100000
be	00000000 01000000
br	00000000 10000000
ea	00000001 00000000
eb	00000010 00000000
ee	00000100 00000000
er	00001000 00000000
ra	00010000 00000000
rb	00100000 00000000
re	01000000 00000000
rr	10000000 00000000

Farbe	Kodierung
rot	10001000 10000000
blau	00100000 00100001
grün	00000010 00001100

Auch diese Buchstabenpaar-Kodierung hat ihre Schwächen, wenn unterschiedliche Wörter aus genau denselben Buchstabenpaaren bestehen (z.B. rar, ara, arara).

b) Mit Hilfe der oben angegebenen Kodierung für die Buchstabenpaare und die Lampenfarben ergibt sich die Assoziativmatrix M.

$$M = \begin{pmatrix}
0 & 0 & 0 & 0 & 0 & 0 & 0 & 0 & 0 & 0 & 0 & 0 & 0 & 0 & 0 & 0 \\
0 & 0 & 0 & 0 & 0 & 0 & 1 & 0 & 0 & 0 & 0 & 0 & 1 & 1 & 0 & 0 \\
0 & 0 & 0 & 0 & 0 & 0 & 0 & 0 & 0 & 0 & 0 & 0 & 0 & 0 & 0 & 0 \\
0 & 0 & 1 & 0 & 0 & 0 & 0 & 0 & 0 & 0 & 1 & 0 & 0 & 0 & 0 & 1 \\
1 & 0 & 0 & 0 & 1 & 0 & 1 & 0 & 1 & 0 & 0 & 0 & 1 & 1 & 0 & 0 \\
0 & 0 & 0 & 0 & 0 & 0 & 1 & 0 & 0 & 0 & 0 & 0 & 1 & 1 & 0 & 0 \\
0 & 0 & 0 & 0 & 0 & 0 & 0 & 0 & 0 & 0 & 0 & 0 & 0 & 0 & 0 & 0 \\
0 & 0 & 0 & 0 & 0 & 0 & 0 & 0 & 0 & 0 & 0 & 0 & 0 & 0 & 0 & 0 \\
0 & 0 & 0 & 0 & 0 & 0 & 0 & 0 & 0 & 0 & 0 & 0 & 0 & 0 & 0 & 0 \\
1 & 0 & 1 & 0 & 1 & 0 & 1 & 0 & 1 & 0 & 1 & 0 & 1 & 1 & 0 & 1 \\
0 & 0 & 0 & 0 & 0 & 0 & 0 & 0 & 0 & 0 & 0 & 0 & 0 & 0 & 0 & 0 \\
0 & 0 & 0 & 0 & 0 & 0 & 0 & 0 & 0 & 0 & 0 & 0 & 0 & 0 & 0 & 0 \\
0 & 0 & 0 & 0 & 0 & 0 & 0 & 0 & 0 & 0 & 0 & 0 & 0 & 0 & 0 & 0 \\
0 & 0 & 0 & 0 & 0 & 0 & 0 & 0 & 0 & 0 & 0 & 0 & 0 & 0 & 0 & 0 \\
1 & 0 & 1 & 0 & 1 & 0 & 0 & 0 & 1 & 0 & 1 & 0 & 0 & 0 & 0 & 1 \\
0 & 0 & 0 & 0 & 0 & 0 & 0 & 0 & 0 & 0 & 0 & 0 & 0 & 0 & 0 & 0
\end{pmatrix}$$

c) Die Abfrage vom M mit 'rabe', also (00010000 01000010), liefert (00100000 00100001), folglich leuchtet die blaue Lampe auf.

d)   i) Die Abfrage mit 'beere', also (01001100 01000000), liefert (00000010 00001100), folglich leuchtet die grüne Lampe auf.

  ii) Die Abfrage mit 'rebe', also (01000010 01000000), liefert ebenfalls (00000010 00001100), folglich leuchtet die grüne Lampe auf. Das liegt daran, dass 'rebe' mit 'beere' zwei Buchstabenpaare gemeinsam hat, mit 'aber' und 'rabe' jedoch nur ein Paar.

  iii) Die Abfrage mit 'aare', also (01000000 00001001), liefert ebenfalls grün, weil 'aare' mit 'beere' ein Buchstabenpaar gemeinsam hat, mit 'aber' und 'rabe' jedoch kein Paar.

  iv) Die Abfrage mit 'abba', also (00000000 00110010), liefert (10101000 10100001), folglich leuchten die rote und blaue gemeinsam auf, weil 'abba' mit 'aber' und 'rabe' je ein Buchstabenpaar gemeinsam hat, mit 'beere' hingegen keines.

Ü 4.5 (Assoziativmatrix)

a) Um Hinweise auf die möglichen Programmabläufe zu erhalten, werden alle Zeilenleitungen nacheinander **einzeln** aktiviert und der Programmablauf untersucht, der sich ergibt, wenn man jeweils das Antworttupel als Fragetupel für den nächsten Programmschritt einsetzt.

Zeilen	Antwort		Antwort		Antwort		Antwort
1, 6	00001001	→	00000000				
2	10100100	→	00001001	→	00000000		
3	10101101	→	00001001	→	00000000		
4, 7	01100000	→	10100100	→	00001001	→	00000000
5, 8	00000000						

Der Tabelle lässt sich entnehmen, dass die Aktivierung der 4. oder 7. Zeilenleitung ein vierschrittiges Programm auslöst und die Aktivierung anderer Zeilen nur jeweils Teile dieses Programmablaufs zur Folge hat. Daher könnte man vermuten, dass der Programmierer genau nur den einen Programmablauf in der Matrix ablegen wollte, der sich nach einem Start mit (00010010) ergibt. Doch das ist nicht sicher. Die Tabelle liefert Hinweise auf fünf mögliche Programmabläufe, falls man das Programm durch die Aktivierung **einer** Zeilenleitung startet. Weitere Programmabläufe ergeben sich durch die gleichzeitige Aktivierung **mehrerer** Zeilenleitungen, wie sie in folgender Tabelle mit einigen Beispielen stehen:

Zeilen	Antwort		Antwort		Antwort		Antwort
1+2	10101101	$\rightarrow$	00001001	$\rightarrow$	00000000		
1+3	00001001	$\rightarrow$	00000000				
1+4	01101001	$\rightarrow$	10100100	$\rightarrow$	00001001	$\rightarrow$	00000000
2+3	10100100	$\rightarrow$	00001001	$\rightarrow$	00000000		
2+4	00100000	$\rightarrow$	10101101	$\rightarrow$	00001001	$\rightarrow$	00000000
5+8	00000000						
1+2+3	10101101	$\rightarrow$	00001001	$\rightarrow$	00000000		
1+3+4	00101001	$\rightarrow$	10101101	$\rightarrow$	00001001	$\rightarrow$	00000000
alle	00100000	$\rightarrow$	10101101	$\rightarrow$	00001001	$\rightarrow$	00000000

Alle möglichen Programmabläufe erhält man also durch Untersuchung aller Kombinationen von zu aktivierenden Zeilenleitungen, das sind hier 2^8 Möglichkeiten.

b) Da man im allgemeinen Fall bei einer m x n-Matrix insgesamt 2^m Zeilenkombinationen auf mögliche Programmabläufe zu untersuchen hätte, wäre als Ausgangsinformation wichtig, die Anzahl k der Leitungen zu kennen, die pro Programmzeile gesetzt worden sind. Damit sinkt die Anzahl an zu untersuchenden Zeilenkombinationen auf $\binom{m}{k}$. Ferner wäre abzuklären, wie bei den Untersuchungen mit Programmabläufen zu verfahren ist, die eine endlose Wiederholung (Endlosschleife) enthalten. Zur (automatischen) Rückübersetzung müsste man solche Endlosschleifen erkennen, um ihnen nicht endlos zu folgen. Bei dem rückzuübersetzenden Programm würden solche Endlosschleifen vermutlich durch einen bedingten Sprung verlassen werden.

Übungen 5

Ü 5.1 (*Modell* 1)

Die Ausgaben der beiden Programme sind:

a)
```
1010'1111'1111'1110   ($AFFE)
1111'1110'1110'0001   ($FEE1)
1011'1110'1011'1110   ($BEBE)
0001'0001'0001'0001   ($1111)
1101'1010'1101'1010   ($DADA)
1011'1110'1011'1110   ($BEBE)
11 Schritte
```

b)
```
0000'0001'0000'0001   ($0101)
0001'0000'0001'0000   ($1010)
0010'0010'0010'0010   ($2222)
0000'0001'0000'0001   ($0101)
0010'0010'0010'0010   ($2222)
```

```
0001'0000'0001'0000  ($1010)
0001'0001'0001'0001  ($1111)
10 Schritte
```

Die ersten drei Ausgaben im Aufgabenteil b) sind die gelernten Antworten
zu den exakt gestellten Fragen. Die zu den folgenden zwei Antworten gehörenden Fragen weichen in je einer Eins von den gelernten Fragen ab, dennoch
hindert diese Störung das Auffinden der gewünschten Antworten nicht. Die
Antwort zur vorletzten Frage ergibt sich, da in der ersten Fragehälfte drei
Einsen gesetzt sind und im zweiten nur eine, so dass sich die erste Fragehälfte „durchsetzen" kann. Dieses gelingt ihr bei der letzten Frage nicht, so dass
sich zwei Antworten „vermischen".

Ü 5.2 (*Modell* 1)

a) Das ROM-Fenster von VIDAS wird geöffnet (F8) und die Belegung mit
   Hilfe der Maus eingetragen. Schließlich wird der ROM-Inhalt abgespeichert.

b) `laderom`
   `beantworte $A010`
   `beantworte $01A2`
   `beantworte $4481`

c) Gelernt wurden $(\mathfrak{f}_1, \mathfrak{a}_6)$, $(\mathfrak{f}_2, \mathfrak{a}_8)$ und $(\mathfrak{f}_3, \mathfrak{a}_7)$.

d) Da die nicht zugeordnete Antwort $8040 lautet, sind die 1. und 10.
   Spalte der Matrix zu untersuchen. Diese enthalten Einsen in der 8. und
   13. Zeile, also wird die gesuchte Frage $0108 lauten.

e) Durch das zusätzlich gelernte Frage-Antwort-Paar wird auf die Frage
   $01A2 statt mit $1C14 mit $3C94 geantwortet, zwei Einsen sind also
   hinzugekommen, eine in der 3. und eine in der 9. Spalte. Ursache dafür
   ist, dass die Fragen $01A2 und *0000010101111010 an der 8., 11. und
   15. Stelle Einsen gemeinsam haben.

Ü 5.3 (*Modell* 1)

Nach dem Eintragen der Frage-Antwort-Paare sieht der Inhalt des ROM in
Matrixdarstellung wie folgt aus (die Matrixplätze, an denen Einsen stehen,
wurden eingefärbt).

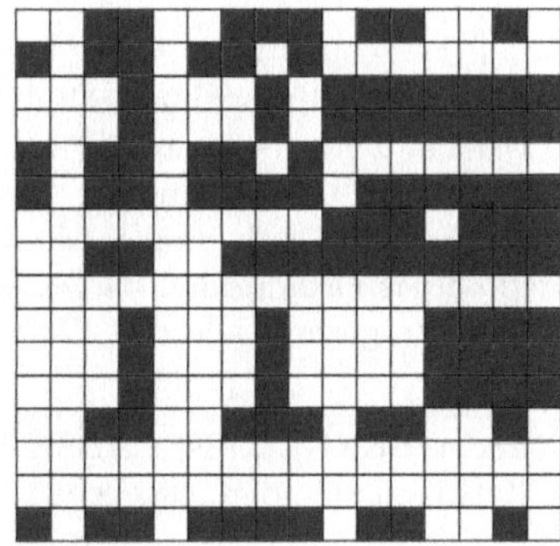

Ü 5.4 (*Modell* 1)

Nach Ablauf des Programms enthält die Variable i den Wert $ABC0$ und die Variablen j und k den Wert $89 (= *0000000010001001).

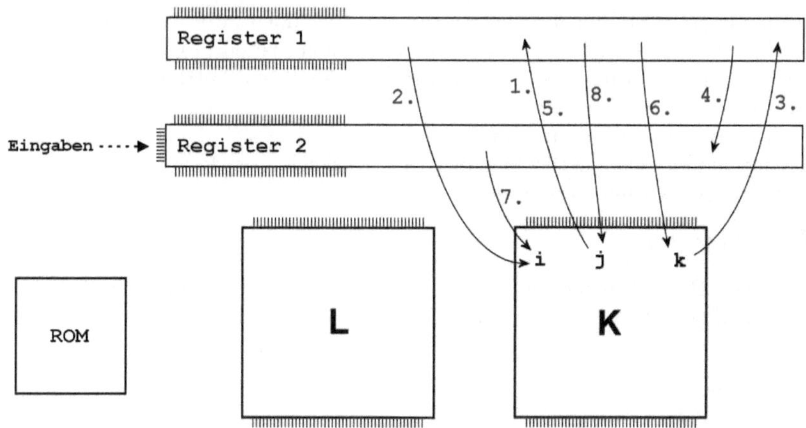

Ü 5.5 (*Modell* 6)

```
var text1
merke text1="Rosenkohl macht Magenwohl\<"
merke text1="Rosenkohl macht Magenwohl"
merke text1="Rosenkohl macht"\<"Magenwohl"
merke text1="\<Rosenkohl macht Magenwohl\<"
merke text1="\<Rosenkohl\<macht\<Magenwohl\<"
```

Ü 5.6 (*Modell* 1)

```
a) var temp              b) var temp
   merke temp=$BB           lies temp
   zeige temp              kopiere
   kopiere                 zeige temp
   merke temp=$AA
   zeige temp
```

Ü 5.7 (*Modell* 1 und *Modell* 6)

a) Die angegebene hexadezimale Konstante besitzt für das *Modell* 1 zu viele Ziffern. Also wird in i nur der vordere Anteil, der Wert $0AD8$ eingetragen. Die Zeichen 'H' und 'I' sind im Alphabet von *Modell* 1 nicht vorhanden (s. Tabelle 4.1), so dass j den Wert 0 erhält. In die Variable k wird dreimal das hexadezimal dargestellte Muster $3 eingetragen, also wird k am Programmende den Wert (0011001100110000) beinhalten.

b) Es werden nacheinander BENGEL und LABSKAUS linksbündig und dann HAFER\STROH rechtsbündig ausgegeben.

<table>
<tr><td>

Ü 5.8 (*Modell* 2)

```
var i,j
merke i = $ABBA
merke j = $DADA
zeige j
kopiere
zeige i
hole j
lies i
zeige i
zeige j
```

</td><td>

Ü 5.9 (*Modell* 1)

```
var v[5]
merke v_1 = $07
zeige v_1
hole v_2
hole v_3
hole v_4
hole v_5
```

</td><td>

Ü 5.10 (*Modell* 2)

```
var i, j, k
merke i = $FEE1
merke j = $0202
merke k = $1234
zeige j
kopiere
zeige i
hole j
zeige k
lies k
hole i
```

</td></tr>
</table>

Ü 6.1 (Assoziativmatrix)   Übungen 6

a) Es ergibt sich ein Assoziationskreis der Länge 3.

b) Die Fortsetzungsassoziation pendelt endlos zwischen den Fragen f_3 und f_4 hin und her.

c) Die Fortsetzungsassoziation endet nach der Abfrage mit f_3, weil diese eine Nullaktivität zur Folge hat.

Ü 6.2 (Assoziativmatrix)

Nach dem Start der Fortsetzungsassoziation mit f_1 werden folgende Werte ausgegeben.

a) 6, 12, 2, 5, 1, 15, 7, 14, 7, ...   c) 4, 8, 13, 7, 14, 7, ...
b) 1, 15, 7, 14, 7, ...   d) 3, 9, 10, (000001), 10, ...

Ü 6.3 (Modell 1)

Das Ausgabeprotokoll bestätigt, dass nacheinander die Adressen der Variablen k, j und i ausgegeben werden. Daran schließt sich der Wert $AFFE an, der in der Variablen i gespeichert ist. Der letzte `zeigeweiter`-Befehl bringt ein undefiniertes, vom Zufall bestimmtes Ergebnis, da die eingetragene Assoziationskette schon beim Wert $AFFE zu Ende ist.

Ü 6.4 (Modell 1)

Der eingetragenen Assoziationskette der Länge 5 wird bis zu ihrem Ende gefolgt. Zuletzt wird der Wert $0000 ausgegeben.

Ü 6.5 (Modell 2)

```
var i, rot, gelb, grün
merke rot = $8080
merke gelb = $4004
merke grün = $0420
                    ! Assoziationskette der Länge 4 einrichten
var kette[4]
```

```
merke kette_1 = @kette_2
merke kette_2 = @kette_3
merke kette_3 = @kette_4
merke kette_4 = *0
                        ! Schleife ausführen
merke i = @kette_1
markiere oben
  zeige rot
  zeige gelb
  zeige grün
  zeige i
  zeigeweiter
  hole i
  nullspringe ende
springe oben
markiere ende
```

Ü 6.6 (Modell 1)

Da der Programmablauf einem Assoziationskreis der Länge 4 folgt, läuft das Programm endlos längs der Variablen l – k – j – i. Es kann durch Betätigen des Knopfes „Stopp" im Simulationsfenster abgebrochen werden.

Ü 6.7 (Modell 1)

Nach dem Abarbeiten der viergliedrigen Assoziationskette drei – zwei – eins – null wird der Wert $EBBE ausgegeben.

a)	b)	c)
``` var null, eins, zwei var drei, vier, fünf var text merke text = $EBBE merke null = $0 merke eins = @null merke zwei = @eins merke drei = @zwei merke vier = @drei merke fünf = @vier zeige fünf markiere oben zeigeweiter nullspringe unten springe oben markiere unten zeige text ```	``` var null, eins, zwei var drei, i, text merke text = $EBBE merke null = $0 merke eins = @null merke zwei = @eins merke drei = @zwei zeige drei hole i markiere oben zeige text zeige i zeigeweiter hole i nullspringe unten springe oben markiere unten zeige text ```	``` var null, eins, zwei var drei, i, text merke text = $EBBE merke null = $1001 merke eins = @null merke zwei = @eins merke drei = @zwei zeige null kopiere zeige drei markiere oben zeigeweiter gleichspringe unten springe oben markiere unten zeige text ```

Ü 6.8 (Modell 2)

Die Aufforderung, ein möglichst kurzes Programm zu schreiben, kann man auf die Anzahl an Programmtextzeilen beziehen oder auf die Anzahl auszuführender Befehlszeilen.

In diesem Fall könnte man wie unten in Variante 1 vorgehen und die sechzehn Bewegungsanweisungen an das Robotfahrzeug einfach untereinander schreiben, was insgesamt 18 Befehlszeilen ergibt.

Wählt man hingegen die Variante 2, in der eine Assoziationskette passender Länge acht Mal je zwei Bewegungsanweisungen veranlasst, dann kommt man auf 16 Befehlszeilen. Der Programmtext der Variante 2 ist in dieser Aufgabe im Vergleich zu Variante 1 allerdings länger.

Variante 2 wird ihren Vorteil jedoch bei längeren Schleifen ausspielen können, denn während in Variante 1 bei jeder weiteren Wiederholung der beiden Bewegungsanweisungen zwei Befehlszeilen hinzukommen, so käme in Variante 2 nur eine `merke`-Anweisung zur Verlängerung der Assoziationskette hinzu.

Variante 1	Variante 2

```!** Variablen vereinbaren **```
```!** und Werte zuweisen   **```
```var vorwärts, links```
```merke vorwärts=$0101```
```merke links=$0202```
	```!** Variablen vereinbaren **```
	```!** und Werte zuweisen **```
	```var i, vorwärts, links```
	```merke vorwärts=$0101```
	```merke links=$0202```

```!** Im Kreis fahren   **```
```zeige links```
```zeige vorwärts```
```zeige links```
```zeige vorwärts```
```zeige links```
```zeige vorwärts```
```zeige links```
```zeige vorwärts```
```zeige links```
```zeige vorwärts```
```zeige links```
```zeige vorwärts```
```zeige links```
```zeige vorwärts```
```zeige links```
```zeige vorwärts```
	```!** Assoziationskette der **```
	```!** Länge 9 einrichten **```
	```var 0, 1, 2, 3, 4, 5, 6, 7```
	```merke 1 = @0```
	```merke 2 = @1```
	```merke 3 = @2```
	```merke 4 = @3```
	```merke 5 = @4```
	```merke 6 = @5```
	```merke 7 = @6```
	
	```!** Im Kreis fahren **```
	```merke i = @7```
	```markiere oben```
	``` zeige links```
	``` zeige vorwärts```
	``` zeige i```
	``` zeigeweiter```
	``` hole i```
	``` nullspringe ende```
	```springe oben```
	```markiere ende```

$2 \cdot n + 2$ Befehlszeilen	$n + 8$ Befehlszeilen

Wenn n die Anzahl von den beiden Bewegungsanweisungen ist, so benötigt die erste Variante $2 \cdot n + 2$ Befehlszeilen und die zweite Variante $n + 8$ Befehlszeilen. Für $n < 6$ ist Variante 1 im Vorteil, für $n > 6$ die Variante 2.

Ü 6.9 (Modell 1)

```
                        ! Variablen vereinbaren und Werte zuweisen
var i, j, ja, nein
merke i = <<ersterwert>>
merke j = <<zweiterwert>>
merke ja = $AAAA
merke nein = $EEEE
                        ! Auf Gleichheit prüfen
zeige j
kopiere
zeige i
gleichspringe jaha
zeige nein
springe ende
markiere jaha
zeige ja
markiere ende
```

Ü 6.10 (Modell 2)

```
                        ! Variablen vereinbaren und Werte zuweisen
var befehl, vorwärts, links
merke vorwärts = $8008
merke links = $0880
                        ! Reaktion auf Sensordaten
markiere sensor
  lies befehl
  zeige befehl
  nullspringe sensor
  zeige vorwärts
  gleichspringe vw
  zeige links
  gleichspringe li
springe sensor
markiere vw
  <<5 cm vorwärts fahren>>
springe sensor
markiere li
  <<45 Grad nach links drehen>>
springe sensor
```

Ü 6.11 (Assoziativmaschine)

Falls die Frage weniger als acht Einsen besitzt, wird sich an jeder Stelle, an der in der Frage eine Eins (Null) steht, in der Antwort eine Null (Eins) ergeben. Die Antwort ist also komplementär zur Frage. Der Grund dafür ist, dass eine Eins an der i. Stelle der Frage für die Schwellwerte an allen Stellen eine Zunahme um 1 bedeutet außer an der i. Stelle selbst. Vertauscht man die Matrixspalten, indem man die Nullen in die Nebendiagonale setzt, dann geht diese Eigenschaft der Matrix verloren, da beispielsweise die Frage (11110000) als Antwort ebenfalls (11110000) erhält.

Übungen 7

Ü 7.1 (*Modell* 4)	**Ü 7.2** (*Modell* 4)	**Ü 7.3** (*Modell* 4)
Der Text wird a) zwölf Mal b) elf Mal c) neun Mal d) sechzehn Mal ausgegeben.	Der Text wird a) vier Mal b) drei Mal c) zwölf Mal ausgegeben.	Der Text wird a) dreizehn Mal b) fünf Mal c) drei Mal d) neun Mal ausgegeben.

Ü 7.4 (Modell 4)

```
var meldung[3], i,j
merke meldung_1 = "Guten"
merke meldung_2 = "Tag"
merke meldung_3 = "Hildesheim"
                    ! Z-Folge abwärts einrichten
&zfolge 10 -r
                    ! Doppelschleife starten
merke i = @drei
markiere außen
  merke j = @fünf
  markiere innen
    zeige meldung_1
    zeige meldung_2
    &inkk j
    nullspringe unten
  springe innen
  markiere unten
  zeige meldung_3
  &inkk i
  nullspringe ganzunten
springe außen
markiere ganzunten
```

Ü 7.5 (Modell 5)

Die drei Schleifen müssten nach dem Muster der Lösung von Aufgabe Ü 4.4 ineinander geschachtelt werden, wobei eine der Schleifen 13 Mal, eine andere 17 Mal und die dritte 23 Mal durchlaufen werden müsste, weil dieses die Primzahlzerlegung von 5.083 ist.

```
merke i = @dreizehn
markiere außen
```

```
  merke j = @siebzehn
  markiere innen
    merke k = @dreiundzwanzig
    markiere innen2
      zeige meldung
      &inkk k
      nullspringe unten2
    springe innen2
    markiere unten2
    &inkk j
    nullspringe unten
  springe innen
  markiere unten
  &inkk i
  nullspringe ganzunten
springe außen
markiere ganzunten
```

Ü 7.6 (Modell 6)

```
:: modell6
&& bef-, ebl-, edz-, etz-


                        ! Variablen und Inhalte festlegen
var i,j, k[4], kopf
merke k_1 = "\{^10,0}\<Rem tene, verba sequentur.\<"
merke k_2 = "\{^10,0}\<Veritas vincit.\<"
merke k_3 = "\{^10,0}\<Verba docent, exempla trahunt.\<"
merke k_4 = "\{^10,0}\<Acta, non verba.\<"


                        ! Assoziationskette einrichten
&ifolge idx,4 -p1,80
merke kopf=@idx_1

! 1. Datensatz eintragen          ! 2. Datensatz eintragen
zeige kopf                        zeige j
hole i                            hole i
zeigeweiter                       zeigeweiter
hole j                            hole j


zeige k_1                         zeige k_2
kopiere                           kopiere
zeige j                           zeige j
vereine                           vereine
kopiere                           kopiere
zeige i                           zeige i
lerneregister                     lerneregister


! 3. Datensatz eintragen          ! 4. Datensatz eintragen
zeige j                           zeige j
hole i                            hole i
zeigeweiter                       zeigeweiter
hole j                            hole j
```

```
zeige k_3              zeige k_4
kopiere                kopiere
zeige j                zeige j
vereine                vereine
kopiere                kopiere
zeige i                zeige i
lerneregister          lerneregister


! Abfrageschleife
zeige kopf
markiere oben
  frageweiter
  nullspringe unten
springe oben
markiere unten
```

Ü 7.7 (Modell 6)

```
:: modell6
&& bef-
var meldung[3], i
merke meldung_1 = "rot"
merke meldung_2 = "gelb"
merke meldung_3 = "grün"

&zfolge 12
merke i = @null
markiere oben
  zeige meldung_1
  zeige meldung_2
  zeige meldung_3
  &inkk i
  nullspringe unten
springe oben
markiere unten
```

Der Umlaut 'ü' steht erst ab *Modell* 6 zur Verfügung.

Ü 7.8 (Modell 4)

```
:: modell4
&& bef-, ebl-
var i, start, stopp
                        ! Assoziationskette lernen
lerne "Hund\<" = "Katze\<"
lerne "Katze\<" = "Maus\<"
lerne "Maus\<" = "Speck\<"
                        ! I-Folge einrichten
&ifolge k,3
merke i = @k_1
                        ! Start- und Stoppwert festlegen
merke start = "Hund\<"
merke stopp = "Speck\<"
```

```
                                    ! Stoppwert ins Register 2
zeige stopp
kopiere
                                    ! Schleife starten

markiere ganzoben
  zeige start
  markiere oben
    frageweiter
    gleichspringe unten
  springe oben
  markiere unten
  &inkk i
  nullspringe ganzunten
springe ganzoben
markiere ganzunten
```

Ü 7.9 (Modell 4)

```
:: modell4
&& bef-, ebl-
var i, j, meldung
merke meldung = "Zucchini"
                                    ! Zwei I-Folgen einrichten
&ifolge k,5
merke i = @k_1
&ifolge l,3
                                    ! Schleifen starten

markiere ganzoben
  zeige meldung
  merke j = @l_1
  markiere oben
    &inkk j
    nullspringe unten
  springe oben
  markiere unten
  &inkk i
  nullspringe ganzunten
springe ganzoben
markiere ganzunten
```

Ü 7.10 (Modell 6)

```
a)                              ! Variablen und Inhalte festlegen
   var i[2],j[2], k[3], kopf[2]
   merke k_1="\{^20,0}\{^20,0}\<\<Der frühe Vogel fängt den
                                                       Wurm."
   merke k_2="\{^20,0}\{^20,0}\<\<Das Ende krönt das Werk."
   merke k_3="\{^20,0}\{^20,0}\<\<Doppeltgenäht hält besser."
                                ! Assoziationskette einrichten
   &afolge kopf_1,3 -p1,160
   &afolge kopf_2,3 -p161,320
                                ! 1. Datensatz eintragen
```

```
zeige kopf_1
hole i_1
frageweiter
hole j_1

zeige kopf_2
hole i_2
frageweiter
hole j_2

zeige k_1
kopiere
zeige j_1
vereine
kopiere
zeige i_1
lerneregister

zeige k_3
kopiere
zeige j_2
vereine
kopiere
zeige i_2
lerneregister
```

```
! 2. Datensatz eintragen        ! 3. Datensatz eintragen
zeige j_1                       zeige j_1
hole i_1                        hole i_1
frageweiter                     frageweiter
hole j_1                        hole j_1

zeige j_2                       zeige j_2
hole i_2                        hole i_2
frageweiter                     frageweiter
hole j_2                        hole j_2

zeige k_2                       zeige k_3
kopiere                         kopiere
zeige j_1                       zeige j_1
vereine                         vereine
kopiere                         kopiere
zeige i_1                       zeige i_1
lerneregister                   lerneregister

zeige k_2                       zeige k_1
kopiere                         kopiere
zeige j_2                       zeige j_2
vereine                         vereine
kopiere                         kopiere
zeige i_2                       zeige i_2
lerneregister                   lerneregister
```

```
                          ! Abfrageschleife vorwärts
zeige kopf_1
markiere oben1
  frageweiter
  nullspringe unten1
springe oben1
markiere unten1


                          ! Abfrageschleife rückwärts
zeige kopf_2
markiere oben2
  frageweiter
  nullspringe unten2
springe oben2
markiere unten2
```

b) Gegenüber dem Aufgabenteil a) tritt &ifolge an die Stelle von &afolge und die frageweiter-Befehle sind durch zeigeweiter-Befehle wie folgt zu ersetzen.

```
. . .
                          ! Assoziationskette einrichten
&ifolge idx1,3 -p1,160
merke kopf_1=@idx1_1
&ifolge idx2,3 -p161,320
merke kopf_2=@idx2_1
                          ! 1. Datensatz eintragen
zeige kopf_1
hole i_1
zeigeweiter
hole j_1

zeige kopf_2
hole i_2
zeigeweiter
hole j_2
. . .
```

An den Abfrageschleifen ändert sich verglichen mit a) hingegen nichts.

c) Es ist eine geeignete Mischung aus den Aufgabenlösungen zu a) und b) wie nachstehend vorzunehmen.

```
. . .
                          ! Assoziationskette einrichten
&ifolge idx1,3 -p1,160
merke kopf_1=@idx1_1
&afolge kopf_2,3 -p161,320
                          ! 1. Datensatz eintragen
zeige kopf_1
hole i_1
zeigeweiter
hole j_1
```

```
zeige kopf_2
hole i_2
frageweiter
hole j_2
...
```

Auch in diesem Fall ändert sich an den Abfrageschleifen verglichen mit Aufgabenteil a) nichts.

Ü 8.1 (Modell 4)   Übungen 8

In den Unterprogrammen der vier Aufgabenteile werden in der Vereinbarung der zwei Parameter alle vier Möglichkeiten ausprobiert, die Parameter mit oder ohne Werterückgabe zu deklarieren.

a) Beide Parameter werden ohne Werterückgabe vereinbart (ohne Sternzeichen vor dem Namen). Also erhält man im Hauptprogramm zuletzt die Ausgaben 'drei Beine' und 'ein Bein'.

b) Der erste Parameter wird mit, der zweite ohne Werterückgabe vereinbart. Also lautet die Ausgabe letztlich zweimal 'Buongiorno!'.

c) Der erste Parameter wird ohne, der zweite mit Werterückgabe vereinbart. Also lautet die Ausgabe letztlich zweimal 'Buonasera!'.

d) Beide Parameter werden mit Werterückgabe vereinbart (mit Sternzeichen vor dem Namen). Daher wird am Ende erst 'Buonasera!' und dann 'Buongiorno!' ausgegeben.

Ü 8.2 (Modell 4)

Der Aufrufbaum der Unterprogramme zu diesem Programm sieht wie folgt aus:

```
Hauptprogramm
        ↪    durchzaehlen k
                  ↪    anzeigen *s
                          ↪    hilfe *p_1
```

Das Hauptprogramm zeigt in beiden Aufgabenteilen zum Schluss den Wert von @null und den Text 'Fertig!' an, da die Werte der Hauptprogramm-Variablen i und meldung von den aufgerufenen Unterprogrammen nicht geändert werden. Vom Unterprogramm durchzaehlen aus wird dreimal anzeigen aufgerufen, welches wiederum einmal hilfe startet.

a) Da der Parameter p_1 von hilfe mit Wertübergabe vereinbart wird und auch der Parameter s des aufrufenden Unterprogramms anzeigen so deklariert ist, gelangt der Text 'Schweinchen!' als Wert in die Variable meldung des Unterprogramms durchzaehlen und wird nach dem ersten Aufruf von anzeigen statt 'Hallo Welt!' bei jedem Schleifendurchlauf ausgegeben.

b) Da p_1 ohne Wertübergabe vereinbart wird, geben anzeigen und hilfe stets 'Hallo Welt!' aus und nicht ein einziges Mal 'Schweinchen!'.

Ü 8.3 (Modell 5)

a) Es wird A B D C D ausgegeben.

b) Die gesuchte Aufrufstruktur hat folgende Gestalt:

```
Hauptprogramm
        ↪    uprg2
                 ↪    uprg4
        ↪    uprg3
                 ↪    uprg4
        ↪    uprg1
                 ↪    uprg2
                          ↪    uprg4
```

Ü 8.4 (Modell 1)

Es wird fünfmal der Wert $EBBE ausgegeben.

Ü 8.5 (Modell 5)

Als Lösungsbeispiel sind links ein mögliches Hauptprogramm und rechts das
zugehörige Unterprogramm **textoftausgeben** angegeben.

```
:: modell5                          par txt, i
! Zahlenfolge vereinbaren
&zfolge 10 -r0                      markiere oben
! Text festlegen                     zeige txt
var text                             &inkk i
merke text="Hallo!\<"                nullspringe unten
                                   springe oben
! Unterprogramm aufrufen           markiere unten
§textoftausgeben text,sieben       pausiere
```

Ü 8.6 (Modell 6)

Ein möglicher Text für das Unterprogramm **maximum** lautet:

```
par i, j
var meldung

zeige j
kopiere
zeige i
gleichspringe parametergleich

markiere oben
  &inkk i
  gleichspringe parameter2groesser
  nullspringe parameter1groesser
springe oben

markiere parametergleich
  merke meldung = "Die Parameterwerte sind gleich.\<"
```

```
zeige meldung
springe ende

markiere parameter1groesser
  merke meldung = "Der erste Parameterwert ist größer.\<"
  zeige meldung
  springe ende

markiere parameter2groesser
  merke meldung = "Der zweite Parameterwert ist größer.\<"
  zeige meldung
  springe ende

markiere ende
pausiere
```

Ü 9.1 (Modell 6)   Übungen 9

a) Zum Bilden der Differenz zweier Zahlen ist im Additionsprogramm von
   Kapitel 6.1 lediglich die Zeile (9) so zu verändern, dass sich die Zählrichtung der Assoziationskette umkehrt:

```
( 9)     &zfolge 50 -r
```

b) Es wird angenommen, dass die Division ohne Rest ausgeführt werden
   kann. Eine mögliche Lösung ist folgendem Programmtext zu entnehmen.

```
( 1)     :: modell6
( 2)                     !-------------------------------
( 3)                     ! Berechnung eines Quotienten m:n
( 4)                     !-------------------------------
( 5)                     ! Variablen vereinbaren
( 6)     var i, m, n, q
( 7)                     ! Zahlenraum einstellen
( 8)     &zfolge 100
( 9)                     ! Dividend m
(10)     &afolge m,72
(11)                     ! Divisor n
(12)     &afolge n,8
(13)                     ! Quotient q
(14)     merke q=@null
(15)                     ! Rechenschleife
(16)     markiere ganzoben
(17)        zeige n
(18)        hole i
(19)        markiere oben
(20)           &inkl m
(21)           &inkl i
(22)           nullspringe unten
(23)        springe oben
(24)        markiere unten
(25)        &inkk q
```

```
(26)        zeige m
(27)        nullspringe ganzunten
(28)     springe ganzoben
(29)     markiere ganzunten
(30)                          ! Ergebnisanzeige
(31)     zeige q
```

Ü 9.2 (Modell 5)

a) Das Rechnen im Hexadezimalsystem wird durch die Zeilen (11) und
(14) ermöglicht.

```
( 1)        :: modell6
( 2)                    !-------------------------------------
( 3)                    ! Berechnung einer zweistelligen Summe
( 4)                    !-------------------------------------
( 5)
( 6)                              ! Variablen vereinbaren
( 7)     var a[3], b[3], übertrag
( 8)     var klaue, ergtext
( 9)     merke ergtext="Ergebnis:\<"
(10)                         ! Ziffernkreis 0-F einrichten
(11)     &zkreis 16
(12)     merke klaue=@null
(13)                         ! Abzählkette einrichten
(14)     &ifolge z,16 -r0
(15)                         ! 1. Summand
(16)     merke a_2=@sieben
(17)     merke a_1=@elf
(18)                         ! 2. Summand
(19)     merke b_2=@z_12
(20)     merke b_1=@z_5
(21)                         ! Berechnung der Summe
(22)     zeige klaue
(23)     hole übertrag
(24)     §ziffernverrechnen a_1, b_1, übertrag
(25)     §ziffernverrechnen a_2, b_2, übertrag
(26)                         ! Ergebnis anzeigen
(27)     zeige ergtext
(28)     zeige übertrag
(29)     zeige a_2
(30)     zeige a_1
```

b) Zum Rechnen im Zwanzigersystem sind lediglich die Zeilen (11) und
(14) zu ändern.

```
(11)     &zkreis 20
...
(14)     &ifolge z,20 -r0
```

c)

```
(11)     &zkreis 5
...
(14)     &ifolge z,5 -r0
```

Ü 9.3 (Modell 6)

Zunächst könnte man durch ein Makro der nachstehenden Art alle auftretenden Zahlenpaare ins Kurzzeitgedächtnis eintragen. Das Makro sei unter dem
Namen `kleineseinspluseins_basis3` abgespeichert.

```
(a)     ! "Kleines 1+1" zur Basis 3 lernen
(b)                         ! 0 +
(c)     merke nullnull=@nullnull
(d)     merke nulleins=@nulleins
(e)     merke nullzwei=@nullzwei
(f)
(g)                         ! 1 +
(h)     merke einsnull=@nulleins
(i)     merke einseins=@nullzwei
(j)     merke einszwei=@einsnull
(k)
(l)                         ! 2 +
(m)     merke zweinull=@nullzwei
(n)     merke zweieins=@einsnull
(o)     merke zweizwei=@einseins
```

In einem zweiten Makro namens `zahlenpaarteilebilden_basis3` werden
dann die Tilde-Variablen gefüllt.

```
(a)     ! Zahlenpaarteile zur Basis 3 bilden
(b)                         ! ~ 0 ~
(c)     lerne @null~=@nullnull
(d)     lerne @null~=@nulleins
(e)     lerne @null~=@nullzwei
(f)     lerne @~null=@nullnull
(g)     lerne @~eins=@nulleins
(h)     lerne @~zwei=@nullzwei
(i)
(j)                         ! ~ 1 ~
(k)     lerne @eins~=@einsnull
(l)     lerne @eins~=@einseins
(m)     lerne @eins~=@einszwei
(n)     lerne @~null=@einsnull
(o)     lerne @~eins=@einseins
(p)     lerne @~zwei=@einszwei
(q)
(r)                         ! ~ 2 ~
(s)     lerne @zwei~=@zweinull
(t)     lerne @zwei~=@zweieins
(u)     lerne @zwei~=@zweizwei
(v)     lerne @~null=@zweinull
```

```
(w)       lerne @~eins=@zweieins
(x)       lerne @~zwei=@zweizwei
(y)
(z)                           ! Inkremente
(A)       merke ~null=@~eins
(B)       merke ~eins=@~zwei
(C)       merke ~zwei=@~null
```

Das folgende Hauptprogramm ruft die beiden oben stehenden Makros in den Zeilen (9) und (10) auf. Die Zeilen (19) bis (30) dienen hier zur Eingabe der beiden Operanden $(01210)_3$ und $(21221)_3$.

```
( 1)      :: modell6
( 2)                          !-------------------------------
( 3)                          ! Ziffernweise Berechnung einer
( 4)                          ! Summe m+n mit Hilfe direkter
( 5)                          ! Assoziationen zur Basis 3
( 6)                          !-------------------------------
( 7)      &zpaare 3
( 8)                          ! "Kleines 1+1" lernen
( 9)      &"kleineseinspluseins_basis3
(10)      &"zahlenpaarteilebilden_basis3
(11)
(12)                          ! Variablen vereinbaren
(13)      var m[5], n[5], m+n[5]
(14)      var übertrag, ergtext, ünull~, ~ünull
(15)      merke ergtext="Ergebnis:\<"
(16)      merke übertrag=@null~
(17)      merke ünull~=@null~
(18)      merke ~ünull=@~null
(19)                          ! Erster Summand
(20)      merke m_5=@null~
(21)      merke m_4=@eins~
(22)      merke m_3=@zwei~
(23)      merke m_2=@eins~
(24)      merke m_1=@null~
(25)                          ! Zweiter Summand
(26)      merke n_5=@~zwei
(27)      merke n_4=@~eins
(28)      merke n_3=@~zwei
(29)      merke n_2=@~zwei
(30)      merke n_1=@~eins
(31)                          ! Berechnung der Summe
(32)      §ziffernsummieren2 m_1, n_1, m+n_1, übertrag
(33)      §ziffernsummieren2 m_2, n_2, m+n_2, übertrag
(34)      §ziffernsummieren2 m_3, n_3, m+n_3, übertrag
(35)      §ziffernsummieren2 m_4, n_4, m+n_4, übertrag
(36)      §ziffernsummieren2 m_5, n_5, m+n_5, übertrag
(37)
(38)                          ! Ergebnis anzeigen
(39)      zeige ergtext
(40)      zeige übertrag
```

```
(41)      zeige m+n_5
(42)      zeige m+n_4
(43)      zeige m+n_3
(44)      zeige m+n_2
(45)      zeige m+n_1
```

Ü 9.4 (Modell 4)

```
( 1)      :: modell4
( 2)                              ! Begriffsbildung
( 3)
( 4)      var hund, katze, maus, hase, schwein, huhn, kuh
( 5)      var klein~, mittelgroß~, groß~
( 6)      var zweibeinig~, vierbeinig~
( 7)      var harmlos~, problematisch~
( 8)      var still~, leise~, laut~
( 9)
(10)      lerne @mittelgroß~=@hund
(11)      lerne @mittelgroß~=@katze
(12)      lerne @klein~=@maus
(13)      lerne @mittelgroß~=@hase
(14)      lerne @groß~=@schwein
(15)      lerne @mittelgroß~=@huhn
(16)      lerne @groß~=@kuh
(17)      lerne @vierbeinig~=@hund
(18)      lerne @vierbeinig~=@katze
(19)      lerne @vierbeinig~=@maus
(20)      lerne @vierbeinig~=@hase
(21)      lerne @vierbeinig~=@schwein
(22)      lerne @zweibeinig~=@huhn
(23)      lerne @vierbeinig~=@kuh
(24)      lerne @problematisch~=@hund
(25)      lerne @harmlos~=@katze
(26)      lerne @harmlos~=@maus
(27)      lerne @harmlos~=@hase
(28)      lerne @harmlos~=@schwein
(29)      lerne @harmlos~=@huhn
(30)      lerne @harmlos~=@kuh
(31)      lerne @laut~=@hund
(32)      lerne @leise~=@katze
(33)      lerne @still~=@maus
(34)      lerne @still~=@hase
(35)      lerne @leise~=@schwein
(36)      lerne @leise~=@huhn
(37)      lerne @leise~=@kuh
(38)                              ! Abfrage
(39)      var eindruck[4]
(40)
(41)      merke eindruck_1=@mittelgroß~
(42)      merke eindruck_2=@vierbeinig~
(43)      merke eindruck_3=@harmlos~
```

```
(44)    merke eindruck_4=@leise~
(45)
(46)    zeige eindruck_1
(47)    frageweiter
(48)    kopiere
(49)    zeige eindruck_2
(50)    frageweiter
(51)    maskiere
(52)    kopiere
(53)    zeige eindruck_3
(54)    frageweiter
(55)    maskiere
(56)    kopiere
(57)    zeige eindruck_4
(58)    frageweiter
(59)    maskiere
```

Das Programm antwortet mit der Katze.

Ü *9.5 (Modell 5)

a)

```
( 2)                                    !------------------------
( 3)                                    ! Berechnung mehrstelliger
( 4)                                    ! Summen im Dreiersystem
( 5)                                    !------------------------
( 6)                                    ! Rechenmatrix lernen
( 7)    lerne *10000=*1100001100
( 8)    lerne *01000=*0011000011
( 9)    lerne *00100=*0000110000
(10)    lerne *00010=*1010111010
(11)    lerne *00001=*0101000101
(12)                                    ! Ziffernpaare lernen
(13)    &zpaare 3 -+
(14)    merke null+null=*10010
(15)    merke eins+zwei=*10001
(16)    merke zwei+eins=*10001
(17)    merke null+eins=*01010
(18)    merke eins+null=*01010
(19)    merke zwei+zwei=*01001
(20)    merke null+zwei=*00110
(21)    merke eins+eins=*00110
(22)    merke zwei+null=*00110
(23)                                    ! Aufgabenstellung
(24)    var ziffern[3]
(25)    merke ziffern_1=@zwei+eins
(26)    merke ziffern_2=@eins+null
(27)    merke ziffern_3=@eins+zwei
(28)                                    ! Masken einrichten
(29)    var übertragsmaske, vorne, hinten
(30)    merke übertragsmaske=*1010101010
```

```
(31)     merke vorne=*1111100000
(32)     merke hinten=*0000011111
(33)                              ! Ergebnisvariablen
(34)     var ergebnis[4], übertrag
(35)     var überlauf
(36)     merke überlauf="Ueberlauf!\<"
(37)                              ! Berechnungen
(38)     merke übertrag=*0
(39)     §ziff3sum ziffern_1, ergebnis_1, übertrag
(40)     §ziff3sum ziffern_2, ergebnis_2, übertrag
(41)     §ziff3sum ziffern_3, ergebnis_3, übertrag
(42)     zeige übertrag
(43)     nullspringe ergebnisanzeige
(44)                              ! Ergebnisanzeige
(45)     zeige überlauf
(46)     markiere ergebnisanzeige
(47)     zeige ergebnis_3
(48)     zeige ergebnis_2
(49)     zeige ergebnis_1
```

Das zugehörige Unterprogramm `ziff3sum` besteht aus folgenden Programmzeilen. In den Zeilen (c) bis (f) werden durch Abfrage der Rechenmatrix mit
`frageweiter` beide möglichen Resultate nach e geliefert. Falls kein Übertrag
zu verrechnen ist, steht das Ergebnis in den ersten fünf Bits der Antwort,
sonst steht es in den hinteren fünf Bits. Durch das Maskieren in Zeile (t)
wird daher entweder der vordere oder der hintere Teil der Antwort unterdrückt.

```
(a)     par z, *e, *ü
(b)                              ! Ergebnis abfragen
(c)     zeige z
(d)     zeigeweiter
(e)     frageweiter
(f)     hole e
(g)                              ! Übertrag gesetzt?
(h)     zeige ü
(i)     nullspringe keinübertrag
(j)     merke ü=*0
(k)                              ! Übertrag gesetzt!
(l)     zeige .hinten
(m)     springe weiter
(n)                              ! Kein Übertrag gesetzt!
(o)     markiere keinübertrag
(p)     zeige .vorne
(q)     markiere weiter
(r)     kopiere
(s)     zeige e
(t)     maskiere
(u)     hole e
(v)                              ! neuen Übertrag setzen?
(w)     kopiere
(x)     zeige .übertragsmaske
```

```
(y)      maskiere
(z)      nullspringe übertragsetzen
(A)      springe ende
(B)                                    ! neuen Übertrag setzen!
(C)      markiere übertragsetzen
(D)      merke ü=*1
(E)      markiere ende
(F)      pausiere
```

Das Maskieren in Zeile (y) lässt erkennen, ob ein erneuter Übertrag zu setzen ist, was gegebenenfalls in Zeile (D) geschieht.

c) Zum Berechnen von Differenzen mit der gleichen Matrix M_3 können die Eingaben folgendermaßen kodiert werden

$(0,0)$	$(0,1)$	$(0,2)$	$(1,0)$	$(1,1)$	$(1,2)$	$(2,0)$	$(2,1)$	$(2,2)$
0	0	1	1	0	0	0	1	0
0	1	0	0	0	1	1	0	0
1	0	0	0	1	0	0	0	1
1	0	0	1	1	0	1	1	1
0	1	1	0	0	1	0	0	0

und für das Lesen der Antwort ist dann folgende Kodierung zu wählen:

Bit	1	2	3	4	5	6	7	8	9	10
Summenziffer und Übertrag	1	1 Ü	2	2 Ü	0	2 Ü	0	0 Ü	1	1 Ü

Übungen 10

Ü 10.1 (Turtlemodell 1)

Die gesuchte Figur ist achteckig und hat die nebenstehende Gestalt.

Ü 10.2 (Turtlemodell 1)

Die gesuchte Figur hat die nebenstehende Gestalt.

Ü 10.3 (Turtlemodell 1)

a)

```
par b
var i
merke i=@.sechs
markiere oben
  §strecke b
  ! Innenwinkel 60°
  rechts
  wenigrechts
  wenigrechts
  wenigrechts
  &inkk i
  nullspringe ende
springe oben
markiere ende
pausiere
```

b)

```
par b
var i
merke i=@.fünf
markiere oben
  §strecke b
  ! Innenwinkel 72°
  rechts
  wenigrechts
  wenigrechts
  wenigrechts
  wenigrechts
  ganzwenigrechts
  ganzwenigrechts
  &inkk i
  nullspringe ende
springe oben
markiere ende
pausiere
```

c)

```
par b
var i
merke i=@.zwölf
markiere oben
  §strecke b
  ! Innenwinkel 30°
  wenigrechts
  wenigrechts
  wenigrechts
  wenigrechts
  wenigrechts
  wenigrechts
  &inkk i
  nullspringe ende
springe oben
markiere ende
pausiere
```

d)

```
par b
var i
merke i=@.zwanzig
markiere oben
  §strecke b
  ! Innenwinkel 18°
  wenigrechts
  wenigrechts
  wenigrechts
  ganzwenigrechts
  ganzwenigrechts
  ganzwenigrechts
  &inkk i
  nullspringe ende
springe oben
markiere ende
pausiere
```

Ü 10.4 (Turtlemodell 1)

a)

```
&zfolge 10 -r
var i, breite
merke i=@vier
merke breite=@zehn
farbe "blau"
markiere oben
  §quadrat breite
  rechts
  rechts
  &inkk i
  nullspringe ende
springe oben
markiere ende
```

b)

```
&zfolge 10 -r
var i, breite
merke i=@vier
merke breite=@zehn
farbe "blau"
markiere oben
  §quadrat breite
  rechts
  rechts
  vorwaerts
  vorwaerts
  vorwaerts
  &inkk i
  nullspringe ende
springe oben
markiere ende
```

c)

```
&zfolge 10 -r
var i, breite
merke i=@vier
merke breite=@zehn
farbe "blau"
markiere oben
  §quadrat breite
  §strecke breite
  links
  links
  &inkk i
  nullspringe ende
springe oben
markiere ende
```

Ü 10.5 (Turtlemodell 1)

```
( 1)     &zfolge 20 -r
( 2)     var anzahl
( 3)     merke anzahl=@acht
( 4)     §figur1 anzahl
```

Ü 10.6 (Turtlemodell 1)

```
( 1)     &zfolge 50 -r
( 2)     var n
( 3)     merke n=@sechsunddreißig
( 4)     markiere oben
( 5)        §quadrat zwanzig
( 6)        weniglinks
( 7)        weniglinks
( 8)        farbwechsel
( 9)        &inkk n
(10)        nullspringe ende
(11)     springe oben
(12)     markiere ende
```

Ü 10.7 (Turtlemodell 3)

a)

```
&zfolge 50 -r
var i
merke i=@zweiundzwanzig
links
§strecke sechsunddreißig
gehezumstart
links
§strecke sechsunddreißig
rechts
rechts
markiere oben
  vw
   wenigvor
   ganzwenigrechts
   ganzwenigrechts
   &inkk i
   nullspringe ende
springe oben
markiere ende
```

b)

```
&zfolge 50 -r
§strecke zweiundzwanzig
links
links
§strecke zweiundzwanzig
links
§strecke sechzehn
links
links
§strecke sechzehn
links
§strecke zweiundzwanzig
links
links
links
§strecke einunddreißig
links
links
links
§strecke zweiundzwanzig
links
links
links
§strecke einunddreißig
```

Ü 10.8 (Turtlemodell 1)

Hauptprogramm:	Unterprogramm rechtwinklig:	Figur:

```
&zfolge 50 -r          §strecke .dreiunddreißig
var i                  links
merke i=@vier          links
markiere oben          §strecke .sechzehn
  §rechtwinklig        links
  gehezumstart         links
  links                weniglinks
  links                weniglinks
  &inkk i              weniglinks
  nullspringe ende     weniglinks
springe oben           weniglinks
markiere ende          §strecke .fünfunddreißig
                       §umkehren
                       wenigrechts
                       wenigrechts
                       wenigrechts
                       wenigrechts
                       wenigrechts
```

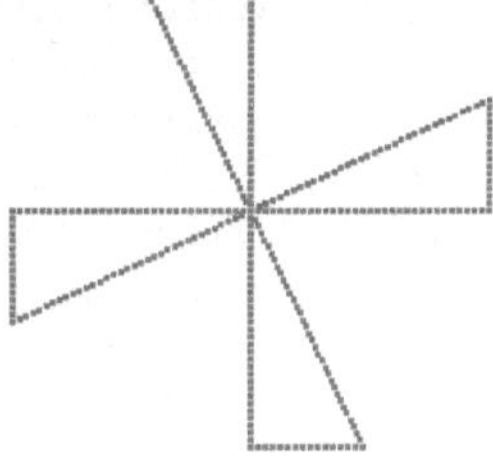

Ü 10.9 (Turtlemodell 1)

```
(a)     par b, h
(b)     var i, j
(c)     merke i=@.zwei
(d)     markiere ganzoben
(e)       zeige b
(f)       hole j
(g)       markiere oben1
(h)         vw
(i)          &inkk j
(j)          nullspringe weiter1
(k)       springe oben1
(l)       markiere weiter1
(m)      zeige h
(n)      hole j
(o)      re
(p)      re
(q)      markiere oben2
(r)         vw
(s)          &inkk j
(t)          nullspringe weiter2
(u)       springe oben2
(v)       markiere weiter2
(w)      re
(x)      re
(y)      &inkk i
(z)      nullspringe ende
(A)     springe ganzoben
(B)     markiere ende
(C)     pausiere
```

Ü 10.10 (Turtlemodell 1)

```
( 1)     &zfolge 50 -r
( 2)     var i
( 3)     merke i=@acht
( 4)     markiere oben
( 5)       §strecke fünfzehn
( 6)       §fünfeck zehn
( 7)       rechts
( 8)       farbwechsel
( 9)       gehezumstart
(10)       &inkk i
(11)       nullspringe ende
(12)     springe oben
(13)     markiere ende
```

Ü 10.11 (Turtlemodell 1)

```
( 1)     markiere oben
( 2)       vorwaerts
( 3)       farbwechsel
```

```
(  4)        ganzwenigrechts
(  5)        ganzwenigrechts
(  6)     springe oben
```

Ü 11.1 (Turtlemodell 6)   Übungen 11

```
(  1)                                    ! Assoziationsketten und zu
(  2)                                    ! testende Farbe einstellen
(  3)     var zaehler, testfarbe, i
(  4)     &zfolge 20
(  5)     &afolge i,200
(  6)     merke zaehler=@null
(  7)     merke testfarbe="rot"
(  8)                                    ! Streifenbild laden
(  9)     ladezeichnung "farbstreifen"
(10)                                     ! Farbstreifen zählen
(11)     farbe "gruen"
(12)     zeige testfarbe
(13)     kopiere
(14)     markiere ganzoben
(15)       wenigvor
(16)       pruefepixel
(17)       gleichspringe gefunden
(18)       markiere weiter
(19)       &inkl i
(20)       nullspringe ende
(21)     springe ganzoben
(22)                                     ! Farbstreifen gefunden
(23)     markiere gefunden
(24)       &inkk zaehler
(25)       markiere oben
(26)         wenigvor
(27)         pruefepixel
(28)       gleichspringe oben
(29)     springe weiter
(30)     markiere ende
(31)                                     ! Ergebnis anzeigen
(32)     zeige zaehler
```

Im Protokollfenster wird für das Streifenbild aus der Aufgabenstellung als Ergebnis [vier] angezeigt. Die in Zeile (11) gewählte Turtlefarbe dient lediglich dazu, die Turtle beim Durchgang durch das Bild besser sehen zu können.

Ü 11.2 (Turtlemodell 4)

```
(  1)                                    ! Zeichnung laden
(  2)     var testfarbe, umg, tmp, b
(  3)     merke testfarbe="rot"
(  4)     ladezeichnung "rotesrechteck"
(  5)                                    ! zum roten Rechteck laufen
(  6)     farbe "gruen"
```

```
( 7)    form "punkt"
( 8)    zeige testfarbe
( 9)    kopiere
(10)    markiere oben
(11)      wenigvor
(12)      pruefepixel
(13)      gleichspringe gefunden
(14)    springe oben
(15)                              ! rotes Rechteck gefunden
(16)    markiere gefunden
(17)    schaue umg
(18)    rechts
(19)    rechts
(20)                              ! das Rechteck umlaufen
(21)    markiere schleife1
(22)      zeige testfarbe
(23)      kopiere
(24)      markiere schleife2
(25)        wenigvor
(26)        §ist_randlinks b
(27)        zeige b
(28)        nullspringe ecke_erreicht
(29)      springe schleife2
(30)      markiere ecke_erreicht
(31)      links
(32)      links
(33)      wenigvor
(34)      zeige umg
(35)      kopiere
(36)      schaue tmp
(37)      zeige tmp
(38)      gleichspringe ende
(39)    springe schleife1
(40)    markiere ende
```

Das in Zeile (26) aufgerufene Unterprogramm `ist_randlinks` stellt fest, ob sich der Rand des Rechtecks links von der Turtle befindet. Das Unterprogramm `ist_randlinks` besteht aus folgenden Zeilen (a) bis (s).

```
(a)    par *b
(b)                              ! Pixel linker Hand prüfen
(c)    links
(d)    links
(e)    wenigvor
(f)    pruefepixel
(g)    gleichspringe rand
(h)                              ! links ist kein Rand
(i)    merke b=$0
(j)    springe ende
(k)                              ! links ist ein Rand
(l)    markiere rand
(m)    merke b=$1
```

```
(n)                              ! zurück zum Ausgangsort
(o)      markiere ende
(p)      wenigzurueck
(q)      rechts
(r)      rechts
(s)      pausiere
```

Ü 11.3 (Turtlemodell 4)

Mit dem folgenden Programm werden in drei Bildern die Farbwechsel gezählt, die beim Zurücklegen einer Strecke von zwanzig Pixeln im Bild auftreten. Dabei wird der Stift hochgehoben, damit die Zeichnung der Turtlefigur das Farbwechselzählen nicht stört. Da eigentliche Farbenzählen geschieht durch das Unterprogramm **farbwechselzaehlen**, welches weiter unten angegeben ist.

```
var bild[3]
&zfolge 20
stifthoch


! Bilder kennenlernen
ladezeichnung "nofretete"
§farbwechselzaehlen bild_1
ladezeichnung "marilyn"
§farbwechselzaehlen bild_2
ladezeichnung "marinda"
§farbwechselzaehlen bild_3


! Daten abspeichern
speicheredaten "bilderkennung"
```

Nachstehendes Programm zählt die Farbwechsel eines beliebigen, vorgelegten Bildes und entscheidet mit Hilfe der gelieferten Anzahl, welches der Bilder es sein könnte.

```
! Variablen und Daten laden
&ladevartab "bilderkennung"
ladedaten "bilderkennung"
! Bild erkennen
var test
ladezeichnung "marilyn"
§farbwechselzaehlen test
zeige test
kopiere
zeige bild_1
gleichspringe nofretete
zeige bild_2
gleichspringe marilyn
zeige bild_3
gleichspringe marinda
springe ende
! Ergebnis ausgeben
var text
markiere nofretete
merke text="Nofretete\<"
springe ende
markiere marilyn
merke text="Marilyn\<"
springe ende
markiere marinda
merke text="Marinda\<"
markiere ende
zeige text
```

Die Farbwechsel werden durch folgendes Unterprogramm **farbwechselzaehlen** gezählt und über den Parameter **zaehler** an das aufrufende Programm zurückgeliefert.

```
(a)      par *zaehler
(b)      var i
(c)      merke i=@.null
(d)      merke zaehler=@.null
```

```
(e)                                  ! Farbänderungen zählen
(f)      gehezumstart
(g)      pruefepixel
(h)      kopiere
(i)      markiere oben
(j)        wenigvor
(k)        pruefepixel
(l)        gleichspringe weiter
(m)        kopiere
(n)        &inkk zaehler
(o)        markiere weiter
(p)        &inkk i
(q)        nullspringe ende
(r)      springe oben
(s)      markiere ende
(t)      pausiere
```

Ü *11.4 (Turtlemodell 4)

```
( 1)                            ! anfängliche Einstellungen vornehmen
( 2)     var randfarbe, schlussfarbe
( 3)     merke randfarbe="rot"
( 4)     merke schlussfarbe="gruen"
( 5)     farbe "blau"
( 6)     form "punkt"
( 7)     ladezeichnung "trichter"
( 8)
( 9)     markiere oben
(10)                            ! ein Pixel vorwärts laufen
(11)       stiftab
(12)       wenigvor
(13)       stifthoch
(14)                            ! drehen, falls roter Rand erreicht
(15)       §rechtsoderlinks
(16)                            ! aufhören, falls grüne Wand erreicht
(17)       zeige schlussfarbe
(18)       kopiere
(19)       pruefepixel
(20)       gleichspringe schluss
(21)     springe oben
(22)
(23)     markiere schluss
```

Das zugehörige Unterprogramm rechtsoderlinks (siehe unten) sorgt für die
notwendige Drehung der Turtle hin zur Trichtermitte. Für den Trichter aus
Abbildung 8.1 erwies sich jeweils eine Drehung um 5° als ausreichend, die in
den Zeilen (y) nach rechts und (P) nach links veranlasst wird. Alle sonsti-
gen Drehungen und Bewegungen, die vom Unterprogramm verlangt werden,
dienen der Suche nach dem Trichterrand. Sie werden daher stets alle wieder rückgängig gemacht, zum Beispiel in den Zeilen (q) bis (s). Lediglich ein
Rückwärtsschritt in Zeile (i) bleibt wirksam und dient dazu, die Turtle vor

dem nächsten Anlauf vom Rand des Trichters wieder zu entfernen.

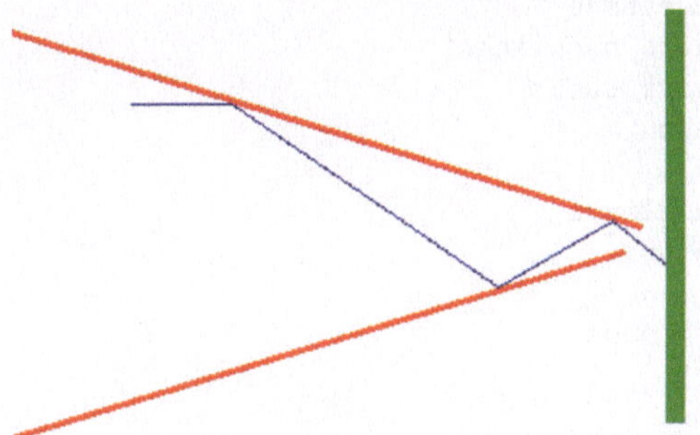

Abb. 8.1: Die Turtle dreht sich am Trichterrand wie gewünscht zur Mitte hin.

```
(a)                         ! Ist der Rand des Trichters erreicht?
(b)     zeige .randfarbe
(c)     kopiere
(d)     pruefepixel
(e)     gleichspringe prüfungbeginnen
(f)     springe ende
(g)                         ! Wo befindet sich der Trichterrand?
(h)     markiere prüfungbeginnen
(i)        wenigzurueck
(j)                         ! Liegt ein Randpixel seitlich links?
(k)     markiere linksseitlichprüfen
(l)        links
(m)        links
(n)        wenigvor
(o)        pruefepixel
(p)     gleichspringe nachrechts1
(q)           wenigzurueck
(r)           rechts
(s)           rechts
(t)     springe rechtsseitlichprüfen
(u)     markiere nachrechts1
(v)           wenigzurueck
(w)           rechts
(x)           rechts
(y)           wenigrechts
(z)     springe ende
(A)                         ! Liegt ein Randpixel seitlich rechts?
(B)     markiere rechtsseitlichprüfen
(C)        rechts
(D)        rechts
(E)        wenigvor
(F)        pruefepixel
(G)        gleichspringe nachlinks1
(H)           wenigzurueck
(I)           links
```

```
(J)         links
(K)          springe ende
(L)          markiere nachlinks1
(M)            wenigzurueck
(N)            links
(O)            links
(P)            weniglinks
(Q)        springe ende
(R)
(S)        markiere ende
(T)        pausiere
```

Übungen 12

Ü 12.1 (Robot-Modell 1)

a) Da der Robot durch den **gehe**-Befehl eine zufällige Richtung nimmt, solange das Register R_1 voller Nullen ist, findet der Robot manchmal den gelernten Weg wieder.

b) Je nach Anzahl der Aufrufe von **waldschaden** lässt sich der Robot früher oder später vom gelernten Weg abbringen.

Ü 12.2 (Robot-Modell 1)

Die Überkreuzung der Lernwege führt dazu, dass das Langzeitgedächtnis L den Robot in der Nähe der Kreuzung mal in die eine mal in die andere Richtung schickt.

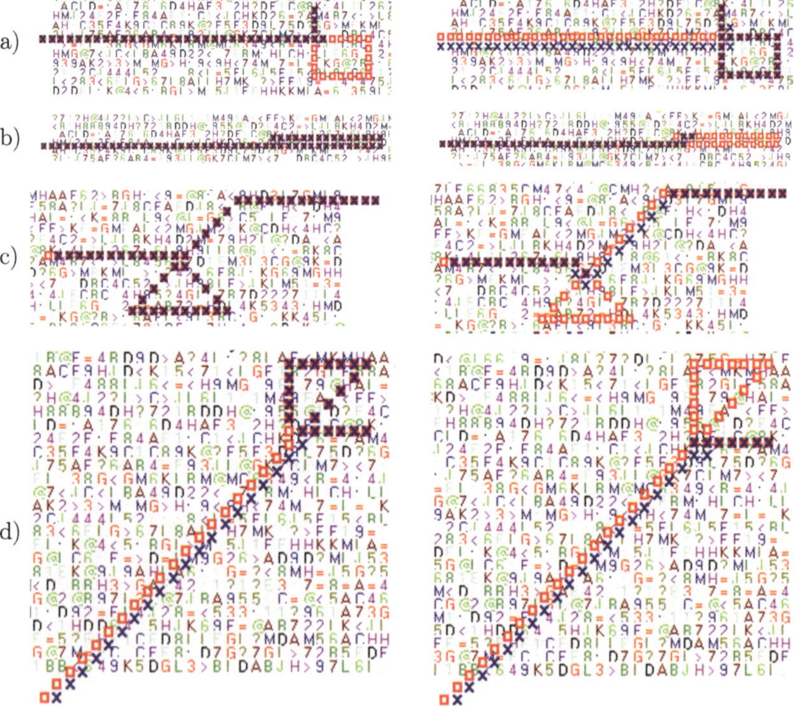

Ü 12.3 (Robot-Modell 1)

Am Verhalten des Robots ändert sich im Vergleich zur letzten Aufgabe meist nichts, wenn die leeren Bereiche nicht allzu groß und im eintönigen Bereich am unteren Rand keine Richtungsänderungen zu lernen sind.

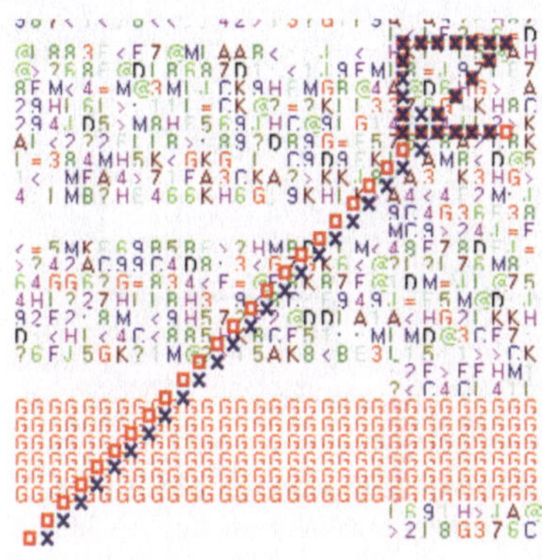 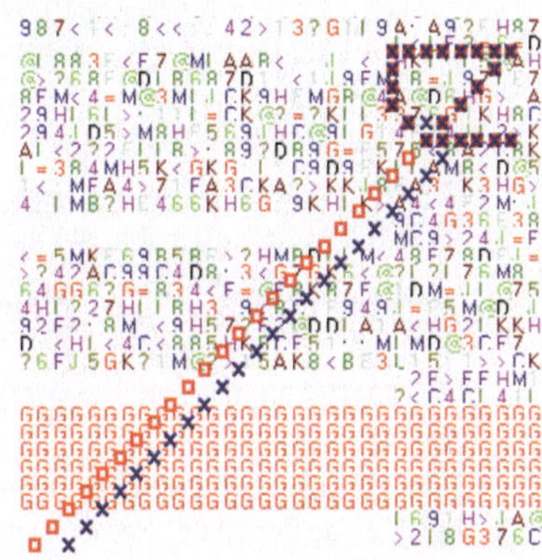

Ü 13.1 (Robot-Modell 3)

Übungen 13

a) Wenn der Merkmalswald unter dem Namen `feld30_7` und der zu lernende Weg als `weg11` abgespeichert wurden, dann erfüllen folgende Zeilen die Aufgabe:

```
ladefeld "feld30_7"
ladekodierfeld "kodierfeld2"
lerneweg "weg11"
```

b)

Da die Änderung laut Aufgabenstellung erst nach dem Lernen des Weges durch den Menüpunkt `Feld | aktuelles Feld ändern` erfolgt, überwindet der Robot im rechts gezeigten Beispiel das ihm unbekannte Gebiet aus '='-Merkmalen rechts oben nicht.

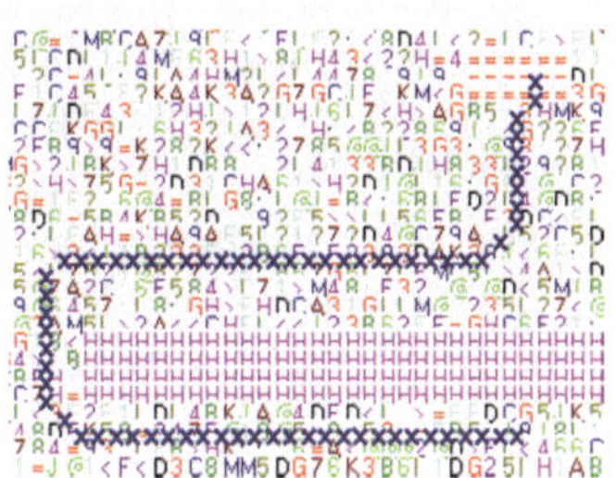

c)

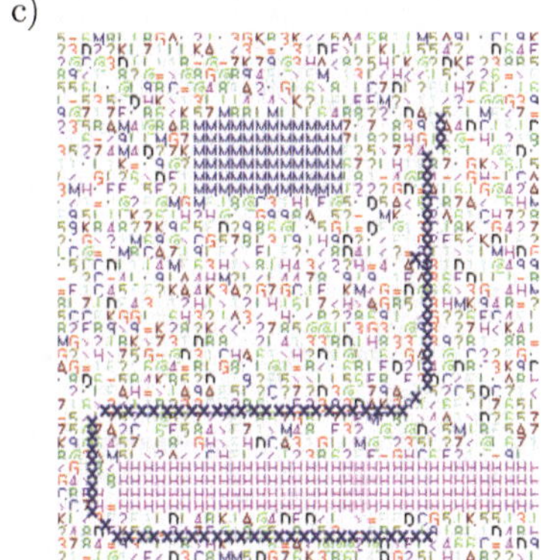 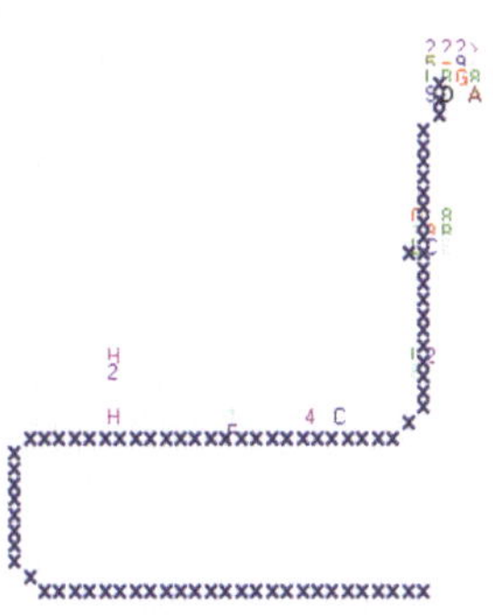

Links ist der Suchweg des Robots dargestellt, der bei einer größeren Störung rechts oben endet. Rechts sind die Störungen abgebildet, die nach dem Lernen am Lernweg in den Merkmalswald eingesetzt wurden.

d) Je nach Kodierfeld kommt der Robot verschieden weit auf dem gelernten Weg voran:

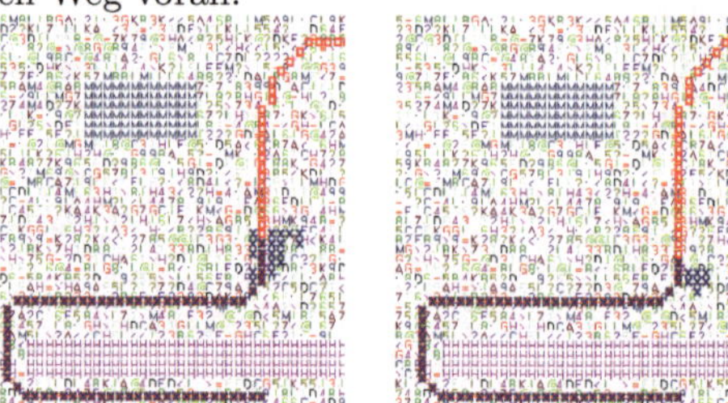
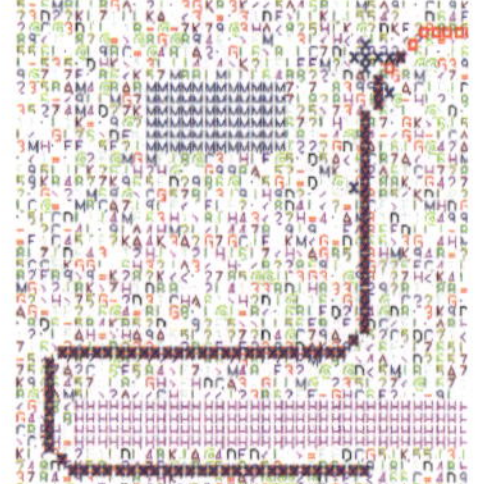

Den Merkmalswald mit den Störungen speichert man ab, lädt dann mit dem Menüpunkt `Feld | Laden` den originalen Merkmalswald und mit `Feld | aktuelles Feld laden` den Merkmalswald mit den Störungen. Die drei Kodierfelder werden durch `Kodierfeld | Bearbeiten` bearbeitet. Man lernt und fragt den Suchweg über `Weg | Lernen` beziehungsweise `Weg | Abfragen` ab. Gelernt wird dabei stets auf dem originalen Feld, abgefragt auf dem aktuellen Feld. Die Unterschiede zwischen beiden macht der Menüpunkt `Feld | Unterschiede anzeigen` sichtbar.

e) Schwierig stellt es sich für den Robot dar, mit seinem Kodierfeld das eintönige Gebiet in verschiedenen Richtungen durchqueren zu müssen. Da der linke Lernweg nur einmal quer durch dieses Gebiet führt und sonst nur am Rand entlang, müsste dieser Weg dem Robot einfacher fallen. Versuche mit dem Kodierfeld 7 bestätigen diese Vermutung. Während der Robot damit auf dem rechten Lernweg (`weg12`) des Öfteren „irritiert" wirkt, durchläuft er damit den linken Lernweg (`weg13`) durchgehend sicher.

f) Mit einem Kodierfeld, in dem fünf Sensoren vertikal angeordnet sind (`kodierfeld8`), gelangt der Robot auf diesem Lernweg (`weg17`) ans Ziel, mit einer horizontalen Anordnung (`kodierfeld9`) fast nie.

Ü 13.2 (Robot-Modell 4)

Es wird ein Lernweg wie rechts abgebildet angelegt, dessen Startort in den Zeilen (10) bis (12) ermittelt, gemerkt und ins Register R_1 kopiert wird. Die **oben**-Schleife wird durch die in Zeile (8) angelegte Assoziationskette fünfmal durchlaufen. Die **pfadsuchen**-Schleife wird immer dann unterbrochen, wenn der Robot wieder am Startort eingetroffen ist.

Möchte man den Merkmalswald zwischen je zwei Umläufen durch `waldschaden`

ändern, so ist das Kommentarzeichen aus Zeile (28) zu entfernen.

```
( 1)      :: rmodell4
( 2)                      ! Felder und Weg laden
( 3)      ladefeld "feld45_2"
( 4)      ladekodierfeld "kodierfeld2"
( 5)      lerneweg "weg19"
( 6)                      ! Variablen vereinbaren
( 7)      var umg, start, i
( 8)      &zfolge 5 -r
( 9)                      ! Startort merken
(10)      schaue start
(11)      zeige start
(12)      kopiere
(13)
(14)      form "kreuz"
(15)      gehezumstart
(16)                      ! Lernweg 5 Mal durchlaufen
(17)      merke i=@fünf
(18)      markiere oben
(19)        markiere pfadsuchen
(20)          erkenne
(21)          gehe
(22)          schaue umg
(23)          zeige umg
(24)          gleichspringe weiter
(25)        springe pfadsuchen
(26)        markiere weiter
(27)        farbwechsel
(28)      !  waldschaden
(29)        &inkk i
(30)        nullspringe schluss
(31)      springe oben
(32)      markiere schluss
```

Ü 13.3 (Robot-Modell 3)

Es werden drei Wege gelernt (weg20, weg21, weg22), die alle ungefähr im selben Gebiet entspringen. Die Wege werden in den Zeilen (5) bis (7) zusammen ins Langzeitgedächtnis L eingetragen. Durch die Zeilen (13) bis (19) führt der Robot einige zufällige Schritte durch, um dann in der pfadsuchen-Schleife einen der Wege zu finden.

```
( 1)      :: rmodell3
( 2)                      ! Felder und Wege laden
( 3)      ladefeld "feld30_4"
( 4)      ladekodierfeld "kodierfeld7"
( 5)      lerneweg "weg20"
( 6)      lerneweg "weg21"
( 7)      lerneweg "weg22"
( 8)                      ! Startvorbereitungen
```

```
(  9)     var umg
(10)      form "kreuz"
(11)      farbe "blau"
(12)      gehezumstart
(13)      gehe
(14)      gehe
(15)      gehe
(16)      gehe
(17)      gehe
(18)      gehe
(19)      gehe
(20)                          ! Weg zum Ziel suchen
(21)      markiere pfadsuchen
(22)        erkenne
(23)        gehe
(24)        schaue umg
(25)        zeige umg
(26)        nullspringe schluss
(27)      springe pfadsuchen
(28)      markiere schluss
```

Die zufälligen Schritte führen den Robot mal zu dem einen, mal zu dem anderen Weg.

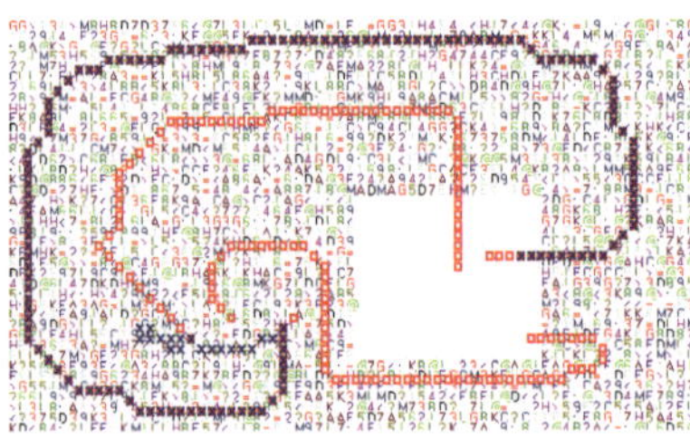 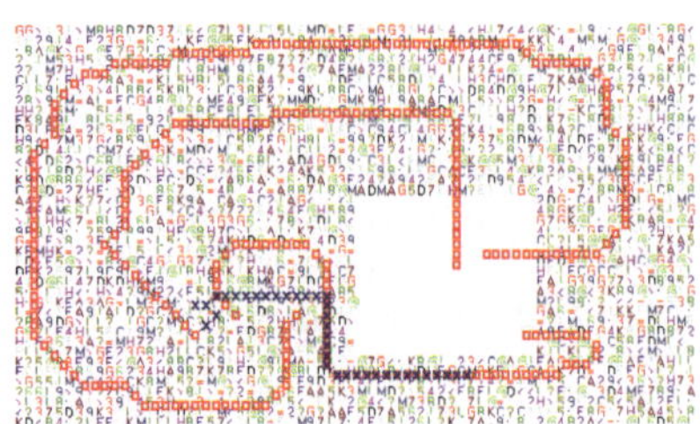

Ü 13.4 (Robot-Modell 4)

Damit der Robot nicht im Leerfeld anhält, sondern erst im eintönigen Gebiet, wird eine Stoppbedingung in den Zeilen (8) bis (10) eingerichtet, so dass der gleichspringe-Befehl in Zeile (19) das Programmende herbeiführt.

```
(  1)     :: rmodell4
(  2)                          ! Felder und Wege laden
(  3)     ladefeld "feld45_1"
(  4)     ladekodierfeld "kodierfeld7"
(  5)     lerneweg "weg15"
(  6)                          ! Abbruchbedingung festlegen
(  7)     var umg, stopper
(  8)     merke stopper=!38-38!
(  9)     zeige stopper
```

```
(10)      kopiere
(11)      gehezumstart
(12)      farbe "blau"
(13)                          ! Lernweg suchen
(14)      markiere pfadsuchen
(15)         erkenne
(16)         gehe
(17)         schaue umg
(18)         zeige umg
(19)         gleichspringe schluss
(20)      springe pfadsuchen
(21)      markiere schluss
```

Ü 14.1 (Homunkulus-Modell 1)

Übungen 14

Es ist in Zeile (7) lediglich der Richtungskreis anders herum einzurichten, was
man durch &rkreis -r erreicht.

Ü 14.2 (Homunkulus-Modell 3)

In den Zeilen (16) bis (46) lernen die beiden Homunkuli auf einem Stück Weg
bis zum Rand des Merkmalswaldes Umgebungen kennen. Danach machen sie
sich ab Zeile (54) immer abwechselnd auf die Suche nach diesen gelernten
Umgebungen.

```
( 1)      :: hmodell5
( 2)                          ! Felder laden
( 3)      ladeirrgarten "irrgarten45_3"
( 4)      ladekodierfeld "kodierfeld2"
( 5)                          ! Startvorbereitungen
( 6)      var umg, r[2], t[2], tmp
( 7)      &rkreis
( 8)      merke r_1=@west
( 9)      merke r_2=@ost
(10)      merke t_1="Homunkulus Eins"
(11)      merke t_2="Homunkulus Zwei\<"
(12)      farbe "rot"
(13)      homunkuluswechsel
(14)      farbe "blau"
(15)                          ! Umgebung erkunden
(16)      lernegetrennt
(17)      schwaermeaus
(18)      markiere umgebungenlernen
(19)         homunkuluswechsel
(20)         schaue umg
(21)         zeige umg
(22)         kopiere
(23)         zeige t_1
(24)         vereine
(25)         kopiere
(26)         zeige umg
(27)         lerneregister
```

```
(28)         zeige r_1
(29)         macheschrittvorwaerts
(30)         zeige umg
(31)         nullspringe schluss
(32)
(33)         homunkuluswechsel
(34)         schaue umg
(35)         zeige umg
(36)         kopiere
(37)         zeige t_2
(38)         vereine
(39)         kopiere
(40)         zeige umg
(41)         lerneregister
(42)         zeige r_2
(43)         macheschrittvorwaerts
(44)         zeige umg
(45)         nullspringe schluss
(46)     springe umgebungenlernen
(47)     markiere schluss
(48)                     ! Bekannte Umgebung suchen
(49)     form "kreuz"
(50)     homunkuluswechsel
(51)     form "kreuz"
(52)     homunkuluswechsel
(53)     schwaermeaus
(54)     markiere umgebungenabfragen
(55)       homunkuluswechsel
(56)       markiere umgebungenabfragen1
(57)       zeige r_1
(58)       macheschrittvorwaerts
(59)       pruefefeld
(60)       nullspringe umkehren1
(61)       schaue umg
(62)       zeige umg
(63)       kopiere
(64)       frageweiter
(65)       hole tmp
(66)       unterdruecke
(67)       gleichspringe bekannteumgebung
(68)
(69)       homunkuluswechsel
(70)       markiere umgebungenabfragen2
(71)       zeige r_2
(72)       macheschrittvorwaerts
(73)       pruefefeld
(74)       nullspringe umkehren2
(75)       schaue umg
(76)       zeige umg
(77)       kopiere
(78)       frageweiter
```

```
(79)        hole tmp
(80)        unterdruecke
(81)        gleichspringe bekannteumgebung
(82)      springe umgebungenabfragen
(83)      markiere umkehren1
(84)        &inkk r_1
(85)      springe umgebungenabfragen1
(86)      markiere umkehren2
(87)        &inkk r_2
(88)      springe umgebungenabfragen2
(89)                    ! Sieger ausgeben
(90)      markiere bekannteumgebung
(91)      zeige tmp
(92)      schichteum
(93)      unterdruecke
```

In Zeile (91) wird das entweder aus Zeile (65) oder Zeile (79) aufbewahrte
Abfrageergebnis ins Register R_1 gebracht und durch die Kombination eines
schichteum- mit einem **unterdruecke**-Befehl erreicht, dass schließlich in R_1
die Auskunft verbleibt, ob Homunkulus 1 oder 2 gewonnen hat.

Ü *14.3 (Homunkulus-Modell 5)

Für die beiden Homunkuli wird mit der **schatzsuche**-Schleife abwechselnd
der nächste Schritt bestimmt. Wie verwickelt die Laufwege der Homunkuli
werden können, erkennt man in nachstehender Abbildung.

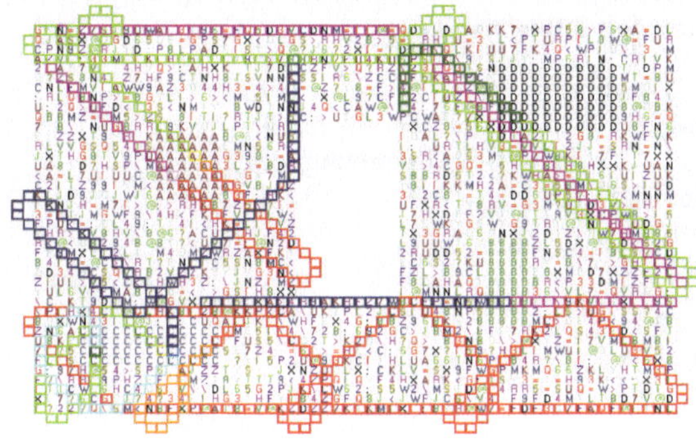

```
( 1)      :: hmodell5
( 2)                    ! Irrgarten und Kodierfeld laden
( 3)      ladeirrgarten "irrgarten45_5"
( 4)      ladekodierfeld "kodierfeld2"
( 5)                    ! Variablen vereinbaren
( 6)      var schatz[4], richtung[2]
( 7)      var gefunden, alleschaetze, abbruch
( 8)                    ! Voreinstellungen
( 9)      &rkreis
(10)      merke richtung_1=@west
(11)      merke richtung_2=@ost
(12)      merke schatz_1=!17-17!
```

```
(13)      merke schatz_2=!18-18!
(14)      merke schatz_3=!19-19!
(15)      merke schatz_4=!20-20!
(16)      merke alleschaetze=!17-17,18-18,19-19,20-20!
(17)      farbe "rot"
(18)      homunkuluswechsel
(19)      farbe "blau"
(20)      homunkuluswechsel
(21)      merke abbruch=$1
(22)      lernegetrennt
(23)      schwaermeaus
(24)                          ! Schätze suchen
(25)      markiere schatzsuche
(26)        §homunkulusschritt3 richtung_1, abbruch
(27)        zeige abbruch
(28)        nullspringe schluss
(29)        homunkuluswechsel
(30)        §homunkulusschritt3 richtung_2, abbruch
(31)        zeige abbruch
(32)        nullspringe schluss
(33)        homunkuluswechsel
(34)      springe schatzsuche
(35)      markiere schluss
(36)      macheschrittrueckwaerts
(37)      macheschrittvorwaerts
```

Das in den Zeilen (26) und (30) aufgerufene Unterprogramm `homunkulus-schritt3` besitzt den folgenden Text:

```
(a)      par *r, *abbr
(b)      var umg
(c)                          ! Umgebung erinnern
(d)      schaue umg
(e)      zeige umg
(f)      erinnere
(g)                          ! Schritt ausführen
(h)      zeige r
(i)      macheschrittvorwaerts
(j)                          ! Ist der Rand erreicht?
(k)      pruefefeld
(l)      nullspringe randerreicht
(m)                          ! Ist die neue Umgebung bekannt?
(n)      schaue umg
(o)      zeige umg
(p)      kopiere
(q)      frageweiter
(r)      gleichspringe umgebungmirbekannt
(s)                          ! Ist ein Schatz gefunden?
(t)      zeige umg
(u)      bringevor
(v)      kopiere
(w)      zeige .schatz_1
```

```
(x)      gleichspringe schatzgefunden
(y)      zeige .schatz_2
(z)      gleichspringe schatzgefunden
(A)      zeige .schatz_3
(B)      gleichspringe schatzgefunden
(C)      zeige .schatz_4
(D)      gleichspringe schatzgefunden
(E)                           ! War der andere schon hier?
(F)      zeige umg
(G)      schichteum
(H)      kopiere
(I)      frageweiter
(J)      gleichspringe umgebunganderembekannt
(K)      springe schluss
(L)
(M)      markiere schatzgefunden
(N)        farbwechsel
(O)        zeige umg
(P)        kopiere
(Q)        zeige .gefunden
(R)        vereine
(S)        hole .gefunden
(T)        springe ende
(U)
(V)      markiere randerreicht
(W)        macheschrittrueckwaerts
(X)        &inkk r
(Y)        springe schluss
(Z)
([)      markiere umgebungmirbekannt
(\)        macheschrittrueckwaerts
(])        &inkk r
(^)        springe schluss
(_)
(')      markiere umgebunganderembekannt
(a)        zeige .gefunden
(b)        kopiere
(c)        schichteum
(d)        unterdruecke
(e)        vereine
(f)        hole .gefunden
(g)        macheschrittrueckwaerts
(h)        &inkk r
(i)
(j)      markiere ende
(k)        zeige .gefunden
(l)        bringevor
(m)        kopiere
(n)        zeige .alleschaetze
(o)        gleichspringe weiter
(p)        springe schluss
```

```
(q)      markiere weiter
(r)      farbe "gruen"
(s)      merke abbr=$0
(t)
(u)   markiere schluss
(v)   pausiere
```

Übungen 15

Ü 15.1 (Lego-Modell 1)

Mit Hilfe des Menüpunkts `Extras - Motor-Einstellungen` stellt man im
NXT-Robotfenster den `links`-Befehl so ein, dass sich das Vehikel bei seinem
Aufruf um 120 Grad nach links dreht. Dann liefert das folgende Programm
das Gewünschte:

```
( 1)    vorwaerts
( 2)    links
( 3)    vorwaerts
( 4)    links
( 5)    vorwaerts
( 6)    links
```

Ü 15.2 (Lego-Modell 1)

Zum Lernen eines Weges auf der Unterlage ist an die links angegebenen Zeilen
zu denken, zum Abfahren des gelernten Weges an die rechts genannten.

```
( )    :: nxtmodell1           ( )    markiere oben
( )    var umg                 ( )      schaue umg
( )    ...                     ( )      zeige umg
( )    schaue umg              ( )      beantworte
( )    zeige umg               ( )      nullspringe ende
( )    erinnere                ( )      vorwaerts
( )    vorwaerts               ( )    springe oben
( )    ...                     ( )    markiere ende
```

Ü 15.3 (Lego-Modell 1)

In die Datei `lied.txt` schreibt man Zeile für Zeile die Tonhöhe und die
Notenlänge. Die ersten beiden Takte des Liedes „Hänschen klein" lassen sich
dann wie folgt eintragen:

```
g,.25
e,.25
e,.50
f,.25
d,.25
d,.50
c,.25
```

Ü 15.4 (Lego-Lichtsensor)

Mit dem arithmetischen Mittel $\mu = 654,5$ und mit der Standardabweichung
$\sigma \approx 7,75$ ergibt sich das Intervall $[\mu - 1,96 \cdot \sigma, \mu + 1,96 \cdot \sigma] \approx [639, 670]$.

8.4 Befehlsverzeichnis

Modellauswahl (S. 121)

```
(R1)    :: <bezeichner>
(R2)    <bezeichner> ::= {a | b | ... | z | 0 | 1 | ... | 9}
```

Vereinbarung von Variablen (S. 122)

```
(R3)    var <bezeichner> [[<n>]] [{, <bezeichner> [[<n>]]}]
(R4)    <n> ::= {0 | 1 | ... | 9}
```

Darstellung von Konstanten (S. 123)

```
(R5)    <konstante> ::= <binäre_konstante> |
        <hexadezimale_konstante> | <positionen_konstante>
        | <zeichen_konstante> | <zeichenpaar_konstante> |
        <zeichentripel_konstante> | <muster_konstante> |
        <zufalls_konstante> | <variablen_adresse>
(R6)    <binäre_konstante> ::= * {0 | 1}
(R7)    <hexadezimale_konstante> ::= $ {0 | 1 | ... | 9 | A | B
        | ... | F}
(R8)    <positionen_konstante> ::= ! (<n> | <n>-<n>) [{, (<n> |
        <n>-<n>)}]
(R9)    <zeichen_konstante> ::= " {<zeichen>} ["]
(R10)   <zeichenpaar_konstante> ::= # {<zeichen>} [#]
(R11)   <zeichentripel_konstante> ::= § {<zeichen>} [§]
(R12)   <muster_konstante> ::= & {<n> , (<binäre_konstante> |
        <hexadezimale_konstante>) ;}
(R13)   <zufalls_konstante> ::= % <n> [%]
(R14)   <variablen_adresse> ::= @ <bezeichner>
```

Lernen und Abfragen (S. 127)

```
(R15)   lerne <konstante> = <konstante>
(R16)   lerneregister
(R17)   beantworte <konstante>


(R18)   merke <bezeichner> = <konstante>
(R19)   zeige <bezeichner>
```

Datenaustausch mit den Registern (S. 128)

```
(R20)   hole <bezeichner>
(R21)   lies <bezeichner>
(R22)   kopiere
(R23)   ereipok
```

ROM (S. 129)

(R24) `laderom`

Optionen für das Ausgabeprotokoll (S. 134)

(R25) `&& {bef | edz | etz | ebl | aus} {+|-}`

Fortsetzungsassoziationen (S. 141)

(R26) `frageweiter`
(R27) `zeigeweiter`

Unbedingte Sprünge (S. 143)

(R28) `springe <bezeichner>`
(R29) `markiere <bezeichner>`

Bedingte Sprünge (S. 144)

(R30) `nullspringe <bezeichner>`
(R31) `gleichspringe <bezeichner>`

Kommentare (S. 149)

(R32) `! <bezeichner>`

Assoziationsketten und -kreise (S. 154)

(R33) `&afolge <bezeichner> , <n> [-p <n>,<n>]`
(R34) `&ifolge <bezeichner> , <n> [-p <n>,<n>] [-r] [-r0]`
(R35) `&zfolge <n> [-r] [-r0]`
(R36) `&zkreis <n> [-r]`
(R37) `&rkreis [-r]`

Assoziationsschritte (S. 156)

(R38) `&inkk <bezeichner>`
(R39) `&inkl <bezeichner>`

Maskieren und vereinen (S. 162)

(R40) `maskiere`
(R41) `vereine`

Pausieren (S. 168)

(R42) `pausiere`

Unterprogramme und Makros (S. 175)

```
(R43)   &" <bezeichner> ["]
(R44)   rufe|§ <bezeichner> [{, <bezeichner> }]
(R45)   par [*]<bezeichner> [{, [*]<bezeichner> }]
```

Zahlenpaare und Zahlenpaarteile (S. 197)

```
(R46)   &zpaare <n> [-<bezeichner>]
```

Sichern und Laden des Datenspeichers (S. 209)

```
(R47)   speicheredaten "<bezeichner>"
(R48)   ladedaten "<bezeichner>"


(R49)   &ladevartab "<bezeichner>"
```

Turtle-Modelle

Einfache Bewegungen der Turtle (S. 230)

```
(R50)   vorwaerts (vw)
(R51)   rueckwaerts (rw)
(R52)   rechts (re)
(R53)   links (li)
(R54)   gehezumstart
```

Farbstift der Turtle (S. 231)

```
(R55)   stifthoch
(R56)   stiftab
(R57)   farbwechsel
(R58)   farbe "<farbe>"
(R59)   formwechsel
(R60)   form "<form>"
(R61)   <farbe> ::= {rot | blau | gelb | gruen | schwarz | grau
           | weiss | pink | creme | orange | braun | purpur
           | hellblau | oliv | silber | dunkelgrau | pfefferminz}
(R62)   <form> ::= {quadrat | kreis | kreuz | plus | karo
           | punkt}
```

Kleine Bewegungen der Turtle (S. 233)

```
(R63)   wenigvor (wvw)
(R64)   wenigzurueck (wrw)
(R65)   wenigrechts (wre)
(R66)   ganzwenigrechts (gwre)
(R67)   weniglinks (wli)
(R68)   ganzweniglinks (gwli)
```

Ergänzende Befehle für die Turtle-Modelle (S. 241 und S. 246)

```
(R69)   schaue <bezeichner>
(R70)   erinnere
(R71)   pruefepixel
(R72)   schreibe "<bezeichner>"
(R73)   sprich "<bezeichner>"
(R74)   hoere "<bezeichner>"
(R75)   ladezeichnung "<bezeichner>"
(R76)   speicherezeichnung "<bezeichner>"
(R77)   lernedatei "<bezeichner>"
(R78)   zeigeeintrag "<bezeichner>"
```

Robot-Modelle

Bewegung und Umgebungswahrnehmung des Robots (S. 251)

```
(R79)   gehe
(R80)   schaue <bezeichner>
(R81)   erkenne
(R82)   gehezumstart
(R83)   folgedermaus
(R84)   warte
```

Farbe und Form des Robots (S. 252)

```
(R85)   farbwechsel
(R86)   farbe "<farbe>"
(R87)   formwechsel
(R88)   form "<form>"
```

Merkmalswald laden und stören (S. 252)

```
(R89)   ladefeld "<bezeichner>"
(R90)   waldschaden
```

Ergänzende Befehle für die Robot-Modelle (S. 259)

```
(R91)    ladekodierfeld ''<bezeichner>''
(R92)    lerneweg ''<bezeichner>''
(R93)    gehezumstart
(R94)    speichererichtungen ''<bezeichner>''
(R95)    laderichtungen ''<bezeichner>''
(R96)    ladestoerungen ''<bezeichner>''
```

Homunkulus-Modelle

Bewegung und Umgebungswahrnehmung der Homunkuli (S. 270)

```
(R97)    schaue <bezeichner>
(R98)    erinnere
(R99)    pruefefeld
(R100)   macheschrittvorwaerts
(R101)   machschrittrueckwaerts
(R102)   warte
```

Ergänzende Befehle für die Homunkulus-Modelle (S. 271)

```
(R103)   homunkuluswechsel
(R104)   gehezumstart
(R105)   schwaermeaus
(R106)   farbwechsel
(R107)   farbe ''<farbe>''
(R108)   formwechsel
(R109)   form ''<form>''
(R110)   ladeirrgarten ''<bezeichner>''
(R111)   ladekodierfeld ''<bezeichner>''
```

Gedächtnis-Befehle für die Homunkulus-Modelle (S. 274)

```
(R112)   lernegemeinsam
(R113)   lernegetrennt
(R114)   unterdruecke
(R115)   bringevor
(R116)   schichteum
```

Zufall

Würfeln (S. 226)

```
(R117)   wuerfle
```

8.5 Glossar

Begriff	Beschreibung	Kap.
Assoziativspeicher	Speicher, auf dessen Zellen über deren Inhalt zugegriffen werden kann	3
Assoziativmatrix	Assoziativspeicher mit matrixartiger Struktur	3
Assoziativquader	Assoziativspeicher aus mehreren Schichten an Assoziativmatrizen	2.7
Assoziativmaschine	aus Assoziativspeichern zusammengesetzte, frei programmierbare Maschine	4
Assoziatives Rechnen	Rechnen mit den Mitteln einer Assoziativmaschine	6
Autoassoziation	Abfrage eines Assoziativspeichers, bei dem eine Frage mit sich selbst beantwortet wird	
Begriff	Inhalt einer Tilde-Variablen, dem eine Bezeichnung zugeordnet wurde	6.6
Eindruck	Gedächtniseintrag, der aus einer beliebigen Folge aus Nullen und Einsen besteht	6.6
Fortsetzungsassoziation	Abfrage eines Assoziativspeichers, bei dem eine Frage mit der nächsten Frage beantwortet wird	5.9
Homunkulus-Modell	Modell eines gedächtnisgestützten Vehikels	7.9
Lernregel	Regel zum Eintragen eines Frage-Antwort-Paares in eine Assoziativmatrix	2.5
K-Lernregel	Lernregel für das Kurzzeitgedächtnis	2.5
L-Lernregel	Lernregel für das Langzeitgedächtnis	2.5
Modell 1	Einfachstes Modell der Assoziativmaschine SYSTEM 9	4.3
Neuromathematik	Mathematik zur Nachbildung neuronaler Strukturen und derer Eigenschaften. Eines ihrer Ziele ist, mit neuronalen Strukturen Mathematik zu betreiben.	2
RAM	random-access-memory; Speicher, auf dessen Zellen über deren Adresse zugegriffen werden kann	3
Robot-Modell	Modell eines sensorgeführten Vehikels	7.5
Robustheit	Störunanfälligkeit, Störfestigkeit	
ROM	read-only-memory; Speicher, auf dessen Zellen nur lesend zugegriffen werden kann	5.6
SYSTEM 9	Assoziativmaschine aus vier Assoziativmatrizen als Programmspeicher und zwei Assoziativmatrizen als Datenspeicher	4
Tilde-Variable	Variable zur Bildung von Begriffen	6.6
Turtle-Modell	Modell eines ferngesteuerten Vehikels	7.1
VIDAS	Simulationsprogramm für die Assoziativmaschine SYSTEM 9	4.6

Index